教育部高等学校材料类专业教学指导委员会规划教材

国家级一流本科课程教材

合金固态相变

赵乃勤 何 芳 师春生 主编

PHASE TRANSFORMATIONS IN ALLOYS

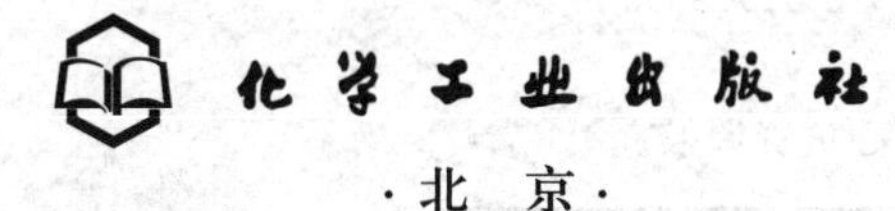

·北 京·

内容简介

《合金固态相变》为教育部高等学校材料类专业教学指导委员会规划建设立项教材，国家级一流本科课程配套教材，根据教育部高等学校材料类专业教学指导委员会关于规划教材的编写要求编写。

合金固态相变是金属材料及相关专业本科生的必修内容，对学生理解并掌握金属材料成分—工艺—组织—性能四要素之间的相互关系极为重要，是学生未来从事材料科学研究和工程应用开发的基础。全书共分十二章，以固态相变晶体学、热力学、动力学、转变机理的“三学一理”为主线，论述了合金固态相变的一般规律和特点。重点介绍了钢的奥氏体转变、冷却过程中的珠光体转变、贝氏体相变、马氏体相变，以及钢在回火过程中的转变，并针对目前有色金属和合金应用领域不断扩大的发展趋势，对这些典型合金的时效和脱溶沉淀进行了介绍。同时，对强磁场和应力场下金属固态相变的最新研究成果进行概要介绍。为了使学生更好地全面了解固态相变的相关知识，本书还介绍了实现固态相变的热处理工艺和研究固态相变的方法手段，并在本书最后增加了合金相变理论及热处理应用实例章节。通过本书的学习，读者可了解合金固态相变的一般规律，学会运用基本理论和专业知识进行合金固态相变研究、分析及应用的基本思路和方法。

本书可作为材料科学与工程、金属材料工程、材料成型及控制工程等相关专业本科生、研究生的教材，也可供材料、冶金、机械等领域的工程技术人员参考。

图书在版编目（CIP）数据

合金固态相变 / 赵乃勤，何芳，师春生主编. —北京：化学工业出版社，2024.5
教育部高等学校材料类专业教学指导委员会规划教材
ISBN 978-7-122-45001-2

Ⅰ.①合… Ⅱ.①赵… ②何… ③师… Ⅲ.①合金-固态相变-高等学校-教材 Ⅳ.①TG13

中国国家版本馆 CIP 数据核字（2024）第 076271 号

责任编辑：陶艳玲　　文字编辑：赵　越　林　丹
责任校对：刘　一　　装帧设计：史利平

出版发行：化学工业出版社
（北京市东城区青年湖南街 13 号　邮政编码 100011）
印　　刷：北京云浩印刷有限责任公司
装　　订：三河市振勇印装有限公司
787mm×1092mm　1/16　印张 22¾　字数 558 千字
2024 年 9 月北京第 1 版第 1 次印刷

购书咨询：010-64518888　　售后服务：010-64518899
网　　址：http://www.cip.com.cn
凡购买本书，如有缺损质量问题，本社销售中心负责调换。

定　　价：68.00 元　

前言

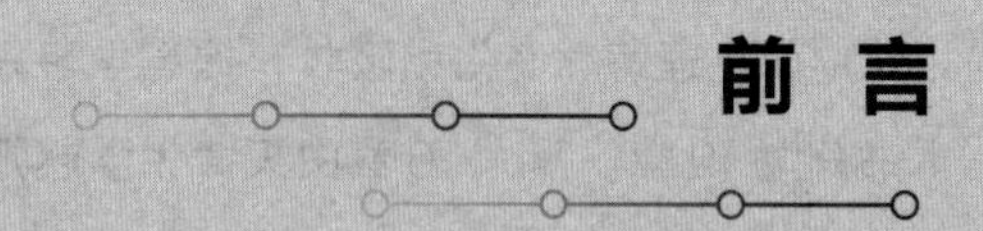

本书为教育部高等学校材料类专业教学指导委员会规划建设立项教材。根据教育部关于高等学校“一流本科”专业及“一流课程”建设要求，以及教学指导委员会关于教材“德、新、优、需”原则和“科学性、时代性、前沿性”的总体要求，编写了本教材。

“合金固态相变”是金属材料工程专业及方向本科生的核心课程，主要介绍合金在受到外界条件改变时，其微观晶体结构发生改变的过程和结果。一般在工业生产中，外界条件改变主要通过热处理进行，因此合金固态相变从工艺角度也称为“热处理原理”。随着人们对固态相变认识的日益加深和技术手段的不断进步，相变的手段不再局限于“热”，而是扩展到了“力”“磁”“光”“核”等，从而使发生固态相变的方法得到很大扩展。在应用过程中，由这些因素引起的相变也会带来性能的改变。由此给人们对温度场以外的相变作用机制的研究和应用带来新的挑战和机遇。

天津大学“合金固态相变”课程经过二十余年的建设，取得了丰硕的成果，先后入选国家精品课程、国家网络资源共享课，并在 2022 年入选“国家级一流本科课程”。作者团队结合教学团队多年的教学成果和教学心得，结合合金固态相变领域技术的最新进展，精心组织内容。书中主要以“热”“力”“磁”场作用下的合金（重点是钢）的固态相变过程为出发点，以相变晶体学、热力学、动力学、转变机理为主线，重点介绍钢在加热过程中的相变，以及冷却过程中的高温转变、中温转变、低温转变，在此基础上诠释固态相变原理和实现相变的手段——热处理工艺之间的内在联系。同时，根据有色金属和合金应用领域不断扩大的发展趋势，对一些典型合金的热处理进行概要介绍。此外，除热（温度）场对相变的作用外，还增加了磁场和应力场作用下的相变规律章节。

学习本教材，可使学生全面了解合金相变原理，深刻理解并掌握合金固态相变与成分-工艺的关系及其对性能的影响，建立起金属材料成分-工艺-组织-性能四要素之间相互关联、相互影响的整体概念；在了解钢中相变的一般规律基础上，能掌握运用相变基本理论和专业知识制定热处理工艺，进行材料组织、结构及性能分析的原理和方法。本书的最后一章特别安排了“合金固态相变热处理应用实例”，以突出本课程在解决工程实际问题中的重要作用，力求做到理论与实际的结合。

此外，本书充分利用互联网+教学手段，结合数字资源和网络平台，通过扫码链接为读者提供了相关原理的演示视频、拓展阅读等辅助网络学习资源，发挥信息化“生动、直观、形象”的优势，帮助学生理解、消化和吸收，提高学习兴趣和效率。

本书分为 12 章。第 1、6 章由天津大学赵乃勤教授编写，第 2 章由天津大学杜希文教授、毛晶高级工程师编写，第 3、4 章由天津大学师春生教授编写，第 5 章由天津大学何春年教授编写，第 7、12 章由天津理工大学董治中教授编写，第 8 章由天津大学何芳教授编写，第 9 章由天津大学赵冬冬副教授编写，第 10 章由天津大学沙军威副教授编写，第 11 章由天津大学张翔副研究员编写。全书由赵乃勤、何芳和师春生教授担任主编，由周玉院士，曲选辉、耿林、沈峰满、李周教授组成的专家组对全书进行了审阅，专家组组长周玉院士对教材建设作出了重要指示，各位审稿专家对教材后期的完善提出了宝贵建议，在此致以诚挚感谢！

本书力求保持固态相变理论的基础性、系统性，并将金属固态相变相关的新材料、新方法和新应用等研究成果以通俗易懂的形式呈现给读者。但由于水平有限，书中未能尽善尽美之处，恳请读者批评指正。非常感谢！

编者

2024 年 2 月

目录

第1章 绪论

第2章 合金固态相变的常用研究方法

第4章 钢的奥氏体转变

第5章 珠光体转变

第6章 马氏体相变

第7章 贝氏体相变

第8章 钢的回火转变

第9章 合金脱溶沉淀与时效

第10章 强磁场作用下的固态相变

第11章 应力场作用下的相变

第12章 合金固态相变热处理应用实例

第1章

绪 论

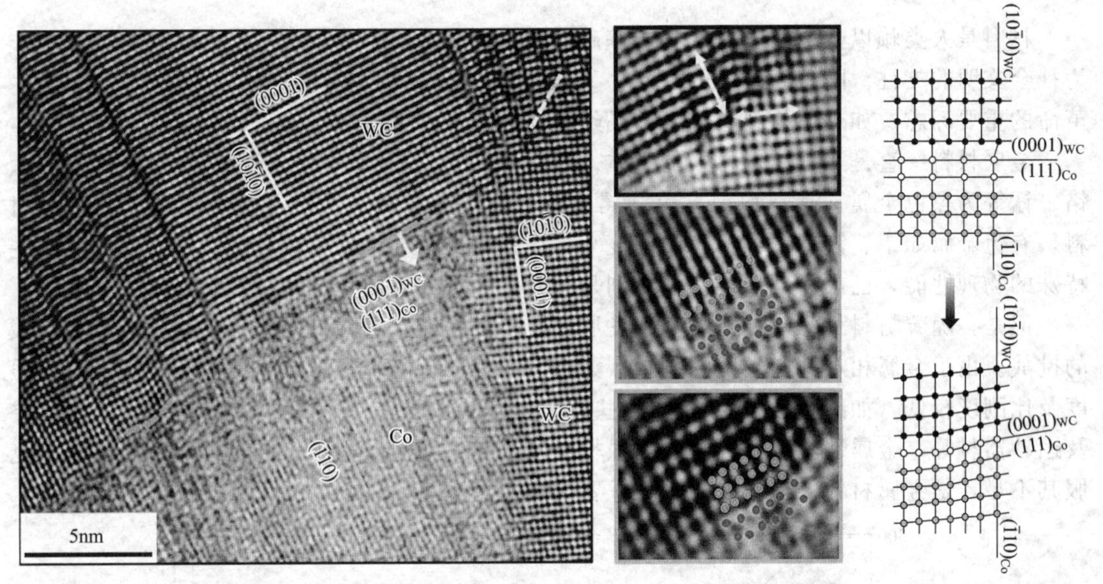

图为纳米晶硬质合金的透射电镜照片，照片显示了碳化钨/钴（WC/Co）界面以特定的晶面指数呈平行或垂直关系，你能发现其两相界面的原子排列有何特征吗？这种特征的界面在何种条件下可以形成？对材料的性能有何影响？

引言与导读

金属和合金在外界条件改变时，在特定的条件下（满足热力学与动力学条件时）将发生晶体结构和微观组织的改变，即固态相变。这种相变是固态到固态的转变，因此在相变驱动力和阻力、相变特点、相变结构等方面都有别于固-液、气-液等相变。传统上一般是通过热处理手段实现固态相变，随着人们对固态相变认识的日益加深和技术手段的不断发展，通过对合金施加应力和变形，或通过施加强磁场、激光、辐照等条件，亦可在一定程度上使合金发生相变，因此相变的手段不仅局限于“热”，而扩展到“力”“磁”“光”“核”等，从而大大扩展了相变手段，或应用过程中由这些因素导致的相变而带来的性能改变。本章概要介绍了固态相变的研究发展、研究对象、共性特点等，使学习者对为何要学习固态相变、为何研究固态相变、研究相变通常考虑的因素等有初步的整体了解。

本章学习目标

- 了解在哪些场作用下会发生固态相变，通常利用最多的是改变何种外界条件。
- 了解固态相变分类，界面类型，典型相变。
- 学会分析相变的驱动力与阻力。

- 明确固态相变有哪些特点，与固液相变的不同在哪，为什么。
- 掌握形核为何多为不均匀形核，其热力学本质是什么。

1.1 引语

材料是人类赖以生存和发展的物质基础。20 世纪 70 年代，人们把信息、材料、能源作为社会文明的支柱。随着高技术的兴起，又把新材料与信息技术、生物技术并列作为新技术革命的重要标志。如今，材料已成为国民经济建设、国防建设和人民生活的重要组成部分。

金属材料一直是工程结构材料的主体。通常可将金属分为黑色金属及有色金属。钢铁、铬、锰等为黑色金属，其它均为有色金属，亦称非铁金属。钢铁材料是工程结构的主要材料，有色金属如铝、镁、钛等，具有密度小，比强度高，导电性、导热性、弹性良好及一些特殊的物理性能，已成为现代工业，特别是国防工业中不可缺少的结构材料。

但是，随着材料科学与技术的不断发展，金属材料在工程领域的主体地位正面临着严峻的挑战。由于金属相对其它类别的材料（如高分子材料，陶瓷材料）密度较大，因此其比强度及比刚度较低（如图 1-1 所示），在一些以重量作为主要考虑因素的应用领域，例如航空及运动器材等，金属逐步被其它轻质高强材料所替代。如何致力于发展高性能金属材料，克服其不足，是金属材料未来发展的一个重要方向[1]。

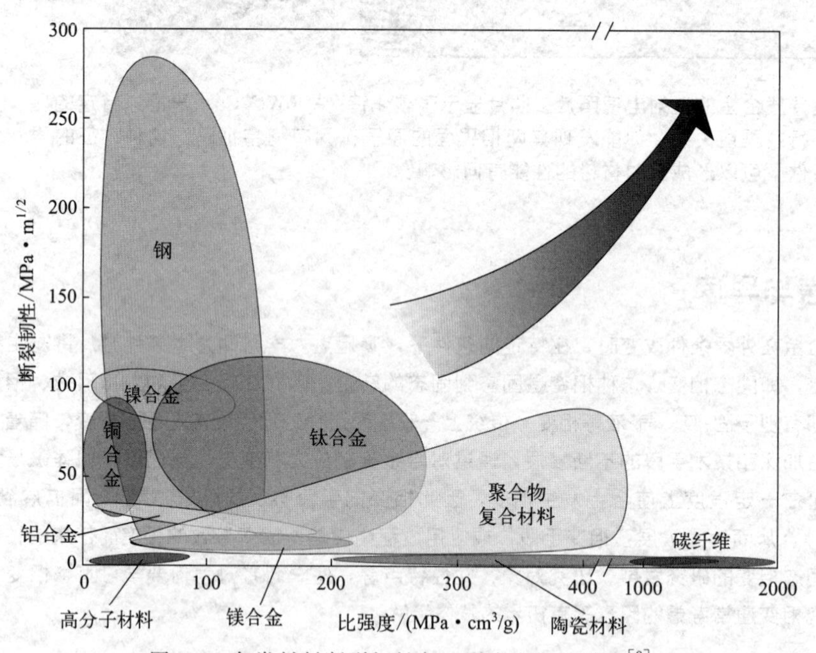

图 1-1 各类材料断裂韧性与比强度之间的关系[2]

长期以来，研究者一直致力于提高金属材料的强度。通常，强化金属的途径是通过控制内部缺陷和界面来阻碍位错运动，如相变强化、固溶强化、弥散强化、细晶强化等。如何通过新的原理、新的技术进一步实现金属材料的强化，同时又能使其不损失或少损失塑性和韧性，是合金固态相变研究的重要课题。

1.2 固态相变发展简介和研究内容

合金固态相变是指合金在受到外界条件改变时，其微观晶体结构发生改变的过程和结果。外界条件改变在工业生产中主要通过热处理进行，因此合金固态相变从工艺角度也称为热处理原理。随着人们对固态相变认识的日益加深和技术手段的不断发展，相变的手段不再局限于“热”，而且扩展到了“力”“磁”“光”“核”等，从而使发生固态相变的方法得到很大扩展；同时，在应用过程中由这些因素导致的相变也会带来性能的改变。这些给人们对温度场以外的应力场、电磁场等对相变的作用机制的研究和应用带来新的挑战。

1.2.1 热处理相变研究的发展

利用热处理进行固态相变的研究历史最为悠久，是其它条件下相变研究的基础。金属热处理是将金属工件放在一定的介质中加热到适宜的温度，并保持一定时间后，又以不同速度冷却的一种工艺。金属热处理是机械制造中的重要工艺之一，与其它加工工艺相比，热处理一般不改变工件的形状和整体的化学成分，而是通过改变工件内部的显微组织或工件表面的化学成分，赋予或改善其使用性能。

人们从使用金属材料起，就开始采用热处理。其实践发展过程经历了民间技艺阶段和实验科学阶段。

（1）民间技艺阶段

从石器时代进展到铜器时代和铁器时代的过程中，热处理的作用逐渐为人们所认识。中国古代的许多发明和技术在世界热处理史上处于遥遥领先的地位，对世界热处理技术的进步起到了直接的促进作用。

退火工艺的发明应该说是人类对金属进行热处理的开端。早期使用的铜及其合金并不能进行大形变量加工[3]。因为它们容易发生加工硬化。后来发现，变形过程中经过中间退火可使铜合金软化，从而可以进一步变形，这一技术为后来的铜合金制造兵器和生活器具奠定了基础。采用锻造和退火的工艺对青铜进行加工处理很早就已经出现[4]。退火工艺还在陨石加工中被应用。陨铁实际上属高铁镍合金。居住在两河流域的人类从公元前3000多年以前就开始使用这一“天赐”的金属。为了制造刀具或小件物品，他们采用了退火或锻造工艺[5]。这是人类最早的钢铁热处理。

我国古代早就有热处理技艺发明和运用的实例，充分体现了华夏炎黄子孙的智慧。其中一项举世瞩目的成就是发明了铸铁柔化术。大量的考古证实，我国铸铁的发明大约在春秋中期。为了克服白口铸铁的脆性，大约于公元前5世纪我国发明了适用于铸铁柔化处理的退火技术，在河南洛阳战国早期灰坑出土的铁锛，其内部组织为莱氏体，表面有约1mm的珠光体带。珠光体层的存在，使白口铸铁具有韧性，很明显这是通过退火处理得到的组织。而欧洲同类型的可锻铸铁的出现是在1720年之后。

公元前6世纪，钢铁兵器逐渐被采用，为了提高钢的硬度，淬火工艺得到迅速发展。中国河北省易县燕下都出土的两把剑和一把戟，其显微组织中都有马氏体存在，说明是经过淬火的。中国出土的西汉（公元前206～公元25年）中山靖王墓中的宝剑，心部含碳量为

0.15%～0.4%，而表面含碳量却达0.6%以上，说明已应用了渗碳工艺。但当时作为个人"手艺"的秘密，不肯外传，因而发展缓慢。

（2）实验科学阶段

从1665年至1895年，热处理随着显微技术的发展，开始向实验技术发展。

1665年，显示了Ag-Pt组织、钢刀片的组织；1772年，首次用显微镜检查了钢的断口；1808年，首次显示了陨铁的组织，后称魏氏组织；1831年，应用显微镜研究了钢的组织和大马士革剑；1864年，发现了索氏体；1868年，发现了钢的临界点，建立了Fe-C相图，为现代热处理工艺初步奠定了理论基础。1871年，英国学者T. A. Blytb著《金相学用独立的科学》在伦敦出版；1895年，德国冶金学家Martens发现了马氏体。

热处理工艺一般包括加热、保温、冷却三个过程（见图1-2）。加热是热处理的重要工序，选择和控制加热温度，是保证热处理质量的关键。加热温度随被处理工件的热处理目的不同而异，但一般都是加热到相变温度以上，以获得高温组织。另外，转变需要一定的时间，因此当金属工件表面达到要求的加热温度时，还应在此温度保持一定时间，使显微组织转变完全，这段时间称为保温时间。冷却也是热处理工艺过程中不可缺少的步骤，冷却方法因工艺不同而异，主要是控制冷却速度。

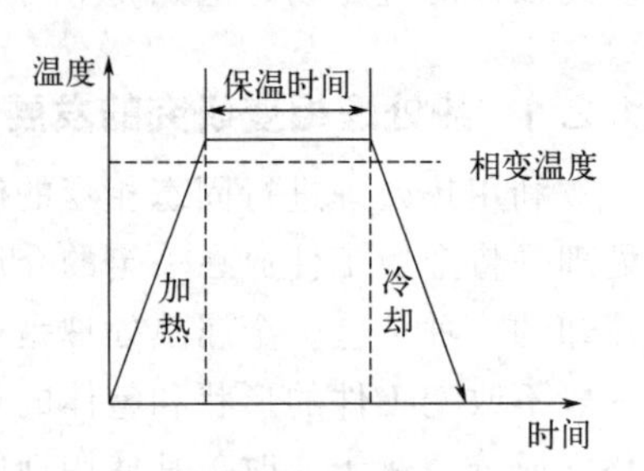

图1-2 热处理工艺过程流程

常规的热处理工艺有退火、正火、淬火和回火四种基本工艺，统称为"四火"。一般退火的冷却速度最慢，正火的冷却速度较快，淬火的冷却速度更快，并且淬火工件必须经过回火处理后才能使用。"四火"随着加热温度和冷却方式的不同，又演变出不同的热处理工艺，如调质处理、时效处理、形变热处理、表面热处理和化学热处理等。20世纪以来，金属物理的发展和其它新技术的移植应用，使金属热处理工艺得到更大发展。

金属热处理的发展历史是与热力学的发展密不可分的。热力学第一、第二、第三定律的发现，为固态相变研究提供了重要的理论基础，而现代实验技术的快速发展为热处理新工艺的发展提供了条件。

1.2.2 应力场对相变影响的研究

早在1932年，Schicil在实验中观察到如果对合金进行变形处理，马氏体相变会在应力的促进作用下发生，这是首次发现施加应力对促进相变的发生有影响。随后McReynoldsl在对合金塑性变形时也发现了施加应力使马氏体相变起始温度（M_s）有所提高。后来Cottrell等人在研究贝氏体相变时，发现施加外应力同样对贝氏体的相变有一定程度的促进作用。自此，从20世纪50年代以来，学者们对钢在应力下的相变开展研究，并在20世纪60年代兴起了形变热处理的研究热潮，即将变形与热处理相结合，利用温度场和应力场对相变的协同作用，使钢产生相变以及其它微观结构的改变，从而进一步提高钢材的力学性能。

应力场对材料相变的影响可以概括为：在热力学方面提供了相变的机械驱动力，在动力学方面影响切变型相变（如马氏体相变）的相变速度和改变扩散型相变（如珠光体相变）的形核率和孕育期。通过形变-相变耦合，可以有效细化钢的晶粒尺寸并改变微观组织，从而改善其力学性能。

应力场促进相变的这一重要发现，为高性能材料的发展带来了新的思路。利用这一原理并结合其它强化机理，研究学者提出了先进高强钢（advanced high-strength steel，AHSS）的概念，开发了以双相（DP）钢、相变诱导塑性（TRIP）钢和马氏体（MART）钢等为主的第一代先进高强钢，其强塑积介于 5～15 GPa%之间。随后又研发了以孪晶诱导塑性（TWIP）钢和奥氏体钢（AUST）等为主的第二代先进高强钢，其强塑积高达 50～60GPa%，但添加了大量贵合金元素，生产成本很高，限制了其工业化生产和推广。为了同时兼顾高强度和低成本，近年来掀起了第三代先进高强钢的开发热潮。第三代高强钢的强度和成本均介于第一代和第二代先进高强钢之间，目前主要的报道集中于开发具有超细贝氏体显微组织的高强钢（TBF 和 CF）、淬火配分钢（Q&P）和高锰 TRIP 钢等全新钢种[6]。第三代高强钢的研究主要着眼于成分和先进热处理工艺优化来实现优异的综合力学性能。

目前钢铁材料塑性成形与热处理一体化工程是钢铁制造业可持续发展的重要举措之一。钢材的控轧控冷技术是当前生产板材的主要技术之一，在设备工作的过程中，利用轧制对其进行加热，再通过设备调节冷却参数，可有效改善钢材的强度、韧性以及其它各方面性能[7]。自 20 世纪 70 年代以来，该技术不断加强与完善，已经能够运用于各大领域之中，取得了令人瞩目的效果。

1.2.3 磁场对相变影响的研究

利用强磁场进行固态相变的研究相对较晚。早在 1942 年，由 Alfvén 在英国剑桥举办的国际理论与应用力学联盟（IUTAM）会议上首次提出磁流体力学理论（magneto hydro dynamics，MHD），并将该理论与冶金技术相结合，形成了电磁冶金技术。20 世纪 60 年代初，Sadovskiy 等[8] 首先采用低强度磁场对几种铁基合金中的马氏体相变过程进行研究，发现磁场可明显提高马氏体相变的起始温度和转变量，确定了磁场可以改变马氏体相变过程。Kakeshita 等[9] 对磁场作用下的马氏体相变动力学和热力学过程进行了更加细致和深入的研究和理论分析，揭示了磁场作用下马氏体相变的影响因素和原理。然而，受实验条件和测试技术的限制，最初的研究大多集中在低温非扩散型相变。直到 20 世纪末，才有研究者针对磁场作用下的奥氏体→铁素体相变等扩散型相变过程进行研究。通过实验研究和理论计算，发现磁场同样可以显著提高铁素体的相转变温度、转变量和相变速度[10]。

基于电磁场在材料制备与加工中的作用，1990 年首次提出了材料电磁过程（材料电磁工艺）（electromagnetic processing of materials，EPM）的概念。材料电磁工艺中，电磁场对材料的作用主要包括产生电磁力、产生热量以及对相变和传输过程的特殊作用（如电迁移等）。材料电磁工艺的应用范围非常广泛，不仅可以利用磁场对金属熔体中产生的洛伦兹力改变流体的运动状态；而且可以利用磁场对材料的磁化效果（磁化力）或者能量输入（磁化能）来实现对材料组织结构的调控[11]。

近年来，随着材料电磁工艺和相变研究的不断深入，许多新的组织现象被揭示出来，更多的相变过程展现出新的行为和特点。国内外研究者不仅对马氏体相变、铁素体相变过程进行了更深入和大量的研究和分析，而且对强磁场作用下的晶界迁移、织构、非晶晶化、马氏体回火等多种固态相变过程开展了研究。强磁场条件下材料的相变过程已经引起了研究者的广泛关注，并在学术研究与工程应用等多领域取得了丰硕的成果。

1.2.4 固态相变理论研究发展

1876年，美国的J. Willard Gibbs提出了相平衡的热力学理论，奠定了相变研究的理论基础。1887年法国的Osmond利用刚问世的热电偶发现了钢冷却过程中温度的异常变化(相变潜热释放所致)，随后Curie等用磁性、电阻和热膨胀等测量方法，进一步研究了相变潜热现象；1889年Arrhenius提出了热激活过程的基本公式；1896年在相变研究的历程上发生了一件具有历史意义的重大事件，那就是Austen绘制的第一幅Fe-C相图。之后，随着对“C”曲线的研究、马氏体结构的确定、K-S关系的发现等，建立了完整的热处理理论体系。进入21世纪以来，计算材料学的快速发展为固态相变的研究提供了不同空间和时间尺度的模拟方法，包括第一性原理、分子动力学、相场、元胞自动机、有限元、机器学习等。在21世纪初，第一性原理已经可以从热力学角度精确计算固相转变点，相场模拟则成功应用于各种扩散型和非扩散型固态相变，如固相转变、沉淀析出、单晶/多晶马氏体相变等，而新兴的机器学习能够准确预测合金的相转变动力学曲线，以上方法已发展成为探索固态相变的重要手段。

1.2.5 固态相变的研究对象

材料的成分、工艺、组织结构、性能这四个基本因素是进行材料研究的基本对象和内容，因而称之为材料研究四要素。它们相互联系、相互影响，组成一个四面体，如图1-3所示[12]。对于金属材料而言，不同化学成分的金属材料，经过各种处理和加工后，将获得不同的内部组织结构，从而使材料的性能发生根本改变。即使同一成分的金属材料，如果采用不同的处理工艺，性能也会表现出截然不同的特征，其本质是因为不同条件下发生了不同的相变。如何利用相变，有效提高性能，最大程度发挥材料的利用效能，是材料科学与工程研究的重要内容。

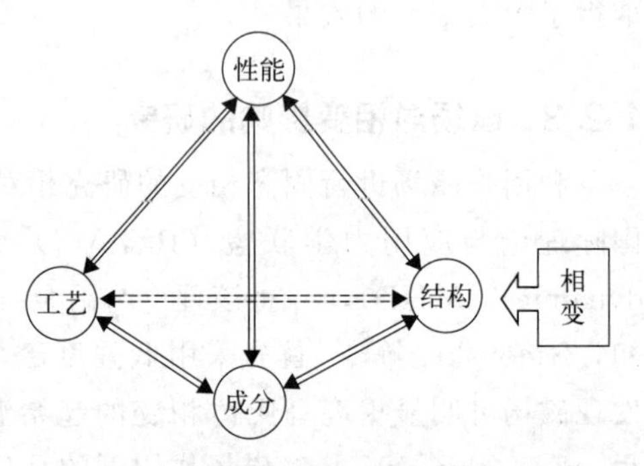

图1-3 材料研究的四要素组成的四面体

固态相变研究的理论框架概括起来即通过对相变晶体学、热力学、动力学的研究，揭示相变机理。晶体学包括相变前后母相新相的晶体结构、晶面晶向关系、界面结构等，热力学回答相变在何条件下进行，动力学则指出相变进行的速率和程度。固态相变课程学习，就是学会研究合金在不同条件处理后发生何种相变，相变的本质，明确相变产生的条件、过程、原因和影响因素，从而达到控制相变过程，提高材料性能的目的。

合金发生固态相变时，有三种基本变化，①化学成分的变化；②晶体结构的变化；③有序程度的变化。有些转变只包括一种基本变化，有些则同时包括两种甚至三种变化。这些微观的变化就会带来宏观性能的改变，它们又与加工工艺密切相关。因此，合金固态相变就是要阐明金属材料化学成分-微观组织结构-加工处理工艺-力学性能之间的相互关系。

迄今为止，对合金进行热处理而使其发生相变，可以认为是改变金属材料性能最重要的方法。以目前工业使用量最大的钢铁材料为例，通过热处理改变其组织结构，可以使其强度提高数倍。这样，就可以根据需要使钢铁材料软化以便于冷热加工成形；而加工完成后再热处理使之硬化，以便于安全长期地使用。这种基于热处理的性能可变性，是钢铁材料在工业领域获得广泛应用的重要原因。

1.3 固态相变的分类

合金根据材料种类、成分和工艺条件不同，在温度场、应力场、电磁场等作用下会发生各种固态相变。其相变种类很多，特征各异，如表 1-1 所示。

表 1-1 固态相变分类

固态相变分类方式	相变名称	举例
按热力学平衡条件	平衡相变	金属的同素异构转变，平衡脱溶沉淀，共析转变等
	非平衡相变	马氏体相变，贝氏体相变，伪共析，非晶转变等
按热力学参数变化特点	一级相变	绝大多数固态相变属这类，伴有体积变化、吸热或放热（熵变）
	二级相变（高级相变）	磁性转变，有序-无序转变，无体积和熵变，但有热容的变化
按原子迁移方式	扩散型相变	原子发生扩散，如珠光体转变
	无扩散相变	原子不扩散，如马氏体相变
按相变方式	形核-长大型相变	大部分金属中的固态相变，如脱溶相变
	连续型相变	调幅分解
按相变过程控制因素	界面控制相变	马氏体相变等
	扩散控制相变	奥氏体转变，珠光体转变等

1.3.1 按热力学平衡条件分类

按热力学的平衡条件，可以分为平衡相变和非平衡相变。加热或冷却条件不同时，可以发生平衡相变和非平衡相变。凡是在极其缓慢加热或者冷却过程中发生的相变，符合相图中所描述的相转变过程，都是平衡相变；由于加热或者冷却的速度过快，平衡相变受到抑制，得到亚稳的组织，即属于非平衡相变。

1.3.2 按热力学参数分类

按热力学参数，可以把固态相变分为一级相变、二级相变或高级相变。概括而言，一级相变即相变前后自由能对温度和压强的一级偏导不相等；二级相变即自由能对温度和压强的一级偏导相等，但二级偏导不相等。

对所有的相变，在母相向新相转变的两相平衡温度，两相的吉布斯（Gibbs）自由能（G）相等，组成元素在两相中的化学位（μ）亦相等，即

$$G_1 = G_2 \tag{1-1}$$

$$\mu_1 = \mu_2 \tag{1-2}$$

其中吉布斯自由能由系统的热焓（H）和熵（S）所决定：

$$G = H - TS \tag{1-3}$$

原子的化学位定义为在一定温度（T）和压强（P）下，每摩尔原子数量（n_i）变化所引起的吉布斯自由能的变化：

$$\mu_i=\left(\frac{\partial G}{\partial n_i}\right)_{T,P} \tag{1-4}$$

在相平衡条件下，两相自由能对温度和压强的一阶偏导数不相等，称为一级相变。即

$$\left(\frac{\partial G_1}{\partial T}\right)_P \neq \left(\frac{\partial G_2}{\partial T}\right)_P \qquad \left(\frac{\partial G_1}{\partial P}\right)_T \neq \left(\frac{\partial G_2}{\partial P}\right)_T \tag{1-5}$$

注意到

$$\left(\frac{\partial G}{\partial T}\right)_P=-S \qquad \left(\frac{\partial G}{\partial P}\right)_T=V \tag{1-6}$$

显然，在相变温度，当两相的熵（S）和体积（V）不相等，表现出熵和体积的突变。熵的突变就是相变潜热的吸收或者释放。除了部分有序化转变之外，金属中的固态相变绝大多数为一级相变。

如果相平衡时，两相自由能对温度和压强的一阶偏导数相等，但二阶偏导数不相等，称为二级相变。即

$$\left(\frac{\partial G_1}{\partial T}\right)_P=\left(\frac{\partial G_2}{\partial T}\right)_P,\ \left(\frac{\partial G_1}{\partial P}\right)_T=\left(\frac{\partial G_2}{\partial P}\right)_T \tag{1-7}$$

$$\left(\frac{\partial^2 G_1}{\partial T^2}\right)_P \neq \left(\frac{\partial^2 G_2}{\partial T^2}\right)_P,\ \left(\frac{\partial^2 G_1}{\partial P^2}\right)_T \neq \left(\frac{\partial^2 G_2}{\partial P^2}\right)_T,\ \left(\frac{\partial^2 G_1}{\partial P\partial T}\right) \neq \left(\frac{\partial^2 G_2}{\partial P\partial T}\right) \tag{1-8}$$

注意到

$$\left(\frac{\partial^2 G}{\partial T^2}\right)_P=\left(-\frac{\partial S}{\partial T}\right)_P=-\frac{C_P}{T} \tag{1-9}$$

$$\left(\frac{\partial^2 G}{\partial P^2}\right)_T=\frac{V}{V}\left(-\frac{\partial V}{\partial P}\right)_T=-\beta V \tag{1-10}$$

$$\left(\frac{\partial^2 G}{\partial P\partial T}\right)=\left(\frac{\partial V}{\partial T}\right)_P=\frac{V}{V}\left(\frac{\partial V}{\partial T}\right)_P=\alpha V \tag{1-11}$$

式中，C_P 称为材料的等压比热，β 称为材料的体积压缩系数，α 称为材料的热膨胀系数。可见，在二级相变的相变温度，熵和体积均无突变，但是比热、压缩系数和热膨胀系数具有突变（$\Delta C_P \neq 0$，$\Delta\alpha \neq 0$，$\Delta\beta \neq 0$）。

二级以上的高级相变并不常见，它主要影响材料的物理性能（电、磁、光性能等），目前对于二级相变的研究还有待深入。

1.3.3 按原子迁移方式分类

按照相变过程中原子的迁移情况可分为扩散型相变和无扩散相变。

相变需要靠原子或者离子的扩散来进行的称为扩散型相变。扩散型相变一般发生在温度足够高，原子的活动能力足够强时。温度越高、原子活动能力越强，扩散的距离也就越远，结果常导致新相成分的明显改变，如脱溶沉淀相变、共析转变等；但是如果相变温度不够

离，原子只能在相界面附近做短距离扩散，也可以不导致成分的改变，如块状转变、多形性转变。

相变过程中原子不发生扩散，称为无扩散相变。无扩散相变时原子只做有规则的迁移使点阵发生改组。原子的移动距离不超过原子间距，而且相邻原子的相对位置保持不变，类似于列队方阵整齐划一的队形改变，称“队列式转变”（相应地，扩散相变也称为“平民式转变”）。例如，马氏体相变就是典型的无扩散相变，它发生在较低的温度下，原子扩散来不及进行。

1.3.4 按相变方式分类

按照相变的具体过程，可以分为形核-长大型相变（有核相变）和连续型相变（无核相变）。

形核-长大型相变指在母相中形成新相的核，然后核不断长大使相变过程得以完成。新相与母相之间有明显的界面分开。大部分金属中的固态相变属于形核-长大型相变。

连续型相变不需要新相的形核过程，以母相固溶体中的成分起伏作为开端，通过成分起伏形成高浓度区和低浓度区，但两者之间没有明显的界线，由高浓度区到低浓度区成分连续变化，靠上坡扩散使浓度差越来越大，最后导致一个单相固溶体分解为成分不同而晶体结构相同、并以共格界面相联系的两相。如调幅分解即为典型的连续型相变。

1.4 固态相变的一般特征

由于金属固态相变时的母相和新相都为固态晶体，原子的键合比较牢固，同时在母相中存在着位错、空位、晶界等晶体缺陷，因此在这样的母相中产生固态的新相晶体必然会有别于固-液相变、固-气相变等，而有其自身特点。

1.4.1 固态相变的驱动力和阻力

(1) 相变驱动力

固态相变的驱动力来源于新相与母相的体积自由能差 ΔG_V，如图 1-4 所示。在高温下母相能量低，新相能量高，母相为稳定相。随温度的降低，母相自由能升高的速度比新相快，当达到某一个临界温度 T_c，母相与新相之间自由能相等，称为相平衡温度。低于 T_c 温度，母相与新相自由能之间的关系发生了变化，母相能量高，新相能量低，新相为稳定相，所以要发生母相到新相的转变。

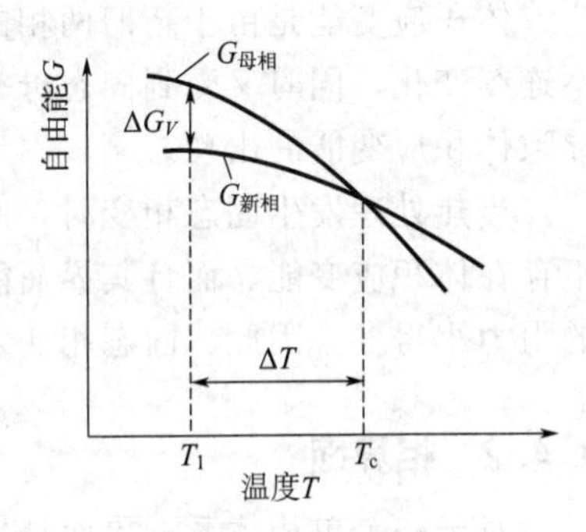

图 1-4　新相与母相的自由能随温度变化

如果新相与母相成分完全一致，例如同素异构转变、马氏体相变等，则在低于 T_c 的某一温度，相变驱动力直接可以表示为同成分（c^0）的两相自由能差 ΔG_V，如图 1-5 (a) 所示。

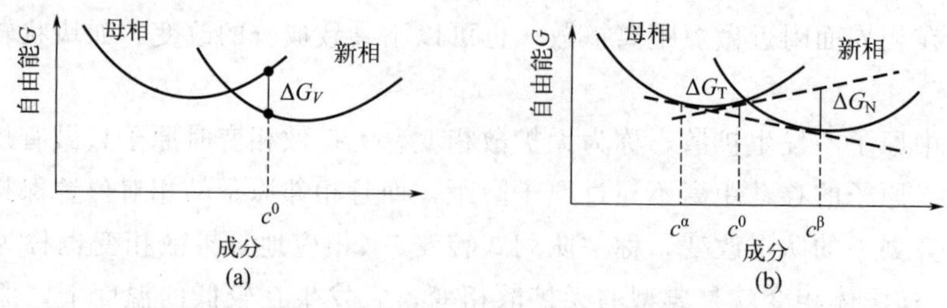

图 1-5 无成分变化和有成分变化的沉淀析出相变的相变驱动力示意图

对于有成分变化的沉淀析出型固态相变，相变驱动力的计算则比较复杂，如图 1-5（b）所示。相变前母相 α 的成分为 c^0，当发生相变，形成 β 相并且相变达到平衡状态时，母相成分为变为 c^α，新相成分为 c^β，其相变驱动力为 ΔG_T，称为总相变驱动力。但在相变刚刚开始时，母相成分基本保持原始状态（c^0），新相成分为 c^β，其相变驱动力为 ΔG_N，称为形核驱动力。可见相变的形核驱动力远远大于总相变驱动力，随着新相的长大和母相成分逐渐趋于平衡，相变的驱动力逐渐减小，最后达到平衡态。

实际上，当温度 $T<T_c$ 时，母相并不能马上发生相变，因为固态相变必须克服一个相当大的阻力，往往需要低于 T_c 温度一定程度（图 1-4 中的 ΔT）才能发生，ΔT 称为过冷度。

（2）相变阻力

固态相变的阻力来自新相与母相基体间形成界面所增加的界面能，以及两相体积差所导致的弹性应变能。因此在相变过程中，总的自由能变化为：

$$\Delta G=-V\Delta G_V+\sum_i A_i\sigma_i+V\Delta G_S \tag{1-12}$$

式中，ΔG_V 是新相与母相的体积自由能差（驱动力），A_i 是第 i 个界面的面积，σ_i 是相应的界面能，ΔG_S 为产生单位体积新相所引起的应变能。

界面能是指在恒温恒压条件下增加单位界面（或表面）体系内能的增量。界面能由化学能和结构能两部分组成，化学能是形成界面时由于界面上化学键的种类和数量的变化引起的，结构能是界面原子晶体结构或者点阵常数不匹配，原子间距变化形成位错所引起的。在错配度较小时，可以把这两部分能量直接相加得到总界面能。由于在金属相界面上存在位错、空位等晶体缺陷，这些原子排列的不规则性将导致界面能的升高。

体积应变能是由于新旧两相的比容不同所产生的。在一级相变发生时，将伴随着体积的不连续变化，同时又受到固态母相的约束，因此新相与母相之间必将产生弹性应变和应力，导致体积应变能的出现。

当热处理发生固态相变时，所产生的阻力较大。相比之下，母相为气相和液相时，由于不存在体积应变能，而且其界面能也比固相之间的界面能小得多，所以相变阻力比固态相变的阻力小得多。因此，固态相变发生时所需要的过冷度大。

1.4.2 相界面

对于一个单相体系，界面是指晶粒与晶粒之间的接触面；对于多相体系，界面既有同一相的晶粒界面，又有不同相的相界面。在研究固态相变时所说的界面，往往指相界面。

新相与母相在晶体结构或者点阵常数上通常存在一定的差别，一般以错配度（$\delta=\Delta a/a$）

表示这种差别的大小。由于错配度的不同，新相与母相的界面原子的排列方式也往往不同。可以分为三种类型，即共格界面、半共格界面和非共格界面，如图 1-6 所示[13]。

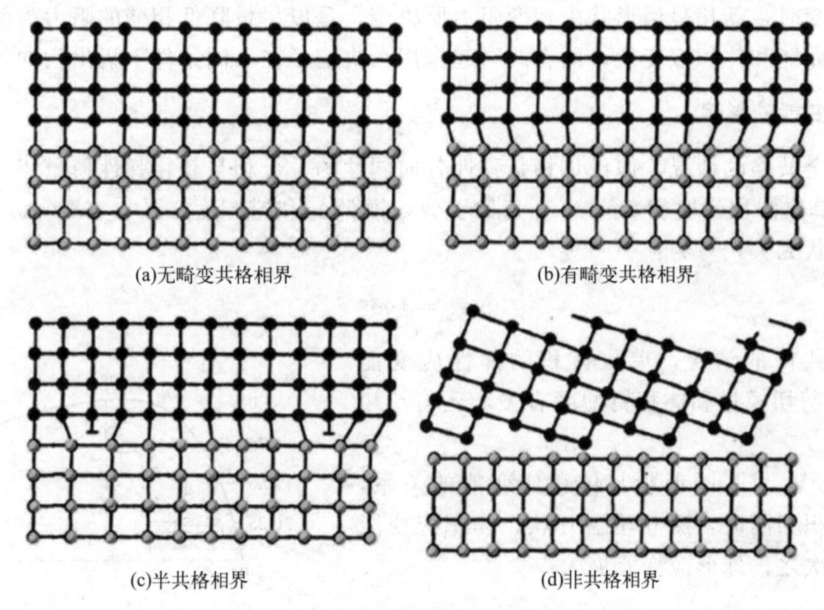

图 1-6　各类界面原子排列示意图

(1) 共格界面

共格界面上的原子完全位于两个相的晶格结点上，具有一一对应的关系。一般认为，新相与母相的晶格错配度小于 5%，而且新相与母相的晶体结构和取向都相同时，可以形成完全共格的界面。但由于错配度的不同，会呈现无畸变共格界面和有畸变共格界面［如图 1-6 (a)、(b)］。一般共格界面并不多见，而且大多数共格界面只存在于新相形核的初期，当新相长大到一定程度后就很难维持了。

(2) 半共格界面

半共格界面是指由于新相与母相的晶格错配度较大（超过 5%时），界面原子不能维持一一对应的关系，在界面上只有部分原子能够依靠弹性畸变保持匹配，在不能匹配的位置将形成刃型位错［如图 1-6 (c)］。这些规则排列的位错可抵消晶格的错配，称为错配位错。大多数合金中的相界面属于半共格界面。

(3) 非共格界面

非共格界面是指当新相与母相的晶格错配度超过 25%时，界面两侧原子不再保持匹配关系。非共格界面两侧原子排列差别很大，不存在任何对应的关系，类似于大角度的晶界［如图 1-6 (d)］。

以上三种界面中，共格界面能最低（0.05～0.2J/m^2），界面稳定，不容易移动；半共格界面能次之（0.2～0.8J/m^2），非共格界面能最高（0.8～2.5J/m^2），界面不稳定，容易发生移动。而弹性应变能则往往相反，对于共格界面，新相为了保持与母相共格关系，会产生晶格畸变，所以其弹性应变能最高，而非共格界面则最低。

1.4.3 新相的形状

固态相变时，新相呈何形状由相变阻力所决定，是以尽量降低相变的阻力为前提。相变阻力包括界面能和体积应变能，两者共同起作用，决定了在不同条件下析出物的各种形状。

（1）应变能的影响

对于完全共格的情况，假设母相是弹性各向同性的，母相与新相弹性模量相等，泊松比为 1/3，则单位体积弹性应变能 ΔG_S 正比于剪切模量 μ 和错配度 δ 平方（$\delta=\Delta a/a$），与新相的析出形状无关，写为：

$$\Delta G_S = 4\mu\delta^2 \tag{1-13}$$

对于非共格的情况，单位体积的弹性应变能 ΔG_S 不仅与剪切模量和体积错配度有关，还与新相的形状有关。

图 1-7 所示为不同形状与体积应变能的关系。可见，在体积相同时，新相呈盘片状，体积应变能最小，针状次之，球形应变能最大。

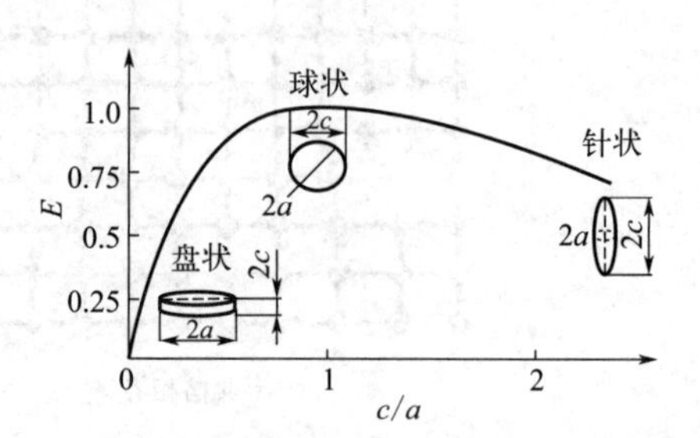

图 1-7 非共格沉淀相的弹性能 E 与形状因子 c/a 的关系（c 为椭球体的长轴、a 为椭球体的短轴）

（2）界面能的影响

界面能的大小对新相的形核、长大以及转变后的组织形态有很大影响。与体积应变能与形状的关系相反，界面面积与形状的关系为：体积相同时球形面积最小，其次是针状，最大是盘状，界面能也相应递增。

若新相具有和母相相同的点阵结构和近似的点阵常数，则新相可以与母相形成低能量的共格界面，此时，新相将呈针状，以保持共格界面，使界面能保持最低。

如新相与母相的晶体结构不同，这时新相将与母相可能只存在一个共格或半共格界面，而其它面则是高能的非共格界面。为了降低能量，新相的形态呈圆盘状。圆盘面为共格界面，而圆盘的边为非共格界面。

对于非共格新相，所有的界面都是高能界面，因此其平衡形状大致为球形。

为了尽量降低相变的阻力，新相长大过程中，界面能和应变能的综合作用（两者之和最小）决定了新相与母相界面的共格或者非共格状态。一般新相很小时，界面能起主要作用，新相趋向于与母相共格，以降低能量；当球状新相长大到一个临界半径 r^* 时，体积应变能起主要作用，界面将失去共格。如果错配度很小，则会形成半共格的界面。

1.4.4 新相与母相的位向关系和惯习面

（1）位向关系

新相与母相的原子取向排列一般不是无规则的任意取向，而是呈特定的相互关系。为了降低界面能量，新相与母相通常以低指数的、原子密度大且匹配较好的晶面彼此平行，构成一定取向关系的界面。而且，两相的密排方向也尽量平行。例如钢中的奥氏体 γ（面心立方）/铁素体 α（体心立方）界面，通常具有这个特征（即 K-S 关系）：

$$\{111\}_{\gamma}//\{110\}_{\alpha}, \langle 110 \rangle_{\gamma}//\langle 111 \rangle_{\alpha} \tag{1-14}$$

两相之间的这种晶体学上的对应关系，通常称为位向关系。当两相界面为共格或者半共格时，新相与母相必然具有一定的位向关系；但存在一定晶体学位向关系的新相和母相却不一定能保持共格或者半共格的界面。如果两相无位向关系，则界面常常为非共格界面。

（2）惯习面

为了维持界面上的尽量好的原子匹配，以降低界面能，减少形核和长大的阻力，新相往往在母相的一定晶面上形成。母相中的这个晶面称为惯习面。惯习面一般为母相中能量最低、原子排列最密的低指数晶面，例如在低碳钢中，马氏体板条析出的惯习面是奥氏体的{111}。

1.4.5 固态相变的其它特点

固态相变的特点除了上述相变阻力大、存在不同类型的相界面、新相呈特定的形状等以外，还有以下特点。

（1）原子迁移率低，多数相变受扩散控制

固态金属中原子扩散速率远远低于气态和液态。即使在熔点附近，固体原子的扩散系数也仅为液体原子扩散系数的万分之一左右（固态金属扩散系数为 $10^{-11} \sim 10^{-12} cm^2/s$，液态金属为 $10^{-7} cm^2/s$）。实际上固态相变发生的温度常常远低于熔点温度，所以扩散系数更小。因此原子的迁移率低，扩散型相变的速度较慢。

（2）相变时形成过渡相

过渡相也称中间亚稳相，是指成分或结构（或者成分/结构）处于新相与母相之间的一种亚稳状态的相。固态相变时，有时新相与母相在成分、结构上差别较大，因此相变阻力较大，故形成过渡相便成为减少相变阻力的重要途径之一。这是因为过渡相在成分、结构上更接近于母相，两相间易于形成共格或半共格界面，以减少界面能，从而降低形核功，使形核易于进行。但是过渡相的自由能高于平衡相，故在一定条件下仍有继续转变为平衡相的可能。例如 Al-4%Cu 合金，过饱和固溶体在时效时，先转变为过渡相 θ'' 和 θ'，最终才转变为稳定相 θ（$CuAl_2$）。

（3）非均匀形核

非均匀形核是指相变时在母相中的缺陷处形核。与液态金属不同，固态金属中存在多种晶体缺陷，如位错、空位、堆垛层错、晶界和亚晶界、夹杂物等，这些位置的晶体点阵存在畸变，储存着畸变能，从而增大了母相局部的自由能，因此新相往往在这些缺陷处形核。这一方面可使缺陷消失，同时释放一部分储存的畸变能，使激活能的势垒大大降低。因此与完整的晶体结构相比较，这些缺陷都是有利的形核位置，形核所需要的能量降低。

1.5 固态相变的形核和长大

绝大多数固态相变都是通过形核与长大过程完成的。形核过程往往是先在母相基体的某些微小区域内形成新相的成分与结构，称为核胚，若这种核胚的尺寸超过某一临界尺寸，便能稳定存在并自发长大，即成为新相晶核。若晶核在母相基体中任意均匀分布，称为均匀形核，而若晶核在母相基体中某些区域择优地分布，则为非均匀形核[14]。在固态相变中均匀形核的可能性很小，但有关它的理论却是讨论非均匀形核的基础。

1.5.1 均匀形核

对于在母相完整晶格位置上的均匀形核，假设新相核心是半径为 r 的球，而且界面能和应变能是各向同性的，则式（1-12）中自由能 $\Delta G_{均匀}$ 与半径 r 的关系可以写成［如图 1-8（a）所示］：

$$\Delta G_{均匀}=-\frac{4}{3}\pi r^3\Delta G_V+4\pi r^2\sigma+\frac{4}{3}\pi r^3\Delta G_S \tag{1-15}$$

临界晶核的半径 r^* 必须满足：

$$\frac{\partial \Delta G_{均匀}}{\partial r}=0 \tag{1-16}$$

则可以得到：

$$r^*=\frac{2\sigma}{\Delta G_V-\Delta G_S} \tag{1-17}$$

$$\Delta G^*_{均匀}=\frac{16\pi\sigma^3}{3(\Delta G_V-\Delta G_S)^2} \tag{1-18}$$

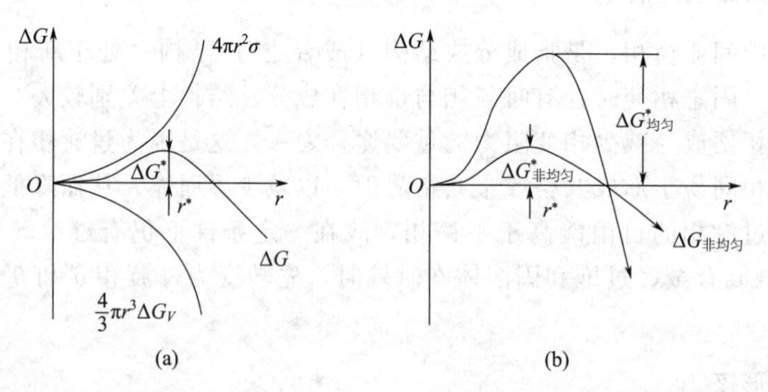

图 1-8　均匀形核与非均匀形核条件下自由能变化与新相核胚半径的关系

(a) 均匀形核；(b) 均匀形核与非均匀形核

其物理意义是，新相核胚的原子团半径（r）必须大于临界半径（r^*），系统才能克服势垒（$\Delta G_{均匀}$）的阻碍，新相的核胚才能继续长大，完成形核过程。

1.5.2 非均匀形核

由于固体中大量缺陷的存在，非均匀形核是普遍存在的，形核的位置有空位、位错、界面等，从而可以使形核所要克服的势垒大大降低，表示为 $\Delta G_{非均匀}$，如图 1-8（b）所示。

空位可通过加速扩散过程或释放自身能量提供形核驱动力而促进形核。

位错可通过多种形式促进形核：①新相在位错线上形核，可借形核处位错线消失时所释放出来的能量作为相变驱动力，以降低形核功；②新相形核时位错并不消失，而依附于新相界面上构成半共格界面上的位错部分，以补偿错配，从而降低应变能，使形核功降低；③溶质原子在位错线上偏聚（形成柯氏气团），使溶质含量增高，便于满足新相形成时所需的成分条件，使新相晶核易于形成；④位错线可作为扩散的短路通道，降低扩散激活能，从而加速形核过程；⑤位错可分解形成由两个分位错与其间的层错组成的扩展位错，使其层错部分作为新相的核胚而有利于形核。

晶界具有高的界面能，在晶界形核时可使界面能释放出来作为相变驱动力，以降低形核功。因此，固态相变时晶界往往是主要形核位置。晶界形核时，新相与母相的某一个晶粒有可能形成共格或半共格界面，以降低界面能，减少形核功。这时共格的一侧往往呈平直界面，新相与母相间具有一定的取向关系。但大角晶界两侧的晶粒通常无对称关系，故晶核一般不可能同时与两侧晶界都保持共格关系，而是一侧为共格，另一侧为非共格。为了降低界面能，非共格一侧往往呈球冠状。晶界形核可以进一步细分为晶面形核（两个晶粒的交面）、晶边形核（三个晶粒的交边）和晶隅形核（四个晶粒的交点）。

如果将各种可能的形核位置按照形核从难到易的程度排序，大体如下：均匀形核，空位形核，位错形核（刃位错比螺位错容易），堆垛层错，晶界形核（晶面、晶边、晶隅由难到易），相界形核（与相界面能和相界成分关系很大），自由表面。[15]

1.5.3 晶核的长大

新相形核之后，便开始晶核的长大过程。新相晶核的长大，实质上是界面向母相方向的迁移。固态相变类型和晶核界面结构的不同，其晶核长大机理也不同。

依固态相变类型，界面迁移有些需要通过原子在母相中长程扩散，有些则只需要短程扩散甚至完全不需要扩散。如共析转变、脱溶转变、贝氏体转变等，由于其新相、母相的成分不同，新相晶核的长大必须依赖于溶质原子在母相中作长程扩散，使相界面附近的成分符合新相的成分要求；而同素异构转变、马氏体相变等，其新的原子只需作短程扩散，甚至完全不需扩散亦可使新相晶核长大。

依晶核界面结构，如前所述有共格界面、半共格界面、非共格界面。在实际合金中，新相晶核的界面结构出现完全共格的情况极少，通常所见的大都是半共格和非共格两种界面。这两种界面有着不同的迁移机理。

(1) 半共格界面的迁移

例如马氏体相变，其晶核的长大是通过半共格界面上靠母相一侧的原子以切变的方式来完成的，其特点是大量的原子有规则地沿其一方向作小于一个原子间距的迁移，并保持各原子间原有的相邻关系不变。这种晶核长大过程也称协同型长大或位移式长大[16]。由于该相变中原子的迁移都小于一个原子间距，因此为无扩散相变。

除上述切变机理外，人们还对晶核长大过程提出了另一设想，即认为通过半共格界面上界面位错的运动，可使界面作法向迁移，从而实现晶核长大。

界面的可能结构如图 1-9（a）所示。其中图 1-9（a）为平界面，即界面位错处于同一平面上，其刃型位错的柏氏矢量 $\boldsymbol{b}$ 平行于界面。在此情况下，若界面沿法线方向迁移，这些界面位错就必须攀移才能随界面移动，这在无外力作用或无足够高的温度下是难以实现的。但若呈图 1-9（b）所示的阶梯界面时，其界面位错分布于各个阶梯状界面上，这就相当于刃

型位错的柏氏矢量 $\boldsymbol{b}$ 与界面呈某一角度。这样，位错的滑移运动就可使台阶发生侧向迁移，从而造成界面沿其法向推进，如图 1-10 所示。这种晶核长大方式称为台阶式长大。

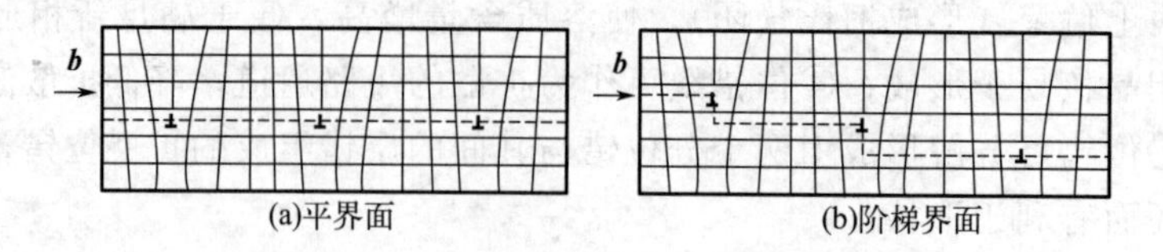

图 1-9　半共格界面的可能结构

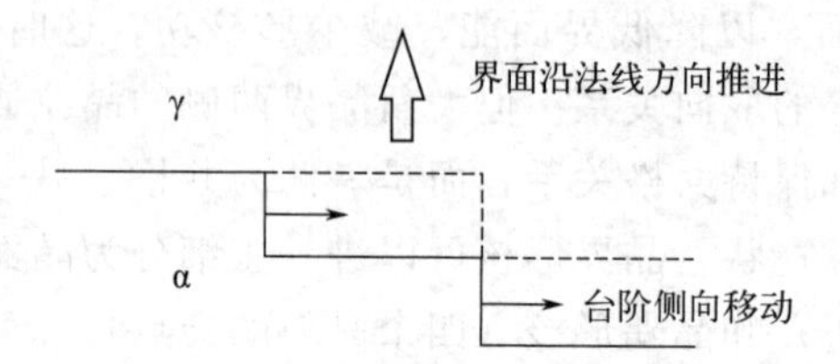

图 1-10　晶核按台阶式长大示意

（2）非共格界面的迁移

在许多情况下，晶核与母相间呈非共格界面。这种界面处原子排列紊乱，形成一无规则排列的过渡薄层［如图 1-11（a）］，界面上原子移动的步调不是协同的，亦即原子的移动无一定的先后顺序，相对位移距离不等，其相邻关系也可能变化。随母相原子不断地以非协同方式向新相中转移，界面便沿其法向推进，从而使新相逐渐长大，这就是非协同型长大。但是也有人认为，在非共格界面的微观区域中，也可能呈现台阶状结构［如图 1-11（b）］。这种台阶平面是原子排列最密的晶面，台阶高度约相当于一个原子层，通过原子从母相台阶端部向新相台阶上转移，便使新相台阶发生侧向移动，从而引起界面推进，使新相长大。由于这种非共格界面的迁移是通过界面扩散进行的，而不论相变时新相与母相的成分是否相同，因此这种相变为扩散型相变。

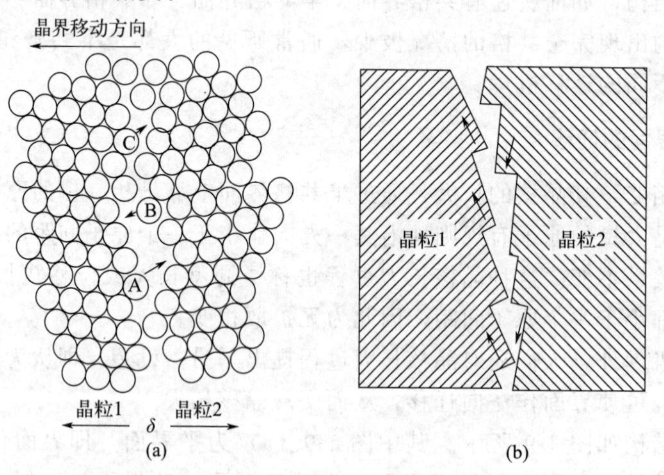

图 1-11　非共格界面的可能结构示意[17]

（a）原子不规则排列的过渡薄层；（b）台阶状非共格界面

习题

1-1　外界条件发生什么改变时可能引起合金发生固态相变？可以从哪些方面开展研究提高其性能？

1-2　固态相变有哪些分类方法？分别有什么相变？

1-3　什么是平衡相变和非平衡相变？试举出几种典型的固态平衡相变和非平衡相变例子。

1-4　固态相变有哪些主要特征？哪些因素构成相变阻力？哪些因素为相变驱动力？

1-5　固态相变与液固相变相比有何特点？为何其阻力大？

1-6　什么是固态相变的均匀形核和非均匀形核？请比较两者形核率的大小。

1-7　固态相变时，形成新相的形状与过冷度大小有何关系？

1-8　金属热处理与相变有何关系？有哪些常用的方法？

1-9　材料研究四要素指哪些？如何理解它们之间的相互关系？举例说明。

1-10　固态界面有哪些种类？各有何特点？

1-11　固态相变时新相的形状由什么因素决定？如何影响？

参考文献

[1] Lu K. The future of metals[J]. Science，2010，328：319-320.

[2] Ashby M F. Materials Selection in Mechanical Design[M]. ed. 3. Elsevier，Oxford，2005.

[3] Novikov I. Theory of Heat Treatment of Metals[M]. Moscow：Mir Pub，1978.

[4] Tylecote R F. A History of Metallurgy[M]. London：The Metals Society，1976.

[5] 苏荣誉，华觉明，李克敏，等. 中国上古金属技术[M]. 济南：山东科学技术出版社，1995.

[6] WorldAutoSteel. A new global formability diagram[DB/OL]. https://ahssinsights. org/blog/a-new-global-formability-diagram/，2021.

[7] 孙慎宏. 控轧空冷及其作用分析[J]. 特钢技术，2015，4：24-27.

[8] Sadovskiy V D，Rodigin N M，Smirnov L V，et al. The question of the influence of magnetic field on martensitic transformation in steel[J]. Fizika Metallovi Metallovedenie，1961，12(2)：131-133.

[9] Kakeshita T，Shimizu K，Funada S，et al. Composition dependence of magnetic field-induced martensitic transformations in Fe-Ni alloys[J]. Acta Metallurgica，1985，33(8)：1381-1389.

[10] 王强，赫冀成. 强磁场材料科学[M]. 北京：科学出版社，2014.

[11] 张伟强. 固态金属及合金中的相变[M]. 北京：国防工业出版社，2016.

[12] 赵乃勤，杨志刚，冯运莉，等. 合金固态相变[M]. 长沙：中南大学出版社，2008.

[13] 潘金生，仝建民，田民波. 材料科学基础[M]. 北京：清华大学出版社，1998.

[14] 胡赓祥，钱苗根. 金属学原理[M]. 上海：上海科学技术出版社，1980.

[15] 蔡珣. 材料科学与工程基础[M]. 上海：上海交通大学出版社，2010.

[16] 刘宗昌，袁泽喜，刘永长. 固态相变[M]. 北京：机械工业出版社，2010.

[17] 陆兴. 热处理工程基础[M]. 北京：机械工业出版社，2006.

第 2 章

合金固态相变的常用研究方法

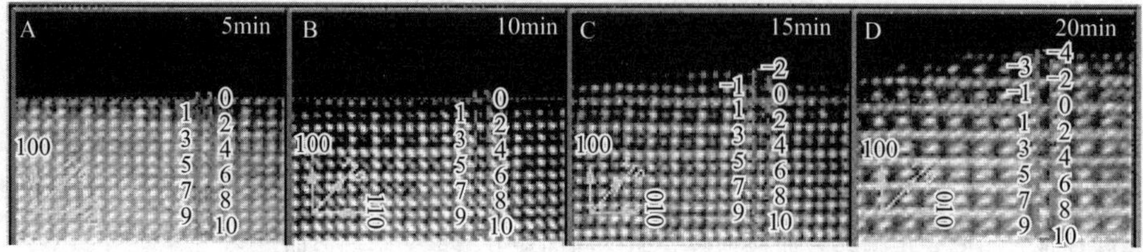

HAADF-STEM（high angle angular dark field-scanning transmission electron microscopy）模式下，加热温度为 700℃，原位观测 Pt_3Co 纳米晶的表面（100）逐层有序化过程

借助先进的电子显微技术，已经能够观察到材料在相变过程中原子位置的变化。上图为加热到 700℃时 Pt_3Co 纳米晶的表面原子逐层有序化过程，你能看出相变前后结构的变化吗？你知道这是哪种仪器拍摄的图像吗？这种仪器的工作原理是什么？你知道还有哪些技术能够用来研究固态相变吗？

 引言与导读

固态相变是材料微观结构发生变化的过程，涉及变化前后的组织特征和相变过程中的组织演变。研究固态相变的关键是揭示其机理和特征，包括组织形态、相组成及相变对性能的影响。深入了解这些方面不仅对于材料工程应用具有重要意义，也有助于推动基础科学研究取得进展。在对合金固态相变进行研究时，需要使用多种手段来分析材料的组织结构（物相种类、含量、形态、分布等）、相成分以及相变过程。

物相种类分析是指对材料中含有多少种物相，各种物相的结构及原子排列的规律，以及各种物相的含量的分析。分析物相类型的手段有 X 射线衍射、电子衍射及中子衍射等。其共同的原理是：利用电磁波或运动电子束、中子束等与材料内部规则排列的原子作用产生相干散射，获得材料内部原子排列的信息，从而鉴定出物质的结构。

对于组织形态等的观察研究，可以利用传统的光学显微镜、扫描电子显微镜和透射电子显微镜。后两种手段还可以进行相成分和界面结构的研究。

相变过程的研究可以提供重要的结构转变信息，对于控制材料的合成和组织转变具有重要的作用，常见的分析手段包括热分析法、电阻分析法和磁性分析法、原位金相法等。随着测试技术的发展，可以在实时在线条件下跟踪记录相变过程中的微观结构演变。这些技术能够提供详细的时间序列信息，揭示相变的动力学行为和反应机制。计算模拟方法可以辅助研究合金固态相变中的原子迁移、晶体结构演化和相界面动力学等过程。

本章对这些方法的概要介绍，旨在使读者了解可选用何种方法、哪些方法结合可以对固态相变结果和相变过程展开深入研究，以揭示固态相变的本质。

本章学习目标

- 了解物相种类分析可采用的手段，其基本分析方法和可以获得的相变信息。
- 了解微观结构的分析方法，不同方法的特点。
- 了解研究固态相变过程时，可以通过哪些方法获得何种信息。
- 了解动态微观结构分析方法及其在研究相变过程中的作用。
- 初步了解如何综合运用不同方法对固态相变进行分析研究。

2.1 物相种类分析

物相种类分析可以获得物相种类、数量以及各种物相的含量的信息，这种分析主要利用衍射的原理获得材料内部原子排列的信息，进而重组出物质的结构。例如，共析钢的平衡组织是由铁素体和渗碳体两相组成的，这两种物相的确定就是通过物相分析来完成的。本节首先介绍衍射的基本原理，然后介绍两种常见的物相类型分析方法：X射线衍射和电子衍射。

2.1.1 物相种类分析的原理

入射的电磁波（X射线）或物质波（电子波）与周期性的晶体物质发生作用，在空间某些方向上发生相干增强，而在其它方向上发生相干抵消，这种现象称为衍射。

由于晶体结构的周期性，可将晶体视为由许多相互平行且晶面间距相等的原子面组成，即认为晶体是由晶面指数为（hkl）的晶面堆垛而成，相邻晶面之间距离为 d_{hkl}，设一束平行的入射波（波长 λ）以 θ 角照射到（hkl）的原子面上，各原子面产生反射。

图 2-1 中 PA 和 QA' 分别为照射到相邻两个平行原子面的入射线，它们的“反射线”分别为 AP' 和 $A'Q'$（AS 为从 A 点至 QA' 的垂线，AT 为 A 点至 $A'Q'$ 的垂线），则光程差 δ 为：

$$\delta = QA'Q' - PAP' = SA' + A'T = 2d\sin\theta \tag{2-1}$$

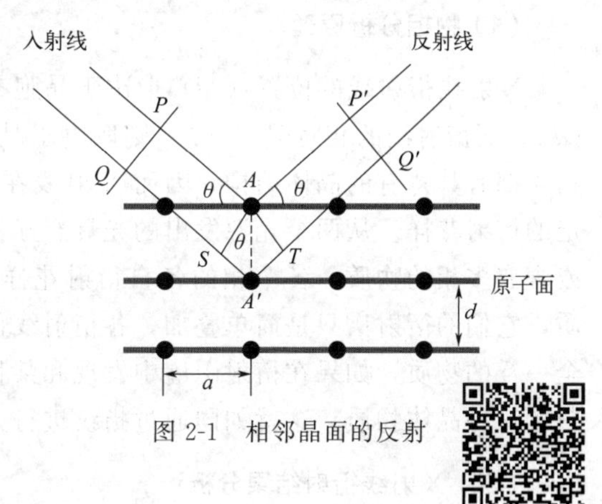

图 2-1 相邻晶面的反射

只有光程差为波长 λ 的整数倍时，相邻晶面的“反射波”才能干涉加强形成衍射线，所以产生衍射的条件为：

$$2d\sin\theta = n\lambda \tag{2-2}$$

式中，d 为晶面间距值；θ 为布拉格角或半衍射角；n 为衍射级数，$n=0,1,2,3\cdots$。

这就是著名的布拉格公式，对于确定的晶面和入射电子波长，n 越大，衍射角越大；而入射线的延长线与衍射线的交角 2θ 称为衍射角。

2.1.2 X 射线衍射分析方法

2.1.2.1 X 射线衍射仪

20 世纪 50 年代以前的 X 射线衍射分析，绝大部分是利用粉末照相法，用底片把试样的全部衍射花样同时记录下来。该方法具有设备简单、成本低廉、在样品量非常少的情况下（1mg）也可以进行分析的优点，但存在摄照时间长（几小时）、衍射强度依靠照片黑度来估计的缺点。近几十年，利用测角仪和 X 射线探测器依次测量 2θ 角处的衍射线束的强度和方向的 X 射线衍射仪法已相当普遍，目前 X 射线衍射仪广泛用于科研与生产中，并在各主要测试领域中取代了照相法。与照相法相比，衍射仪法需要约 0.5g 样品，但具有测试速度快（几十分钟）、强度测量精确度高、能与计算机联用实现分析自动化等优点。

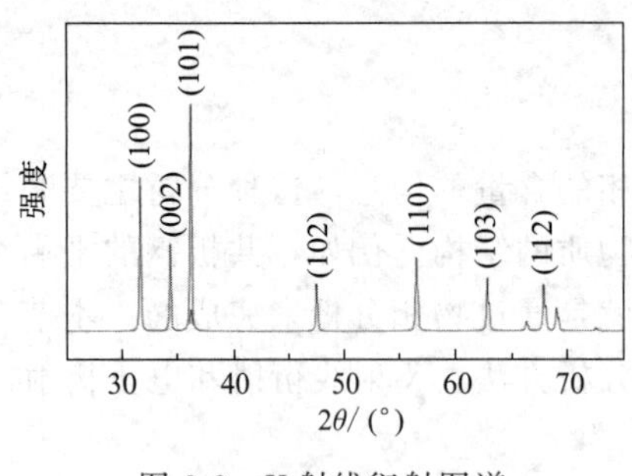

图 2-2 X 射线衍射图谱

X 射线衍射仪一般采用探测器以一定的角速度和试样以 2∶1 的关系在选定的角度范围内进行自动扫描，并将探测器的输出与计数率仪连接，获得强度-衍射角（I-2θ）图谱，图 2-2 所示为获得的图形，称为衍射图，纵坐标通常用每秒的脉冲数表示强度。从图谱中很方便看出衍射线的峰位、线形和强度，根据布拉格方程，可以方便地得到晶面间距。

2.1.2.2 XRD 物相分析方法

X 射线衍射分析通过衍射峰的峰位、峰强等的变化，可以获得固态相变后材料的物相变化、析出相结构、固溶度变化或残余应力等的变化规律，是揭示相变过程的有效手段。

（1）物相分析原理

X 射线衍射线的位置（2θ）取决于晶胞参数（晶胞形状和大小），也取决于各晶面间距（d），而衍射线的相对强度（I）则取决于晶胞内原子的种类、数目及排列方式。每种晶态物质都有其特有的晶体结构，因而 X 射线在某种晶体上的衍射必然产生带有晶体特征的特定的衍射花样。从两个光源发出的光具有互不干扰的特性，所以对于含有多种物质的混合物或含有多相的物质，各个相的各自衍射花样只是机械地叠加。即当材料中包含多种晶态物质，它们的衍射谱只是简单叠加，各衍射线位置及相对强度不变。自然界中没有衍射图谱完全一样的物质，如果在衍射图谱中发现和某种结晶物质相同的衍射花样，就可以断定试样中包含这种晶体物质，这就如同通过指纹进行人的识别一样。

（2）X 射线衍射结果分析

随着软件处理技术的发展，传统的卡片被各种软件处理方法代替，但是其分析步骤及方法还是一致的。Jade 是用于处理 X 射线衍射数据的常用软件之一。除基本的如显示图谱、打印图谱、数据平滑等功能外，主要功能有物相检索、结构精修、晶粒大小和微观应变计算等许多功能。Jade 的物相检索功能是非常强大的，通过软件基本上能检索出样品中全部物相。物相检索的步骤包括：

① 给出检索条件，包括检索子库（有机还是无机、矿物还是金属等）、样品中可能存在的元素等。

② 计算机按照给定的检索条件进行检索，将最可能存在的前100种物相进行列表。

③ 从列表中检定出一定存在的物相（人工完成）。

一般来说，判断一个物相的存在与否有三个条件：

a. 标准卡片中的峰位与测量峰的峰位是否匹配。

b. 标准卡片的峰强比与样品峰的峰强比要大致相同。

c. 检索出来的物相包含的元素在样品中必须存在。

在对样品无任何已知信息的情况下可试着使用无限制检索。无限制检索就是对图谱不作任何处理、不规定检索卡片库、也不作元素限定、检索对象选择为主相。检索出样品中的主要物相，进而通过检索出来的主要物相了解样品中元素的组成。另外，在考虑样品受到污染、反应不完全的情况可试探样品中是否存在未知的元素。但是，这种方法不可能检索出全部物相，并且检索结果可能与实际存在的物相偏差较大，需要其它实验作进一步证实。

2.1.3 电子衍射分析方法

除了X射线衍射以外，电子衍射也是物相分析的一种重要手段。电子衍射的专用设备为电子衍射仪，但随着透射电子显微镜的发展，电子衍射分析多在透射电子显微镜上进行。

透射电子显微镜是以波长很短的电子束作照明源，用电磁透镜聚焦成像的一种具有高分辨本领、高放大倍数的电子光学仪器。它同时具备两大功能：物相分析和组织结构分析，物相分析是利用电子和晶体物质作用可以发生衍射的特点，获得物相的衍射花样。

2.1.3.1 透射电子显微镜的工作原理——阿贝成像原理

德国物理学家阿贝最先用光的衍射相干涉理论解释了透射显微镜的成像过程，简要介绍如下。

图2-3表示一个物镜成像系统，入射光是一束准平行相干光，样品是一个具有二维周期性结构的网格，图中仅显示一维的情况。光线通过细小的网孔时要发生衍射，衍射光线向各个方向传播，其中凡是光程差满足 $\delta=\frac{\lambda}{2}(2n+1)$，$n=0$，1，2…的，互相削弱；凡是光程差满足 $\delta=k\lambda$，$k=0$，1，2…的互相加强。同一方向的衍射光则成为平行光束，通过物镜在后焦面上会聚。这样在物镜的后焦面上就产生了一个衍射花样，在波动光学中称为夫朗和费衍射花样。当 $k=0$ 时，光程差为0，这部分光未发生衍射偏转，称为直射光，其相干最大值称为0级衍射斑点。$k=1$，2，3…的相干图样分别称为1级、2级、3级衍射斑点。衍射花样上的某个衍射斑点是由不同物点的同级衍射光相干加强形成的；同一物点上的光由于衍射分解，对许多衍射斑点有贡献。从同一物点发出的各级衍射光，在产生相应的衍射斑点后继续传播，在像平面上又相互干涉，形成图像，这个图像就是物像。

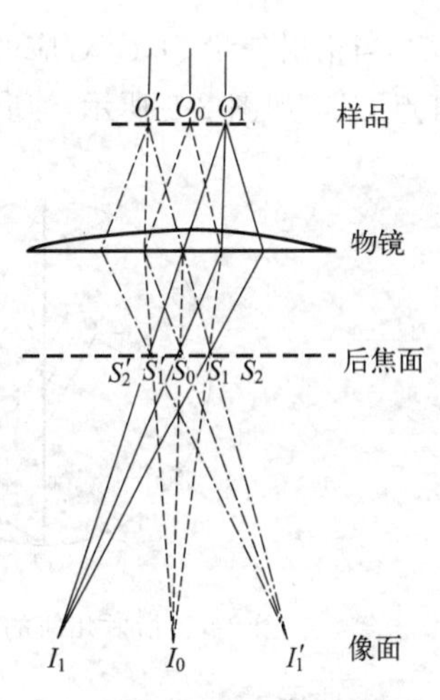

图2-3 光线经过周期性结构的物体时的衍射现象

综上所述，阿贝成像原理可以简单地描述为两次干涉作用：平行光束受到有周期性特征物体的散射作用形成衍射谱，各级衍射波通过干涉重新在像平面上形成反映物的特征的像。

根据布拉格公式，$\lambda/2d=\sin\theta\leqslant 1$，即 $d\geqslant\lambda/2$，只有晶面间距大于 $\lambda/2$ 的晶面才能产生衍射。一般的晶体晶面间距与原子直径在一个数量级，即纳米级别，光学显微镜显然无法满足这种要求，因此无法对晶体的结构进行分析，只能进行低分辨率的形貌观察。而透射电镜的电子束波长很短，完全满足晶体衍射的要求，如 200kV 加速电压下电子束波长为 0.0251Å。因此根据阿贝成像原理，在电磁透镜的后焦面上可以获得晶体的衍射谱，故透射电子显微镜可以做物相分析；在物镜的像面上形成反映样品特征的形貌像，故透射电镜可以做组织分析。

2.1.3.2 电子衍射物相分析

（1）电子衍射花样的形成

将布拉格方程改写为：

$$\frac{1}{d}=\frac{2}{\lambda}\sin\theta \tag{2-3}$$

这样电子束（λ）、晶体（d）及其取向关系可以用作图的方式表示，如图 2-4 所示。

如果 AO 为电子束的入射方向，$\overline{AO}=2/\lambda$，如果以 AO 的中点 O_1 为球心作一个球面，该球称为厄瓦尔德球或衍射球，反映着入射波的信息。O_1G 为晶面间距为 d 的晶面的衍射矢量。

由于 AO 为球的直径，与之相对的角$\angle OGA$ 为直角，$\triangle AOG$ 为直角三角形，所以：

$$OG=\overline{OA}\sin\theta=\frac{2}{\lambda}\sin\theta \tag{2-4}$$

对照式（2-3）和式（2-4），可以发现 OG 的长度恰好为可以参与衍射的晶面间距的倒数，$\overline{OG}=\dfrac{1}{d_{\mathrm{hkl}}}$。

当衍射矢量 O_1G 对应的衍射线继续前进，与底片（或荧光屏）相交时，形成一个衍射斑点 G'，如图 2-5 所示，所有参与衍射晶面的衍射斑点构成了一张电子衍射花样。

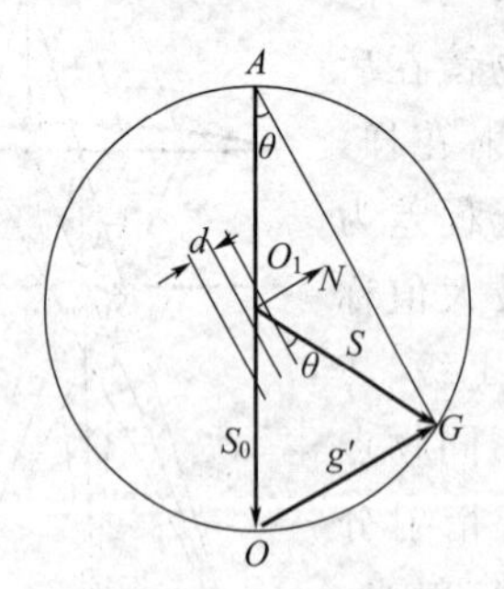

图 2-4　衍射几何的厄瓦尔德图解

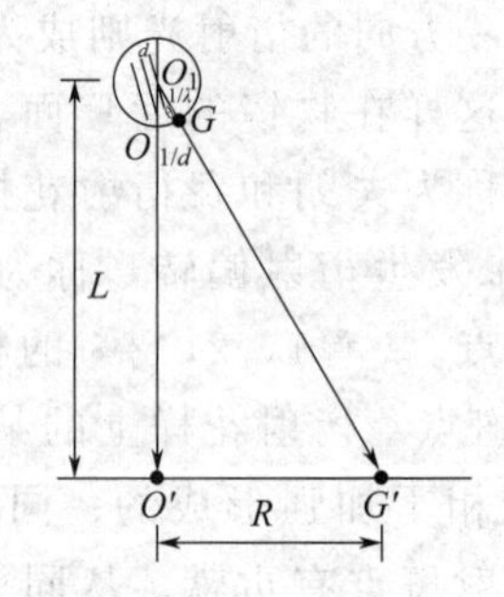

图 2-5　电子衍射的基本公式图解

根据图 2-5，可以方便地推导建立起衍射花样与晶面间距的关系。

图中，O'是荧光屏上的透射斑点，G'是衍射斑点。衍射球的曲率很大，这里只是一个近似的画法。如上所述，由于电子束波长很短，衍射球的半径很大，衍射球面非常接近平面，近似地，$OG \perp O_1O$，所以$\triangle O_1OG$和$\triangle O_1O'G'$都是直角三角形，且共用一个顶角，故为相似三角形。

$$\frac{O_1O}{O_1O'}=\frac{OG}{O'G'} \tag{2-5}$$

将它们的长度值代入上式，$\frac{1/\lambda}{L}=\frac{1/d}{R}$，即

$$Rd=L\lambda \tag{2-6}$$

这就是电子衍射的基本公式，在恒定的实验条件下，$L\lambda$是一个常数，称为衍射常数或相机常数，已知$L\lambda$，可由R值求出d值。因此可以根据衍射谱求出晶面间距及某些晶面的夹角，这是利用电子衍射谱进行结构分析的基本原理。

（2）各种结构的衍射花样

材料的晶体结构不同，其电子衍射图中存在明显的差异。

① 单晶体的衍射花样　单晶材料的衍射斑点形成规则的二维网格形状，如图2-6为不同电子束入射方向的c-ZrO_2衍射斑点。衍射花样与二维倒易点阵平面上倒易阵点的分布是相同的；电子衍射图的对称性可以用一个二维倒易点阵平面的对称性加以解释。随着与电子束入射方向平行的晶体取向不同，其与衍射球相交得到的二维倒易点阵不同，因此衍射花样也不同。

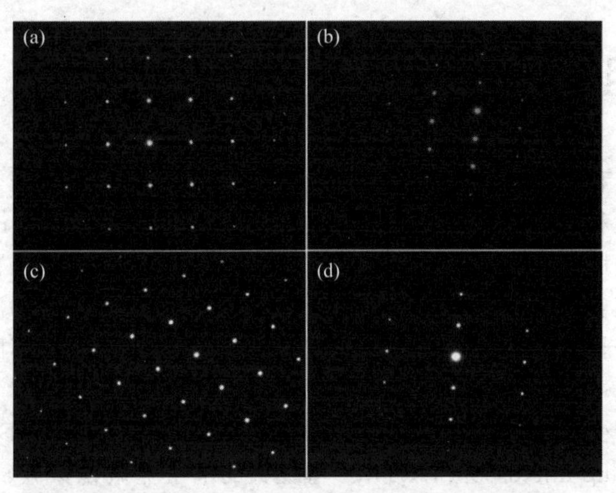

图2-6　不同入射方向的c-ZrO_2电子衍射花样

(a)［001］；(b)［013］；(c)［011］；(d)［012］

② 多晶材料的电子衍射　如果晶粒尺度很小，且晶粒的结晶学取向在三维空间是随机分布的，任意晶面族｛hkl｝对应的倒易阵点在倒易空间中的分布是等概率的，形成以倒易原点为中心，｛hkl｝晶面间距的倒数为半径的倒易球面。无论电子束沿任何方向入射，｛hkl｝倒易球面与反射球面相交的轨迹都是一个圆环形，由此产生的衍射束为圆形环线。所以多晶的衍射花样是一系列同心的环，环半径正比于相应的晶面间距的倒数，如图2-7（a）所示。当晶粒尺寸较大时，参与衍射的晶粒数减少，使得这些倒易球面不再连续，衍射花样

为同心圆弧线或衍射斑点，如图 2-7（b）所示。

③ 非晶态物质衍射　非晶态结构物质的特点是短程有序、长程无序，即每个原子的近邻原子的排列仍具有一定的规律，仍然较好地保留着相应晶态结构中所存在的近邻配位情况；但非晶态材料中原子团形成的这些多面体在空间的取向是随机分布的，非晶的结构不再具有平移周期性，因此也不再有点阵和单胞。由于单个原子团或多面体中的原子只有近邻关系，反映到倒空间也只有对应这种原子近邻距离的一或两个倒易球面。反射球面与它们相交得到的轨迹都是一个或两个半径恒定的，并且以倒易点阵原点为中心的同心圆环。由于单个原子团或多面体的尺度非常小，其中包含的原子数目非常少，倒易球面也远比多晶材料厚。所以，非晶态材料的电子衍射图只含有一个或两个非常弥散的衍射环，如图 2-8 所示。

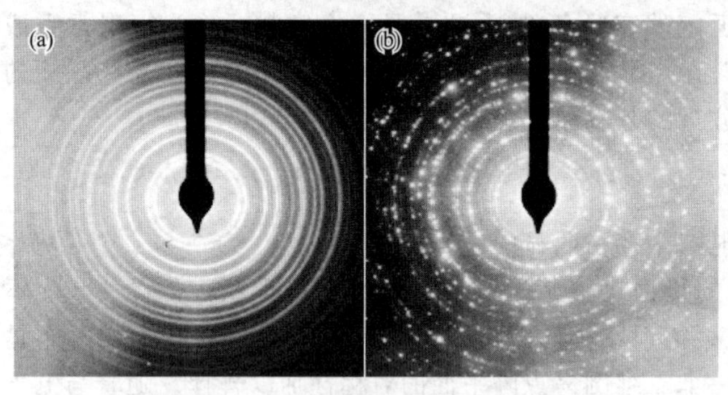

图 2-7　NiFe 多晶纳米薄膜电子衍射

（a）晶粒细小的薄膜；（b）晶粒较大的薄膜[1]

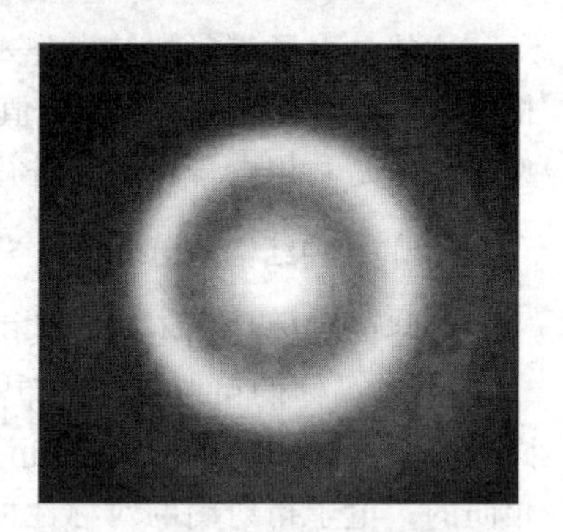

图 2-8　典型的非晶衍射花样

2.2 微观组织分析

微观结构的观察和分析对于理解材料的性质至关重要。其中对于合金的组织观察主要的手段包括光学显微镜和电子显微镜。光学显微镜的最高分辨率为 0.2μm，比人眼的分辨率提高了 500 倍。经过抛光腐蚀后可以看到不同金属或合金的晶粒大小及特点，从而判断其性能及其形成条件。随着光电子技术发展，采用电子束来代替光，减小的波长显著提升了分辨率，衍生出扫描电子显微镜和透射电子显微镜等电子显微镜。二者以不同的方式来观察材料的组织结构。

几十年来，还产生了原子力显微镜（atomic force microscope，AFM）、扫描隧道显微镜（scanning tunneling microscope，STM）等庞大的电子显微镜家族，在固态相变研究中各有特色。目前常用的光学显微镜及部分电子显微镜如图 2-9 所示。

2.2.1 光学显微镜

光学显微镜（optical microscope，OM）成像原理为入射光垂直或近似垂直地照射在试样上，利用试样表面反射光线进入物镜成像。造成衬度的主要原因是试样表面对光线反射能力的不同。所以光学显微镜的试样需要进行腐蚀。试样中晶粒、晶界、析出物等由于抗腐蚀能力不同造成反射能力不同，从而显示出相应的形貌。金相显微镜在固态相变中的应用主要包括：组织形态分析；晶粒大小判定；非金属夹杂物（氧化物、硫化物等）在组织中数量分

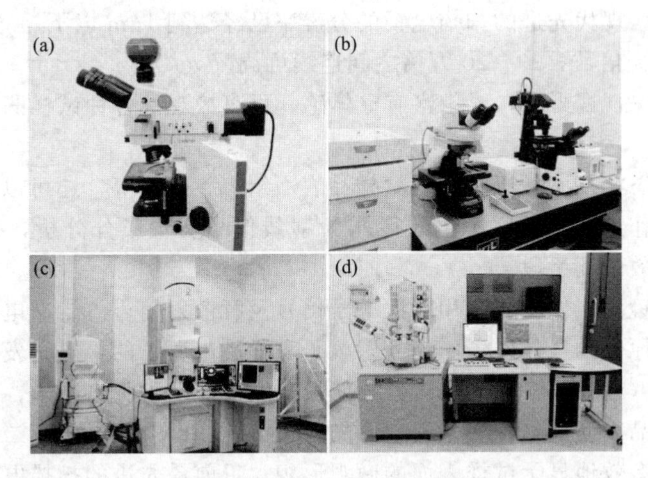

图 2-9　几种显微镜实物图

（a）光学显微镜；（b）激光共聚焦显微镜；（c）透射电子显微镜；（d）扫描电子显微镜

布情况分析；宏观缺陷分析等。例如材料的偏析是由于凝固、固态相变以及元素密度差异、晶体缺陷与完整晶体的能量差异等原因引起的在多组元合金中的成分不均匀现象，从图 2-10（a）中光学显微镜下观察可以看到 Cu-Ni（30%）合金的铸态下发生成分偏析现象获得的组织呈树枝晶（氯化铁盐酸水溶液浸蚀）。经过高温扩散退火后，如图 2-10（b）所示，组织为单一均匀等轴状的 α 固溶体，其上黑色点状为铸造缺陷。光学显微镜具有直观、便捷等特点，是最有效的判定组织形态的手段。其观察结果对于材料的加工和热处理工艺都有重要的指导作用。但是光学显微镜无法进行成分、晶体结构、取向等的分析，并且由于放大倍数的限制，无法对精细结构进行分析。

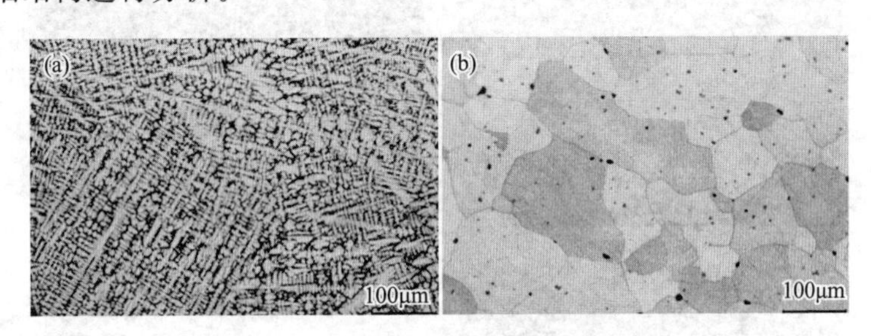

图 2-10　Cu-Ni 合金的不同组织形态

（a）Cu-Ni（30%）合金铸态组织（100×）；（b）Cu-Ni（30%）合金扩散退火组织（100×）[3]

2.2.2　扫描电子显微镜

反射式的光学显微镜虽可以直接观察大块试样，但分辨本领、放大倍数、景深都比较低，透射电子显微镜分辨本领、放大倍数虽高，但对样品的厚度要求却十分苛刻，因此在一定程度上限制了它们的应用。扫描电子显微镜（scanning electron microscope，SEM）的成像原理与光学显微镜或透射电子显微镜不同，不用透镜放大成像，而是以类似电视或摄像的成像方式，用聚焦电子束在样品表面扫描时激发产生的某些物理信号来调制成像。

由于采用精确聚焦的电子束作为探针和独特的工作原理，扫描电子显微镜表现出了独特的优势，包括以下几个方面：

a. 高的分辨率。现代先进的扫描电镜的分辨率已经达到 1nm 以下。

b. 有较高的放大倍数，20～20 万倍之间连续可调。

c. 有很大的景深，视野大，成像富有立体感，可直接观察各种试样凹凸不平表面的细微结构。

扫描电镜在固态相变中可以用来观察样品表面组织、断口等，还可以结合能谱配件，通过能谱收集电子束作用在样品后产生的特征 X 射线信号实现成分分析，是夹杂物、析出相成分组成判断的有效表征手段。

扫描电子显微镜的成像主要利用二次电子信号及背散射信号。二次电子是指被入射电子轰击出来的样品中原子的核外电子。当入射电子和样品中原子的价电子发生非弹性散射作用时会损失部分能量（约 30～50eV），这部分能量激发核外电子脱离原子，能量大于材料逸出功的价电子可从样品表面逸出，变成真空中的自由电子，即二次电子。二次电子对试样表面状态非常敏感，能有效地显示试样表面的微观形貌，目前最先进的扫描电子显微镜分辨率可以达到埃量级。图 2-11 为 45 钢的显微组织在扫描电镜下的低倍图像及放大的珠光体片层图像。对于多相合金，腐蚀过程中浸蚀剂作用有各向异性；各相溶解速度不一样，试样被浸蚀后会出现凹凸不平，由于扫描电镜较大的景深，可以直观看出试样经过腐蚀后凹凸不平的两相组织［图 2-11（a）］，进一步放大图像可以清楚辨别渗碳体和铁素体形成的片层结构［图 2-11（b）］。组织中的夹杂或缺陷直接影响材料结构和性能。通过能谱对感兴趣的区域进行成分分析，有助于分辨不同的相组分并对材料中的夹杂或缺陷进行辨别。能谱结果显示此处成分含有较高的 Al 及 Si 元素［如图 2-11（c）］，可能为样品夹杂或来自样品制备过程中磨料嵌入。

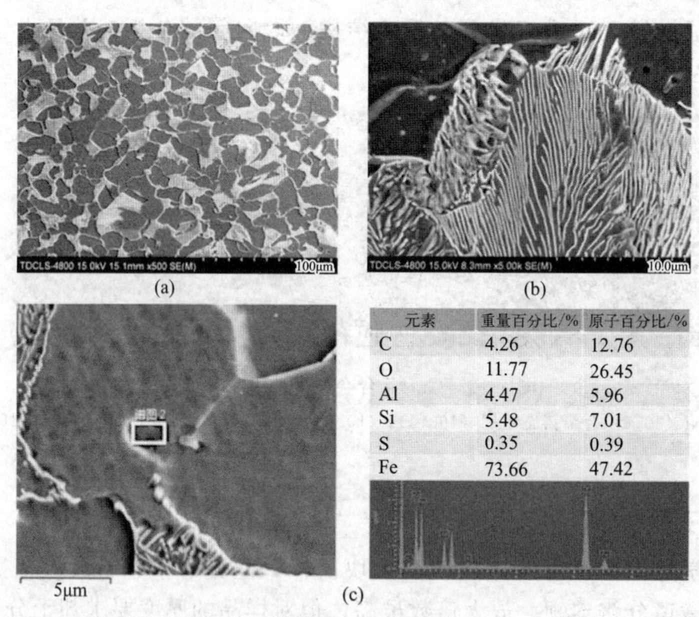

元素	重量百分比/%	原子百分比/%
C	4.26	12.76
O	11.77	26.45
Al	4.47	5.96
Si	5.48	7.01
S	0.35	0.39
Fe	73.66	47.42

图 2-11　45 钢的显微组织

（a）低倍显微组织形貌像；（b）放大的珠光体片层形貌像；（c）对选定位置的能谱分析

背散射电子是指被固体样品原子反射回来的一部分入射电子，既包括与样品中原子核作用而形成的弹性背散射电子，又包括与样品中核外电子作用而形成的非弹性背散射电子，其中弹性背散射电子远比非弹性背散射电子所占的份额多。背散射电子反映样品表面不同取向、不同平均原子量的区域差别，其产额随原子序数的增加而增加，对于原子序数大于10的材料，遵循规律如式（2-7）所示。

$$\eta=\frac{\ln Z}{6}-\frac{1}{4} \tag{2-7}$$

式中，Z 为原子序数，η 为背散射电子发射系数。

利用背散射电子作为成像信号不仅能分析形貌特征，还可以用来显示原子序数衬度，进行定性成分分析。如果在试样表面存在不均匀的元素分布，则平均原子序数较大的区域将产生较强的背散射电子信号，因而在背散射电子图像上显示出较亮的衬度。反之，平均原子序数较小的区域在背散射电子图像上是暗区。因此，根据背散射电子图像的亮暗程度，可判别出相应区域的原子序数的相对大小，由此可对金属及其合金的显微组织进行成分分析。如图2-12所示，在二次电子图像中，基本上只有表面起伏的形貌信息，而在背散射电子图像中，铅富集的区域亮度高，而锡富集的区域相对较暗。

图2-12　锡铅镀层的表面图像

（a）二次电子图像；（b）背散射电子图像

2.2.3　透射电子显微镜

2.1.3节所述的电子衍射花样是对物镜后焦面的图像的放大结果，如果对物镜像面上的图像进行放大，就可得到电子显微图像。

从1965年开始，Hirsh等将透射电子显微镜（TEM）用于直接观察薄晶体试样，并利用电子衍射效应来成像。TEM成像不仅显示了材料内部的组织形貌衬度，而且可以获得许多与材料晶体结构有关的信息（包括点阵类型、位相关系、缺陷组态等），如果配备加热、冷却、拉伸等装置，还能在高分辨率条件下进行金属薄膜的原位动态分析，直接研究材料的相变和形变机理以及材料内部缺陷的发生、发展、消失的全过程，能更深刻地揭示其微观组织和性能之间的内在联系。目前还没有任何其它的方法可以把微观形貌和结构特征如此有机地联系在一起。

透射电镜中按照成像机制不同，可以将衬度像分为四种：质厚衬度、衍射衬度、相位衬度和原子序数衬度。

（1）质厚衬度

质厚衬度是由于试样各处组成物质的原子种类不同和厚度不同造成的衬度。在元素周期表上处于不同位置（原子序数不同）的元素，对电子的散射能力不同。重元素比轻元素散射能力强，成像时被散射出光阑以外的电子也愈多；试样愈厚，对电子的吸收愈多，被散射到物镜光阑外的电子就越多，而通过物镜光阑参与成像的电子强度就越低，即衬度与质量、厚度有关，故叫质厚衬度，质厚衬度的形成过程示意图如图 2-13（a）所示。衬度与原子序数 Z、密度 ρ、厚度 t 有关。利用质厚衬度可以对材料中不同厚度和成分的区域进行观察和鉴别。

图 2-13（b）给出了碳材料表面上的 Pt 纳米颗粒的质厚衬度图像，在图中由于纳米颗粒含有较原子序数大的 Pt 原子，同时存在的纳米颗粒位于 C 负载材料的表面上，因此厚度较大，所以纳米颗粒在图中为黑色球形区域。

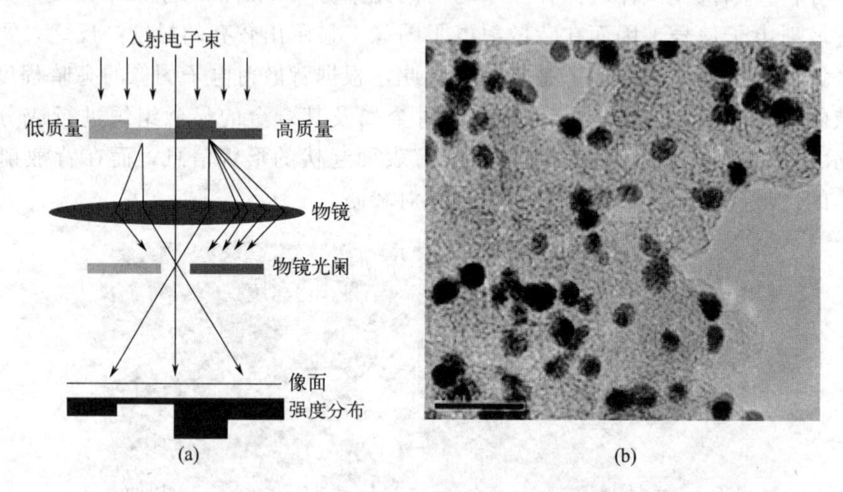

图 2-13　质厚衬度形成示意（a）和碳材料负载 Pt 纳米颗粒的质厚衬度像（b）

（2）衍射衬度

衍射衬度是由晶体满足布拉格反射条件程度不同而形成的衍射强度差异，如图 2-14 所示。

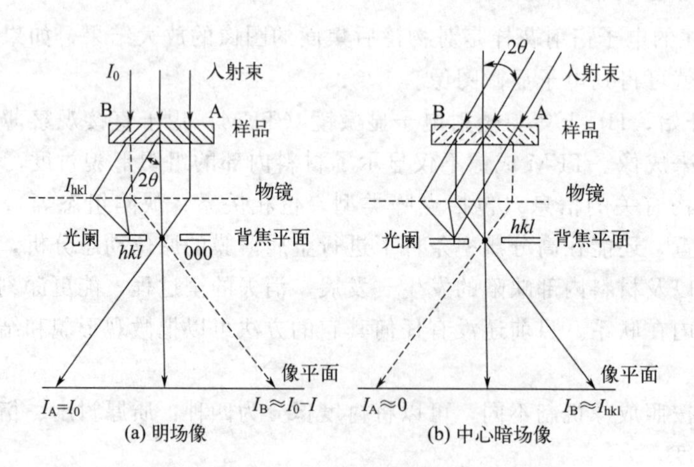

图 2-14　衍射衬度的形成

设想晶体薄膜里有两个晶粒 A 和 B，它们之间唯一的差别在于它们的晶体学位向不同。其中 A 晶粒内的所有晶面组与入射束不成布拉格角，强度为 I_0 的入射束穿过试样时，A 晶粒不产生衍射，透射束强度等于入射束强度，即 $I_A=I_0$。而 B 晶粒的某（hkl）晶面组恰好与入射方向成精确的布拉格角，而其余的晶面均与衍射条件存在较大的偏差，此时，(hkl)晶面产生衍射，衍射束强度为 I_{hkl}。如果假定对于足够薄的样品，入射电子受到的吸收效应可不予考虑，且忽略所有其它较弱的衍射束，则强度为 I_0 的入射电子束在B晶粒区域内经过散射之后，将成为强度为 I_{hkl} 的衍射束和强度为 I_0-I_{hkl} 的透射束两个部分。如果让透射束进入物镜光阑，而将衍射束挡掉，在荧光屏上，A晶粒比B晶粒亮，就得到明场像。如果把物镜光阑孔套住（hkl）衍射斑，而把透射束挡掉，则B晶粒比A晶粒亮，就得到暗场像。

利用衍射衬度可以观察晶体物质中的显微组织，还可对晶体中的位错、层错、空位团等晶体缺陷进行直接观察。图2-15（a）中Al-Cu合金组织明场像形貌中，较暗的晶粒都含有符合布拉格方程较好的晶面，经过这些晶粒的大部分入射束都被衍射开来，并被光阑挡掉，无法参与成像，因此图像较暗；而越明亮的晶粒，透过的电子越多，说明衍射束较弱，偏离布拉格条件较远。图2-15（b）是高熵合金的位错观察，缺陷处周围晶面发生畸变，这组晶面在样品的不同部位满足布拉格条件程度不同，会产生衬度，得到衍衬像。

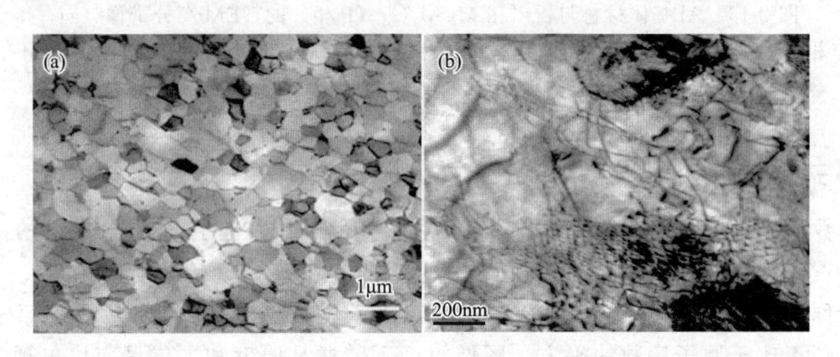

图2-15　Al-Cu合金的衍射衬度明场像（a）和高熵合金中的位错观察（b）

（3）相位衬度

以上两种衬度像发生在较厚的样品中，透射束的振幅发生变化，因而透射波的强度发生了变化，产生了衬度。当在极薄的样品（小于100Å）条件下，不同样品部位的散射差别很小，或者说在样品各点散射后的电子基本上不改变方向和振幅，因此衍射衬度或质厚衬度都无法显示。但在一个原子尺度范围内，电子在原子核不同地方经过时，散射后的电子能量会有10～20eV的变化，从而引起频率和波长的变化，引起相位差别。相位衬度就是指由于试样内部各点对入射电子作用不同，导致它们在试样出口表面上相位不一，经放大让它们重新组合，使相位差转换成强度差而形成的衬度。

在获得了材料的基本物相信息以后，还可以进行界面结构与位相关系的测定。位向关系是描述两晶体在空间的位置关系或者相变过程晶体取向关系最直接的特征。这种分析的基本理论依据是，当两种或多种物相存在确定的位相关系时，如A相的晶向（或晶带轴）与B相的某晶向一致，或A相某晶面与B相的晶面平行，则可以通过倾转样品，让电子束平行于一致的晶向，此时A、B两相的正带轴衍射花样会同时在衍射谱中出现，通过对衍射斑点分布的分析，可以判断其位相关系。

如图2-16所示，通过原位固相反应可在铝基体中形成 $MgAl_2O_4$ 颗粒（p），当倾转样品使电子束沿 [011]p入射时，发现此时铝基体恰好对应 $[011]_{Al}$，说明 [011]p//$[011]_{Al}$。

复合衍射图（或复合 FFT 图）中分别代表两相的斑点重合或与中心斑点三者共线，表明斑点代表的晶面平行，由图可知 $(1\bar{1}1)p$ 与 $(1\bar{1}1)_{Al}$ 斑点共线 [$(1\bar{1}1)p$ 与 $(2\bar{2}2)_{Al}$ 斑点重合]，说明 $(1\bar{1}1)p//(1\bar{1}1)_{Al}$，因此 $MgAl_2O_4$ 颗粒与铝基体存在如下取向关系：$[011]p//[011]_{Al}$，$(1\bar{1}1)p//(1\bar{1}1)_{Al}$。从高分辨图原子像上也能看出 $(111)p//(111)_{Al}$。

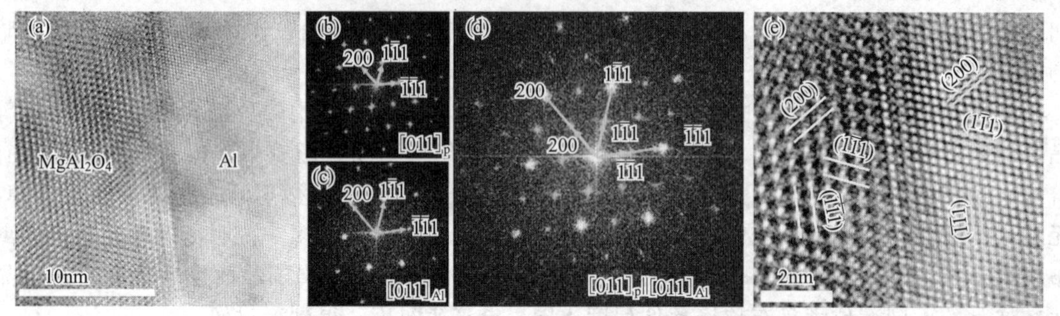

图 2-16　Al 基体材料与析出相 $MgAl_2O_4$（P 相）的 TEM 高分辨像（a）、P 相与 Al 相对应的傅里叶变换（b 和 c）、两相界面处区域对应的傅里叶变换（d）、界面处高分辨图像及晶面标注（e）[4]

（4）原子序数衬度

原子序数衬度的产生基于扫描透射电子显微镜技术（STEM）。STEM 将扫描附件加于 TEM 之上，会聚电子束在样品上逐点扫描，通过收集很高角度的散射电子信息，形成非相干像，通常称为高角环形暗场像（HAADF-STEM）。HAADF 像主要来自受原子核散射的电子，衬度则正比于原子序数的平方，图像衬度不随样品厚度和欠焦量变化出现反转。随着透射电镜技术的发展，球差校正技术的出现，使得利用 HAADF-STEM 像观察掺杂原子、点缺陷等都变得可能。如图 2-17 所示，在 Ag-Al-Cu 三元合金中，利用 HAADF-STEM 像直接观察到在 θ' 相边缘聚集的 Ag 双原子层。可以直观看到原子层的生长变化，通过合金元素相互之间的影响变化来阐述三相合金的增强机理。另外如果在原子面上存在缺陷或掺杂，那么 HAADF 像衬度的变化也是非常明显的，实现了从原子角度对材料组织和性能关系的探究。

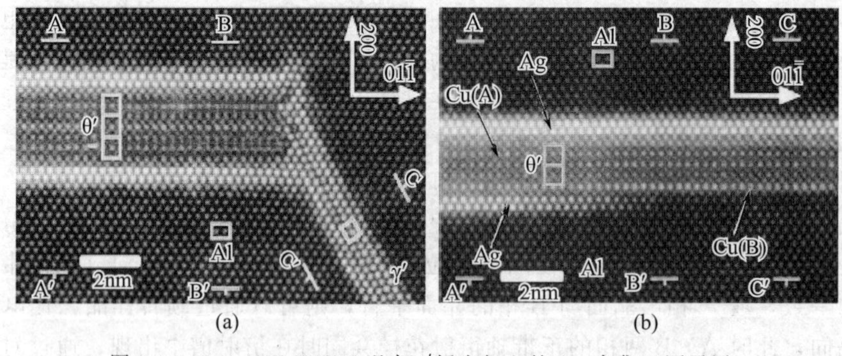

图 2-17　HAADF-STEM 观察 θ' 析出相上的 Ag 富集双原子层，电子束入射角度为 [011] 晶带轴

（a）完整的 Ag 双原子层；（b）不完整的 Ag 双原子层[5]

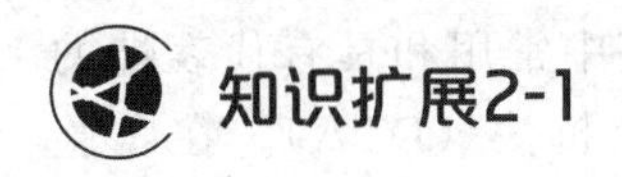

其它电子显微镜家族

扫描隧道显微镜（STM）利用了量子隧道效应的表面研究技术，能够实时、原位观察样品最表面层的局域结构信息，可以达到原子级的分辨率。它没有镜头，使用一根探针，在探针和物体之间加上电压。如果探针距离物体表面很近，大约在纳米级的距离上，隧道效应就会起作用。电子会穿过物体与探针之间的空隙，形成一股微弱的电流。如果探针与物体之间的距离发生变化，电流也会随之改变。这样，通过电流的测量反映样品表面的形状，分辨率可以达到单原子级别。同时扫描隧道显微镜在低温下可以利用针尖操控原子，因此其在作为测量工具的同时，又是一种加工工具。早在20世纪80年代就被利用来进行贝氏体浮凸的观察。原子力显微镜的工作原理与之相似，但是探测的是探针与物体之间的范德华力，通过检测范德华力的变化来反映样品的表面起伏。

扫描声成像显微镜（SPAM）是一种多功能、高分辨率的显微成像仪器，兼具电子显微术高分辨率和显微术非破坏性内部成像的特点，通过发射短波传递到样品内部，在经过两种不同材质之间的界面时，由于不同材质的阻抗不同，吸收和反射程度的不同，进而采集反射能量信息或者相位信息的变化来检查样品内部出现的分层、裂缝或者空洞等缺陷。

2.3 相变过程的分析方法

以上物相和组织分析手段主要针对一种确定的组织和物相状态。在合金相变过程中，相变过程通常是连续变化的，因此研究相变进程、相变点、相变速率等动力学问题也是相变研究的一个重要方面，这些研究相变过程的分析手段包括热分析法、电阻分析法、磁性分析法、原位金相法、原位X射线衍射分析及原位透射电子显微镜分析等。

2.3.1 热分析法

热分析是指在程序控制温度条件下，测量物质的物理性质随温度变化的函数关系的技术。物质在温度变化过程中，往往伴随着宏观物理、化学性质的变化，而宏观的物理、化学性质的变化通常与物质的组成和微观结构相关联。通过测量和分析物质在加热或冷却过程中的物理、化学性质的变化，可以对物质进行定性、定量分析，有助于对物质进行鉴定。

热分析法的技术有很多，包括差热分析法（differential thermal analysis，DTA）、差示扫描量热法（differential scanning calorimetry，DSC）、热重法（thermogravimetry analysis，TG）等，其中差热分析法（DTA）是在程序控制温度条件下，测量样品与参比物（基准物，是在测量温度范围内不发生任何热效应的物质，如Al_2O_3、MgO等）之间的温度差与温度关系的一种热分析方法。差示扫描量热法（DSC）是在程序控制温度条件下，测量输入样品与参比物的功率差与温度关系的一种热分析方法。差示扫描量热法与差热分析法的应用功能有许多相同之处，但由于差示扫描量热法克服了差热分析法以ΔT间接表达物质热效应的缺陷，具有分辨率高、灵敏度高等优点。而热重法（TG）是在程序控制温度条件下，测量物

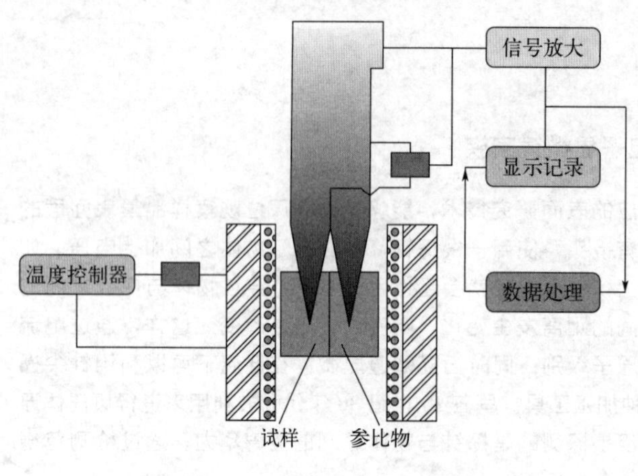

图 2-18　差热分析仪的结构

质的质量与温度关系的热分析方法。

本节介绍其中常用和具有代表性的方法——差热分析法（DTA）。在实验过程中，将样品与参比物的温差作为温度或时间的函数连续记录下来。差热分析装置称为差热分析仪，图 2-18 所示为差热分析仪结构示意图[6]。

在差热分析仪中，样品和参比物分别装在两个坩埚内，两个热电偶是反向串联的（同极相连，产生的热电势正好相反）。样品和参比物同时进行升温，当样品未发生物理或化学状态变化时，样品温度（T_s）和参比物温度（T_r）相同，相应的温差电势为 0。当样品发生物理或化学变化而发生放热或吸热时，样品温度（T_s）高于或低于参比物温度（T_r），产生温差。相应的温差热电势信号经放大后送入记录仪，从而可以得到以温差为纵坐标，温度（或时间）为横坐标的差热分析曲线（DTA 曲线），如图 2-19 所示。

图 2-19 中基线相当于 $\Delta T=0$，样品无热效应发生，向上和向下的峰反映了样品的放热、吸热过程。依据差热分析曲线的特征，如各种吸热与放热峰的个数、形状及相应的温度等，可定性分析物质的物理或化学变化过程，还可依据峰面积半定量地测定反应热。

图 2-20 所示为差热分析法用于测定相图的实例。样品①为纯组元 A，样品②～⑤为不同成分比的 A、B 混合物。图 2-20（b）为升温过程中测定的各样品的 DTA 曲线。样品①的 DTA 曲线只有一个尖锐吸热峰，相应于 A 的熔化（熔点）；样品②～⑤的 DTA 曲线均在同一温度出现尖锐吸热峰，相应于各样品共同开始熔化（共晶点）；样品②③⑤的 DTA 曲线随共熔峰后出现很宽的吸热峰，相应于各样品的整个熔化过程。图 2-20（a）即为由各样品的 DTA 曲线分析获得的相图。

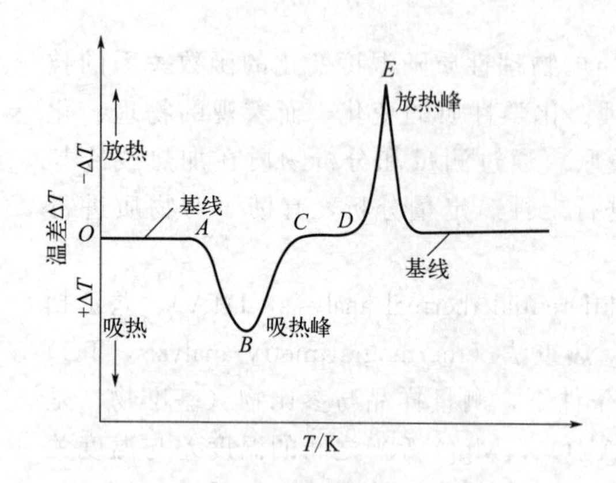

图 2-19　典型的差热分析曲线

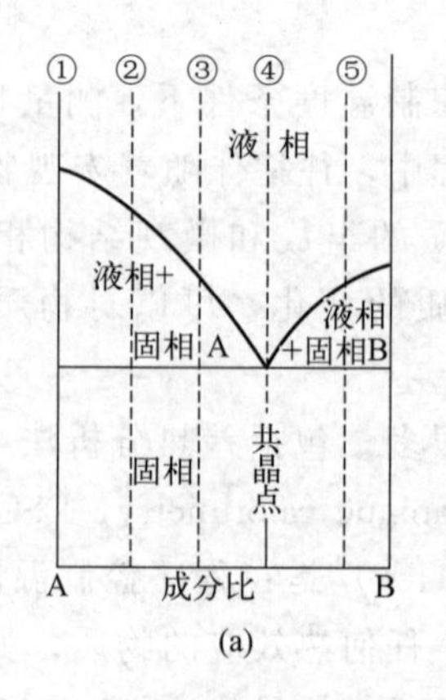

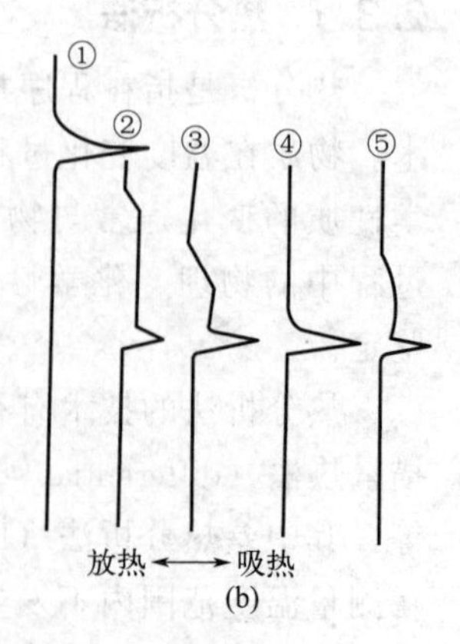

图 2-20　利用差热分析曲线测定相图

（a）相图；（b）不同成分对应的差热曲线

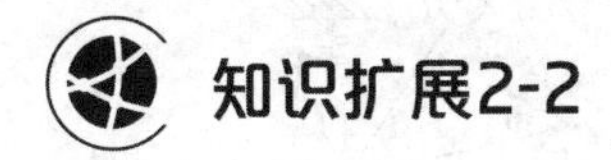

高温淬火相变仪

钢材在加热和冷却过程中尺寸发生变化，热膨胀由温度变化和相变两个因素产生。测试过程中，敏感的高速淬火膨胀仪设备用于检测和测量热循环中尺寸随时间和温度函数的变化。所产生的数据被转换为热循环中特定时间和温度下离散的应变值。应变作为时间或温度，或两者的函数，由此可以确定一个或多个相变的开始和结束。

高温淬火相变仪主要优势：可在真空条件下，惰性、氧化、还原气氛中进行测量，温度范围从 150℃（低温）到 1000℃，或室温到 1600℃。独特的加热和冷却装置能够非常快速地控制加热和冷却，速度可达 2500℃/s。这种特殊的淬火/热膨胀相变仪是专为连续加热（continuous heating transformation，CHT）图、连续冷却（continuous cooling transformation，CCT）图以及等温线（time-temperature transform，TTT）图的绘制而设计。还可以进行升温降温过程中相变点的测定，如钢的 A_{c1}、A_{c3}、A_{r1}、A_{r3} 等的测定。高温淬火相变仪如图 2-21 所示。

图 2-21 高温淬火相变仪

2.3.2 电阻分析法

合金的电阻率与其组织状态有关，是组织敏感参量。特别是当固溶体合金中的溶质原子发生偏聚、有序-无序转变、沉淀析出及相变的时候，电阻的变化非常明显。目前对电阻的测量已经能够达到很高的精度，所以电阻分析法对于研究相变是一种非常简便、有效的方法。

电阻测试法采用标准四极探针法进行原位测量。由于所需设备较简单，研究者们多采用自制的电阻率温度曲线测量仪，一般选择直流式双电桥或恒流式电路的方法。图 2-22 为恒流式电路所用的仪器装置及线路图，它具有升、降温功能。该系统分两路同时采集信号，一路采集试样在加热或冷却过程中端电压变化的信号，另一路由测温仪表采集试样的温度信号，一并送入数据记录及处理系统。

电阻法精度高、电路简单，测量过程对试样的影响小，速度快。以形状记忆合金（shape memory alloy，SMA）为例，其马氏体和母相的电阻率不同。以电阻法测得 TiNi 形状记忆合金马氏体相变及其逆相变时的相变临界温度，A_s 为加热时马氏体逆转变的开始温度；A_f 为马氏体逆相变的终了温度；M_s 为冷却时马氏体相变的开始温度；M_f 为马氏体相变的终了温度。如图 2-23 所示，当温度升高进行马氏体逆相变时，合金电阻率上升；而降温进行马氏体相变时，合金电阻率急剧下降，故从电阻率变化的拐点可以确定 SMA 的相变温度[7]。

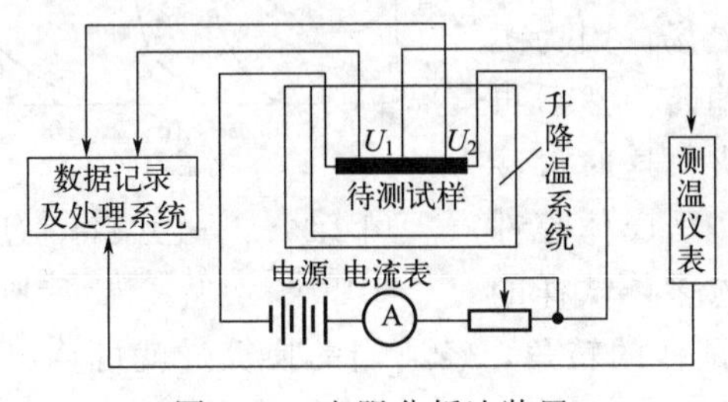

图 2-22 电阻分析法装置

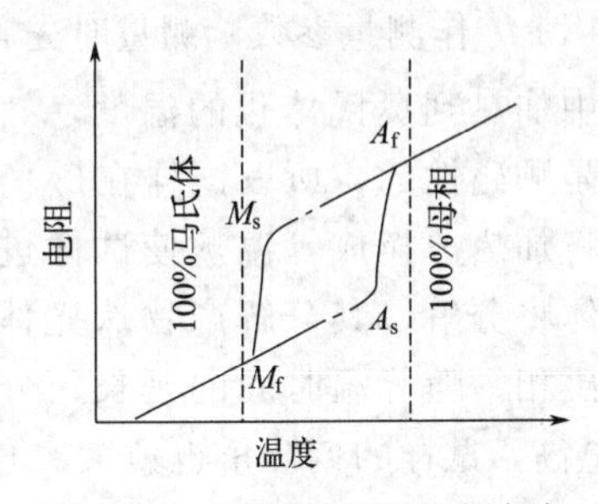

图 2-23 电阻法测 TiNi 相变点

2.3.3 磁性分析法

金属及合金的磁性与金属的相组成和组织有着紧密的联系。其中磁化率和矫顽力对组织敏感，而饱和磁化强度和居里点只和合金的相组成有关，因此通常根据合金的磁化率和矫顽力分析组织的变化，而根据饱和磁化强度和居里点对合金进行相分析，研究组织转变的动力学。热磁仪是用于材料磁性能分析的常用仪器，它是通过测量饱和磁化了的棒状试样在均匀磁场中所受力矩来确定材料的饱和磁化强度的仪器，故又称为磁转矩仪。图 2-24 给出了热磁仪的示意图。

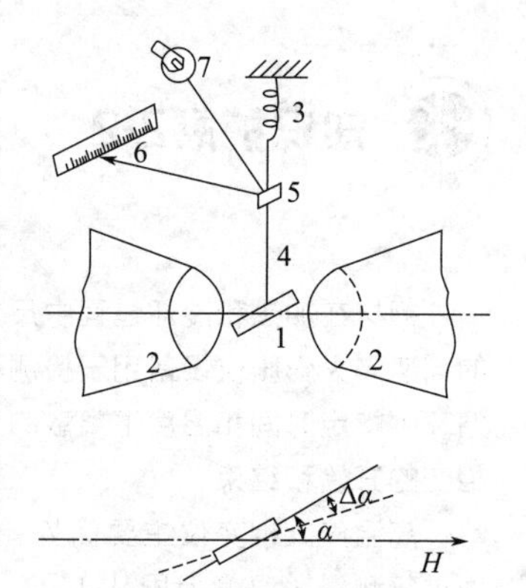

图 2-24　热磁仪

1—棒状试样；2—两个磁极；3—弹簧；4—杆；5—反射镜；6—读数标尺；7—光源

棒状试样 1（标准尺寸为 ϕ3mm×30mm）固定在杆 4 的下端，且位于两磁极 2 的磁场中，杆 4 的上端装有反射镜 5，并通过弹簧 3 固定在仪器支架上。光源 7 发出的光束由反射镜 5 反射到读数标尺 6 上。

试样水平安装在磁极轴的平面内，并使磁极轴与试样的中心在一起。试样受磁场作用被磁化同时受到力矩作用，使试样从初始位置（与磁场方向夹角 α）向磁场方向转动 $-\Delta\alpha$ 角，此时试样受到的磁力矩为：

$$L_1 = VMH\sin(\alpha - \Delta\alpha) \tag{2-8}$$

式中，V 为试样体积，M 为磁化强度，H 为磁场强度。同时弹簧因扭转形变而产生一个反抗力矩：

$$L_2 = C\Delta\alpha \tag{2-9}$$

式中，C 为弹性常数。故平衡时有

$$VMH\sin(\alpha - \Delta\alpha) = C\Delta\alpha \tag{2-10}$$

当 $\Delta\alpha$ 与 α 相比非常小时，$\sin(\alpha - \Delta\alpha) = \sin\alpha$，所以

$$M = \frac{C}{VH\sin\alpha}\Delta\alpha \tag{2-11}$$

式中，$\Delta\alpha$ 可以在标尺 6 上读出。故只要已知 C、V、H 和 α，就可算出磁化强度 M。

【例 2-1】 用热磁仪研究过冷奥氏体等温转变的例子。钢的饱和磁化强度（M_s）与过冷奥氏体的转变产物的数量成正比，过冷奥氏体分解过程中各相的相对数量变化时，可选用 M_s 作测量参数。测量时先将试样放在磁极之间的加热炉中加热到奥氏体化的温度，然后加上强磁场。因为奥氏体是顺磁性的，所以试样在磁场中不发生偏转。然后再迅速将加热炉换成等温炉使试样进行等温淬火，这时过冷奥氏体将分解，其分解产物珠光体、贝氏体、马氏体等都是铁磁相。随等温时间的延长，分解的产物愈多，试样的 M_s 愈高，试样的偏转角也愈大。连续记录下试样的转角，经适当的换算，就可算出奥氏体的转变量，因而也就可以绘出奥氏体的等温分解曲线如图 2-25 所示。

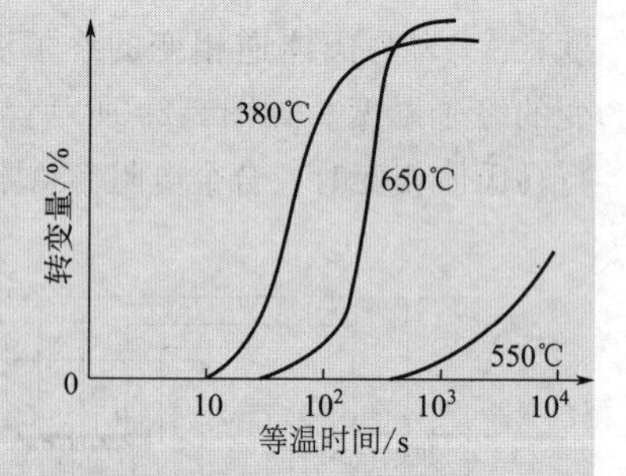

图 2-25　热磁法测得的过冷奥氏体等温转变动力学曲线

2.3.4 原位金相观察

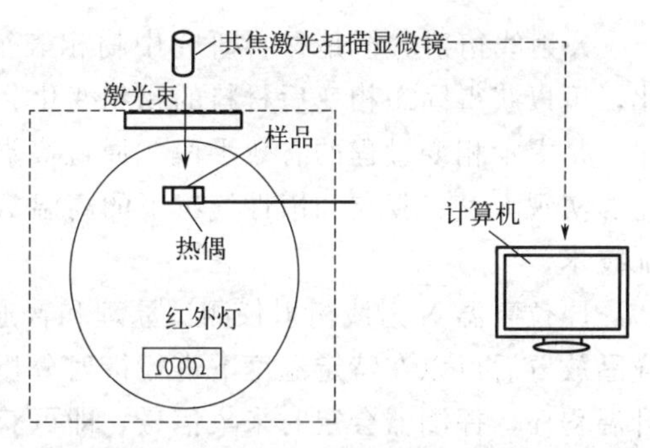

图 2-26 原位金相观察系统结构

在高温处理过程中对材料的组织进行原位观察是研究固态相变更为直接的手段。将显微镜与红外加热、拉伸等先进技术结合，可以方便地对组织演化进行原位观察。原位金相观察装置主要由共焦激光扫描显微镜（confocal laser scanning microscope，CLSM）、加热炉、温控系统等部分组成，如图 2-26 所示。

共焦激光扫描显微镜采用激光经物镜聚焦形成的点光源对样品扫描，由于其光源为激光，单色性好，成像聚焦后焦深小，纵向分辨率高，可对样品无损地做不同深度的层扫描，利用精密共焦空间滤波形成物像共轭，可得到信噪比极高的光学断层图像，不同焦平面的光学切片经三维重建后得到样品的三维立体结构。共焦激光扫描显微镜可提供极大的景深与高分辨率的实时图像，从而原位观察加热、冷却过程中材料组织的变化。

加热炉与拉伸加热炉均采用红外灯管加热，炉身为椭圆形镜面（镀金），可以将红外光聚焦在样品上。利用温控系统，可在实验前预先设定材料的加热与冷却曲线，研究加热与冷却速率对材料相变与显微组织演化的影响规律，并可在整个实验过程中实时监控温度。

此外，先进的原位观察系统通常还配备高温拉伸系统，用于研究材料在受力状态下组织的变化。通过设定材料的拉伸速率，结合温控系统，可以测定不同温度、不同拉伸速率下材料的应力-应变曲线，并利用共焦激光扫描显微镜原位观察拉伸过程中材料组织的演化及其断裂方式。

双相不锈钢的研究始于 20 世纪 30 年代，它综合了铁素体不锈钢和奥氏体不锈钢的性能特点，具有优异的耐腐蚀性、良好的可焊性及综合力学性能。图 2-27 为双相不锈钢在 10℃/min 的升温速率下的组织演变原位金相分析。该图直观地展示了随着温度的升高，$\gamma \rightarrow \delta$ 相界缓慢地向 γ 内迁移的过程，并初步探讨了升温速率对相变机制的影响途径及相变的主要控制因素。

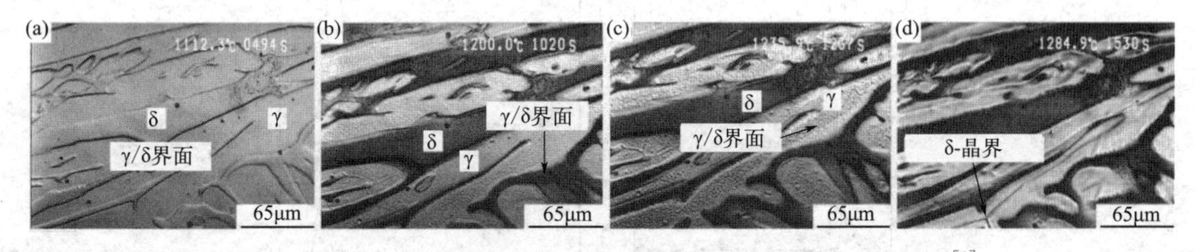

图 2-27 10℃/min 升温速率下双相不锈钢 $\gamma \rightarrow \delta$ 相变过程原位观察[8]

2.3.5 原位 X 射线衍射分析技术

原位（in situ）是指在反应过程中，将待测的目标置于类似的实际环境体系中进行检测，进行实时的测试分析。在材料固态相变的过程中，热力学条件例如温度、压力、电场、磁场等的变化都是引起固态相变的重要因素。其中温度是影响材料所处状态和动态行为最重要的因素之一，许多具有基础研究和应用意义的现象都出现在升温过程中，例如固固反应、固液反应、成核和生长过程、烧结团聚、热应力等。

X射线衍射分析是材料研究中物相表征的常规手段，通过衍射峰的峰位、峰强等的变化，可以获得固态相变后材料的物相变化、析出相结构、固溶度变化或残余应力等的变化规律，是揭示相变过程的有效手段。原位高温XRD技术通过在X射线衍射仪中引入加热台，能够实现大气、真空和惰性气氛下的高温XRD测试，是固态相变过程研究中有力的测试表征技术。

原位高温X射线衍射仪测试原理和普通物相测试一致，为布拉格衍射。在测试过程中，样品放置后可以在特定温度下进行衍射分析。将样品放入XRD衍射仪高温台中，然后设置升温程序，探测器会定时采集信号，即可获得材料在不同温度下的XRD谱图，测试过程示意图如图2-28所示。

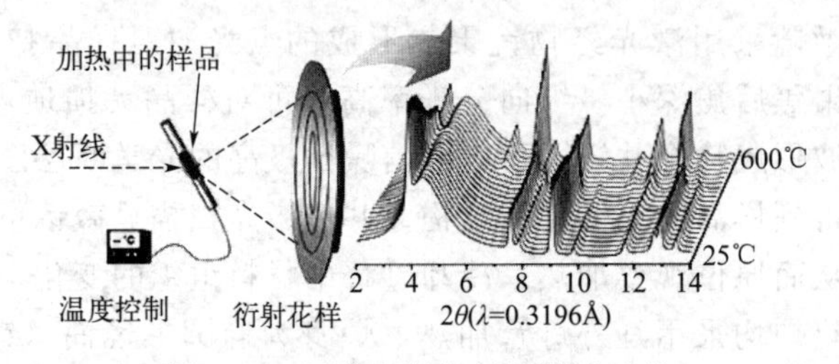

图2-28 原位高温衍射仪测试过程

金属材料的热处理过程是调节其强度及韧性的重要手段。Ti-6Al-4V钛合金是最常用的钛合金材料。α′马氏体相的分解过程，包括分解过程中晶格常数、相组成、残余应力的变化，直接影响到热处理后Ti-6Al-4V钛合金的室温组织及性能。图2-29展示了Ti-6Al-4V在不同热处理温度下衍射峰的变化，直观地显示Ti-6Al-4V钛合金在热处理过程中α′→α+β的相变过程。

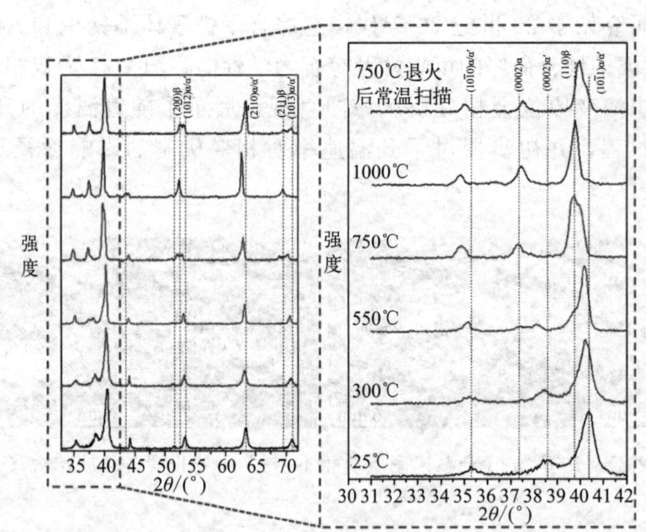

图2-29 Ti-6Al-4V试样原位高温XRD衍射分析[9]

（测试温度范围25～1000℃，原位衍射结果显示出衍射峰的分离以及偏移现象，代表较高退火温度下β相的形成）

2.3.6 原位透射电子显微镜技术

金属材料固态相变研究中存在许多关键核心问题需要在原子尺度上进行揭示，例如固态相变中的溶质团簇以及沉淀析出，对于相变界面的观察，析出相或位错线的运动方式分析等[10-12]。透射电镜技术可以提供原子尺度分析，另外结合能谱（energy dispersive spectrometer，EDS）或能量损失谱（electron energy loss spectroscopy，EELS），可以同步获得元素成分的分析，是金属材料固态相变研究的重要表征手段。

随着电子显微学技术的不断发展，TEM 的分辨率目前可达到 0.5Å，并且通过特定样品杆的引入能够实现对样品施加力场、电场、热场、气氛等外界作用，这为原位观察及测量样品的各种性能提供了可能。

温度是影响材料所处状态和动态行为最重要的因素之一。球差校正透射电子显微技术和原位加热样品杆稳定性的提升发展，使材料在原位加热相变过程中的原子尺度上的结构演变观察也得以实现。如图 2-30 所示，在 HAADF-STEM 高分辨图像中展示了面心立方 Pt_3Co 纳米晶向 L12-Pt_3Co 金属间化合物纳米晶有序相变的热/动力学行为，有序化始于纳米晶表面，而后逐层拓展至晶体内部，并演变于两种相互竞争的相变模式，即长程表面扩散诱导相变（surface diffusion induces phase transition，SDIPT）和短程重构诱导体相变（reconstruction induced bulk phase transition，RIBPT）。

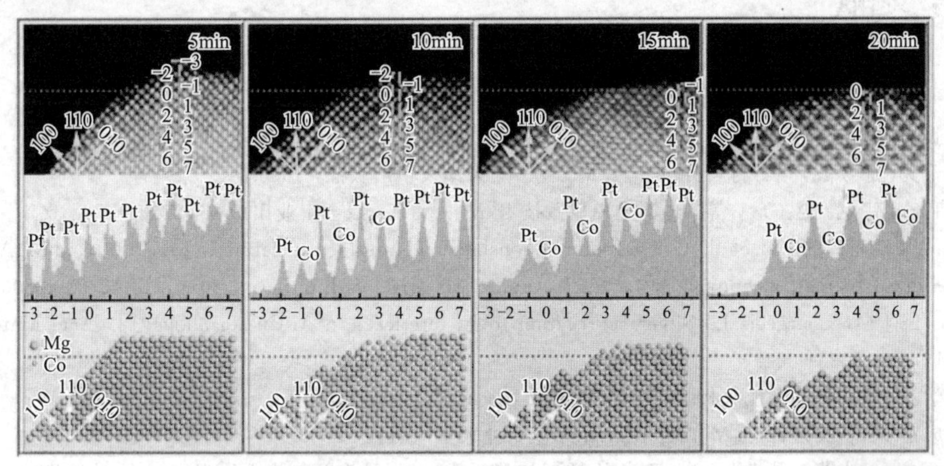

图 2-30　在 HAADF-STEM 模式下，观测 Pt_3Co 纳米晶的表面（100）逐层有序化过程，加热温度为 700℃[13]

习题

2-1　根据透射电子显微镜的结构说明阿贝成像原理在材料研究中的具体应用。

2-2　试述布拉格方程 $2d\sin\theta=\lambda$ 中三个参数分别表示什么以及它在 X 射线衍射分析中的具体意义。

2-3　要观察钢中基体和析出相的组织形态，同时要分析其晶体结构和共格界面的位向关系，如何制备样品？以怎样的电镜操作方式和步骤来进行具体分析？

2-4　热分析法、电阻分析法以及磁性分析法这三种方法在固态相变过程分析时如何具体选择？

2-5　要在观察断口形貌的同时，分析断口上粒状夹杂物的化学成分，应该制定何种研究方案？选用什么仪器？用怎样的操作方式进行具体分析？

2-6　原位相变分析方法的优点是什么？

思考题

2-1 有一失去标签的 Pb-Sn 合金样品，你能想到利用什么分析方法来确定其组成？给出你的实验方案。

2-2 原位是指在反应过程中，将待测的目标置于类似的实际环境体系中进行检测，进行实时测试分析。目前固态相变原位分析方法主要有原位金相法、原位 X 射线衍射分析、原位透射电镜分析等。根据固态相变变化过程的特点，如果不考虑技术的限制作用，你会开发出怎样的原位测试方法帮助我们进行固态相变过程的监测及相关的机理分析？

2-3 固态相变制冷材料是一种绿色的制冷新型材料，是取代基于含氟制冷剂的蒸汽压缩机制的重要可行手段之一。固态相变制冷技术包括弹热效应、磁热效应、电热效应等单场效应，在各自的研究方向以并行方式快速发展。其中弹热效应为在施加载荷的情况下材料的结构相变导致的温度变化。如果由你来搭建一个弹热效应研究实验平台，请思考所需要用到的研究表征技术。

参考文献

[1] 周玉，武高辉. 材料分析测试技术——材料 X 射线衍射与电子显微分析[M]. 哈尔滨：哈尔滨工业大学出版社，2007.

[2] 杜希文，原续波，等. 材料分析方法[M]. 天津：天津大学出版社，2006.

[3] 葛利玲，宗斌，赵玉珍，等. 光学金相显微技术[M]. 北京：冶金工业出版社，2018.

[4] Wang F，Li J，Shi C，et al. Orientation relationships and interface structure in $MgAl_2O_4$ and $MgAlB_4$ co-reinforced Al matrix composites[J]. ACS Applied Materials & Interfaces，2019，11：42790-42800.

[5] Rosalie J M，Bourgeois L. Silver segregation to Al interfaces in Al-Cu-Ag alloys[J]. Acta Materialia，2012，20：6033-6041.

[6] 宋学孟. 金属物理性能分析[M]. 北京：机械工业出版社，1990.

[7] 邱成军. 材料物理性能[M]. 哈尔滨：哈尔滨工业大学出版社，2003.

[8] 周磊磊，林大为，周灿栋，等. 双相不锈钢加热过程中 $\gamma \rightarrow \delta$ 相变的原位观察[J]. 材料热处理学报. 2007，28(5)：57-60.

[9] Kaschel F R，Vijayaraghavan R K，Shmeliov A. Mechanism of stress relaxation and phase transformation in additively manufactured Ti-6Al-4V via in situ high temperature XRD and TEM analyses[J]. Acta Materialia，2020，188：720-732.

[10] Yao H R，Wang P F，Gong Y，et al. Designing air-stable O_3 type cathode materials by combined structure modulation for Na-ion Batteries[J]. Journal of American Chemical Society，2017，139(25)：8440.

[11] D'Antuono D S，Gaies J，Golumbfskie W. Grain boundary misorientation dependence of b phase precipitation in an Al-Mg alloy[J]. Scripta Materialia，2014(76)：81-84.

[12] Takeda S，Yoshida H. Atomic-resolution environmental TEM for quantitative in-situ microscopy in materials science[J]. Microscopy，2013，62(1)：193-203.

[13] Li F，Zong Y，Ma Y，et al. Atomistic imaging of competition between surface diffusion and phase transition during the intermetallic formation of faceted particles[J]. ACS Nano，2021，15(3)：5284-5293.

第3章

钢的加热和冷却转变及热处理概述

图为齿轮热处理。热处理不仅是一门科学还是一门艺术。热处理到底有什么神奇之处？为什么通过加热、保温、冷却过程就使金属材料的性能发生巨大的变化？在热处理过程中材料的组织会发生怎样的变化？本章将带领大家一探究竟。

引言与导读

热处理是通过对固态金属进行加热、保温、冷却工序，从而改变其内部组织结构，以获得预期性能的工艺过程。正确理解热处理过程中钢的内部发生的组织变化，对制定热处理工艺、提高材料的性能和使用寿命具有重要的意义。

在热处理工序中加热和冷却是两个重要的步骤。钢件加热到临界温度以上，将形成高温稳定组织——奥氏体。奥氏体冷却到临界点温度以下尚未发生相变的组织称为过冷奥氏体。过冷奥氏体在不同的冷却条件下，可以通过不同的转变机制转变为珠光体、贝氏体、马氏体或它们的混合组织。

固态相变理论是热处理工艺实施的基础。为了让读者对钢在加热、冷却过程中发生的相变有一整体认识，以便对后续章节的学习加深理解，本章概要介绍钢的加热、冷却转变的基础知识，着重讨论过冷奥氏体等温转变和过冷奥氏体连续转变，同时对基本热处理工艺——“四火”，即退火、正火、淬火、回火进行初步介绍，为后续章节的学习奠定基础。

本章学习目标

- 熟悉加热和冷却对相变临界点的影响规律。
- 掌握奥氏体的定义、晶体结构及性能。
- 熟悉过冷奥氏体转变的类型。
- 掌握过冷奥氏体等温转变和连续转变动力学图。
- 掌握过冷奥氏体等温转变的影响因素。
- 熟悉常规热处理方法。

3.1 钢的热处理基础知识

3.1.1 Fe-Fe_3C 相图和钢的热处理

相图是材料科学工作者发现新材料、制定新工艺的“地图”，而铁碳（Fe-Fe_3C）相图就是钢铁冶金和热处理的基础。

铁碳相图的发展已有100多年的历史，最早可以追溯到1897年Roberts-Austen提出的铁碳相图，此后随着科学研究的深入铁碳相图不断趋于完善，相图上各点、线的位置和形状随着测量精度的提高和理论的发展不断精确，最终形成了我们今天常用的铁碳相图（图3-1）。图3-1中实线代表Fe-Fe_3C平衡，虚线代表Fe-石墨（Fe-C）平衡[1]。在分析钢的成分-组织关系时，Fe-Fe_3C平衡更常用。

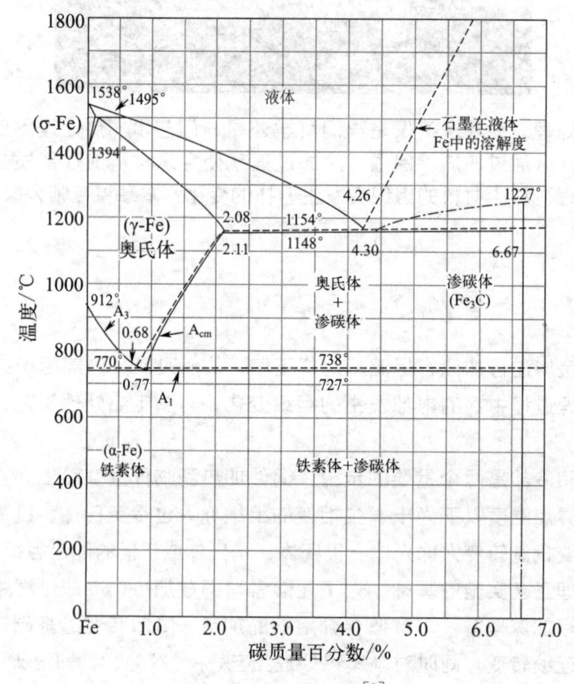

图3-1 铁碳相图[1]

热处理是指材料在固态下，通过加热、保温和冷却，以获得预期组织和性能的一种金属热加工工艺。钢铁材料的热处理与铁碳相图密切相关。尽管人们利用热处理来改善钢铁材料性能的努力远在铁碳相图出现之前就已经开始，但铁碳相图的出现奠定了现代热处理技术的基础，促进了热处理技术的广泛应用。

具体的热处理工艺过程可用热处理工艺曲线表示（参见图1-2）。一个完整的热处理过程由加热、保温和冷却三个阶段组成。钢能够通过热处理改善其性能，根本原因是钢在加热、冷却过程中会发生固态相变。通过固态相变可以改变钢的组织结构，从而改变钢的性能，因此，钢的固态相变规律是制定热处理工艺的基础。

固态相变包括钢的加热转变和冷却转变。加热转变主要指形成奥氏体的转变；冷却转变又分为珠光体转变、贝氏体转变和马氏体转变。

3.1.2 加热和冷却对相变临界点的影响

相变临界点是物质由一种状态转变为另一种状态时对应的温度或压力条件。在常压条件下，相变的临界点主要指温度。如 $Fe\text{-}Fe_3C$ 相图反映的平衡相变临界点有 A_1、A_3、A_{cm} 等。A_1 线，也称共析线或 PSK 线，是共析钢在缓慢加热或缓慢冷却时奥氏体和珠光体相互转变的临界温度。A_3 线（GS 线）是亚共析钢在缓慢加热或缓慢冷却时，先共析铁素体和奥氏体相互转变的临界温度。A_{cm} 线（ES 线）是过共析钢在缓慢加热或缓慢冷却时，二次渗碳体和奥氏体相互转变的临界温度。由于加热和冷却是在缓慢的速度下进行的，此时对应的临界温度称为平衡临界温度。对一定成分的钢而言，A_1、A_3 和 A_{cm} 是确定的温度点。

在实际的工业生产中，钢在热处理时加热和冷却都是在一定速度下完成的。实际相变的临界温度会偏离平衡临界温度，加热和冷却的速度越大，偏离程度也越大。为了区别于平衡临界温度，加热时的实际临界温度加下标 c（c 来源于法文"chauffage"，意为加热）表示，即 A_{c1}、A_{c3}、A_{ccm}。冷却时的实际临界温度加下标 r（r 来源于法文"refroidissement"，意为冷却）表示，即 A_{r1}、A_{r3}、A_{rcm}，如图 3-2 所示。从图中可以发现，加热时临界点温度会提高，而冷却时临界点温度会降低。

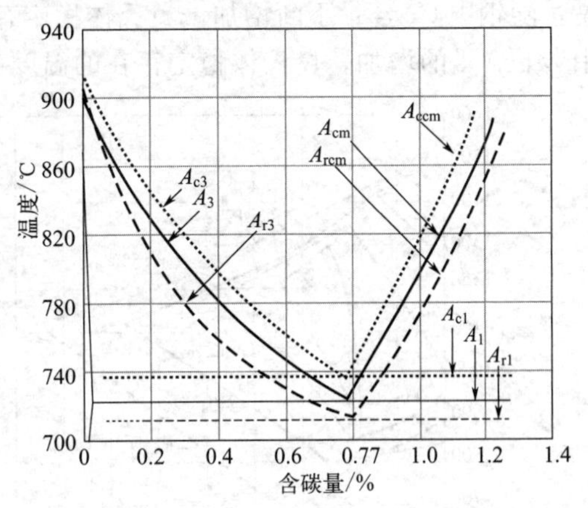

图 3-2 加热和冷却对临界点温度的影响[2]

3.1.3 平衡相变和非平衡相变

根据钢的平衡状态图，可将固态相变分为平衡相变和非平衡相变。

(1) 平衡相变

平衡相变指在相平衡温度和平衡压力下发生的可逆相变过程。通常将在缓慢加热或冷却时所发生的能够获得符合平衡状态图的平衡组织的相变称为平衡相变。如铁碳合金在缓慢冷却时发生的奥氏体向珠光体的转变及在缓慢加热时发生的珠光体向奥氏体的转变都是平衡相变。平衡相变得到的组织称为平衡组织。

(2) 非平衡相变

当加热或冷却速度很快时，平衡相变将被抑制，合金可能发生某些平衡状态图上不能反映的转变，从而得到不平衡或亚稳态的组织，这种相变称为非平衡相变。非平衡相变得到的组织称为非平衡组织。

钢中的伪共析转变、马氏体相变、贝氏体相变都是非平衡相变[3]。

3.2 钢的加热转变——奥氏体化

钢的热处理经常需要将工件加热至奥氏体相区保温以完成奥氏体转变，奥氏体转变也称为奥氏体化。

3.2.1 奥氏体的定义

奥氏体（austenite）是以英国冶金学家 William Chandler Roberts-Austen 爵士的名字命名的组织。它是碳或其它元素原子溶入面心立方结构的铁（γ-Fe）中形成的间隙固溶体，以符号 A（或 γ）表示。在 $Fe\text{-}Fe_3C$ 相图（图 3-1）中，奥氏体存在于共析温度（727℃）以上、包晶温度（1495℃）以下的温度范围内。不同温度下，碳在奥氏体中的溶解度不同，在1148℃时，碳在奥氏体中的溶解度最大，为 2.11%（质量分数）。当加入合金元素时，奥氏体稳定存在的区域会扩大或缩小。如镍、锰使奥氏体存在的区域扩大，甚至能够在室温下稳定存在；而铬、钒、钼、钨、钛、铝、硅等元素使奥氏体存在的区域缩小。由图 3-3（a）可见，随钢中 Cr 含量不断增加，奥氏体稳定存在的区域逐渐缩小；而在图 3-3（b）中，随钢中 Mn 含量的增加，奥氏体稳定存在的温度范围逐渐增大。

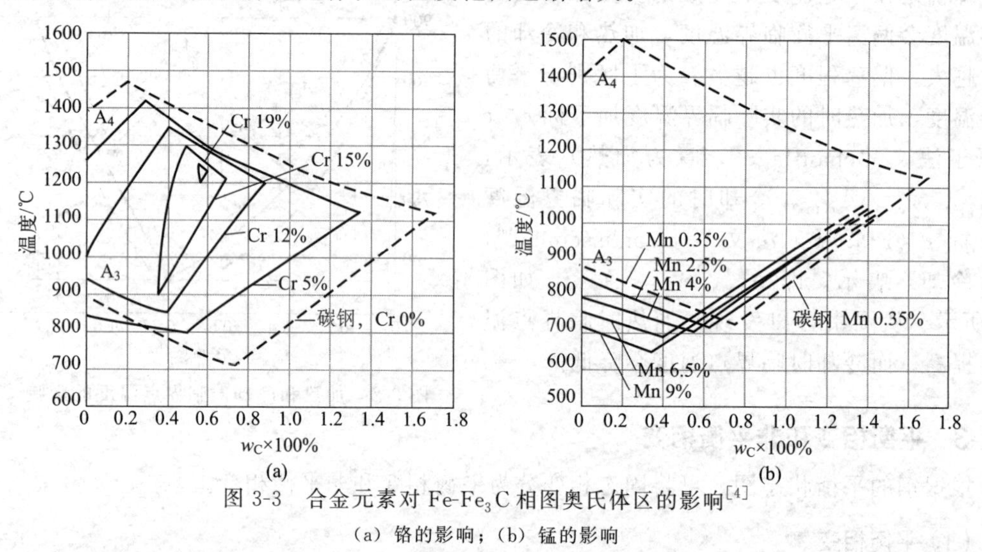

图 3-3 合金元素对 $Fe\text{-}Fe_3C$ 相图奥氏体区的影响[4]

（a）铬的影响；（b）锰的影响

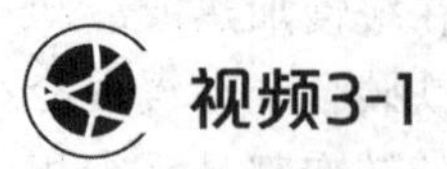

奥氏体的定义和基本特征

3.2.2 奥氏体的形貌及晶体结构

奥氏体的组织形貌为等轴状的多边形晶粒，晶粒内部常有孪晶出现。图 3-4（a）为经高温热氧化刻蚀后快速冷却得到的组织形貌，反映了在高温下奥氏体的形貌。图 3-4（b）为奥氏体不锈钢的室温组织，晶粒内部含有大量孪晶。

奥氏体中的碳、氮原子位于 γ-Fe 的八面体间隙位置，即面心立方点阵晶胞的中心（1/2，1/2，1/2）或棱边的中心（1/2，0，0）[如图 3-5（a）所示]，八面体间隙能容纳的最大球半径为 $r_B/r_A=0.414$，约为 0.053nm [图 3-5（b）]，而碳原子的半径为 0.077nm，碳原子进入间隙中会引起很大的晶格畸变，因此碳原子在奥氏体中的溶解度较低。

实际测得的奥氏体的最大碳含量为 2.11%（质量分数）（1148℃）。奥氏体中碳的溶解度极限远大于铁素体，虽然 γ-Fe 的晶格致密度高于体心立方晶格的 α-Fe，但由于其晶格间

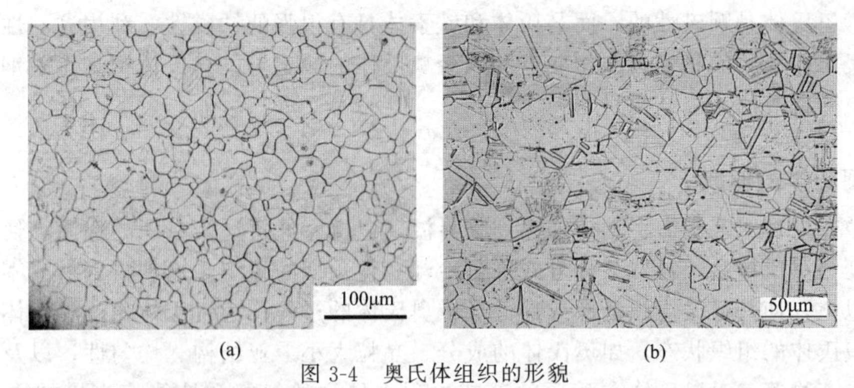

(a) (b)

图 3-4 奥氏体组织的形貌

(a) 经高温热氧化刻蚀得到的奥氏体晶界（钢：含 C 0.08%，Mn 0.7%）[5]；(b) 304 不锈钢室温组织[6]

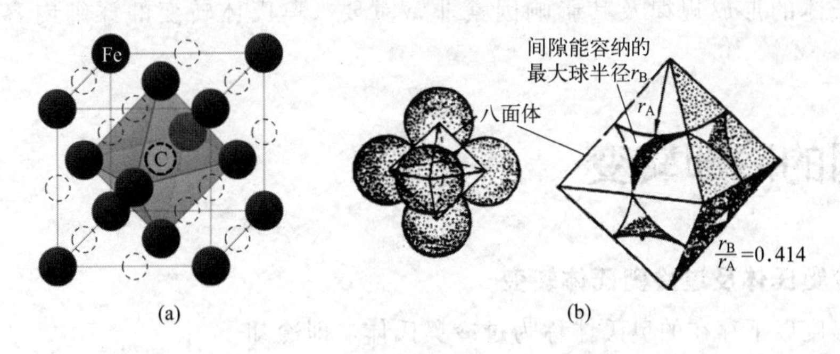

(a) (b)

图 3-5 碳原子在 γ-Fe 中可能的位置

(a) 间隙位置（虚线圆圈）；(b) 八面体间隙

的最大空隙要比 α-Fe 大，故溶解碳的能力也就大些。

γ-Fe 的点阵常数为 3.64Å，随着碳含量的增加奥氏体点阵常数增大。合金元素如 Mn、Si、Cr、Ni 等能够置换 γ-Fe 中的 Fe 原子而形成置换固溶体。置换原子的存在也会引起点阵常数的改变，使晶格产生畸变。点阵常数改变的大小和晶格畸变的程度，取决于 C 原子的含量、合金元素原子半径和 Fe 原子半径的差异及它们的含量。

3.2.3 奥氏体的性能

奥氏体是碳钢中的高温稳定相，当加入适量的合金元素时，可以使奥氏体在室温成为稳定相。因此，奥氏体可以是钢在使用时的一种组织状态，在奥氏体状态使用的钢称为奥氏体钢。在奥氏体中加入镍、锰等元素，可得到在室温下具有奥氏体组织的奥氏体钢。如高锰钢和铬镍奥氏体不锈钢可在室温下以奥氏体状态稳定存在。奥氏体钢的再结晶温度高，有较好的热强性，可作为高温用钢。

奥氏体的硬度较低而塑性较好，易于进行塑性变形加工成形，所以钢常常加热到奥氏体稳定存在的高温区域进行锻造、轧制等加工。奥氏体的性能还与其碳含量及晶粒大小有关，一般奥氏体的硬度为 170～220HB，延伸率为 40%～50%。

奥氏体具有最密排的点阵结构，致密度高，因而比容最小。在奥氏体形成或由奥氏体转变成其它组织时，都会产生体积变化，容易引起内应力和变形。奥氏体的线膨胀系数比其它组织大，因此奥氏体钢常用来制造热膨胀灵敏的仪表元件。在钢中除渗碳体外，奥氏体的导热性最差，因此在奥氏体化过程中，加热速率不宜过快。

此外，奥氏体是顺磁性的，而马氏体和铁素体具有很强的铁磁性，利用这一性质可以研究钢中与奥氏体有关的相变，如相变点和残余奥氏体的测定等。奥氏体钢是无磁钢，可用于变压器、电磁铁等的无磁结构材料。

3.2.4 奥氏体的形成

大多数热处理工艺都需将钢件加热到临界温度以上，经过适当时间的保温，使组织全部或部分转变为奥氏体后，再以某种方式进行冷却获得预期的组织。这种将钢材或零件加热到临界温度以上，使其显微组织全部或部分形成奥氏体的过程称为奥氏体化或奥氏体转变。加热得到的奥氏体的组织状态，如奥氏体的成分、晶粒大小、亚结构、均匀性，以及是否存在碳化物、夹杂物等，对奥氏体在随后的冷却过程中得到的组织和性能有直接的影响[7]。因此，掌握奥氏体的形成规律及其影响因素非常重要。奥氏体转变的详细内容将在第 4 章介绍。

3.3 钢的冷却转变

3.3.1 过冷奥氏体及过冷奥氏体转变

在共析温度以下存在的奥氏体称为过冷奥氏体，即冷却至 A_{c1} 温度以下时尚未发生分解的奥氏体。奥氏体在 A_1 温度以下冷却时发生的相转变通称为过冷奥氏体转变。

常用的冷却方式有等温冷却和连续冷却（图 3-6）。等温冷却是指将奥氏体迅速冷却至 A_1 以下某一温度进行保温，使奥氏体发生转变，然后再冷却至室温，如图 3-6 曲线 1 所示。连续冷却是将奥氏体自高温以一定速度冷却至室温，使奥氏体发生转变，如图 3-6 曲线 2 所示。根据冷却方式不同，过冷奥氏体转变相应地分为过冷奥氏体的等温转变和过冷奥氏体的连续冷却转变。

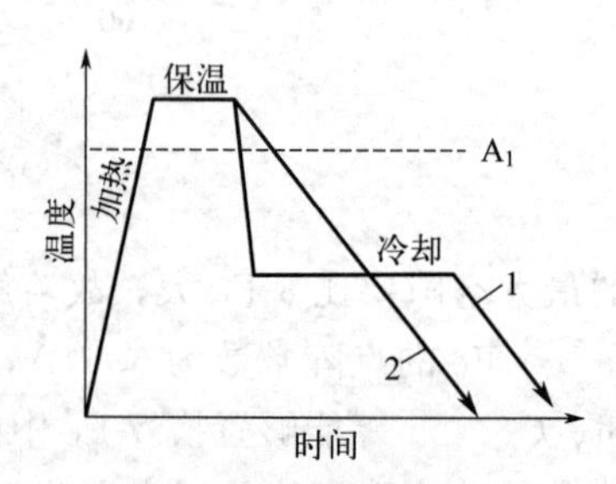

图 3-6　冷却方式示意[8]
1—等温冷却；2—连续冷却

3.3.2 过冷奥氏体转变类型

过冷奥氏体的转变产物因转变温度和冷却方式的不同而有很大差异，同时转变机制也不同，转变产物包括珠光体、贝氏体和马氏体及其混合物。

（1）珠光体转变——扩散型相变

共析钢奥氏体化后，缓慢冷却至 A_1 线以下时，将发生共析反应，形成 Fe_3C 和铁素体的层片状混合物，称为珠光体。相应的相变过程称为珠光体转变。

1864 年索拜（Sorby）首先在碳钢中观察到珠光体[9]。浸蚀后的珠光体中，规则间隔排列的渗碳体片起到类似衍射光栅的作用，使不同波长的光产生衍射，形成类似珍珠特有的光泽，珠光体即因此现象得名[1]。

珠光体转变在靠近临界点的较高温度范围内发生，在此温度范围内，铁原子和碳原子具有较强的扩散能力，因此珠光体转变是一种扩散型相变。珠光体转变将在第 5 章中详细介绍。

(2) 马氏体相变——无扩散型相变

珠光体转变需要通过碳、铁原子的扩散来完成，当过冷奥氏体快速冷却到 250～300℃以下时，原子扩散能力变得非常低，则过冷奥氏体转变为马氏体。马氏体相变不依赖碳原子的扩散，称为无扩散型相变。

马氏体（Martensite）是以德国科学家、金相学的先驱者 Adolf Martens 的名字命名的[10]。奥氏体只有快速冷却至某一临界温度以下，才能发生马氏体相变。这一临界温度称为马氏体相变开始温度，记为 M_s。M_s 温度依赖于碳含量，碳含量增加 M_s 温度随之下降。其它合金元素的加入也会影响 M_s 温度。

马氏体是碳在体心立方的铁中形成的过饱和固溶体。过饱和的碳原子存在于体心立方的一组八面体间隙中，使体心立方结构的某一个晶格参数增大，形成体心正方结构。马氏体的碳含量越高，正方度就越高，马氏体组织的硬度就越高。

马氏体主要有两种类型，低碳的板条马氏体和高碳的片状马氏体或针状马氏体。马氏体相变将在第 6 章中详细介绍。

(3) 贝氏体相变——混合型转变

在形成珠光体和马氏体的温度范围之间（对于碳钢是在 550℃～M_s 之间），过冷奥氏体转变生成非层片状的铁素体和渗碳体的混合物，称为贝氏体。Bain 和 Davenport 首先识别出一种不同于珠光体和马氏体的新的金相组织，1934 年 Bain 的同事将这种新的组织命名为贝氏体（Bainite）。

贝氏体相变兼具珠光体转变和马氏体相变的特征。因为贝氏体在中温范围转变，原子（特别是置换原子）扩散比较困难，贝氏体与母相之间不会完全平衡而是准平衡，即合金元素不能扩散，只有碳扩散的准平衡，碳的扩散引起奥氏体对碳的富化。贝氏体可以按其转变温度范围分为上贝氏体和下贝氏体。贝氏体相变将在第 7 章中详细介绍。

3.3.3 等温转变动力学图

3.3.3.1 等温转变动力学图的特点

将奥氏体化的样品迅速冷却到临界温度以下的某一温度，并在此温度下等温（保温），使过冷奥氏体发生等温转变。经过对等温转变组织的观察分析，可以得到转变温度-转变时间-转变量的定量关系规律。转变的规律可以绘制成转变温度-转变时间-转变量的定量关系曲线，称为过冷奥氏体等温转变动力学图，简称 TTT（temperature-time-transformation）图或 IT（isothermal transformation）图。由于等温转变图通常呈字母“C”的形状，又称为 C 曲线。

图 3-7 为共析钢的过冷奥氏体等温转变动力学图。横坐标表示转变时间，常采用对数坐标。

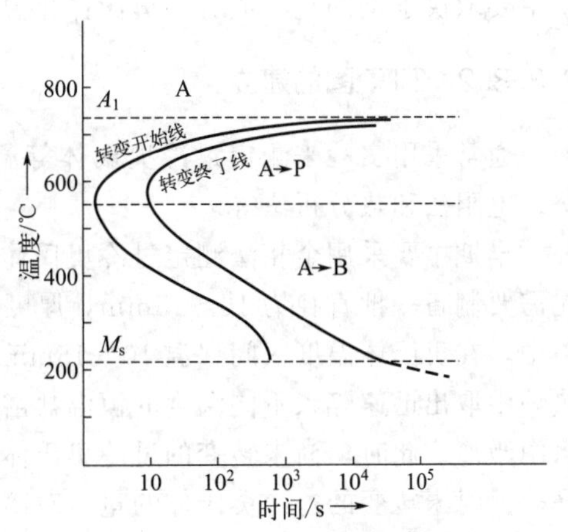

图 3-7 共析钢的过冷奥氏体等温转变动力学图

纵坐标表示温度。图中的 A_1 水平线表示共析转变温度；A 表示奥氏体，P 表示珠光体，A→P 表示珠光体转变；B 表示贝氏体，A→B 表示贝氏体转变；M_s 表示马氏体转变开始温度；M_f 表示马氏体转变终了温度，由于其低于室温而未在图中显示。图中靠左侧的 C 曲线为过冷奥氏体转变开始线，实验测定时通常采用转变量为 1%时的等值线作为转变开始线。右侧的曲线为奥氏体转变终了线，实验测定时常采用转变量为 99%时的等值线作为转变终了线。

对共析钢而言，其 TTT 图可以说明如下信息。

在转变开始线左侧区域，过冷奥氏体处于不稳定状态，但尚未发生相转变。通常把奥氏体冷却到 A_1 温度以下某一温度等温时，从到达该温度至开始发生组织转变所经历的时间，称为孕育期。孕育期的长短随等温温度的不同而变化，在 A_1 温度以下，随着等温温度的降低，孕育期先缩短后增加。在开始转变线向左侧突出的位置，孕育期最短，称为 C 曲线的"鼻尖"，对应的温度可称为"鼻尖温度"。

在 A_1 温度以下不同温度区域，奥氏体等温转变的机理和转变产物不同，据此可以将 TTT 图分为高温区域、中温区域和低温区域。

高温区域的温度范围为 A_1 温度以下至 C 曲线鼻尖温度以上。在此温度区间发生珠光体转变，转变产物为铁素体和渗碳体交替形成的层状组织，即珠光体。在珠光体转变温度范围内，珠光体片层间距随着等温温度的降低而减小，珠光体组织变细，转变产物从高温到低温分别命名为珠光体、索氏体和屈氏体。

中温区域的温度范围为 C 曲线的鼻尖温度以下至 M_s 点以上。在此温度区间发生贝氏体转变，转变产物是由铁素体和渗碳体两相组成的非层片状混合组织，即贝氏体。在贝氏体转变温度区间上部等温时，得到上贝氏体组织；而在该区域下部等温时，得到下贝氏体组织。

低温区域的温度范围为 M_s 点至 M_f 点。在此温度区间发生马氏体转变。马氏体是碳溶解在 α-Fe 中的过饱和固溶体。等温转变能获得一定量的马氏体，但大量的马氏体是在连续冷却过程中得到的。由于马氏体转变的不完全性，在过冷奥氏体向马氏体转变的过程中，仍然有过冷奥氏体残留下来，称为残余奥氏体，一般用符号 A' 表示。

奥氏体在连续冷却过程中不转变成珠光体型组织而直接转变为马氏体型组织的最小冷却速度称为临界冷却速度 V_k，它是与 C 曲线鼻尖部位相切的冷却速度线。V_k 的大小与 C 曲线的位置有关，凡是影响 C 曲线的因素也都影响其临界冷却速度。因此，临界冷却速度的大小主要取决于钢的化学成分和奥氏体化温度。

3.3.3.2 TTT 图的建立

通常采用实验来测定过冷奥氏体等温转变动力学图，方法有金相法、热膨胀法、磁性法、电阻法和热分析法等。

早期主要采用金相法测定过冷奥氏体等温转变图。为了测定某种钢材的 TTT 曲线，首先需要制备一批直径为 10～15mm，厚度为 1.5mm 的圆片试样。将一组圆片试样放入加热炉中，在奥氏体温度区间保温 10～15min，获得均匀奥氏体组织。将奥氏体化后的试样从加热炉中取出迅速淬入不同温度的恒温盐浴槽中冷却，保持一定时间后，迅速取出试样并在盐水中激冷。此时，尚未转变的过冷奥氏体在激冷时转变为马氏体，因此测定出马氏体的量就是等温时未转变的过冷奥氏体的量。对冷却到室温的样品进行研磨、抛光、腐蚀，制备成金相试样，采用光学显微镜对转变得到的产物进行定量分析，得到转变产物类型、转变量与温度的关系。

将同一温度下的转变量与时间的关系作图，得到如图 3-8（a）所示的该温度下的等温转变动力学曲线。从等温转变动力学曲线可以发现过冷奥氏体等温转变有如下特征：①转变存在孕育期，即过冷奥氏体经过一段时间后才开始发生转变；②转变量与时间的关系呈 S 形，即转变开始后转变速度逐渐加快，当转变量在 50%左右时，转变速度最大，而后又逐步降低，直至转变终了。

将不同温度下的等温转变开始时间和终了时间以及某些特定转变量对应的时间绘制在温度-时间半对数坐标系中，并将不同温度下的转变开始点和转变终了点以及特定转变量对应的点分别连接成曲线，就可以得到过冷奥氏体等温转变动力学图，如图 3-8（b）所示。

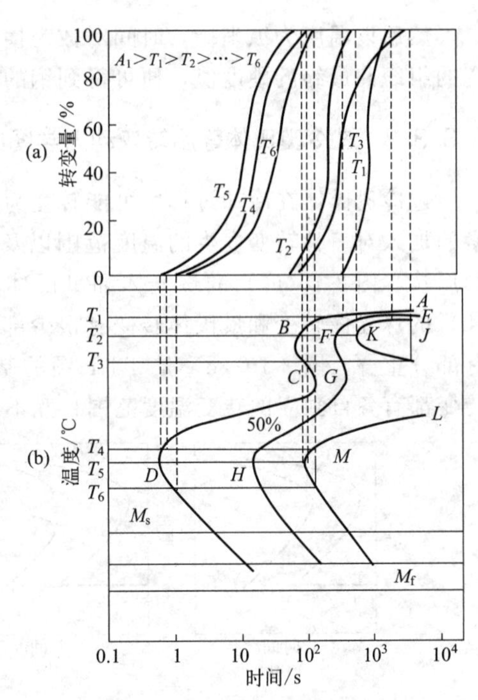

图 3-8　过冷奥氏体等温转变图的建立
（a）动力学曲线（b）TTT 图

视频3-2

金相法测定过冷奥氏体等温转变曲线

金相法直观、精确，是常用的方法，但其缺点是试样消耗量大，测定时间长。利用膨胀法可快速测定 TTT 图。黑色冶金行业标准 YB/T 130—1997《钢的等温转变曲线图的测定》制定了利用膨胀法测定过冷奥氏体等温转变动力学图的方法[11]。膨胀法利用钢试样在加热、冷却及过冷奥氏体在等温时，由于相转变引起的比容的变化，在膨胀曲线上出现转折点。根据转折点可得出发生相转变所需的时间。

该方法通常将钢试样置入膨胀仪中，加热到奥氏体化温度保温后，急冷至临界点以下不同的温度等温，在等温过程中，奥氏体发生相应的相转变。随着等温时间的延长，转变量也逐渐增多，直至转变结束。在膨胀曲线上可以得到与转变量相对应的时间。图 3-9 为利用膨胀法测得的过冷奥氏体等温转变的膨胀量-时间关系曲线，ab 段表示奥氏体化保温阶段；bc 段表示由奥氏体温度急冷至等温温度的纯冷却收缩阶段；cd 段为孕育期；df 段表示奥氏体的转变量随时间的变化；f 点表示转变终止。若奥氏体不能 100%转变，其转变量为（$100-A'$）%。其中 A' 为未转变的奥氏体的量。奥氏体的转变量与体积变化成正比，在 τ 时刻，对应曲线 g 点的奥氏体转变量 ΔQ 为

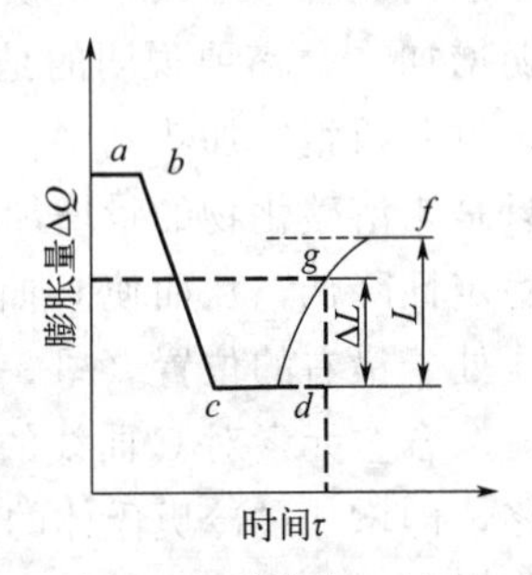

图 3-9　膨胀量-时间关系曲线[11]

$$\Delta Q=(\Delta L/L)\times(100-A')\%$$

式中，ΔL 为 τ 时刻的膨胀量，L 为 f 点的膨胀量。利用此方法可以测出不同温度下的转变动力学曲线。

然后以温度为纵坐标，时间对数为横坐标，将转变量相同的点分别连成曲线，并标明转变的组织和最终的硬度值，便可得到钢的等温转变动力学图。

3.3.3.3 过冷奥氏体等温转变动力学图的基本形式

过冷奥氏体在冷却过程中可能转变为珠光体、贝氏体和马氏体三种类型的组织。合金元素的加入对三种转变发生的温度范围以及转变速度具有不同的影响，使得C曲线呈现不同的形状。图3-10（a）的珠光体和贝氏体转变几乎完全重叠，形成一套C形曲线。图3-10（b）的珠光体转变和贝氏体转变有很少部分重叠。图3-10（c）的珠光体转变和贝氏体转变有部分重叠。图3-10（d）是TTT图的基本形式，其中珠光体转变、贝氏体转变和马氏体转变都有各自独立的转变温度范围，互不重叠。

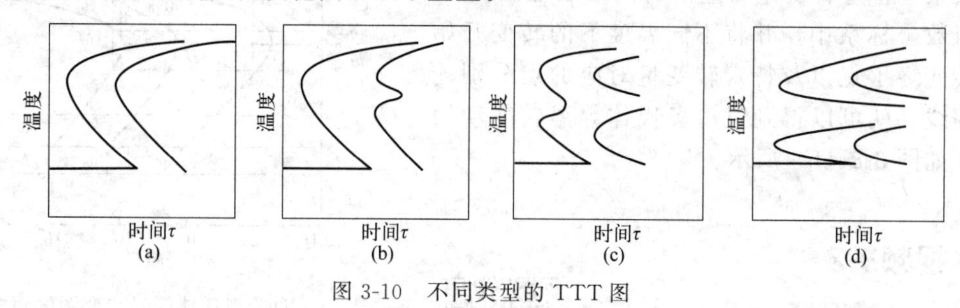

图3-10 不同类型的TTT图

3.3.3.4 影响过冷奥氏体等温转变的因素

（1）碳及合金元素的影响

碳是钢中最重要的合金元素，其对C曲线的影响比较特殊。一般来说，对于亚共析钢，随着碳含量的增加，奥氏体的稳定性增大，发生转变的孕育期增加，C曲线的位置向右移动。其原因是在相同的转变条件下，随着碳含量增加，铁素体形核率降低，铁素体长大需要扩散的碳含量增大，使铁素体的析出速度减小，从而使其促进珠光体形成的作用减弱，孕育期增加[7]。需要说明的是这里的碳含量是指奥氏体中的碳含量。在常规热处理条件下，对于过共析钢，加热到 A_{c1} 以上温度时，随着钢中含碳量增加，奥氏体中的含碳量不增加，只是未溶碳化物的量增加。而未溶碳化物可以作为形核中心，促进奥氏体分解，使奥氏体的稳定性降低，从而使C曲线左移。因此，在碳钢中，共析钢的过冷奥氏体最稳定，其C曲线处于最右的位置（图3-11）。

合金元素对C曲线的影响很大。一般来说，除Co和Al以外的合金元素均使C曲线右移，即增加过冷奥氏体的稳定性。同样需要明确的是，只有溶入到奥氏体中的合金元素，才能增加奥氏体的稳定性，使C曲线右移。

（2）奥氏体晶粒尺寸的影响

奥氏体晶粒尺寸对过冷奥氏体转变的影响主要体现在晶界面积对形核位置的影响。由于奥氏体晶界为珠光体转变提供了形核位置，奥氏体晶粒越细小，相应的晶界总面积越大，从而能够加速过冷奥氏体向珠光体的转变。而贝氏体转变的形核位置既可在晶界也可在晶内，故奥氏体晶粒尺寸对贝氏体转变的影响较小。图3-12中实线表示8640钢奥氏体晶粒度为ASTM3级时的C曲线，虚线表示8640钢奥氏体晶粒度为ASTM11级时的C曲线。

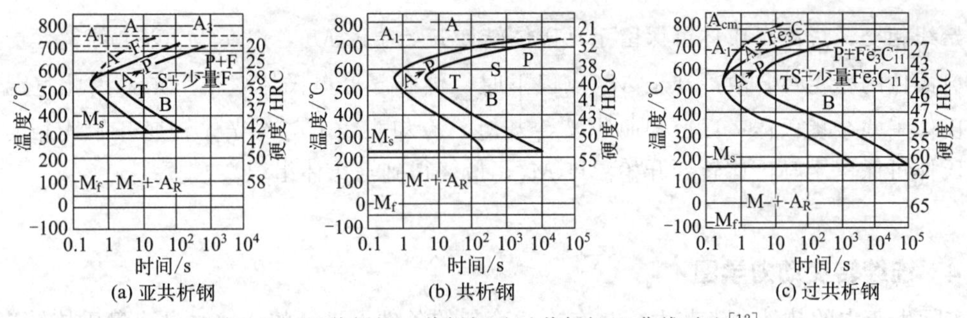

(a) 亚共析钢　　(b) 共析钢　　(c) 过共析钢

图 3-11　亚共析钢、共析钢及过共析钢 C 曲线对比[12]

(3) 奥氏体均匀化的影响

根据相变原理，新相形成时，需要成分起伏。奥氏体成分越均匀，冷却时新相形核与长大过程中所需的扩散时间就越长，因此使 C 曲线右移，同时使 M_s 点降低。图 3-13 中实线表示含 0.87%C、0.3%Mn、0.27%V 钢奥氏体均匀化后的 C 曲线，虚线表示含 0.87%C、0.3%Mn、0.27%V 钢含有未溶碳化物的奥氏体的 C 曲线。含有未溶碳化物的奥氏体的 C 曲线更靠左。

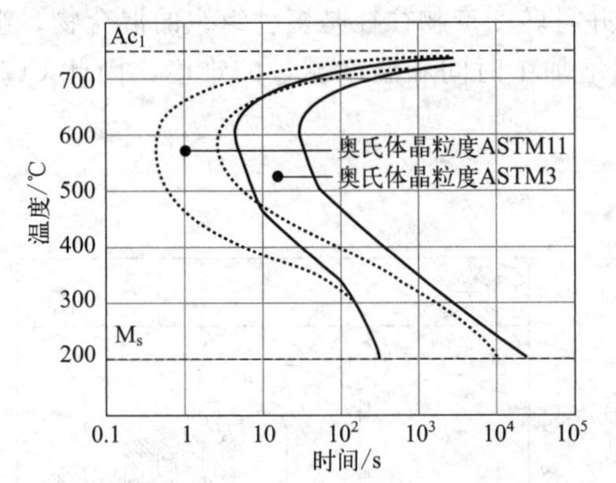

图 3-12　晶粒度对 8640 钢（含 C：0.38%～0.43%，Cr：0.4%～0.6%，Ni：0.4%～0.7%，Mo：0.15%～0.25%）C 曲线的影响[2]

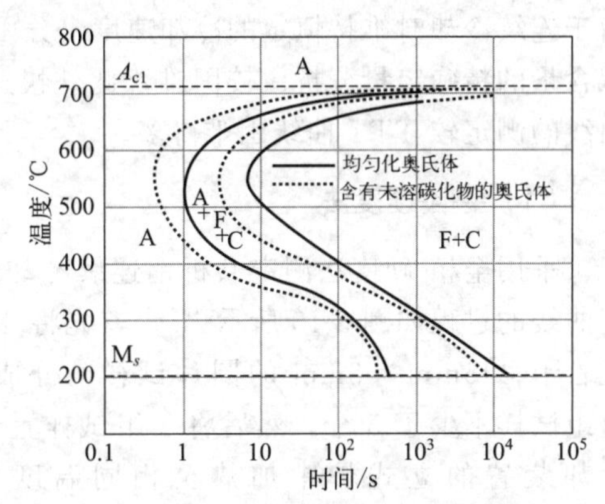

图 3-13　奥氏体成分均匀化对 C 曲线的影响（含 0.87%C，0.3%Mn，0.27%V）[2]

(4) 奥氏体塑性变形的影响

塑性变形对过冷奥氏体转变动力学有显著的影响。奥氏体塑性变形会使奥氏体晶粒细化，或者是亚结构（如位错、孪晶、滑移带等）增加，使珠光体转变的孕育期缩短，使 C 曲线左移。

【例 3-1】 图 3-14 为共析钢的 TTT 曲线。根据图中的实际冷却曲线 a、b、c、d，说明钢冷却到室温所获得的组织。

答：以冷却曲线 a 冷却时，过冷奥氏体与珠光体转变开始线和珠光体转变终了线相交，因此冷却至室温后得到完全的珠光体组织；以冷却曲线 b 冷却时，冷却曲线不与珠光体转变开始线相交，过冷奥氏体可保留到贝氏体转变区，在贝氏体转变区等温，得到贝氏体组织；以冷却曲线 c 冷却时，冷却曲线不与珠光体转

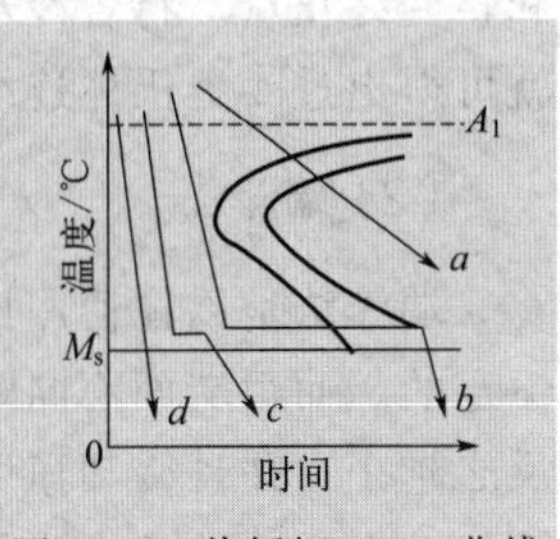

图 3-14　共析钢 TTT 曲线

变开始线相交，过冷奥氏体可保留至马氏体转变开始温度 M_s，但在 M_s 以上停留，会增加过冷奥氏体的稳定性，故冷却至 M_s 点以下时，仍有部分奥氏体残留下来，因此室温组织为马氏体+残余奥氏体；以冷却曲线 d 冷却时，冷却曲线不与珠光体转变开始线相交，过冷奥氏体可保留至马氏体转变开始温度 M_s，最终得到马氏体组织。

3.3.4 连续转变动力学图

实际生产中的热处理工艺大多是在连续冷却的条件下进行的，此时过冷奥氏体转变的规律与等温转变时有很大的不同。连续冷却时，过冷奥氏体是在一个温度范围内进行转变的，不同的转变类型往往相互交叠，得到不均匀的混合组织。1933 年，Bain 首先研究了过冷奥氏体连续冷却转变动力学图，一般称为 CCT（continuous cooling transformation）图。CCT 图比较接近实际热处理冷却条件，在工业生产中用途广泛。

3.3.4.1 过冷奥氏体连续转变动力学图的建立

过冷奥氏体连续冷却转变图的测定方法有金相-硬度法、膨胀法、磁性法、热分析法等。由于连续冷却时维持恒定的冷却速度十分困难，并且转变产物往往是多种组织的混合物，组织含量的精确定量分析比较困难，此外快速冷却增加了时间和温度测量的难度，因此 CCT 曲线的测定较 TTT 曲线困难得多。

（1）金相-硬度法

采用金相-硬度法测定共析钢连续冷却时的转变曲线的过程如图 3-15 所示[13]。首先将 T8 钢制成若干 ϕ15mm×3mm 的圆片试样，分成几组，每组试样不少于 5 个。然后将一组试样置于带有冷却装置的立式炉中加热至相同温度，保持 15min，使之奥氏体化，再将试样以恒定的速度连续冷却，并在冷却过程中，每隔一定时间冷至预定温度后，取出一个试样淬入盐水内，将高温转变的组织固定下来。最后观察金相，测量硬度，即可求出转变开始和终止的温度、时间以及转变量与温度、时间关系的数据。每组试样均以预定的冷却速度，重复上述过程，就可求得各种冷却速度下的转变开始点，发生一定转变量的点和转变终止点。将各冷却速度下的数据标在温度-时间对数坐标上，连接物理意义相同的点，就可得出过冷奥氏体连续冷却转变图。

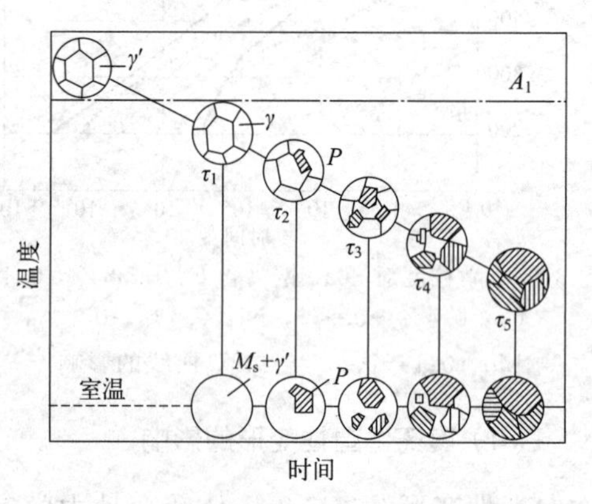

图 3-15 金相法绘制连续冷却转变曲线

（2）端淬法

端淬法是以往使用比较多的方法之一，端淬试验时，试样各横截面的冷却速度基本上是恒定的。而距端面不同距离的横截面的冷却速度是不同的，距水冷端越近，冷却速度越大，反之越小，并且冷却速度是连续变化的。这样在一个端淬试样上存在着各种不同恒速冷却的部位。本方法的基本步骤如下：

① 测定端淬试样各部位的冷却曲线。在一个端淬试样上，距水冷端不同位置点焊一组热电偶，在一定的条件下奥氏体化，之后喷水并记录各热电偶所反映的冷却曲线，即可得出各横截面的冷却速度。

② 取一组端淬试样，在一定的奥氏体化条件下加热并保温，然后逐个喷水，每个试样喷水时间各异，达到规定时间，停止喷水并立即淬入盐水中，使未转变的过冷奥氏体转变为马氏体。

③ 观察各试件距水冷端同样位置的金相组织，并测定硬度。从而测出该位置（实质是某一冷却速度）的转变开始点和转变终了点，同时也可以测出各种转变产物的含量。

④ 将各冷却速度下的转变开始点及终了点绘入坐标纸，连接成线即得到CCT图（图3-16）。

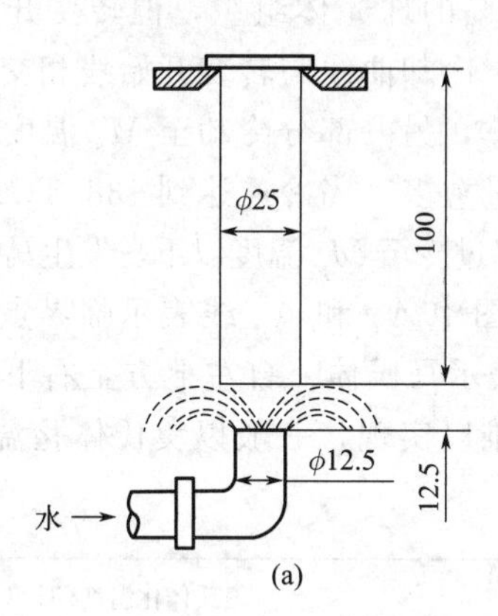

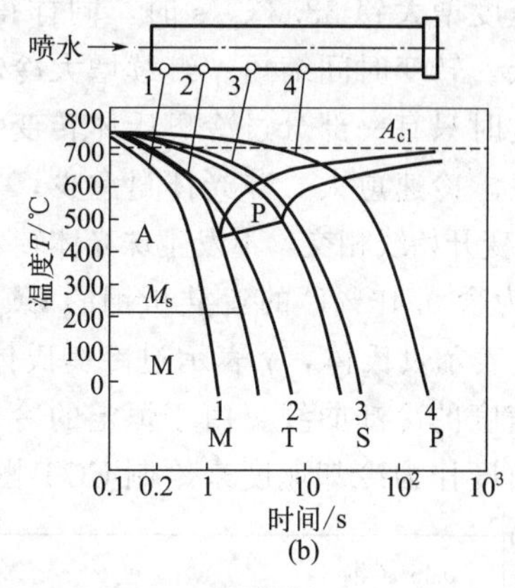

图3-16　端淬试验（a）和端淬法绘制CCT曲线[14]（b）

视频3-3

末端淬火试验

（3）膨胀法

膨胀法的应用日益广泛，它采用直径3mm左右的小试样，在吹风冷却时就可以得到比较高的冷却速度。而且，只需一个试样就可以得到某一冷却速度下的各种转变的全部数据[15]。目前采用的快速膨胀仪，以真空感应加热方法加热试样，程序控制冷却速度。从不同冷却速度的膨胀曲线上可以确定转变开始、各种中间转变量和转变终了所对应的温度和时间，极大提高了CCT曲线测定的效率。为了提高测量精度，常采用金相-硬度法或热分析法进行校对。

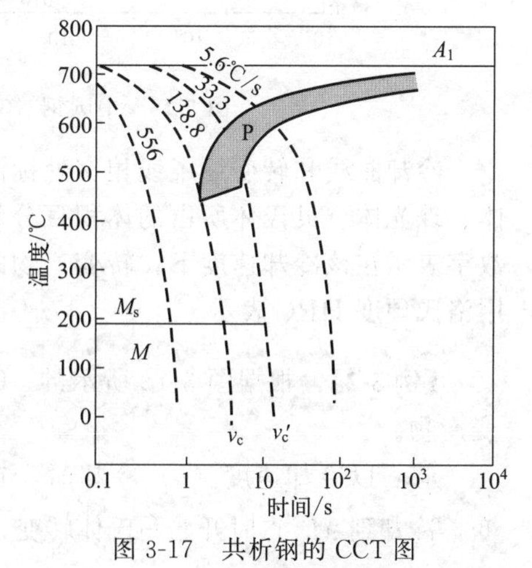

图3-17　共析钢的CCT图

3.3.4.2　过冷奥氏体连续冷却转变图的分析

共析钢的过冷奥氏体连续冷却转变图如图3-17所示。其纵坐标表示温度，横坐标表示时间（对数坐标）。图中的A_1水平线表示共析转变温度，P表示珠光体，M表示马氏体，M_s表示马氏体转变开始温度。

图中阴影部分表示珠光体转变区，虚线表示不同的冷却速度。阴影部分左边的曲线是珠光体转变开始线，是以不同速度冷却时珠光体转变开始点的连线，右侧的曲线则为珠光体转变终了线，代表不同速度冷却时珠光体转变终了点的连线。阴影部分下端的线为“转变中止”线，代表以不同速度连续冷却时珠光体转变中间停止的温度，即当冷却曲线与此线相交时，珠光体转变中止，剩余的奥氏体冷却到马氏体转变开始线 M_s 以下转变为马氏体。

利用 CCT 可以判断过冷奥氏体以不同冷却速度冷却时的组织转变情况。当以 5.6℃/s 的冷却速度连续冷却时，冷却到冷却曲线与珠光体转变开始线相交，开始珠光体转变，冷却到与珠光体转变终了线相交时，得到 100％的珠光体组织，继续冷却时组织状态不发生变化。当冷却速度增大到 33.3℃/s 时，同样得到 100％的珠光体组织，但转变开始与转变终了温度均降低，转变时间缩短。继续增大冷却速度，冷却曲线与转变开始线相交后，而与中止线相遇。这时只有一部分过冷奥氏体转变为珠光体，另一部分冷却至 M_s 温度以下时，发生马氏体转变。冷速愈大，珠光体量愈少，马氏体量愈多。当冷速达到 138.8℃/s 时，冷却曲线不再与转变开始线相交，不发生珠光体转变，全部过冷至 M_s 温度以下，发生马氏体转变。

图 3-18 为含 0.46％C 的亚共析钢的 CCT 图。图中 A_1 和 A_3 线表示临界点温度，P 表示珠光体，B 表示贝氏体，γ 表示过冷奥氏体，M 表示马氏体。自左上方至右下方的细线代表不同冷却速度的冷却曲线。由于恒定的冷却速度难以实现，一般以奥氏体化温度至 500℃的平均冷却速度作为冷却速度来绘制 CCT 图。

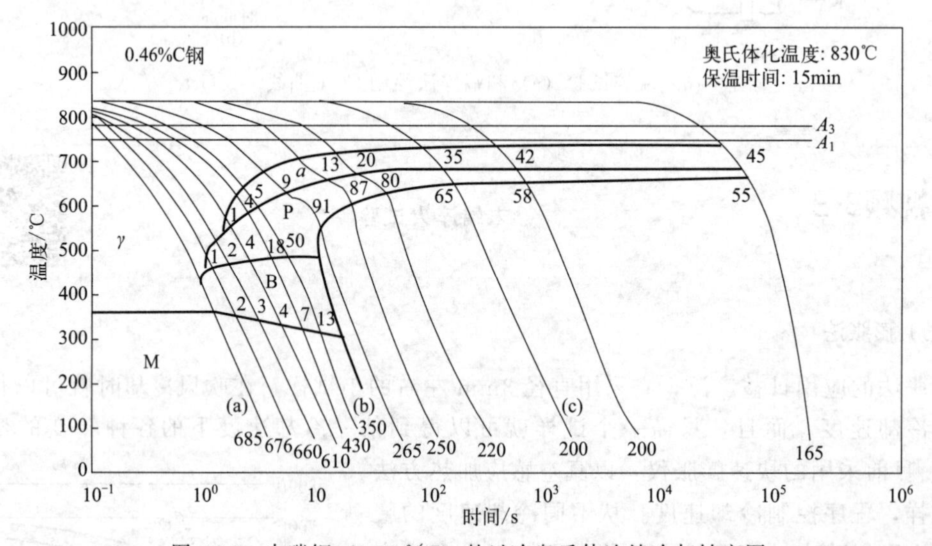

图 3-18　中碳钢（0.46％C）的过冷奥氏体连续冷却转变图

冷却曲线和转变终了线相交处标注的数字表示以该冷却速度冷却到室温后组织中的铁素体、珠光体、贝氏体所占的体积百分数，其余为马氏体和少量残余奥氏体。冷却曲线末端的数字表示在该冷却速度下，转变产物的硬度值，一般用维氏硬度 HV 表示，也有的 CCT 图用洛氏硬度 HRC 表示。

【例 3-2】 根据图 3-18 所示的 CCT 图分析（a）、（b）、（c）三种典型冷却速度下的转变产物。

答：以冷却速度（a）冷却时，在冷却到 M_s 点的过程中，过冷奥氏体未发生其它转变，冷却到 M_s 点时开始马氏体转变，冷却到室温后的组织为马氏体＋少量残余奥氏体。室温下钢的硬度为685HV。

以冷却速度（b）冷却时，冷却到约630℃时与铁素体析出线相交，开始析出铁素体；冷却到约600℃，铁素体转变量达到5%时开始析出珠光体；冷却到480℃，珠光体转变量达到50%时进入贝氏体转变区；冷却到305℃时，贝氏体转变量达到13%，随后开始马氏体转变，冷却到室温时，仍有少量残余奥氏体存在。因此室温时的组织由5%铁素体+50%珠光体+13%贝氏体+30%马氏体+少量残余奥氏体所组成。此时钢的硬度为350HV。

以冷却速度（c）冷却时，冷却到720℃时开始析出铁素体；冷却到680℃，形成35%的铁素体并开始珠光体转变；冷却到665℃时转变终了。冷却至室温的组织为35%铁素体+65%珠光体的混合组织。室温下钢的硬度为200HV。

3.3.4.3 CCT图与TTT图的比较

为了便于比较，现以共析碳钢为例，用虚线代表TTT图，实线代表CCT图，将它们叠绘在同一温度-时间坐标中，如图3-19所示。很明显，在相同的化学成分、原始组织和奥氏体化条件下，CCT曲线位于TTT曲线的右下方。这说明，连续冷却过程中，过冷奥氏体的转变温度低于等温冷却时的相应温度，需要更长的孕育期。从形状上看，连续转变CCT曲线中珠光体转变区和贝氏体转变区都只有相当于等温TTT转变曲线的上半部分。碳钢连续冷却转变时可使中温区的贝氏体转变受到抑制。

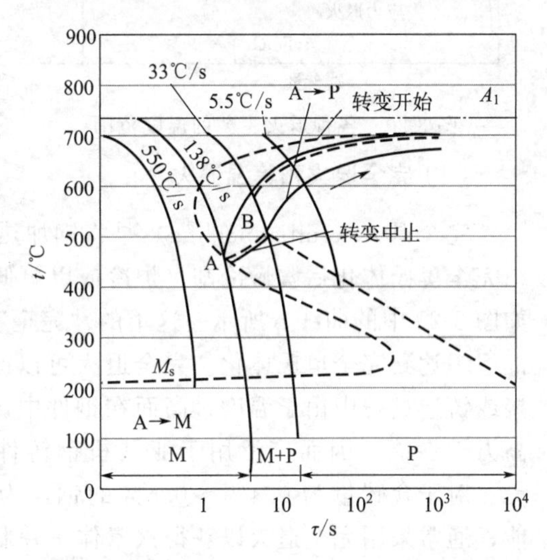

图3-19 共析钢的CCT图与TTT图的比较

3.4 常规热处理方法

热处理工艺是实现金属的固态相变过程，调整金属材料的组织及性能的主要手段。根据热处理时加热和冷却的规范以及组织性能变化的特点，可将热处理工艺分为常规热处理和特殊热处理。

 **视频3-4**　常用的热处理工艺（退火、正火、淬火、回火等）

3.4.1 退火

退火（annealing）是指将工件加热到适当温度，保温一定时间，然后缓慢冷却的热处理工艺。退火是最早使用的热处理工艺，河南殷墟出土的殷代金箔经金相分析可知是经过再结晶退火处理的，其目的是消除金箔冷锻后发生的硬化。

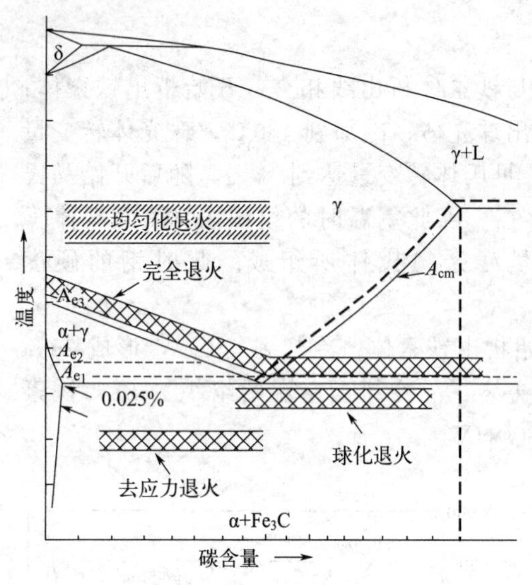

图 3-20　各种退火工艺的温度范围

如图 3-20 所示，退火工艺涉及的温度范围比较宽，既有高于临界温度的退火，也有在临界温度以下加热的退火。它们的共同特点是缓慢冷却，如随炉冷却，以获得接近平衡状态的组织。

退火的目的包括：①降低钢的硬度，以利于切削加工及压力加工；②改善或消除坯料在铸造、锻造、焊接时产生的成分和组织不均匀性，以提高其使用性能和工艺性能；③消除内应力，稳定尺寸，以防止钢件的变形和开裂；④细化晶粒，改善钢中碳化物的形态和分布，在组织上为最终热处理做好准备。

退火工艺的种类较多，常用的有完全退火、不完全退火、均匀化退火、球化退火、再结晶退火及去应力退火。

（1）完全退火和等温退火

完全退火（full annealing）是将钢加热到 A_{c3} 温度以上 30～50℃，保温一段时间，使组织完全奥氏体化后缓慢冷却（炉冷或以更低的速度冷却），以获得接近平衡组织的退火工艺，如图 3-21 中的曲线 b 所示。这里的“完全”是指退火时钢的内部组织达到完全奥氏体化。完全退火可以改善热锻、热轧、焊接或铸造过程中由于温度过高而在钢件中出现的不良组织，提高力学性能，因而广泛用于亚共析钢铸件、锻轧件和焊接件等。对于含碳量为 0.4%～0.6%的钢，为了改善切削加工性能，通常采用完全退火以获得铁素体＋片状珠光体的组织，适当降低钢的硬度，易于切削加工。过共析钢加热到 A_{cm} 温度以上时，在随后的缓冷过程中易得到网状渗碳体组织，增加钢的脆性，并使钢的强度、塑性、韧性大大降低，难以切削加工，因此，完全退火不适用于过共析钢。

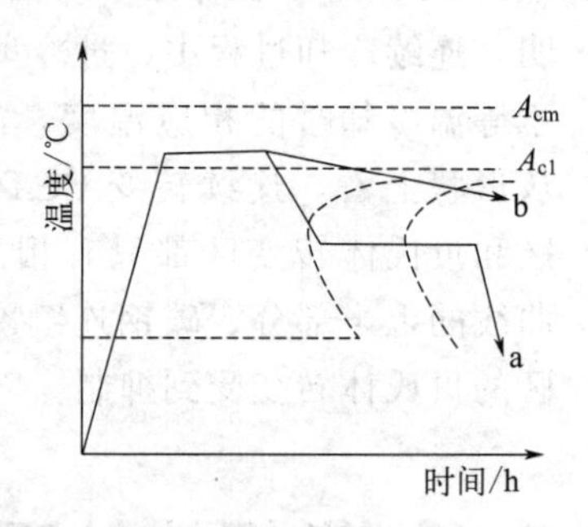

图 3-21　完全退火与等温退火工艺曲线

对于某些过冷奥氏体稳定的合金钢而言，采用完全退火需要的时间很长。此时，可采用等温退火以缩短退火时间。等温退火是将钢加热到 A_{c3}（亚共析钢）或 A_{c1}（共析钢和过共析钢）温度以上，保温适当时间后，较快地冷却到珠光体转变区域某一温度并等温，使奥氏体转变为珠光体类型组织，然后出炉空冷的退火工艺，如图 3-21 中曲线 a 所示。

（2）不完全退火

不完全退火是将钢加热到 A_{c1}～A_{c3}（亚共析钢）或 A_{c1}～A_{cm}（过共析钢）之间，保温一段时间后缓慢冷却以获得接近平衡组织的退火工艺。这里的“不完全”是指退火时钢的内部组织部分奥氏体化。不完全退火应用于碳素结构钢、碳素工具钢、低合金结构钢和低合金工具钢的热锻件和热轧件，目的是消除碳素结构钢和低合金结构钢因热加工所产生的内应力，使钢件软化或改善工具钢的切削加工性。不完全退火应用于过共析钢主要是为了获得球状珠光体组织，以降低硬度，改善切削加工性能。

（3）均匀化退火

均匀化退火是将铸锭、铸件及锻坯加热到略低于固相线的温度下长时间保温，使钢中的元素充分扩散，然后缓慢冷却，以消除化学成分不均匀现象的热处理工艺，又称为扩散退火。均匀化退火的目的是消除或减少金属铸锭、铸件在凝固过程中产生的成分偏析，改善某些可以溶入固溶体的夹杂物的状态，从而使钢的成分和组织趋于均匀。

（4）球化退火

球化退火是为使工件中的碳化物球状化而进行的退火。经过球化退火后，钢中的碳化物以球状形态分布在铁素体基体中，称为粒状珠光体。球化退火工艺适用于碳含量大于 0.60% 的高碳钢。其目的是降低硬度，改善钢的切削加工性能，并为后续的热处理做好组织准备。

（5）去应力退火

去应力退火是将零件加热到 A_{c1} 以下某一温度，保温一定时间，然后缓慢冷却，以消除零件内存在的内应力的热处理工艺。去应力退火时，原子只进行短距离运动，不产生组织变化。去应力退火的目的是消除零件内部存在的残余内应力，提高尺寸稳定性，防止工件变形和开裂。去应力退火后的冷却应尽量缓慢，常采用随炉冷却。大型工件应采用更低的冷却速度，以免造成新的附加应力。

（6）再结晶退火

再结晶退火是将冷变形后的钢加热到再结晶温度以上 150～250℃，保持适当时间，使变形晶粒重新形核，生长成均匀的等轴晶粒，同时消除加工硬化和残余内应力的热处理工艺。再结晶退火后钢的组织性能可恢复到冷变形前的状态。再结晶退火用于冷变形过程的中间退火，主要目的是恢复变形前钢的组织和性能，消除加工硬化，恢复塑性，以便继续变形。再结晶退火广泛应用于冷变形加工和冷成形加工。

3.4.2 正火

正火（normalizing）是将钢加热到 A_{c3}（共析钢）或 A_{cm}（过共析钢）以上 30～50℃，保温一定时间，然后出炉在空气中冷却的热处理工艺。正火和退火的区别在于加热温度和冷却方式的不同。如图 3-22 所示，对于亚共析钢，与完全退火相比，正火冷却的速度较快，转变温度较低，通常没有先共析铁素体析出，而发生伪共析转变。正火后获得的组织比相同钢材的退火组织细小，强度、硬度也较高。正火和退火后钢的性能对比如表 3-1 所示[16]。

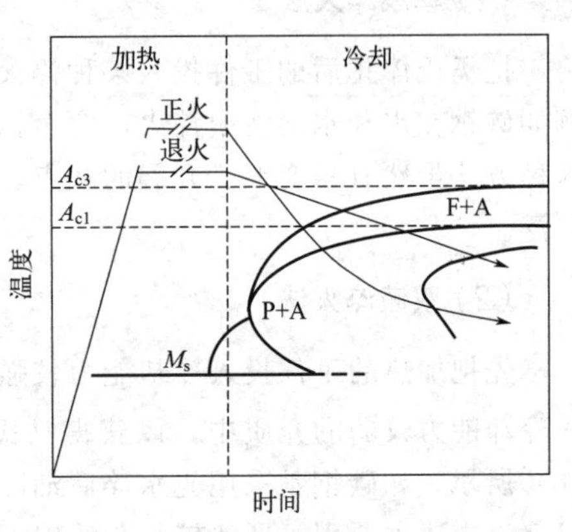

图 3-22　正火与完全退火对比[2]

表 3-1　退火工艺和正火工艺性能的对比[16]

退火	正火
降低钢件硬度，改善切削加工性能	获得一定的硬度，改善加工性能
提高塑性或恢复经冷变形后钢的塑性，提高工艺性能和使用性能	提高塑性

续表

退火	正火
细化晶粒	细化晶粒，改善力学性能
消除成分不均匀，获得均匀组织	获得较均匀的性能，提高基体的力学性能
获得接近平衡状态的组织	获得比较均匀的组织，消除过共析钢中的网状碳化物
消除内部残余应力，防止变形和开裂	
消除锻、铸和焊接时成分或组织不均匀缺陷，提高工艺性能和使用性能	

正火的目的是：①使大型铸、锻件和钢材的组织均匀化，晶粒细化，消除魏氏组织或带状组织，为后续热处理做好组织准备。②减少低碳钢中的先共析铁素体的含量，提高硬度，改善钢的切削加工性能。③对于过共析钢，正火可消除网状碳化物，有助于后续的球化退火。④作为钢件的最终热处理工艺，代替调质处理，使工件具有一定的综合力学性能。

3.4.3 淬火

淬火和回火是两种不可分割的热处理工艺。淬火与回火作为各种机器零件及工模具的最终热处理工艺是赋予钢件最终性能的关键工序，也是钢件热处理强化的重要手段。

淬火是将钢加热到 A_{c1} 或 A_{c3} 温度以上，保温一定时间后快速冷却，使过冷奥氏体转变为马氏体或贝氏体组织的工艺方法。

钢淬火后，强度、硬度和耐磨性大大提高。碳的质量分数为 0.5% 的淬火马氏体经中温回火后，可以具有很高的弹性极限。中碳钢经淬火和高温回火（调质处理）后，可以有良好的强度、硬度及韧性的配合。

3.4.3.1 淬火方法

（1）单液淬火法

把奥氏体化后的工件投入某种淬火冷却介质中冷至室温的操作方法，称为单液淬火法。例如碳钢在水和水溶液中淬火，合金钢在油中淬火等均为单液淬火法，如图 3-23（a）所示。这种方法虽然有易变形、开裂的缺点，但它的操作简单，容易实现机械化、自动化，故应用广泛。

（2）双液淬火法

先把加热的工件投入冷却能力较强的介质中冷却到稍高于 M_s 点温度，然后立即转到另一冷却能力较弱的介质中，以获得马氏体组织，这种淬火方法称为双液淬火法，如图 3-23（b）所示。如碳钢常采用先水淬后油冷，合金钢常采用先油冷后空冷的方法进行双液淬火。双液淬火法主要用于形状较复杂的碳钢工件。工件在冷却能力较强的介质中快速冷却以抑制过冷奥氏体分解，然后转入冷却能力较弱的另一介质中进行马氏体转变，这样既保证获得马氏体组织，又减小了淬火应力，防止工件变形开裂。双液淬火法的关键在于控制工件在第一种介质中的停留时间。

（3）分级淬火法

把加热的工件先投入温度在 M_s 点附近的盐浴或碱浴槽中，停留 2～3min，然后取出空冷，以获得马氏体组织的淬火工艺称为分级淬火法，如图 3-23（c）所示。分级冷却的目的是使工件内外温度较为均匀，减少淬火应力，防止变形开裂。分级温度以前都定在略高于 M_s 点，工件均温后进入马氏体区，现在改进为在略低于 M_s 点的温度分级。

由于盐浴或硝盐浴的冷却能力较小，容易使过冷奥氏体稳定性较小的钢在分级过程中形成珠光体，故此法只适用于截面尺寸不大、形状复杂的碳钢及合金钢工件。

（4）等温淬火法

把奥氏体化后的工件投入温度稍高于 M_s 点的盐浴或碱浴槽中，保温足够时间，使其发生下贝氏体转变后取出空冷的淬火方法，如图 3-23（d）所示。钢经等温淬火后得到的组织为下贝氏体，故又称贝氏体淬火。

等温淬火的加热温度一般比普通淬火高 30～80℃。等温温度和时间主要根据工件的组织与性能要求，从该钢的 C 曲线上选定。

等温淬火的工件产生的内应力很小，不易发生变形与开裂，同时所得下贝氏体组织又具有良好的综合力学性能。一般情况下，碳钢和低合金钢等温淬火后不再进行回火，故常用来处理形状复杂、尺寸要求精确，并且硬度与韧性都要求较高的工件，如各种冷、热冲模，成形刀具和弹簧等。等温淬火适用于中碳以上的钢。低碳贝氏体的性能不如低碳马氏体，故低碳钢一般不进行等温淬火。

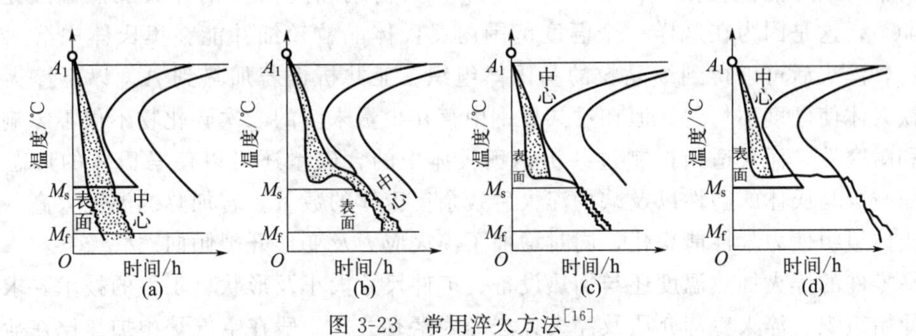

图 3-23 常用淬火方法[16]

（a）单液淬火法；（b）双液淬火法；（c）分级淬火法；（d）等温淬火法

3.4.3.2 淬火介质

在淬火介质中冷却是淬火的一道关键工序，为了获得马氏体组织，钢淬火时一般都须采取快冷，使其冷速大于淬火临界冷却速率 V_c，以避免过冷奥氏体发生分解。从钢的 C 曲线可知，其鼻部温度大约在 500～600℃。可见，当零件冷至该温度以下时便无需快冷，因为这时过冷奥氏体的孕育期又增加，可以适当减慢冷却速度，况且在马氏体转变区需要慢冷才能减少组织应力，从而降低淬火变形和开裂的倾向。因此从淬火冷却过程对淬火介质的要求来看，它应当具有在中温（500～600℃）时冷却快、低温时冷却慢的特性。如图 3-24 所示即是人们所期望得到的理想淬火介质的冷却曲线。

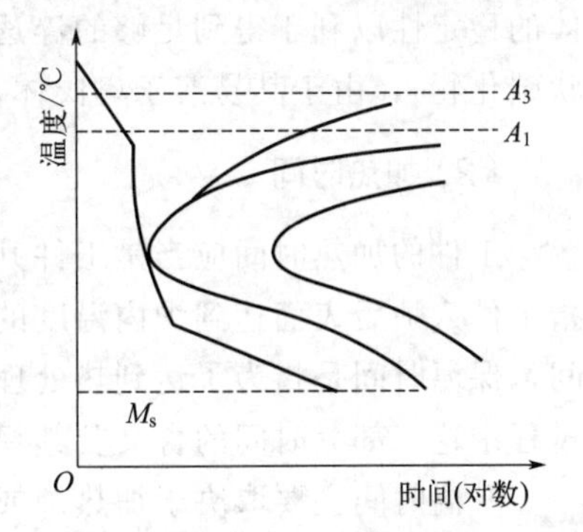

图 3-24 理想淬火介质的冷却曲线

淬火介质的种类很多，根据其物理特性，可分为以下两大类。

第一类属于淬火时发生物态变化的淬火介质，包括水质淬火剂、油质淬火剂和水溶液等。淬火介质的沸点大都低于零件的淬火加热温度，所以当炽热零件淬入其中后，它便会汽化沸腾，使零件剧烈散热。此外，在零件与介质的界面上，还可以辐射、传导、对流等方式进行热交换。

第二类属于淬火时不发生物态变化的淬火介质。包括各种熔盐、熔碱、融熔金属等。淬火介质的沸点都高于零件的淬火加热温度，所以当炽热零件淬入其中时，它不会汽化沸腾，而只在零件与介质的界面上，以辐射、传导和对流的方式进行热交换。

作为淬火介质，其一般的要求是：无毒、无味、经济、安全可靠；不易腐蚀零件，淬火后易清洗；成分稳定，使用过程中不易变质；在过冷奥氏体的不稳定区域应有足够高的冷却速度，在低温的马氏体转变区域应具有较缓慢的冷却速度，以保证淬火质量；在使用时，介质黏度应较小，以增加对流传热能力和减少损耗。

3.4.3.3 淬火加热规范

(1) 淬火加热温度

确定淬火加热温度最基本的依据是钢的成分，即临界点的位置（A_{c1}、A_{c3}、A_{cm}）。通常亚共析钢淬火加热温度是 A_{c3} +(30～50℃)；共析钢和过共析钢淬火加热温度是 A_{c1} +(30～50℃)，这是因为在这样一个温度范围内奥氏体晶粒较细并能在奥氏体中溶入足够的碳，因此，淬火后可以得到细晶粒的马氏体组织。亚共析钢若加热到 A_{c3} 以下淬火，会出现自由铁素体使硬度不均匀。但在过共析钢中存在少量未溶的二次碳化物不仅不影响工具钢的硬度和耐磨性，而且适当控制过共析钢奥氏体中的含碳量还可以使马氏体的形态得到控制，从而减少马氏体的脆性以及减少淬火后残余奥氏体的数量。若加热的温度太高，将形成粗大马氏体组织使力学性能恶化，同时增加了淬火应力及变形开裂倾向。

选择零件的淬火加热温度还与加热设备、工件尺寸大小及形状、工件的技术要求、工件本身的原始组织、淬火冷却介质及淬火方法等因素有关。一般在空气炉中加热比在盐浴中略高 10～30℃。对形状复杂，截面变化突然易变形开裂的工件一般选择淬火温度的下限，有时甚至采取出炉后预冷再淬火。为了提高较大尺寸零件的表面硬度和淬透深度，可以适当升高淬火温度，以提高其淬透能力，有利于保证表面的硬度和足够的淬透深度，对于尺寸较小的零件应选择稍低的淬火温度。此外，为了防止碳钢及低合金钢变形开裂，若采用冷却速度较慢的淬火介质如油、硝盐时，加热温度应比水淬提高 20℃左右，通过适当提高过冷奥氏体的稳定性以利于得到足够的淬透深度和硬度。当原始组织是极细珠光体时（薄片状或细粒状碳化物)，由于其易溶于奥氏体，淬火温度应适当降低或取下限。

(2) 加热时间

工件的加热时间应当是工件升温时间、透热时间与保温时间的总和。其中，升温时间是指工件入炉后表面达到炉内温度的时间，透热时间是指工件内部与表面都达到炉内温度的时间，保温时间是指为了达到热处理工艺要求而恒温保持的时间。这样的区分是由于实际加热过程中这三部分时间的含义及其规律各不相同。

升温时间主要取决于加热炉或加热装置的加热功率、加热制度和加热介质以及装炉量。透热时间主要取决于被加热工件的形状和体积或截面尺寸，以及工件材料本身的导热性能，同时还与炉温的高低有关。保温时间主要取决于热处理工艺制度的要求，如是否需要得到成分均匀的固溶体，是否需要在保温过程中完成某些相变、碳化物的溶解或析出，是否需要成分相对均匀化等。如正火、淬火热处理工艺中的加热工序，由于奥氏体化的速度较快，普通的碳钢加热时珠光体向奥氏体转变只需要 1min 左右，合金钢的转变可能需要几分钟，但是合金碳化物溶解较为滞后。一般来说，工件透热后相变过程基本上能够较快完成，因此不需要很长的保温时间。对于扩散退火、去氢退火和淬火后的回火等热处理工艺，需要较长的时间完成转变，保温时间对完成热处理工艺作用较大，因此，确保足够的保温时间很重要[17]。

(3) 加热速度

淬火加热速度对淬火质量有显著影响。加热速度太慢，工件容易氧化、脱碳，生产率低、成本高。若加热太快，零件表面和中心会产生温差，产生热应力[17]。对于形状复杂，要求变形小，或用合金钢制造的大型零件，必须控制加热速度以减少淬火变形及开裂倾向，一般以 30～70℃/h 的加热速度升温至 600～700℃，保温一段时间后，再以 50～100℃/h 的速度升温至规定温度。对于形状简单的中、低碳钢，合金结构钢零件可直接到温入炉加热[18]。

3.4.4 回火

回火是将淬火后的钢在 A_1 以下温度加热，使其转变为稳定的回火组织，并以适当的方式冷却的热处理工艺。

回火的主要目的是减少或消除淬火应力，保证相应的组织转变，提高钢的塑性和韧性，获得强度、硬度、塑性和韧性的适当配合，稳定工件尺寸，以满足各种用途工件的性能要求。

在工业生产中通常按照所采用的回火温度不同将回火分为三类：低温回火（150～250℃）、中温回火（350～500℃）和高温回火（500～650℃）。

(1) 低温回火

低温回火的温度范围为 150～200℃。低温回火的目的主要是在尽可能保持高硬度、高强度、高耐磨性的同时消除应力，减小脆性等。

低温回火主要用于淬火成马氏体的刀具、量具、冷作模具、滚动轴承零件、渗碳及碳氮共渗零件等。

(2) 中温回火

在 350～500℃之间进行的回火称为中温回火，回火后的组织为回火屈氏体。中温回火后的钢具有最高的弹性极限和足够的韧性，主要用于处理各种弹簧，也可用于处理要求高强度的工件，如刀杆、轴套等。

(3) 高温回火

高温回火的温度范围为 500～650℃。

高温回火应用于结构钢、高合金工具钢、热作模具钢制造的淬火后的零件或工具的回火处理（结构钢的高温回火又称调质处理），其目的是消除淬火应力减小零件的脆性，并赋予零件或工具所要求的性能。

基于回火在热处理中发挥着重要作用，将在第 8 章详细介绍钢的回火转变。

习题

3-1 冷却和加热对钢的相变临界点有何影响？

3-2 根据奥氏体的最大含碳量，计算平均多少个八面体含有一个碳原子。

3-3 说明奥氏体具有较高塑性变形能力的原因。

3-4 奥氏体等温转变有哪些基本类型？

3-5 试比较过冷奥氏体等温转变图（TTT 图）和连续冷却转变图（CCT 图）的异同点。

3-6 影响 TTT 图形状和位置的主要因素是什么？有何实际意义？

3-7 直径 5mm 的 T8 钢加热至 760℃并保温足够时间，应采用何种冷却工艺得到如下组织：

珠光体、上贝氏体、下贝氏体、屈氏体加马氏体加少量残余奥氏体、屈氏体加上贝氏体加下贝氏体加马氏体加少量残余奥氏体，并用工艺曲线表示。

3-8 何谓临界淬火速度？如何根据 CCT 图确定临界淬火速度？如何利用 TTT 图估算临界淬火速度？

3-9 试简述用端淬法测定 CCT 图的原理，并绘图表示。

思考题

3-1 Fe-C 相图的发现对钢铁材料的发展有何意义？

3-2 根据下图所示的 4043 钢的 TTT 曲线和 CCT 曲线，回答下列问题：

(1)确定在 300℃和 600℃下奥氏体完全转化所需的时间。

(2)确定以 0.004℃/s、0.12℃/s、2.8℃/s 和 6℃/s 的冷却速度冷却时钢的最终组织。

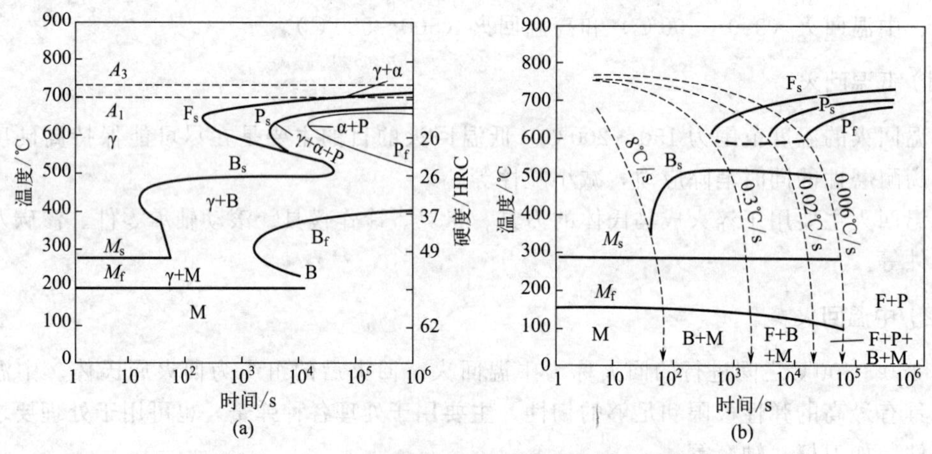

思考题 3-2 图 4043 钢的 TTT 曲线(a)和 CCT 曲线(b)

3-3 共析钢连续冷却转变图上没有贝氏体相变区的原因是什么？

辅助阅读材料

[1] MacKenzie DS. History of quenching[J]. International Heat Treatment and Surface Engineering, 2008, 2

(2)：68-73.

[2] Pereloma E，Edmonds D V. Phase Transformations in steels，Volume 1：Fundamentals and diffusion-controlled transformations[M]. Oxford：Woodhead Publishing Limited，2012.

[3] Rajan A，Sharma TV，Sharma CP. Heat treatment：Principles and techniques[M]. Prentice Hall of India，2010.

[4] Haimbaugh R E. Practical Induction Heat Treating[M]. ASM International，2015.

参考文献

[1] 布赖恩皮克林 F. 钢的组织与性能(材料科学与技术丛书：第7卷)[M]. 刘嘉禾，等译. 北京：科学出版社，1999.

[2] Colpaert H. Metallography of steels-interpretation of structure and the effects of processing[M]. ASM International，2018.

[3] 王浩伟，顾剑锋，董湘怀. 材料加工原理：下册[M]. 上海：上海交通大学出版社，2019.

[4] 赵乃勤. 合金固体相变[M]. 长沙：中南大学出版社，2008.

[5] Colpaert H. Updated and translated by Andre′ Luiz V. da Costa e Silva. Equilibrium Phases and Constituents in the Fe-C System[J]. Metallogr. Microstruct. Anal.，2017，6：443-457.

[6] Zatkalíková V，Markovicová L. Corrosion resistance of electropolished AISI 304 stainless steel in dependence of temperature[J]. Materials Science and Engineering，2019，465：012011.

[7] 胡保全. 金属热处理原理与工艺[M]. 北京：中国铁道出版社，2017.

[8] 陆宝山. 模具材料与热处理[M]. 上海：上海科学技术出版社，2016.

[9] 刘宗昌. 金属材料工程概论[M]. 北京：冶金工业出版社，2018.

[10] Portella P D. Adolf Martens and his contributions to materials engineering[OL]. [2023-07-28]. http://www.phase-trans.msm.cam.ac.uk/2002/Martens.pdf.

[11] YB/T 130—1997. 钢的等温转变曲线图的测定.

[12] 齐宝森，李莉，房强汉. 机械工程材料[M]. 哈尔滨：哈尔滨工业大学出版社，2005.

[13] 安正昆. 钢铁热处理[M]. 北京：机械工业出版社，1990.

[14] 张贵锋，黄昊. 固态相变原理及应用[M]. 北京：冶金工业出版社，2016.

[15] 王顺兴. 金属热处理原理与工艺[M]. 哈尔滨：哈尔滨工业大学出版社，2019.

[16] 王忠诚，齐宝森. 典型零件热处理工艺与规范(上)[M]. 北京：化学工业出版社，2017.

[17] 陈丹，赵岩，刘天佑. 金属学与热处理[M]. 北京：北京理工大学出版社，2017.

[18] 黄立宇. 模具材料选择与制造技术[M]. 北京：冶金工业出版社，2009.

[19] 中国机械工程学会热处理学会. 热处理手册[M]. 第1卷：工艺基础. 北京：机械工业出版社，2013.

第4章

钢的奥氏体转变

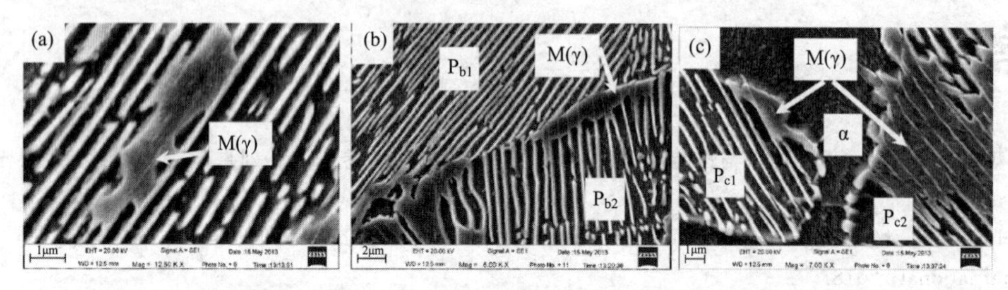

图中为钢加热到临界点温度以上时，奥氏体形核的示意图。奥氏体形核的热力学条件是什么？其转变机制是什么？如何控制奥氏体转变过程？这对实际应用有何意义？

引言与导读

奥氏体是碳或其它化学元素溶入 γ-Fe 中所形成的固溶体，是钢中的重要组成相。大多数钢的热处理工艺都需要加热至奥氏体相区保温，使钢的室温组织全部或部分转变为奥氏体组织，这一过程称为奥氏体化过程。奥氏体化后通过不同的方式冷却，可以获得不同的组织和性能。钢在加热时形成的奥氏体的化学成分、均匀性、晶粒尺寸以及加热后未溶入奥氏体的碳化物、氮化物等的数量、分布等对钢的冷却过程及转变产物的组织和性能都有重要的影响。因此在热处理工艺中，需要对奥氏体化过程进行控制，获得理想的奥氏体组织。另外，奥氏体具有更好的变形能力，钢件常加热到奥氏体区域进行变形和成形。

本章主要介绍钢的奥氏体等温转变的热力学、转变机制、转变动力学和影响转变的因素；连续加热条件下奥氏体转变的动力学图及连续加热转变的特点；奥氏体晶粒长大及控制方法；非平衡组织加热时的奥氏体转变。

本章学习目标

- 掌握发生奥氏体转变的热力学条件及影响奥氏体转变的因素。
- 掌握共析钢奥氏体形成的机制。
- 熟悉共析钢奥氏体等温形成动力学图的含义，了解连续加热奥氏体形成动力学图以及两者的区别。
- 熟悉连续加热时奥氏体转变的特点。
- 掌握奥氏体晶粒长大的规律及控制方法。
- 了解组织遗传现象及防止措施。

4.1 钢的奥氏体等温转变

通常把钢加热到 A_{c1} 温度以上获得奥氏体的转变过程称为奥氏体化过程。钢经奥氏体化获得稳定的奥氏体组织后，以不同方式（或速度）冷却，就可以获得不同的组织和性能。因此，奥氏体化过程是钢的热处理工艺的基本过程，对钢的最终组织形态有重要的影响。钢奥氏体化之前的原始组织可以是平衡组织也可以是非平衡组织，加热方式可以是等温加热也可以是连续加热。等温加热是指在临界点以上某一温度保温时发生的奥氏体化过程，本节着重介绍平衡组织在等温加热时奥氏体形成的规律。

4.1.1 奥氏体转变热力学

奥氏体是高温下的稳定相，当钢加热到共析温度以上时，原始组织将向奥氏体转变。奥氏体转变的温度范围随钢的成分和原始组织不同而不同，共析钢加热到 A_1 温度以上时，原始组织（珠光体、贝氏体、马氏体或它们的混合物）将全部转变为奥氏体；而亚共析钢加热到 A_1 温度时开始形成奥氏体，加热到 A_3 温度以上才能完全转变为奥氏体；过共析钢加热到 A_1 温度时开始形成奥氏体，必须加热到 A_{cm} 温度以上才能完全转变为奥氏体。

转变热力学主要研究相变发生的条件、相变驱动力的大小以及相变产物的相对稳定性。根据热力学原理，系统总是自发地从自由能高的状态向自由能低的状态转变。共析钢在加热到 A_1 温度以上时，奥氏体的体积自由能更低，因此会发生珠光体向奥氏体的转变，相变的驱动力是形成的奥氏体相与母相之间的体积自由能之差。按照相变形核理论，奥氏体形核时，系统总的自由能变化为：

$$\Delta G = \Delta G_V + S\sigma + \varepsilon V - \Delta G_d \tag{4-1}$$

式中，ΔG_V 为相变驱动力，即奥氏体与珠光体的体积自由能之差；$S\sigma$ 为奥氏体形核时所增加的界面能，S 为新相的表面积，σ 为新相单位表面积的界面能；εV 为奥氏体形核时增加的应变能，ε 为新相单位体积的应变能，V 为新相的体积。界面能和应变能是相变的阻力。$-\Delta G_d$ 表示在晶体缺陷处形核引起的自由能降低，也是一种相变的驱动力。

图 4-1 为 Fe-C 合金珠光体与奥氏体的自由能与温度的关系图。从图中可以看出，奥氏体和珠光体的自由能均随温度的升高而降低，但它们的自由能随温度变化的速度不同，因此，在某一温度时，两条曲线存在一个交点，该点即为 Fe-Fe_3C 平衡图中的 A_1（727℃）温度，在该温度奥氏体的自由能 G_γ 与珠光体的自由能 G_P 相等。当加热温度高于 A_1 时，G_γ 低于 G_P，因此珠光体将转变为奥氏体，自由能差 ΔG_V 即为相变的驱动力。由于相变阻力的存在，必须存在一定的过热度 ΔT，才能使系统总的自由能变化 $\Delta G < 0$。

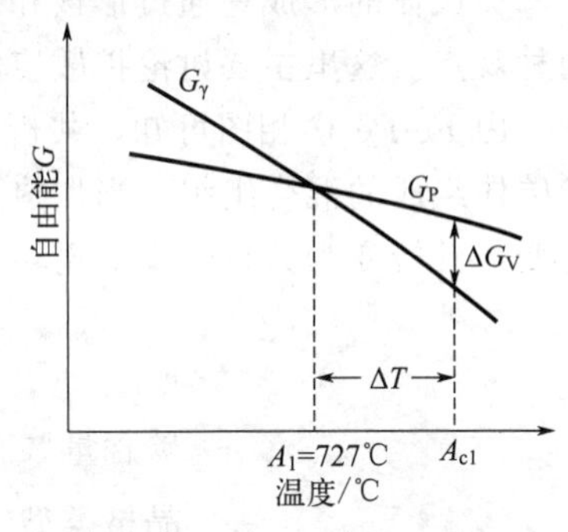

图 4-1　Fe-C 合金珠光体与奥氏体的自由能与温度的关系

在实际生产中总是以一定的速度加热和冷却的，因此实际的转变开始温度偏离平衡转变温度 A_1，转变开始点一般随加热速度的增大而升高（参见第 3 章）。实际转变温度与临界点 A_1 之差称为过热度 ΔT，过热度越大，驱动力也越大，转变也越快。

合金元素的存在对加热转变的临界点也有明显的影响，常见合金元素对 A_{c1} 与 A_{c3} 温度的影响可分别用式（4-2）和式（4-3）表示，式中的元素符号代表该合金元素在钢中的质量百分含量[1]。

$$A_{c1}=723-10.7Mn-16.9Ni+29.1Si+16.9Cr+290As+6.38W \tag{4-2}$$

$$A_{c3}=910-203C^{0.5}-15.2Ni+44.7Si+104V+31.5Mo+13.1W \tag{4-3}$$

4.1.2 奥氏体转变机制

钢在加热到临界点以上时，发生奥氏体转变。根据 $Fe\text{-}Fe_3C$ 相图，碳钢中的碳含量直接影响发生奥氏体转变的临界点温度。共析钢加热至共析温度（727℃）时，直接发生从原始组织（如珠光体、贝氏体、马氏体等）向奥氏体的转变。

首先讨论共析钢平衡组织加热时奥氏体形成的机制。奥氏体的形成属于扩散型相变，其转变过程可以分为四个阶段：奥氏体形核、奥氏体晶核长大、残余碳化物溶解、奥氏体成分均匀化。

共析钢的平衡组织为珠光体，即铁素体和渗碳体的混合组织。珠光体向奥氏体的转变过程，可由图 4-2 示意性地描述。

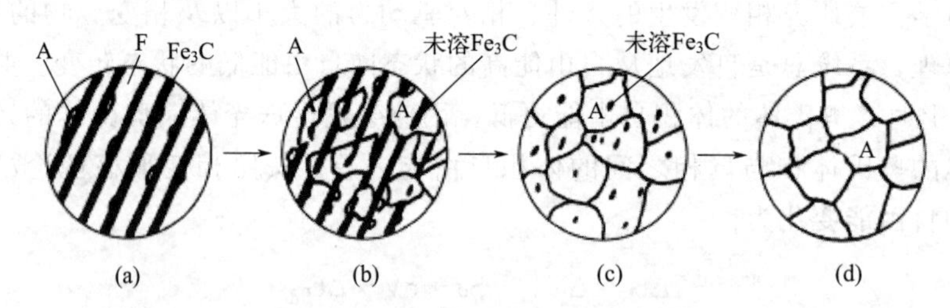

图 4-2 珠光体向奥氏体转变示意[2]

（a）奥氏体形核；（b）奥氏体长大；（c）残余碳化物溶解；（d）奥氏体均匀化

（1）奥氏体形核

奥氏体的形成是通过形核和长大来完成的。关于奥氏体的形核方式，存在扩散和无扩散两种观点。这里主要讨论扩散控制的形核方式。

由 $Fe\text{-}Fe_3C$ 相图可知，共析钢的平衡组织为完全的珠光体组织，即由片状的铁素体和渗碳体组成的混合组织。当加热到 A_1 温度时，由于相变驱动力的作用，珠光体将向奥氏体转变，其转变为共析转变的逆转变，即

	α	+	Fe_3C	$\xrightarrow{A_1}$	γ
碳含量%	0.0218		6.69		0.77
晶格类型	体心立方		复杂正交		面心立方

(4-4)

在 A_1 温度达到相平衡时，铁素体、渗碳体及奥氏体的含碳量相差很大，同时，三者的晶体结构也不同。铁素体的晶体结构为体心立方，其含碳量极低，约为 0.0218%；Fe_3C 的晶体结构为复杂正交晶系，其含碳量为 6.69%；而奥氏体的晶体结构为面心立方，其含碳量为 0.77%。因此，奥氏体晶核的形成必须满足形核的能量条件、成分条件和晶体结构条件，这依靠系统内的能量起伏、浓度起伏和结构起伏来实现。

奥氏体易于在铁素体和渗碳体的相界面处形核。这是由于在铁素体和渗碳体的相界面处，界面两侧碳原子浓度相差较大，如铁素体的碳含量为 0.0218%（质量分数），渗碳体的碳含量为 6.69%（质量分数），因此容易形成较大的浓度起伏，从而有利于获得形成奥氏体

晶核所需的碳浓度。同时，在铁素体和渗碳体的相界面处，原子排列不规则，Fe 原子有可能通过短程扩散由母相向新相的点阵转移，即易于满足晶体结构起伏的要求，使奥氏体的形核容易进行。另外，在相界面处，晶体缺陷及杂质较多，因此有较高的畸变能，易达到新相形成所需的能量起伏，同时新相在这些部位形核，有可能消除部分晶体缺陷，而使系统的自由能降低。因此在两相界面处形核，容易满足奥氏体晶核形成所需的能量起伏、浓度起伏和结构起伏要求，有利于新相晶核的形成[3]。

图 4-3 表明了共析钢在奥氏体化温度保温时，奥氏体晶核的形成过程。保温 4s 时，尚未出现明显的奥氏体晶核，说明珠光体向奥氏体的转变存在孕育期；保温 6s 时开始形成奥氏体晶核；保温 8s、15s 时奥氏体晶核开始长大。

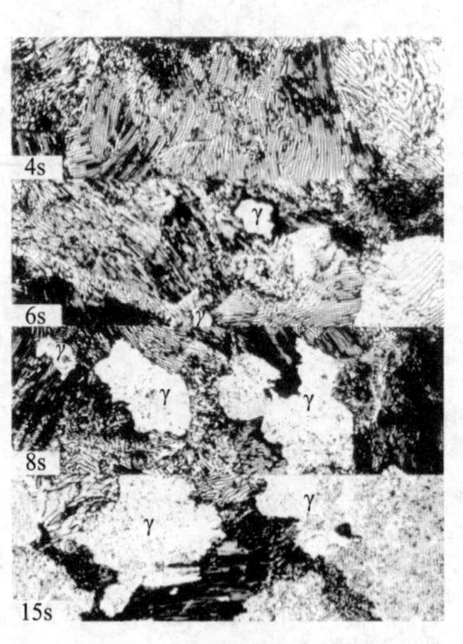

图 4-3　珠光体向奥氏体的转变过程（1000×）[4]

奥氏体晶核除可在渗碳体和铁素体的界面处形成［图 4-4（a）］以外，也可能在相邻的珠光体团的界面处［图 4-4（b）］、先共析铁素体和珠光体的界面处［图 4-4（c）］形核。

一般认为，奥氏体晶核是通过扩散形成的。新形成的奥氏体晶粒与母相存在位相关系，如 Law 认为，在铁素体与铁素体边界上形成的奥氏体与其一侧的铁素体保持 K-S（Kurdjumov-Sachs）关系，即

$$\{111\}_A // \{011\}_\alpha ; <110>_A // <111>_\alpha$$

但与另一侧的铁素体不存在位相关系[6]。

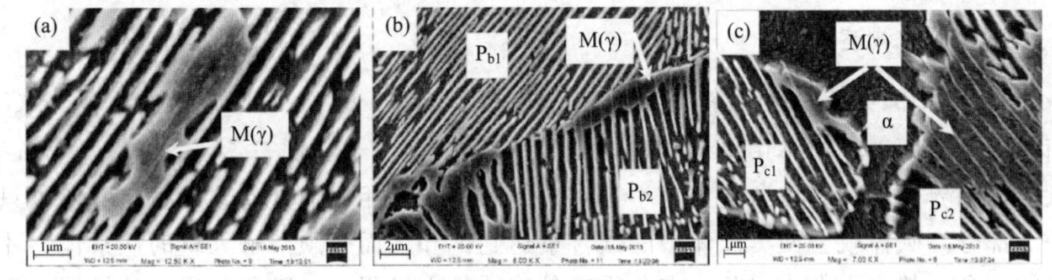

图 4-4　钢中奥氏体形核的 SEM 照片[5]

（a）在珠光体的铁素体/渗碳体界面形核；（b）在相邻珠光体团的界面处形核；（c）在先共析铁素体/珠光体界面处形核
［α 表示铁素体，P 表示珠光体，M(γ) 表示马氏体（为奥氏体淬火所得）］

（2）奥氏体晶核的长大

以奥氏体在铁素体和渗碳体的相界面处形核为例，当奥氏体晶核在铁素体和渗碳体两相界面处形成以后，形成了 γ-α 和 γ-Fe_3C 两个新的相界面，奥氏体晶核是通过这两个相界面向原有的铁素体和渗碳体中推移而长大的。如果奥氏体晶核在 A_{c1} 以上某一温度 T_1 形成，它与渗碳体和铁素体相接触的相界面是平直的，则相界面处各相的碳浓度可以由 Fe-Fe_3C 相图确定，即奥氏体晶核与铁素体交界面处碳含量为 $C_{\gamma\text{-}\alpha}$，而与渗碳体交界面处的碳含量为 $C_{\gamma\text{-}\theta}$（θ 表示渗碳体），如图 4-5（a）所示。

由图可知，在形成的奥氏体晶核内部，碳原子的分布是不均匀的。奥氏体晶核与铁素体交界面处碳含量 $C_{\gamma\text{-}\alpha}$ 小于其与渗碳体交界面处的碳含量 $C_{\gamma\text{-}\theta}$，即在奥氏体内部产生了碳的

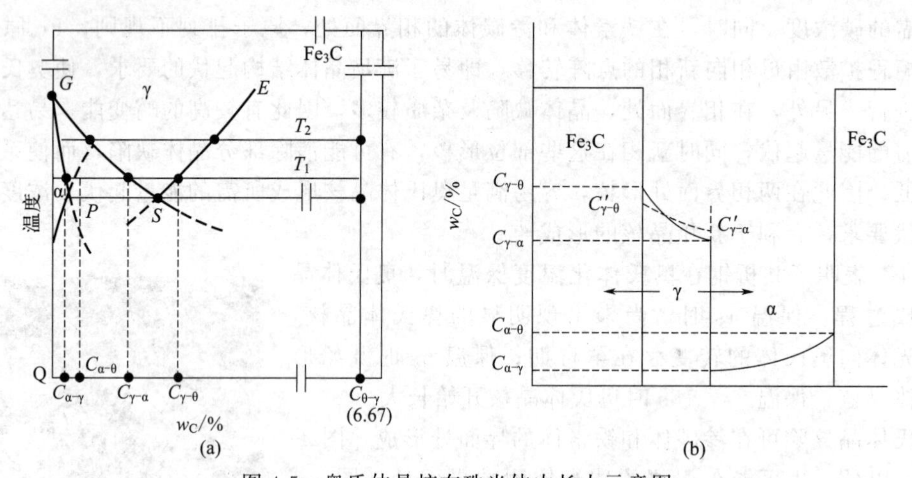

图 4-5　奥氏体晶核在珠光体中长大示意图

（a）在 T_1 温度下奥氏体形核时各相的碳浓度；（b）奥氏体相界面推移示意图

浓度梯度，碳原子将由渗碳体一侧向铁素体一侧扩散［图 4-5（b）］，从而改变了奥氏体中各个界面处的碳浓度平衡状态，如奥氏体和铁素体交界处的碳浓度升高为 $C'_{\gamma\text{-}\alpha}$，奥氏体与渗碳体交界处的碳浓度下降为 $C'_{\gamma\text{-}\theta}$。为了恢复平衡，铁素体将转变为高碳的奥氏体而使界面碳含量降低以恢复到 $C_{\gamma\text{-}\alpha}$，同时渗碳体也溶入奥氏体，使界面浓度增高以恢复到 $C_{\gamma\text{-}\theta}$，这样平衡不断被打破并重新建立，使奥氏体晶核分别向铁素体和渗碳体两个方向推移，完成晶核的长大过程。

另外，在铁素体内部也存在着碳浓度差，导致碳原子从 α/Fe_3C 界面处向 α/γ 界面处扩散，这种扩散也促进奥氏体不断长大。

（3）残余碳化物溶解

$Fe\text{-}Fe_3C$ 相图上 ES 线的倾斜度大于 GS 线［见图 4-5（a）］，S 点不在 $C_{\gamma\text{-}\alpha}$ 与 $C_{\gamma\text{-}\theta}$ 中点，而稍偏右。所以奥氏体中平均碳浓度，即 $(C_{\gamma\text{-}\alpha}+C_{\gamma\text{-}\theta})/2$ 低于 S 点成分。另外，奥氏体与铁素体相界面处的碳浓度差显著小于渗碳体和奥氏体相界面处的碳浓度差，所以只需要溶解一小部分渗碳体就会使奥氏体中的碳含量达到饱和；而必须溶解大量的铁素体，才能使奥氏体的碳含量趋于平衡。因此，在奥氏体晶核的长大过程中，随着相界面的扩展，珠光体中的铁素体首先完成转变，当铁素体消失时，渗碳体还未完全溶解，此时奥氏体的平均碳含量低于珠光体的平均碳含量（0.77%）。

通过继续保温，使未溶渗碳体不断溶入奥氏体中，直到渗碳体完全溶解为止。

（4）奥氏体成分均匀化

渗碳体完全溶入奥氏体中后，奥氏体中的碳浓度是不均匀的。原来为铁素体的区域碳浓度较低，而原来为渗碳体的区域碳浓度较高。这种碳原子分布的不均匀性随加热速度的增大而增加。因此，需要通过继续加热或保温，借助碳原子的扩散使奥氏体成分均匀化。

以上转变过程可由图 4-6 所示的 TEM 照片得到证实。奥氏体晶核首先在两相邻渗碳体片之间生长［图 4-6（a）］，奥氏体晶粒逐步吞并两侧的铁素体片长大，同时溶解的渗碳体片提供奥氏体生长所需的碳原子［图 4-6（b）］。图 4-6（c）、（d）显示奥氏体中存在未完全溶解的渗碳体片。

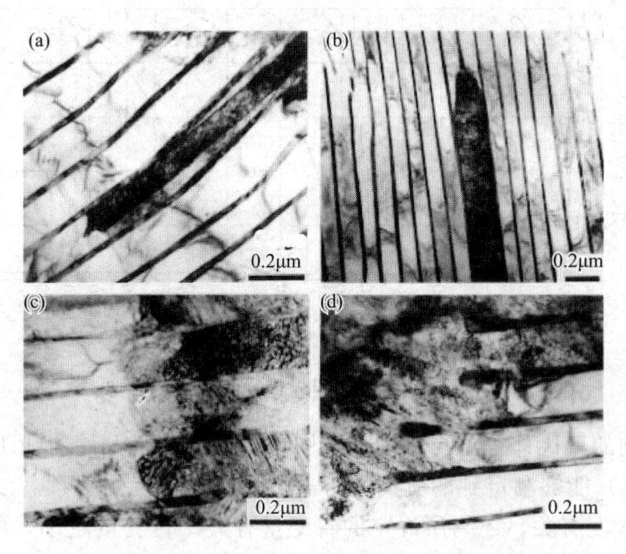

图 4-6　0.95%C -2.61%Cr 钢在 800℃加热时奥氏体形成的 TEM 照片[7]
（在淬火过程中，奥氏体全部转变为马氏体）
(a) 8s；(b) 20s；(c) 10s；(d) 20s

4.1.3　奥氏体转变动力学

相转变动力学主要涉及相变过程的发生和发展、相变进行的速度及外界条件对相变过程的影响。影响奥氏体形成速度的因素有钢的成分、原始组织、加热温度等。这里首先讨论退火共析钢平衡组织的奥氏体等温形成动力学，在此基础上讨论亚共析钢和过共析钢的等温形成动力学。

4.1.3.1　共析钢奥氏体等温形成动力学图

奥氏体等温形成动力学曲线是在一定温度下等温时，奥氏体的形成量与等温时间的关系曲线。等温形成动力学曲线可以用金相法或物理分析方法来测定，比较常用的是金相法。一般采用厚度为 1～2mm 的薄片金相试样，在盐浴中迅速加热到 A_{c1} 以上某一指定温度，保温不同时间后淬火，制取金相试样进行观察。因加热转变所得的奥氏体在淬火时转变为马氏体，故根据观察到的马氏体量的多少，即可了解奥氏体形成过程。

根据观察结果，作出在一定温度下等温时，奥氏体形成量与等温时间的关系曲线，称为奥氏体等温形成动力学曲线。图 4-7 为 0.86%C 钢（非共析钢）的等温形成动力学曲线，可以发现在等温温度下，珠光体到奥氏体的转变存在一孕育期，即加热到转变温度时，奥氏体转变不会马上开始，而是经过一段时间，转变才开始。等温形成动力学曲线呈 S 形，即在转变初期，转变速度随时间的延长而加快。当转变量达到 50%时，转变速度达到最大，之后，转变速度又随时间的延长而下降。随着等温温度提高，奥氏体等温形成动力学曲线向左移动，即孕育期缩短，转变速度加快。如 730℃时，孕育期约为 200s，而等温温度提高到 745℃时，孕育期缩短到 100s。

为了研究方便，将各加热温度下的奥氏体等温形成动力学曲线综合绘制在转变温度-时间坐标系中，即得到奥氏体等温形成动力学图，其绘制过程如图 4-8 所示。

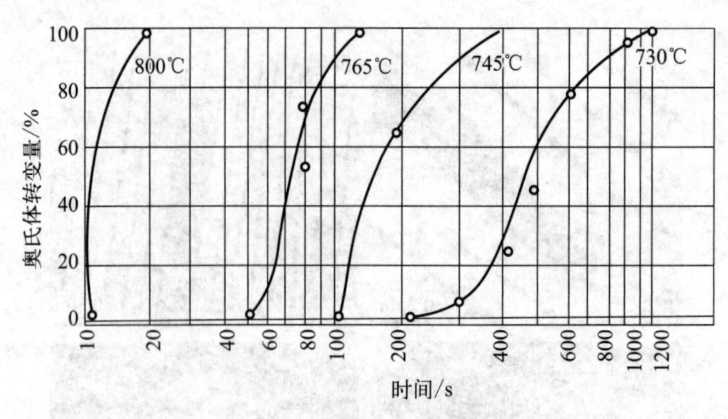

图 4-7　0.86%C 钢的等温奥氏体形成动力学曲线[8]

图 4-9 为共析钢的奥氏体等温形成动力学图。其中的转变开始曲线 1 所表示的是形成一定量（这里是 0.5%）能够测定到的奥氏体所需的时间与温度的关系。该曲线的位置与所采用的测试方法的灵敏度有关，还与所规定的转变量有关。转变量越小，曲线越靠左。曲线 2 为转变终了曲线，表示的是铁素体完全消失时所需的时间与温度的关系。曲线 3 为渗碳体完全溶解的曲线。渗碳体完全消失时，奥氏体中碳的分布仍然是不均匀的，需要一段时间才能均匀化。曲线 4 为奥氏体均匀化曲线。

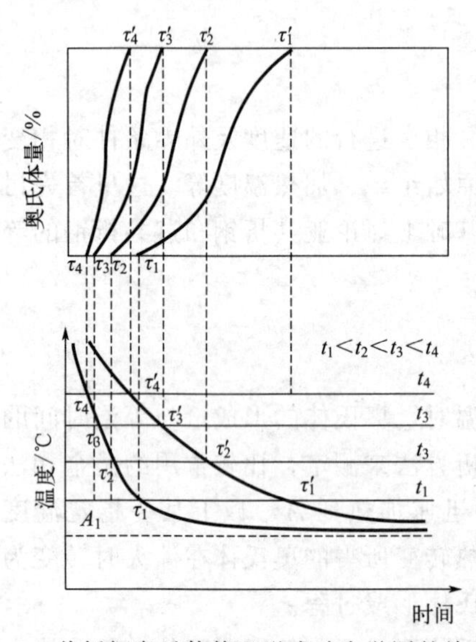

图 4-8　共析钢奥氏体等温形成动力学图的绘制[8]

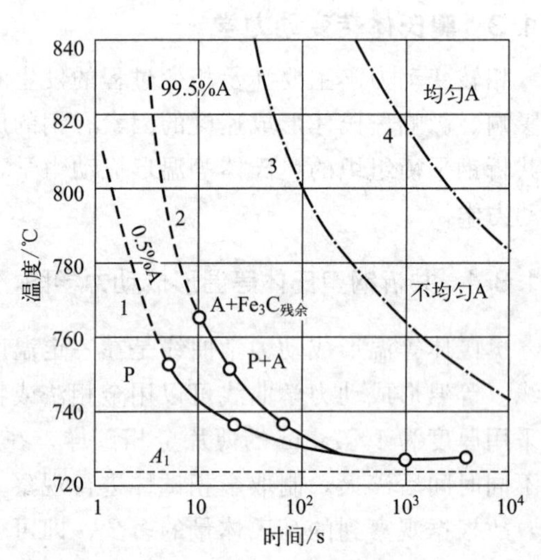

图 4-9　共析碳钢奥氏体等温形成动力学图

4.1.3.2　奥氏体的形核与长大动力学

奥氏体形成速度取决于形核率 J 及线长大速度 v。奥氏体形核率和长大速度都随温度升高而增大，因此，奥氏体形成速度随温度升高而加快。

(1) 奥氏体的形核率

在均匀形核条件下，奥氏体形核率 J［$1/(\mathrm{mm}^3 \cdot \mathrm{s})$］与温度之间的关系可描述为

$$J = C_{\mathrm{h}} \exp\left(-\frac{Q}{kT}\right) \exp\left(-\frac{W}{kT}\right) \tag{4-5}$$

式中，C_h 为常数；Q 为扩散激活能；T 为绝对温度；k 为玻尔兹曼常数；W 为临界晶核的形核功。在忽略应变能时，临界形核功 W 可表示为

$$W=A_1\frac{\sigma^3}{\Delta G_V^2} \tag{4-6}$$

其中，A_1 为常数；σ 为奥氏体与珠光体之间的界面能（或比界面能）；ΔG_V 为单位体积奥氏体与珠光体的自由能差。

在式（4-5）中，右侧 C_h 与奥氏体形核所需碳含量有关。随奥氏体形成温度升高，能稳定存在的奥氏体的最低碳含量降低，所以形核所需的碳浓度起伏减小，有利于提高奥氏体形核率。$\exp(-Q/kT)$ 反映原子的扩散能力，随温度升高，原子扩散能力增强，扩散速度加快，不仅有利于铁素体向奥氏体的点阵改组，而且也促进渗碳体溶解，从而加快奥氏体成核。$\exp(-W/kT)$ 项反映相变自由能差 ΔG_V 对形核的作用，随温度升高，相变驱动力 ΔG_V 增大，而使形核功减小，$\exp(-W/kT)$ 将增大。因此，奥氏体形成温度升高，可以使奥氏体形核急剧增加。

（2）奥氏体长大速度

奥氏体长大速度 v 与奥氏体生长机制有关。奥氏体位于铁素体和渗碳体之间时，奥氏体的长大受碳原子在奥氏体中的扩散所控制。此时，奥氏体两侧的界面分别向铁素体与渗碳体推移。奥氏体长大的速度包括向两侧推移的速度。推移速度主要取决于碳原子在奥氏体中扩散的速度。

根据扩散定律可以推导出奥氏体向铁素体和渗碳体推移的速度 $v_{\gamma\to\alpha}$ 和 $v_{\gamma\to\theta}$

$$v_{\gamma\to\alpha}=-KD_C^\gamma\frac{dc}{dx}\cdot\frac{1}{c_{\gamma\text{-}\alpha}^\gamma-c_{\gamma\text{-}\alpha}^\alpha} \tag{4-7}$$

$$v_{\gamma\to\theta}=-KD_C^\gamma\frac{dc}{dx}\cdot\frac{1}{6.67-c_{\gamma\text{-}\theta}^\gamma} \tag{4-8}$$

式中，K 为比例系数；D_C^γ 为碳在奥氏体中的扩散系数；$c_{\gamma\text{-}\alpha}^\gamma$ 为奥氏体与铁素体交界处奥氏体的界面碳浓度；$c_{\gamma\text{-}\alpha}^\alpha$ 为奥氏体与铁素体交界处铁素体的界面碳浓度；$c_{\gamma\text{-}\theta}^\gamma$ 为奥氏体与渗碳体交界处奥氏体的界面碳浓度；$\frac{dc}{dx}$为界面处奥氏体中的浓度梯度。负号表示奥氏体界面的移动方向与浓度梯度相反。

由式（4-7）和式（4-8）可知，奥氏体生长的线速度正比于碳原子在奥氏体中的扩散系数 D_C^γ，反比于相界面两侧碳浓度差。温度升高时，扩散系数 D_C^γ 呈指数增加，同时奥氏体两界面间的碳浓度差增大，增大了碳在奥氏体中的浓度梯度，因而增加了奥氏体的长大速度。随温度升高，奥氏体与铁素体相界面浓度差 $c_{\gamma\text{-}\alpha}^\gamma-c_{\gamma\text{-}\alpha}^\alpha$ 以及渗碳体与奥氏体相界面的浓度差 $6.67-c_{\gamma\text{-}\theta}^\gamma$ 均减小，因而加快了奥氏体晶粒长大。

奥氏体向珠光体转变总的推移速度为 $v_{\gamma\to\alpha}$ 与 $v_{\gamma\to\theta}$ 之和，但两个方向的推移速度相差很大。奥氏体相界面向铁素体推移的速度远大于向渗碳体推移的速度。因此，一般来说，奥氏体等温形成时，总是铁素体先消失，当铁素体完全转变为奥氏体后，还剩下相当数量的渗碳体。

4.1.3.3 亚共析钢和过共析钢等温形成动力学

亚共析钢的原始组织为先共析铁素体加珠光体，其中珠光体的含量随钢的碳含量增加而增加。在发生等温转变时，原始组织中的珠光体首先转变为奥氏体，当珠光体全部转变为奥氏体后，先共析铁素体开始转变为奥氏体，因此亚共析钢的奥氏体转变速度比共析钢转变慢。图 4-10（a）为含 0.45%C 的亚共析钢的等温奥氏体形成图，与共析钢的等温奥氏体形成图相比，多了一条先共析铁素体溶解终了线。当加热到 A_{c1} 以上某一温度珠光体转变为奥氏体后，如果保温时间不太长，可能有部分铁素体和渗碳体残留下来。对于碳含量比较高的亚共析钢，在 A_{c3} 以上，当铁素体完全转变为奥氏体后，有可能仍有部分碳化物残留。再继续保温，才能使残留碳化物溶解和使奥氏体成分均匀化。

过共析钢的原始组织为珠光体加渗碳体。过共析钢中渗碳体的数量比共析钢中多。因此，当加热温度在 $A_{c1}\sim A_{ccm}$ 之间，珠光体刚刚转变为奥氏体时，钢中仍有大量的渗碳体未溶解。只有当温度超过 A_{ccm}，并经相当长时间保温后，渗碳体才能完全溶解。同样，在渗碳体溶解后，需延长时间才能使碳在奥氏体中分布均匀，图 4-10（b）所示为含 1.2%C 的过共析钢的等温奥氏体形成图。

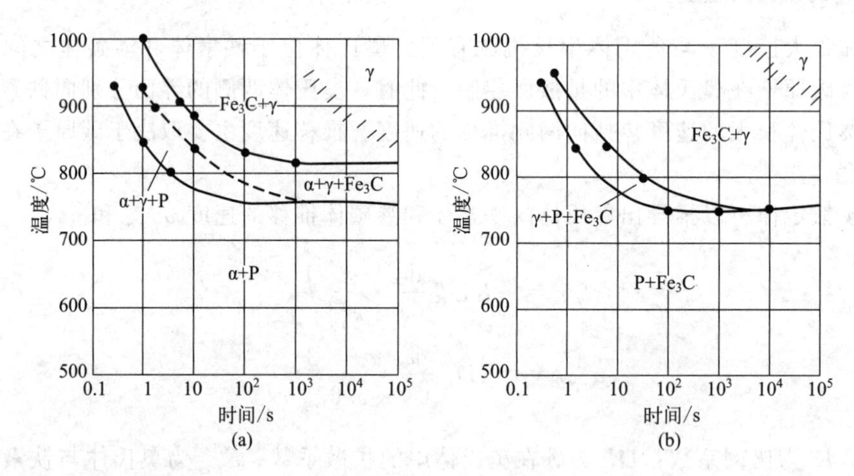

图 4-10 亚共析钢和过共析钢的奥氏体等温形成图[9]

（a）0.45%C 亚共析钢；（b）1.2%C 过共析钢

4.1.4 奥氏体转变的影响因素

影响奥氏体转变速度的因素包括温度、原始组织、化学成分（碳和合金元素）等。

（1）加热温度

温度对奥氏体形成速度的影响在前面已经有较多的论述。温度升高，奥氏体形成速度加快，如表 4-1 所示。而且随着温度的升高，奥氏体成核率增加的幅度高于长大速度增加的幅度，因此温度越高，奥氏体起始晶粒度越小。实验表明，在各种影响奥氏体形成的因素中，温度的作用最为强烈，因此控制奥氏体的转变温度非常重要。

表 4-1 加热温度对奥氏体等温形成速率的影响[10]

加热温度/℃	形核率 N/[1/(mm^3·s)]	晶核成长速度/(mm/s)	转变 50%的时间/s
740	2300	0.001	100
760	11000	0.010	9
780	52000	0.025	3
800	60000	0.040	1

(2) 碳含量

奥氏体形成的速率随钢中碳含量的增加而增加（见图 4-11)。这是由于碳含量增高，碳化物的数量增多，增加了铁素体和渗碳体的相界面面积，因而增加了奥氏体的形核位置，使形核率增大。同时，碳化物数量的增加使碳原子的扩散距离减小，碳和铁原子的扩散系数增大，这些因素都使奥氏体的形成速度增大。

(3) 原始组织

原始组织中碳化物的形状、分散度对奥氏体形成速度都有影响。

片状珠光体较粒状珠光体形成奥氏体的速度快，如图 4-12 所示。原始组织愈细，片层薄，扩散距离小，奥氏体中浓度梯度大，易于扩散转变，有利于奥氏体形成；非平衡组织较平衡组织形成奥氏体的速度快。

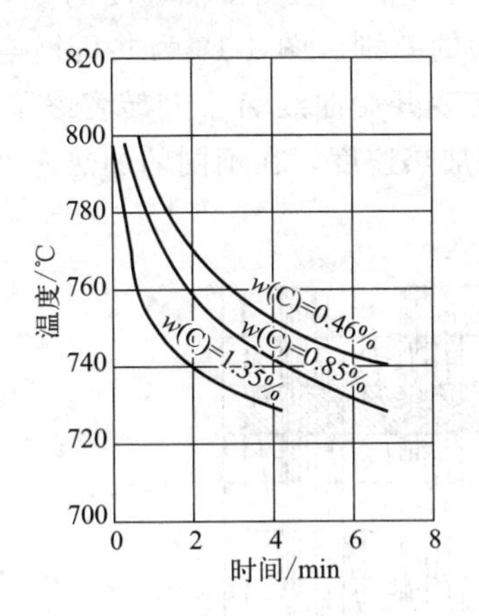

图 4-11 钢中碳含量对奥氏体等温转变 50%（体积分数）时间的影响[11]

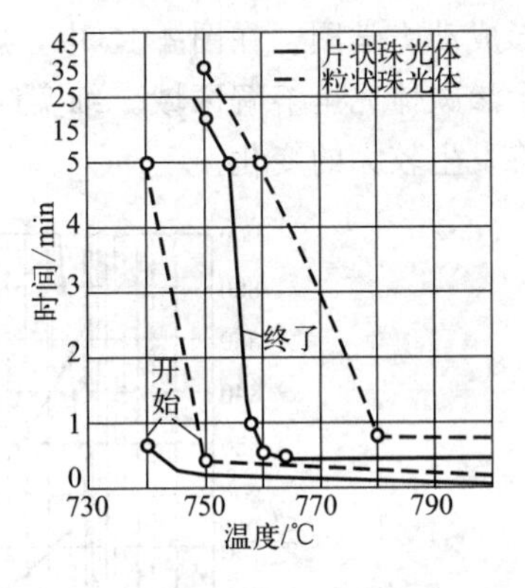

图 4-12 原始组织对 0.9%C 钢奥氏体等温形成时间的影响[11]

(4) 合金元素

合金元素的加入对奥氏体的形成机理没有影响，但合金元素的存在会改变碳化物的稳定性，影响碳在奥氏体中的扩散。而且，合金元素在碳化物与基体之间分布不均匀，在加热过程中会产生合金元素的重新分布，从而影响奥氏体形成的速度、碳化物的溶解以及奥氏体的均匀化。

合金元素对奥氏体形成速度的影响表现在以下几个方面。

① 对碳在奥氏体中扩散系数的影响。强碳化物形成元素如 Cr、Mo、W、V 等，降低碳原子在奥氏体中的扩散系数，因而显著推迟珠光体转变为奥氏体的过程；非碳化物形成元素

Co、Ni增大碳原子在奥氏体中的扩散系数，因而增大奥氏体的形成速度；Si、Al对扩散系数的影响较小，对奥氏体形成速度没有太大的影响。

② 对碳化物溶解度的影响。合金元素与碳形成的碳化物向奥氏体中溶解的难易程度不同也会影响奥氏体的形成速度。如W、Mo等强碳化物形成元素形成的特殊碳化物不易溶解，将使奥氏体形成速度减慢。

③ 对相变临界点的影响。合金元素改变临界点 A_1、A_3、A_{cm} 的位置，并使它们成为一个温度范围。对一定的转变温度来说，改变临界点也就是改变了过热度，因而影响转变速度。

④ 对原始组织的影响。合金元素通过对原始组织的影响来影响奥氏体的形成速度。如合金元素Ni、Mn等使珠光体细化，有利于奥氏体的形成。

4.2 钢中奥氏体的连续加热转变

4.2.1 连续加热转变动力学图

实际生产中，奥氏体绝大多数是在连续加热过程中形成的。与奥氏体等温转变不同，连续加热时，在奥氏体形成过程中，体系温度还将不断升高。这种情形下的奥氏体转变称为非等温转变或连续加热转变。与等温加热转变类似，连续加热转变时奥氏体的形成也是通过形核、长大、碳化物的溶解以及奥氏体的均匀化等阶段完成的。但受加热速度的影响，相变临界点、转变速度、组织结构等与等温加热转变有较大的差别。图4-13为共析钢连续加热时的奥氏体形成动力学图。在图4-13中，粗实线表示转变开始曲线 A_{c1} 和转变终了曲线 A_{c3}，阴影线表示渗碳体完全溶解区域。细实线对应不同的加热速度，在不同的加热速度下，转变的动力学将发生较大的变化。

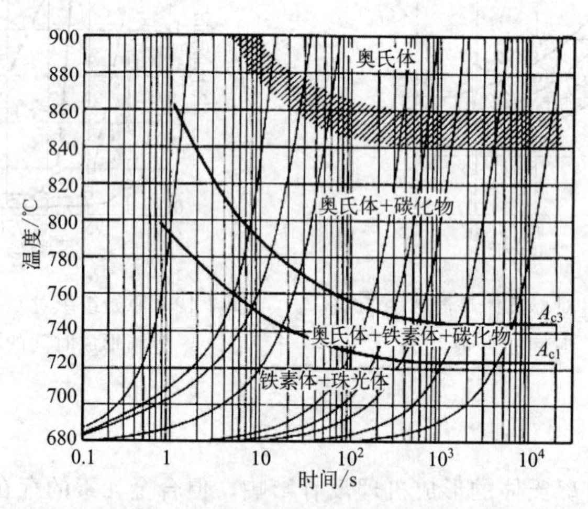

图4-13 共析钢连续加热时的奥氏体形成动力学图

（含碳量约0.8%，含有少量先共析铁素体）[4]

4.2.2 连续加热转变特点

连续加热时奥氏体转变在相变动力学和相变机理上表现出与等温转变不同的特征，详述如下。

(1) 随加热速度增大相变临界点升高

在一定的加热速度范围内，奥氏体形成的开始温度和终了温度均随加热速度的增大而升高，即，相变临界点（A_{c1}、A_{c3}、A_{ccm}）在快速加热条件下均向高温移动，加热速度越大，转变温度就越高。如图 4-14 所示，在每一根加热曲线上均有一个接近水平的平台，加热速度越大，平台所对应的温度越高。如将平台所对应的温度作为临界点，则临界点将随加热速度的提高而升高。

(2) 转变是在一个温度范围内完成的

钢在连续加热时，奥氏体转变是在一个温度范围内完成的。加热速度越大，各阶段转变范围越向高温推移、扩大。同时，形成的温度范围越宽。因此，在连续加热速度很大时，难以用 $Fe\text{-}Fe_3C$ 平衡状态图来判断钢加热时的组织状态。

(3) 随加热速度增加奥氏体形成速度加快

从连续加热奥氏体形成图（图 4-14）可以看到，加热速度越快，转变开始和终了的温度就越高，转变所需的时间就越短，即奥氏体形成速度越快。如当加热速度达到 1000℃/s 时，通常的淬火加热温度可从 830～850℃提高到 950～1000℃，在加热到 1000℃时，仅需 1s 就可以完成奥氏体化过程。

(4) 随加热速度增大奥氏体成分不均匀性增加

在加热速度快的情况下，转变被推向高温。根据 $Fe\text{-}Fe_3C$ 相图，温度越高，$c_{\gamma\text{-}\alpha}$ 与 $c_{\gamma\text{-}\theta}$ 差别加大；同时碳化物来不及充分溶解，碳和合金元素的原子来不及充分扩散，造成奥氏体中的碳、合金元素浓度分布更加不均匀。因此加热速度越快，奥氏体越不均匀。图 4-15 表明加热速度和温度对含碳 0.4%的钢奥氏体中高碳区最高碳含量的影响。其中高碳区的碳含量远高于钢的平均碳含量，同时随加热速度增大，高碳区最高碳含量增大。如 0.4%C 钢以 50℃/s 加热到 880℃时所形成的奥氏体中存在 1.48%的高碳区，以 230℃/s 加热到 960℃时所形成的奥氏体中可存在 1.7%的高碳区，而原铁素体区的碳含量仍为 0.02%C。

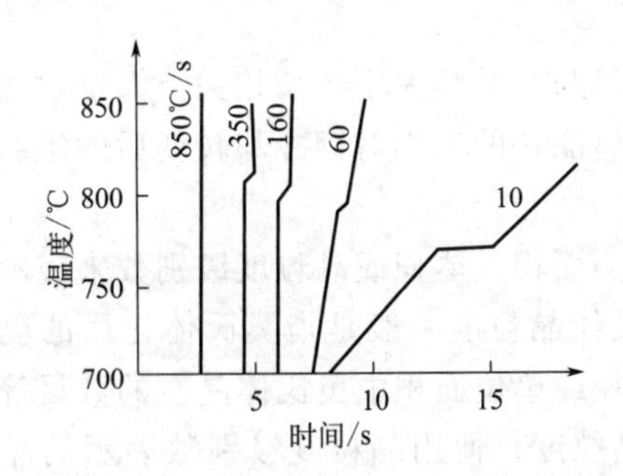

图 4-14　0.85%C 钢在不同加热速度下的加热曲线[12]

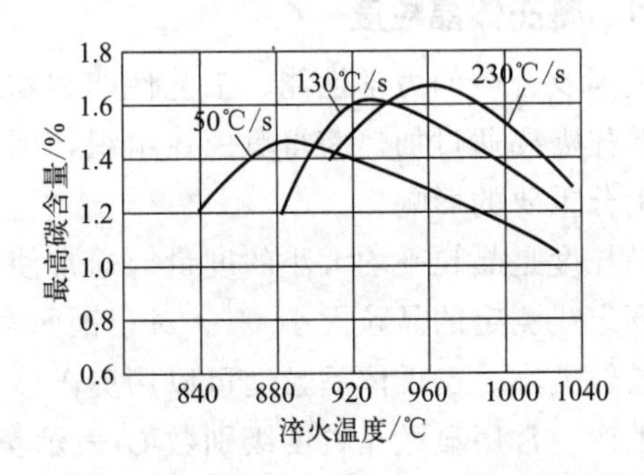

图 4-15　加热速度和温度对 0.4%C 钢奥氏体中高碳区最高碳含量的影响[11]

(5) 随加热速度增大奥氏体起始晶粒度细化

快速加热时，相变过热度增大，奥氏体形核率急剧增大。同时，加热时间短，奥氏体晶粒来不及长大，因此，可获得超细的奥氏体晶粒。

【例 4-1】 图 4-16 为某种钢的连续加热转变动力学图，说明以 3℃/s 的速度加热时该钢开始发生奥氏体转变的温度和奥氏体均匀化的温度。

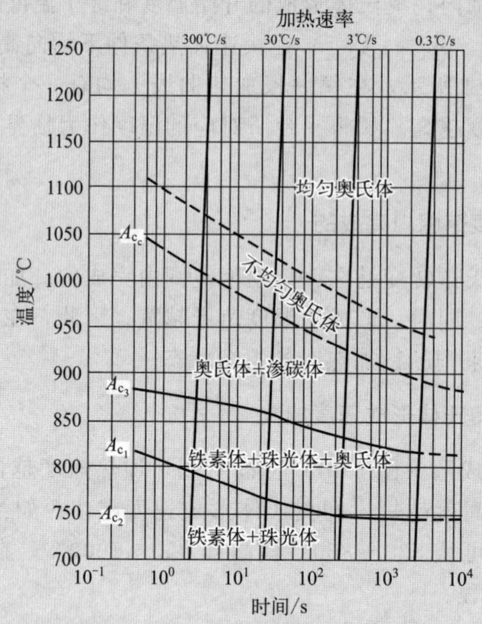

图 4-16 某种钢的连续加热转变动力学图

答：根据 3℃/s 对应的加热曲线与各转变线的交点可知开始发生奥氏体转变的温度约为 750℃，奥氏体均匀化的温度约为 970℃。

4.3 奥氏体晶粒长大及控制

4.3.1 奥氏体晶粒度

金属及合金的力学性能、工艺性能和物理性能等与其晶粒大小密切相关。大多数热处理工艺首先需要通过加热获得奥氏体组织，因此奥氏体晶粒的大小对钢冷却转变后的组织和性能有十分重要的影响。

晶粒度是晶粒平均大小的度量。通常使用长度、面积、体积或晶粒度级别数来表示不同方法评定或测定的晶粒大小[13]。对于钢而言，奥氏体晶粒度一般是指奥氏体化后的奥氏体实际晶粒大小。奥氏体晶粒度可以用奥氏体晶粒直径或单位面积中奥氏体晶粒的数目等来表示。生产上常用显微晶粒度级别数 G 表示奥氏体晶粒度，使用晶粒度级别数表示的晶粒度与测量方法和计量单位无关。在 100 倍下 645.16mm^2（1in^2）面积内包含的晶粒个数 N 与 G 有如下关系：

$$N=2^{G-1} \tag{4-9}$$

式中，N 越大，G 就越大，奥氏体晶粒越细小。奥氏体晶粒度通常分为 8 级标准评定，1 级最粗，8 级最细。通常，当 G 小于 4 时，称为粗晶粒；当 G 为 5～8 时，称为细晶粒；当 G 超过 8 时，称为超细晶粒。

根据国家标准 GB/T 6394—2017《金属平均晶粒度测定方法》[13] 的规定，可采用比较法、面积法和截点法测定平均晶粒度。比较法是通过与标准评级图进行比较对奥氏体晶粒度进行评级。图 4-17 为钢晶粒度标准评级图。用比较法评估晶粒度时一般存在一定的偏差(±0.5 级)。评级值的重现性与再现性通常为±1 级。对于等轴晶组成的试样，使用比较法评定晶粒度方便、实用。对于批量生产的检验，其精度已足够。对于要求较高精度的平均晶粒度的测定，可以使用面积法和截点法。截点法对于拉长的晶粒组成试样更为有效[13]。

加热转变终了时（奥氏体形核和长大刚刚完成时）所得奥氏体晶粒称为起始晶粒，其大小称为起始晶粒度。奥氏体起始晶粒度的大小，取决于奥氏体的形核率 J 和长大速率 v，增大形核率或降低长大速率是获得细小奥氏体晶粒的重要途径。

奥氏体晶粒在高温停留期间将继续长大，长大到冷却开始时奥氏体的晶粒度称为实际晶粒度。实际晶粒度是加热温度和时间的函数，在一定的加热速度下，加热温度越高，保温时间越长，最后得到的奥氏体实际晶粒就越粗大。

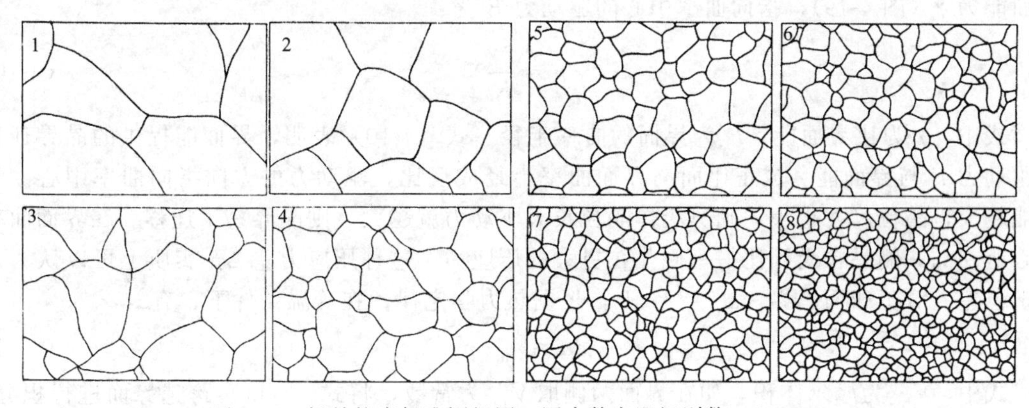

图 4-17　钢晶粒度标准评级图（图中数字即级别数）(100×)

除奥氏体钢外，钢的奥氏体状态只在高温时出现，因此在室温下测定奥氏体晶粒度实际上是测量奥氏体晶界曾经存在过的位置。室温下，奥氏体晶粒显示的一般原理是：钢从奥氏体化温度冷却下来的过程中，沿着奥氏体晶界位置出现了呈现网状分布的，同时在室温下可以稳定存在的其它物相、组织组成物或者成分的偏聚。在室温条件下，采用适当的方法，间接勾画出高温时稳定存在的奥氏体晶粒的形貌，据此即可测定奥氏体晶粒度。[14]

知识扩展4-1

奥氏体晶粒的显示方法

4.3.2　奥氏体晶粒长大与控制

4.3.2.1　奥氏体晶粒长大现象

奥氏体转变完成后，随温度进一步升高，保温时间延长，奥氏体晶粒将不断长大。从热力学角度考虑，减少总的晶界面积可使界面能降低，因此，奥氏体晶粒在一定条件下具有自发合并长大的趋势。

奥氏体晶粒长大方式可以分为两类：正常长大与异常长大。随保温温度升高，奥氏体晶粒不断长大，称为正常长大，如图 4-18 中曲线 1，又称为连续长大。在加热转变中，保温时间一定时，随保温温度升高，奥氏体晶粒长大不明显，当温度超过某一定值后，晶粒才随温度升高而急剧长大，称为异常长大，又称为不连续长大。如图 4-18 中曲线 2 所示，当加热温度高于 1100℃时，奥氏体晶粒的平均尺寸从 50μm 迅速增长到约 120μm。

4.3.2.2 奥氏体晶粒长大机理

（1）奥氏体晶粒长大驱动力

奥氏体晶粒的长大是通过晶界的迁移而进行的，晶界迁移的驱动力来自奥氏体晶界迁移后体系总的自由能的降低，即界面能的降低。

奥氏体晶粒的长大将导致奥氏体晶界面积的减小。对于球面晶界，当其曲率半径为 R，界面能为 γ（图 4-19），指向曲率中心的驱动力 F 为：

$$F=\frac{2\gamma}{R} \tag{4-10}$$

式中，γ 为比界面能，R 为界面的曲率半径。式（4-10）表明，界面能提供的晶界迁移的驱动力 F 与界面能 γ 成正比而与界面曲率半径成反比，驱动力的方向指向曲率中心。界面能越大，晶粒尺寸越小，则奥氏体晶粒长大驱动力就越大，则晶界易于迁移。在界面曲率中心所在的一侧晶粒受到比另一侧晶粒更大的压应力。这种压应力差 Δp 实质上可以认为是化学位差。对于球面晶界，$\Delta p=2\gamma/R$，根据热力学定律，在等温条件下，有

$$\mathrm{d}\mu=V_{\mathrm{m}}\mathrm{d}p \tag{4-11}$$

式中，V_{m} 为摩尔体积，如在界面两侧取 V_{m} 为常数，将式（4-11）跨越界面进行积分，得到界面两侧的化学位差为

$$\Delta\mu=V_{\mathrm{m}}\Delta p \tag{4-12}$$

对于球面晶界，有

$$\Delta\mu=V_{\mathrm{m}}2\gamma/R \tag{4-13}$$

由上述分析可知，晶界凹侧的化学位总是较高，凸侧的化学位较低[15]。

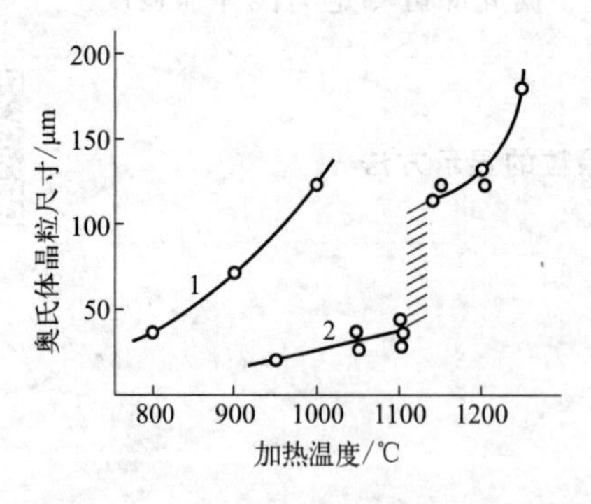

图 4-18 奥氏体晶粒尺寸与加热温度的关系

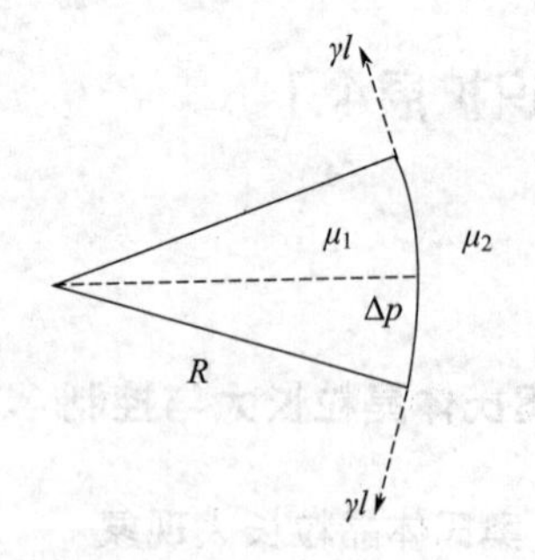

图 4-19 球面晶界上的压力差

在一定条件下，这种压应力差或化学位差，将使原子由界面凹侧向界面凸侧的跳动概率大于原子向相反方向的跳动概率，形成原子向界面凸侧晶粒迁移的扩散流。这种扩散使界面

向扩散流动的反方向即曲率中心所在晶粒一侧移动，其结果是曲率中心所在的界面凹侧晶粒，不断被界面凸侧晶粒所吞食而缩小。由此实现奥氏体晶粒的长大[16]。当半径无穷大或为平直界面时，界面迁移的驱动力消失，晶界变得稳定。

（2）第二相颗粒对晶界的钉扎作用

在实际材料中，在晶界或晶内往往存在很多细小难溶的第二相沉淀析出颗粒。如在用Al脱氧或含Nb、Ti、V等元素的钢中，当奥氏体晶粒形成后，在晶界上会存在这些元素的碳、氮化合物颗粒如AlN、NbC、TiC、VC等，这些颗粒硬度很高，难于变形，能够阻碍奥氏体晶界的迁移，对晶界起钉扎作用。Zener最早讨论了第二相颗粒对晶界迁移阻碍作用的机制，故把这种钉扎作用称为Zener钉扎。

如图4-20所示，假设在奥氏体晶界上存在一球形硬颗粒，其半径为r。该颗粒可使奥氏体晶界的面积减少πr^2。当晶界在驱动力作用下移动时，将使奥氏体晶界与这些粒子脱离从而使奥氏体晶界面积增大，界面能增高，这将阻止奥氏体晶界移动，所以颗粒对晶界就有了钉扎作用。一个颗粒对晶界移动提供的最大阻力为：

$$F_{max}=\pi r\gamma \tag{4-14}$$

其中，γ为单位面积界面能。

设单位体积中有多个半径为r的颗粒，所占体积分数为f，则作用于单位面积晶界上的最大阻力F'_{max}为：

$$F'_{max}=\frac{3f\gamma}{2r} \tag{4-15}$$

由上式可见，颗粒半径r愈小，体积分数f愈大，对晶界移动的阻力就愈大。

图4-21表明钢中氮化物颗粒对晶界的钉扎作用。细小的氮化物颗粒对晶界的移动起阻碍作用。

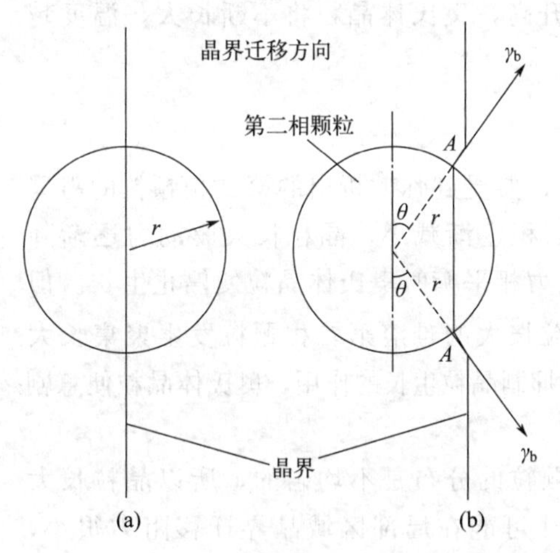

图4-20 第二相颗粒对晶界的钉扎作用

图4-21 钢中AlN颗粒对晶界产生钉扎作用[17]

（3）正常长大

奥氏体晶粒正常长大时，晶界在驱动力F推动下匀速前进，则奥氏体晶粒长大速率v

与晶界迁移率 m 及晶粒长大驱动力 F 成正比

$$v = mF = \frac{2m\gamma}{R} \tag{4-16}$$

设 $\overline{D}$ 为长大中的晶粒的平均直径，且 $\overline{D} = \alpha\overline{R}$，则平均长大速度 $\overline{v}$ 为

$$\frac{d\overline{D}}{d\tau} = \overline{v} = \overline{mF} = \frac{2\overline{m}\gamma}{\overline{R}} = \frac{2\overline{m}\gamma\alpha}{\overline{D}} = \frac{K}{\overline{D}} \tag{4-17}$$

式中，m、α、K 均为系数，τ 为等温时间。

积分得

$$\overline{D}_\tau^2 - \overline{D}_0^2 = K\tau \tag{4-18}$$

$\overline{D}_0$ 为起始晶粒的平均直径，$\overline{D}_\tau$ 为等温时间 τ 时的平均晶粒直径。

若起始晶粒 $\overline{D}_0$ 很小，可以忽略不计，则可得，

$$\overline{D}_\tau = K'\tau^{\frac{1}{2}} \tag{4-19}$$

式中，K'为系数。式（4-19）即为奥氏体晶粒等温生长的公式。此式表明，在 F 的作用下，随时间延长，奥氏体晶粒不断长大，且与时间的平方根成正比。

奥氏体晶界的迁移为一扩散过程，温度越高，原子活动能力越强，扩散速度越快，晶界的迁移速度也越快。式（4-18）中的 K 与温度的关系可以表示为

$$K = K_0 \exp(-Q/kT) \tag{4-20}$$

式中，Q 为 Fe 原子自扩散激活能。

所以

$$\overline{D}_\tau^2 = K_0 \exp(-Q/kT)\tau \tag{4-21}$$

式中，K_0 为常数，τ 为等温时间。可见随温度升高，奥氏体晶粒将不断长大，温度越高，长大速度越快。

（4）异常长大

在有第二相颗粒存在的情况下，奥氏体的长大过程要受到弥散析出的第二相颗粒的阻碍作用。随奥氏体长大过程的进行，奥氏体总的晶界面积逐渐减小，晶粒长大驱动力逐渐降低，直至晶粒长大驱动力和第二相弥散析出颗粒的阻力相平衡时奥氏体晶粒便停止生长。但温度继续升高时，阻止晶粒长大的难溶第二相颗粒发生聚集长大或溶解于奥氏体中，失去了抑制晶粒生长的作用，奥氏体晶粒便急剧长大。

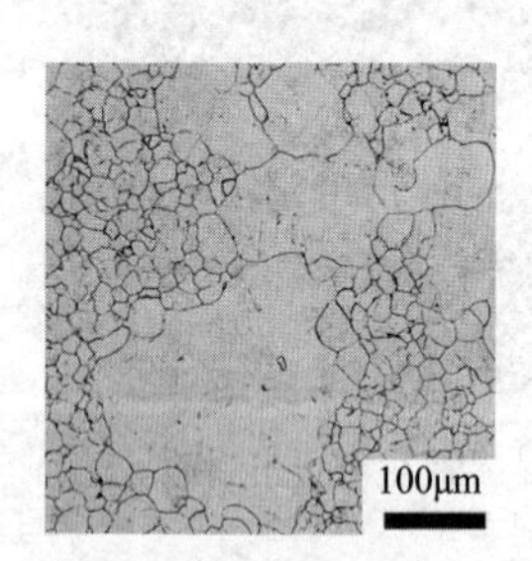

图 4-22　含 0.1%Nb 钢在 1100℃保温 60min 时形成的混晶组织[18]

另外，由于沉淀析出颗粒的分布是不均匀的，所以晶粒长大的阻力也是不均匀的，往往可能在局部区域晶界迁移阻力很小，晶粒异常长大，出现晶粒大小极不均匀的现象，称为混晶（图 4-22）。混晶造成的晶粒大小不均匀，又导致晶粒长大驱动力的增大，当晶粒长大的驱动力超过晶界迁移的阻力时，其中较大的晶粒将吞并周围的较小晶粒而长大，形成更大的粗晶粒。

4.3.2.3 影响奥氏体晶粒长大的因素

粗大晶粒会造成钢材的力学性能，特别是韧性明显降低，所以在大多数情况下希望得到细小的奥氏体晶粒，这就要求对奥氏体的晶粒长大进行控制。凡提高扩散速度的因素，如温度、时间，均能加快奥氏体晶粒长大。第二相颗粒体积分数 f 增大，半径 r 减小，均能阻止奥氏体晶粒长大。提高起始晶粒度的均匀性与促使晶界平直化均能降低驱动力，减弱奥氏体晶粒的长大趋势。

（1）加热温度和保温时间

晶粒长大和原子的扩散密切相关，温度升高或保温时间延长，有助于扩散进行，因此奥氏体晶粒将变得更加粗大。图 4-23 表明了奥氏体晶粒大小与加热温度和保温时间的关系，横坐标同时标明了加热时间和保温时间，0 点以左的部分表示加热时间，0 点以右表示保温时间。从图中可以看出，在每一温度下都有一个加速长大期，当奥氏体晶粒长到一定尺寸后，长大过程将减慢直至停止生长。加热温度越高，奥氏体晶粒长大得越快。

（2）加热速度

奥氏体转变时的过热度与加热速度有关。加热速度越大，过热度越大，即奥氏体实际形成温度越高。由于高温下奥氏体晶核的形核率与长大速度之比增大，所以可以获得细小的起始晶粒度（图 4-24）。但由于起始晶粒细小，转变温度较高，奥氏体晶粒很容易长大，因此保温时间不宜过长，否则奥氏体晶粒会更加粗大。因此，在保证奥氏体成分较为均匀的前提下，快速加热和短时间保温能够获得细小的奥氏体晶粒。

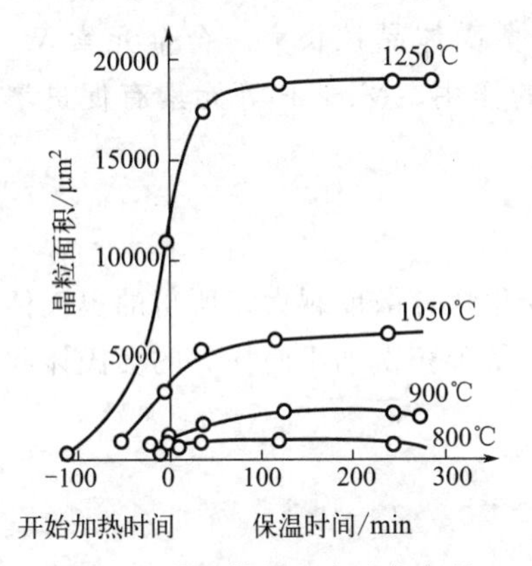

图 4-23 奥氏体晶粒大小与加热温度和保温时间的关系[12]

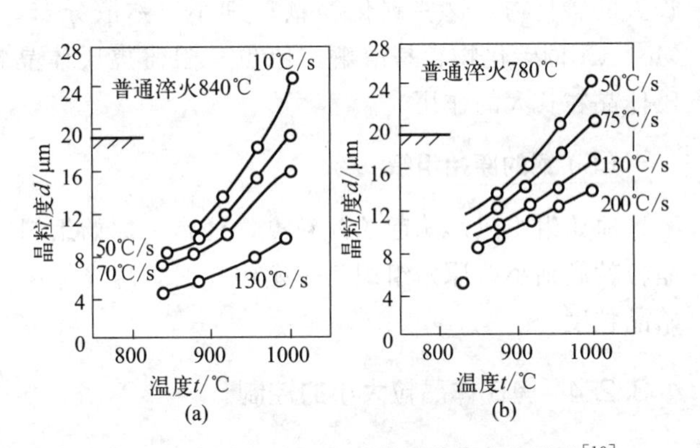

图 4-24 加热速度对奥氏体晶粒大小的影响[19]
（a）40 钢；（b）T10 钢

（3）碳含量

碳含量对奥氏体晶粒长大的影响比较复杂。如图 4-25 所示，在碳含量不足以形成过剩碳化物的条件下加热时，奥氏体晶粒随钢中碳含量增加而增大。当碳含量超过一定限度时，由于形成未溶解的二次碳化物，反而阻碍奥氏体晶粒的长大。这是因为，随碳含量的增加，碳原子在奥氏体中的扩散速度及铁原子的自扩散速度均增大，故奥氏体晶粒长大的倾向增大。但当出现二次渗碳体时，未溶解的二次渗碳体对奥氏体晶界的迁移有钉扎作用，随着碳含量的增加，二次渗碳体的数量增加，奥氏体晶粒反而细化。

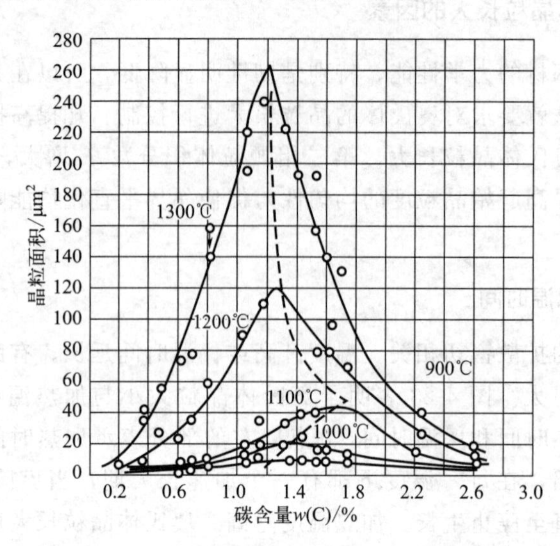

图 4-25　碳含量对奥氏体晶粒长大的影响

（4）脱氧剂及合金元素

在实际生产中，钢用 Al 脱氧时，会生成大量的 AlN 颗粒，它们在奥氏体晶界上弥散析出，可以阻碍晶界的迁移，防止了晶粒长大。而采用 Si、Mn 脱氧时，不能生成像 AlN 那样高度弥散的稳定化合物，因而没有阻止奥氏体晶粒长大的作用。

钢中含有特殊碳化物形成元素如 Ti、Nb、V 等时，形成熔点高、稳定性强、不易聚集长大的碳化物，这些碳化物颗粒细小，弥散分布，可阻碍奥氏体晶粒长大。合金元素 W、Mo、Cr 的碳化物较易溶解，但也有阻碍奥氏体晶粒长大的作用。Mn、P 等元素有促进奥氏体晶粒长大的作用。

（5）钢的原始组织

原始组织只影响起始晶粒度。通常，原始组织越细，碳化物分散度越大，所得的奥氏体晶粒就越细小。原始组织为平衡组织时，珠光体越细，则越易于获得细小而均匀的奥氏体起始晶粒度。

4.3.2.4　奥氏体晶粒大小的控制

晶粒尺寸对材料的性能有很大的影响，因此需要通过适当手段来控制奥氏体晶粒的大小。

根据上述对影响奥氏体晶粒长大因素的分析，可以归纳出控制奥氏体晶粒大小的措施如下：

① 添加合金元素。如利用 Al 脱氧，形成 AlN 质点，细化晶粒，得到细晶粒钢；利用易形成碳、氮化物的合金元素形成难溶碳化物、氮化物，对晶界的迁移产生钉扎作用，阻止奥氏体晶粒长大。

② 合理选择加热温度和保温时间。如采用快速加热、短时保温的办法来获得细小晶粒。

③ 控制钢的热加工工艺和采用预备热处理工艺。如采用球化退火作为预备热处理，因为粒状珠光体组织不易过热。

4.4 非平衡组织加热时的奥氏体转变

非平衡组织是指淬火组织或淬火后回火不充分的组织，如马氏体、贝氏体、回火马氏体及魏氏组织等。与珠光体等平衡组织不同，非平衡组织在加热至奥氏体形成温度之前首先发生非平衡组织向平衡组织或准平衡组织的转变，而且奥氏体转变开始后，由非平衡组织向平衡或准平衡组织的转变仍在继续，因此，非平衡组织的加热转变过程比平衡组织的加热转变复杂得多。非平衡组织加热时的奥氏体转变过程不仅与原始组织有关，还与加热过程有关，这就使得非平衡组织的加热转变过程变得更加复杂。

4.4.1 针状奥氏体与颗粒状奥氏体

非平衡组织发生奥氏体转变时，根据钢的成分和加热条件不同，可能同时形成针状奥氏体（A_a 或 γ_A）和颗粒状奥氏体（$A_g\gamma_G$）两种形态的奥氏体晶粒。

针状奥氏体是将非平衡组织（如马氏体）加热至 A_{c1} 或 A_{c3} 温度以上进行奥氏体化时，初始阶段产生的一种过渡性组织形态，它也是通过形核与长大形成的。以板条马氏体为原始组织的低、中碳合金钢在 $A_{c1}\sim A_{c3}$ 之间的低温区加热时，针状奥氏体在马氏体板条间、块界以及束界处形核。同时，颗粒状奥氏体在原奥氏体晶界、马氏体板条束间及其它位置产生形核，如图 4-26 所示。图 4-27 为 Fe-2%Mn-1.5%Si-0.3%C 钢加热转变时的奥氏体形态。

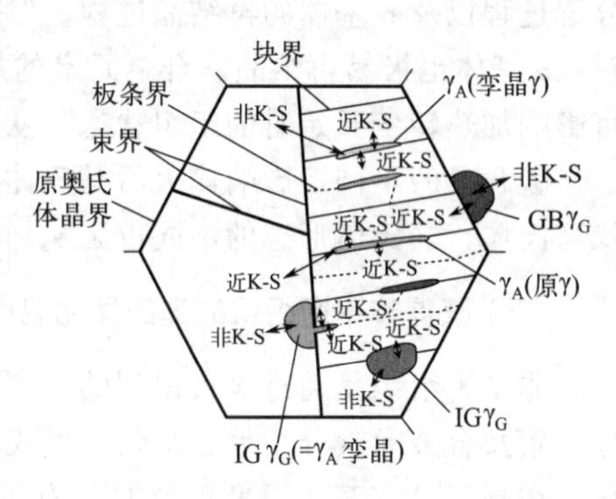

图 4-26 回火马氏体中针状奥氏体（γ_A）和颗粒状奥氏体（γ_G）的形核位置和取向关系（GBγ_G：晶界球状奥氏体；IGγ_G：晶内颗粒状奥氏体）[20]

针状奥氏体的晶核是在已经回火但仍保留板条特征的情况下在板条界或块界形成的。经过长时间高温回火，α 相已经发生了再结晶，板条特征已经消失，条界已不存在，则针状奥氏体不再形成。

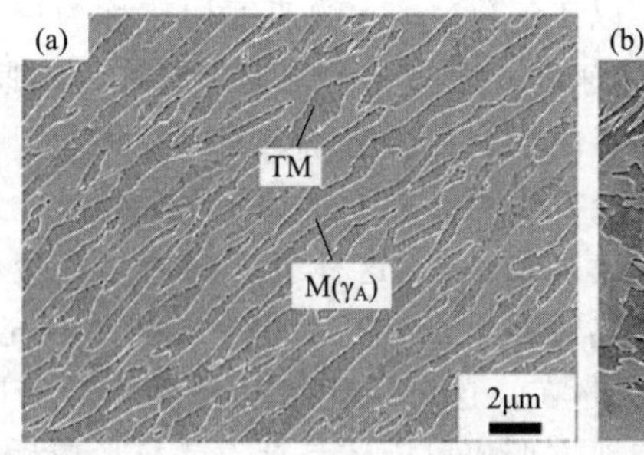

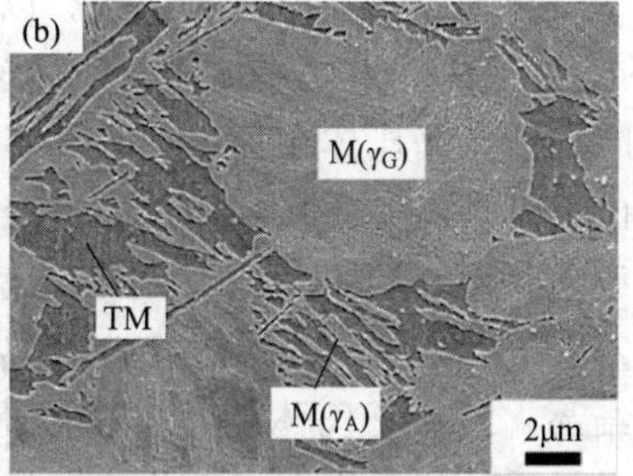

图 4-27 Fe-2%Mn-1.5%Si-0.3%C 钢加热转变时的奥氏体形态
（a）针状奥氏体；（b）颗粒状奥氏体[20]

非平衡态组织在加热时，在原始奥氏体晶界、板条马氏体束界及块界、夹杂物界面上形成细小的颗粒状奥氏体，同时伴随着渗碳体的溶解。颗粒状奥氏体是通过扩散机制形成的，新形成的核与相界面的一侧保持共格或半共格关系，而与另一侧无共格关系，通过碳的扩散向无共格关系的一侧长大，形成球冠状（颗粒状）晶粒（图 4-26）。

颗粒状奥氏体的晶核是在淬火组织已经发生一定程度的分解之后形成的。但淬火后的回火越充分，颗粒状奥氏体的形核率越低。当温度略高于 A_{c1} 时，颗粒状奥氏体的形核率很小。随着过热度增加，形核率升高。加热速度越快，加热转变越易被推向高温，过热度也越大，这都使颗粒状奥氏体的形核率增加。

4.4.2 非平衡组织加热转变的影响因素

非平衡组织与平衡组织存在较大的差异，表现在：非平衡组织中可能存在残余奥氏体；α 相的成分和状态与平衡组织不同（如碳及合金元素的含量及分布、缺陷密度及位错结构等）；碳化物的种类、形态、大小、数量及分布等与平衡组织亦有较大的差异。这些差异使得非平衡组织加热时奥氏体转变过程有其自身的特点，这些特点与以下因素有关。

（1）化学成分

化学成分的不同，将影响非平衡组织在加热过程中所发生的转变。这包括过饱和 α 相的分解过程以及 α 基体的再结晶过程。对于碳钢而言，再次加热时预淬火得到的马氏体极易分解，α 基体也极易再结晶。合金元素的加入将使 α 相的分解及 α 基体的再结晶过程变慢。这将影响加热转变开始时的组织状态，从而影响加热转变过程。

碳含量的不同还影响淬火后马氏体的形态，含碳低时得到板条马氏体，含碳高时得到片状马氏体，马氏体形态的不同也影响加热时的奥氏体转变过程。

（2）获得非平衡组织的奥氏体化温度和奥氏体化后的停留温度

非平衡组织是通过淬火得到的，淬火加热时的奥氏体化温度越高，碳化物溶解得就越充分，碳及合金元素分布就越均匀，奥氏体晶粒越粗大，奥氏体晶界上的偏聚也越少。奥氏体化后在高于 A_{c3} 某一温度停留时，有可能析出某些特殊的碳氮化物，也可能在奥氏体晶界发生某些偏聚。这些都将影响快冷得到的非平衡组织，从而影响再次加热时的奥氏体转变过程。

（3）加热速度

加热速度一般分为慢速、中速与快速。以 1～2℃/min 的速度加热称为慢速加热；以大于 1000℃/s 的速度加热称为快速加热；加热速度介于慢速与快速之间称为中速加热。

慢速加热时，板条马氏体在加热到临界点之前将充分分解。对碳钢而言，不仅 α 相中的过饱和碳原子已完全析出，而且 α 相可能已经发生再结晶而消除了板条特征，得到碳化物呈颗粒状分布的调质组织（如图 4-28 中以 V_5 速度加热），这种组织的加热转变过程与平衡组织转变类似。对合金结构钢而言，在慢速加热过程中，可能 α 相中的碳已经充分析出，但 α 相并未发生再结晶，板条马氏体的特征依然存在。这种组织被加热到略高于临界点的温度时，首先在板条马氏体的条界上有碳化物的地方形成奥氏体晶核。晶核形成后，将沿条界长大成针状奥氏体 A_a，与尚未转变的 α 相组成层片状的类似珠光体的组织。随着加热温度升高，加热时间延长，A_a 将不断长大。当同一板条内的 A_a 彼此相遇时，由于空间取向相同，将合并成一个粗大的与板条束尺寸相当的颗粒状奥氏体 A_g。由 A_a 合并而成的 A_g 的尺寸与原奥氏体晶粒的尺寸大致相当，即并未获得细晶粒的奥氏体组织，因此把这一现象称为组织遗传。预淬火后的回火对慢速加热时的加热转变没有影响，因为 1～2h 的回火可能达到的回火程度一般不会超过慢速加热时可能达到的程度。得到与预淬火相同的粗大奥氏体晶粒后，如进一步提高加热温度，奥氏体晶粒可能通过再结晶而变细，但细化效果不明显。

快速加热时，淬火态中碳钢中原始奥氏体晶粒会得到完全恢复。实验证实奥氏体晶粒的大小、形状及取向等均得到恢复，而且加热后再次淬火所得的马氏体也与前次淬火得到的马氏体完全一样。这是又一种组织遗传现象（如图 4-28 中以 V_1 速度加热）。如果前次淬火后先进行一次回火，则再次快速加热时将不出现这种现象。快速加热所恢复的粗大奥氏体晶粒，也可通过进一步加热发生再结晶而变细[10]。

淬火态中速加热时，加热转变将被推移到较高的、接近 A_{c3} 的温度进行。此时，奥氏体晶核将在原奥氏体晶界、板条马氏体束界等处形成并长成细小的颗粒状奥氏体 A_g（如图 4-28 中以 V_3 速度加热）。

加热速度介于慢速与中速或中速与快速之间将出现过渡现象。此时将在原奥氏体晶界形成奥氏体晶核，长成细小奥氏体晶粒，而原奥氏体晶粒内部则按慢速或快速加热转变方式转变成粗大奥氏体晶粒（如图 4-28 中以 V_2 或 V_4 速度加热）。

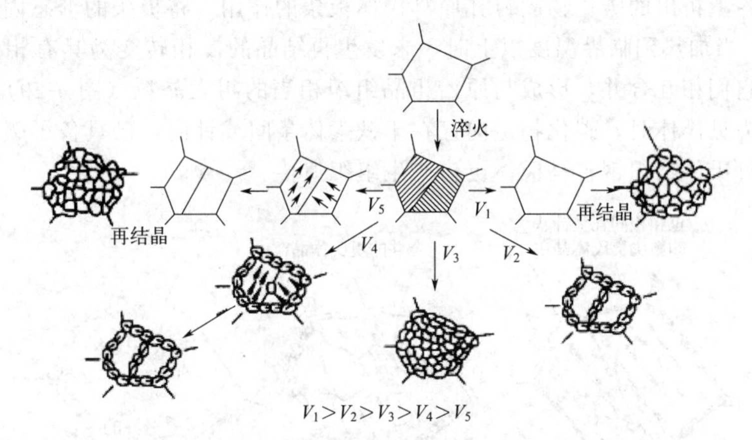

图 4-28　加热速度对非平衡组织加热所得组织的影响[10]

（4）原始组织

原始非平衡组织包括马氏体、贝氏体等淬火组织和回火马氏体等不充分回火组织。这些不同的组织以相同的加热速度加热到转变开始温度时，由于加热过程中的转变程度不同，奥氏体转变开始时的组织状态也不同，形成的奥氏体组织有较大差异。

以 38CrMnSi 钢淬火态和不同程度回火组织为例：①淬火态组织板条马氏体在不同温度下加热转变时，既可以转变成颗粒状奥氏体 A_g，也可能转变成针状奥氏体 A_a。②淬火后经中间回火的组织在加热奥氏体化时，不仅使加热转变速度变慢，而且使颗粒状奥氏体的形核率明显下降。③回火较充分的组织在加热时，将不再形成颗粒状奥氏体，而只能形成针状奥氏体；同一板条内的针状奥氏体长大到彼此接触时合并成粗大的颗粒奥氏体，引起组织遗传。④经更高温度或更长时间回火后，α 相充分再结晶，板条特征完全消失而变成平衡组织。

4.4.3　组织遗传现象及控制

合金钢零件在热处理时，常出现由于锻压、轧制、铸造、焊接等工艺而形成的原始有序粗晶组织。这些非平衡的粗晶有序组织（马氏体、贝氏体、魏氏组织等）在一定加热条件下所形成的奥氏体晶粒继承或恢复原始粗大晶粒的现象，称为组织遗传[21]。

发生组织遗传现象时，不仅不能使晶粒得到细化，而且在继续加热或延长保温时间时，晶粒会异常长大，造成混晶现象，降低钢的韧性。因此组织遗传现象有较大的危害性，应加以控制。

4.4.3.1　组织遗传的影响因素

（1）原始组织

组织遗传现象的出现很大程度上取决于钢的原始组织，原始组织为马氏体、贝氏体、魏氏组织等非平衡组织时，易出现组织遗传性。而对碳素钢而言，实际上不会出现组织遗传性[21]。

原始组织为板条马氏体组织时，在慢速加热过程中，碳化物按一定位向关系定向析出，沿原马氏体条界上析出的碳化物起钉扎原马氏体板条的作用，将板条的形态固定下来，抑制 α 相的再结晶。当加热到临界温度以上时，未发生再结晶的 α 相转变为具有相同位向的针状奥氏体，随后它们相互合并，形成与原始粗晶组织相当的粗大晶粒（图 4-29），导致组织遗传。原始组织为贝氏体时，碳化物定向存在于铁素体条间或针内，已具备了碳化物定向析出条件，因此，贝氏体组织钢较马氏体更易产生组织遗传。

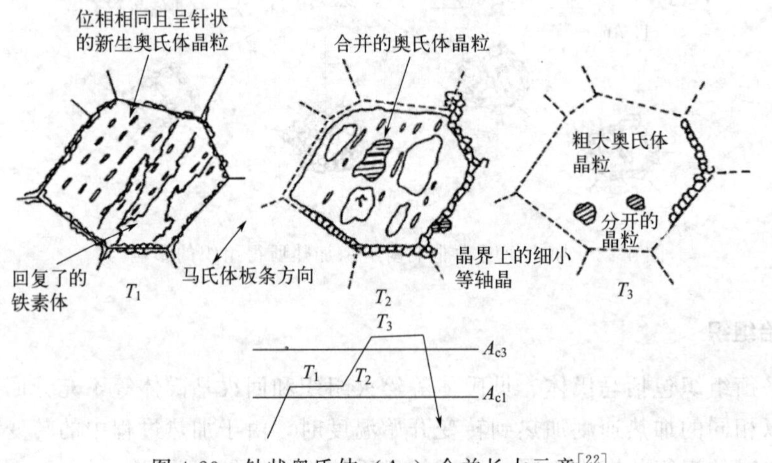

图 4-29　针状奥氏体（A_g）合并长大示意[22]

（2）加热速度

研究表明，一般情况下，慢速或快速加热会导致组织遗传。

慢速加热时，钢中的碳和合金元素按一定方向进行充分扩散，在原马氏体条间和束界上富集，并与位错发生相互作用，巩固了原马氏体板条的位置，抑制 α 相的再结晶，当加热到临界温度以上时，奥氏体受到板条边界的限制而生成针状奥氏体，随后它们相互接触合并，形成与原始粗晶组织相当的粗大晶粒，导致组织遗传。

快速加热时，马氏体中的碳原子容易发生扩散，并在一定程度上发生分解，当加热超过临界点后，奥氏体优先在晶界上和马氏体束界或条间形核，然后沿马氏体条的方向形成针状奥氏体，它们具有相同的位向，并相互合并，组成粗大奥氏体晶粒，即发生组织遗传。已经确定，在快速加热条件下，不同钢种存在一个临界加热速度，加热速度高于此速度时，钢中将出现组织遗传，如表 4-2 所示。

表 4-2　不同钢种出现组织遗传的临界加热速度[23]

钢种	预先热处理	临界加热速度/(℃/s)
50	1200℃，30min 淬火	3000
T8A	1200℃，30min 淬火	5000
37CrNi3A	1150℃，30min 淬火	250
T8Co	1200℃，30min 淬火	10000

（3）奥氏体形态

非平衡组织加热温度大于 A_{c1} 后，形成的奥氏体主要有两种形态：针状奥氏体和颗粒状奥氏体。针状奥氏体促进组织遗传，而颗粒状奥氏体将切断组织遗传。

4.4.3.2　组织遗传的控制

一般情况下，导致组织遗传的主要因素是针状奥氏体的形成及其合并长大。在生产中可以采用以下措施加以控制：

① 采用较快速度或中等速度加热可以避免组织遗传现象发生。对于不同钢种，非平衡组织加热时不发生组织遗传的加热速度相差很大，需要通过试验确定。

② 采用退火或高温回火，消除非平衡组织，实现 α 相的再结晶，获得细小的碳化物颗粒和铁素体组织，使针状奥氏体失去形成条件，可以避免组织遗传。

③ 对于铁素体-珠光体的低合金钢，组织遗传倾向较小，可采用正火来校正过热组织。

习题

4-1　发生奥氏体转变的热力学条件是什么？

4-2　共析钢的奥氏体化过程中，为什么铁素体会先消失，而渗碳体会残留下来？

4-3　设在 780℃时，奥氏体中与铁素体平衡的界面处碳浓度为 0.41%，与渗碳体平衡的界面处碳浓度为 0.89%，铁素体中与奥氏体平衡界面处的碳浓度为 0.02%，试计算该温度下奥氏体界面向铁素体的推移速度与奥氏体界面向渗碳体的推移速度之比。

4-4　连续加热时的奥氏体转变有何特点？

4-5　奥氏体晶粒长大的驱动力是什么？

4-6　说明奥氏体晶粒异常长大的原因。

4-7　根据奥氏体形成规律讨论细化奥氏体晶粒的方法。

4-8　讨论针状奥氏体和颗粒状奥氏体形成的条件。

4-9　什么是组织遗传现象？如何防止其发生？

4-10　组织遗传产生的原因是什么？

思考题

4-1　亚共析钢、过共析钢的奥氏体化过程与共析钢的奥氏体化过程有何区别？试画出亚共析钢和过共析钢的奥氏体转变过程示意图。

4-2 控制钢在奥氏体化过程中的晶粒度有何意义？

4-3 30CrNi2MoV钢具有很强烈的组织遗传性，粗大的奥氏体晶粒降低其冲击韧性，并大幅度提高材料的韧脆转变温度。试分析如何消除其组织遗传。

辅助阅读材料

[1] Clarke K D. 12. 10-Austenite formation and microstructural control in low-alloy steels, Comprehensive Materials Processing[M]. Elsevier, 2014.

[2] Li N, Lin J, Balint D S, et al. Modelling of austenite formation during heating in boron steel hot stamping process[J]. Journal of Materials Processing Technology, 2016, 237: 394-401.

[3] 李俊杰，Andrew G，刘伟，等. 连续加热条件下过共析钢奥氏体化研究[J]. 金属学报，2014，50(10)：1179-1188.

[4] Chen R C, Hong C, Li J J, et al. Austenite grain growth and grain size distribution in isothermal heat-treatment of 300M steel[J]. Procedia Engineering, 2017, 207: 663-669.

[5] Sharma M, Bleck W. Study of structural inheritance of austenite in Nb-microalloyed 18CrNiMo7-6 steel [J]. Steel Research International, 2018, 89: 1800107.

参考文献

[1] Park K T, Lee E G, Lee C S. Reverse austenite transformation behavior of equal channel angular pressed low carbon ferrite/pearlite steel[J]. ISIJ International, 2007, 47(2): 294-298.

[2] 康煜平. 金属固态相变及应用[M]. 北京：化学工业出版社，2007.

[3] 刘宗昌，任慧平，王海燕. 奥氏体形成与珠光体转变[M]. 北京：冶金工业出版社，2010.

[4] Brook C R. Principles of the heat treatment of plain carbon and low alloy steel[M]. ASM International, 1996.

[5] Zhang C, Zhou L, Liu X, et al. Reverse transformation from ferrite/pearlite to austenite and its influence on structure inheritance in spring steel 60Si2MnA[J]. Steel Research International, 2014, 85(10): 1453-1458.

[6] 刘宗昌，等. 材料组织结构转变原理[M]. 北京：冶金工业出版社，2006.

[7] Shtansky D V, Nakai K, Ohmori Y. Pearlite to austenite transformation in an Fe-2. 6Cr-1C alloy[J]. Acta Materialia, 1999, 47(9): 2619-2632.

[8] 安正昆. 钢铁热处理[M]. 北京：机械工业出版社，1985.

[9] 刘云旭. 金属热处理原理[M]. 北京：机械工业出版社，1981.

[10] 戚正风. 金属热处理原理[M]. 北京：机械工业出版社. 1987.

[11] 中国机械工程学会热处理专业分会《热处理手册》编委会. 热处理手册 第1卷：工艺基础[M]. 北京：机械工业出版社，2001.

[12] 陆兴. 热处理工程基础[M]. 北京：机械工业出版社，2007.

[13] GB/T 6394—2017. 金属平均晶粒度测定方法.

[14] 宗斌，王二平，魏建忠. 关于GB/T 6394—2002《金属平均晶粒度测定方法》中附录C的分析说明[J]. 金属热处理，2008，33(6)：117-119.

［15］ 徐恒钧. 材料科学基础[M]. 北京：北京工业大学出版社，2001.
［16］ 胡德林. 金属学原理[M]. 西安：西北工业大学出版社，1995.
［17］ Gao N，Baker T N. Austenite grain growth behaviour of microalloyed Al-V-N and Al-V-Ti-N steels[J]. ISIJ International，1998，38(7)：744-751.
［18］ Alogab K A，Matlock D K，Speer J G，et al. The effects of heating rate on austenite grain growth in a ti-modified SAE 8620 Steel with controlled niobium additions[J]. ISIJ International，2007，47(7)：1034-1041.
［19］ 崔忠圻. 金属学与热处理[M]. 北京：机械工业出版社，1989.
［20］ Zhang X，Miyamoto G，Toji Y，et al. Orientation of austenite reverted from martensite in Fe-2Mn-1.5Si-0.3C alloy[J]. Acta Materialia，2018，144：601-612.
［21］ 萨多夫斯基 B. Д. 钢的组织遗传性[M]. 玉罗以，胡立生，译. 北京：机械工业出版社，1980.
［22］ 渡辺征一，邦武立郎. マルテンサイト前組織からのオーステナイト粒形成過程について[J]. 鉄と鋼，1975，61 (1)：96-106.
［23］ 周子年. 钢的加热转变及组织遗传性[J]. 上海金属，1993，15(2)：57-62.

第 5 章

珠光体转变

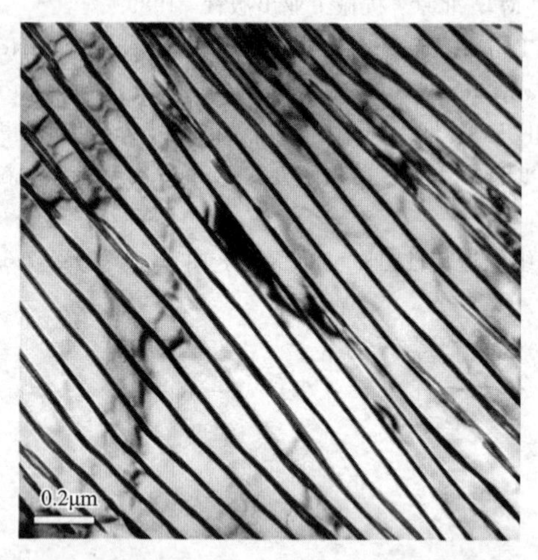

图为钢中典型的珠光体组织图（黑色部分为渗碳体，白色部分为铁素体）。自然界中的珍珠具有美丽的光泽，钢铁中有一种特殊的组织叫作珠光体，珠光体因何得名？它为什么会有珍珠的光泽呢？事实上，珍珠及一些贝壳类，甚至有一些蛇类的表面都是由层片状的复合材料构成的，这些蛋白质层和钙质层之间的距离正好可以满足可见光照射到表面上出现明显的干涉和衍射的条件，从而形成一种特殊的光泽。那么珠光体组织（上图）有何特殊之处？它们又是怎么形成的呢？

引言与导读

一定成分的过冷奥氏体冷却到 A_{r1} 温度将发生共析分解，形成珠光体组织。在 1864 年，索拜（Sorby）首先在碳素钢中观察到这种转变产物。他建议称为“可发出珠光的组成物”，后来作为金相学的专用名词称为“珠光体”。20 世纪上半叶对珠光体转变进行了大量的研究工作，形成了较完善的珠光体转变理论，但在 60～80 年代的二十多年间，相对于马氏体和贝氏体相变来说，珠光体的研究并不活跃，珠光体钢应用也有限。当时，由于马氏体和贝氏体钢应用量较大，固态相变的研究工作主要集中在马氏体和贝氏体领域。实际上，共析转变的某些问题尚未真正搞清，如领先相问题、碳化物形态复杂的变化规律、从高温向中温过渡、奥氏体分解规律的演化等，所有这些问题都需要进行深入的探讨、研究。20 世纪 80 年代以后，珠光体相变的研究又引起人们的兴趣。主要是由于珠光体钢和珠光体组织的应用有了新的发展，如重轨钢的索氏体组织及在线强化，微合金化的非调质钢取代传统的调质钢，高强度冷拔钢丝及钢绳等的研究开发，这一切使珠光体的共析转变研究有了新的进展，珠光体组织的应用也进入了一个新的阶段。

本章首先介绍珠光体的组织特点和转变机制，以此使读者较为系统地了解珠光体转变的影响机制和各因素对等温珠光体转变的热力学和动力学的影响规律，之后概述不同类型的珠光体形态特征和力学性能、亚/过共析钢的珠光体转变特点，最后介绍派登处理和相间析出，由此使读者了解实际热处理过程中与珠光体转变相关的特殊技术原理及应用。

本章学习目标

- 掌握珠光体的组织形态和形成条件。
- 掌握珠光体的形成机制。
- 理解伪共析组织的形成条件，以及与共析组织的异同。
- 掌握珠光体的转变动力学及其影响因素。
- 了解粒状珠光体的形成机制与性能特点。
- 了解相间析出及其对材料强化的作用。

5.1 珠光体组织

5.1.1 珠光体的组织形态

珠光体是由共析铁素体和共析渗碳体（或其他碳化物）有机结合的整合组织，铁素体及碳化物两相是成比例的，有一定的相对量。该铁素体和碳化物是从奥氏体中共析共生出来的，而且两相具有一定位向关系[1-3]。

钢中珠光体的组成相有铁素体、渗碳体、合金渗碳体、各类合金碳化物，珠光体组织形态主要有片状和粒状两种，前者渗碳体呈片状，后者渗碳体呈粒状。此外还有不规则形态的类珠光体，如碳化物呈纤维状和针状。图 5-1 为观察到的各类珠光体形貌，包括片状珠光体、粒状珠光体和类珠光体[4]。

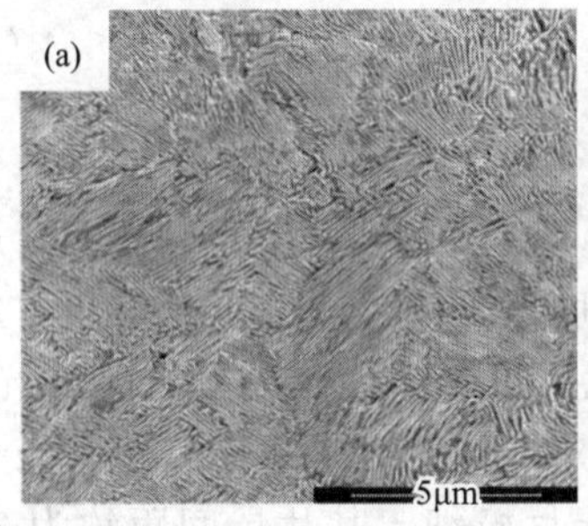

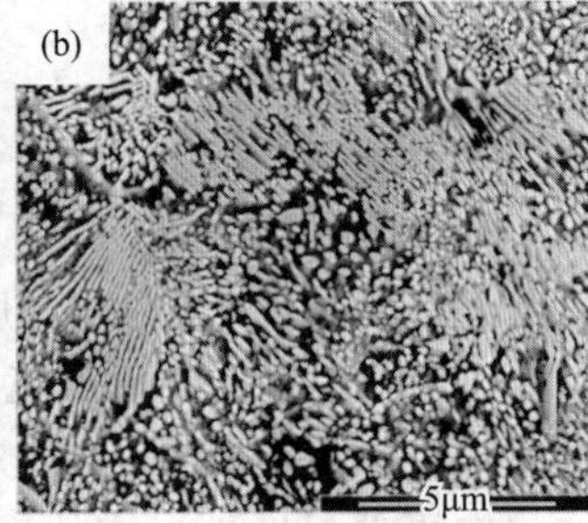

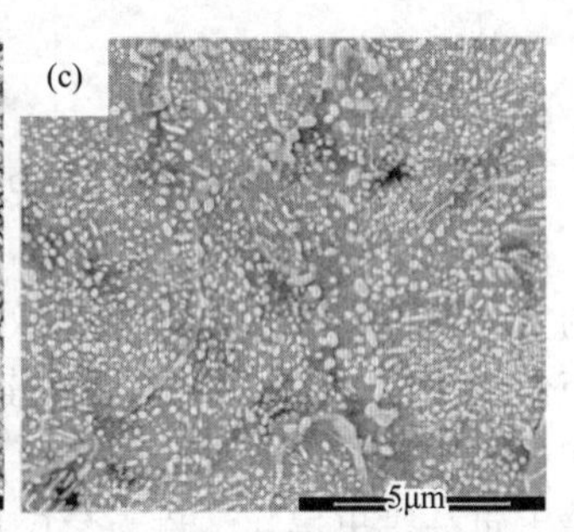

图 5-1 各类珠光体组织
(a) 片状珠光体；(b) 类珠光体；(c) 粒状珠光体

（1）片状珠光体的形态

共析成分的奥氏体过冷比 A_1 稍低的温度将发生共析分解，形成珠光体组织。由铁素体和渗碳体有机结合的整合组织，其典型形态是片状的（或层状的），如图 5-2（a）所示。

片状珠光体的粗细可用片层间距来衡量，相邻两片渗碳体（或铁素体）中心之间的平均距离称为珠光体的片层间距，如图 5-2（b）所示。片层方向大致相同的区域称为珠光体领域、珠光体团或珠光体晶粒，在一个奥氏体晶粒内可形成几个珠光体团，如图 5-2（c）所示。

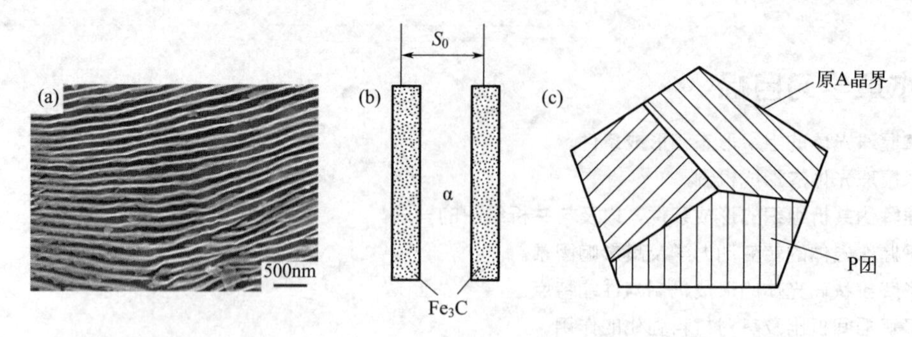

图 5-2 形成的片状珠光体组织[5]（a）、珠光体的片间距（b）和珠光体团（c）

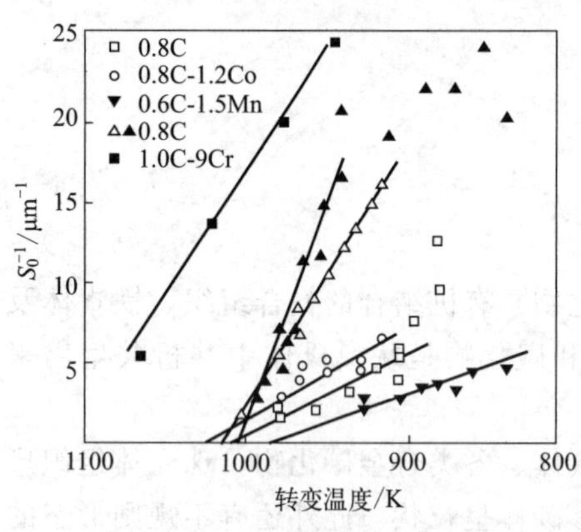

图 5-3 珠光体片层间距与形成温度的关系[6]

转变温度是影响珠光体片层间距大小的一个主要因素。随着冷却速度增加，奥氏体转变温度降低，即过冷度不断增大，转变所形成的珠光体的片层间距不断减小。这是由于：①转变温度愈低，碳原子扩散速度愈小；②过冷度愈大，形核率愈高。这两个因素与温度的关系都是非线性的，因此珠光体的片层间距与温度的关系也应当是非线性的。图 5-3 测得了几种碳素钢和合金钢的珠光体片层间距与形成温度之间的关系。当过冷度很小时有近似的线性关系，但总的来看是非线性的。

Marder[7] 也把碳素钢中珠光体的片间距与过冷度的关系处理为线性关系

$$S_0=\frac{8.02}{\Delta T}\times10^3\,\text{nm} \tag{5-1}$$

式中，S_0 为珠光体的片层间距；ΔT 为过冷度。

由图 5-3 可以看出，只有过冷度较小时（大约 50℃）才有近似的线性关系。根据片层间距的大小，可将珠光体分为以下三类：在比 A_1 稍低较高温度范围内形成的层片较粗，片层间距约为 150～450nm，在放大到 500 倍以上的光学显微镜下可分辨出层片，称为珠光体；在较低温度范围内所形成的层片比较细，片层间距为 80～150nm，在 1000 倍以上的光学显微镜下可分辨出层片，称为索氏体；在更低温度下形成的层片极细，其片层间距约为 30～80nm，即使在高倍光学显微镜下也无法分辨出片层来，只有在电子显微镜下才能分辨出层片，这种组织称为屈氏体。图 5-4 为片层间距不同的三种片状珠光体组织[5]，图 5-5 为极细珠光体的各类 TEM 像和复型照片。综上所述，珠光体、索氏体、屈氏体三种组织只有片层粗细之分，并无本质差别，它们之间的界限是相对的，这三种组织都是由铁素体和碳化物组成的共析体，统称为珠光体类型组织。

如果过冷奥氏体在较高温度一部分转变为珠光体，未转变的奥氏体随后在较低温度转变为珠光体，这种情况下，形成的珠光体有粗有细，而且先粗后细。高温形成的珠光体比较粗，低温形成的珠光体比较细。这种组织不均匀的珠光体将引起力学性能的不均匀，从而可能对钢的切削加工性能产生不利的影响。因此，可以对结构钢采用等温处理（等温正火或等温退火）的方法，来获得粗细相近的珠光体组织，以提高钢的切削性能。

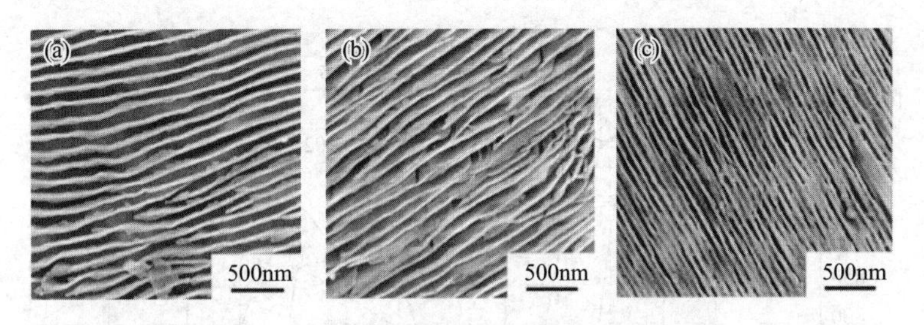

图 5-4　三种片状珠光体组织

(a) 珠光体（700℃等温）；(b) 索氏体（650℃等温）；(c) 屈氏体（600℃等温）

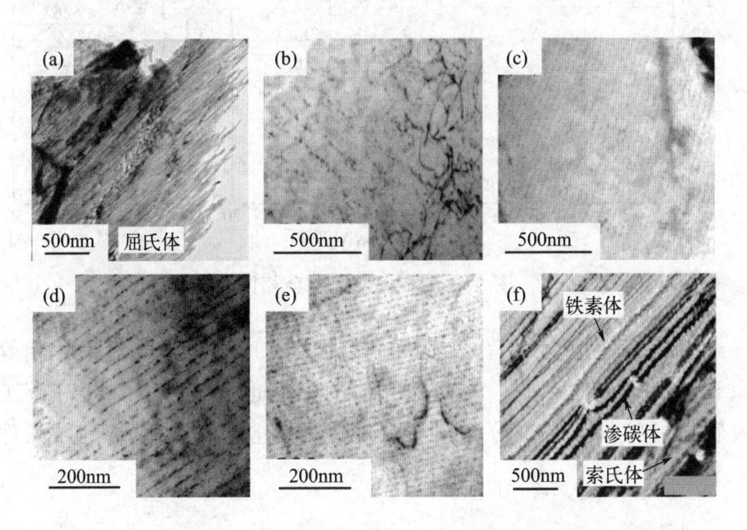

图 5-5　各类珠光体组织的电镜照片

(a) 屈氏体[8]；(b) 碳化物不连续[9]；(c)～(e)碳化物呈颗粒状[9]；(f) 索氏体[8]

有色金属及合金中也有共析分解，形成与钢的珠光体类似的组织，如铜合金中，Cu-Al、Cu-Sn、Cu-Be 系均存在共析转变。对于铜铝合金，在富铜端，于 565℃存在一个共析转变（见图 5-6）。合金中的 α 相是以铜为基的固溶体，β 相是以电子化合物 Cu_3Al 为基的固溶体，含 11.8%（质量分数）Al 的铜合金在 565℃发生一个共析分解反应：

$$\beta_{(11.8)} \xrightleftharpoons{565℃} \alpha_{(9.4)} + \gamma_{2(15.6)}$$

平衡条件下，铝含量大于 9.4%（质量分数）的合金组织中才出现共析体。但在实际铸造生产中，铝含量为 7%～8%（质量分数）的合金，就常有一部分共析体出现。这是由于冷却速度大，β 相向 α 相析出不充分，剩余的 β 相在随后的冷却中转变为共析体。β 相具有体心立方结构，γ_2 相是面心立方结构。其共析体的组织形态有片状的，也有粒状的，类似于钢中的珠光体，如图 5-7 所示[2]。

(2) 粒状珠光体的形态

当渗碳体以颗粒状分布于铁素体基体上时称为粒状珠光体或球状珠光体，如图 5-8 所示[10]。粒状珠光体可以通过不均匀的奥氏体缓慢冷却时分解而得，也可以通过其他热处理方法获得，如球化退火。

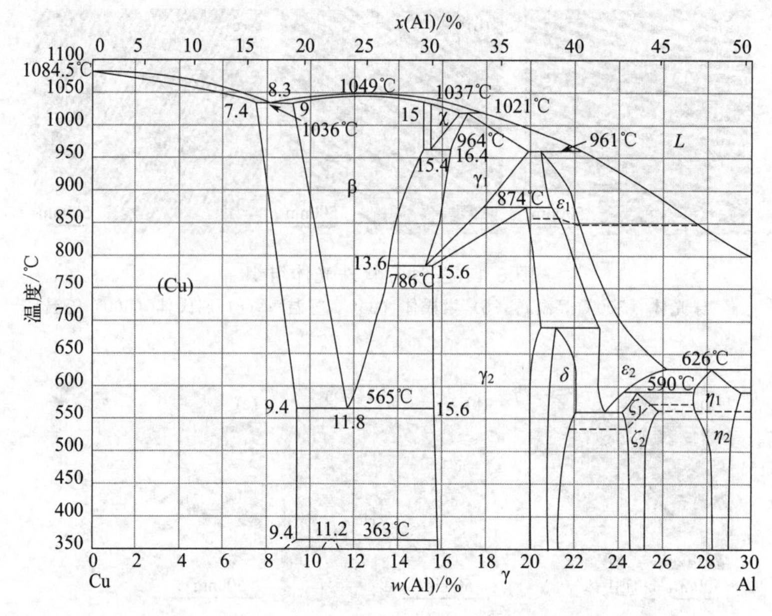

图 5-6　铜-铝二元合金相图

应该指出，经普通球化退火之后，钢中的渗碳体，并不能都成为尺寸相等的球状，随着钢中的原始组织和退火工艺的不同，粒状珠光体的形态也不一样。对于高碳工具钢中的粒状珠光体，常按渗碳体颗粒的大小，分为粗粒状珠光体、粒状珠光体、细粒状珠光体和点状珠光体。

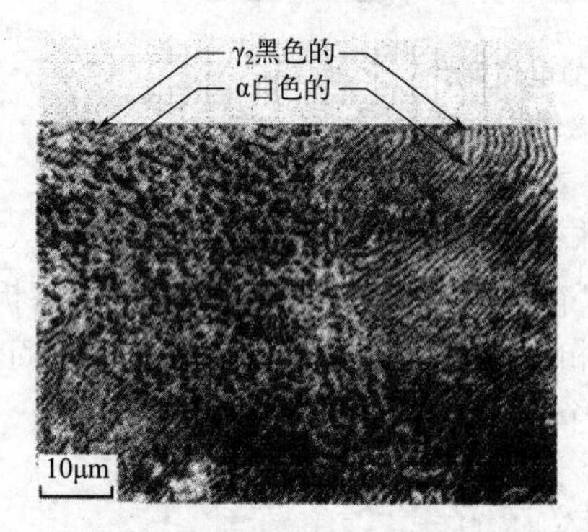

图 5-7　Cu-11.8%（质量分数）Al合金金相组织照片

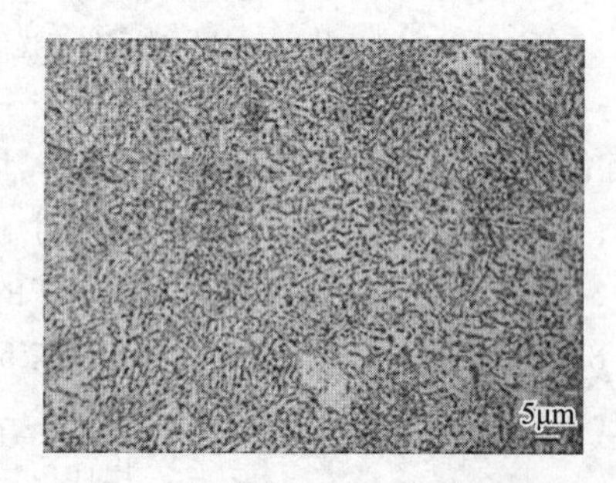

图 5-8　热轧带钢的退火球化组织

5.1.2　珠光体晶体学

（1）片状珠光体和粒状珠光体的结构

虽然珠光体形态形形色色，但本质上都是由过冷奥氏体共析分解形成的铁素体和渗碳体（或碳化物）的有机结合体。其中铁素体的晶体结构为体心立方；渗碳体的晶体结构为复杂的斜方结构。透射电子显微镜观察表明，在退火状态下，珠光体的铁素体中位错密度较小，渗碳体中位错密度更小。片状珠光体中铁素体与渗碳体片两相交界处常具有较高的位错密度，如图 5-9 所示[5]。从图中还可以看出，在铁素体片中还有亚晶界，构成许多亚晶粒。

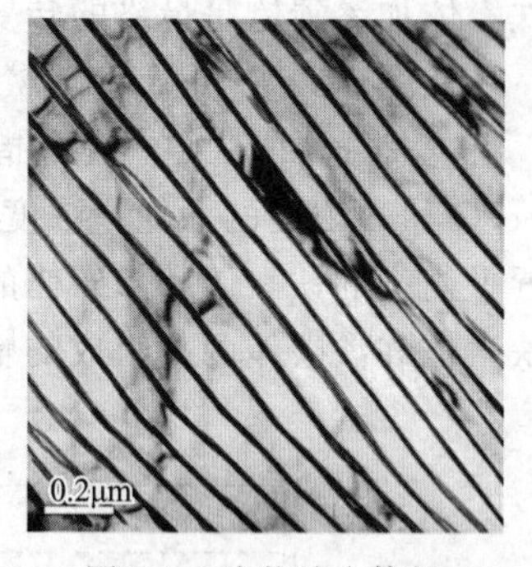

图 5-9　片状珠光体的薄膜透射电镜照片

（2）新相与母相之间的位向关系

珠光体形成时，新相（铁素体和渗碳体）与母相（奥氏体）有着一定的晶体学位向关系，使新相和母相原子在界面上能够较好地匹配。珠光体形成时，其中的铁素体与奥氏体的位向关系为：

$$\{110\}_\alpha//\{112\}_\gamma, \langle 1\bar{1}1\rangle_\alpha//\langle 0\bar{1}1\rangle_\gamma$$

而在亚共析钢中，先共析铁素体与奥氏体的位向关系为[11]：

$$\{111\}_\gamma//\{110\}_\alpha, \langle 110\rangle_\gamma//\langle 111\rangle_\alpha$$

这两种位向关系的不同，说明珠光体中的铁素体与先共析铁素体具有不同的转变特性。

珠光体中的渗碳体与奥氏体的位向关系比较复杂。许多实验测定表明，在一个珠光体团中，铁素体与渗碳体的晶体位向基本上是固定的，两相间存在着一定的位向关系。这种位向关系通常有两类[11]：

第一类 $\{001\}_{cem}//\{2\bar{1}\bar{1}\}_\alpha$，$\langle 100\rangle_{cem}//\langle 01\bar{1}\rangle_\alpha$，$\langle 010\rangle_{cem}//\langle 111\rangle_\alpha$；

第二类 $\{001\}_{cem}//\{5\bar{2}\bar{1}\}_\alpha$，$\langle 100\rangle_{cem}//\langle 13\bar{1}\rangle_\alpha$（相差 2°36′），$\langle 010\rangle_{cem}//\langle 113\rangle_\alpha$（相差 2°36′）。

第一类位向关系通常是珠光体晶核在奥氏体晶界上测出的；第二类位向关系通常是珠光体晶核在纯奥氏体晶界上产生时测出的。

5.2 珠光体转变过程

5.2.1 珠光体转变热力学

过冷奥氏体在临界点 A_1 以下，将要发生奥氏体的共析转变。由于珠光体转变温度较高，原子能够充分扩散，珠光体又是在位错等缺陷较多的晶界形核，相变所需的自由能差较小，因此，在较小的过冷度下就可以发生转变。

钢中奥氏体共析分解为铁素体和渗碳体。通过实验测得共析钢中奥氏体转变为珠光体的热焓，由此推导出各个温度下的珠光体与奥氏体的自由能之差，如图 5-10 所示[1]。可见，自由能之差为负值时，过冷奥氏体分解为珠光体是自发的过程。

研究钢由奥氏体共析分解为珠光体时，可用奥氏体、铁素体和渗碳体各相的自由能的变化来分析珠光体形成的温度条件和各相转化的途径。图 5-11 示出了 Fe-C 合金中 α、γ、Fe_3C 三个相的自由能随成分变化的曲线。由图可见，在 T 温度下，有三条混合相自由能曲线，a 浓度的 α 与 c 浓度的 γ 相结合的自由能曲线（公切线）；a'浓度的 α 加 Fe_3C；d 浓度的 γ 加 Fe_3C。其中 a'浓度的 α 加 Fe_3C 的自由能曲线（公切线）处于最低的位置，因此，铁素体加渗碳体是最终的转变产物。

从图 5-11 中可见，碳含量大于 c 的 γ，可以转变为 d 浓度的 γ 加 Fe_3C，更可能转变为 a' 浓度的 α 加 Fe_3C。值得指出的是，具有共析成分的 γ，可以同时转变为 d 浓度的 γ 加 Fe_3C 和 a 浓度的 α 加 c 浓度的 γ，此时 α、γ、Fe_3C 三相共存。在 A_1 以下，由于碳浓度接近平衡态的铁素体和渗碳体的整合组织的自由能最低，所以过冷奥氏体转变的最终产物就是铁素体和渗碳体两相组成的整合组织，即珠光体。

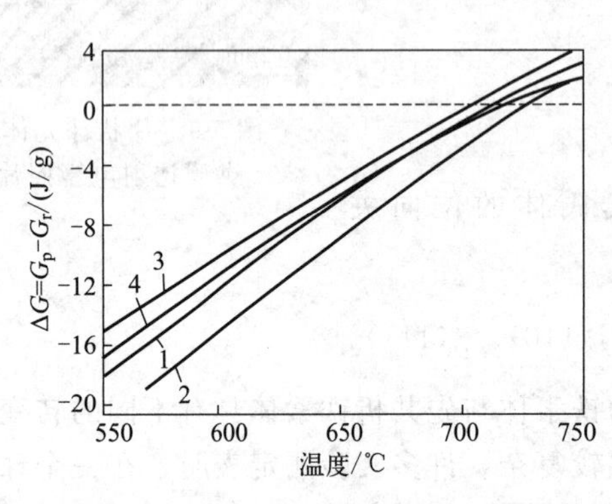

图 5-10　珠光体与奥氏体的自由能之差与温度的关系

1—碳素钢；2—1.9%Co 钢；3—1.8%Mn 钢；4—0.5%Mo 钢

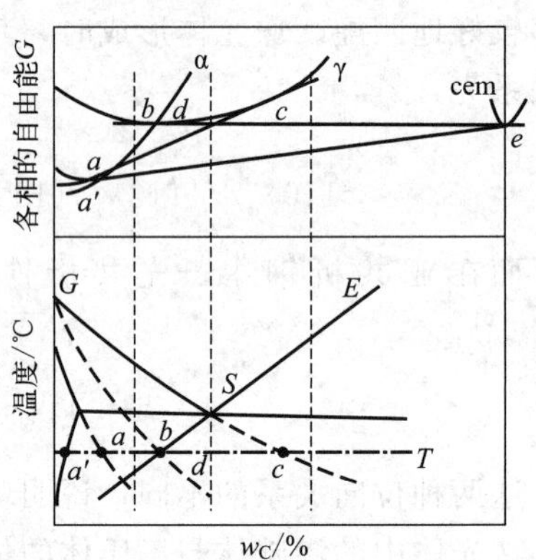

图 5-11　Fe-C 合金在 A_1 点以下各相自由能变化

5.2.2　片状珠光体的形成机制

当共析成分的过冷奥氏体转变为珠光体时，是由均匀的固溶体（奥氏体）转变为碳含量很高的渗碳体和碳含量很低的铁素体的整合组织。即：

$$\underset{(面心立方)}{\gamma_{(0.77\%C)}} \rightarrow \underset{(体心立方)}{\alpha_{(约0.02\%C)}} + \underset{(复杂斜方)}{Fe_3C_{(6.67\%C)}}$$

因此，珠光体的形成过程，包含着两个同时进行的过程：一个是通过碳的扩散生成高碳的渗碳体和低碳的铁素体；另一个是晶体点阵的重构，由面心立方的奥氏体转变为体心立方点阵的铁素体和复杂斜方点阵的渗碳体。由于相变在较高的温度下发生，铁、碳原子都能进行扩散，所以珠光体转变是典型的扩散型转变。

5.2.2.1　珠光体转变的领先相

由 $Fe\text{-}Fe_3C$ 相图可知，含碳量为 0.77%（质量分数）的奥氏体在近于平衡的缓慢冷却条件下形成的珠光体是由渗碳体和铁素体组成的片层相间的组织；在较高奥氏体化温度下形成的均匀奥氏体于 A_1～550℃之间温度等温时也能形成片状珠光体。

片状珠光体的形成，同其他相变一样，也是通过形核和长大两个基本过程进行的。

珠光体是由铁素体和渗碳体两相组成的，那么珠光体形核自然包括这两相的形核过程。关于铁素体或渗碳体哪个为领先相问题已争论很久，由于至今未能也难以直接试验验证，所以此问题尚无定论[1]。

以往的书刊中，关于领先相有各种说法：①一般认为渗碳体和铁素体均可成为相变的领先相。②过共析钢中通常以渗碳体为领先相，在亚共析钢中通常以铁素体为领先相。③在共析钢中两相都可以成为领先相。④过冷度小时，渗碳体是领先相；过冷度大时，铁素体是领先相。这些学说需要进行进一步的实验验证和理论上的探讨。

5.2.2.2 珠光体的形成机制

共析成分的过冷奥氏体发生珠光体转变时，其晶核大多在奥氏体晶界上或其它晶体缺陷（如位错）处形成，这是由于这些部位缺陷多，所以能量高，原子易于扩散，有利于产生成分、能量和结构起伏，易于满足形核所需的条件。

当奥氏体化温度较低时，过冷奥氏体中通常存在贫碳区和富碳区，或者存在较多未溶解的渗碳体，此时珠光体的晶核也可以在奥氏体晶粒内形成。

（1）纵向及横向长大

如果共析碳钢以渗碳体作为领先相，则片状珠光体的形成过程如图 5-12 所示。

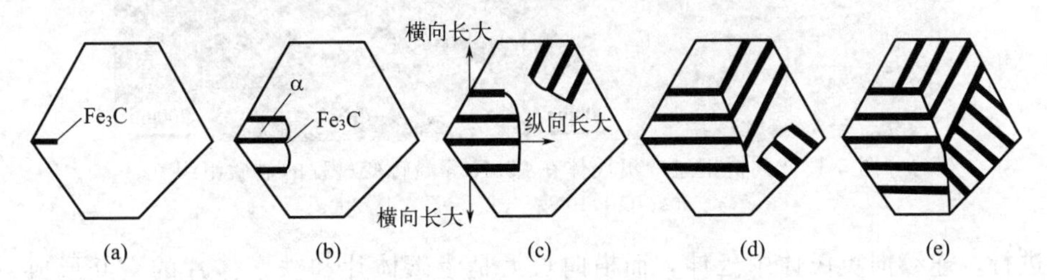

图 5-12 片状珠光体的形成过程

均匀奥氏体冷却至 A_1 以下时，首先在奥氏体晶界上产生一小片渗碳体晶核。核刚形成时，可能与奥氏体保持共格关系，为减小成核时的应变能，而呈片状。当按非共格扩散方式长大时，共格关系即破坏。渗碳体晶核呈片状，一方面为渗碳体成长提供碳原子的面积大，另一方面形成渗碳体需要的碳原子扩散距离缩短。这种片状珠光体晶核，按非共格扩散的方式不仅向纵向方向长大，而且也向横向方向长大，如图 5-12（a）所示。渗碳体横向长大时，吸收了两侧的碳原子，而使其两侧的奥氏体碳含量降低，当碳含量降低到足以形成铁素体时，就在渗碳体片两侧出现铁素体，如图 5-12（b）所示。新生成的铁素体片，除了伴随渗碳体片向纵向长大外，也向横向长大。铁素体横向长大时，必然要向侧面的奥氏体中排出多余的碳原子，因而增加了侧面的奥氏体的碳浓度，这就促进了另一片渗碳体的形成，出现了新的渗碳体片。如此连续进行下去，就形成了许多铁素体/渗碳体相间的片层。这时，在晶界其他部分有可能产生新的晶核（渗碳体小片），如图 5-12（c）所示。当奥氏体中已经形成了片层相间的铁素体与渗碳体的集团，继续长大时，在长大着的珠光体与奥氏体的相界上也有可能产生新的具有另一长大方向的渗碳体晶核，如图 5-12（d）所示。这时，在原始奥氏体中，各种不同取向的珠光体不断长大；而在奥氏体晶界和珠光体/奥氏体相界上，又不断产生新的晶核，并不断长大，直到长大着的各个珠光体晶粒相碰，奥氏体全部转变为珠光体时，珠光体形成即告结束，如图 5-12（e）所示。

共析钢过冷奥氏体转变为珠光体的实验照片如图 5-13 所示[12]。从图中可以看出，在 953K 等温 50s 时，微观结构由单个珠光体团组成，即珠光体开始形成；等温 100s 时，除了单个珠光体团之外，还观察到一些大的珠光体团簇；150s 后，形成更大的团簇，而单个珠光体团簇仍然存在；200s 后，珠光体团形成了一个相互连接的网络，包围了许多未转化的奥氏体晶粒。

由上述珠光体形成过程可知，珠光体形成时，纵向长大是依靠渗碳体片和铁素体片的协

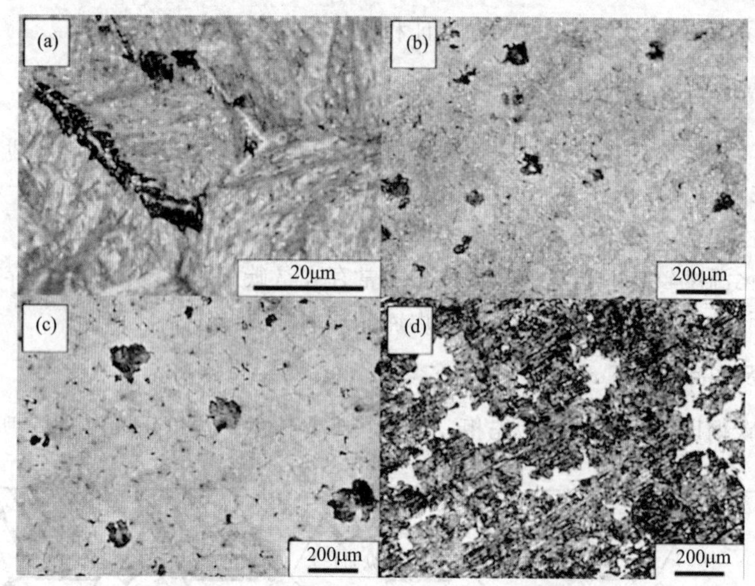

图 5-13　共析钢过冷奥氏体在 953K 等温转变过程的显微组织
(a) 50s；(b) 100s；(c) 150s；(d) 200s

同长大进行，连续向奥氏体中延伸，而横向长大是渗碳体片和铁素体片的交互形成。这样，由一个珠光体核长大而成的大致平行的片层区域称为珠光体领域。

共析碳钢中珠光体的实测长大速率约为 50μm/s，可能与铁素体和渗碳体的非线性相互协同作用有关。如果按体扩散计算所得的铁素体长大速率为 0.16μm/s，渗碳体为 0.064μm/s，远小于珠光体长大的实测值。因此，认为珠光体长大速率主要通过界面扩散进行[1]。

珠光体领域的长大速率 v，可以表示为[3]

$$v = kD_{C}^{\gamma}(\Delta T)^{2} \tag{5-2}$$

式中，k 为热力学系数；D_{C}^{γ} 为碳在奥氏体中的体扩散系数；ΔT 为过冷度。在一定温度范围内，珠光体领域长大速率随着过冷度 ΔT 增大而加快。如果界面扩散占主要地位，则以溶质原子的界面扩散系数 D_{b} 代替 D_{C}^{γ}，此时，珠光体领域的长大速度为[12]：

$$v = kD_{b}(\Delta T)^{2} \tag{5-3}$$

随着珠光体形成温度降低，珠光体成核后，两侧铁素体和渗碳体片连续形成的速率及其纵向长大速率稍有不同，正在成长的转变产物，其形貌也不相同，即随着转变温度的降低，形成的铁素体和渗碳体片逐渐变薄缩短。形成珠光体群的轮廓也由块状逐渐变为扇形，乃至轮廓不光滑的团絮状，即由片状珠光体逐渐变为索氏体以至屈氏体。

当过冷奥氏体中珠光体刚刚出现时，在三相（奥氏体、渗碳体、铁素体）共存的情况下，过冷奥氏体中的碳浓度是不均匀的，碳浓度的分布情况如图 5-14（a）所示。即与铁素体相接的奥氏体碳浓度 $C_{\gamma\text{-}\alpha}$ 较高，与渗碳体相接的奥氏体碳浓度 $C_{\gamma\text{-}C}$ 较低，因此在奥氏体中就产生了碳浓度差，从而引起了碳的扩散，其扩散的示意图如图 5-14（b）。其中 ASB 线为铁素体片的中心线，$A'S'B'$线为渗碳体片的中心线。

碳在奥氏体中扩散的结果，引起铁素体前沿奥氏体的碳浓度降低（$<C_{\gamma\text{-}\alpha}$），渗碳体前沿奥氏体的碳浓度增高（$>C_{\gamma\text{-}C}$），这就打破了该温度下奥氏体中碳浓度的平衡。为了保持这一平衡，在铁素体前面的奥氏体，必须析出铁素体，使其碳含量增高到平衡浓度 $C_{\gamma\text{-}\alpha}$。在渗碳体前面的奥氏体，必须析出渗碳体，使其碳含量降低到平衡浓度 $C_{\gamma\text{-}C}$。这样，珠光体便向纵向长大，直至过冷奥氏体全部转变为珠光体为止。

从图 5-14 可以看出，在过冷奥氏体中，珠光体形成时，除了按上述情况进行碳的扩散外，还将发生在远离珠光体的奥氏体（碳浓度为 C_{γ}）中的碳向与渗碳体相接的奥氏体处（碳浓度为 $C_{\gamma\text{-}C}$）扩散，而与铁素体相接的奥氏体处（$C_{\gamma\text{-}\alpha}$）碳向远离珠光体的奥氏体（C_{γ}）中扩散，如图 5-14（c）所示。这些扩散都促使珠光体中的渗碳体和铁素体不断长大，从而促进珠光体转变。

过冷奥氏体转变为珠光体时，晶体点阵的重构，是由 Fe 原子自扩散完成的。

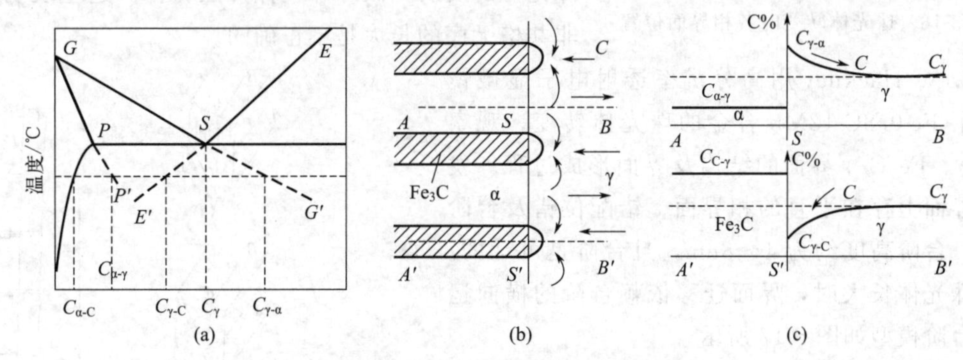

图 5-14　片状珠光体形成时碳的扩散

（2）珠光体分枝长大（反常长大）

正常的片状珠光体形成时，铁素体与渗碳体是交替配合协同长大的，但在某些情况下，片状珠光体形成时，铁素体与渗碳体不是交替配合协同长大的：①在位错区域形成渗碳体晶核，成长过程中分枝长大；②铁素体与渗碳体具有确定的晶体学位向关系。这两个原因导致珠光体反常长大，图 5-15 表示由于过共析钢不配合成核而产生的几种反常组织。图 5-15（a）表示由晶界长出的渗碳体片，伸向晶内后形成了一个珠光体团。图 5-15（b）表示在奥氏体晶界上形成的渗碳体一侧长出一层铁素体。但此后却不再配合成核长大。图 5-15（c）表示从晶界上形成的渗碳体中，长出一个分枝伸向晶粒内部，但无铁素体与之配合，因此形成一条孤立的渗碳体片。图 5-15（b）、（c）所示的结构称为离异共析组织。

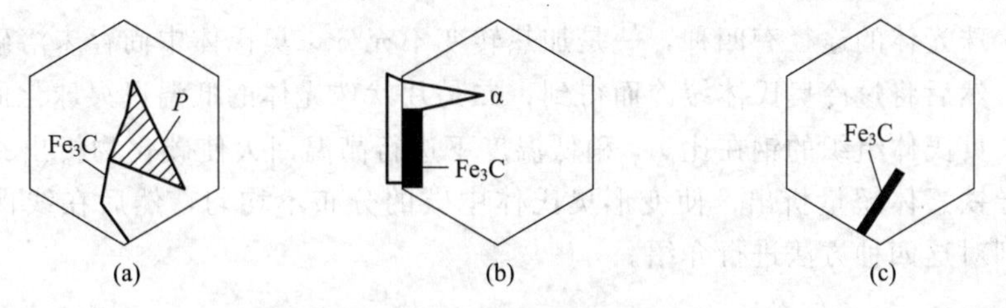

图 5-15　过共析钢中出现的几种反常组织

（3）台阶机制长大

台阶机制长大是珠光体理论研究的一个新进展[6]。共析铁素体和渗碳体两相与母相的相界面是由连续的长大台阶所整合的。认为台阶长大有利于共析转变时的协同生长。转变时

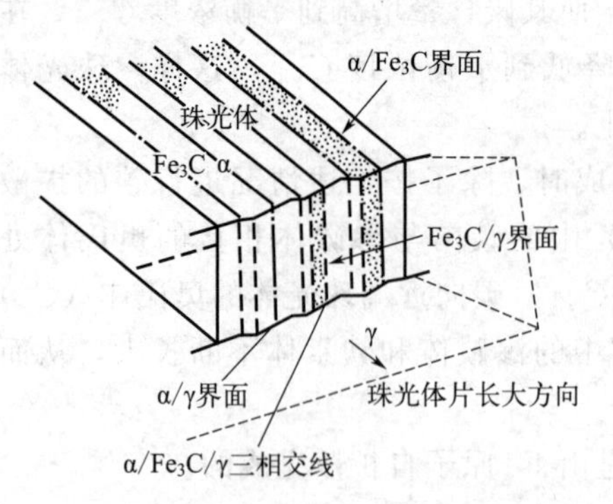

图 5-16 珠光体转变时各相界面位置

各相的相界面位置关系如图 5-16 所示[6]。

按照珠光体长大的经典理论，α/γ、Fe_3C/γ 界面端刃部是非共格结构。但是，这两个相界面应具有半共格结构，否则珠光体的两个组成相与母相之间不会有任何晶体学取向关系。而实验结果已经表明它们之间有晶体学取向关系。这说明，经典长大理论不完善。许多实验结果表明，晶粒界、孪晶界可使长大停止或改变单个珠光体片的长大方向，晶粒界往往阻碍珠光体的发展，破坏珠光体片层特征。这些表明界面非共格无序的长大是不正确的。

S. A. Hackney 用高分辨率透射电子显微镜研究了 Fe-0.8C-12Mn 合金的珠光体转变，观察了 α/γ、Fe_3C/γ 界面的结构及界面形成过程。发现在界面上存在平直的相界面、错配位错及台阶缺陷，台阶高度约为 4～8nm，且台阶是可动的。认为珠光体长大时，界面迁移依赖台阶的横向运动。台阶模型如图 5-17 所示。

图 5-17 中，图（a）表示一组平行长大的台阶从右向左运动。长大台阶将不断通过 $ABCD$ 平面，使 α/Fe_3C 界面移动到 $A'B'C'D'$ 上，如图（c）所示。如果在长大过程中出现一个小干扰，将会在 O 点形成阶梯。连续形成阶梯，将使 α/Fe_3C 界面的形貌出现明显的片层弯曲的痕迹，如图（d）所示。

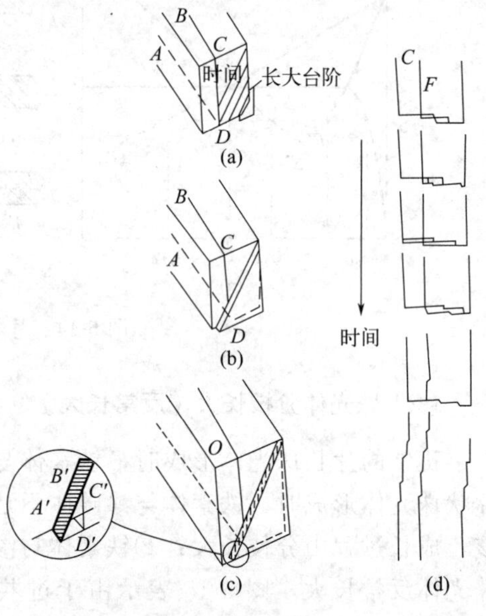

图 5-17 珠光体长大台阶形成 α/Fe_3C 阶梯

5.2.3 粒状珠光体的形成机制

粒状珠光体在力学性能和工艺性能方面都有一定优越性，因此希望碳化物不是以片状而是以颗粒状存在，即形成粒状珠光体。

获得粒状珠光体的途径有四种，一是加热转变不充分，奥氏体中尚存未溶碳化物颗粒或许多高碳区，然后将过冷奥氏体缓冷而得到；二是片状珠光体的低温退火球化而获得；三是对于马氏体、贝氏体组织的钢在比 A_1 稍低温度下进行高温回火使碳化物析出并球化；四是通过形变诱导铁素体超量析出，使变形奥氏体中碳的分布不均匀，然后在线保温或缓冷得到。下面分别对这四种方法进行介绍。

（1）特定条件下过冷奥氏体的分解

使过冷奥氏体分解为粒状珠光体，需要特定的加热制度和冷却制度。首先，将钢进行特定的奥氏体化，即奥氏体化温度降低，保温时间较短，加热转变没有充分完成，在奥氏体中尚存在许多未溶的剩余碳化物，或者奥氏体成分很不均匀，存在许多微小的富碳区。这些未溶的剩余碳化物将是过冷奥氏体分解时的非自发核心。在富碳区易于形成碳化物。这些为珠光体形核创造了有利条件。

其次，需要特定的冷却条件，即过冷奥氏体分解的温度要高。在比 A_1 稍低，较小的过冷度下等温，即等温转变温度高，等温时间要足够长，或者冷却速度极慢。

满足上述两个特定条件，就可以使珠光体不以片状形成，而以颗粒状碳化物加铁素体共析分解，最终获得粒状珠光体组织。在这种特定条件下，珠光体易于形核，以未溶的剩余碳化物为非自发核心，形成珠光体晶核（$\alpha+Fe_3C$），其中渗碳体不是片状而是颗粒状，向四周长大，长大成颗粒状的碳化物。颗粒状的碳化物长大过程中，其周围的铁素体也不断向奥氏体中生长，最后形成以铁素体为基体的，其上分布着颗粒状碳化物的粒状珠光体组织。工业上工具钢的球化退火就采用这种方法。

（2）片状珠光体的低温退火

如果原始组织为片状珠光体，将其加热到比 A_1 稍低的较高温度下长时间保温，片状珠光体能够自发地变为颗粒状的珠光体。这是由于片状珠光体具有较高的表面能，转变为粒状珠光体后系统的能量（表面能）降低，是一个自发的过程。根据胶态平衡理论，第二相颗粒的溶解度与质点的曲率半径有关，曲率半径越小，其溶解度越高，片状渗碳体的尖角处溶解度高于平面处的溶解度，使得周围铁素体与渗碳体尖角接触处的碳浓度大于与平面接触处的碳浓度，这就引起了碳的扩散。扩散的结果破坏了界面的碳浓度平衡，为了恢复平衡，渗碳体尖角处将进一步溶解，渗碳体平面将向外长大，如此不断进行，最终形成了各处曲率半径相近的粒状渗碳体。片状渗碳体能否球化，取决于铁、碳的扩散能力。所以在临界点附近长时间保温，将使钢中碳原子及铁原子有足够的动力学条件发生聚集球化。

渗碳体片的断裂与其内部的晶体缺陷有关。渗碳体片中有位错存在，并形成亚晶界，在亚晶界面上产生一界面张力，从而使铁素体与渗碳体亚晶界接触处形成凹坑，如图 5-18 所示。在凹坑两侧的渗碳体与平面部分的渗碳体相比，具有较小的曲率半径。与坑壁接触的固溶体具有较高的溶解度，将引起碳在铁素体中扩散并以渗碳体的形式在附近平面渗碳体上析出。为了保持平衡，凹坑两侧的渗碳体尖角将逐渐被溶解，而使曲率半径增大。这样，破坏了此处的相界表面张力平衡，为了保持这一平衡，凹坑将因渗碳体继续溶解而加深。在渗碳体片亚晶界的另一面也发生上述溶解析出过程，如此循环直至渗碳体片溶穿、溶断，然后再通过尖角溶解，平面处长大逐渐成为球状。

图 5-18　片状渗碳体球化机理

由此可见，在 A_1 温度以下，片状珠光体的球化过程，是通过渗碳体的断裂、碳的扩散进行的，其过程示意图如图 5-19 所示。

片状珠光体球化过程

片状珠光体被加热到 A_{c1} 以上时，在奥氏体形成过程中，尚未转变的片状渗碳体或网状渗碳体（或其他碳化物）也会按上述规律溶解、熔断并聚集球化。

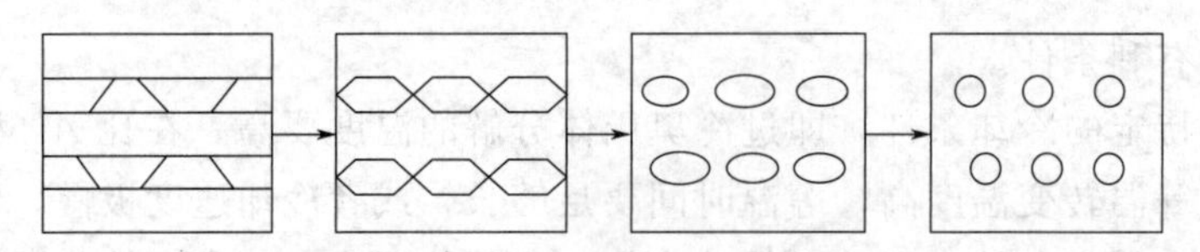

图 5-19　片状渗碳体溶断、球化过程

网状渗碳体在 $A_1 \sim A_{cm}$ 之间的两相区，不能溶入奥氏体中，但是，在加热保温过程中也能发生溶断和球化，使得连续的碳化物网断开。由于网状碳化物往往比片状珠光体中的渗碳体片粗，所以球化过程的时间需要较长。图 5-20 为经过不同退火时间球化后得到的粒状珠光体组织[13]。

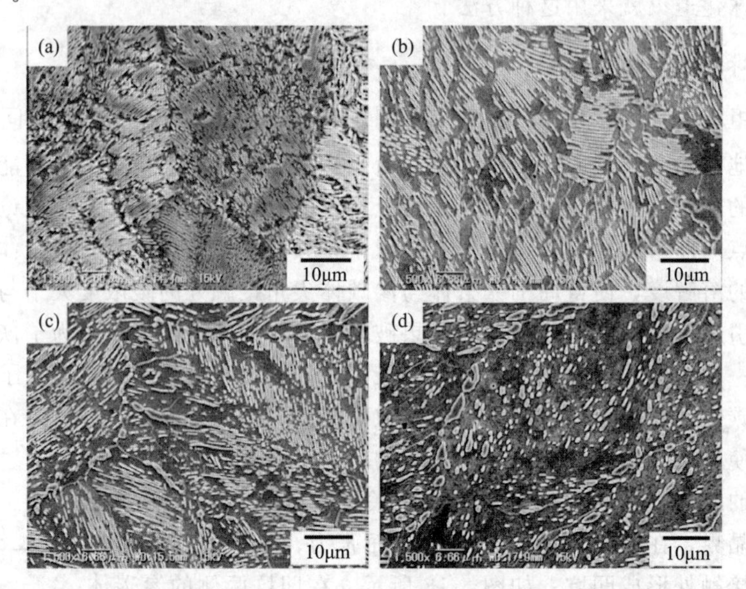

图 5-20　退火前珠光体的扫描电镜图（a）以及珠光体于 700 ℃退火不同时间后的扫描电镜图［（b）10min、（c）60min、（d）360min］

（3）高温回火

粒状珠光体也可以通过马氏体或贝氏体的高温回火来获得。马氏体和贝氏体在中温区回火得到回火屈氏体组织，而高温区回火获得回火索氏体组织，进一步提高回火温度到 A_1 稍下保温，细小弥散的碳化物不断聚集粗化，最后可以得到较大颗粒状的碳化物，成为粒状珠光体组织。这在碳素钢中比较容易实现。

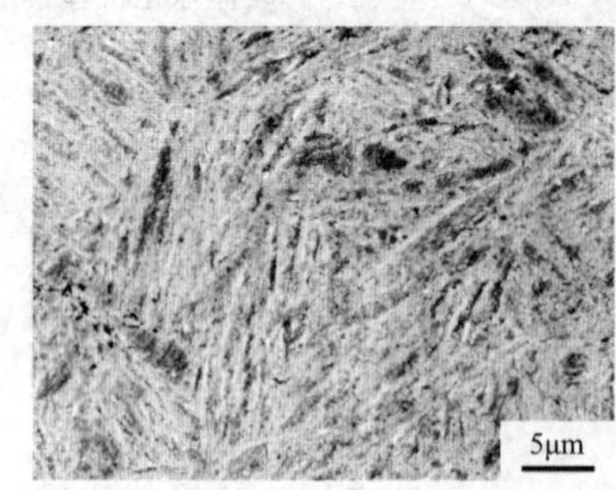

图 5-21　中碳高硅钢回火屈氏体显微组织

应当指出的是，许多合金结构钢、合金工具钢的淬火马氏体或贝氏体组织在高温回火时，难以获得回火索氏体组织或粒状珠光体组织，因为基体 α 相再结晶十分困难。虽然回火时间较长，然而 α 相基体仍然保持着原来的条片状形貌，碳化物颗粒也很细小，这种组织形态仍然称为回火屈氏体。如广泛应用于发电机和变压器制造的中碳高硅钢，淬火得到贝氏体组织，然后于 500℃回火 1h，仍然得到回火屈氏体组织，如图 5-21 所示。从图中仍然可以看到上贝氏体条片状铁素体形貌的痕迹。这类钢只有在更高的温度下回火更长的时间，使碳化物聚集长大成球状和颗粒状，铁素体再结晶，才能获得回火索氏体组织[14]。

原始片状珠光体组织细小，可以加快碳化物的球化过程。T10 钢轧锻后，适当加快冷却速度，获得细小的片状珠光体组织，然后进行球化退火，可以获得细小的球化退火组织[14]。

(4) 形变球化

含碳量大于 0.3%（质量分数）的中碳钢通常多采用冷成型法来制造紧固件等机械零部件。按照传统轧制工艺生产的中碳钢线材，微观组织中的珠光体呈片层状，因而在冷成型前需要对钢材进行球化退火处理，才能使钢中的碳化物形态由片状改变为球状，其周期较长，约为 12～24h[15]。因此，对于中碳钢，通过控轧控冷工艺如能够使珠光体中的片状渗碳体断开或使其球化，则可大幅度缩短球化退火时间甚至省略球化退火处理。目前，许多研究者都在进行有关这方面的研究[16,17]。Storojeva 等[18] 对 0.36%C 中碳钢在 600～710℃进行变形，随后在形变温度等温 2h，获得了良好的球化组织，其力学性能与淬火回火组织相当。我国研究者[15] 对中碳冷镦钢 35K 在 650～700℃进行应变量为 0.69 的形变，随后缓冷或在 680℃等温 10min 后，渗碳体也基本呈颗粒状或短棒状的球化组织，如图 5-22 所示。

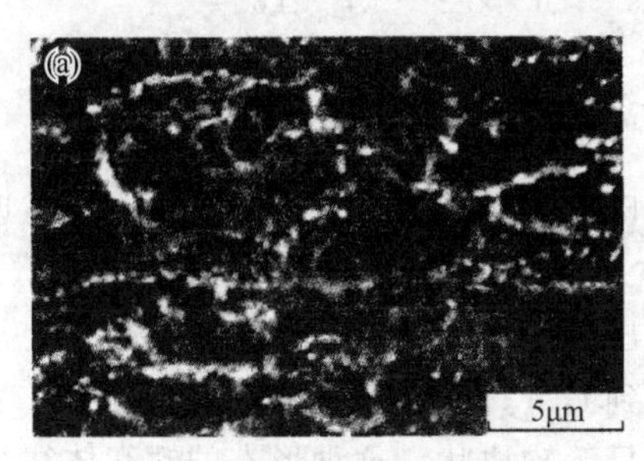

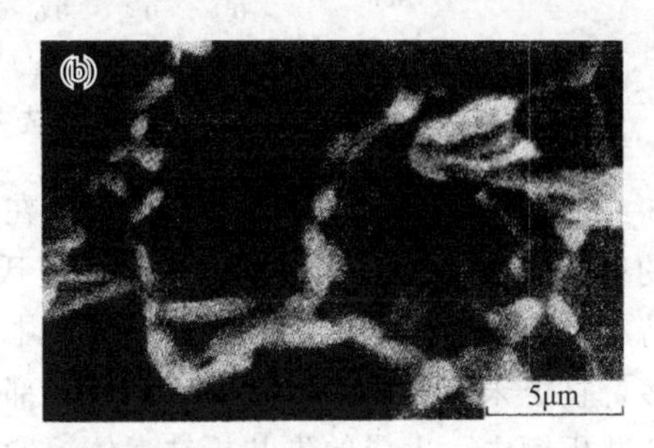

图 5-22 35K 在 650℃形变后缓慢冷却的球化组织（$\varepsilon=0.69$）(a)，
35K 在 700℃形变后在 680℃等温 10min 后空冷的球化组织（$\varepsilon=0.69$）(b)

综上所述，若在稍高于临界点 A_{r3} 施加大应变量形变，形变后等温或缓冷处理，可以直接获得铁素体加细小弥散渗碳体的球化组织。原因是在稍高于临界点 A_{r3} 施加大应变量形变，形变可诱导出超细的铁素体晶粒。由于在应力的作用下，奥氏体向铁素体转变的温度升高，所以铁素体的转变量增加，与此对应的未转变奥氏体含量则明显减少，低于平衡态含量。而未转变的奥氏体被铁素体分割成扁长饼状和孤立的小岛状，且其尺寸越来越小[13]。随铁素体的不断析出，未转变奥氏体的平均碳含量增加，但铁素体析出时扩散排出的碳的分布并不均匀，它们高度富集在细小的铁素体界面和未转变奥氏体的界面，在变形及变形后的缓冷或等温过程中，这些富碳区析出颗粒状或短棒状渗碳体。同样，由于能量趋低原理，这种短棒状渗碳体还会在随后的等温或缓冷过程中溶解而逐渐球化。

5.2.4 亚（过）共析钢珠光体转变

5.2.4.1 亚（过）共析钢先共析相的形态

亚（过）共析钢的珠光体转变情况，基本上与共析钢相似，但要考虑先共析铁素体（或渗碳体）的析出。先共析相的析出温度范围和在各种温度下的析出数量，可以从图 5-23 看出。

在图中 $E'S$ 线左面，GS 线以下的区域是先共析铁素体析出区；$G'S$ 线右面，ES 线以下的区域是先共析渗碳体析出区。钢中先共析相的析出量，大致可以用杠杆定律来估算。在连续冷却的情况下，先共析相的析出温度、析出量与冷却速度的关系，也表示在图 5-23 上。

先共析相的析出，是与碳在奥氏体中的扩散密切相关的。下面以先共析铁素体为例进行分析。

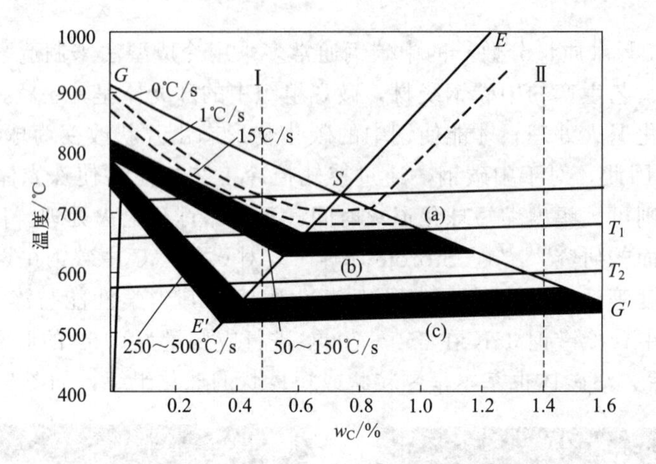

图 5-23　Fe-C 合金先共析相的析出温度范围

图 5-23 中合金Ⅰ，在 T_1 温度下，首先在奥氏体晶界上产生铁素体晶核。在靠近铁素体晶核处的奥氏体，其碳浓度为 $C_{\gamma\text{-}\alpha}$，高于奥氏体的平均碳浓度 C_γ，因而引起了碳的扩散。为了保持相界碳浓度的平衡，必须从奥氏体中析出铁素体，从而使铁素体晶核长大，铁素体数量增多，直至未转变的奥氏体中碳浓度全部达到 $C_{\gamma\text{-}\alpha}$，铁素体才停止析出。

在亚共析钢中，生成的先共析铁素体一般皆呈等轴块状。这种形态的铁素体往往是在有利于铁原子自扩散的条件下，即在奥氏体晶粒较细、等温温度较高、冷却速度较慢的情况下产生的。

如果奥氏体晶粒较大，冷却速度较快，先共析铁素体可能沿奥氏体晶界呈网状析出。如果奥氏体成分均匀、晶粒粗大，冷却速度又比较适中，先共析铁素体有可能呈片（针）状析出。在亚共析钢中，从奥氏体中析出的先共析铁素体形态，如图 5-24 所示。图 5-24（a）、（b）表示铁素体形成时与奥氏体无共格关系的形态。5-24（a）是块状铁素体，图 5-24（b）为网状铁素体。图 5-24（c）、（d）是铁素体形成时与奥氏体有共格联系的形态，形成的是片状铁素体。

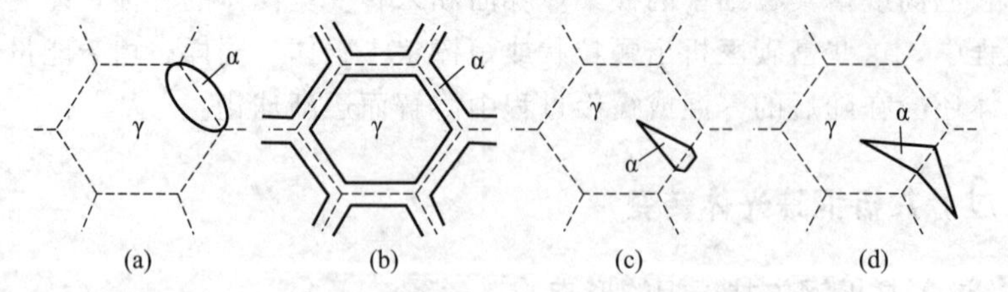

图 5-24　亚共析钢的先共析铁素体形态

在过共析钢中（以合金Ⅱ为例，见图 5-23），当加热到 A_{cm} 温度以上，经保温获得均匀奥氏体后，再在 A_{cm} 点以下 T_2 温度以上保持或缓慢冷却时，将从奥氏体中析出渗碳体。过共析渗碳体的形态，可以是粒状的、网状的或针（片）状的。

但是，过共析钢在奥氏体成分均匀、晶粒粗大的情况下，从奥氏体中直接析出粒状渗碳体的可能性是很小的，一般呈网状或针（片）状。

如果过共析钢具有网状或针（片）状渗碳体组织，将显著增大钢的脆性。因此，过共析钢件毛坯的退火加热温度，必须在 A_{cm} 点以下，以避免网状渗碳体的形成。对于具有网状或针（片）状渗碳体的钢料，为了消除网状或针（片）状渗碳体，必须加热到 A_{cm} 点以上，使碳化物全部溶于奥氏体中，然后快速冷却，使先共析渗碳体来不及析出，而后再进行球化退火。

5.2.4.2 伪共析组织的形成

从图 5-23 可以看出，在 A_1 点以下，随着过冷奥氏体转变温度的降低，亚共析钢中先共析铁素体析出的数量减少，过共析钢中先共析渗碳体析出的数量也将减少。以图 5-23 中合金Ⅰ、Ⅱ为例，当过冷到 T_2 温度转变时，合金Ⅰ将不再析出铁素体，合金Ⅱ将不再析出渗碳体。在这种情况下，过冷奥氏体全部转变为珠光体型组织，但因合金并非共析成分，故称为伪共析组织，亦称伪珠光体。从图 5-23 可以看出，只有在 A_1 点以下，在 GS 线和 ES 线的两条延长线之间，才能形成这种组织。而且，过冷奥氏体转变温度越低，伪共析程度越大。

这种伪珠光体中的铁素体和渗碳体的比例与平衡共析转变得到的珠光体不同，若是亚共析钢冷却得到的伪珠光体，其中的铁素体含量较多；若是过共析钢，则其伪珠光体中的渗碳体含量较多。

5.2.4.3 钢中的魏氏组织

工业上将具有先共析片（针）状铁素体或针（片）状渗碳体加珠光体的组织，都称为魏氏组织。前者称为铁素体（α-Fe）魏氏组织，后者称为渗碳体魏氏组织。

（1）魏氏组织的形态及分布

魏氏组织的典型形态如图 5-25 所示[19]。在亚共析钢中，当从奥氏体相区缓慢冷却通过 A_{r3}～A_{r1} 温度范围时，铁素体沿奥氏体晶界析出，呈块状。冷却速度加快时，铁素体不仅沿奥氏体晶界析出生长，而且还形成许多铁素体片插向奥氏体晶粒内部。铁素体片之间的奥氏体最后转变为珠光体。因此，α-Fe 魏氏组织中的先共析铁素体是在原奥氏体晶粒内部呈片状（显微镜下呈针状）分布的。

不仅亚共析钢，而且过共析钢也形成渗碳体魏氏组织，此时先共析渗碳体在奥氏体晶粒内部呈针状析出。事实上，在一系列铁合金和有色金属合金中都能观察到魏氏组织。

（2）魏氏组织形成条件和基本特征

关于魏氏组织的形成条件及特征可归纳为：魏氏组织易在粗晶粒的奥氏体中形成，且魏氏组织的形成与钢的化学成分有关；当钢的碳含量超过 0.6%时魏氏组织铁素体较难形成；钢中加入锰，会促进魏氏组织铁素体的形成，而加入钼、铬、硅等则会阻碍魏氏组织的形成；在连续冷却时，魏氏组织只在一定冷却速度下才能形成，过慢或过快的冷却速度都会抑制它的产生。图 5-26 为 Q345B 热轧薄板在以 20℃/s 冷却时铁素体和珠光体的数量减少，沿原奥氏体晶界有魏氏组织铁素体形成[20]。

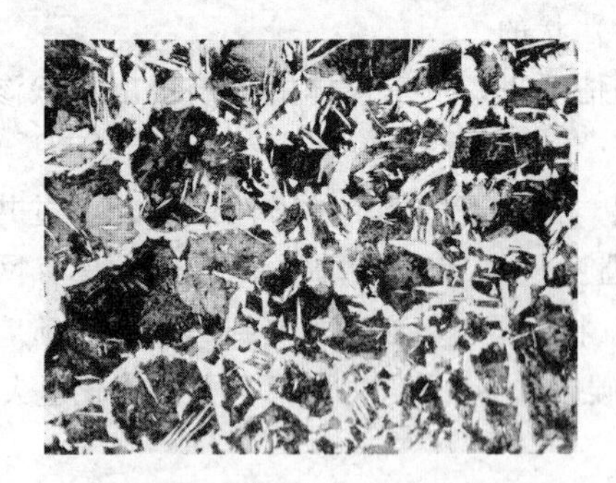

图 5-25 魏氏组织的典型形态

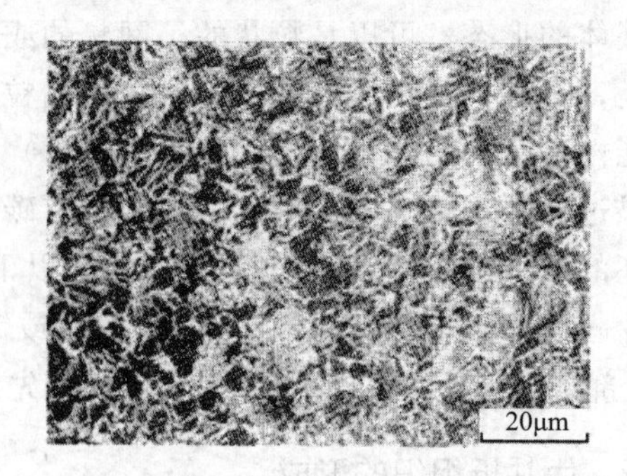

图 5-26 Q345B 钢在冷速为 20℃/s 时形成的魏氏组织

(3) 魏氏组织的力学性能

魏氏组织对钢的力学性能的影响研究得还不充分。一般认为，魏氏组织以及经常与其伴生的粗晶组织，会使钢的力学性能，尤其塑性和冲击韧性显著降低，如表 5-1 所示[3]。

表 5-1 魏氏组织对 45 钢力学性能的影响

组织状态	σ_b/MPa	σ_s/MPa	δ_5/%	ψ/%	A_k/（J/cm^2）
有严重魏氏组织	524	337	9.5	17.5	12.74
经细化晶粒处理	669	442	26.1	31.5	51.94

魏氏组织及其伴生的粗晶组织还会使钢的脆性转变温度升高。例如 0.2%C、0.6%Mn 的造船钢板，当终轧温度为 950℃时，脆性转变温度为−50℃；而当终轧温度为 1050℃时，由于形成魏氏组织和粗晶组织，结果使脆性转变温度升高到−35℃。

应该指出，当钢的奥氏体晶粒较小，存在少量魏氏组织铁素体时，并不明显降低钢的力学性能。因其形成温度较低，钢的强度还可能稍有提高，在这种情况下钢件仍可使用。只有当奥氏体晶粒粗大，出现粗大的魏氏组织铁素体时，才使钢的强度降低，特别是韧性显著降低。

5.3 珠光体转变动力学

珠光体转变和其它类型的相变一样，其转变过程遵循形核和长大规律。因此，珠光体转变动力学可以用结晶规律分析。

5.3.1 珠光体的形核率及长大速度

过冷奥氏体转变为珠光体的动力学参数，如形核率 J、长大速率 v 与转变温度都具有极大值特征。图 5-27 为共析钢（0.78%C，0.63%Mn）的形核率 J、长大速率 v 与温度的关系图解[21]。

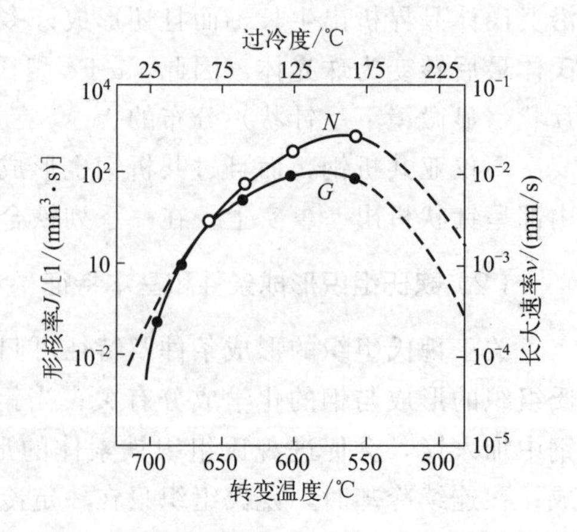

图 5-27 共析钢（0.78%C，0.63%Mn）的形核率 J、长大速率 v 与温度的关系

由图 5-27 可以看出，形核率 J、长大速率 v 均随着过冷度的增加先增后减，在 550℃附近有极

大值。这是由于随着过冷度的增大，奥氏体与珠光体的自由能差增大，故形核率 J、长大速率 v 增加。另外，随着过冷度的增大转变温度降低，将使奥氏体中的碳浓度梯度加大，珠光体片间距减小，扩散距离缩短，这些因素都促使形核率 J、长大速率 v 增加。

但随着过冷度的继续增大，转变温度越来越低，原子活动能力逐渐减小，因而转变速度逐渐变小，这样在形核率 J、长大速率 v 与温度的关系曲线上就出现了极大值。

珠光体的形核率 J 还与转变时间有关，即随着时间的延长，形核率增加且晶界形核很快达到饱和，随后形核率降低。而长大速率 v 与等温时间无关。温度一定时，长大速率 v 为定值。

过冷奥氏体向珠光体转变时，形核率与相变时间密切相关。但为简化起见，假设形核率不随时间而变化，可以得到均匀形核的稳态形核率的表达式，其形核率公式为：

$$J^* = N_v \beta^* Z \exp\left(-\frac{\Delta G^*}{kT}\right) \tag{5-4}$$

式中，N_v 是单位体积内可以形核的潜在位置数目；Z 称为 Zeldovich 因子，其典型值约为 1/20；β^* 是单个原子加入到临界晶核上的频率或速率，称为频率因子。

在实际相变过程中，形核率是与时间相关的，考虑时间对形核率的影响，则均匀形核的形核率公式为

$$J^* = N_v \beta^* Z \exp\left(-\frac{\Delta G^*}{kT}\right) \exp\left(-\frac{\tau}{t}\right) \tag{5-5}$$

式中，τ 为形核孕育期，t 为等温时间。

形核阶段结束后，新相进入长大阶段。对于不同形状的新相，根据形核和长大过程的不同，其体积分数随时间的变化可以用 Avrami 提出的经验方程式表示：

$$f = 1 - \exp(-kt^n) \tag{5-6}$$

式中，k 为速度常数，与温度相关，n 是与相变的类型有关的常数，可以看作与温度无关，在不同的相变情况下，n 值有明显的差别。

5.3.2 珠光体等温转变的动力学图

图 5-28 为共析钢等温转变动力学曲线。图中曲线代表的是在一定的形核率 J [1000/(cm³ · s)] 和一定的线长大速率 v (10^{-3} cm/s) 条件下，奥氏体转变量与等温时间的关系。可见，等温转变过程中，奥氏体转变量与等温时间之间呈 S 形曲线。

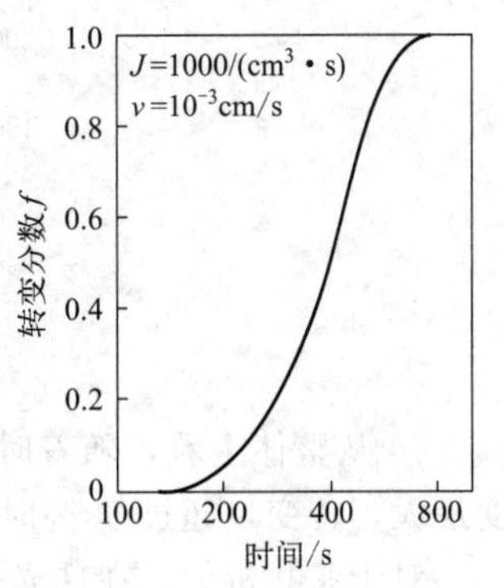

图 5-28 共析钢等温转变动力学曲线

图 5-29 为共析钢的 TTT 图。图 5-30 为 P20（美国钢号）塑料模具钢的 TTT 图[3]。

从动力学图上可以看出：

① 珠光体（或贝氏体）形成初期有一个孕育期。它是指等温开始到发生转变的这段时间。

② 等温温度从 A_1 点逐渐降低时，相变的孕育期逐渐缩短，降低到某一温度时，孕育期最短，这一温度通常称为“鼻温”。温度再降低，孕育期又逐渐变长。

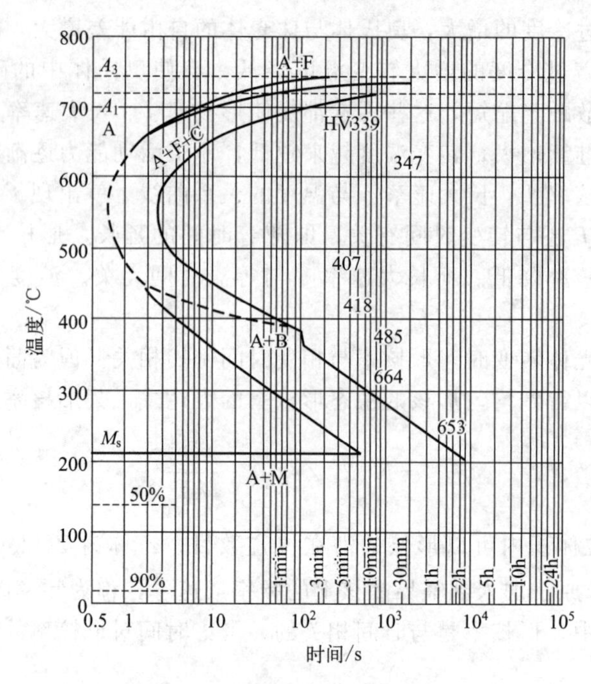

图 5-29　共析碳素钢的等温转变

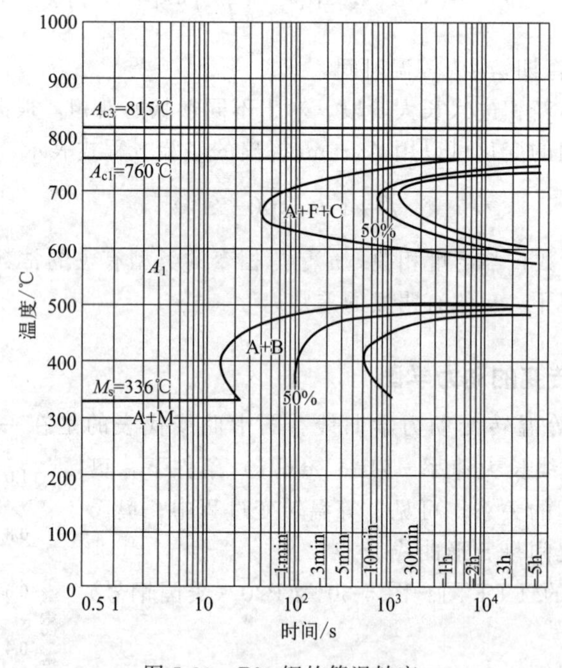

图 5-30　P20 钢的等温转变

③ 从整体上看，随着时间的延长，转变速度逐渐变大，达到 50%的转变量时，转变速度最大，转变量超过 50%时，转变速度又降低。

对于亚共析钢，在珠光体转变动力学图的左上方，有一条先共析铁素体的析出线，如图 5-31 所示[22]。这条析出线，随着钢中碳含量的增高，逐渐向右下方移动。

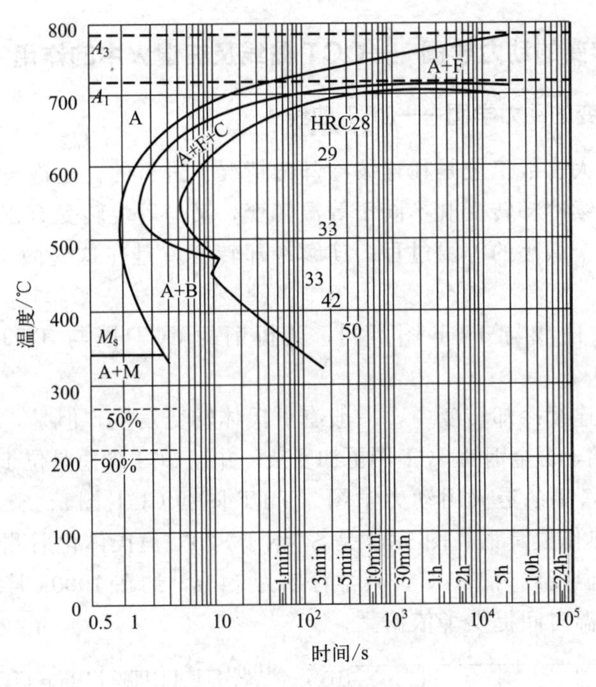

图 5-31　45 钢的等温转变

对于过共析钢，如果奥氏体化温度在 A_{cm} 以上，则在珠光体转变动力学图的左上方，有一条先共析渗碳体的析出线，如图 5-32 所示[3]。可见，图中左上方的那条曲线表示过冷奥氏体析出先共析渗碳体的开始线。这条析出线，随着钢中碳含量的增高，逐渐向左上方移。

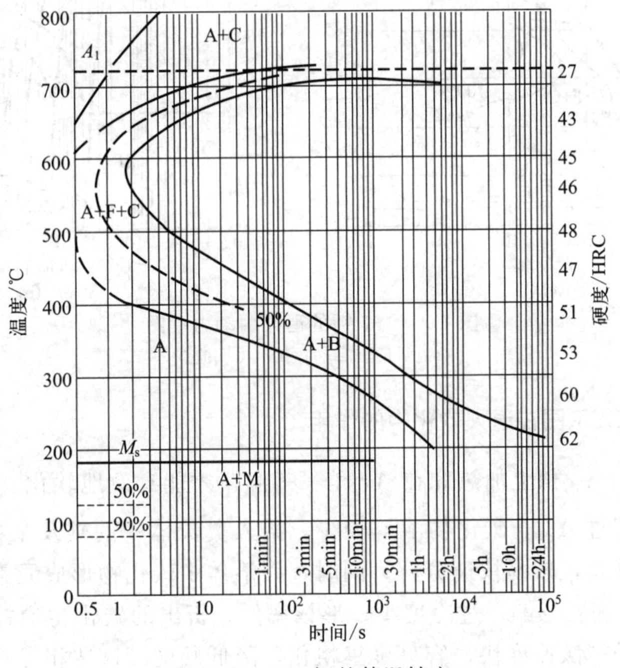

图 5-32　T11 钢的等温转变

5.3.3 连续冷却转变的动力学图——CCT 曲线及在退火中的作用

(1) 连续冷却转变的动力学图——CCT 曲线

在实际生产中，大多数工艺是在连续冷却的情况下进行的。过冷奥氏体在连续冷却过程中发生各类相变。连续冷却转变既不同于等温转变，又与等温转变有密切的联系。连续冷却过程可以看成是无数个微小的等温过程。连续冷却转变就是在这些微小的等温过程中孕育、长大的。

连续冷却转变 C 曲线与 TTT 图不同，共析钢的 CCT 图与 TTT 图的主要区别见第 3.3.4.3 节。

对于合金钢，在连续冷却转变中，一般有贝氏体转变发生，但是，由于贝氏体相变区与珠光体相变区往往分离，合金钢的 CCT 图更加复杂，并且 CCT 图总是位于 TTT 图的右下方。

图 5-33 介绍了 S7 钢的退火用动力学图（TTT 图和 CCT 图）。S7 钢相当于 5Cr3Mo1，属于 3%～4%Cr 的热作模具钢。图 5-33 是 S7 钢于 820℃奥氏体化后测定的。从图可见，珠光体转变的"鼻子"温度约为 725℃，其孕育期为 143s，约在 1000s 时结束。该图为等温退火选择最佳温度和保温时间提供了依据。

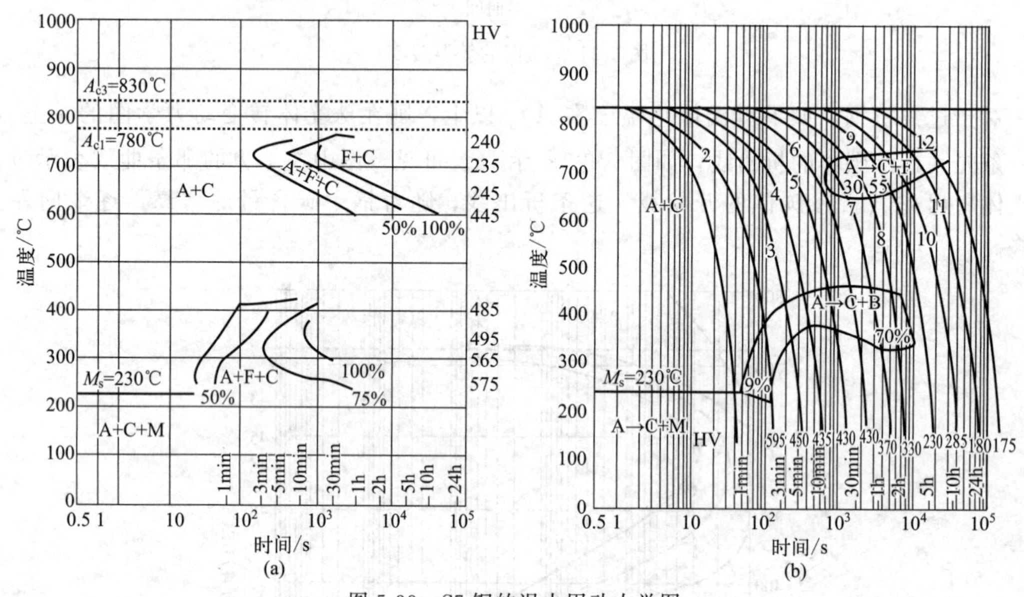

图 5-33 S7 钢的退火用动力学图

(a) TTT 曲线；(b) CCT 曲线

(2) TTT 图、CCT 图在退火软化中的作用

研究表明，钢在 A_1 稍上加热和在 A_1 稍下等温，才能有效地软化[14]。①在 A_1 稍上奥氏体化，由于刚刚超过 A_{c1}，碳化物溶解较少，溶入奥氏体中的碳及某些合金元素含量少，这样的奥氏体稳定性差，较易快速分解；同时，固溶体中碳化物形成元素少，固溶强化作用较小。②在 A_1 稍下等温分解，过冷度小，形核率低，析出的碳化物颗粒数较少，而且，在此较高温度下，原子扩散速度快，容易聚集粗化，降低硬度。这些相变热力学和动力学因素对退火软化是有利的。

5.3.4 珠光体转变的影响因素

如前所述，珠光体的转变量取决于形核率和长大速率。因此，凡是影响珠光体形核率和长大速率的因素，都影响珠光体转变动力学。

影响珠光体转变动力学的因素可以分为两类：一类是钢本身内在的因素，如化学成分、组织结构状态；另一类是外界因素，如加热温度、保温时间等。

5.3.4.1 奥氏体固溶碳含量的影响

奥氏体中固溶的碳含量影响奥氏体的共析转变。在亚共析钢中，随着钢中碳含量增加，过冷奥氏体在珠光体转变区的先共析铁素体析出的孕育期增长，析出速度减慢，珠光体形成的孕育期随之增长，形成速度也随之减慢。这是由于在相同的转变条件下，随亚共析钢中碳含量增高，获得铁素体晶核的概率降低，铁素体长大时所需扩散出去的碳量增大，因而使铁素体析出速度减慢。一般认为，由于铁素体的析出，使奥氏体中与铁素体交界处的碳浓度增高，为珠光体的成核和长大提供了有利条件，而且在亚共析钢中铁素体也可作为珠光体的领先相，所以先共析铁素体的析出，促进了珠光体的形成。因此，当亚共析钢中先共析铁素体孕育期增长且析出速度减慢时，珠光体的形成速度也随之减慢[23]。

在合金钢中，随着钢中碳含量的增高，先共析铁素体的孕育期增长，但珠光体的转变速度常常有增大的趋势。

在过共析钢中，当奥氏体化温度在 A_{cm} 以上时，碳完全溶入奥氏体中，在这种情况下，钢中碳含量越高，提供渗碳体晶核的概率越大，碳在奥氏体中的扩散系数增大，则先共析渗碳体析出的孕育期缩短，析出速度增大。珠光体形成的孕育期随之缩短，形成速度随之增大。当钢的碳含量高于 1%时，这种影响更为明显。如果加热温度在 A_{c1} 和 A_{ccm} 点之间，加热后所获得的组织是不均匀的奥氏体加残余碳化物。这种组织状态具有促进珠光体成核和晶体生长的作用，使珠光体形成时的孕育期缩短，转变速度加快。因此，对于相同碳含量的过共析钢，不完全奥氏体化常常比完全奥氏体化容易发生珠光体转变。

5.3.4.2 奥氏体状态的影响

奥氏体的晶粒度、成分的不均匀性、晶界偏聚、剩余碳化物等因素对珠光体转变均产生重要影响，如在 $A_{c1} \sim A_{ccm}$ 之间奥氏体化时，组织中残留碳化物、奥氏体晶粒细小、成分不均匀等都具有促进珠光体形核及长大的作用，使转变速度加快。加热温度不同，奥氏体晶粒大小不等，则过冷奥氏体的稳定性不一样。细小的奥氏体晶粒，单位体积内的界面积大，珠光体形核位置多，将促进珠光体转变。奥氏体晶界偏聚硼、稀土时，延缓珠光体的形核，使 C 曲线右移，阻碍过冷奥氏体的共析转变。

5.3.4.3 合金元素的影响

合金元素溶入奥氏体中则形成了合金奥氏体，随着元素数量和种类的增加，奥氏体变成了一个复杂的多组元构成的整合系统，合金元素对奥氏体分解转变将产生复杂的影响，对铁素体和碳化物两相的形成均产生影响，并对共析过程从整体上产生影响。

(1) 对珠光体长大速率的影响

从元素单独作用看，除 Co 和 Al（$w_{Al} > 2.5\%$）以外的所有合金元素，当其溶解到奥氏体中后，都增大奥氏体的稳定性，推迟共析转变，尤其是 Ni、Mn、Mo 的作用显著，这些合金元素都减慢了珠光体形成速率。如 Mo 降低珠光体的形核率，如图 5-34 所示[3]，为非线性关系。Mn 降低珠光体长大速率，如图 5-35 所示[5]，也为非线性关系。Co 的作用则相反，Co 增加碳在奥氏体中的扩散速度，具有增加珠光体形核率和长大速率的作用。

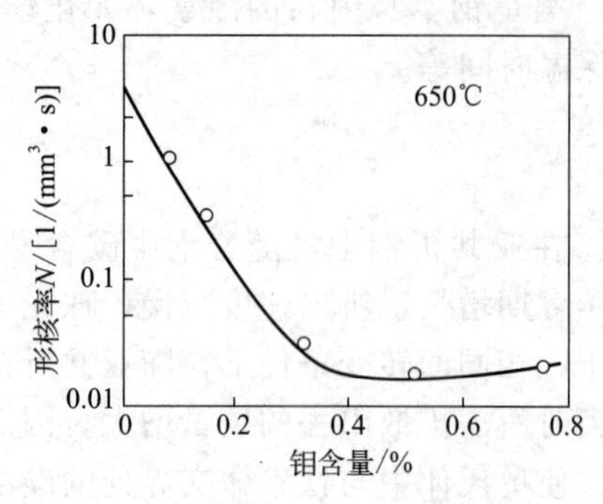

图 5-34　钼对 650℃珠光体形核率的影响

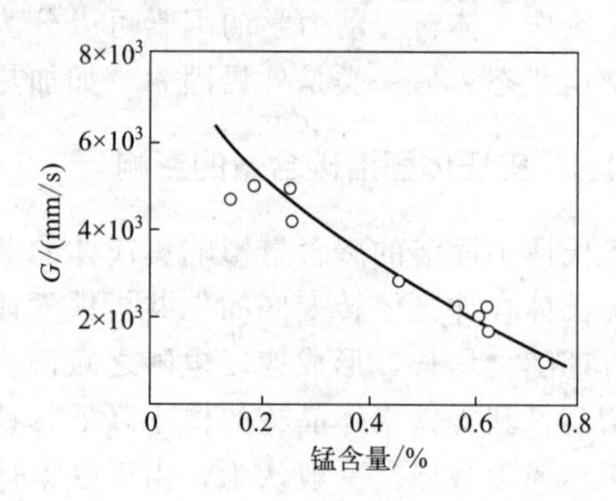

图 5-35　锰对 680℃珠光体长大速率的影响

Ni、Cr、Mo 等合金元素提高了珠光体转变时 α 相的形核功和转变激活能，增加了奥氏体相中原子间的结合力，使得 γ→α 转变激活能增加。Cr、W、Mo 等提高 γ - Fe 的自扩散激活能，因此提高了奥氏体的稳定性。

当合金元素综合加入时，多元复合作用更大，如图 5-36 所示[3]。Fe+Cr、Fe+Cr+Co、Fe+Cr+Ni 系统表现了不同的作用。2.5%Ni 使 8.5%Cr 合金的最短孕育期由 60s 增加到 20min，5%Co 使 8.5%Cr 合金的最短孕育期增到 7min[5]。

(2) 对珠光体转变时碳化物长大的影响

V、W、Mo、Ti 等强碳化物形成元素，在奥氏体分解时，应形成特殊碳化物或合金渗碳体 $(Fe, M)_3C$。奥氏体分解直接形成铁素体 + 特殊碳化物（或合金渗碳体）的有机结合体，而不是铁素体 + 渗碳体的共析体。这是由于特殊碳化物比渗碳体更稳定，系统的自由能更低，如图 5-37 所示。从图可见，当温度高于 T_0'时，只有奥氏体是最稳定的；在温度 $T_0' \sim T_0''$之间，奥氏体只能分解转变为铁素体 + 特殊碳化物；只有转变温度低于 T_0''时，才有可能形成铁素体 + 渗碳体的共析体。但是，经过长时间保温，亚稳的渗碳体将转变为特殊碳化物。

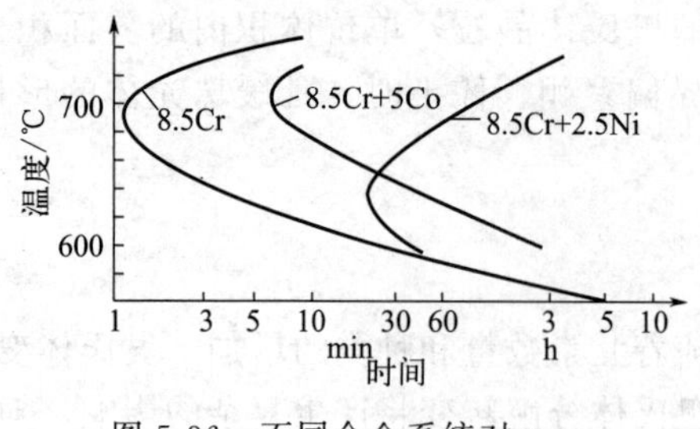

图 5-36　不同合金系统对 γ→α 转变 5%的 TTT 影响

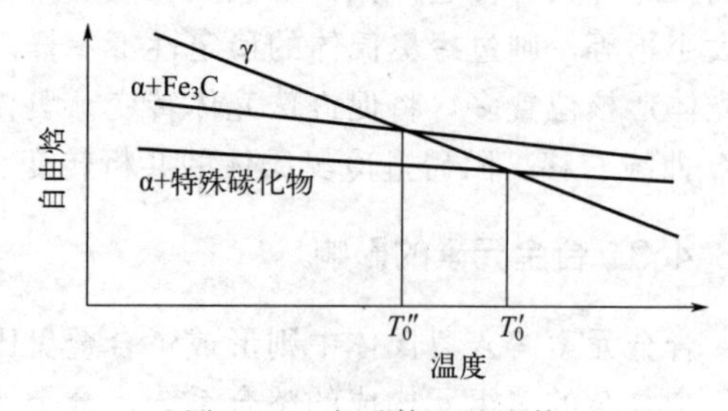

图 5-37　奥氏体和珠光体自由焓与温度的关系

在碳素钢中，共析转变形成渗碳体，只需碳的扩散和重新分布。但在合金钢中，形成特殊碳化物则需碳化物形成元素也扩散和重新分布。而合金元素原子扩散困难，如在 650℃左右，碳在奥氏体中的扩散系数约等于 $10^{-10}cm^2/s$，而碳化物形成元素在奥氏体中的扩散系数约等于 $10^{-16}cm^2/s$。可见合金元素原子比碳原子扩散慢得多，低 5～6 个数量级。因此，碳化物形成元素在奥氏体中扩散缓慢是推迟共析转变极为重要的原因。

对于非碳化物形成元素，如 Al、Si，它们可溶入奥氏体，但是不溶入渗碳体，只富集于铁素体中，这说明在共析转变时，Al、Si 原子必须从渗碳体形核处扩散离去，渗碳体才能形核、长大，这是 Al、Si 提高奥氏体稳定性、阻碍共析转变的原因。

稀土元素原子半径太大，难以固溶于奥氏体中，但它们可以微量地溶于奥氏体的晶界等缺陷处，降低晶界能，从而影响奥氏体晶界的形核过程，降低形核率，也能提高奥氏体的稳定性，阻碍共析转变，并使 C 曲线向右移。

现将各类元素的作用总结如下。

碳化物形成元素 Ti、Nb、V 等，阻碍共析碳化物的形核及长大，从而阻碍珠光体转变。

中强碳化物形成元素 W、Mo、Cr 等，除了阻碍共析碳化物的形核及长大外，还增加奥氏体原子间的结合力，从而降低铁的自扩散系数，阻碍 $\gamma \rightarrow \alpha$ 转变，从而推迟珠光体转变。

弱碳化物形成元素 Mn 形成含 Mn 较高的合金渗碳体，阻碍共析渗碳体的形核及长大，从而阻碍珠光体转变，从图 5-38 可以看出 Mn 对珠光体转变的推迟作用。

非碳化物形成元素 Ni、Co，主要影响 $\gamma \rightarrow \alpha$ 转变。Ni 增加 α 相的形核功，降低共析转变温度，故镍阻碍共析转变，增加孕育期。而 Co 提高珠光体形核率和长大速度。

属于非过渡族元素的另一种非碳化物形成元素 Si、Al、B，其中 Si、Al 两个元素的作用上已叙及，而 B 是内吸附元素，与稀土元素相似，富集于奥氏体晶界，降低表面能，阻碍 α 相和碳化物在奥氏体晶界形核，因而提高奥氏体稳定性，阻碍共析转变，如图 5-38 所示[24]。

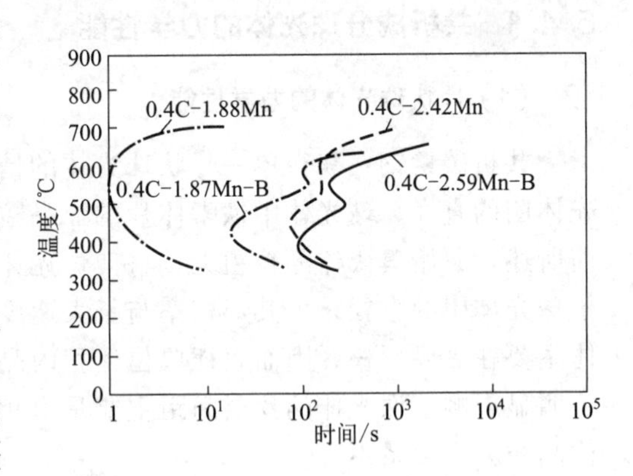

图 5-38　Mn、B 对珠光体转变的影响

影响共析转变的因素是极为复杂的，不是上述各单个因素的简单叠加。强碳化物形成元素、弱碳化物形成元素、非碳化物形成元素、难以固溶的内吸附元素等在共析转变中各起不同的作用。将它们综合加入钢中时，则形成一个复合系统，各元素将相互作用及相互影响，对共析转变将产生整体大于部分之和的效果。

5.3.4.4　奥氏体化温度和保温时间的影响

奥氏体化温度和保温时间主要是通过改变奥氏体成分和状态来影响珠光体转变。因为奥氏体成分不一定是钢的成分，所以奥氏体化温度和保温时间不同，得到的奥氏体也不一样，必然对随后的冷却转变产生影响。

奥氏体化温度越高、保温时间越长，奥氏体晶粒就越粗大，晶界面积减小，珠光体形核位置相应减少，使珠光体难以形核，珠光体转变的 C 曲线右移；同时奥氏体成分更均匀，浓度梯度下降，形核、长大减慢，也使珠光体转变的 C 曲线右移。

反之，奥氏体化温度越低、保温时间越短，奥氏体晶粒就越细、未溶第二相越多，同时奥氏体的碳浓度和合金元素浓度越不均匀，从而加速珠光体的转变。

5.3.4.5 应力和塑性变形的影响

在奥氏体状态承受拉应力将加速奥氏体的转变，而加等向压应力则会阻碍这种转变。这是因为奥氏体比容最小，发生转变时总是伴随比容的增大，所以加拉应力促进珠光体的转变。而在等向压应力作用下，原子迁移阻力增大，使铁、碳原子扩散和晶格改组变得困难，从而减慢珠光体的转变。

对奥氏体进行塑性变形亦有加速奥氏体转变的作用。这是由于塑性变形使点阵畸变加剧并使位错密度增高，有利于铁、碳原子的扩散和晶格改组，所以有促进珠光体晶核形成和晶体长大的作用。研究表明，高碳低合金钢在奥氏体状态下进行塑性变形时，降低了奥氏体在珠光体转变区的稳定性，增大了珠光体的转变速度。而且奥氏体塑性变形温度越低，珠光体转变速度越大[24]。

5.4 珠光体的力学性能

钢中珠光体的力学性能，主要取决于钢的化学成分、珠光体中 Fe_3C 和 α 两相界面的大小和 Fe_3C 的形状、分布。

5.4.1 共析成分珠光体的力学性能

（1）片状珠光体的力学性能

共析碳素钢在获得单一片状珠光体的情况下，其力学性能主要与珠光体的片层间距、珠光体团的直径、珠光体中铁素体片的亚晶粒尺寸和原始奥氏体晶粒大小有着密切的关系。如前所述，原始奥氏体晶粒粗大，将使珠光体团的直径增大，但对片层间距影响较小。这是由于珠光体团的直径是由其形核率与长大速度之比决定的。在比较均匀的奥氏体中，片状珠光体主要在晶界形核，因而表征单位体积内晶界面积的奥氏体晶粒大小，对珠光体团直径产生了明显影响。珠光体的片层间距主要是由相变时能量的变化和碳的扩散决定的，因此与奥氏体晶粒大小关系不大。

珠光体的片层间距对强度和塑性的影响如图 5-39、图 5-40 所示[25]。可以看出，珠光体片层间距越小，强度越高，塑性越大。其主要原因是铁素体与渗碳体片薄时，相界面增多，在外力作用下，抗塑性变形的能力增大。而且由于铁素体、渗碳体片很薄，会使钢的塑性变形能力增大。珠光体团直径减小，表明单位体积内片层排列方向增多，使局部发生大量塑性变形引起应力集中的可能性减小，因而既提高了强度又提高了塑性。

如果钢中的珠光体是在连续冷却过程中形成的，转变产物的片层间距大小不等，高温形成的大，低温形成的小，则引起抗塑性变形能力的不同，珠光体片层间距大的区域，抗塑性变形能力小，在外力作用下，往往首先在这些区域产生过量变形，出现应力集中而破裂，使钢的强度和塑性都降低。

因此，在实际生产中应通过控制工艺参数，调整产品的组织结构，以达到所需要的力学性能。如高速线材厂生产的高碳硬线盘条主要用于钢绞线、预应力钢丝及轮胎钢丝等金属制品，对钢的纯净度和显微组织都有严格的要求。研究发现，为了提高硬线钢的拉拔性能，组织中索氏体的比例应占85%以上，尽量减少粗珠光体、屈氏体的比例，避免产生马氏体组织。

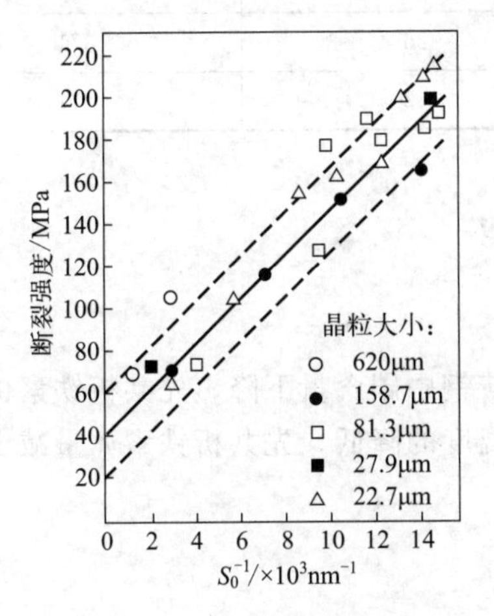

图5-39 共析碳钢的珠光体片层间距对断裂强度的影响

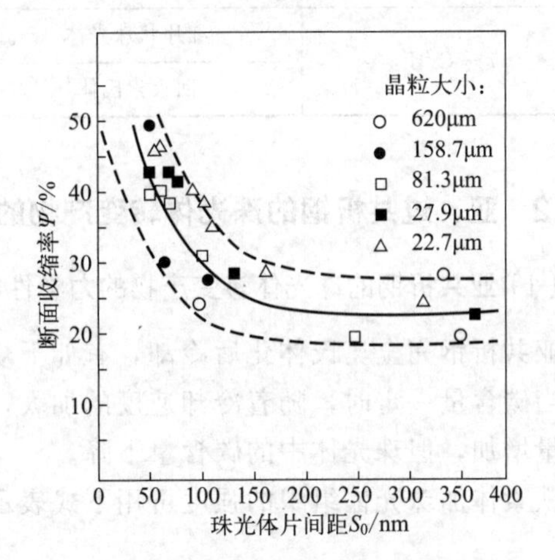

图5-40 共析碳钢的珠光体片层间距对断面收缩率的影响

（2）粒状珠光体的力学性能

粒状珠光体的力学性能主要取决于Fe_3C颗粒大小、数量、分布。Fe_3C颗粒越小，分散越均匀，硬度和强度越高。

在成分相同的情况下（即同一碳含量的钢），粒状珠光体的硬度、强度比片状珠光体低，但塑性和韧性好，粒状珠光体具有良好的综合力学性能，如图5-41所示。这是由于：①粒状珠光体比片状珠光体常具有较少的相界面，铁素体中位错易于滑动，故使塑性变形抗力减小；另一方面，由于相界面少，界面上位错塞积就多，正应力大，易于开裂。这两方面的因素均使强度降低。②渗碳体呈颗粒状，没有尖角，不易产生应力集中，所以粒状珠光体的塑性好。

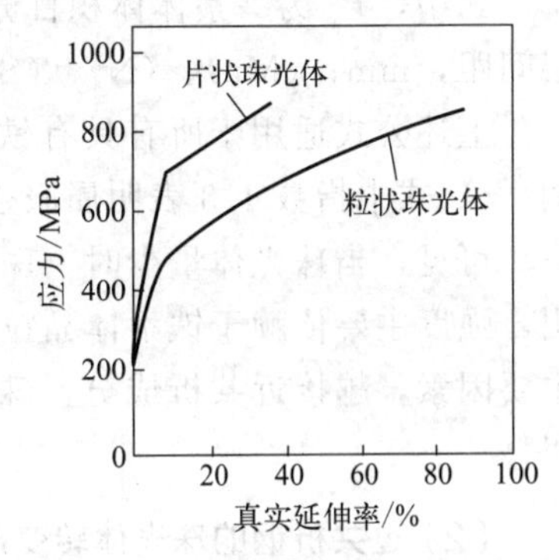

图5-41 片状珠光体和粒状珠光体的应力-应变

粒状珠光体常常是高碳钢（高碳工具钢）切削加工前要求获得的组织形态。这种组织状态，不仅提高了高碳钢的切削加工性能，而且可以减少钢件淬火变形、开裂倾向。中碳钢如冷镦钢的冷加工成型，也要求具有粒状碳化物的原始组织。

通过热处理或临界点A_{r3}附近热变形，可以改变钢中珠光体的碳化物形态、大小和分布，从而改变钢的强度和硬度。在相同的抗拉强度下，粒状珠光体比片状珠光体的疲劳强度有所提高，如表5-2所示。

表5-2 珠光体的组织形态对疲劳强度的影响

钢种	显微组织	抗拉强度σ_b/MPa	疲劳强度σ_{-1}/MPa
共析钢	片状珠光体	676	235
	粒状珠光体	676	286

续表

钢种	显微组织	抗拉强度 σ_b/MPa	疲劳强度 σ_{-1}/MPa
0.7% C 钢	细片状珠光体	926	371
	回火索氏体	942	411

5.4.2 亚、过共析钢的珠光体转变产物的力学性能

（1）亚共析钢的珠光体转变产物的力学性能

亚共析钢完全奥氏体化后冷却，有如下规律：随着钢中碳含量下降，先共析铁素体量增加；当碳含量一定时，随着冷却速度的加大，或转变温度的降低，先共析铁素体量减少，珠光体量增加，但珠光体中的碳含量下降。

铁素体加珠光体组织的强度可用下式表示：

$$\sigma_b = 15.4\{f_\alpha^{\frac{1}{3}}[16 + 74.2\sqrt{(N)} + 1.18d^{\frac{1}{2}}] + (1 - f_\alpha^{\frac{1}{3}})[46.7 + 0.23S_0^{-\frac{1}{2}}] + 6.3(Si)\}(MPa) \tag{5-7}$$

$$\sigma_s = 15.4\{f_\alpha^{\frac{1}{3}}[2.3 + 3.8(Mn) + 1.13d^{-\frac{1}{2}}] + (1 - f_\alpha^{\frac{1}{3}})[11.6 + 0.25S_0^{-\frac{1}{2}}] + 6.3(Si) + 27.6\sqrt{(N)}\}(MPa) \tag{5-8}$$

式中，f_α 为铁素体体积百分数，%；d 为铁素体晶粒的平均直径，mm；S_0 为珠光体片层间距，mm；(Mn)、(N)、(Si) 分别表示锰、氮、硅的质量分数。

上述公式适用于所有具有铁素体加珠光体组织的亚共析钢，直至全部为珠光体的共析钢[26]。式中指数 1/3 表明屈服强度、抗拉强度随珠光体含量变化是非线性的。

可见，当珠光体量少时，珠光体对强度影响不占主要地位，也即 S_0 在式中不起主要作用，强度主要依赖于铁素体晶粒直径 d。当珠光体量大时，珠光体片层间距成为影响强度的主要因素，越接近共析成分，珠光体对强度的影响越强烈，珠光体片层间距的作用就更加明显。

（2）过共析钢的珠光体转变产物的力学性能

过共析钢珠光体转变产物的力学性能与 Fe_3C 的形态有关。渗碳体为脆性相，沿晶界呈网状分布时，会造成晶界脆断，必须消除。在连续冷却过程中，应在二次渗碳体析出的温度区间快冷，这样可以减少渗碳体的析出量，从而避免二次渗碳体呈网状分布。

5.4.3 派登处理

珠光体组织在工业上的主要应用之一是派登（Patenting）处理的绳用钢丝、琴钢丝和某些弹簧钢丝。所谓派登处理，就是使高碳钢获得细珠光体（索氏体组织），再经过深度冷拔，获得高强度钢丝。索氏体具有良好的冷拔性能。一般认为，是由于片层间距较小，使滑移可沿最短途径进行。同时，由于渗碳体片很薄，在强烈塑性变形时，能够弹性弯曲，故塑性变形能力增强。片状珠光体由于塑性变形而使强度增高，主要是由于冷塑性变形使亚晶粒细化和位错密度增大，形成由许多位错网组成的位错壁，而且这种位错壁彼此之间的距离，

将随着变形量的增大而减小。因此强化程度随变形量的增加而增大。

派登处理用于高碳钢的强韧化处理，具体步骤如下：高碳钢奥氏体化→铅浴等温（560℃）得到索氏体→冷拉（使铁素体内位错密度提高，强度上升，片间距下降，而使渗碳体不致脆断）。最终得到强烈变形后的细珠光体（索氏体），具有极好的强度与塑性的配合。

5.5 相间析出

早期研究认为，对于工业用钢，碳化物的弥散强化和二次硬化的利用，都是在调质状态下实现的。20 世纪 60 年代，人们在研究控轧控冷非调质低碳高强度钢时，发现钢中存在的微量 Nb、V、Ti 等合金元素可有效地提高强度。透射电子显微镜观察表明，这种钢在轧后冷却过程中析出了细小的特殊碳化物颗粒，直径为几纳米到几十纳米，呈不规则分布或点列状分布。20 世纪 90 年代以后，人们在研究薄板坯连铸连轧低碳高强钢热轧薄板中发现，在不含 Nb、V、Ti 等微合金元素的钢中，也存在细小弥散的第二相析出粒子[20]。碳（氮）化物颗粒若是在奥氏体-铁素体相界面上形成，则称其为相间析出；若碳（氮）化物跟随着 γ→α 界面的移动在铁素体内随机析出，则称为一般析出。相间析出是过冷奥氏体分解的一种特殊形式，是在铁素体基体上分布着弥散的特殊碳（氮）化物颗粒，是铁素体 + 碳化物的有机结合体，是珠光体的一种特殊组织形态。

5.5.1 相间析出物的形态

钢中沉淀析出的碳（氮）化物颗粒极为细小，在光学显微镜下难以观察到，只有借助于电子显微镜才能进行观察，一般呈不规则分布或点列状分布。根据碳化物在 γ/α 界面上的分布特点，Smith 和 Dunne 将其分为 3 种类型：①面间距相等的平面型相间析出；②面间距相等的弯曲型界面析出；③面间距不等的弯曲型界面析出[27]。图 5-42 是三种典型相间析出粒子特征形貌[9]。

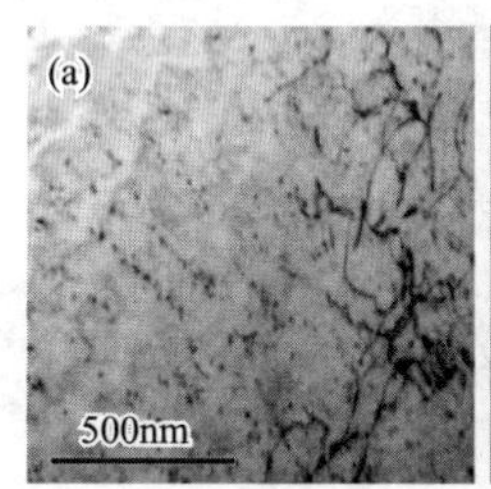

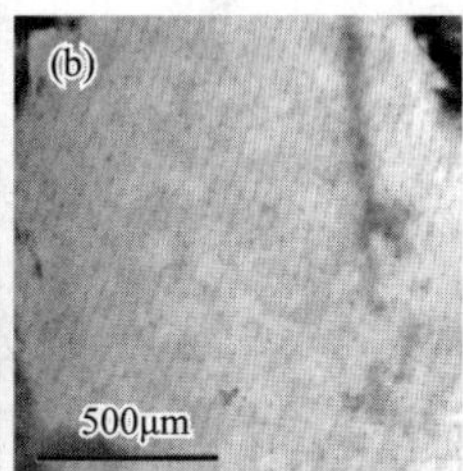

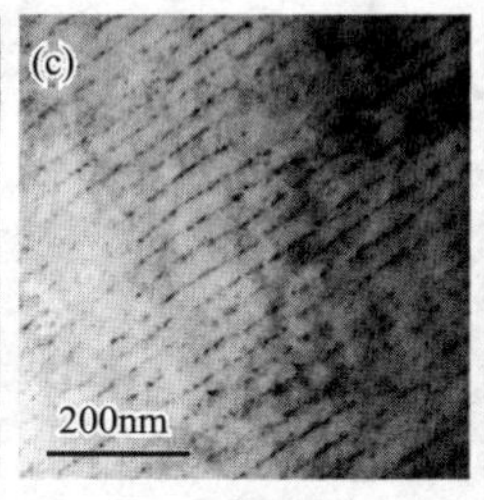

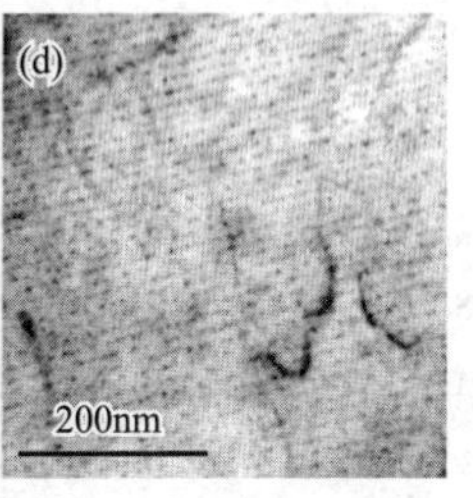

图 5-42　三种典型相间析出粒子的 TEM 形貌

5.5.2 相间析出的条件

相间析出是通过特殊碳氮化物在奥氏体-铁素体相界面上形核和长大的。因此，首先在奥氏体中必须溶入足够的碳（氮）元素和形成特殊碳化物的合金元素。所以对一定成分的钢必须采用合适的奥氏体化温度。一般情况下，随温度的升高，奥氏体溶入的碳化物和氮化物的数量增多，当钢中含氮时，应该采用较高的奥氏体化温度。

低碳低合金钢经加热奥氏体化之后缓慢冷却，在一个相当大的冷却速度范围内，将转变为先共析铁素体加珠光体。对于含特殊碳化物形成元素钼、钒、铌、钛等的低碳合金钢，从奥氏体状态缓慢冷却时，除析出铁素体外，还析出特殊碳化物如 Mo_2C、V(C，N)、VC、NbC、TiC 等，并发生相间析出，其析出温度范围在 800～500℃之间。由于这些碳化物或氮化物细小弥散，因此将使钢的硬度、强度增高。

在连续冷却条件下，如果冷却速度过慢，在较高的温度下停留的时间过长，则由于特殊碳化物聚集长大，组织粗化，会使钢的硬度、强度降低。如果冷却速度过快，即在可发生相间沉淀的温度范围内停留的时间过短，细小的特殊碳化物来不及形成，过冷奥氏体将转变为先共析铁素体和珠光体以及贝氏体，也会使钢的硬度、强度降低。

因此，对于低碳合金钢，必须根据钢的成分、奥氏体化温度（或轧制温度），控制钢材的冷却条件，使其在合适的温度和冷却时间范围内转变，才会发生相间析出，获得好的强化效果。目前这种强化方式已应用于工业生产。

5.5.3 相间析出机理

针对 γ/α 相界面上不同类型的相间析出，研究者们提出了不同的模型进行解释。基于 Campbell 发现的面间距相等的 $M_{23}C_6$ 型碳化物[29]，Honeycombe 等人提出了“台阶机制”模型[31,32]，具体的模型解释如下。

知识扩展5-1　　相间析出机理

视频5-2　　相间析出

习题

5-1　影响珠光体片层间距的因素有哪些？

5-2　试述片状珠光体的形成过程。

5-3　试述粒状珠光体的形成机制。

5-4　分析影响珠光体转变动力学的因素。

5-5　过冷奥氏体在什么条件下形成片状珠光体？在什么条件下形成粒状珠光体？

5-6　相间析出和珠光体共析转变有什么关系？

5-7　在实际生产中，细化铁素体晶粒的方法有哪些？

5-8　说明先共析相的析出形态对钢的力学性能的影响。

5-9　试分析实际生产中影响第二相粒子析出的主要因素，析出的第二相粒子对最终产品的组织性能有何影响。

5-10　试分析魏氏组织的形成条件及魏氏组织对钢的力学性能的影响。

5-11　试述先共析网状铁素体和网状渗碳体的形成条件、形成过程以及避免形成的方法。

思考题

5-1　将热轧空冷的 20 钢再重新加热到 A_{c_1} 温度稍上，然后炉冷，试问所得的组织有何变化？

5-2　以共析钢为例，试述片状珠光体的形成机制，并根据铁碳相图用图解法说明片状珠光体形成时碳的扩散行为。

5-3　有一亚共析钢，其中锰含量为 1.10%，硅含量为 0.6%，氮含量为 0.0045%。室温组织中，铁素体的体积占 62%，珠光体的体积占 38%，铁素体晶粒的平均直径为 6μm，珠光体的片层间距为 180nm，试计算该钢的屈服强度。

参考文献

[1] 刘云旭. 金属热处理原理[M]. 北京：机械工业出版社，1981：39-70.

[2] 陈景榕，李承基. 金属与合金中的固态相变[M]. 北京：冶金工业出版社，1997：2-152.

[3] 刘宗昌，任慧平，宋义全. 金属固态相变教程[M]. 北京：冶金工业出版社，2003:56-57.

[4] Pereira H B，Echeverri E A A，Centeno D M A，et al. Effect of pearlitic and bainitic initial microstructure on cementite spheroidization in rail steels[J]. Journal of Materials Research and Technology，2023，23：1903-1918.

[5] Liu S，Zhang F，Yang Z，et al. Effects of Al and Mn on the formation and properties of nanostructured pearlite in high-carbon steels[J]. Materials and Design，2016，93：73-80.

[6] Honeycombe R W K. Steel：Microstructure and properties[M]. Arnold，London，1981：43.

[7] Marder A R，Bamfitt B L. The effect of morphology on the strength of pearlite[J]. Metallurgical Transactions A，1976，7:365-372.

[8] GuY F，Lu N，Xu Y W，et al. Microstructure characteristics of Q345R-steel welded joints and their corrosion behavior in a hydroflfluoric acid environment [J]. Journal of Nuclear Materials，2023，574：154214.

[9] Yen H W，Chen P Y，Huang C Y，et al. Interphase precipitation of nanometer-sized carbides in a titanium-molybdenum-bearing low-carbon steel[J]. Acta Materialia，2011，59：6264-6274.

[10] Liu H，Wei J，Dong J H，et al. Influence of cementite spheroidization on relieving the micro-galvanic effect of ferrite-pearlite steel in acidic chloride environment [J]. Journal of Materials Science & Technology，2021，61：234-246.

[11] Durgaprasad A，Giri S，Lenk S，et al. Defining a relationship between pearlite morphology and ferrite crystallographic orientation[J]. Acta Materialia，2017，129：278-289.

[12] Offerman S E，van Wilderen L J G W，van Dijk N H，et al. In-situ study of pearlite nucleation and growth during isothermal austenite decomposition in nearly eutectoid steel[J]. Acta Materialia，2003，51：3927-3938.

[13] Wang Y，Adachi Y，Nakajima K，et al. Quantitative three-dimensional characterization of pearlite spheroidization[J]. Acta Materialia，2010，58：4849-4858.

[14] Zhao T，Jia X，Chen C，et al. Introducing ultrafine ferrite in low-temperature bainitic steel through a novel process for simultaneously improving strength and toughness[J]. Journal of Materials Research and Technology，2021，15:5106-5113.

[15] O'Brien J M, Hosford W F. Spheroidization cycles for medium carbon steels[J]. Metallurgical and Materials Transactions A, 2002, 33(4):1255-1261.
[16] Teixeira J, Moreno M, Allain S Y P, et al. Intercritical annealing of cold-rolled ferrite-pearlite steel: Microstructure evolutions and phase transformation kinetics[J]. Acta Materialia, 2021, 212: 116920.
[17] Kubendran Amos P G, Bhattachary A, Nestler B, et al. Mechanisms of pearlite spheroidization: Insights from 3D phase-field simulations[J]. Acta Materialia, 2018, 161: 400-411.
[18] Storojeva L, Kaspar R, Ponge D. Ferritic-pearlite steel with deformation induced spheroidized cementite [M]. Materials Science Forum, 2003, 426-432: 1169-1174.
[19] 宋维锡. 金属学[M]. 北京：冶金工业出版社，1989:292.
[20] 冯运莉. FTSR低碳高强钢薄板组织细化及强化机理研究[D]. 徐州：中国矿业大学，2006: 52.
[21] Mehl R F, Hagel W C. The austenite: Pearlite reaction[J]. Progress in Metal Physics, 1956, 6: 74-134.
[22] 林慧国，傅代直. 钢的奥氏体转变曲线[M]. 北京：机械工业出版社，1981: 60-70.
[23] Krainer H, Kroneis M, Gattringer R. Umwandlungsverhalten und Schlagzähigkeit von Einsatzstählen [J]. Archiv für das Eisenhüttenwesen, 1955, 26(3):131-140.
[24] Ueji R, Inoue T. Acceleration of pearlite transformation in a high-carbon steel by uniaxial compressive stress confirmed by volume measurements[J]. Materials Letters, 2019, 256: 126637.
[25] 翁宇庆. 超细晶钢：钢的组织细化理论与控制技术[M]. 北京：冶金工业出版社，2003, 16-18.
[26] Pickering F B. Physical metallurgy and the design of steel[M]. Applied Science Publishers LTD, 1978: 89.
[27] Smith R M, Dunne D P. Structural aspects of alloy carbonitride precipitation in microalloyed steels[J]. Materials Forum, 1988, 54(7): 619-623.
[28] Li X L, Lei C S, Deng X T, et al. Precipitation strengthening in titanium microalloyed high-strength steel plates with new generation-thermomechanical controlled processing (NG-TMCP)[J]. Journal of Alloys and Compounds, 2016, 689: 542-553.
[29] Campbell K, Honeycombe R W K. The Isothermal Decomposition of Austenite in Simple Chromium Steels[J]. Metal Science, 1974, 8(1): 197-203.

第6章 马氏体相变

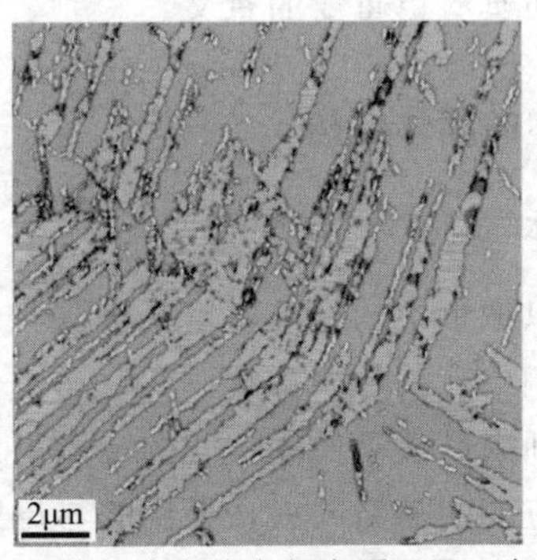

图为在晶界应力集中处形成的形变诱发马氏体[1]。马氏体与珠光体有何本质不同？在什么条件下发生？对材料实施变形就会诱发马氏体产生吗？

引言与导读

过冷奥氏体以缓慢速度冷却（如炉冷或空冷）可获得具有一定强度和良好塑性的钢，而以很快的速度冷却（大于临界冷速，如水冷）至室温或更低温度时，则强度硬度可以大幅度提高，这种冷却方式称为淬火。

人类早在2000多年前就发现了淬火会使钢变硬的现象，“水与火合为淬”“巧冶铸干将之补，清水淬其锋”，但对淬火使其硬化的原因直到19世纪后期才被揭开，发现是由于钢在淬火时发生相变获得了一种新的组织。为了纪念德国金相先驱者 Adolph Martens，人们把钢经淬火冷却后的组织命名为马氏体(Martensite)。之后，随着研究手段的不断发展，对马氏体及其相变的研究也持续深入。不仅在钢中，在其它金属材料、无机和有机材料中也发现了这种马氏体相变。因此，以马氏体命名的对象，已从钢的淬火组织扩展到多种材料。不同材料中的马氏体显示不同形态、特性和应用价值。

在钢铁材料应用方面，马氏体相变是钢件热处理强化的主要手段，几乎所有要求高强度的钢都是通过淬火来实现强化的。因此了解马氏体相变特点、相变过程及相变后材料的性能，对于利用相变控制材料的组织、获得所要求的性能具有重要的理论和实际意义。

本章主要通过钢中马氏体相变热力学条件、动力学特点、与母相的界面关系等介绍，揭示相变机理和影响因素以及相关性能，从而学会运用马氏体基本相变机理进行材料强韧化的工艺设计和原理分析。

本章学习目标

- 了解钢中马氏体相变的晶体学、几类马氏体的组织形态基本特征。
- 掌握马氏体相变的特点。
- 掌握马氏体相变的热力学条件和动力学特点，明晰为何与扩散型相变有根本的区别。
- 能够对钢中马氏体的相变机制作出分析。
- 掌握马氏体的性能特点、强化机理及影响因素。

6.1 马氏体的晶体学

有关晶体学特征的信息包括晶体结构的变化、惯习面、晶体学取向关系、亚结构等。由于马氏体相变的特殊性，了解马氏体相变晶体学对于研究相变时晶体结构的变化过程，揭示相变的物理本质具有更重要的意义。

6.1.1 马氏体的晶体结构

（1）马氏体与马氏体相变的定义

通常，可以把钢中的马氏体定义为碳在 α-Fe 中形成的过饱和固溶体。但也不能一概而论，因为有时钢中马氏体不含碳，有时马氏体不仅是体心立方晶格，还有密排六方（如 ε′）等。我国学者刘宗昌从马氏体相变的特点出发，对马氏体给出了如下定义：原子经无扩散切变的不变平面应变的晶格改组，得到的与母相具有严格晶体学关系和惯习面且含有高密度位错、层错或孪晶等晶体缺陷的组织[2]。这个定义从马氏体相变的特点和亚结构的角度说明了什么是马氏体，但对于初学者理解起来存在一定困难。

1995 年国际马氏体相变会议上，我国著名材料学家徐祖耀先生（1921—2017）将马氏体定义为："马氏体是冷却时马氏体相变的产物。"[3] 这个定义得到了国际同行的认同。这个定义简单明了，但马氏体相变又是什么呢？

学者们按相变特征的不同方面，对马氏体相变给出过不同的定义。概括起来有：1965 年以前，对马氏体相变的定义侧重无扩散、原子协作迁移和形状改变（致使表面倾动）等特征；1953—1954 年，马氏体相变晶体学的表象（唯象）理论问世，阐述了"不变平面应变"的概念，即相变中相界面（惯习面）不产生应变和转动。

徐祖耀将马氏体相变定义为：置换原子经无扩散位移（均匀和不均匀形变），由此产生形状改变和表面浮凸、呈不变平面应变特征的一级、形核长大型的相变。为使初学者易于了解，可将马氏体相变简单定义为：**置换原子无扩散切变（原子沿相界面协作运动）使其形状改变的相变。**这个定义包含了各家的精髓，完整定义了马氏体相变。

为了更好理解以上定义，需要作以下说明：a. 定义中"原子沿相界面协作运动"包含了不变平面应变的含义；b."相变"泛指一级相变和形核长大型相变。定义中强调"置换原子无扩散"，意味着铁原子作为置换原子是不扩散的，而间隙原子（离子）在相变中可能具有扩散行为，如钢中碳原子就可能发生扩散。

（2）马氏体的晶体结构与正方度

钢中常见马氏体是碳在 α-Fe 中的过饱和固溶体，碳原子分布于 α-Fe 体心立方单胞［图 6-1（a）］的各棱边中央和面心位置，如图 6-1（b）所示。马氏体的晶体结构与 α-Fe 体心立方结构基体相同，但由于碳原子的存在会使晶格发生畸变，致使晶体结构呈现为体心立方或体心正方结构，其点阵常数接近 α-Fe，并随碳含量的变化而增大或减小。为区别于铁素体 α，一般把马氏体表达为 α′。

马氏体正方结构中 c 轴与 a 的比值称为正方度，$c/a=1$ 时，即为体心立方，通常马氏

体的正方度 c/a 大于 1，且随钢中碳含量增加，c/a 增大，如图 6-1（c）所示。1928 年 Kurdjumov 等[4] 建立了室温时马氏体的点阵常数 c、a 以及 c/a 与钢中含碳量的线性关系：

$$
\begin{aligned}
c&=a_0+\alpha w_C \quad \alpha=0.116\pm0.002 \\
a&=a_0-\beta w_C \quad \beta=0.013\pm0.002 \\
c/a&=1+\gamma w_C \quad \gamma=0.046\pm0.001
\end{aligned}
\tag{6-1}
$$

式中，$a_0=0.2861\text{nm}$，为 α-Fe 的点阵常数，w_C 为 α-Fe 中碳的质量分数。

式（6-1）所示的马氏体点阵常数与碳含量的关系已被大量研究所证实，正方度 c/a 已被作为马氏体碳含量定量分析的依据。

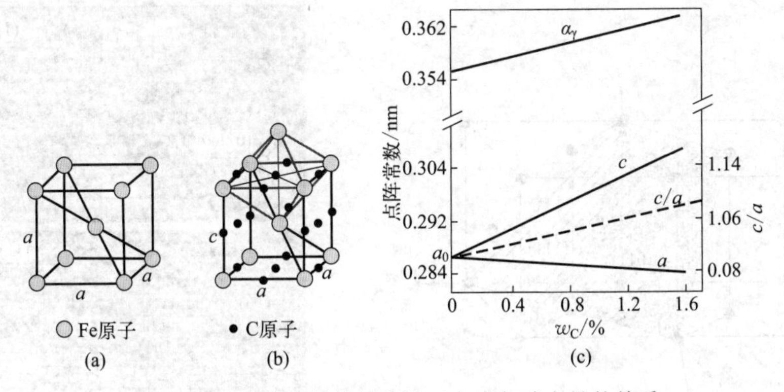

图 6-1 马氏体的晶体结构和正方度与碳含量的关系

（a）α-Fe 晶体结构；（b）马氏体点阵结构；（c）马氏体中碳含量与点阵常数的关系

【例 6-1】 工业中常用的碳含量为 0.45%（质量分数）的 45 钢，经过 850℃加热后水冷淬火，发生了马氏体相变，根据式（6-1）计算其正方度。

解： 钢在高温加热后，为面心立方体奥氏体组织，经淬火发生马氏体相变，转变为体心立方结构，碳在固溶体中形成过饱和状态。纯铁 α-Fe 晶格常数 $a_0=0.2861\text{nm}$，如果碳全部溶入形成马氏体，形成了过饱和固溶体，这时根据式（6-1），计算得：

$$
\begin{aligned}
a&=a_0-\beta w_C=0.2861-0.013\times0.0045=0.2860\text{nm} \\
c&=a_0+\alpha w_C=0.2861+0.116\times0.0045=0.2866\text{nm} \\
c/a&=1.002
\end{aligned}
$$

由此表明，经过淬火后，马氏体中由于过饱和碳的存在，正方度发生了变化。

6.1.2 马氏体的位向关系和惯习面

由于马氏体相变的特殊性，马氏体与母相往往存在一定的位向关系，深入学习了解这些关系，对于研究马氏体相变热力学和动力学，从而揭示马氏体相变的机理、进行马氏体相鉴别及含量分析等具有重要意义。

马氏体与母相奥氏体的位向关系与合金成分有关，已被研究者熟悉的有 K-S 关系、N-W 关系和 G-T 关系。

20世纪30年代初期，Kurdjumov和Sachs确定了1.4%C钢中母相（γ）和马氏体（α′）之间存在的位向关系（称为K-S关系）：

$$\{110\}_{\alpha'}//\{111\}_{\gamma},\langle 111\rangle_{\alpha'}//<110>_{\gamma} \tag{6-2}$$

即新相马氏体α′的{110}晶面族平行于母相奥氏体γ的{111}晶面族，同时马氏体α′的<111>晶向族平行于奥氏体γ的<110>晶向族。

K-S关系在晶胞中的示意图如图6-2（a）所示，图中：$(111)_{\gamma}//(011)_{\alpha'}$，$[10\bar{1}]_{\gamma}//[\bar{1}11]_{\alpha'}$。在高分辨透射电子显微镜下（反映原子点阵的结构像），可直观地看到Fe-Cr-C合金母相奥氏体与马氏体之间的位向关系，如图6-2（b）所示[5]。

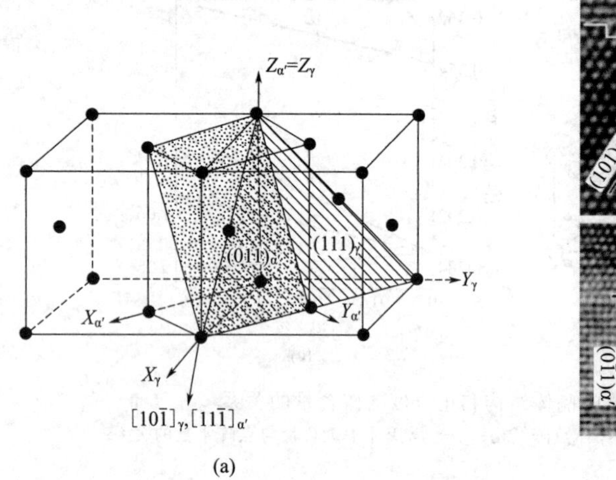

(a)

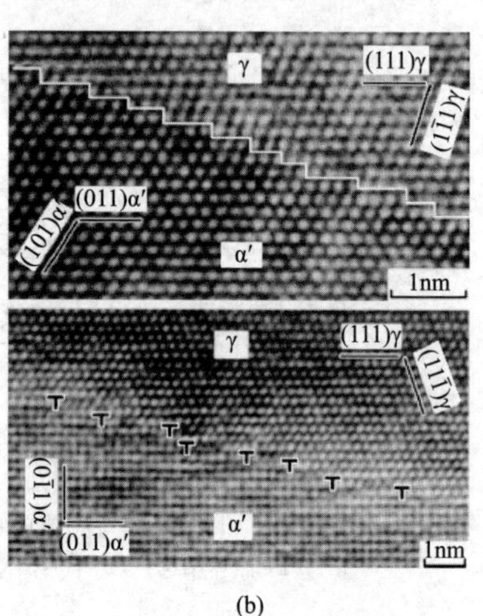

(b)

图6-2 K-S关系

（a）K-S关系示意图；（b）实际观察到的K-S关系

Nishiyama（西山）和Wassermann在研究Fe-30%（质量分数）Ni合金单晶时发现，该合金室温以上具有K-S关系，而在−70℃以下形成的马氏体具有以下关系：

$$\{110\}_{\alpha'}//\{111\}_{\gamma'}<110>_{\alpha'}//<211>_{\gamma} \tag{6-3}$$

这个关系称为N-W关系（或西山关系）。N-W与K-S关系比较，平行晶面关系相同，而平行方向发生了变化，相差了5°16′。

Greniger和Troiano对Fe-0.8%C-22%Ni合金奥氏体单晶中的马氏体位向测定后发现：K-S关系中平行的晶面、晶向实际上还略有偏差[6]，即：

$$\{111\}_{\gamma}//\{110\}_{\alpha'},差1°;<110>_{\gamma}//<111>_{\alpha'},差2° \tag{6-4}$$

这个关系称为G-T关系。

马氏体相变时，不仅新相和母相有一定的位向关系，而且存在惯习面，即马氏体的晶面与母相的某一晶面接近平行，其差在几度之内。惯习面以平行母相晶面指数来表示。因为马氏体相变是以“共格切变”的方式进行的，所以惯习面近似为“不畸变平面”，即上述的不变平面。

钢中马氏体的惯习面随碳含量的变化而异，常见有三种：$(111)_{\gamma}$，$(225)_{\gamma}$，$(259)_{\gamma}$。碳

含量低时［小于0.6%（质量分数）］，惯习面为低指数晶面（111）$_\gamma$；碳含量高时，惯习面为高指数晶面（225）$_\gamma$或（259）$_\gamma$。

6.2 马氏体的类型及组织形态

根据钢成分（如碳含量）和冷却条件的不同，马氏体呈现不同的微观结构和形态。马氏体中存在位错和孪晶两种亚结构，按照马氏体亚结构的类型可分为：位错型马氏体和孪晶型马氏体；根据其形态可分为板条马氏体、针片状马氏体、蝶状马氏体、薄板马氏体、薄片马氏体（ε′）等。不同组织形态的马氏体表现出不同的性能特点。

6.2.1 板条状马氏体

板条状（lath）马氏体，或称板条马氏体，通常是在低、中碳钢和不锈钢中形成，是由许多马氏体板条集合而成的，如图6-3（a）所示。

板条马氏体的精细结构由“条”“块”“束”组成。由图6-3（b）示意图可知，在一个原奥氏体晶粒内有几个马氏体“束”，一个束内有几个不同取向的“块”；每个块则由相互平行的“板”或“条”组成，板或条是板条状马氏体的基本单元。板条界的取向差较小，约为10°，属于小角度晶界，而块界和束界的取向差较大，属大角度晶界。马氏体板条的立体形态可以是扁条或薄板状。

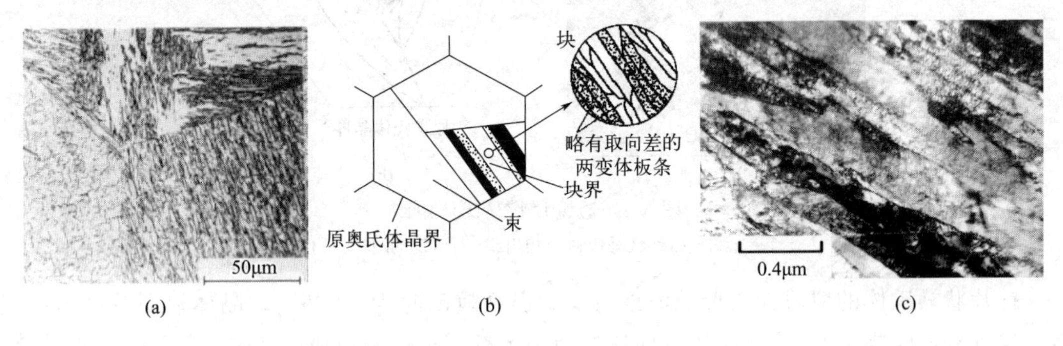

图6-3 板条马氏体组织

（a）板条马氏体金相组织照片；（b）板条结构示意图；（c）AISI440C不锈钢板条马氏体的位错亚结构[7]

板条马氏体的亚结构：板条内存在大量位错［图6-3（c）］，即亚结构为位错，其密度可达$(0.3\sim0.9)\times10^{12}\text{cm}^{-2}$，故亦称位错马氏体。马氏体中的位错密度与成分有密切关系。随碳含量的增加，位错密度增大，如图6-4（a）所示。但值得注意的是，也有研究发现，随着冷却速度的急速增加，使马氏体相变温度降低时，低碳钢中也会出现孪晶亚结构，如图6-4（b）所示。

板条马氏体的惯习面为$\{111\}_\gamma$，位向关系符合K-S关系。

6.2.2 针状（透镜片状）马氏体

针（片）状（Lenticular）马氏体存在于中碳钢、高碳钢、Fe-Ni合金中，典型组织如图6-5所示。

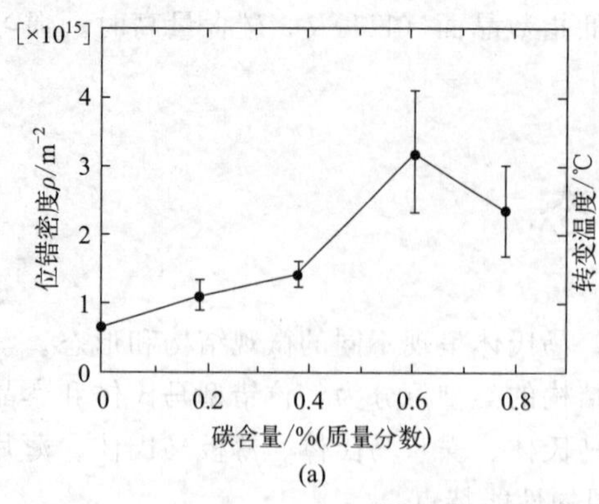

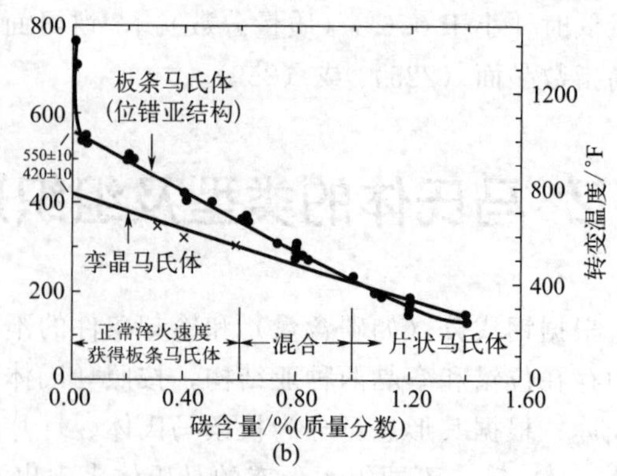

图 6-4　Fe-C 合金碳含量对马氏体的影响

(a) 板条马氏体位错密度随含碳量变化[8]；(b) 含碳量与 M_s 和马氏体形态的关系[9]

针状马氏体的结构：立体形态呈双凸透镜状（故亦称为透镜片状马氏体），平面形态（金相试样磨面）呈针状或竹叶状，中间有呈直线状的中脊面［如图 6-5（b）所示］。形态与其形成过程有关，第一片马氏体贯穿整个奥氏体晶粒，后面形成的马氏体片越来越小。一般认为中脊面是最先形成的，因此称为转变的惯习面。

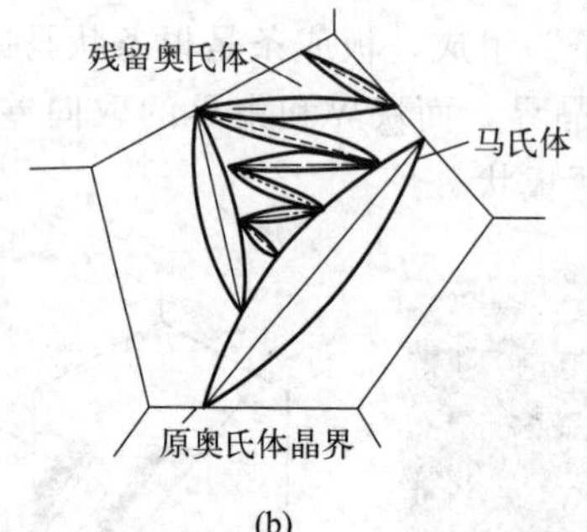

图 6-5　透镜片状马氏体组织

(a) Fe-1.86%C 针状马氏体金相组织[8]；(b) 针状马氏体结构

针片状马氏体的惯习面与形成温度有关，温度较高时为 $\{225\}_\gamma$，晶体取向符合 K-S 关系，温度较低时为 $\{259\}_\gamma$，晶体取向符合西山关系，可爆发形成。

针片状马氏体的亚结构：以孪晶为主，所以也称孪晶马氏体。孪晶面为 $\{112\}_{\alpha'}$［见图 6-6（c）］。中脊面附近的孪晶密度最高，在马氏体的边缘则存在高密度的位错，而中脊则为完全孪晶（如图 6-6 所示）。

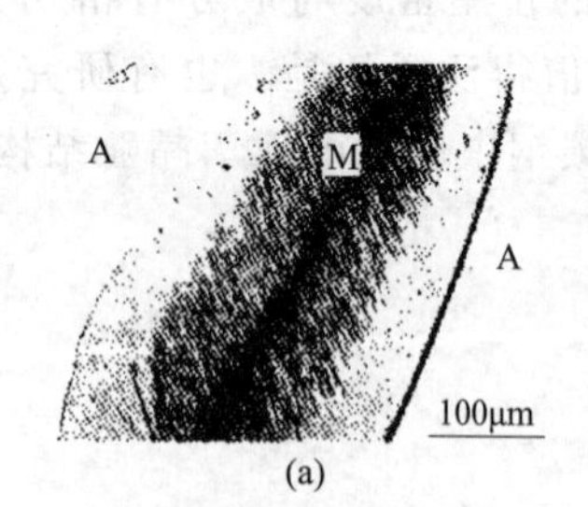

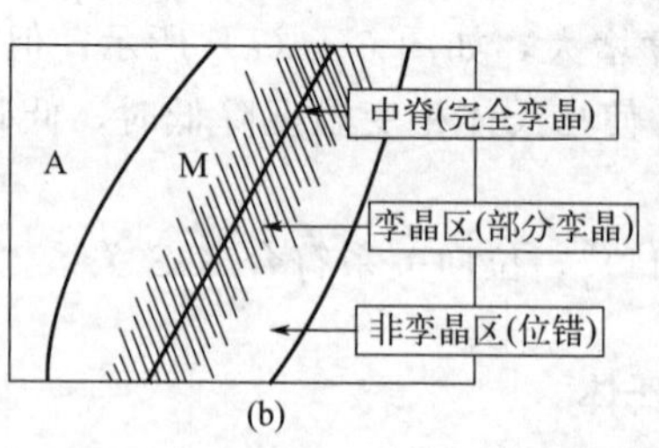

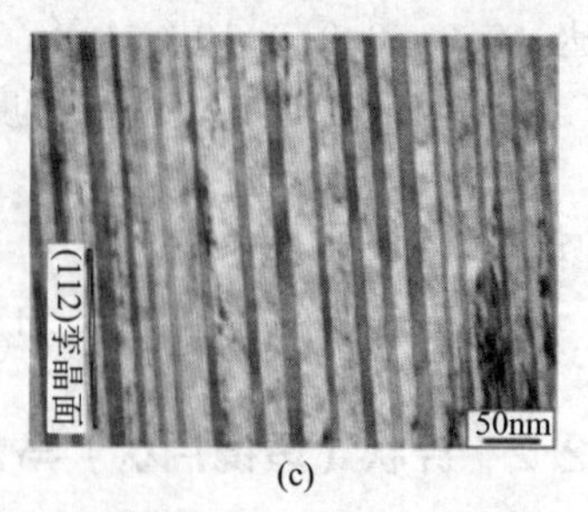

图 6-6　Fe-31Ni-0.28C 的透镜片状马氏体（a）及其亚结构示意图（b）[7]、Fe-27Ni-20Co 针状马氏体中的孪晶区亚结构（c）[10]

6.2.3 蝶状马氏体

在Fe-Ni合金或Fe-Ni-C合金中，当马氏体在某一温度范围内形成时，出现具有蝴蝶形特征的马氏体，称为蝶状（butterfly）马氏体，其典型形貌如图6-7所示。蝴蝶的两翼为$\{225\}_\gamma$，相交136°，两翼的结合面为$\{100\}_\gamma$，但在Fe-30Ni合金中也发现了夹角明显小于136°的蝶状马氏体。其位相关系与位置有关，在蝶型外侧符合K-S关系，而内侧符合G-T关系（如图6-8所示）。亚结构以位错为主，伴有少量孪晶，其惯习面为$\{259\}_\gamma$。

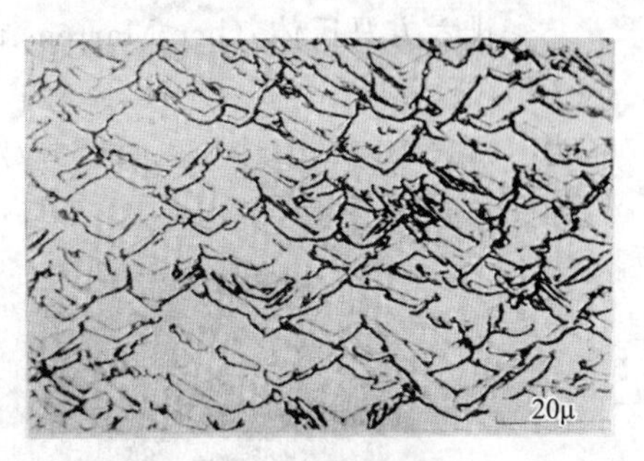

图6-7 蝶状马氏体组织

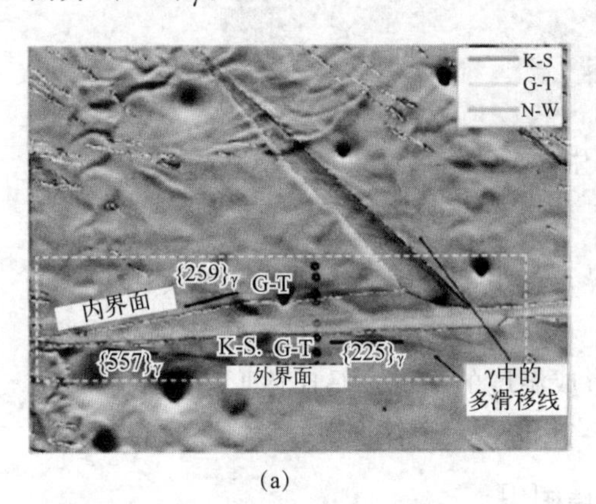

(a)

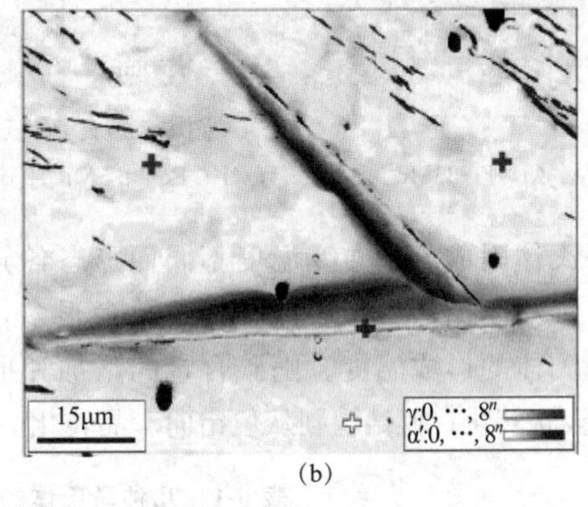

(b)

图6-8 Fe-30%Ni钢蝶状马氏体场发射扫描电镜EBSD像[11]

(a) 蝶状马氏体外部与内部取向关系；(b) 取向呈梯度关系

6.2.4 薄板状马氏体

薄板状（plate）马氏体一般出现在M_s点为-100℃以下的Fe-Ni-C合金中，其主要形态为薄板状，厚度约为3～10μm。一般金相表面呈现宽窄一致的平直带，没有中脊，内部亚结构为孪晶。惯习面为$\{259\}_\gamma$，位向关系为K-S关系。图6-9为薄板马氏体金相照片。

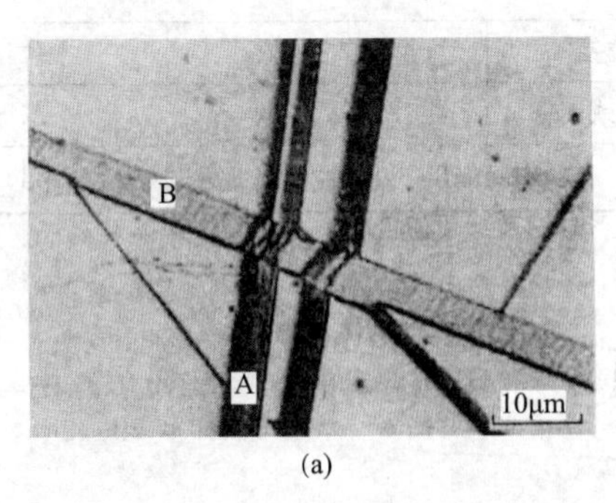

(a)

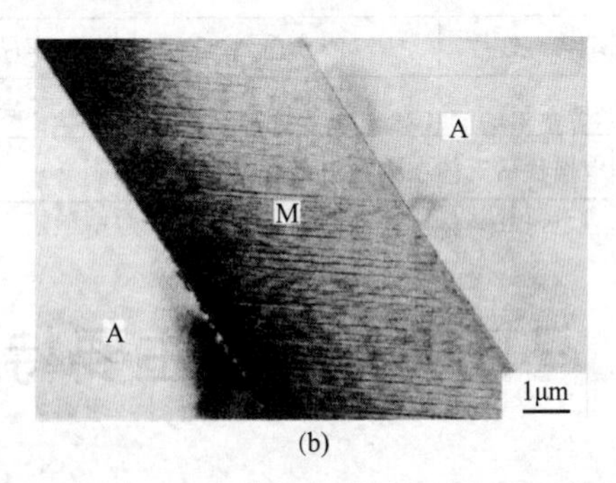

(b)

图6-9 Fe-Ni-C合金薄板状马氏体组织

(a) 马氏体金相照片；(b) 马氏体内的完全孪晶（TEM）

6.2.5 密排六方马氏体

密排六方马氏体（hcp Martensite）也称ε′马氏体（ε′ Martensite）出现在层错能较低的Fe-Mn、Fe-Mn-C、Fe-Cr-Ni合金中，晶体结构为密排六方点阵，惯习面$\{111\}_{\gamma}$，位向关系为$\{111\}_{\gamma}//\{0001\}_{\varepsilon'}$，$\langle 110\rangle_{\gamma}//\langle 1120\rangle_{\varepsilon'}$，亚结构为大量的层错，其微观组织和亚结构如图6-10所示。

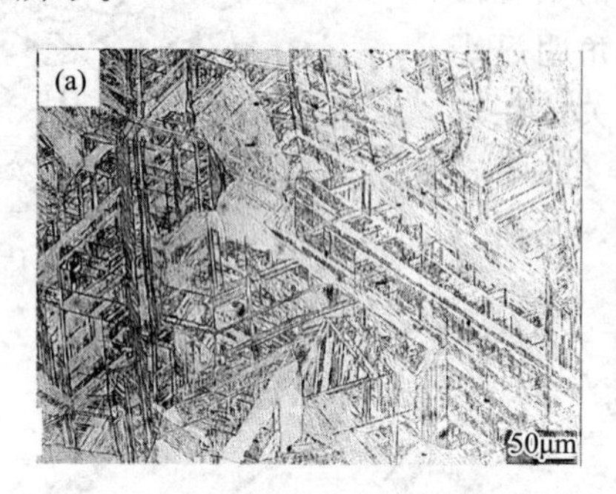

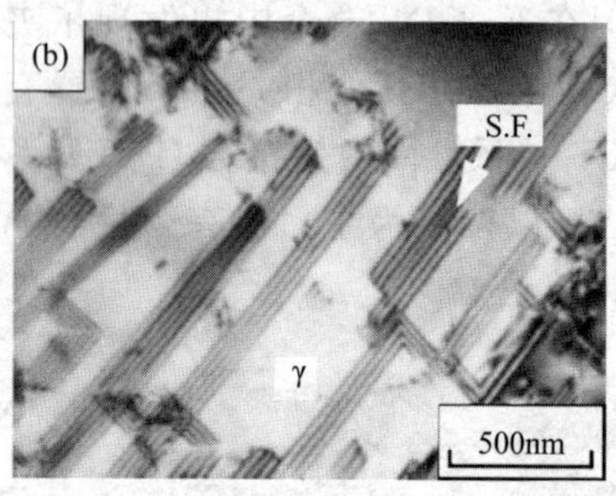

图6-10　ε′-马氏体

（a）Fe-26Mn-0.14C[12]；（b）Fe-20.5Mn-12.5Cr中ε′马氏体的层错亚结构[13]

综上，马氏体因成分和转变温度不同而形态各异，其中钢中最常出现的是板条马氏体和片状马氏体。影响马氏体形态及亚结构的因素很多，其中最主要的因素是奥氏体的碳含量、合金元素及马氏体的形成温度。随碳含量的增加和形成温度的降低，马氏体形态将从板条状向透镜状、薄板状转化；亚结构则从位错向孪晶转化。各因素对马氏体形态的影响汇总于表6-1。

表6-1　几种马氏体的特征[11]

马氏体类型	薄板	透镜片状	蝶状	板条状
形态示意图	α γ	α γ	α γ	α
碳含量	高 ←→			低
形成温度	低 ←→			高
亚结构	孪晶	孪晶＋位错	孪晶＋位错	位错
晶体取向关系	G-T	G-T，N-W或K-S	K-S或N-W	K-S
惯习面	$\{259\}_{\gamma}$	$\{225\}_{\gamma}$		$\{111\}_{\gamma}$

6.3 马氏体相变的主要特点

由于钢中马氏体相变在低温下发生，以共格切变方式进行，所以它与高温时的扩散型转变有很大不同，主要表现在：表面浮凸效应与界面共格；基体（置换）原子的无扩散性；转变的非恒温性与不完全性；转变的可逆性等。

6.3.1 表面浮凸与界面共格

马氏体相变时能在预先磨光的表面上形成规则的表面浮凸（图 6-11），这个现象说明马氏体是通过奥氏体的均匀切变方式进行的。奥氏体中已转变为马氏体的部分发生了宏观切变而使点阵发生改组，且带动靠近界面但还未转变的奥氏体发生弹塑性应变，故在磨光表面出现部分突起的浮凸现象。如图 6-12 所示，若相变前在试样磨面上刻一直线划痕 STR，则相变后直线变成了折线 $S'T'TR$，原来的虚线 FG 和 EH 代表的平面，则变成了由折线 $FBCG$ 和 $EADH$ 表示的曲面，形成凹陷或凸起。但是注意到其中 $abcd$ 组成的平面在切变过程中既未发生转动也未发生移动，该面即为针片状马氏体的中脊面，称为不变平面。

表面浮凸现象表明，马氏体相变是在不变平面上产生的均匀应变。

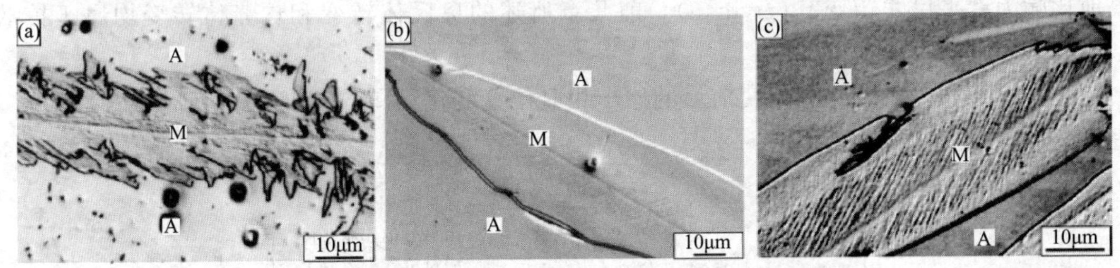

图 6-11　在 Fe-Ni-Co 合金中的片状马氏体光学照片[10]

(a) Fe-31Ni；(b) Fe-30Ni-10Co；(c) Fe-33Ni

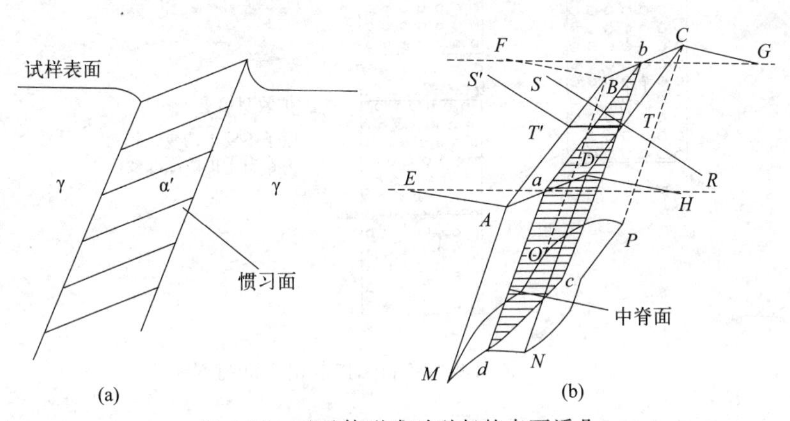

图 6-12　马氏体形成时引起的表面浮凸

不变平面应变：任一点的位移与该点距不变平面的距离成正比的应变。图 6-13 列出了三种类型的不变平面应变，(a) 为只发生了膨胀（膨胀量为 δ）或收缩的不变平面应变，(b) 为发生了切变，(c) 为膨胀的同时伴随着切变。三种应变下的不变平面为 z_1 所表示的底面。

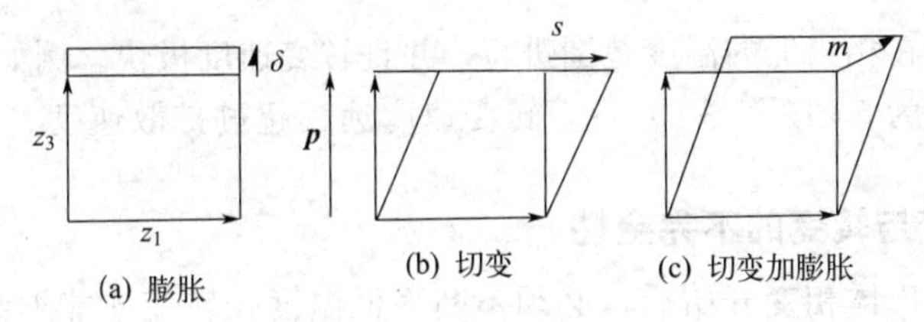

图 6-13　三种不变平面应变

$\boldsymbol{p}$ 为单位矢量，δ、s、m 分别为膨胀量、切变量、膨胀＋切变量。δ 平行于 z_3，s 平行于 z_1

不变平面可以是相界面（如孪晶面）或非相界面（如中脊面）。界面上原子排列既属于马氏体又属于奥氏体，是两相共有的界面，所以为共格界面。这种共格界面是以母相的切变来维持共格关系的，故称为第二类共格界面。

6.3.2 马氏体相变的无扩散性

马氏体相变是低温下的转变，属于无扩散相变，即母相以均匀切变方式转变为新相。因此相变前后原子之间的相对位置并没有发生改变，而是整体进行了一定的位移。这种转变被形象地比喻为“军队式转变”（military）。

相反，扩散型相变则是指相界面向母相推移时，原子以散乱方式由母相转移到新相，每个原子移动方向任意，原子相邻关系被破坏。相对于无扩散变的有序性，扩散型相变则被形象地比喻为“平民式转变”（civilian），前几章所述的奥氏体转变和珠光体转变均属于扩散型相变。

无扩散型和扩散型两类相变前后的原子相对位置变化见图 6-14。

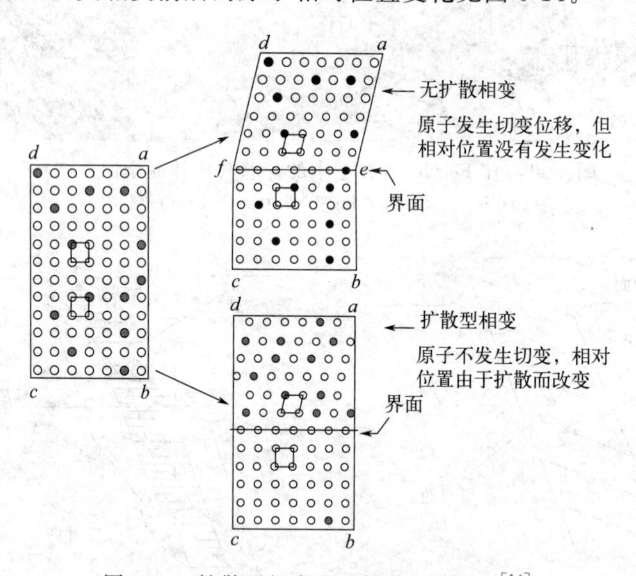

图 6-14 扩散型相变和无扩散相变机制[14]

马氏体相变无扩散性特点可由以下实验证据得到证明。

① 碳钢中马氏体相变前后碳的浓度无变化，奥氏体和马氏体的成分一致，仅发生晶格改组，发生均匀切变，即由面心立方奥氏体 γ-Fe 转变为体心正方马氏体 α'-Fe。由于高温时碳在 γ-Fe 中的溶解度远远高于室温下碳在 α-Fe 中的溶解度，所以这时的固溶体呈过饱和态。

② 马氏体相变可在相当低的温度范围进行，并且转变速度极快。例如，在−20～−196℃，每片马氏体形成时间为 $5\times10^{-5}\sim10^{-7}$ s，转变速度远远超过扩散速度。

6.3.3 非恒温转变与转变的不完全性

通常情况下，马氏体相变开始后，必须不断降低温度，转变才能继续进行，所以马氏体相变具有非恒温性，主要表现如下。

① 马氏体相变有转变开始和转变终了温度。转变开始温度用 M_s 表示，转变终了温度

用 M_f 表示［如图 6-15（a）］。随温度不断下降马氏体转变量增加，转变量是温度的函数。通常冷却到 M_f 温度后，仍不能得到100％马氏体，而残留一定数量的未转变奥氏体。

② 马氏体相变无孕育期（除等温马氏体外），在一定温度下转变不能进行完全。马氏体相变与珠光体转变不同，它不需要孕育期，一旦温度达 M_s，立即发生相变，但在一定的温度下不能全部转变为马氏体。马氏体相变有时也出现等温转变的情况，但都不能使马氏体相变进行到底，如图 6-15（b）所示。

6.3.4 马氏体相变的可逆性

冷却时，高温相可以通过马氏体相变机制而转变为马氏体，开始点 M_s，终了点 M_f；加热时，马氏体也可通过逆向马氏体相变机制而转变为高温相，开始点为 A_s，终了点为 A_f，如图 6-16 所示。对于钢来说，高温相为奥氏体。因此，马氏体相变具有可逆性。通常 A_s 比 M_s 高，两者之差由合金成分决定。有的只相差几十摄氏度，有的则相差几百摄氏度，如 Au-Cd、Ag-Cd 等合金，（A_s-M_s）为 20～50℃，而 Fe-Ni 合金（A_s-M_s）大于 400℃。

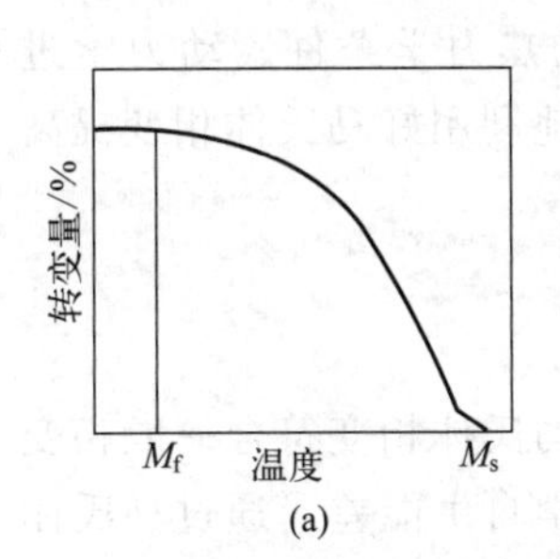

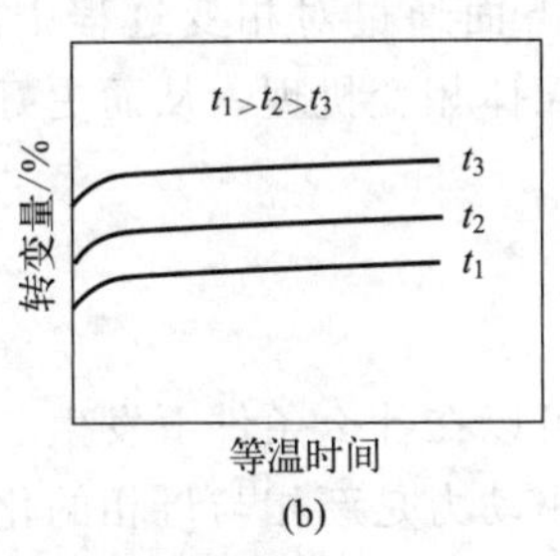

图 6-15 马氏体转变量与温度和等温时间的关系

（a）马氏体转变量与温度的关系；

（b）马氏体转变量与等温时间的关系

图 6-16 T_0、M_s、M_f 和合金成分关系

在 Fe-C 合金中难以观察到马氏体的逆转变。这是由于含碳马氏体是碳在 α-Fe 中的过饱和固溶体，加热时极易分解，因此在尚未加热到 A_s 点时，马氏体就已经发生了分解，所以得不到马氏体的逆转变。所以可以推想，如果以极快的速度加热，使马氏体在加热到 A_s 点以前来不及分解，则可能出现逆转变。当然，该推测还有待进一步实验验证。

综上所述，马氏体相变有许多不同于其它相变的特点，其中有最基本的两个特点：一是相变以共格切变的方式进行，二是相变的无扩散性。所有其它特点均可由这两个基本特点派生出来。珠光体转变是典型的扩散型相变，两类相变的主要特点对比列于表 6-2。

表 6-2 扩散型相变与无扩散相变主要特点对比

相变特点	珠光体转变	马氏体转变
原子运动	扩散（相邻位置变化）	无扩散，不变平面应变
相变前后原子相对位置	变化	不变
孕育期	有孕育期	一般无孕育期
完全性	等温下转变完全	不完全，降温转变继续进行
表面形态	不发生变化	出现表面浮凸

续表

相变特点	珠光体转变	马氏体转变
转变温度	A_1 以下（以共析钢为例）	$M_s \sim M_f$
相变过冷度	相平衡温度以下即可相变	很大（视成分有很大差异）
可逆性	相变路径不可逆	可逆（保持共格时）

6.4 马氏体相变机理

大量的实验表明，马氏体相变在很大的过冷度下才会进行，而且相变往往在极短的时间内发生和完成，并且转变产物具有比珠光体转变高得多的强度和硬度。为什么马氏体相变与珠光体转变相比有如此大的不同？它的转变是如何实现的？要解答这些问题，需要对它的相变机理进行研究。研究证明，马氏体相变是在无扩散条件下，晶体由一种结构通过切变转变为另一种结构的变化过程。马氏体相变也是形核和长大的过程。

为了进一步了解马氏体相变的本质，下面通过对相变过程中的热力学条件、动力学过程、晶体取向和界面变化等来分析认识马氏体相变机理，从而更好地利用好马氏体相变提高材料的力学性能。

6.4.1 马氏体相变热力学

研究相变热力学可以明确马氏体相变可以在什么条件下发生。马氏体相变符合一般相变的规律，也遵循相变的热力学条件，相变驱动力是新相与母相的化学自由能差。通过马氏体相变热力学的研究可以定量求出相变驱动力及马氏体相变温度 M_s。20 世纪 40 年代，M. Cohen 等试图通过热力学计算 Fe-C 的 M_s 温度，结果未获成功。直到 1979 年，徐祖耀对 Fe-C 相变热力学计算才取得突破。此后，对铁基合金和钢的马氏体相变提出了一些模型，求得的 M_s 与实验相吻合。

6.4.1.1 马氏体相变的热力学条件

钢中奥氏体冷却时，只有当温度达到 M_s 点以下才能发生马氏体相变。由合金热力学可知，成分相同的奥氏体与马氏体的化学自由能随着温度的升高而下降，如图 6-17 所示。由于两者随温度的变化速率不同，在 T_0 处相交，即 T_0 为任一成分的 Fe-C 合金奥氏体与马氏体的自由能相同的温度。在 T_0 以下马氏体的自由能低于奥氏体的自由能，所以应由面心立方的奥氏体转变为成分相同的体心立方或体心正方（取决于碳含量）的马氏体。但实际上并非温度在 T_0 以下就能发生这一转变，而是只有当温度低于某一特定值（M_s）时，这一转变才能发生，即转变需要一个过冷度，用 ΔT 来表示，

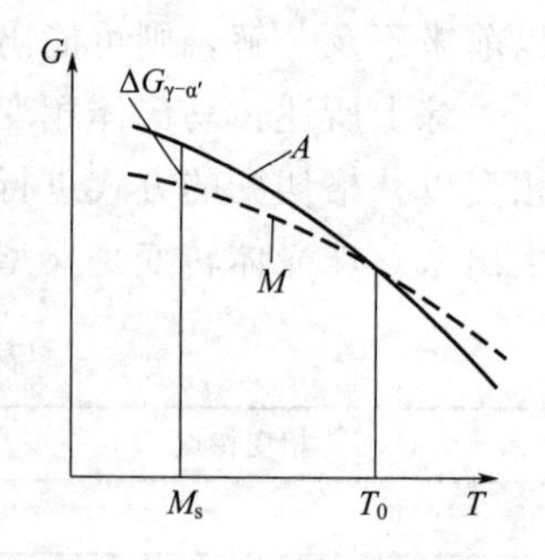

图 6-17 马氏体与奥氏体自由焓随温度的变化曲线

$$\Delta T = T_0 - M_s \tag{6-5}$$

ΔT 也称为热滞，大小视合金成分而定，几十到几百摄氏度不等。

为什么马氏体相变需要这么大的过冷度才能进行呢？

从热力学角度分析，相变需要驱动力以克服新相形成过程中必然遇到的阻力，因此只有当驱动力大于阻力时，相变才能发生。

马氏体相变的驱动力 $\Delta G_{\gamma\to\alpha'}$ 包括：①马氏体与奥氏体的自由焓差 ΔG_V。过冷度越大，ΔG_V 越大。②奥氏体晶体缺陷中所储存的畸变能量 ΔG_D。

马氏体相变阻力包括：①马氏体相变产生新界面，即界面能 $S\gamma$；②马氏体相变时比容变化产生弹性能 E；③马氏体相变时克服切变抗力要消耗的功；④形成马氏体时造成的大量位错、孪晶而升高的能量；⑤邻近马氏体的奥氏体中产生的协调塑性变形所消耗的能量。

因此，马氏体相变时自由能的变化 ΔG 为：

$$\Delta G = -(\Delta G_V + \Delta G_D) + S\gamma + E + \Sigma\Gamma \tag{6-6}$$

式中，$\Sigma\Gamma$ 为除相变界面能和弹性能以外的其它相变阻力的和。当温度达到 M_s 时，$\Delta G_V + \Delta G_D$ 等于马氏体相变的阻力（$S\gamma + E + \Sigma\Gamma$），系统自由焓等于零，所以 $\Delta G_V + \Delta G_D$ 即为马氏体相变所需的驱动力 $\Delta G_{\gamma\to\alpha'}$。

综上所述，由于马氏体相变时需要增加能量较多，故阻力较大，使转变必须在较大的过冷度下才能进行。

6.4.1.2 M_s 点的物理意义

M_s 点是奥氏体和马氏体的两相自由能之差达到相变（$\gamma\to\alpha'$）所需的最小驱动力值时的温度。显然，相对于一定的 T_0 点，若 M_s 越低，则热滞（$T_0 - M_s$）值越大，相变所需的驱动力也越大。所以马氏体相变驱动力与热滞成比例：

$$\Delta G_{\gamma\to\alpha'} = \Delta S(T_0 - M_s) \tag{6-7}$$

式中，ΔS 为 $\gamma\to\alpha'$ 转变时的熵变。

M_s 点处马氏体相变驱动力大小对马氏体相变的特点会产生很大的影响。在相变驱动力很大时，马氏体相变易表现出快速长大、降温形成或爆发式形成等特点，钢和铁合金均属此例。而在相变驱动力很小时，往往会形成热弹性马氏体（详见 § 6.4.2）。

对马氏体再进行加热，当温度高于母相 γ 稳定存在的温度时，马氏体将发生逆转变，即以原来逆向路径发生切变而转变为母相 γ。对于马氏体的逆转变，A_s 点的物理意义与 M_s 相似，并且逆转变（$\alpha'\to\gamma$）驱动力的大小亦和（$A_s - T_0$）成比例。

6.4.1.3 影响 M_s 点的因素

影响 M_s 点的因素很多，主要有母相奥氏体化学成分及其晶粒尺寸、冷却速率等。如果在马氏体相变过程中进行塑性变形，其变形方式也将对 M_s 点产生很大影响。

（1）母相奥氏体的化学成分

奥氏体中的碳含量是影响 M_s 点的最主要因素，随碳含量 w_C 增加，M_s、M_f 下降，且 M_f 比 M_s 下降得快［如图 6-18（a）］，所以能扩大马氏体的转变温度范围。氮（N）也是强烈降低 M_s 点的元素。金属元素一般除 Al、Co 可提高 M_s 点外，其余元素一般使 M_s 降低［如图 6-18（b）］。

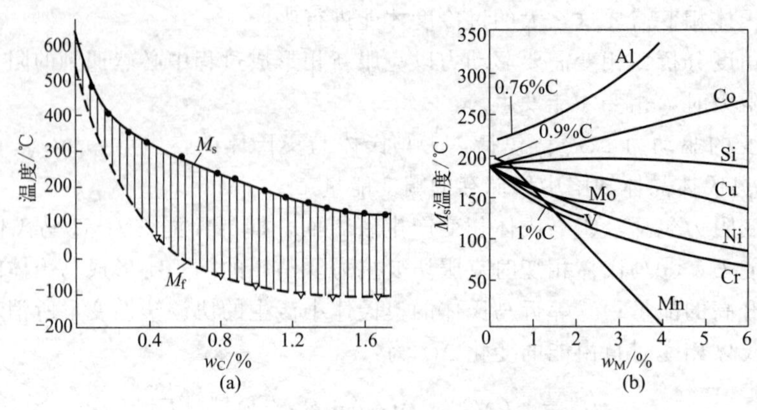

图 6-18 马氏体相变温度与碳和合金元素含量的关系

(a) 与碳含量关系；(b) 与合金元素关系

有很多研究者根据实验结果总结了估算 M_s 点的经验公式，例如对于含有 Mn、V、Cr、Ni、Cu、Mo、W、Co、Al 等合金元素的钢，可由式（6-8）估算其 M_s：

$$M_s(℃)=550-361\times(\%C)-39\times(\%Mn)-35\times(\%V)-20\times(\%Cr)-17\times(\%Ni)-10\times(\%Cu)-5\times(\%Mo+\%W)+15\times(\%Co)+30\times(\%Al) \tag{6-8}$$

以上公式是把合金元素对马氏体点的影响看成各个元素作用的简单加权线性叠加，实际上这些元素共同存在时会发生相互作用，所以经验公式只是近似值。工程实际中还是采用实验方法来测定 M_s 点。如表 6-3 所示，随钢中碳或镍含量的增加，M_s 点显著下降。例如，碳含量从 0.0026％增加到 0.78％时，M_s 点降低了 419K；镍含量从 11％增加到 31％时，M_s 点降低了 484K。

表 6-3 不同 Fe-C、Fe-Ni 合金的 M_s 点[8]

	合金元素/％（质量分数）							M_s/K
	C	Si	Mn	P	S	Ni	Fe	
Fe-0.0026①	0.0026	＜0.01	0.14	0.008	0.005	0.0024	余量	993
Fe-0.18C	0.18	0.006	0.02	＜0.001	0.004	＜0.01	余量	774
Fe-0.38C	0.38	0.006	0.01	＜0.001	0.004	＜0.01	余量	707
Fe-0.61C	0.61	0.014	0.01	0.003	0.005	＜0.01	余量	630
Fe-0.78C	0.78	＜0.03	＜0.03	＜0.005	＜0.0005	—	余量	574
Fe-11Ni	0.0009	0.01	0.01	0.001	0.0008	10.98	余量	751
Fe-15Ni	0.0017	0.006	0.003	＜0.003	0.0019	14.99	余量	634
Fe-23Ni	＜0.01	＜0.005	＜0.01	0.002	0.003	23.00	余量	435
Fe-31Ni	0.005	0.005	0.01	0.002	0.008	30.80	余量	267

①其他元素：Ti，0.046；B，0.0024；Al，0.015。

研究表明，稀土元素的添加会影响 M_s 点。例如低合金超高强钢中加入铈（Ce）将对马氏体相变行为产生影响，Ce 的添加细化了原奥氏体晶粒，使其平均晶粒尺寸由 7.63μm 减小到 6.42μm；细小的奥氏体晶粒使马氏体板条宽度得到细化，平均宽度由 250nm 减小到 211nm。此外，对于马氏体相变动力学，Ce 的添加使马氏体相变 M_s 由 391℃降低到 380℃；

在马氏体相变前中期，Ce 阻碍了马氏体相变；在马氏体相变后期，Ce 促进了马氏体相变[15]。

（2）母相奥氏体晶粒尺寸和冷却速度的影响

由第 4 章已知，奥氏体化温度的改变会显著影响奥氏体晶粒尺寸。通常加热温度越高，奥氏体晶粒越大。图 6-19 为碳含量为 0.1%（质量分数）的微合金化钢（0.3%Si，0.9%Mn，0.7%Cr，0.5%Mo，0.005%Nb，0.02%Ti）在不同奥氏体化温度加热 3min 的组织，可清晰看到上述结果。这些不同尺寸奥氏体在不同冷却速度下淬火后，测定其 M_s 和 M_f，结果列于表 6-4[16]。可见，冷却速度越快，M_s 和 M_f 越低；晶粒尺寸越大，M_s 和 M_f 越高。

(a) 920℃　(b) 1000℃　(c) 1300℃

图 6-19　不同奥氏体化温度对奥氏体晶粒度的影响[16]

表 6-4　马氏体开始转变温度（M_s）和终了转变温度（M_f）随奥氏体平均晶粒尺寸和冷却速度的变化

单位：℃

平均晶粒/μm	冷却速度/（℃/s）							
	25		50		75		100	
	M_s	M_f	M_s	M_f	M_s	M_f	M_s	M_f
12	484	333	457	311	446	304	436	293
24	488	350	474	312	461	303	441	300
33	516	364	484	314	463	312	452	306
71	528	372	502	341	471	332	458	317

关于奥氏体晶粒增大会使马氏体相变温度升高的原因，研究认为是奥氏体的屈服强度大小决定了马氏体相变时的切变阻力。奥氏体晶粒越粗大、奥氏体内部缺陷越少，奥氏体的屈服强度就越低，母相切变时需要克服的阻力越小，所以导致 M_s 越高，相应的 M_f 也升高了。

对于冷却速度对 M_s 点的影响，可能与冷却速度影响了碳化物的析出有关。过去认为在淬火速度较低时，M_s 点随淬火速度的变化不大，但越来越多研究发现，随冷却速度变化，M_s 也会发生变化，如表 6-4 所示。这可能和碳化物的析出有关，冷却速度较低时，有利于碳化物析出，使过冷奥氏体中碳含量下降，从而使马氏体相变温度升高。由此可以推测，如果转变过程中原始奥氏体成分不变，其转变温度就不受冷却速度的影响。

（3）塑性变形的影响

塑性变形的影响包括变形量、变形温度、变形速率等。这些因素对马氏体相变 M_s 点都会有不同程度的影响。

① 塑性变形量　在奥氏体状态下对钢进行变形时，随着累积应变量的增大，由于发生动态回复再结晶，使奥氏体组织细化，从而使 M_s 点逐渐降低。图 6-20 为 Fe-32%Ni 合金在形变温度 550℃下（奥氏体区）经过多道多向锻压变形后，奥氏体晶粒尺寸显著细化，M_s 则随变形累积而降低，最终趋于恒定[17]。原因是奥氏体的细晶强化和形变位错导致母相发生加工硬化，从而抑制了马氏体形核；但随着形变的累积，奥氏体的晶粒细化效果逐渐减弱，使得马氏体生成量减少的趋势也逐渐减弱，M_s 最终趋于稳定。

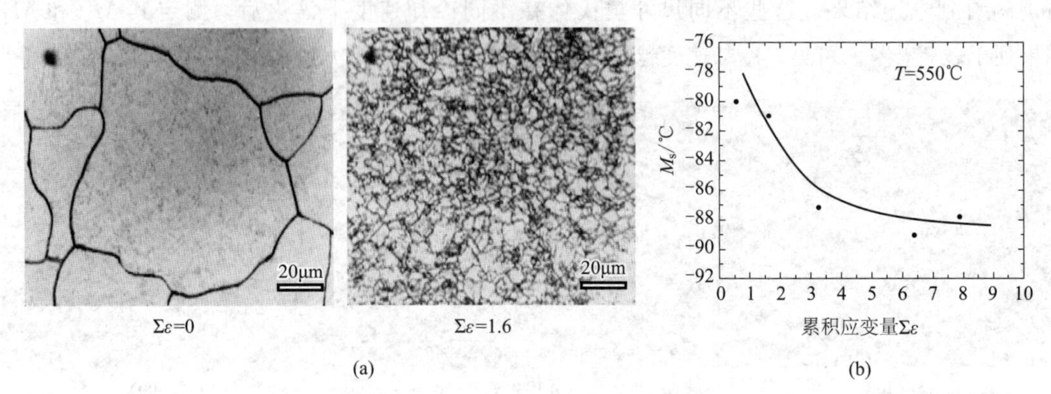

图 6-20　奥氏体变形后晶粒尺寸变化（a）和变形量对马氏体相变 M_s 的影响（b）[17]

② 变形速率和温度的影响　以 T92 铁素体耐热钢为例，可以了解热变形对马氏体相变的影响[24]。从图 6-21 中可以看出，变形速率和温度都对马氏体相变过程产生影响，当变形温度一定时，随着应变速率的增大，M_s 降低；当应变速率一定时，随着变形温度的升高，M_s 升高。这是因为随着应变速率的升高，晶粒尺寸减小，生长激活能减小，界面移动速率增大，使得 M_s 降低；而随着变形温度的升高，晶粒尺寸增大，生长激活能增大，界面移动速率减小，从而导致 M_s 升高。

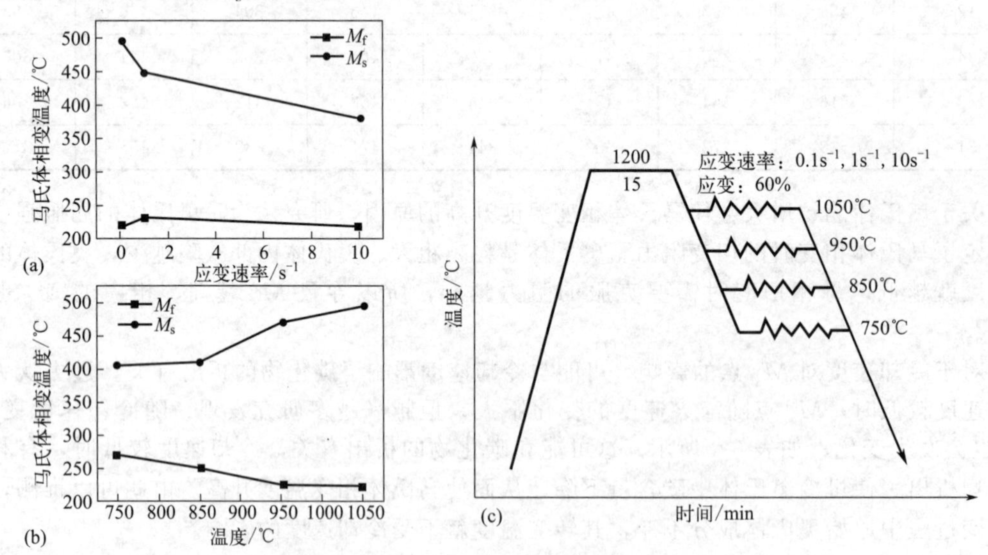

图 6-21　T92 铁素体耐热钢在不同条件下变形的 M_s 和 M_f 值[18]

（a）变形温度 1050℃；（b）应变速率 $0.1s^{-1}$；（c）热处理工艺曲线

6.4.1.4 形变诱发马氏体

由前可知，在高温奥氏体状态对钢进行塑性变形会使 M_s 点下降，但已有大量研究发现，当在一定温度范围（$T_0 \sim M_s$）对过冷奥氏体进行塑性变形时，对 M_s 的影响与在高温下变形的结果相反，即较低温度下的变形可提高 M_s 点，由此产生的马氏体称为形变诱发马氏体。

形变诱发马氏体是指在 T_0 与 M_s 之间，由于奥氏体发生塑性变形而形成的马氏体。马氏体量与形变温度有关，温度越高，形变能诱发的马氏体量越少。高于某一温度，形变不再诱发马氏体，该温度称为形变马氏体相变开始点，用 M_d 表示。

图 6-22 给出了 304L 奥氏体不锈钢在不同变形量下形变诱发马氏体的 XRD 衍射谱和变形后的微观组织照片。图 6-22（a）表明，随着变形量的增加，马氏量的衍射峰随之出现并增强，说明奥氏体向马氏体的转变量不断增加。变形量低时，还出现了少量的 ε 马氏体［如图 6-22（b）所示］。

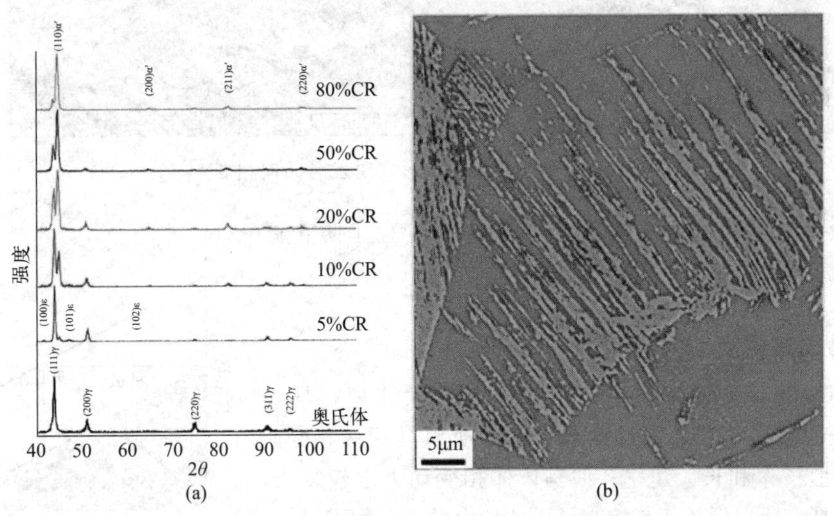

图 6-22　304L 不锈钢不同变形量的形变诱发马氏体 XRD 衍射谱（a）和马氏体的组织照片（b）[1]（图中奥氏体为红色，α′ 马氏体为黄色，ε 马氏体为绿色）

图 6-23 为 NiTi（56.6%Ni）合金在室温下进行不同量变形时，马氏体转变量随变形量变化的金相照片。可见，在室温下未实施变形时为奥氏体，当变形后产生马氏体，并随着变形量的增加马氏体量增多。

发生形变诱发马氏体的原因是塑性变形提供了机械驱动力，使马氏体相变点升高。图 6-24 所示为施加一定塑性变形后自由能变化的示意图。由图可见，塑性变形相当于提高了系统自由能，在 T_1 处，由塑性变形提供的机械驱动力补充了化学驱动力（自由能差）的不足，使两者之和达到发生马氏体相变所需的驱动力 $\Delta G_{\gamma \to \alpha'}$，因此当温度在 T_1 时就可发生马氏体转变，这里 T_1 对应的温度即为形变马氏体点 M_d。塑性变形同样也能使马氏体向奥氏体的逆转变在 T_0 与 A_s 之间发生，其转变开始温度用 A_d 表示。

塑性变形可以促进马氏体的转变，提高马氏体相变温度，同时，由形变诱发马氏体相变也可以进一步提高塑性，称为马氏体相变诱发塑性。其原因是应变诱发马氏体的产生，提高了加工硬化率，使已发生塑性变形的区域难于继续发生形变，阻抑了颈缩，即提高了均匀塑性变形的极限；由于塑性形变而引起的应力集中处产生了应变诱发马氏体，而马氏体比容比

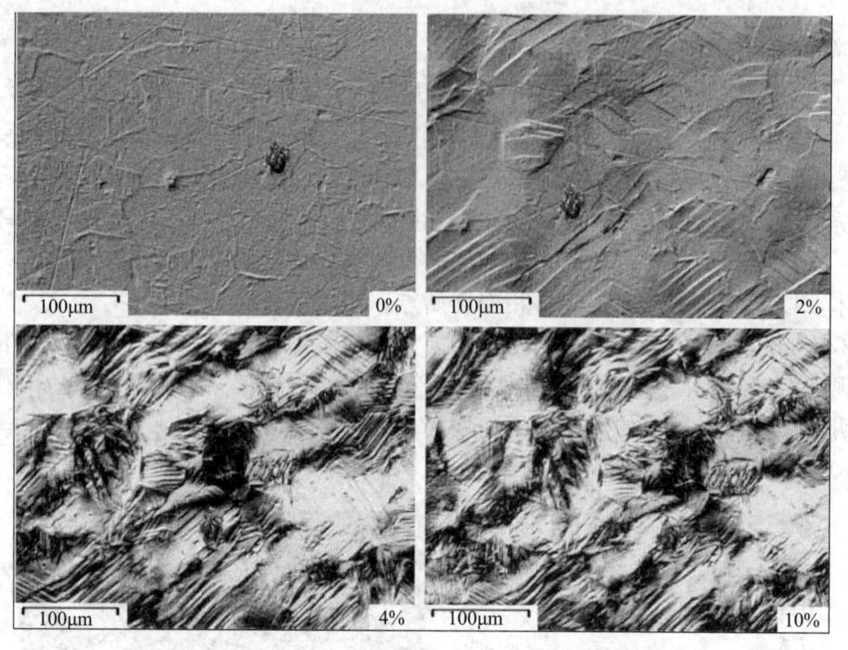

图 6-23　NiTi 合金中的形变诱发马氏体相变[19]

母相大，使该处的应力集中得到松弛，从而有利于防止微裂纹的形成和扩展，表现为塑性增强。

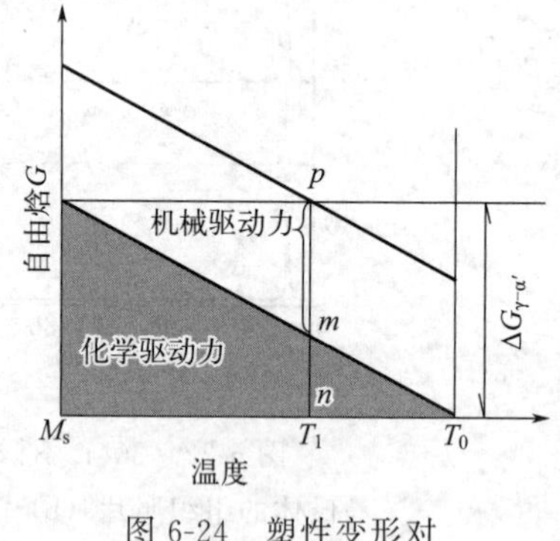

图 6-24　塑性变形对系统自由能的影响

6.4.2　马氏体相变动力学特点

一般相变的转变速率取决于形核率与长大速率，马氏体相变也是通过形核和长大过程进行的。所以马氏体相变速率也取决于形核率和长大速率。但马氏体相变动力学较复杂，长大速率很高，所以形核率是控制马氏体长大的主要因素。

徐祖耀按相变驱动力大小和形成方式，把马氏体分为变温、等温、爆发式和热弹性相变[20]。下面来了解这几类马氏体相变的动力学特点。

6.4.2.1　变温马氏体相变（变温瞬时形核）

变温马氏体相变是指在降温过程中随温度降低，转变量增大的马氏体相变。大多数钢具有变温马氏体相变特点。变温马氏体相变动力学曲线如图 6-25 所示，总结其特点为：①M_s以下必须不断降温，马氏体核才能不断形成，而且形核速度极快，瞬时形成；②长大速率极快，甚至在-196℃低温下，仍能以 10^5cm/s 的线速度长大；③单个马氏体晶粒长大到一定大小后不再长大，要继续发生马氏体相变必须进一步降低温度，以形成新的马氏体核并长成新的马氏体，因此称为变温马氏体相变。根据这些特点可看出，马氏体相变速度取决于形核率，而与长大速率无关。

研究表明，马氏体相变体积分数（f）与过冷度（ΔT）呈指数关系：

$$1-f=\exp(\alpha\Delta T) \tag{6-9}$$

式中，ΔT 为 M_s 与冷却（淬火）温度 T_q 的差（$\Delta T = M_s - T_q$），$\alpha = -0.011$（小于 1.1%C 的 Fe-C 合金）。

由式（6-9）可见，降温形成的马氏体转变量主要取决于冷却所能到达的温度 T_q，即取决于 M_s 点以下的深冷程度。在等温保持时，转变一般不再进行。

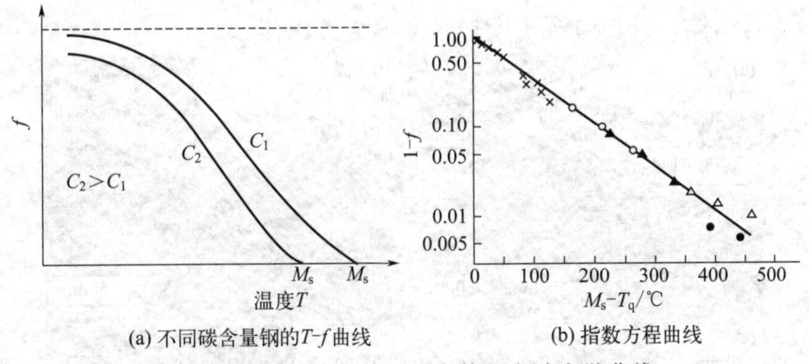

(a) 不同碳含量钢的T-f曲线　　(b) 指数方程曲线

图 6-25　Fe-C 合金变温马氏体相变动力学曲线

【例 6-2】 对 18CrNiWA 钢试样在高温金相显微镜下原位观察高温加热后冷却过程的马氏体相变。

由图 6-26 光学金相照片可见，随着淬火温度的降低，先是出现了少量的马氏体［图（a）中箭头所指］，随温度降低，马氏体的转变量增加，当冷至 240℃时（达 M_f 点），转变完成。说明这类钢的马氏体是变温形成的。

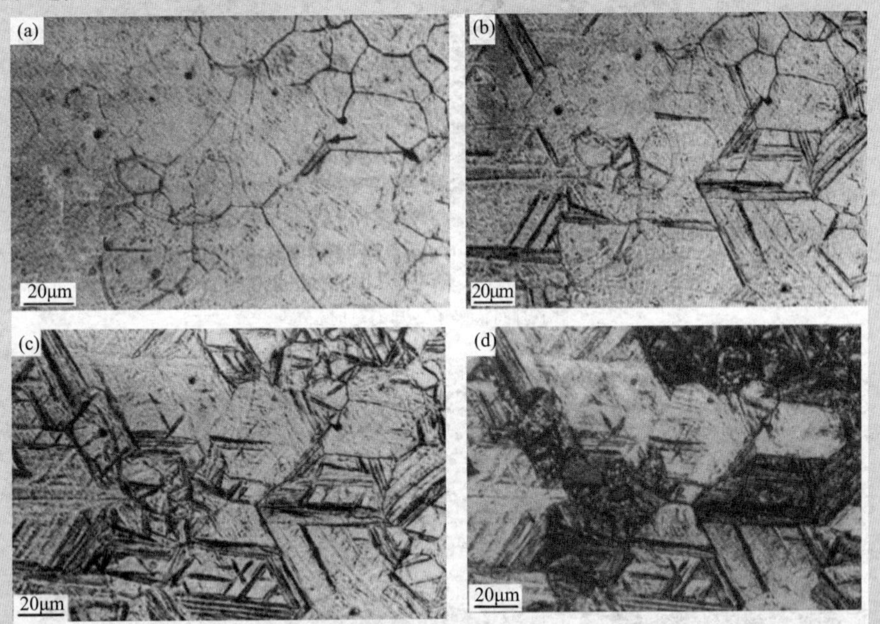

图 6-26　18CrNiWA 钢的马氏体降温形态的动态观察[21]

（a）冷至 375℃，$M=1\%$；（b）冷至 345℃，$M=30\%$；（c）冷至 310℃，$M=95\%$；（d）冷至 240℃

【例 6-3】 高锰 Fe-15Mn-10Cr-8Ni 合金，已测得其马氏体相变温度 $M_s = -33$℃，奥氏体逆转变温度 $A_s = 70$℃，转变终了温度 $A_f = 104$℃。实验研究了变形 4%后，冷却和加热时马氏体转变和逆转变过程 FCC↔HCP。

图 6-27 是利用电子通道衬度成像技术（in-situ electron channeling contrast imaging，ECCI）对 Fe-Mn-Cr-Ni 合金进行原位观察的照片。可见，随着温度的降低，层错聚集体尺寸越大，说明层错能低的密排六方（HCP）马氏体转变量越多。同时，在升温过程中，马氏体也会发生相应的逆转变为奥氏体（FCC），如图 6-28 所示。这个研究表明该类钢在降温过程不断形成马氏体，升温过程不断逆转变形成奥氏体。

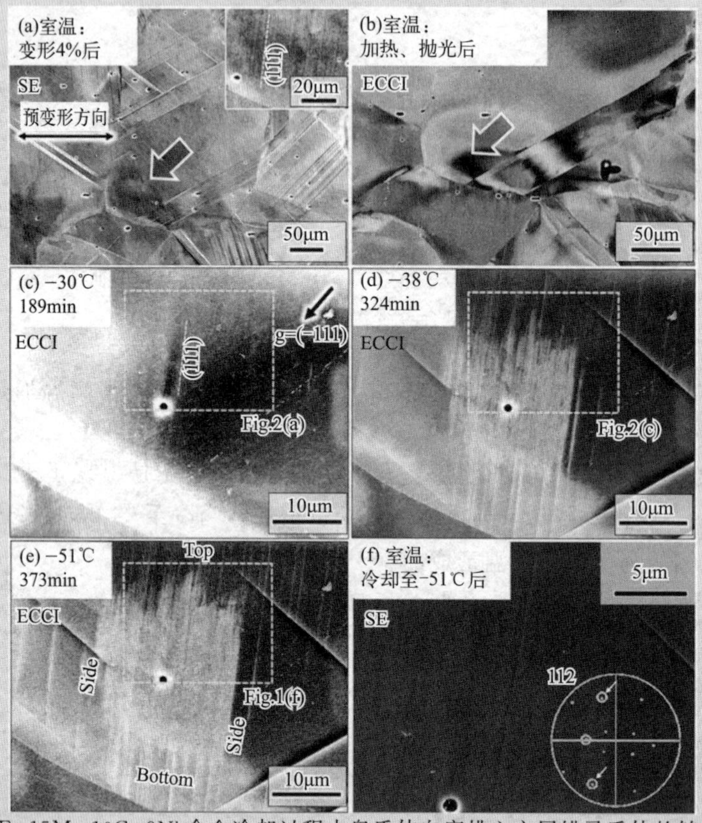

图 6-27　Fe-15Mn-10Cr-8Ni 合金冷却过程中奥氏体向密排六方层错马氏体的转变过程[22]

(a) 4%变形后表面；(b) 变形引起的内应力；(c) 冷却到−30℃；(d) −38℃；(e) −51℃；(f) 为 (e) 图对应的 SEM 图像（图中时间代表了冷却的总时长）

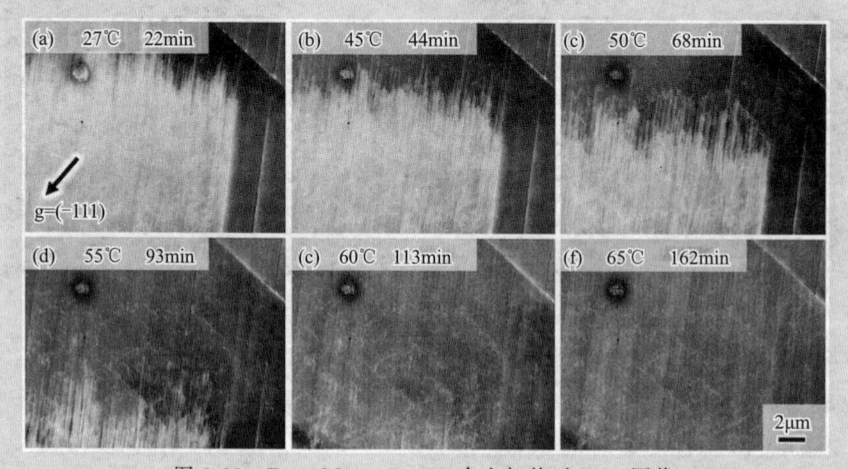

图 6-28　Fe-15Mn-10Cr-8Ni 合金加热时 ECC 图像

6.4.2.2 爆发式转变（自触发形核）

一些 M_s 温度低于 0℃的合金冷至一定温度 M_B（$M_B \leqslant M_s$）时，瞬间（几分之一秒）剧烈地形成大量马氏体，这种马氏体形成的方式称为爆发式转变。

图 6-29 示出 Fe-Ni-C 合金马氏体转变的情况，其中直线部分的转变就是爆发式。经爆发式转变后随温度下降呈正常的变温转变。当第一片马氏体形成后，会激发出大量马氏体而引起爆发式转变，形状常呈“Z”形，马氏体片呈现如图 6-30 所示的中脊面。Fe-Ni-C 马氏体在 0℃以上形成时，惯习面为 $\{225\}_\gamma$，当大量爆发出现时，惯习面接近 $\{259\}_\gamma$。可以推想，这种马氏体形成时，一片马氏体尖端的应力促使另一片惯习面为 $\{259\}_\gamma$ 的马氏体的形核和长大，因而呈连锁反应式转变。爆发转变停止后，为使马氏体转变继续进行，必须继续降低温度。

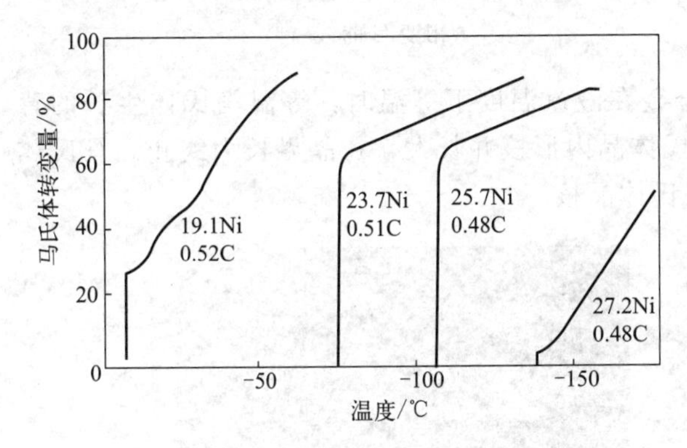

图 6-29 Fe-Ni-C 合金马氏体相变曲线

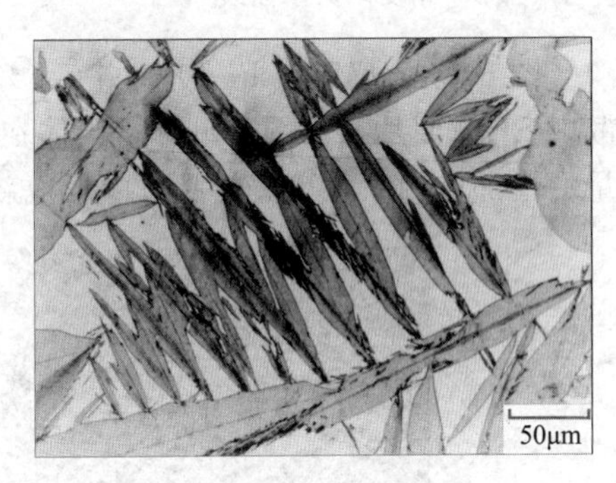

图 6-30 Fe-30Ni-0.31C 中发生的爆发式马氏体相变产物形貌[9]

在爆发式型转变时伴有声音并释放出大量相变热，在适当条件下爆发量达 70%时使试样温度上升达 30℃，这使后续的正常转变“稳定化”，甚至被抑制。因此经爆发式转变以后，温度下降对马氏体形成量的影响并不反映其动力学性质。

6.4.2.3 等温马氏体相变（等温形核）

前述马氏体相变动力学都是在一定温度下瞬时发生大量转变，但也有少量合金的马氏体完全由等温形成，转变的动力学曲线也呈 C 形特征，这样的转变称为等温马氏体相变，其中 Fe-Ni-Mn 和 Fe-Ni-Cr 是两类比较典型具有等温马氏体相变特征的合金[23]。目前，对于等温马氏体相变的研究从原来的温度影响，发展到了磁场和静力场的影响[24]。

图 6-31 为 Fe-26.7Ni-2.95Cr 合金的等温马氏体相变动力学曲线。图中曲线由电阻率测量获得。由图可见，这种曲线的典型形式是转变缓慢地开始，然后加速，在转变完成百分之几以后达到最大速度，然后再减速、缓慢停止。随着等温温度的降低，等温转变速度增大。当转变速度经过一个极大值（大多数合金约在－135℃）以后，等温转变速度和转变量又随等温温度的下降而逐渐降低。因此，这种等温转变的全部动力学行为也可以用时间-温度-转变量（TTT）曲线表示，如图 6-32 所示。可见，开始转变速度较小，以后因温度降低而加快，当达到－135℃附近达最大速度，即所谓鼻部，然后又减慢下来，呈 C 形曲线的特征。

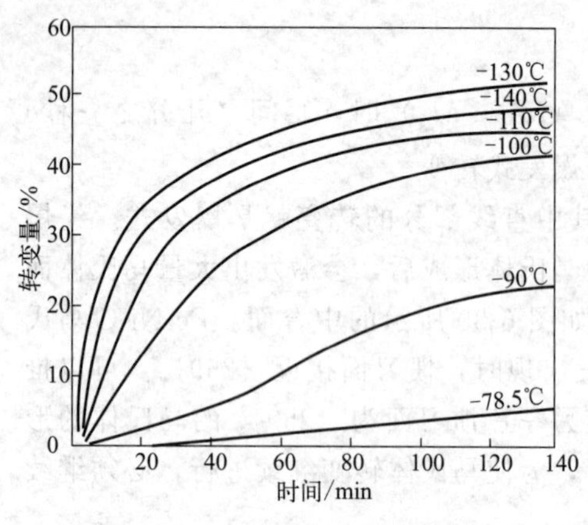

图 6-31　Fe-Ni-Cr 合金的等温马氏体相变动力学曲线[25]

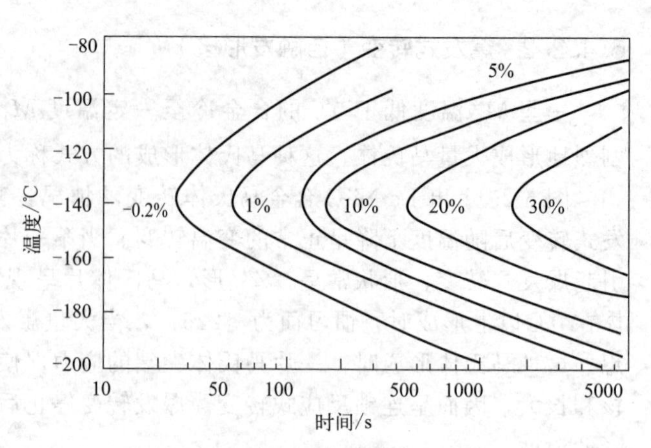

图 6-32　Fe-Ni-Mn 合金马氏体等温相变 C 曲线[26]

图 6-33 为奥氏体 Fe-31%Ni-0.4%Cr 合金在液氮温度下等温时，等温马氏体生长的背散射 SEM 照片，由图可见，马氏体在原奥氏体晶内形核并长大，在晶界长大终止。马氏体量的增加依赖于在奥氏体晶粒内形成新的马氏体晶核。

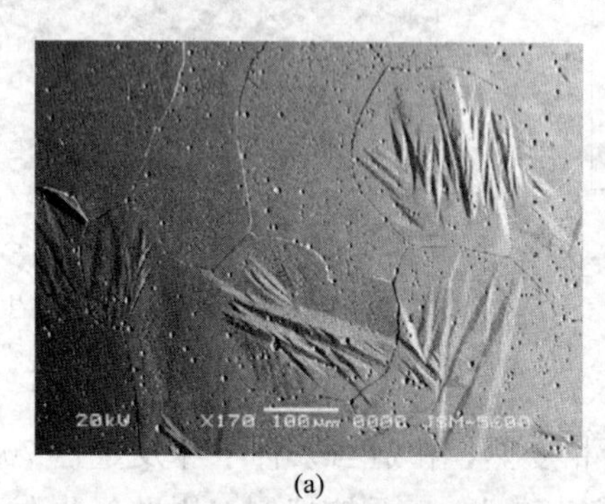

(a)

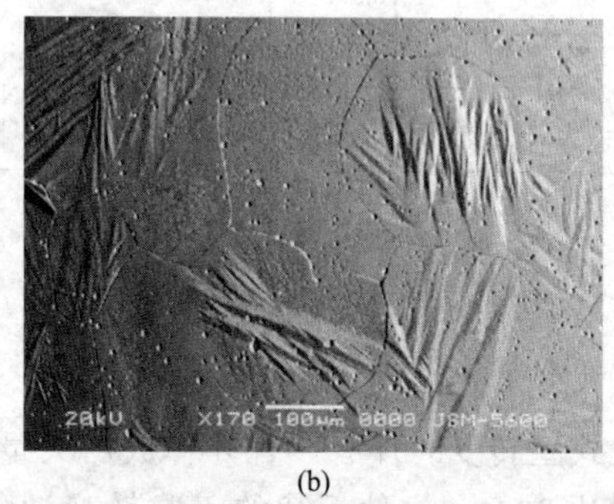

(b)

图 6-33　奥氏体 Fe-31%Ni-0.4%Cr 合金的等温马氏体生长的背散射 SEM 照片（−196℃等温）[27]
（a）等温 3min；（b）等温 6min

等温马氏体相变的特点是：马氏体核可以等温形成，形核需要孕育期，但长大速率仍然极快；马氏体相变的形核率与转变速度均随过冷度的增加，呈先增加后减小的趋势。马氏体形核是典型的热激活过程，因此可以说等温转变受热激活控制。

应当指出，等温马氏体相变一般都不能进行到底，仅部分奥氏体可以等温转变为马氏体，完成一定的转变量后即停止，只有在更低的等温温度下才能继续发生等温马氏体相变。这一现象与马氏体相变的热力学特点有关：随着等温转变的进行，由马氏体相变产生的体积变化使未转变奥氏体发生变形，导致形变强化，从而使奥氏体向马氏体相变的切变阻力增大。因此，必须增加过冷度，使相变驱动力增大，才能使转变继续进行。

有些合金钢以变温马氏体相变为主，但也兼具等温马氏体相变的特征。如 18W-4Cr-1V 高速钢在冷处理发生变温马氏体相变中，在 −30℃停留 1h，会形成少量等温马氏体，GCr15 钢经淬火后，其残余奥氏体内会发生等温马氏体相变。

等温相变和爆发式相变常常交叉或相伴出现。例如，将试样淬至近 M_B 时使产生少量等温相变则随后就产生大的爆发式相变。在 Fe-Ni（>7%Ni）合金中加入锰或铬则会由爆发式变为等温相变。

综上，以上三种马氏体相变方式，马氏体的长大速率均极大，主要差别是形核及形核率不同，且均与转变温度关系不大。

6.4.2.4 热弹性马氏体相变

在前面所述的三类马氏体相变中，一个共同特征是形核以后以极快速度长大到一极限尺寸即停止，如要继续发生马氏体相变，必须持续降温以形成新的晶核而长成马氏体片。这是因为马氏体形成时引起的形状变化，在初期可依靠相邻母相的弹性变形来协调，但随马氏体片的长大，弹性变形程度不断增大，当变形超过一定限度时，便发生塑性变形，共格界面遭到破坏，使长大需要额外的能量，故马氏体片即停止长大。这个过程是不可逆的。

与此不同，在某些合金中马氏体形成时，产生的形状变化始终依靠相邻母相的弹性变形来协调，保持着界面的共格性。这样，马氏体片可随温度降低而长大，随温度升高而缩小，亦即温度的升降发生马氏体片的消长。具有这种特性的马氏体称为热弹性马氏体，如图 6-34 所示。

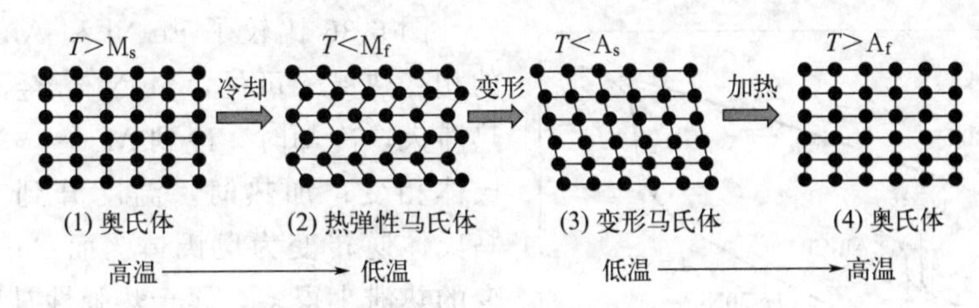

图 6-34 热弹性马氏体相变时的弹性协调保持共格示意

出现热弹性马氏体的必要条件是：

① 马氏体与母相的界面必须维持共格关系，为此，马氏体与母相的比容差要小，以便使界面上的应变始终处于弹性范围内；

② 母相应具有有序点阵结构，因为有序化程度愈高，原子排列规律性愈强，在正、逆转变中有利于使母相与马氏体之间维持原有不变的晶体学取向关系，以实现转变的完全可逆性。

热弹性马氏体相变的判据为：a. 临界相变驱动力小，热滞小；b. 相界面可发生可逆运动；c. 形状应变为弹性协作，马氏体内的弹性储存能对逆相变驱动力作出贡献。当满足这三个条件时为完全的热弹性相变；当部分满足这三个条件时为近似（半）热弹性相变；当完全不符合这些条件时为非热弹性相变，即一般的变温相变，也包括爆发式相变。

某些有色合金，如 Ni-Ti、Au-Cd、Cu-Al-Ni、Cu-Zn-Al、In-Tl，它们的马氏体相变的临界驱动力很小，可比铁基合金低两个数量级，如 Cu-26Zn-4Al 合金的临界驱动力约 10.5J/mol，相变热滞（A_f-M_s）小，仅 10K 左右；相界面随温度改变而进退（见图 6-35）；形状应变全部由弹性协作，马氏体内储存能供作逆相变的驱动力。因此这些合金的马氏体相变属完全的热弹性相变。

Fe-30Ni 合金中 $\gamma \rightarrow \alpha'$ 的相变临界驱动力很大（>1000J/mol），热滞（A_f-M_s）大于 400℃，形成的变温马氏体瞬时长大至最终形状，相界面为不可动界面，并形成位错来协调相变所产生的形状应变，其逆相变驱动力完全由化学驱动力来提供，因此属非热弹性相变。多数工业用钢的马氏体相变属于此类相变。

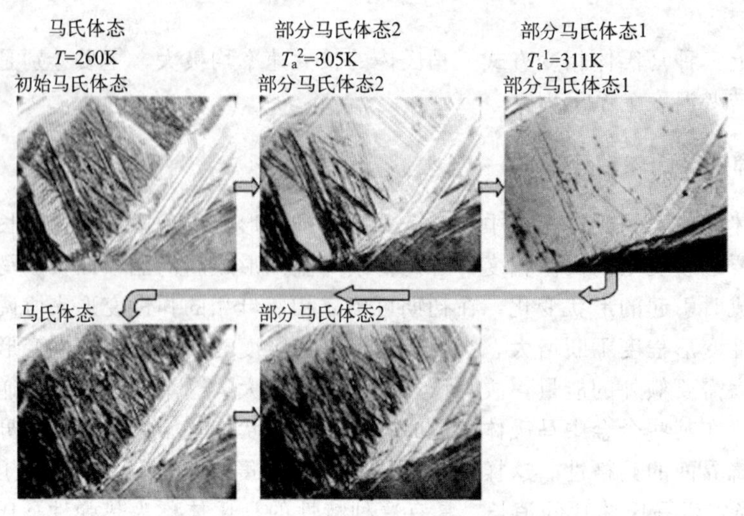

图 6-35　Cu-Zn-Al 合金的热弹性马氏体相变组织演变过程照片[28]

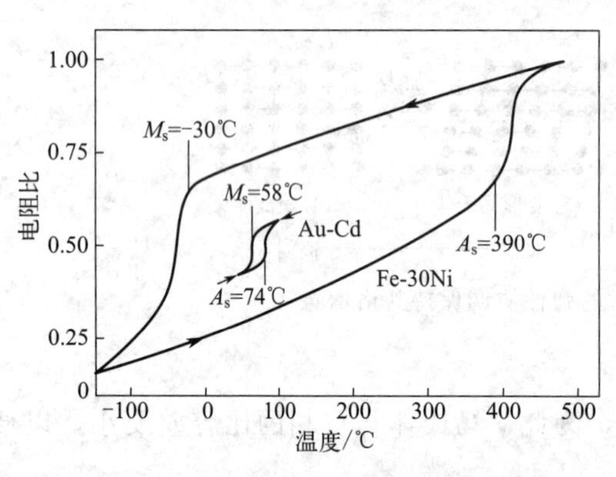

图 6-36　Fe-Ni 和 Au-Cd 合金马氏体相变的热滞比较

图 6-36 比较了 Fe-Ni 和 Au-Cd 两类合金的相变热滞。可见，Fe-Ni 合金马氏体相变的热滞大，冷却时，冷到 $M_s=-30℃$ 才发生马氏体相变；加热时，温度升到 $A_s=390℃$，马氏体逆转变为奥氏体。而 Au-Cd 马氏体相变的热滞小得多，属于热弹性马氏体相变。

对比以上几种马氏体相变动力学特征可知，变温相变主要受相变驱动力的控制；等温相变主要受热激活因素控制，两者呈现不同的动力学特征。需要相变驱动力很大的合金一般会呈现等温相变；相变驱动力大小一般的则呈现变温相变；相变驱动力较大的变温相变往往呈现爆发式的动力学特征；爆发式相变和等温相变会在同一材料中发生；驱动力很小时往往呈现热弹性相变。

6.4.3　马氏体的形核与长大

马氏体的相变过程是固态相变研究中长期受到普遍关注的一个重要的学术问题。马氏体相变属一级相变，包括形核与长大两个过程。由马氏体相变的无扩散性和在低温下仍以很高的速度进行相变等现象，说明在相变过程中无成分变化，而且点阵的重组是由原子集体有规律的近程迁移完成的。因此，可以把马氏体相变看作晶体由一种结构通过切变转变为另一种结构的变化过程。马氏体核是怎样形成和长大的？切变又是如何进行的？下面对此进行简单介绍。

6.4.3.1　马氏体的形核

有关马氏体的形核有几种不同学说：经典形核理论、非均匀形核理论和核胚冻结理论。

经典形核理论认为，马氏体相变的形核是均匀形核。但大量的实验事实和理论计算已证明经典形核理论对马氏体的形核是不适用的。形核决定于形成临界尺寸核胚的激活能，即原子从母相转入新相所需克服的能垒（临界形核势垒）。图 6-37（a）为马氏体均匀形核的自由能曲线，形成临界大小的核胚时所需要的激活能 Q：

$$Q=\Delta G=\frac{32}{3}\pi\times\frac{A^2\sigma^3}{(\Delta g)^4} \tag{6-10}$$

式中，ΔG 为系统的自由能变化；Δg 为单位体积新相与母相的自由能差；σ 为单位体积表面能；A 为弹性能常数，正比于奥氏体切变模量。按照式（6-10）计算所得到的形核激活能比实际值要大 10^5 数量级，所以均匀形核理论不适用于马氏体形核。

非均匀形核理论认为，形核位置与母相中存在的缺陷有关。早已得知，母相晶粒界面和第二相相界面对马氏体形核并无促进作用。因而可以推想，马氏体非均匀形核的促发因素应与晶体缺陷有关。这些缺陷可能是位错、层错等晶粒内部的缺陷，而很少是晶界或相界面。所以马氏体形核一般在晶粒内部发生，如钢中的马氏体在奥氏体晶粒内形核并长大。如果在缺陷处形核，则成核势垒 ΔG^* 以及晶胚的临界尺寸（r^*，c^*）都可能减小［图 6-37（b）］。所以不均匀形核可以减小转变所需的驱动力，因此形核是不均匀形核。

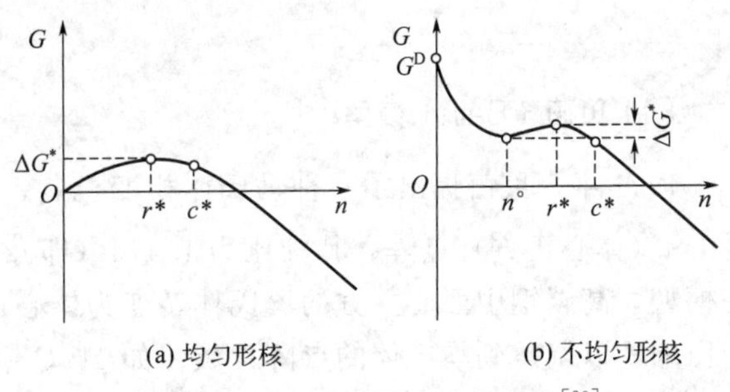

图 6-37　马氏体形核自由能曲线[29]

如果形核是非均匀的，那么，这些晶核是在什么阶段形成的呢？

核胚冻结理论认为，在奥氏体中已经存在具有马氏体结构的微区，这些微区是在高温下母相奥氏体中某些与晶体缺陷有关的有利位置，通过能量起伏及结构起伏形成的。它们随温度降低而被冻结到低温，可称为核胚。当核胚的尺寸达到临界晶核尺寸时，该核胚就成为马氏体的晶核。根据形核理论，临界晶核尺寸与过冷度有关，温度越低，即过冷度越大，临界晶核尺寸越小。由于存在于母相奥氏体中的核胚的尺寸不一，所以那些较大的核胚就可以在较高的马氏体相变温度时成为马氏体的晶核，而较小尺寸的核胚，则在较低温度时成为马氏体的晶核。当大于临界尺寸的核胚消耗殆尽时，相变就停止，只有进一步降低温度才能使更小的核胚成为晶核而长成马氏体。这一核胚冻结理论很好解释了变温马氏体瞬时形核。而在等温过程中，某些尺寸小于该温度下临界晶核尺寸的核胚有可能通过热激活而长大到临界尺寸。由于是从已有核胚增大到临界尺寸，故所需形核功不大，在低温下是可能的。核胚随等温时间延长通过热激活而成为晶核，所以核胚冻结理论也较好解释了马氏体相变的等温形核。这种预先存在马氏体核胚的设想后来从电子显微分析中获得了间接的证明。

6.4.3.2　马氏体的切变

马氏体核形成后，通过切变长成马氏体片或条。马氏体相变晶体学研究对于解释马氏体是如何进行切变的发挥了重要作用。研究经历了三个阶段：第一阶段是贝茵应变模型的提出（1924 年），但由于该应变模型不能说明惯习面的形成机制，故并未引起人们多大的注意；第二阶段是从 K-S 模型（1930 年）开始到 20 世纪 50 年代初，在此阶段提出了几种切变模型，这些模型都是对某一具体事例，设计一种切变晶体学模型，说明位向关系、惯习面和外形变化的形成原因，各个切变模型之间缺乏统一的理论体系；第三阶段是 20 世纪 50 年代初形成的马氏体相变晶体学唯象理论，它吸收了贝茵应变和切变模型研究中的合理部分，从不变平面应变这一基本观点出发，设计了一套可以定量处理的应变模型，包括改变点阵结构和不改变点阵结构两类模型，全面说明母相、新相的点阵结构、位向关系、惯习面（指数）、外形变化及马氏体中亚结构参数（如孪晶面、孪晶片厚度、密度）之间的关系。

下面介绍几种有代表性马氏体相变模型。

马氏体切变

（1）贝茵（Bain）模型

1924 年，贝茵提出了一种马氏体相变机制，称为 Bain 模型。贝茵模型把 fcc 点阵看成是 bct（体心正方）点阵，其轴比为 1.414（即$\sqrt{2}/1$），如图 6-38（a）和（b）所示。按照这一模型，高碳钢中面心立方的奥氏体转变为体心正方的马氏体时只需沿一个立方体轴进行均匀压缩，以调整到马氏体的点阵常数，如 1%C 钢的马氏体轴比为 1.05，则沿体心立方的 c 轴方向压缩 20%，沿 a 轴方向伸长 12%，使轴比由 1.414 变为 1.05，就成为马氏体晶胞，如图 6-38（c）和（d）所示。

根据 Bain 模型，只使原子移动最小距离就可完成马氏体相变，并指明在相变前后，新、旧相晶体结构中存在共同的面和方向的晶体学特性，但未能说明相变时出现的表面浮凸、惯习面和亚结构等的存在，因此不能完整地说明马氏体相变的特征。

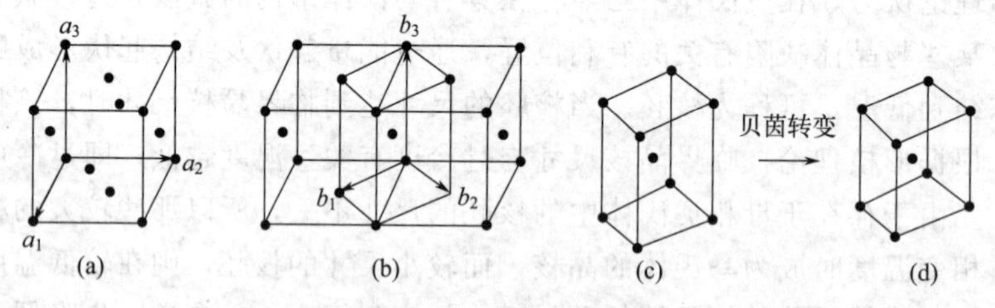

图 6-38　Bain 模型示意图

（a）相变前奥氏体的面心立方单胞；（b）相变前两个单胞中间的体心正方单胞；（c）相变前的体心正方单胞（相变前）；（d）相变后的体心立方马氏体

（2）K-S（Kurdjumov-Sachs）模型

20 世纪 30 年代初期，Kurdjumov 和 Sachs 确定了 1.4%C 钢中马氏体（α'）和母相（γ）之间存在的位向关系为：

$$\{110\}_{\alpha'} \,||\, \{111\}_{\gamma}, \langle 111\rangle_{\alpha'} \,||\, \langle 110\rangle_{\gamma} \tag{6-11}$$

该关系称为 K-S 关系。根据 K-S 模型，马氏体相变过程发生的切变分为以下几个步骤（如图 6-39 所示）。图 6-39（a）为面心立方点阵示意图，图中阴影部分为 $(111)_\gamma$ 面的排列情况。如果以该阴影部分 $(111)_\gamma$ 为基面［见图 6-39（b）］，则相变经历了两次切变和一次线性调整过程：

① 第一次切变　令 γ-Fe 点阵中各层 $(111)_\gamma$ 晶面上的原子相对于其相邻下层沿 $[\bar{2}11]_\gamma$ 方向先发生第一次切变。原子移动小于一个原子间距，使 A 层、C 层原子的投影位置重叠起来，如图 6-39（c）所示，切变角为 19°28′。图中 B 层原子移动了 $\frac{1}{12}\gamma_{[\bar{2}11]}$ (0.057nm)，C 层原子移动了$\frac{1}{6}\gamma_{[\bar{2}11]}$ (0.114nm)，往上各层原子移动距离按比例增加，但相邻两层原子移动距离均为$\frac{1}{12}\gamma_{[\bar{2}11]}$。这样，B 层原子移动到了菱形底面的中心，C 层原子移动到了与 A 层原子重合的位置，这样使 C 层原子与 A 层原子的连线正好垂直于底面［如图 6-39（c）］。第一次切变前后在（111）γ 基面上的投影分别示于图 6-40（a）和（b）。

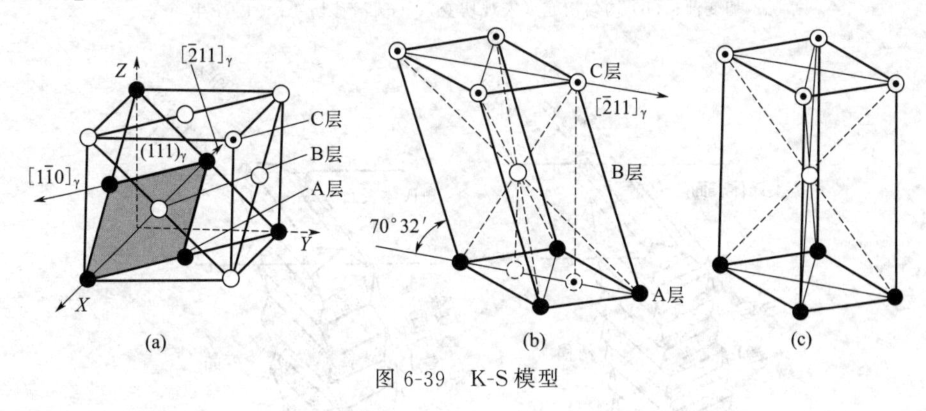

图 6-39　K-S 模型

② 第二次切变　由图 6-40（c）和（d），在 $(11\bar{2})_\gamma$ 晶面上［垂直于$(111)_\gamma$ 晶面］沿 $[\bar{1}10]$ 方向发生 10°32′第二次切变，使底面的夹角由 60°增加到 70°32′。

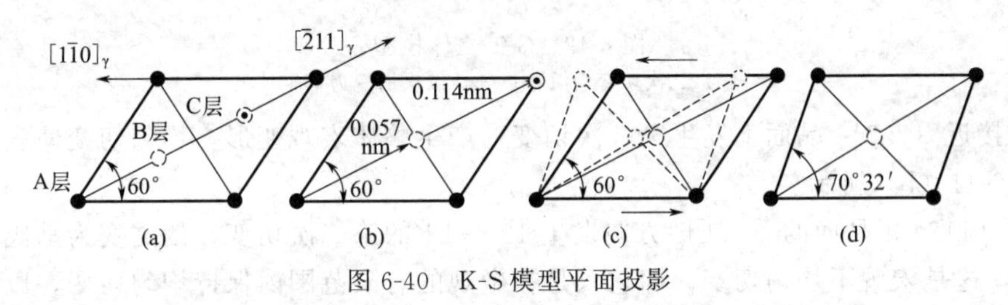

图 6-40　K-S 模型平面投影

③ 线性调整　使菱形面的尺寸做膨胀或收缩，γ→α′转变完成。

可见，马氏体相变不是靠原子的扩散，而是靠与孪生变形相似的方式，即母相中某个晶面上的全部原子相对相邻晶面做协同的、有规律的、小于一个原子间距的位移的切变过程来实现。

K-S 模型清晰展示了面心立方奥氏体改建为体心正方马氏体的切变过程，并能很好地反映出新相和母相的晶体取向关系，但是按此模型，马氏体的惯习面似应为 $\{111\}_\gamma$，这可以解释低碳钢中位错型马氏体的特征，而不能解释高碳钢惯习面是 $\{225\}_\gamma$ 和 $\{259\}_\gamma$ 的切变过程。

（3） G-T（Greninger-Troiano）模型

1949 年，Greninger 和 Troiano 对 Fe-22%Ni-0.8%C 合金进行了惯习面和位向关系的测定，同时以表面浮凸效应测得平均切变位移为 10 °45′，认为切变是在非简单指数的惯习面上发生；提出了既符合浮凸效应又符合位向关系的双切变模型，称为 G-T 模型。该模型提出马氏体相变的切变过程经历了一次宏观均匀切变和一次宏观非均匀切变（即系统内各部分应变量不同），其示意图如图 6-41 和图 6-42 所示。

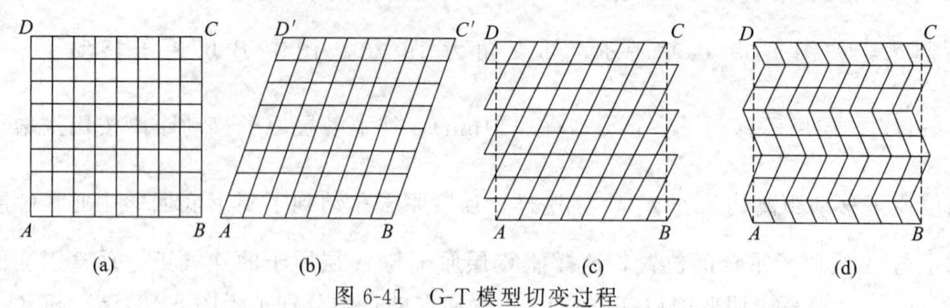

图 6-41　G-T 模型切变过程

（a）切变前；（b）均匀切变（宏观切变）；（c）滑移切变；（d）孪生切变

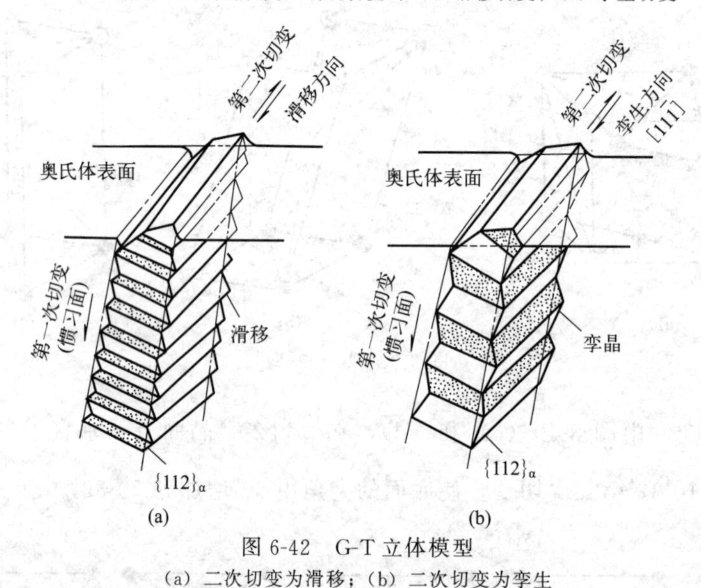

图 6-42　G-T 立体模型

（a）二次切变为滑移；（b）二次切变为孪生

① 在接近 $\{259\}_{\gamma}$ 晶面上发生第一次切变，产生整体宏观变形，均匀切变使表面发生浮凸，如图 6-41（b）所示。

② 在（112）α′晶面的 $[111]_{\alpha'}$ 方向发生 12°～13°的第二次切变，使之变为马氏体的体心正方点阵，这是宏观不均匀切变，即它只是在微观的有限范围内保持均匀切变，以完成点阵改组，而在宏观上则形成沿平行晶面的滑移［图 6-41（c）］或孪生［图 6-41（d）］。其切变立体示意图如图 6-42 所示。

③ 最后做微小调整，使晶面间距符合实验结果。

G-T 模型较好解释了马氏体相变的点阵改组、浮凸效应、惯习面、取向关系，特别是较好地解释了马氏体内两种主要的亚结构——位错和孪晶。

6.4.3.3　马氏体的长大

马氏体核形成后，通过切变长成马氏体片或条。为在马氏体与奥氏体的交界面上维持共格联系，界面两侧的奥氏体与马氏体必将产生切应变。由于靠近界面的奥氏体已经有了切应变，故马氏体的长大只需要靠近界面的奥氏体中的原子做少量的协同性位移即可转移到马氏体点阵，所以马氏体相变可以有极高的长大速率。

随马氏体长大，奥氏体的切应变愈来愈大，当超过奥氏体的屈服极限时，发生塑性变形而使界面的共格破坏，这样奥氏体原子不可能再通过协同式短距离位移转移到马氏体，而必须通过原子较长距离的扩散才能使长大继续进行，这样的转移实际上难以进行，此时马氏体停止长大。

由上可见，马氏体长大的核心问题包括以下两方面：

① 界面的运动，它受以下因素的影响：a. 驱动力的控制；b. 材料本身的组元，如含间隙原子碳，组成碳气团形成拖曳效应（即减慢界面运动）；c. 界面运动阻力——界面摩擦；d. 晶体内其它缺陷，以及其它障碍（夹杂物和晶界等）交互作用。

② 基体对马氏体形状改变的协作。当基体主要以弹性形变进行协作时，马氏体以非热弹性方式长大，其极端的情况是马氏体瞬间长大至给定形状，长大的不同机制不但决定长大的速率，也决定马氏体的形态。

6.5 淬火时的奥氏体稳定化

前面已知，当钢以大于临界冷却速度冷却时，过冷奥氏体会在低于 M_s 后随温度降低不断发生马氏体相变。但如果钢在此过程中外界条件发生某些改变，马氏体相变会发生什么情况呢？实验证明，因淬火中断（在一定温度下停留）或对过冷奥氏体进行一定塑性变形后，会使随后的马氏体相变出现迟滞或使马氏体相变量减少。这种现象称为奥氏体的稳定化。奥氏体稳定化将引起残余奥氏体量（A_R%）升高，使硬度降低，零件尺寸稳定性降低，但抗接触疲劳能力提高。因此，这一现象根据服役性能的要求，有时应当避免，有时可以利用。

奥氏体的稳定化分为热稳定化、机械稳定化，此外还有化学稳定化与相致稳定化。

6.5.1 热稳定化

(1) 热稳定化现象

淬火冷却时，由于冷却缓慢，或冷却暂时中断，或在转变过程中在一定温度下时效（低于 M_s 或高于 M_s），会引起奥氏体稳定性提高，导致 M_s 点下降，残余奥氏体量增加，这一现象称为热稳定化。最早是1937年在1.17%C钢经冷处理时发现的，以后在碳钢、铬钢、镍钢和一些其它合金钢以及Fe-Ni（含碳）合金里都发现奥氏体的热稳定化现象。

图6-43示出了钢经淬火至不同温度停留一定时间后，继续冷却时奥氏体转变为马氏体的规律。可见经不同温度停留后继续冷却时，比不停留连续冷却所得的马氏体数量少，停留温度愈低，最终所得的马氏体量愈少。在继续冷却时，马氏体相变要滞后一定的温度间隔 θ 后才能继续进行。冷却到室温 T_R 时，残余奥氏体量增加，增量为 δ。热稳定化程度用滞后温度 θ 和残余奥氏体增量 δ 表示，如图6-44所示。

(2) 影响热稳定化的因素

① 钢的化学成分　在钢中的研究发现，奥氏体稳定化的必要条件是必须有C、N元素存在。另外合金元素对稳定化影响程度不同，一般来说碳化物形成元素（如Cr、Mo、V等）能促进热稳定化，而非碳化物形成元素（如Si、Ni等）则影响不大。

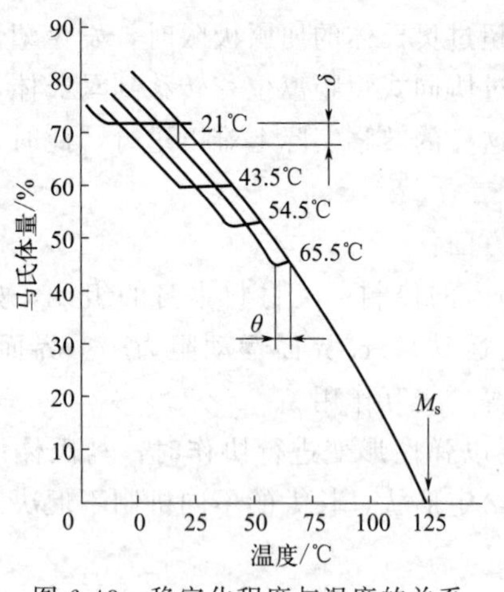

图 6-43　稳定化程度与温度的关系

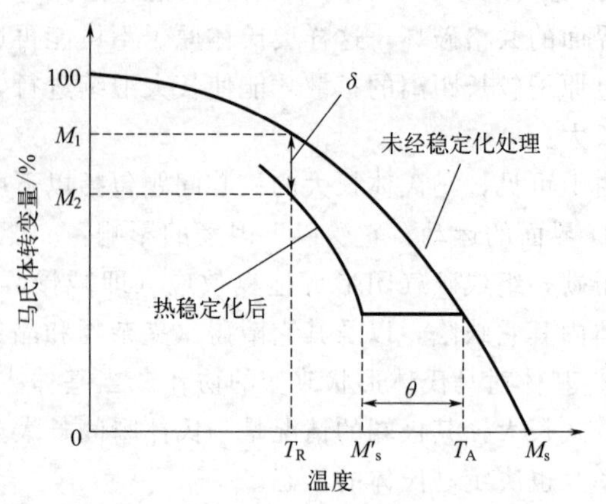

图 6-44　奥氏体稳定化程度的表示方法

② 保温温度　稳定化程度与保温温度有关，在 M_s 点以下保温或在 M_s 以上保温都会出现奥氏体稳定化现象。在 M_s 点以下等温时，等温温度越高，热稳定化速度越大，最大稳定化程度越小，而在 M_s 以上等温时，保温温度愈高，稳定化程度越大，残余奥氏体量愈多。

③ 等温时间　稳定化程度也与等温时间有关。随等温时间先增后减，后达到稳定（如图 6-45）。

④ 马氏体量　稳定化程度与已形成的马氏体数量有关。预先形成的马氏体量愈多，最大稳定化程度愈高（图 6-46）。

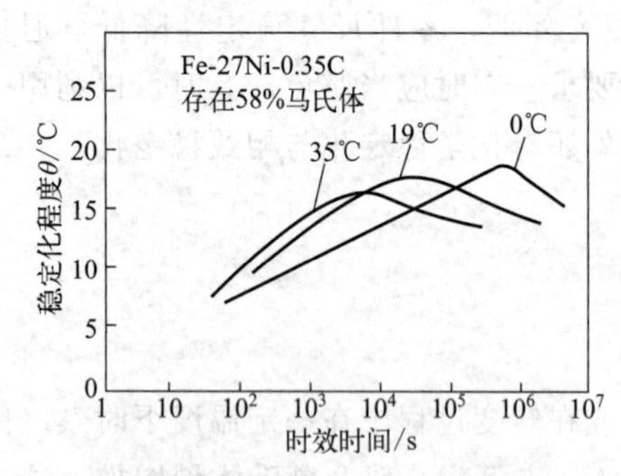

图 6-45　Fe-27Ni-0.35C 合金时效温度和时间与稳定化程度的关系

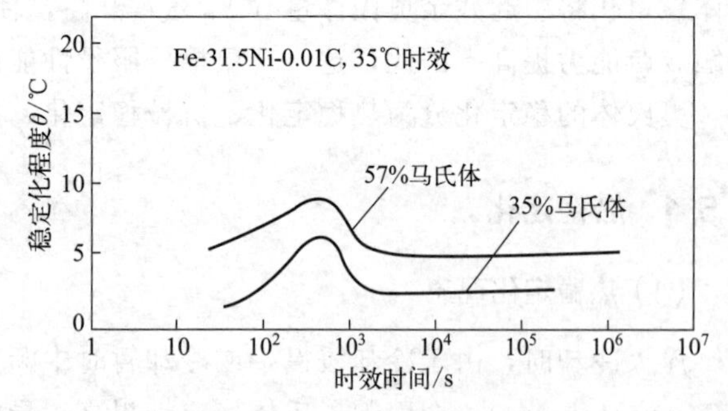

图 6-46　Fe-31.5Ni-0.01C 合金中马氏体含量对稳定化程度的影响

⑤ 淬火介质　淬火介质的冷却速度越慢，稳定化程度越大。

奥氏体热稳定化的形成原因有多种解释，包括应力松弛、有效核胚消耗和 Cottrell 气团形成等，其中最后一种理论广为关注。实验证实，等温过程中有 C 原子向位错或马氏体晶界偏聚的现象；位错能吸收大量杂质原子（C、N），而形成 Cottrell 气团。一般认为，这是由于在一定温度停留时，奥氏体中固溶的 C、N 原子与位错相互作用，形成了钉扎位错，即 Cottrell 气团，因而强化了奥氏体，使马氏体相变的切变阻力增大。也有观点认为，在适当温度停留时，C、N 等间隙原子将向位错界面（即马氏体核胚与奥氏体的界面）偏聚，形成 Cottrell 气团，阻碍了晶胚的长大，从而引起稳定化。不论上述哪一种观点，都是建立在原子热运动规律基础上的。由此推断，停留温度愈高，碳原子热运动愈强，Cottrell 气团的数量愈多，因而热稳定化倾向愈大；反之，停留温度愈低（包括在 M_s 点以下），热稳定化倾向就愈小。但若停留温度过高，由于碳原子扩散能力显著增大，足以使之脱离位错而逸出，使 Cottrell 气团破坏，以致造成稳定化倾向降低，甚至消失，此即所谓反稳定化。

6.5.2 机械稳定化

在 M_d 点以上，对奥氏体进行塑性变形，形变量足够大时，可以引起奥氏体稳定性提高，使冷却时马氏体相变难以进行，M_s 点下降，残余奥氏体量增加。这种现象称为机械稳定化。M_d 以下变形可诱发马氏体相变，但也使未转变奥氏体产生稳定化。出现机械稳定化的原因是塑性变形使奥氏体晶体产生了各种缺陷而强化，从而使相变阻力增加。Fe-C、Fe-M 和 Fe-M-C（M 表示合金元素）马氏体相变热力学都显示，M_s 因奥氏体强化呈线性下降趋势，即呈现机械稳定化。但是少量塑性变形不仅不产生稳定化，反而对马氏体相变有促进作用。

图 6-47 给出了 Fe-Cr-Ni 钢在 25℃和 300℃等温时，形变奥氏体与未形变奥氏体的马氏体转变量比值（M/M_0）随变形量的变化曲线。可见少量塑性变形会增加马氏体转变量（$M/M_0>1$），变形量达到一定值后，随变形量增加，马氏体转变量减少，即出现奥氏体稳定化。变形量低时之所以会出现与机械稳定化相反的效应，可以认为是内应力集中所造成的，这种集中的内应力有助于马氏体核胚的形成，或者促进已存在的核胚长大。从图 6-47 中还可看出，形变温度越高，对奥氏体稳定性的影响越小。

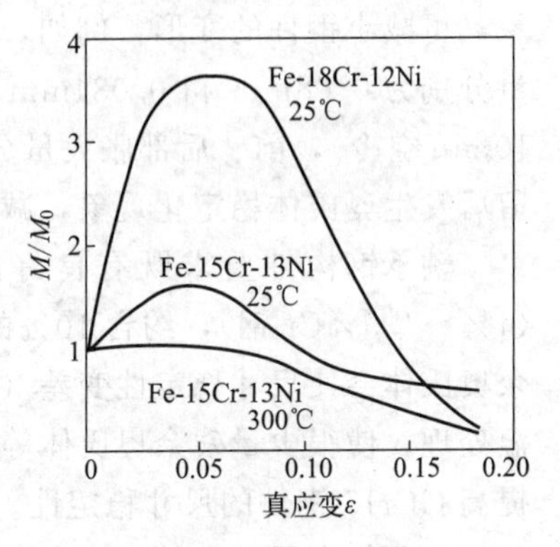

图 6-47 塑性变形对 Fe-Cr-Ni 合金马氏体转变量的影响

M—形变奥氏体在液氮中冷处理后的马氏体量；M_0—未形变奥氏体经相同处理后的马氏体量

6.5.3 化学稳定化

马氏体相变时 C 原子能扩散进入奥氏体中使其富 C，从而使 M_s 点降低，引起奥氏体的化学稳定化。前述的随钢中奥氏体含量的升高 M_s 降低就是化学稳定化。Thomas 等[30] 测定了低碳马氏体板条间残余奥氏体中平均碳含量可由 0.3%上升到 0.7%，康沫狂等[31] 测定淬火马氏体中残余奥氏体的平均碳含量由 0.4%上升到 0.6%，徐祖耀计算 C 原子从马氏体扩散到奥氏体中的时间为 10^{-7} s 数量级，表明马氏体和富 C 的奥氏体几乎可以同时形成。

氮（N）原子与 C 有相似的作用，而其它置换型合金元素由于在马氏体和贝氏体相变中几乎不发生扩散，故一般不引起奥氏体化学稳定化。

6.5.4 相致稳定化

马氏体相变时形成一定数量高硬度的马氏体，由于马氏体比容大于奥氏体，所以体积增大，这就使嵌在中间尚未转变的“软”的奥氏体受到了挤压作用，引起奥氏体变形硬化。这样，使马氏体相变的切变阻力增大，奥氏体难以继续转变为马氏体，即奥氏体稳定化。这种现象也称为马氏体相致稳定化[20]。

 **视频6-2** 奥氏体稳定化 

6.5.5 奥氏体稳定化的应用

奥氏体稳定化现象在工业生产中具有广泛的应用，可以实现减少零件变形，提高尺寸稳定性，改善强韧性的作用。

利用奥氏体稳定化原理，可以制订合适的热处理工艺，例如对工具钢进行等温淬火（M_s 温度附近等温停留），缩短工时，减小工件变形，改善力学性能。

钢件经淬火常引起变形（热应力及相变应力所致），利用马氏体相变中奥氏体稳定化现象，可减小钢件的变形。例如，9CrSi 钢丝锥经 870℃油淬后，刃部前端和后端的节径胀大量分别为 0.08mm 和 0.084mm；而淬火到 160℃停留 1min 再经稳定化处理（240℃等温 10min 空冷），前、后部胀大量分别为 0.015mm 和 0.001mm。这是由于淬火过程中等温停留后发生奥氏体稳定化现象，减少了马氏体数量。

轴承钢构件要求既有良好的接触疲劳寿命，又能保持尺寸的稳定性。对 GCr15 钢（1%～1.5%Cr 钢），约含 10%的残余奥氏体时具有最高的接触疲劳寿命，但如此大量的残余奥氏体会使尺寸稳定性变差（在一定条件下转变为马氏体）。将淬火后的 GCr15 钢进行等温处理，使很少量残余奥氏体等温形成马氏体后，会使剩余的奥氏体稳定性大为提高，从而提高 GCr15 钢件的尺寸稳定性。

近些年发展起来的 Q-P（淬火-分配）工艺是利用钢的奥氏体稳定化提高塑性韧性的典型例子。具体见下一节介绍。

6.6 马氏体性能及其应用

6.6.1 马氏体的硬度、强度与钢的强化

6.6.1.1 马氏体硬度与强度

钢中马氏体最主要的特点是高硬度和高强度。硬度主要取决于马氏体的碳含量。图 6-48（a）为碳钢和低合金钢马氏体的硬度与碳含量的关系曲线，可见，随碳含量的升高，硬度显著提高；到碳含量 $w_C=0.8\%$左右时，硬度变化随淬火条件不同发生了变化，或继续增加，或基本保持不变甚至下降。不同研究者获得的不同硬度值与以下几个因素有关：原始奥氏体的晶粒大小、残余奥氏体量及未溶碳化物的数量等，而这些因素均是由热处理条件所决定的。

图 6-48（b）对比了不同热处理条件下钢的硬度变化，可见，当采用完全淬火时（曲线 1，亚共析钢 A_{c3} 以上，过共析钢 A_{ccm} 以上），随碳含量的增加硬度先升高，当达到共析成分后下降，这是由于完全淬火导致残余奥氏体量的增加和碳化物含量减少；当过共析钢采用不完全淬火时（曲线 2，亚共析钢 A_{c3} 以上，过共析钢 A_{c1}～A_{ccm} 之间），淬火后的硬度基本不变，这是由于对过共析钢采用不完全淬火，保留了一定数量碳化物，同时使奥氏体中碳含量低于钢的名义碳含量，残留奥氏体量减少；当采用完全淬火并深冷处理（曲线 3），使残余奥氏体全部转变为马氏体时，硬度会进一步提高；而合金元素对马氏体硬度影响不大。

马氏体之所以具有很高的强度与硬度，其物理本质是由组织结构所决定的。其主要强化机制有：

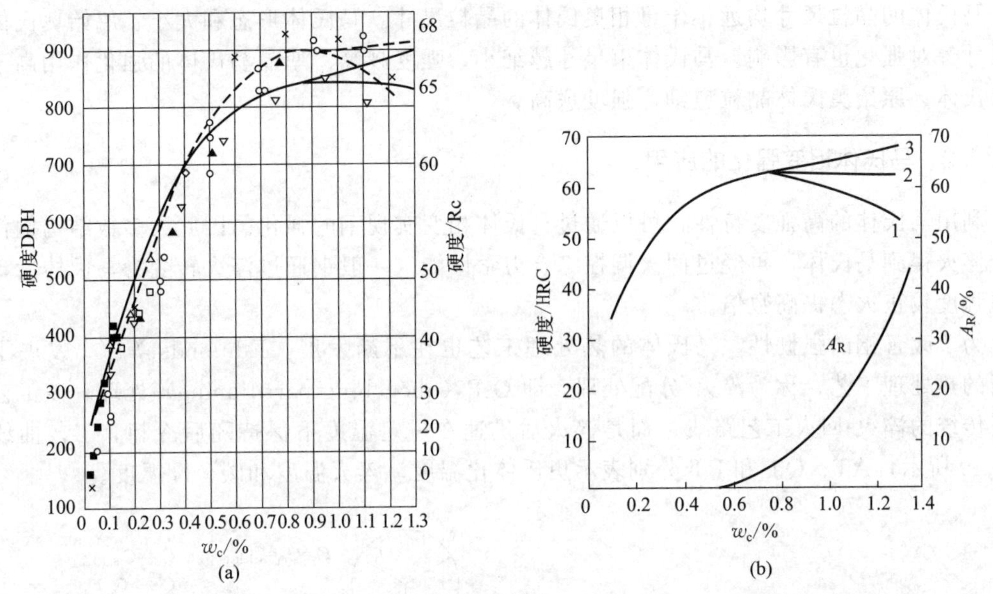

图 6-48 马氏体的硬度与钢中碳含量有关系[9]（a）及不同淬火工艺对硬度影响（b）
1—高于 A_{c3} 及 A_{ccm} 淬火（完全淬火）；2—高于 A_{c3} 或 A_{c1} 淬火（不完全淬火）；
3—完全淬火后深冷得到完全马氏体

（1）相变强化

马氏体相变时发生不均匀切变，产生了大量位错、孪晶、空位等缺陷。板条马氏体的亚结构为位错，其强化主要靠碳原子钉扎位错引起固溶强化。当钢碳含量升高时，马氏体的亚结构多为孪晶，孪晶亚结构能有效阻碍位错运动，从而产生强化。

（2）固溶强化

碳原子溶入形成过饱和固溶体，使晶格产生严重畸变。对比碳在奥氏体中的固溶强化效果和在马氏体中的固溶强化效果，发现后者比前者要大得多。为什么马氏体中的 C 原子有如此强烈的固溶强化效应，而奥氏体中溶入相同含量的碳固溶强化效应则不大呢？因为奥氏体和马氏体中的 C 原子处于 Fe 原子组成的八面体间隙中心，但是奥氏体（fcc）中的碳原子处于正八面体的中心，碳原子溶入时，引起对称畸变，即沿着三个对角线方向的伸长是相等的；而马氏体（bcc）中的八面体是扁八面体，碳原子的溶入使点阵发生不对称畸变，即短轴伸长，两个长轴稍有缩短，形成畸变偶极，造成一个强烈的应力场，阻碍位错运动的效果更显著，因此碳的固溶使马氏体的强度和硬度提高更明显。

（3）时效强化（第二相弥散强化）

通常淬火后要经过回火（见第 8 章），有些合金的 M_s 点较高（远高于室温），在淬火后继续冷却过程中马氏体会发生自回火，这个过程将形成碳原子偏聚区或析出碳化物，产生碳化物弥散强化。碳含量越高，强化的程度越大。

（4）细晶强化

马氏体相变中晶粒细化也是有效的强化因素，因为无论是板条马氏体，还是针状马氏体，马氏体的晶粒尺寸均远小于母相奥氏体的晶粒尺寸。马氏体形态和大小、原始奥氏体晶粒尺寸等对强化也有影响。马氏体束尺寸越细小，强度越高；孪晶马氏体的强化作用高于位错马氏体；原始奥氏体晶粒愈细，强度愈高。

6.6.1.2 马氏体相变强化的应用

利用马氏体的高强度特性，可以通过马氏体相变实现钢的强化。因此大多数结构钢件都要经淬火得到马氏体，再经过回火调控综合力学性能。一般钢通过淬火转变为马氏体后，其屈服强度较正火态提高数倍。

为了改善钢的强韧性，马氏体的热处理工艺也在不断发展。Edmonds 等[32] 发展了一种新的热处理工艺，称为淬火-分配处理，即 Q-P（quenching-partitioning）处理。该工艺改变了传统的淬火-回火工艺路线，而是淬火后迅速在一定温度下保持随后冷却。工艺曲线如图 6-49 所示，AT、QT 和 PT 分别表示奥氏体化温度、淬火温度和碳分配温度。

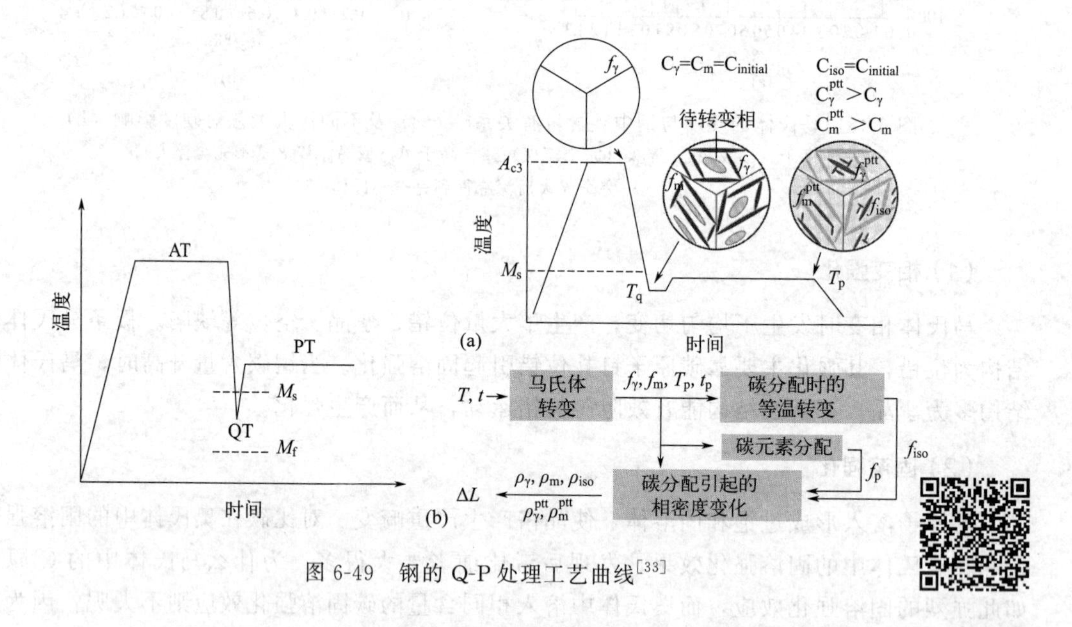

图 6-49 钢的 Q-P 处理工艺曲线[33]

这个工艺的基本思路是，通过淬火获得了一定量马氏体后进行等温停留，使过饱和的马氏体中的碳原子向未转变的奥氏体中扩散，以使奥氏体稳定化，从而调节组织中马氏体与奥氏体的比例，实现钢的良好强韧性的配合。由图 6-49 可见，中碳高硅钢（0.35C-1.3Mn-0.74Si）先经淬火至 $M_s \sim M_f$ 间一定的温度（QT），形成一定数量的马氏体和残余奥氏体，再在 $M_s \sim M_f$ 间或在 M_s 以上一定的温度（PT）停留，使碳由马氏体向奥氏体分配，形成富碳残余奥氏体。之所以发生碳分配（扩散），是因为平衡条件下奥氏体和铁素体（马氏体）相同化学位时，其平衡浓度有很大差异（如图 6-50）[34]。经 Q-P 处理后，钢的强韧性比相变诱发塑性钢（transformation induced plasticity，TRIP）、双相钢和一般的淬火钢优越。

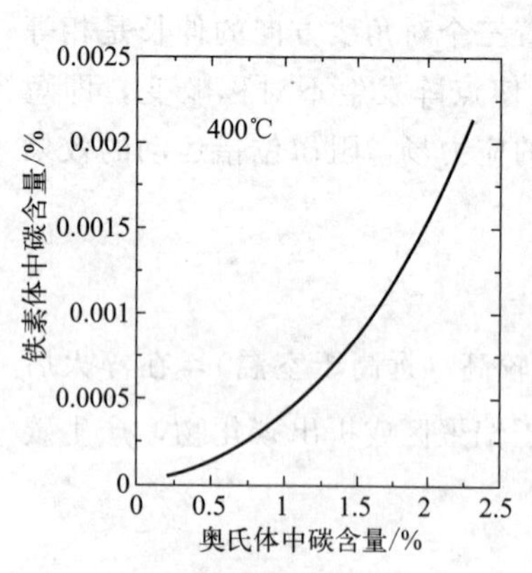

图 6-50 400℃相变时铁素体与奥氏体的碳浓度[34]

6.6.2 马氏体的塑性、韧性和钢的韧化

一般来讲，结构材料的塑性、韧性与强度硬度呈倒置关系，强度越高，塑韧性越低，钢中马氏体的塑性与韧性也不例外。由此可以推断，塑性、韧性随碳含量的升高而降低。马氏体的韧性受碳含量和亚结构的影响，所以在相当大范围内变化。对于结构钢，当C%<0.4时，钢具有较高韧性；当C%>0.4时，钢则变得硬而脆，如图6-51和表6-5所示。当强度相同时，位错马氏体的断裂韧性显著高于孪晶马氏体（如图6-52所示）。由此可见，从保证韧性方面考虑的话，马氏体的碳含量不宜大于0.4%。

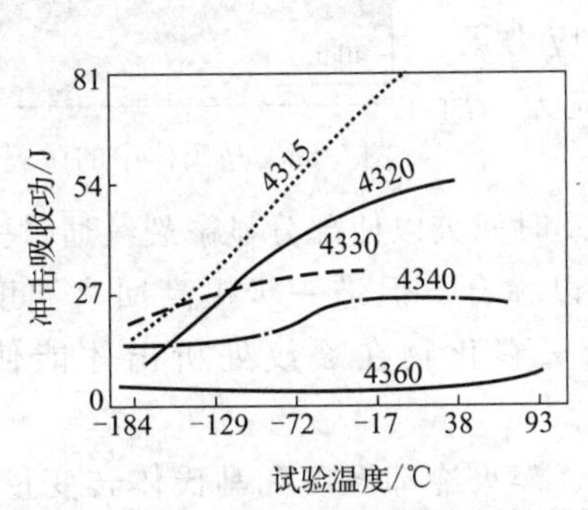

图 6-51 NiCrMo钢碳含量对冲击韧性的影响（4315：0.15%C；4320：0.2%C；…；4360：0.6%C）

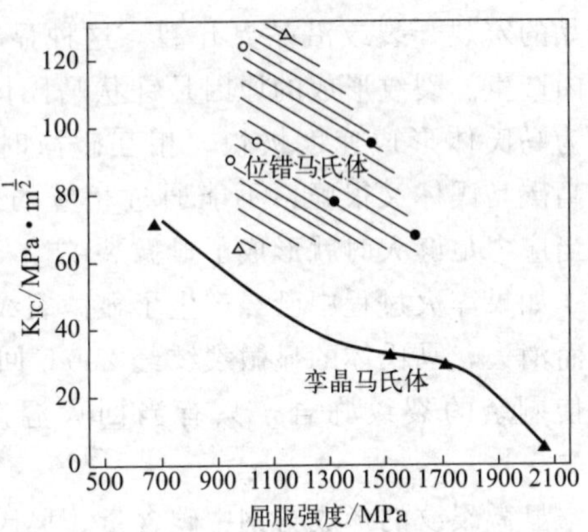

图 6-52 0.17%C及0.35%C的强度和断裂韧性的关系

表 6-5 碳含量对Fe-C合金塑性、韧性的影响

钢中C含量/%(质量分数)	延伸率δ/%	断面收缩率ψ/%	冲击韧性 a_k/(J/cm^2)
0.15	约15	30～40	778.4
0.25	5～8	10～20	19.6～39.2
0.35	2～4	7～12	14.7～29.4
0.45	1～2	2～4	4.9～14.7

通常位错型（板条）马氏体具有较高的强度、硬度和良好的塑性、韧性；孪晶型（片状）马氏体则强度、硬度很高，但塑性、韧性很低。

利用马氏体相变可以使材料韧化。例如相变诱发塑性钢（TRIP钢），其典型成分为：Fe-9Cr-8Ni-4Mo-2Mn-2Si-0.3C（质量分数）。这类钢综合利用马氏体相变产生的塑性，以及形变热处理提供的强化，比一般超高强度钢具有更为优越的强韧性。它的 M_s 温度在−196℃以下，由于形变使 M_s（以及 M_d）温度升高，形变又使碳化物弥散析出并增加位错密度，经冷却后得到部分马氏体。在拉伸试验时，一方面由于马氏体的较高加工硬化率，同时由于相变塑性，使延伸率增加，因

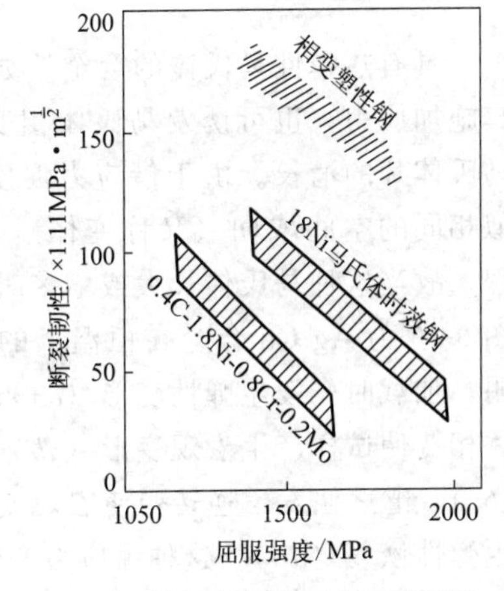

图 6-53 几种超高强度钢的断裂韧性

此缩颈开始较晚。在屈服强度1550MPa时，延伸率达41%，也具有较高的断裂韧性，如图6-53所示。

6.6.3 马氏体中的显微裂纹

高碳钢在淬火形成透镜片状马氏体时，经常在马氏体的边缘以及马氏体片内出现显微裂纹，如图6-54所示。这种显微裂纹是引起淬火钢开裂的重要原因之一。当淬火钢回火不及时或不充分时，在淬火宏观应力的作用下，可以发展成为穿晶的宏观开裂或沿晶界开裂。这种显微裂纹只在针状马氏体内产生。裂纹形成的原因是针状马氏体形成时的互相碰撞。因为马氏体形成速度极快，相互碰撞时形成很大的应力场，而高碳马氏体又很脆，不能通过相应的形变来消除应力，所以当应力足够大时就形成了显微裂纹。

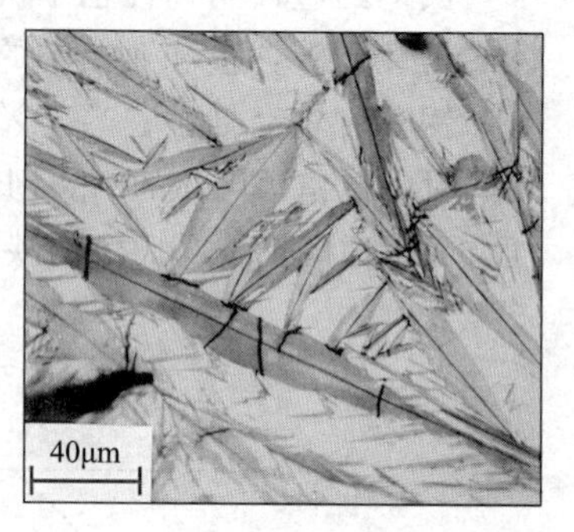

图6-54 马氏体中的微裂纹照片

如果淬火过程中已经产生了显微裂纹，则可采取及时回火以使部分显微裂纹通过弥合自愈而消失，马氏体的显微裂纹经200℃回火大部分可以弥合。但进一步提高回火温度并不能使剩余的裂纹弥合，只有当回火温度高于600℃，碳化物在裂纹处析出才能使裂纹消失。

显微裂纹的形成与钢中碳含量、奥氏体晶粒尺寸、淬火冷却温度和马氏体转变量有关。其中奥氏体晶粒尺寸具有非常重要的影响。原因是奥氏体晶粒越大，初期形成的马氏体片越大，其长度约等于该奥氏体晶粒直径，产生的内应力越高，被其它马氏体片撞击的机会越多。淬火温度越低，冷却速度越快，马氏体形成数量越多，越易形成显微裂纹。根据这些特点，在实际生产中可通过采用较低的淬火加热温度或缩短加热保温时间、等温淬火或淬火后及时回火等，来降低或避免高碳马氏体中显微裂纹的产生。

6.6.4 超弹性与形状记忆效应

具有热弹性马氏体相变特征的合金在性能上表现出两个重要的特点，一是超弹性（也称伪弹性），二是形状记忆效应。

（1）超弹性

具有热弹性马氏体的合金，如果在$M_s \sim M_d$温度范围内对其施加应力，也可诱发马氏体相变，并且随应力的增减可引起马氏体片的消长。由于借应力促发形成的马氏体片往往具有近似相同的空间取向（又称变体），而马氏体相变是一个切变过程，故当这种马氏体长大或增多时，必然伴随宏观形状的改变。图6-55为Ag-Cd合金在恒温下的拉伸应力-应变曲线。图中表明，加载时先发生弹性变形（oa）；随后因产生了应力诱发马氏体相变使试样产生宏观变形（ab），卸载时，首先发生弹性恢复（bc），继之便发生逆转变使宏观变形得到恢复（cd）；最后再发生弹性恢复（do）。这种由应力变化引起的非线性弹性行为，称为伪弹性，又因其弹性应变范围较大（可达百分之十几），也称

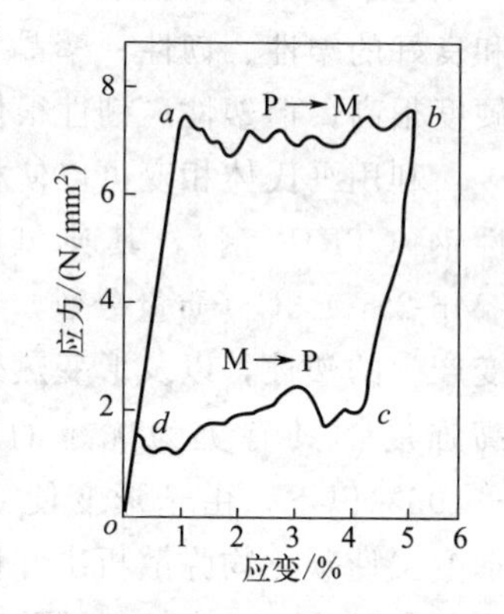

图6-55 Ag-Cd合金在恒温下的拉伸应力-应变曲线

为超弹性。与热弹性行为相比，其致变因素是应力，而不是温度。图 6-56 所示为 NiTi 合金的应力-应变曲线和随变形量增大导致马氏体量增加的金相照片。

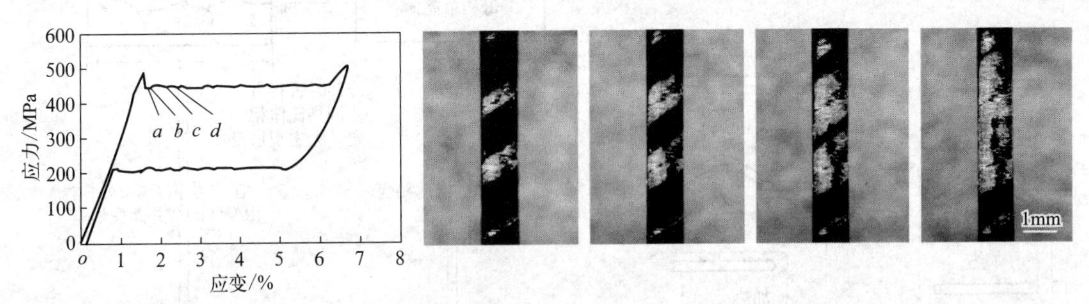

图 6-56 NiTi 合金应力-应变曲线及马氏体带随应变量增大的变化金相照片
（照片中间部分是暗场像）[35]

（2）形状记忆效应

如果在马氏体状态下进行塑性变形发生形状改变后，将其加热到 A_f 温度以上时会自动恢复到变形前母相原来的形状，这表明该合金对母相形状具有记忆功能；如将合金再次冷却到 M_f 温度以下，它又会自动恢复到变形后的形状，这表明对马氏体状态的形状也具有记忆功能。上述现象称为形状记忆效应（shape memory effect，SME）。前者称为单程记忆效应，而同时兼有前、后两者时称为双程记忆效应。具有这种形状记忆效应的合金称为形状记忆合金（shape memory alloy，SMA）。图 6-57（a）和（b）分别表示单程和双程记忆效应。图 6-57（a）表明，合金棒在 T_1 温度下被弯曲变形后，将其加热到 T_2 温度，棒便自动恢复变直，但以后再次冷却，棒的形状不再变化。图 6-57（b）表明，合金棒在 T_1 温度被弯曲变形后，将其加热到 T_2 温度，棒便会自动恢复变直；而当再次冷到 T_1 温度时，棒又会自动弯曲，亦即在随后的冷热循环中，合金棒可相应地自动伸直和弯曲。不过，双程记忆效应往往是不完全的，并且随冷热循环次数增加，其效应会逐渐衰减。

图 6-58 以单晶体为例说明形状记忆效应的基本原理。当母相冷却时，产生若干马氏体变体，各变体的分布是自协调的，变体之间尽可能抵消各自的应力场，使弹性应变能最小，此时宏观形变不明显。但若在低温转变时施加应力，则相对于外应力有利的变体将择优长大，通过变体重新取向造成了形状的改变。若外应力足够大，将成为单晶马氏体。当外力去除后，试样除了恢复微小的弹性变形外，其形状基本不变。只有将其加热到 A_f 以上，由于热弹性马氏体在晶体学上的可逆性，也就是在相变中形成的各个马氏体变体和母相的特定位向的点阵存在严格对应关系，因此只可以转变为原始位向的母相，即恢复原有形状。由此可见，马氏体相变中晶体学的可逆性及马氏体的自协调性是产生形状记忆效应的条件。

具有实用价值的形状记忆合金有三大类：Ti-Ni 基、Cu 基、Fe-Mn-Si 系列。其中以近等原子比成分的 Ti-Ni 合金的记忆性能最佳（SMA 可恢复应变达 8%），且稳定性好，并具有良好的生物相容性，所以在工业、航空航天、仪器仪表、医疗设备等方面有广泛应用。随着人工智能的迅速发展，目前已成为智能材料的一个重要组元。利用马氏体相变及其逆相变使智能材料自行减震，预报险情，甚至自修复缺陷。也可用于连接件（如管接头）、控温器件、报警器，以及机器人的某些动作件等。随着民生质量的不断提高，在医学上的应用得到极大的发展。

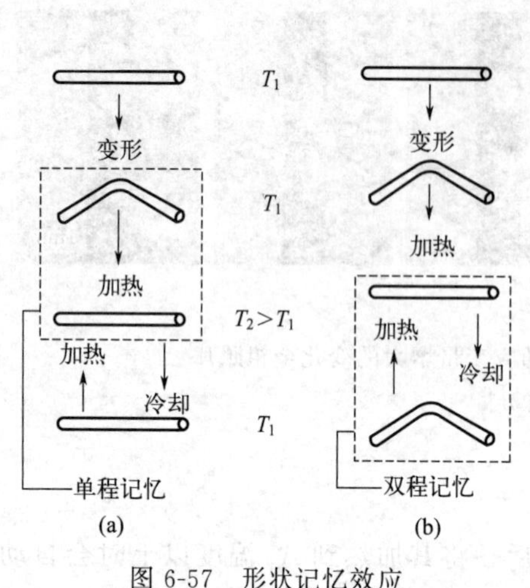

图 6-57 形状记忆效应

$T>M_s$
马氏体的24种变体$T<M_f$
母相单晶体
L
$T>A_f$
L
冷却时进行自协调马氏体相变，无宏观形变
加热进行逆相变，形状恢复
在应力下($T<M_f$)，由变体的合并而变形
$T<M_f$
$T<M_f$
单晶马氏体
单晶马氏体
L
ε
L
ε
卸载时无形状改变

图 6-58 单程形状记忆效应原理

6.6.5 马氏体的物理性能与功能应用

钢中马氏体具有铁磁性和高的矫顽力，因此马氏体钢可用作永磁材料，其磁饱和强度随马氏体中碳含量和合金元素含量的增加而下降。马氏体的电阻率也较奥氏体和珠光体高。

在钢的各种组织中，马氏体与奥氏体的比容差最大，因此易造成淬火零件的变形和开裂。但也可以利用这一效应，只在表面形成马氏体，心部保持非马氏体组织，这样在淬火钢件表面造成压应力，提高零件的疲劳强度。

一些材料的马氏体如 Cu-Al-Ni、Ni-Ti 等具有很高的阻尼，可作减小振动和噪声的阻尼材料。

超导体往往经马氏体相变后呈超导态，一些铁电材料、铁弹材料及压电材料往往与马氏体相变有关，而呈现其功能特性。

习题

6-1 什么是马氏体？从其定义出发说明是否只有钢中才会出现马氏体。

6-2 什么是马氏体的正方度？正方度取决于什么因素？

6-3 简述钢中板条状马氏体和透镜片状马氏体的形貌特征、晶体学特点、亚结构及力学性能的差异。

6-4 什么是 M_s 点？影响 M_s 点的因素有哪些？

6-5 钢的马氏体相变与珠光体转变相比本质上有何不同？

6-6 马氏体相变中的位向关系有哪些？

6-7 什么是马氏体相变？举例说明马氏体相变在实际生产和生活中的应用。

6-8 试说明 K-S 模型和 G-T 模型的切变过程及各自的优点和不足。

6-9 试述马氏体相变动力学特点。等温转变马氏体是否像珠光体等温转变一样可以转变完全？

6-10 写出母相奥氏体与新相的 K-S 关系，试绘出 K-S 关系示意图。

6-11 什么是奥氏体稳定化？有哪些分类？其作用机理是什么？

6-12 什么是形状记忆效应？其原理是什么？具有形状记忆效应的合金有何特点？

思考题

6-1 试通过奥氏体热稳定化原理说明如何调控钢的塑/韧性。

6-2 什么是钢的 Q-P 处理工艺？该处理可以提高钢的什么性能？为什么？

6-3 马氏体的强化机制有哪些？对于改善钢的性能有何作用？

6-4 分析当碳含量很高时，由于高碳马氏体很硬很脆，而且又是在很快速度下形成马氏体，切变形成马氏体会产生很大内应力，从而会对组织产生什么影响？改善途径是什么？

6-5 M_d 点的物理意义是什么？形变诱发马氏体在什么条件下发生？在 M_d 点以上对马氏体进行塑性变形对随后冷却时的马氏体相变有何影响？

辅助阅读材料

[1] 李伟，贾兴祺，金学军. 高强韧 QPT 工艺的先进钢组织调控和强韧化研究进展[J]. 金属学报，2022，58(4)：444-456.

[2] Kumar，S. Quenching and partitioning（Q&P）process：a critical review of the competing reactions[J]. Materials Science and Technology，2022，38(11)：663-675.

参考文献

[1] Berahmand M，Ketabchi M，Jamshidian M，et al，Investigation of microstructure evolution and martensite transformation developed in austenitic stainless steel subjected to a plastic strain gradient：A combination study of Mirco-XRD，EBSD，and ECCI techniques[J]，Micron，2021，143：103014.

[2] 刘宗昌，袁泽喜，刘永长. 固态相变[M]. 北京：机械工业出版社，2010.

[3] 徐祖耀. 马氏体一百年[J]，上海金属，1995，17(6)：1-6.

[4] Kurdjumov G，Kaminsky E. X-Ray studies of the structure of quenched carbon steel[J]. Nature，1928，122：475-476.

[5] Moritani T，Miyajima N，Furuhara T，et al. Comparison of interphase boundary structure between bainite and martensite in steel[J]. Scripta Mater. 2002，47：193.

[6] 刘云旭. 金属热处理原理[M]. 北京：机械工业出版社，1981：78.

[7] 陆兴. 热处理工程基础[M]. 北京：机械工业出版社，2006：77.

[8] Morito S，Nishikawa J，Maki T. Dislocation density within lath martensite in Fe-C and Fe-Ni alloys[J]，ISIJ International，2003，43(9)：1475-1477.

[9] Krauss G. Martensite in steel：strength and structure[J]. Materials Science and Engineering A，1999，273-275：40-57.

[10] Shibata A，Yonezawa H，Yabuuchi K，et al. Relation between martensite morphology and volume change accompanying fcc to bcc martensitic transformation in Fe-Ni-Co alloys[J]. Materials Science and Engineering A，2006，438-440：241-245.

[11] Sato H, Zaefferer S. A study on the formation mechanisms of butterfly-type martensite in Fe-30% Ni alloy using EBSD-based orientation microscopy[J]. Acta Materialia, 2009,57: 1931-1937.
[12] Sahu P, Hamada A, Ghosh Chowdhury S, et al. Structure and microstructure evolution during martensitic transformation in wrought Fe-26Mn-0.14C austenitic steel: an effect of cooling rate[J]. Journal of Applied Crystallography, 2007, 40: 354-361.
[13] Kim G H, Nishimura Y, Watanabe Y, et al. Effects of ε-martensite and dislocations behavior by thermo-mechanical treatment on Fe-Cr-Mn damping alloy[J]. Materials Science and Engineering A, 2009, 521-522: 368-371.
[14] Bhadeshia H K D H. Worked examples in the geometry of crystals[M]. Cambridge: Fellow of Darwin College, 1987: 56.
[15] 蒋月月，王昭东，邓想涛.铈对低合金超高强钢马氏体相变行为的影响[J]. 钢铁，2020, 55(6):84-90.
[16] Souza S S, Moreira P S, Faria G L. Austenitizing temperature and cooling rate effects on the martensitic transformation in a microalloyed-steel[J]. Materials Research, 2020: 23 (1): e20190570.
[17] 韩宝军，徐洲. 低温强变形奥氏体的马氏体相变[J]. 钢铁研究学报，2007, 19(5):80-83.
[18] 赵小龙，罗晓. T92 铁素体耐热钢马氏体的相变动力学[J].金属热处理，2019, 44(9): 84-88.
[19] Brinson L C, Schmidt I, Lammering R. Stress-induced transformation behavior of a polycrystalline NiTi shape memory alloy: micro and macromechanical investigations via in situ optical microscopy[J]. Journal of the Mechanics and Physics of Solids, 2004, 52(7):1549-1571.
[20] 徐祖耀. 马氏体相变与马氏体[M]. 北京:科学出版社，1999.
[21] 苏德达，郭建国，胡建文，等.板条马氏体和下贝氏体转变过程的动态观察[C]. 太原: 国际材料科学与工程学术研讨会，2005.
[22] Koyama M, Seo M, Nakafuji K, et al. Stacking fault aggregation during cooling composing FCC-HCP martensitic transformation revealed by in-situ electron channeling contrast imaging in an Fe-high Mn alloy[J]. Science and Technologyof Advanced Materials, 2021, 22(1): 135-140.
[23] Kajiwara S. Mechanism of isothermal martensitic transformation[J]. Materials Transactions, JIM, 1992, 33(11):1027-1034.
[24] Kakeshita T, Fukuda T, Lee Y H. An interpretation on kinetics of martensitic transformation[J], Solid State Phenomena, 2011, 172-174: 90-98.
[25] Entwisle A R. The kinetics of martensite formation in steel[J]. Metallurgical Transactions,1971, (2): 2395-2407.
[26] Shih C H, Averbach B L, Cohen M. Some characteristics of the isothermal martensitic transformation [J]. Journal of Metals, 1955, (7): 183-187.
[27] Akturk S, Guner M, Aktas H. Isothermal martensite formation in a magnetically ordered austenite phase of an Fe-32% Ni-0.4% Cr alloy[J], Journal of Alloys and Compounds, 2005, 387: 279-281.
[28] Rodriguez-Aseguinolaza J, Ruiz-Larrea I, No M L, et al. Temperature memory effect in Cu-Al-Ni shape memory alloys studied by adiabatic calorimetry[J], Acta Materialia, 2008,56 (15): 3711-3722.
[29] 肖纪美.合金相与相变[M].北京:冶金工业出版社，2004: 264.
[30] Rao B V N, Thomas G. Structure-property relations and the design of Fe-4Cr-C base structural steels for high strength and toughness[J]. Metallurgical Transactions A, 1980, 11: 441-457.
[31] 康沫狂，朱明. 淬火合金钢中的奥氏体稳定化[J]. 金属热处理，2005, 41(7): 673-679.
[32] Edmonds D V, He K, Rizzo F C, et al, Quenching and partitioning martensite—A novel steel heat treatment[J]. Materials Science and Engineering A, 2006, 438-440: 25-34.
[33] Kim S, Lee J, Barlat F, et al. Transformation kinetics and density models of quenching and partitioning (Q&P) steels[J]. Acta Materialia, 2016,109: 394-404.

[34] Speer J G, Matlock D K, De Cooman B C, et al. Carbon partitioning into austenite after martensite transformation[J]. Acta Materialia, 2003, 51:2611-2622.

[35] Sun Q P, Li Z Q. Phase transformation in superelastic NiTi polycrystalline micro-tubes under tension and torsion-from localization to homogeneous deformation[J]. International Journal of Solids and Structures, 2002, 39: 3797-3809.

第 7 章

贝氏体相变

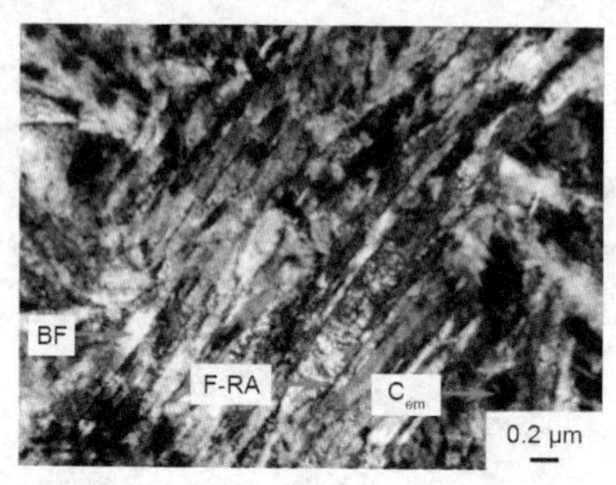

BF—贝氏体铁素体；F-RA—薄膜状残余奥氏体；C_{em}—渗碳体

上图为纳米贝氏体轴承钢的贝氏体组织。你知道该轴承钢的相组成有什么特点？新兴纳米贝氏体轴承钢与普通高碳轴承钢相比有什么有优点？

引言与导读

1929 年 Robertson、Davenport 和 Bain 首先发现钢的中温转变的产物具有独特的不同于珠光体和马氏体的非层状（棒状、片状）组织形态，当时称之为针状屈氏体。Bain 及其合作者于 1939 年在美国联邦钢铁公司的 Kearny 实验室第一次正式印出放大一千倍的贝氏体显微照片。后来以发现者的名字命名此中温转变产物为贝氏体（Bainite）[1]。

贝氏体相变是发生在珠光体相变和马氏体相变温度范围之间的中温转变。它既非珠光体那样的扩散型相变，也非马氏体那样的无扩散相变，而是半扩散型相变，即只有碳原子能够扩散，而铁原子及置换合金元素的原子难以扩散。它既有珠光体相变的某些特征，又有马氏体相变的一些特点，是一个相当复杂的相变。近年来，借助高分辨电子显微镜等设备，对贝氏体组织和精细结构进行了深入观察，促进了贝氏体相变机理和相变理论的研究与创新。贝氏体相变的研究和发展经久不衰，至今仍是先进钢铁材料研究的重点方向之一。兼具高强度和良好韧性的贝氏体钢的开发和应用取得了丰硕的成果，如具有贝氏体相变的低合金 TRIP 钢、轴承钢、纳米贝氏体钢的问世和推广应用，使得贝氏体钢已成为关乎国计民生的重要工程材料。因此，学习和研究贝氏体相变，既有理论意义，亦有重要的实际应用价值。

本章学习目标

- 熟悉贝氏体相变的基本特征。
- 能够对贝氏体组织进行分类，并熟悉各类组织的形貌特点。
- 熟悉贝氏体的精细结构和基本力学性能。
- 掌握贝氏体相变的热力学、动力学和相变机制。
- 了解有色合金贝氏体和纳米贝氏体及纳米贝氏体钢。
- 了解贝氏体钢的工业应用和最新进展。

7.1 贝氏体相变的基本特征

7.1.1 贝氏体相变的基本共识

贝氏体相变温度介于珠光体转变和马氏体相变之间，贝氏体相变兼有这两种转变的某些特点。贝氏体组织形貌多样而复杂。大量的实验和理论研究支持以下基本共识[2-8]。

① 贝氏体相变是过冷奥氏体在中温区发生的非平衡相变，转变温度范围较宽，转变有孕育期。

② 贝氏体相变过程主要是贝氏体铁素体（BF）的形核及长大过程。在不同的温度下，得到不同类型的贝氏体组织形貌。

③ 贝氏体相变是扩散型相变。相变时只有碳原子的扩散，而合金元素包括铁原子都不发生扩散，至少不发生长距离扩散。相变中碳原子的扩散控制贝氏体相变速度并影响贝氏体组织形貌。

④ 贝氏体形成时会产生表面浮凸效应。贝氏体相变时新相与母相奥氏体之间存在一定的晶体学取向关系。

⑤ 贝氏体相变有一个上限温度（B_s），高于该温度则不能形成，贝氏体相变也有一个下限温度（B_f），达到此温度则转变即告终止。

⑥ 贝氏体相变也具有不完全性，随转变温度升高，转变的不完全性越甚。即使冷至 B_f 温度，贝氏体相变也不能进行完全。

7.1.2 贝氏体的定义

贝氏体的科学定义，至今尚未统一。

1988 年 Aaronson 等给出了贝氏体的三个定义：①表面浮凸定义：一般在 M_s 或 M_d 温度以上，由切变相变产生的片状产物，实验证实当贝氏体片在自由表面形成时呈不变平面应变的浮凸效应。②整体动力学定义：贝氏体具有独自的动力学 C 曲线（TTT 图中），其上限温度（B_s）远低于共析温度，在 B_s 和较低温度之间，在奥氏体分解未完成前，贝氏体反应会停止，称相变不完全性。③显微组织定义：扩散形核、两相竞争性台阶扩散长大的共析分解产物（少量相不呈层状分布），其单原子过程为单个原子热激活扩散过程。

2006 年徐祖耀提出："贝氏体是在 M_s 温度以上、经扩散相变的产物，多呈片状，在自由表面上会呈现帐篷形浮凸。"[4]

近年来，刘宗昌认为"贝氏体相变是过冷奥氏体在中温区发生具有过渡性特征的非平衡相变。以贝氏体铁素体（BF）形核-长大为主要过程，可能伴随有渗碳体（或 ε-碳化物）析出，或形成残余奥氏体，或生成 M/A 岛等相构成多种形貌的贝氏体整合组织的一级相变[5]"。

7.1.3 贝氏体组织的分类

贝氏体本质上是以贝氏体铁素体（α）为基体，其上分布着 θ 渗碳体（或 ε 碳化物）或残余奥氏体等构成的复相组织。

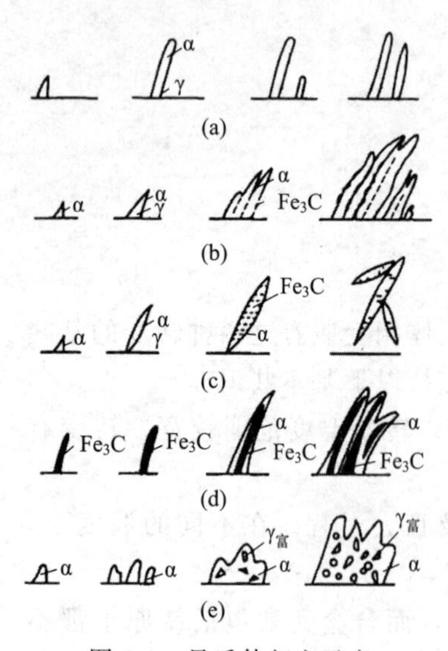

图 7-1　贝氏体相变示意
(a) 无碳化物贝氏体；(b) 上贝氏体；
(c) 下贝氏体；(d) 反常贝氏体；
(e) 粒状贝氏体

贝氏体组织按以下方式分类。

① 按贝氏体的形成温度分类　分为上贝氏体和下贝氏体。在较高温区形成上贝氏体，在贝氏体“鼻温”以下至 B_f 点附近的较低温度区域形成下贝氏体。

② 按组成相分类　可分为无碳化物贝氏体和有碳化物贝氏体。这是贝氏体组织的两种主要类型。在贝氏体铁素体基体上分布着渗碳体或 ε 碳化物的贝氏体，是有碳化物贝氏体。

③ 按贝氏体形态分类　可分为羽毛状贝氏体、粒状贝氏体、柱状贝氏体、板条状贝氏体、针状贝氏体、片状贝氏体、竹叶状贝氏体、正三角形贝氏体、N 形贝氏体等。

④ 按碳含量分类　可分为超低碳贝氏体、低碳贝氏体、中碳贝氏体、高碳贝氏体。

钢中各种贝氏体的相变过程示意图如图 7-1 所示[9]。除了钢中存在复杂的贝氏体组织外，在有色金属及合金中也存在贝氏体组织。

7.2　贝氏体组织形态

贝氏体的组织形态随钢的化学成分以及形成温度不同各异，主要分为上贝氏体、下贝氏体两种，还有其它形态的贝氏体。

视频7-1

贝氏体的组织形态及其形成过程

7.2.1　上贝氏体

上贝氏体是在贝氏体转变区较上部的温度范围内（B_s 至鼻温）形成的，对于中、高碳钢来说，上贝氏体大约在 350～550℃的温度区间形成。上贝氏体是一种两相组织，是由条状 α 相与粒状和条状碳化物组成的非层片状机械混合物。在光学显微镜下观察，腐蚀后的典型的上贝氏体组织可以看到成束的条状铁素体自晶界向晶内生长，呈羽毛状，故上贝氏体也称为羽毛状贝氏体，如图 7-2[10] 所示。

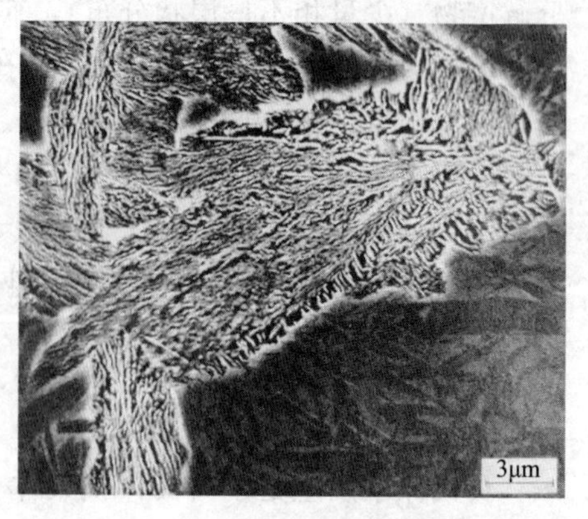

图 7-2　上贝氏体金相照片

上贝氏体组织的形态往往因钢的成分和形成温度不同而有所变化。一般情况下，随钢中碳含量增加，上贝氏体中的铁素体条增多并变薄，条间渗碳体的数量增多，其形态也由粒状变为链珠状、短杆状，直至断续条状。当碳含量达到共析浓度时，渗碳体不仅分布在铁素体之间，而且也在铁素体条内沉淀，这种组织称为共析钢上贝氏体。随相变温度下降，上贝氏体中的铁素体条变薄，渗碳体细化且弥散度增大。

当合金钢中含有较多量 Si、Al 等元素时，由于它们延缓渗碳体沉淀，使铁素体条之间的奥氏体富集 C 而趋于稳定。上贝氏体铁素体板条间很少或基本上不析出渗碳体，而代之以富 C 的稳定的奥氏体，并保留到室温，形成在条状铁素体之间夹有残余奥氏体的上贝氏体组织。这种特殊的上贝氏体，也称为准上贝氏体。随形成温度的降低，铁素体板条变薄，且渗碳体变得更为细密。

7.2.2 下贝氏体

在贝氏体相变区较低温度范围内形成的贝氏体称为下贝氏体。对中、高碳钢，下贝氏体大约在 350℃～M_s 之间形成。碳含量很低时，其形成温度可能高于 350℃。典型的下贝氏体组织在光学显微镜下呈暗黑色针状或片状，而且各个片之间都有一定的交角，其立体形态为透镜状，与试样磨面相交而呈片状或针状。下贝氏体既可在奥氏体晶界上形核，也可以在奥氏体晶粒内形核。在电镜下观察可以看出，在下贝氏体中分布着排列成行的细片状或粒状碳化物，并以 55°～60°的角度与铁素体针长轴相交，如图 7-3（b）所示[11]。

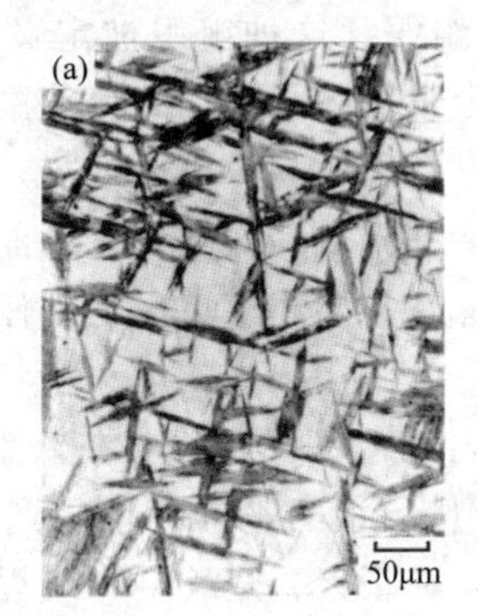

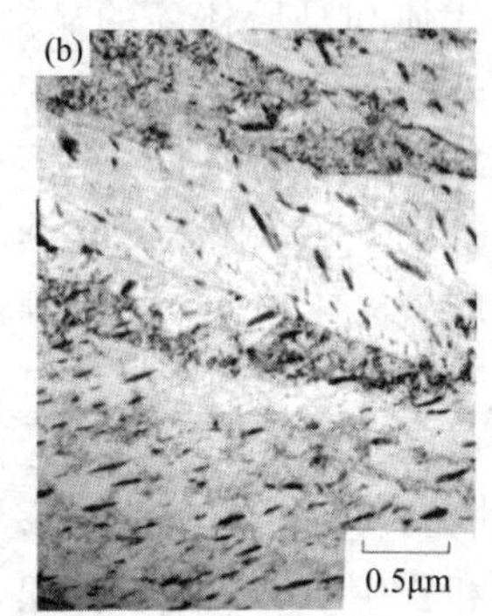

图 7-3　Fe-0.3C-4Cr 钢经 395℃不完全转变得到下贝氏体束的组织

（a）金相组织照片，腐蚀较浅的是马氏体；（b）对应的 TEM 照片，显示下贝氏体的亚单元

一般地，下贝氏体的渗碳体仅分布在铁素体片的内部。由于下贝氏体中铁素体与碳化物之间均存在一定的位向关系，因此认为碳化物是从过饱和铁素体中析出的。随钢中碳含量的增加，下贝氏体铁素体中沉积的碳化物量亦增多，并随形成温度的降低而更趋于弥散，当钢中含有较多稳定奥氏体的合金元素时，在铁素体基体上也可同时有残余奥氏体和碳化物存在。

7.2.3 其它各类贝氏体

（1）无碳化物贝氏体

无碳化物贝氏体是在贝氏体转变区最上部的温度范围内形成的，是由条束状的铁素体构成的单相组织。当钢中含有较多抑制碳化物析出元素，如 Si、Al 等或钢中的碳含量较低时，碳化物来不及析出，奥氏体晶界开始向晶内平行生长成束的板条状铁素体，其板条较宽，条间距离也较大，板条间为富碳的奥氏体。这种富碳奥氏体在随后冷却过程中将会部分转变为马氏体，显微组织如图 7-4 所示。

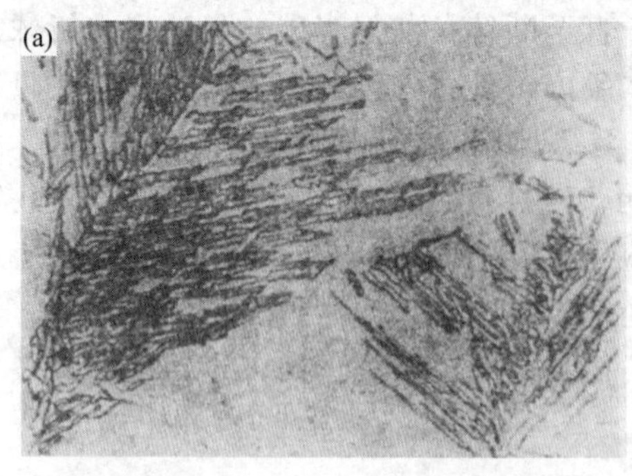

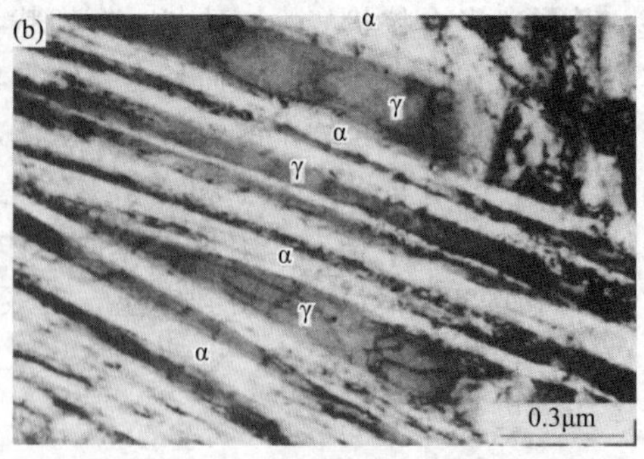

图 7-4 无碳贝氏体

(a) 30CrMnSi 450℃等温 20s 形成的无碳贝氏体（OM）；(b) 高碳高硅钢 200℃等温形成的无碳贝氏体（TEM）

在低、中碳钢中，它不仅可以在等温时形成，也可在缓慢的连续冷却时形成。因此无碳贝氏体总不是单一存在的，而是与其它组织共存。这类贝氏体形成时也具有浮凸效应。其铁素体中也有一定数量的位错。无碳化物贝氏体与奥氏体之间的位向关系为 K-S 关系，惯习面为 $\{111\}_\gamma$。

(2) 粒状贝氏体

1956 年 Habraken 在连续冷却的低碳钢中发现了一种包含几乎完全呈现粒状形貌的粗大片条，并伴随着残余奥氏体和马氏体岛的显微组织，这种组织被定义为粒状贝氏体。一般地，低、中碳合金钢以一定速度连续冷却或在上贝氏体相变区高温范围内等温时形成粒状贝氏体。粒状贝氏体的典型特征是这种组织中不存在碳化物。

粒状贝氏体的形貌取决于两个因素：连续冷却转变和低碳含量。前者允许在逐渐冷却至室温的过程中发生大量的贝氏体相变；后者确保在贝氏体亚单元之间任何可能存在的奥氏体薄膜或碳化物最少。粒状贝氏体在刚刚形成时，是由块状铁素体和粒状（岛状）富碳奥氏体所组成的。富碳奥氏体可以分布在铁素体晶粒内部，也可以分布在铁素体晶界上，如图 7-5 所示[10]。铁素体与富碳奥氏体区的合金元素含量与钢的平均含量相同，因此在粒状贝氏体形成过程中有碳的扩散和置换原子的重新分配。在正火、热轧空冷或焊缝热影响区组织中都可以发现这种组织。在所有非常规贝氏体组织的类型中，粒状贝氏体是最有用的组织。

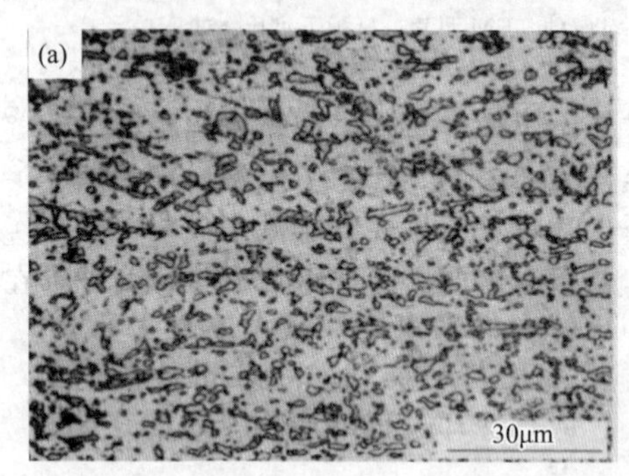

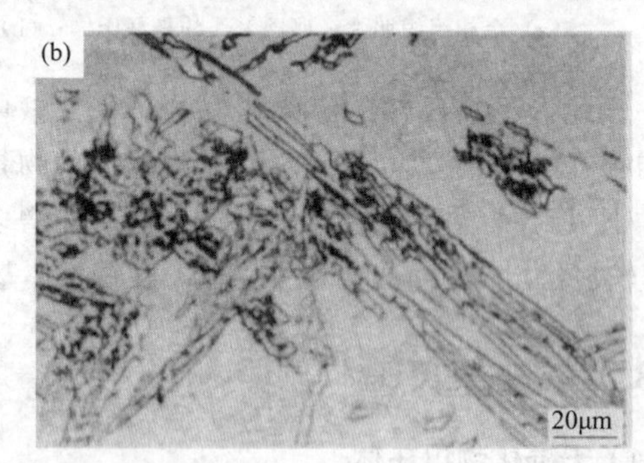

图 7-5 粒状贝氏体组织

(a) 低碳钢粒状贝氏体 OM 组织；(b) 18Mn2CrMoBA 钢粒状贝氏体 SEM 组织

(3) 反常贝氏体

在过共析钢中发现钢在 B_s 点以上有先共析渗碳体的析出而使周围奥氏体的碳含量降低，随后铁素体在其周围形成，将渗碳体包围，这样便促使在 B_s 点以下形成由碳化物与铁素体组成的上贝氏体。这种贝氏体是以渗碳体领先形核，与一般贝氏体以铁素体领先形核相反，故称为反常贝氏体，如图 7-6 所示[11]。目前对反常贝氏体的研究较少，相变机制实际上还不清楚，没有晶体学或化学成分数据，尚没有证据表明铁素体长大伴随着原子的协调移动。

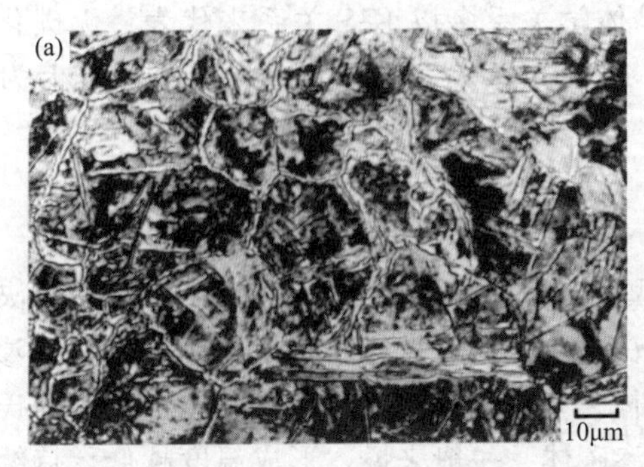

图 7-6　过共析钢的反常贝氏体

（a）光镜金相照片；（b）透射电镜照片

（4）柱状贝氏体

柱状贝氏体（$B_{柱}$）用以描述渗碳体和铁素体组成的一类非层片聚合体。整体形状类似一个不规则、轻微拉长的晶团。渗碳体颗粒在晶团内的分布是相对特殊的，大多数针状的渗碳体颗粒沿晶团的长轴排列，粗大的渗碳体颗粒与奥氏体/铁素体界面的侧面相接。柱状贝氏体一般是在高碳钢或高碳合金钢的贝氏体转变区的较低温度范围内形成，在高压下，在中碳钢中也可形成。图 7-7 为 Fe-0.82C 钢在 30kbar❶ 压力下形成的柱状贝氏体[11]。伴随着柱状贝氏体的生长没有出现不变平面应变和表面浮凸。可见，柱状贝氏体铁素体上的碳化物有一定的排列方向，这点与下贝氏体有一定程度的相似。

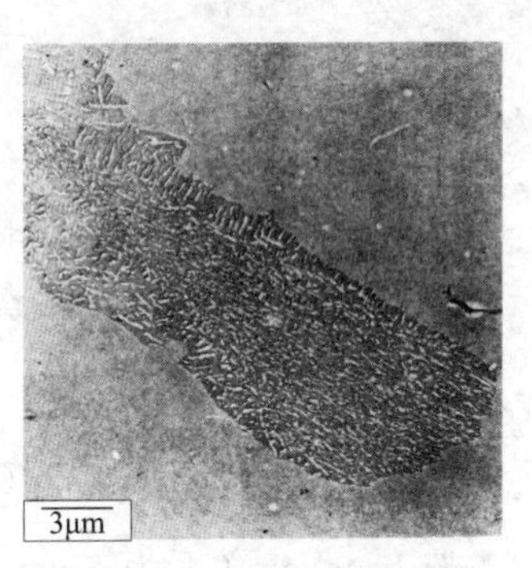

图 7-7　Fe-0.82C（质量分数）在 30kbar 压力下经 288℃ 等温处理得到的柱状贝氏体组织

7.3　贝氏体相变的晶体学

位向关系和惯习面是贝氏体相变的两个最重要晶体学特征。贝氏体相变的晶体学包含着贝氏体铁素体-奥氏体、奥氏体-碳化物以及贝氏体铁素体-碳化物间的晶体学关系等。晶体学关系往往用来判定碳化物究竟是由贝氏体铁素体中析出还是由奥氏体中析出的重要依据。

7.3.1　贝氏体铁素体晶体学关系

关于贝氏体中贝氏体铁素体-奥氏体之间的晶体学关系，大多数研究表明，对上贝氏体而言，铁素体的惯习面为 $\{111\}_\gamma$。下贝氏体铁素体的惯习面比较复杂，有人测得为 $\{110\}_\gamma$，有人测得为 $\{225\}_\gamma$、$\{259\}_\gamma$ 及 $\{569\}_\gamma$，一般认为是 $\{259\}_\gamma$。贝氏体铁素体与奥氏体之间

❶　$1bar=10^5Pa$。

的晶体学位向关系为或接近 K-S 关系和 N-W 关系。对上贝氏体而言，大多认为与低碳马氏体相近，符合 N-W 关系，而对下贝氏体而言，认为是 K-S 关系，也有人认为是西山关系或其它关系。鉴于研究者所用钢种不同以及测试上的误差，在取向上相差几度是完全可能的。因此，下贝氏体中贝氏体铁素体-奥氏体间的晶体学关系多以 K-S 关系来代表。无碳化物贝氏体铁素体与奥氏体之间的晶体学位向关系介于 K-S 关系和 N-W 关系，基本上为 G-T 关系。

7.3.2 碳化物的位向关系

一般认为，上贝氏体中的碳化物为 Fe_3C 型渗碳体，而下贝氏体中的碳化物则取决于钢的成分、形成温度及其持续时间。当合金钢中硅含量较高时，由于硅具有强烈的延缓渗碳体沉淀的作用，因而在下贝氏体中难于形成渗碳体，基本为 ε 碳化物。在其它钢的下贝氏体中碳化物为渗碳体与 ε 碳化物的混合，或全部是渗碳体。一般来说，形成温度越低，持续时间越短，出现 ε 碳化物的可能性或所占比例越大；反之，则越小。

Pitsch 指出，上贝氏体中碳化物（Fe_3C）与奥氏体间具有 Pitsch 关系：

$$(011)_{Fe_3C}//(\bar{2}25)_\gamma,[010]_{Fe_3C}//[110]_\gamma,[110]_{Fe_3C}/[5\bar{5}4]_\gamma$$

$$\text{惯习面为}(011)_{Fe_3C}//(2\bar{2}7)_\gamma \tag{7-1}$$

并由此证实了渗碳体是由奥氏体中直接析出。

一般认为下贝氏体中铁素体与碳化物间的取向关系与回火马氏体相近。

按 Bagaryatskii 关系为

$$(001)_{Fe_3C}//(112)_\alpha,[100]_{Fe_3C}//[0\bar{1}1]_\alpha,[010]_{Fe_3C}//[1\bar{1}\bar{1}]_\alpha \tag{7-2}$$

按 Isaichev 关系为

$$(010)_{Fe_3C}//(1\bar{1}1)_\alpha,[103]_{Fe_3C}//[011]_\alpha \tag{7-3}$$

对 ε-碳化物来说，它与铁素体的取向关系也与回火马氏体相近，按 Jack 关系为：

$$(0001)_\varepsilon//(011)_\alpha,(10\bar{1}1)_\varepsilon//(101)_\alpha,[11\bar{2}0]_\varepsilon//[100]_\alpha \tag{7-4}$$

徐祖耀总结的三相关系为[9]：

$$(011)_\gamma//(\bar{1}\bar{1}1)_\alpha//(1210)_\varepsilon$$

$$(\bar{1}\bar{1}1)_\gamma//(101)_\alpha//(000\bar{1})_\varepsilon$$

$$(011)_\gamma//(1\bar{1}\bar{1})_\alpha//(110)_\theta$$

$$(\bar{1}\bar{1}\bar{1})_\gamma//(101)_\alpha//(103)_\theta$$

7.4 有色合金中的贝氏体

有色合金贝氏体相变首先在 Cu-Zn 合金中发现，后来相继在 Cu-Al、Ag-Cd、Ag-Zn、

Cu-Sn 及 U-Cr 合金体系发现类似贝氏体组织。在钢中，贝氏体相变有间隙碳原子参加，碳原子能够长程扩散。有色合金不同于铁-碳系统，合金都是置换型，发生贝氏体相变时，在孕育期存在浓度涨落、结构涨落和能量涨落，通过涨落必然产生贫溶质区，但成分的变化测定困难很大。研究发现，有色合金贝氏体的晶体学基本上和马氏体一致，贝氏体浮凸的干涉图像多呈不变平面应变的迹象，相变初期的成分没有明显改变，认为有色合金贝氏体相变属于切变型相变。但有研究发现相变初期成分有明显变化（等温 10s），认为属扩散型相变。

7.4.1 Cu-Zn 合金的贝氏体

1954 年 Garwood 发现，Cu-41.3%Zn 合金经 820℃固溶处理，在 350℃以下等温形成片状产物 α_1，在 350℃以上等温形成不规则的碎片，呈现棒状或针状产物 α。片状产物 α_1 产生表面浮凸，因此被称为是贝氏体。Flewitt 和 Towner 对 Cu-Zn（40.5%～44.1%）合金经淬火后得到 β'相，在 M_s 点以上进行等温转变，发现在低温等温的转变产物也为片状 α_1，表面也有浮凸现象，从而证实了 Garwood 的实验，α_1 也称为贝氏体。

康沫狂研究了 Cu-Zn-Al 合金的溶质贫化区，认为贝氏体 α_1 在母相贫化区切变形成，贝氏体借助层错化过程生长。方鸿生[12] 等借助 TEM、SEM 及 STM 研究了 Cu-25.9Zn-1Al（质量分数）合金在 200～100℃范围内等温过程中析出相的形态及内部结构的变化。徐祖耀等[3] 对 Cu-20Zn-6Al（质量分数）合金的研究表明，从相变热力学特征、相变时成分的改变，以及孕育期内已显示形核过程，认为 Cu-Zn-Al 合金属扩散型贝氏体相变。

7.4.2 Ag-Zn 合金的贝氏体

Ag-Zn 合金中也存在贝氏体相变的贝氏体，是 β 相经淬火至室温，再经一定温度时效而产生的。Ag-26.6Zn（质量分数）合金中，贝氏体具有 9R 的长周期层错结构。9R 贝氏体的单位晶胞为正交结构（$a=0.049\text{nm}$，$b=0.286\text{nm}$，$c=2.11\text{nm}$），接近于理想密排结构的点阵常数。9R 贝氏体与基体之间存在位向关系：

$$(001)_B \text{ 与} (110)_{\beta_1} \text{ 相差 } 5°, [110]_B // [\bar{1}11]_{\beta_1}$$

Ag-Zn 合金的贝氏体惯习面为（$\bar{9}28$）$_{\beta_1}$。

Ag-Zn 贝氏体呈片状，随等温时间延长，贝氏体片沿着特定方向长大。贝氏体两边都呈平面的相界，内部存在位错。

7.4.3 Ag-Cd 合金的贝氏体

Ag-Cd 合金在 β 母相淬火时形成 α 相沉淀。两片 α 相呈钝角相交，形成时出现 V 形浮凸，被称为贝氏体。研究表明，在 160～300℃所形成的初期结构为无序的 9R[13]，后转变为 3R 结构（含层错的面心立方结构），见图 7-8。

Ag-45Cd（原子分数）合金贝氏体以无序相界面经扩散而长厚（加宽）。在 3R 结构内有二维的面层错，平行贝氏体片的 $\{111\}_\gamma$ 面，每个三个密排面有一排层错。随等温时间加长，贝氏体片加厚，3R 结构数量下降，面心立方结构（fcc）数量上升直至层错完全消失，变为完全的正规 fcc 结构。这种合金的贝氏体在形成时所出现的表面浮凸属于简单倾动型，具有不变平面应变的特征，贝氏体片的倾动角为12°，双面金相测得贝氏体的惯习面接近$(3,11,12)_b$，存在一定的位向关系。

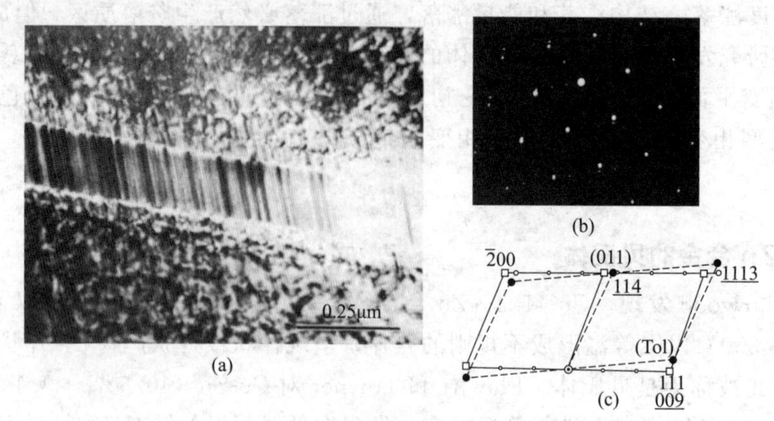

图7-8　240℃、30s的试样α板条的透射电子显微照片（a）、相应的衍射谱（b）及（b）的示意图（c）

●（*hkl*）—$[\bar{1}\bar{1}1]$基体面心；○（*hkl*）—$[1\bar{1}1]$ 9R

7.5 贝氏体铁素体的精细结构

7.5.1 贝氏体铁素体中的亚单元

典型的上、下贝氏体是由铁素体和碳化物组成的复相组织，因此贝氏体转变应当包含铁素体的成长和碳化物的析出两个基本过程。它们决定了贝氏体中两个基本组成相的形态、分布和尺寸，因此也就决定了整个贝氏体的组织和性能。

贝氏体铁素体通常呈板条状或片状，精细的研究表明，贝氏体组织中也存在复杂的亚结构。光学显微镜下显示的单个贝氏体铁素体实际上有许多铁素体亚片条（亚单元）构成铁素体束。在电镜下不连续棒状的渗碳体分布于自奥氏体晶界向晶内平行生长的铁素体条（束）之间。束内相邻铁素体板条之间的位相差很小，亚单元之间的晶界为小角度晶界，束与束之间则有较大的位相差。亚单元并不是孤立的，它们在三维空间紧密相连。上贝氏体铁素体板条及其亚单元的三维空间形态为柱状，下贝氏体铁素体亚单元的空间形态为薄板状，如图7-9所示。贝氏体束呈楔形板状，其形核位置一般在奥氏体晶界处。构成贝氏体束的亚单元呈现透镜状片条或板条形态，其形态在贝氏体束的边缘或尖端表现最为明显，因为此处的撞击效应最小。由于每个亚单元都长到一个限定的尺寸，因此同一贝氏体束中的亚单元尺寸均匀。相比在亚单元的两侧，新的亚单元更容易在先生成的亚单元的尖端附近形核。当亚单元是板条状时，它们沿铁素体密排方向的长度最大，该方向与奥氏体密排方向的平行度最大，如图7-10所示。

贝氏体铁素体亚片条有三个层次：亚片条，亚单元和超亚单元[13-16]。方鸿生等用扫描隧道显微镜（STM）在Cu-Zn-Al样品表面得到形貌图，首次发现置换型固溶体的Cu-Zn-Al合金贝氏体由亚单元组成，亚单元之间存在有规律的界面，亚单元形状规则并呈有规律的排列且具有一定的位向，由贝氏体的起始端向生长前端依次排列，尺寸逐渐变小，其最大尺寸约为800nm×300nm，最小约为60nm×60nm，如图7-11所示[15]。

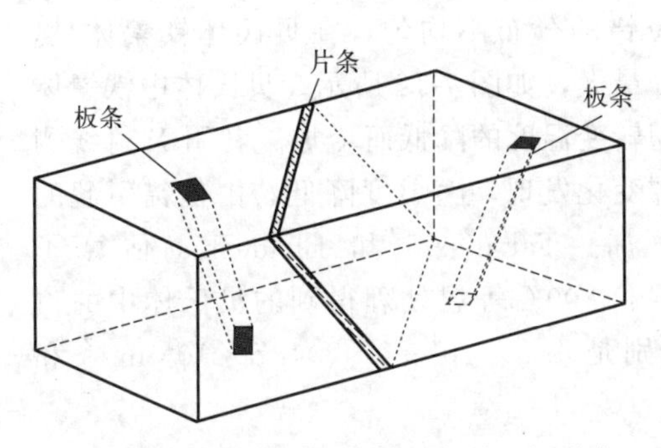

图 7-9　贝氏体片和贝氏体板条的空间形态

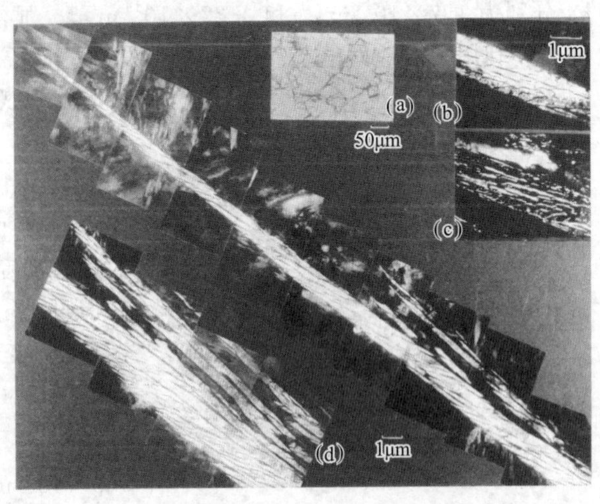

图 7-10　Fe-0.43C-2Si-3Mn 合金上贝氏体电子显微图像

（a）光学显微图像；（b）、（c）亚单元之间残余奥氏体的透射电子明场和暗场相；（d）贝氏体束尖端区域附近的亚单元轮廓

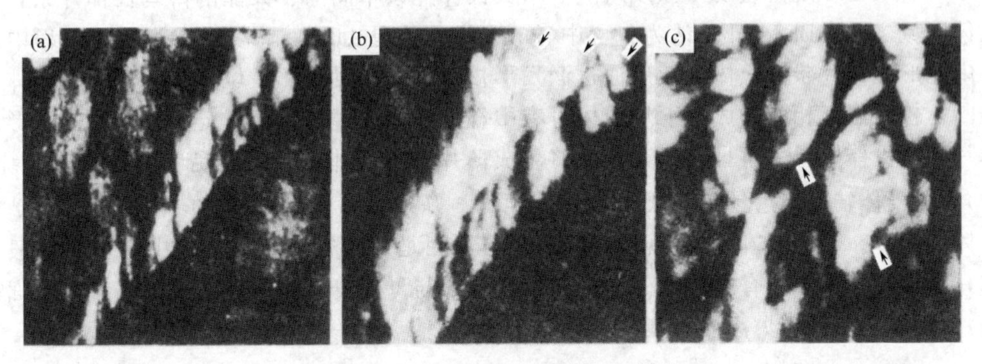

图 7-11　亚单元内部的条状超亚结构

（a）图尺寸为 $x=2400\text{nm}$，$y=2400\text{nm}$；（b）是（a）的右上方区域，尺寸为 $x=1440\text{nm}$，$y=1440\text{nm}$；（c）是（b）的左上方区域，尺寸为 $x=599.2\text{nm}$，$y=599.2\text{nm}$

可以看到从左下方到右上方有两条尖对尖的针状突起。该针状组织的形貌与扫描电镜和透射电镜观察到的贝氏体结构一致。图 7-11（b）是图（a）中右上方的部分区域。可以看到在针状组织的平行方向有三个板条状组织，每一个板条状组织中还包含了一些成节状的单元，节状单元的边缘与板条状组织的走向大约成 55°～60°。板条状组织是贝氏体的亚片条，节状单元是它的亚单元（即基元）。亚单元的内部并不均一，内部存在一些条状结构，尺寸约为 45mm×(45～150)nm，如图 7-11 箭头指示。亚单元之中的细微结构称为超亚单元。

7.5.2　位错密度

贝氏体铁素体具有高位错密度，下贝氏体铁素体的位错密度往往高于上贝氏体铁素体。TEM 测定结果表明[2]，对于 B_s 温度近似为 650℃ 的合金，其位错密度是 $\rho_d=41\times10^{14}\text{m}^{-2}$，800℃形成的仿晶型铁素体（先共析铁素体）中位错密度为 $\rho_d=0.5\times10^{14}\text{m}^{-2}$。这些数据与连续冷却条件下测得的数据相似，其中贝氏体铁素体和仿晶型铁素体位错密度

ρ_d 分别为 $1.7\times10^{14}m^{-2}$ 和 $0.37\times10^{14}m^{-2}$。显然，贝氏体铁素体比仿晶型铁素体的位错密度高。利用高温透射电子显微镜观察发现，贝氏体的长大伴随位错在其内部或者周围的形成。对奥氏体/贝氏体相界面的直接观察表明，两者相互协调，铁素体和奥氏体界面或附近形成高密度位错。组织中位错的分布不均匀，在贝氏体铁素体/奥氏体的界面处最大，如图 7-12 所示。贝氏体中铁素体的位错密度随转变温度的降低而增加。利用 X 射线测量衍射线轮廓变化发现，随温度降低，由位错引起的点阵应变增加。Takahashi 和 Bhadeshia 估算了 400℃、360℃和 300℃等温处理得到的贝氏体中的位错密度 ρ_d 分别是 $4.1\times10^{15}m^{-2}$、$4.7\times10^{15}m^{-2}$ 和 $6.3\times10^{15}m^{-2}$。

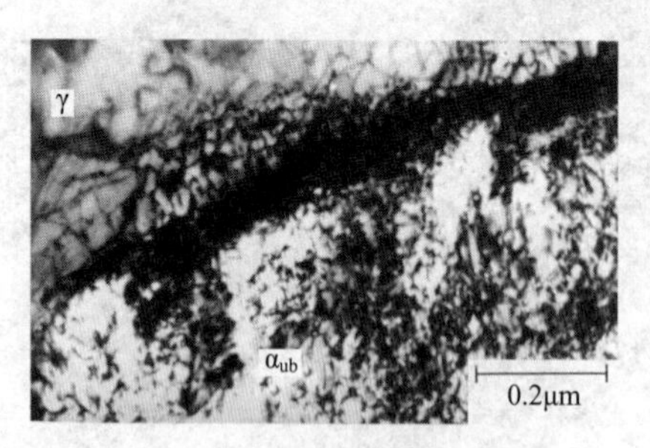

图 7-12 贝氏体/奥氏体转变前端及其附近密集分布的位错

7.5.3 中脊

在光学显微镜下观察到，贝氏体片条宏观组织中延长轴防线有一条黑色的中心线。Okamoto 用 TEM 观察表明，该线对应于下贝氏体片条中间的、共晶的薄马氏体片条，夹在贝氏体区域之间。Bhadeshia 认为包含中脊的下贝氏体是由两个阶段形成：等温过程中在奥氏体内先形成薄片状马氏体，然后通过激发形核机制，激发相邻区域形成贝氏体铁素体。由此推断在较高温度相变形成的下贝氏体没有中脊；当相变温度低于一定值 T_r 后，会形成含有薄片条马氏体中脊的下贝氏体，随后将生成薄片条马氏体。当温度足够低时（在传统 M_s 以下），奥氏体转变为透镜状马氏体。刘文西[17] 等观察了 60Si2Mn 和 9SiCr 钢 280℃等温贝氏体的中脊。TEM 的暗场发现中脊显亮，其原因是位错密度较低，且中脊本身一般无碳化物，碳化物分列于中脊的两侧。中脊和贝氏体片与母相奥氏体片呈西山关系，惯习面接近(111)。普碳钢中的下贝氏体及其中脊见图 7-13。

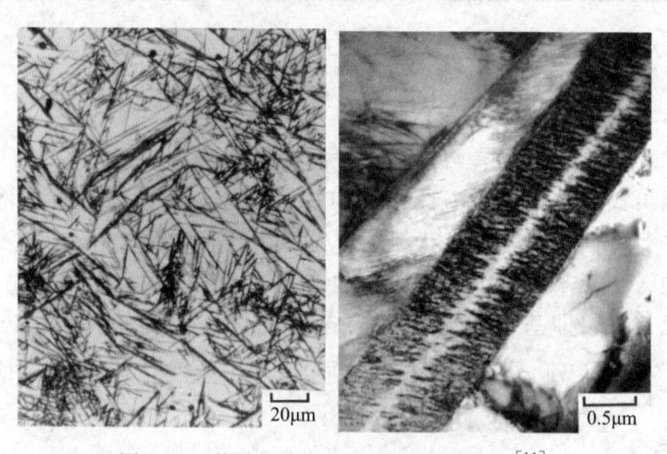

图 7-13 普碳钢中的下贝氏体及其中脊[11]

7.5.4 表面浮凸

在中温区贝氏体相变后抛光试样表面可以观察到表面浮凸。相变的表面浮凸具有两种基本形式：一种是单倾形（N形），也称为不变平面应变（IPS）型；另一种为帐篷形或倒V形，无不变平面应变特征。如图7-14所示。

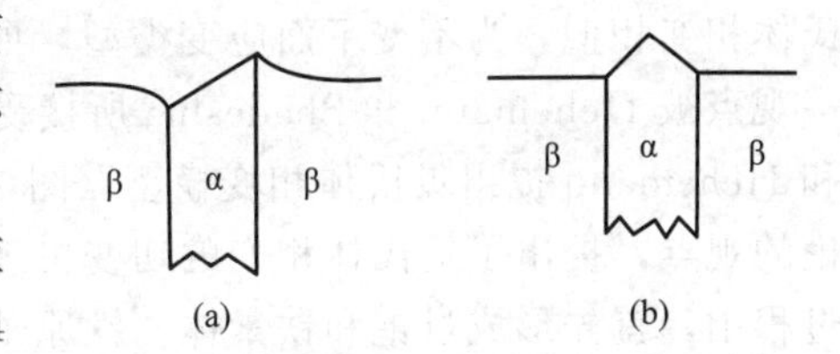

图7-14 片状相变产物与自由表面相交时形成的表面浮凸
(a) 不变平面应变型浮凸；(b) 帐篷形浮凸

马氏体形成时所呈现的表面浮凸为不变平面应变所致，由切变形成的表面浮凸呈倾斜型［图7-14 (a)］，而贝氏体形成时出现的表面浮凸多呈帐篷形［图7-14 (b)］。贝氏体相变中出现的帐篷形浮凸和不变平面型浮凸均由扩散长大的台阶机制形成，不属马氏体型机制。下贝氏体形成时也会在光滑的试样表面产生浮凸，但其形状与上贝氏体组织不同。上贝氏体的表面浮凸大致平行，从奥氏体的一侧或两侧向晶粒内部伸展；而下贝氏体的表面浮凸往往相交呈"∧"形，而且还有一些较小的浮凸在先出现的较大浮凸的两侧形成。下贝氏体中的铁素体的碳含量远远高于平衡碳含量。

Aaronson等论证了贝氏体的帐篷形浮凸并非不变平面应变所致，贝氏体表面浮凸形貌是判定其相变机制的重要依据之一。单一贝氏体结构单元所对应的表面浮凸能够反映贝氏体相变的物理本质。以切变机制长大的马氏体在抛光的自由表面一般形成单倾形表面浮凸。对fcc-hcp，当生长中的片两边的不全位错具有不同的柏氏矢量时就呈帐篷形浮凸；对fcc-bcc及hcp-bcc相变，当结构台阶与原子位移相结合而迁动时就会出现帐篷形浮凸，如图7-15所示。

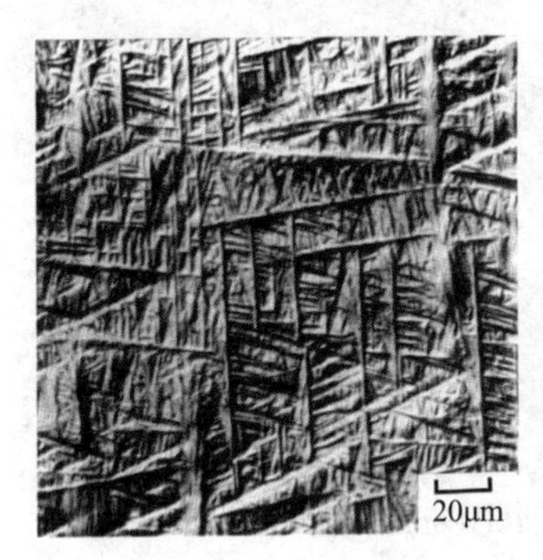

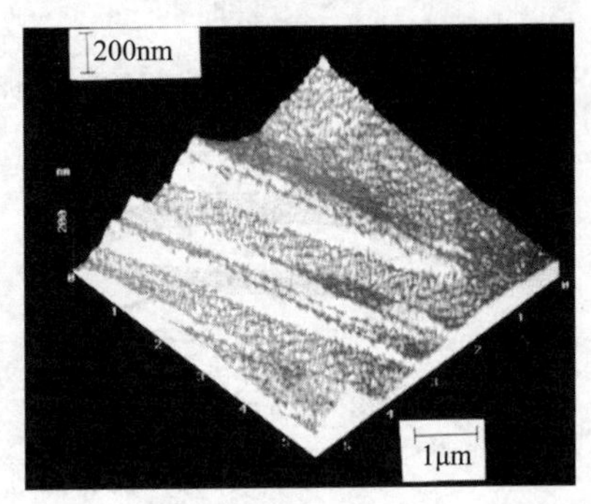

图7-15 高分辨的原子力显微镜显示由单个贝氏体亚单元的形成引起的表面浮凸[2]

7.6 贝氏体相变机理

钢中贝氏体相变存在孕育期，贝氏体相变孕育期内碳原子的扩散行为和结构变化过程称为贝氏体预相变。大量的研究表明，除反常贝氏体外，在贝氏体形成过程中，铁素体是领先相，碳化物析出继贝氏体铁素体形成之后。因此贝氏体相变过程包括了相变孕育期、贝氏体铁素体的形核长大和碳化物的析出。贝氏体铁素体的形核长大机制以及下贝氏体中碳化物的来源一直存在争议。切变学派并不否认碳原子在贝氏体中的扩散，因此，双方的分歧集中在贝氏体相变时，铁原子和其它代位原子是切变位移还是扩散位移。

7.6.1 切变机制

1952年柯俊和Conttrol等人在贝氏体相变研究中最早发现呈现表面浮凸，认为这与马氏体相变相似，为不变平面应变类型，贝氏体表面浮凸成为切变理论最直接的实验依据。这一观点被 Hehemann 和 Bhadeshia 所接受，发展形成了比较系统的切变理论。1961 年 Matas 和 Hehemann 提出贝氏体相变模型（图 7-16 所示）。我国康沫狂和俞德刚等学者支持切变理论的观点，提出了贝氏体相变的切变机理和实验研究。切变理论的主要核心是在贝氏体形成过程中，首先形成过饱和铁素体。铁原子和置换原子不发生扩散，面心立方以无扩散共格切变方式进行晶格改组为体心立方。铁素体的长大速率高于碳的扩散速度，导致碳在铁素体中过饱和。随后多余的碳以碳化物形式从过饱和的铁素体中析出或扩散到奥氏体中，再从奥氏体中以碳化物析出。上、下贝氏体的主要区别来源于碳化物从铁素体中析出的速度和碳原子从过饱和的铁素体中向奥氏体中扩散速度之间的竞争。上贝氏体形成于较高温度，在铁素体中碳化物形成之前可以将碳原子排出；而下贝氏体发生在较低温度，碳原子的扩散速率很低，因而一部分碳原子在排出之前会在过饱和铁素体中形成碳化物。

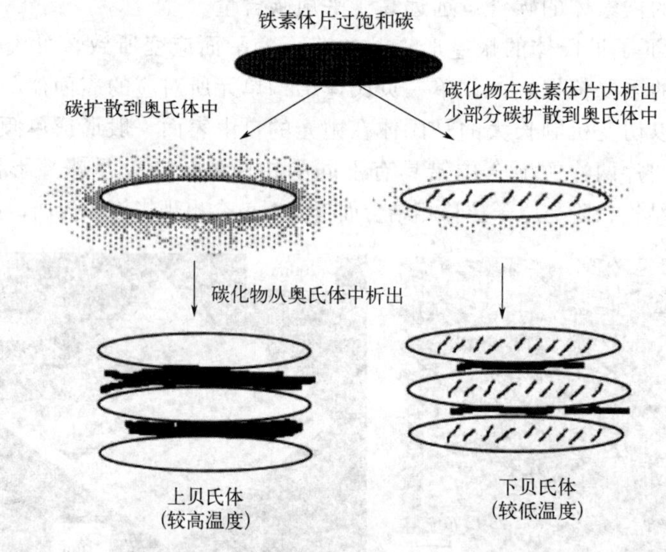

图 7-16　贝氏体的相变过程 Hehemann 模型

研究表明：Fe-(0.16～0.81)C（质量分数）合金中，当碳含量小于 0.4%（质量分数）时，不能获得下贝氏体。在高纯度高碳 Fe-(0.85～1.8)C（质量分数）钢中，没有观察到上贝氏体。这种情况在 Fe-7.9Cr-1.1C（质量分数）合金（B_s～300℃）和 Fe-4.08Cr-0.3C（质量分数）合金（B_s～490℃）中存在。在 Fe-Si-C 合金中 Fe-2Si-1Mn-0.34C（质量分数）合金仅能形成上贝氏体。Fe-2Si-1Mn-0.59C（质量分数）钢中，上、下贝氏体均被观察到。由此，切变理论的一个重要推论认为，当碳含量很高时，不会形成上贝氏体；合金中碳含量足够低时，不能获得下贝氏体。由于贝氏体相变的温度高于马氏体，此时碳原子尚有一定的扩散能力，因而当贝氏体中铁素体在以切变共格方式长大的同时，还伴随着碳原子的扩散和碳化物从铁素体中脱溶沉淀的过程，整个转变过程的速度受原子的扩散过程所控制。

Bhadeshia 认为贝氏体相变系切变形核、切变长大，由此说明贝氏体形成不能穿越晶界，认为贝氏体相变的形状改变诱发邻近奥氏体界塑性适配，失去共格特性。因此，贝氏体在碰遇晶界等障碍前停止长大，呈现相变不完全性质，形成束状显微组织，认为替代型溶质元素在贝氏体形成时并不作分配。当不产生碳化物沉淀相时，贝氏体相变停止，也是切变相变机制所致。提出的贝氏体以马氏体方式形核、长大机制，如图 7-17 所示。

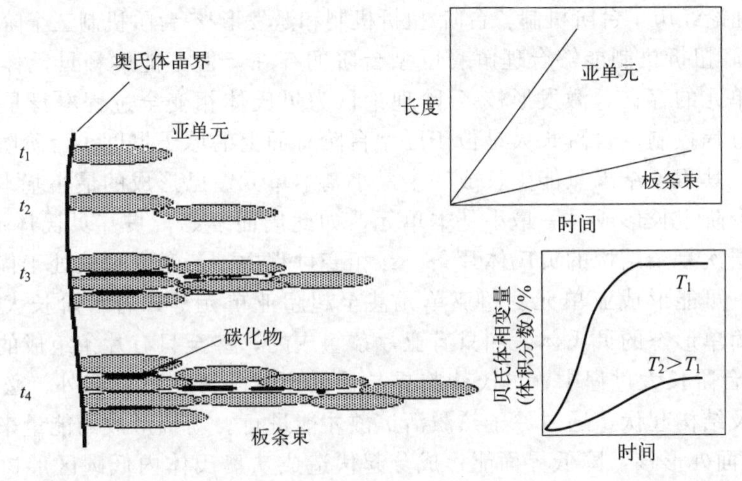

图 7-17　贝氏体相变的 Bhadeshia 模型——贝氏体亚单元重复形核、束的长大及碳化物析出三个阶段

切变学派认为不同形态贝氏体中的铁素体都是通过切变机制形成的，只是因为形成温度不同，使铁素体中的碳脱溶沉淀以及碳化物的形成方式不同，进而导致贝氏体组织形态的不同。碳的扩散及脱溶沉淀是控制贝氏体相变及其组织形态的基本因素。阻碍碳的扩散或碳化物沉淀的合金元素都会提高富碳奥氏体的碳浓度而提高其稳定性。

7.6.2　台阶-扩散机制

美国冶金学家 H. I. Aaronson 及其合作者 20 世纪 60 年代末首先提出贝氏体台阶机制。我国科学家徐祖耀、方鸿生等是该理论的有力支持者，并做了大量实验工作和理论阐述。2005 年方鸿生用电子显微镜实验观察证实了 Cu-Zn-Al 贝氏体铁素体宽面上长大台阶的存在，如图 7-18 所示。该理论认为贝氏体相变是一种特殊的“共析”相变，是非片层的“共析”反应产物，贝氏体相变同珠光体转变机理相同，两者的区别仅在于珠光体是片层状，贝氏体铁素体通过台阶的激发形核-长大机制进行。在贝氏体相变过程中包括碳原子、铁原子和置换式原子的扩散过程。贝氏体铁素体的长大是按台阶机制进行，并受碳原子扩散所控制。在贝氏体铁素体宽面上存在生长台阶，台面是共格或者半共格的，在台阶前沿的残余奥氏体中碳富集程度高，碳化物自台阶前沿的富碳奥氏体中析出。贝氏体片在侧向容易长大，而加厚较困难，平面相界面富替代元素的扩散机制发生在相变完成之后。

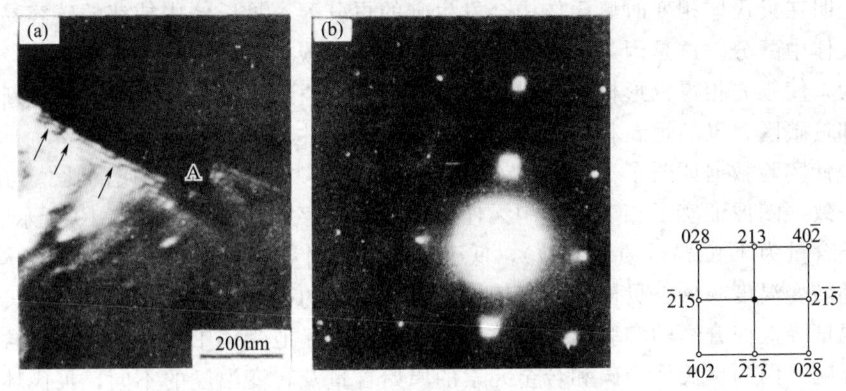

图 7-18　Cu-Zn-Al 贝氏体铁素体宽面上长大台阶

扩散长大理论经历了台阶机制、台阶-扭折机制和激发形核-台阶机制三个阶段的发展[19]。

台阶和台阶-扭折机制能够合理解释巨型台阶的存在，但不能解释贝氏体铁素体中多层次结构——亚单元的存在。激发形核-台阶理论认为贝氏体相变全过程本身是同时受长大和形核两个物理过程控制。台阶长大是位于巨型台阶阶面上的原子尺度小台阶阶面或小扭折阶面的侧向迁移，其积累结果只能生长成一个最小基本单元。已形成的最小基本单元可以通过激发形核，在台阶生长形成另一最小基本单元，如此周而复始，贯穿贝氏体形成的全过程，最终生长出多层次复杂结构的贝氏体片条。在相变过程中，若激发形核处于优势，贝氏体的结构层次复杂，可能形成亚单元、超亚单元甚至超超亚单元等；若台阶长大过程占主导地位，就形成较简单形态的贝氏体，如只有亚片条组成的，甚至只有片条组成的。

激发形核-台阶长大过程中，贝氏体临界晶核的形成除体积自由能外，必须借助成分起伏、能量起伏及结构起伏，通过原子热激活扩散才能进行。新核形成的能量来源于在原有铁素体/奥氏体界面处形核，降低界面能；成分起伏造成从奥氏体内低碳区形核；释放由于贝氏体铁素体的形成导致奥氏体中的应变能。贝氏体铁素体晶核形成后，通过台阶机制生长，在铁素体/奥氏体界面形成富碳区，随着贝氏体的增厚，界面奥氏体一侧附近的碳量增多，浓度梯度降低，长大速率降低。当达到一定程度时，贝氏体长大过程停止。此时，在生长台阶阶面前沿附近的奥氏体一侧在满足一定能量条件下，就可通过激发形核，形成另一贝氏体铁素体核心。激发形核后，贝氏体铁素体以台阶侧向迁移，结构单元按台阶机制长大到一定程度时，又导致激发形核，从而形成贝氏体的亚片条、亚单元、超亚单元等多层次复杂结构。

目前为止，贝氏体相变机理未彻底澄清，还在不断研究和发展中。随着研究的深入，必将使人们对贝氏体相变的本质和规律性的认识日臻完善。

视频7-2　　贝氏体相变过程

7.7 贝氏体中的碳化物

7.7.1 碳的再分配

研究表明在贝氏体相变时奥氏体中会发生碳的再分配，贝氏体中捕获的碳容易向化学势更低的奥氏体中配分。这是因为贝氏体中的铁素体是低碳相，而碳化物是高碳相，当贝氏体相变时，为了使领先相得以形核，在过冷奥氏体中必须通过碳的扩散来实现其重新分布，形成富碳区和贫碳区，以满足新相形核时所必需的浓度条件。

原子探针实验数据证明了 Fe-C-Si-Mn 贝氏体铁素体中 Fe/置换溶质的比值与母相中的比值保持一致，图像证实了相变过程中无任何置换原子存在扩散，如图 7-19 所示[11]。合金中的平均碳含量为 1.93%（质量分数），低于平均值的测量结果来自贝氏体铁素体。内耗实验表明，随转变温度降低，贝氏体铁素体中的位错附近的碳原子的数量增多，与贝氏体中位错密度随温度降低而升高的实验结果一致。这一过程明显地受钢中碳和合金元素含量以及转变温度的影响。因为奥氏体中碳和合金元素的原始含量及转变温度的不同，贝氏体相变本身和从奥氏体中析出碳化物这两个过程中可能某一个占有优势，从而决定了碳的再分配规律。

一般来说，随钢中碳含量的增高，从奥氏体中析出碳化物相的可能性增大，同时合金元素中Si、Mn、Cr、Ni也依次使这种可能性增大。

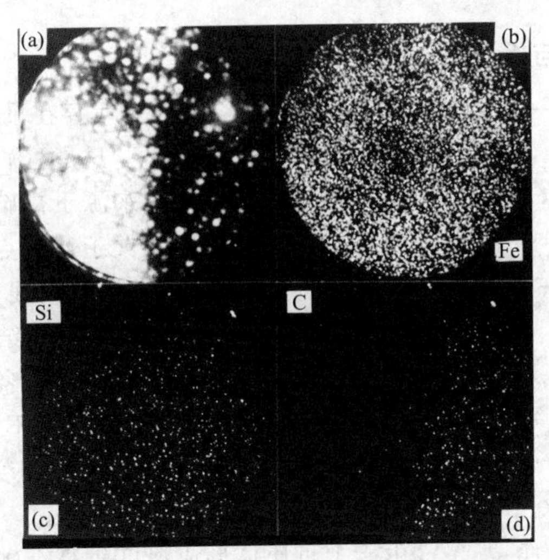

图 7-19　Fe-C-Si-Mn合金中穿过奥氏体/铁素体界面的原子探针图谱

(a) 场离子图像，较暗区域为奥氏体区；(b) 对应的铁元素图；(c) 对应的硅元素图；(d) 对应的碳元素图

同样，对Fe-3.06Mn-1.24C及9CrSi钢在贝氏体相变前孕育期内等温停留时奥氏体内碳原子分布进行扫描俄歇电子探针测定，表明在奥氏体晶界附近和晶内均存在明显的贫碳区，证明了碳发生再分配。

7.7.2　贝氏体中碳化物分布与形成温度的相关性

贝氏体中碳化物的类型、形态和数量取决于合金的成分和形成温度。奥氏体在中温区不同温度等温，由于贝氏体中碳化物分布不同，可以形成不同类型的贝氏体。

对于低碳钢，如果转变温度比较高，碳原子扩散能力比较强，在贝氏体中铁素体形成的同时，碳原子可以由铁素体-奥氏体相界面向奥氏体进行充分扩散，从而得到由板条铁素体组成的无碳化物贝氏体。由于形成温度高，过冷度小，新相和母相自由能差小，故铁素体板条数量少，板条较宽，板条间距较大。未转变的奥氏体在继续保温过程中转变为珠光体或冷却至室温时转变为马氏体，也可能以残余奥氏体形式保留下来。

如果奥氏体转变温度较低，处于上贝氏体转变温度范围内，此时碳原子由铁素体-奥氏体相界面向奥氏体的扩散不能充分进行。因此在奥氏体晶界上形成相互平行的铁素体板条的同时，碳仍可从铁素体向奥氏体中扩散。由于碳在铁素体中的扩散速度大于奥氏体中的扩散速度，故当铁素体板条间的奥氏体的碳浓度富集到一定程度时便沉淀出渗碳体，从而得到铁素体板条间析出断续渗碳体的羽毛状贝氏体。

当奥氏体转变温度更低时，碳在奥氏体中的扩散更加困难，而碳在铁素体中的扩散仍可进行。因而使碳原子只能在铁素体内某些特定晶面上偏聚，进而沉淀出ε碳化物，得到针状的下贝氏体。

一般地，最常见的碳化物是渗碳体，有时也会出现其它类型，特别是在含硅量较高的钢中。上贝氏体中的碳化物主要为渗碳体，下贝氏体中的碳化物通常为渗碳体或ε碳化物。在一些中高合金钢中也观察到其它类型碳化物，如正交晶系碳化物等。或存在某些过渡化合物，如 κ-碳化物等，这些碳化物容易形核，最终演化为渗碳体。

7.7.3 碳化物的形成与析出机制

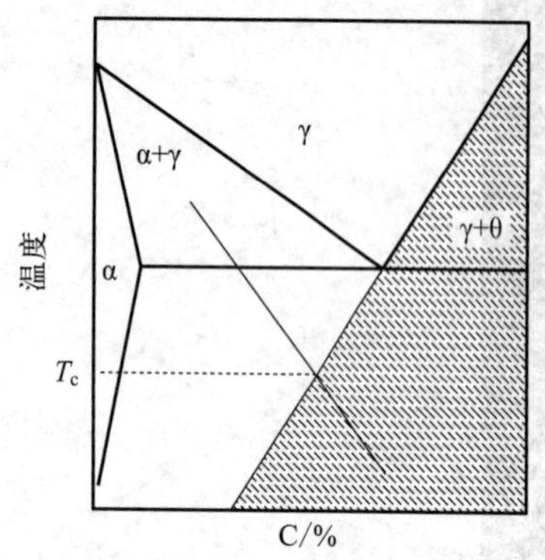

图 7-20 渗碳体能够从奥氏体中析出前必须满足的热力学条件

在碳钢和某些合金钢中，存在贝氏体碳化物，其来源于 α 还是 γ，抑或是 α/γ 的界面，这是两派学术论争的一个焦点。

上贝氏体中，碳化物来源于富碳奥氏体，上贝氏体铁素体本身不会产生析出物，关于这一点基本达成共识。在贝氏体相变过程中，碳通过配分进入残余奥氏体中。Krisement 和 Wever 计算了 γ/γ+θ 相界面的结果，认为当奥氏体中碳浓度 $X_γ$ 超过溶解极限时即可能析出渗碳体，如图 7-20 所示。图中的阴影部分表示奥氏体，其不稳定而析出渗碳体。可见，如果没有动力学障碍，并且相变温度在 T_c 以下，碳化物会随着上贝氏体的长大而析出。

由于上贝氏体形成温度较高，碳有足够的扩散能力，大部分或全部排到铁素体之间的奥氏体中。切变学派认为，碳化物是由富碳的奥氏体析出，是一个次生相。贝氏体铁素体在奥氏体的贫碳区形核并以马氏体相变方式长大。碳化物的析出会降低残余奥氏体中的碳含量，从而促进更多数量的铁素体的形成。扩散学派认为，碳化物是奥氏体共析分解的一部分，只是在析出程序上它不能与另一相铁素体协调形核和长大。

上贝氏体中的渗碳体颗粒与贝氏体和铁素体板条的惯习面平行。透射电镜观察表明，这些碳化物在三维方向呈不规则的带状分布，尤其是较高温度下形成的贝氏体组织。碳化物在奥氏体晶界析出，高碳钢（大于 0.45%C）的渗碳体会趋于以薄膜的形态在奥氏体晶界析出，对钢的力学性能，尤其是韧性不利。

下贝氏体中的碳化物以渗碳体（θ 碳化物）为主，也存在 ε 碳化物。对于下贝氏体中碳化物的来源，两大学派也有以下不同看法。

① 贝氏体切变学派认为由于碳不易从铁素体中扩散出来，形成 ε 碳化物的驱动力增大，认为新形成的贝氏体铁素体内含有过饱和碳，下贝氏体中的碳化物主要从过饱和铁素体中沉淀析出，测得的与下贝氏体 $Fe_3C/γ$ 和 $Fe_3C/α$ 的位向关系支持这一论点。

② 扩散学派认为碳化物来源于奥氏体，认为碳化物是 α/γ 相间沉淀的产物，有关 $α/Fe_3C$ 的位向关系可以相互转换。这一点与回火马氏体的碳化物析出相似。

扩散学派较系统的研究表明下贝氏体碳化物可呈以下几种析出形态。

① 碳化物存在于铁素体亚单元之间的奥氏体内部，或存在于铁素体亚片条内部。后者首先自亚片条内亚单元之间的奥氏体薄膜内析出，但由于亚单元继续长大而将碳化物包围，从而导致贝氏体碳化物存在于铁素体内部。

② 碳化物在贝氏体铁素体片条宽面上巨型台阶前沿 α/γ 界面处 γ 一侧析出，并向奥氏体基体内部长大。

③ 碳化物在铁素体片条宽面附近的残余奥氏体内析出。

④ 碳化物在铁素体亚片条间析出。

方鸿生等提出贝氏体铁素体的长大过程按台阶机制进行，且贝氏体铁素体片条宽面上存在巨型台阶，其模型如图 7-21 所示。该模型中，碳化物从 α/γ 界面前沿的富碳奥氏体中析出。贝氏体铁素体按台阶机制进行长大时，铁素体中碳含量处于热力学平衡或准平衡状态。即贝氏体铁素体片条增厚过程中，将有大量碳通过扩散，由相界面向奥氏体基体内部转移，导致界面附近奥氏体内富碳，相变时台阶前沿奥氏体内碳浓度场如图 7-21（b）所示。可知愈接近台阶阶面，碳浓度梯度愈大，碳富集程度愈高。随着碳富集程度的提高，奥氏体向铁素体转变的驱动力越来越低，台阶的迁移速度逐渐下降，甚至出现暂时停滞现象。相反，碳富集有利于碳化物形核。在热力学条件得到满足时，在台阶前沿碳浓度最富集的局部区域碳化物首先形核，如图 7-21（c）所示。碳化物倾向于在台阶阶面前沿奥氏体内形核，此处碳最富集，可借助消耗巨型台阶阶面局部区域存在的部分非共格界面，以获得额外相变驱动力。碳化物形核后，将向基体奥氏体内长大，由于远离 α/γ 界面，碳富集程度逐渐下降，碳化物形成量逐渐下降，碳化物截面逐渐缩小，最终长大成楔状形态。碳化物析出后，奥氏体内碳含量急剧下降，奥氏体转变为铁素体的驱动力增高，铁素体可能继续长大，如图 7-21（e）所示。铁素体长大后，碳化物被铁素体完全包围，如图 7-21（f）所示。

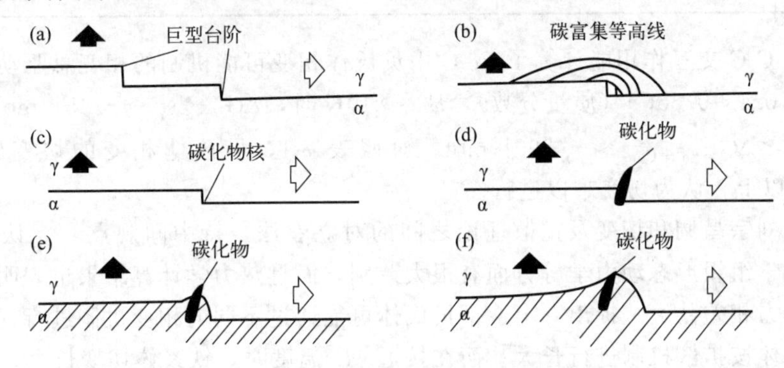

图 7-21　下贝氏体碳化物形成模型

（a）铁素体宽面上的巨型台阶；（b）碳富集等高线；（c）碳化物形核；（d）碳化物向奥氏体长大；（e）铁素体由于碳化物的形成而快速长大；（f）碳化物在铁素体片中被夹住

7.8 贝氏体相变的热力学

7.8.1 贝氏体相变的驱动力

热力学能表示相变过程的总趋势，相变驱动力等于两相自由焓之差（ΔG）。贝氏体相变是一种非平衡相变。贝氏体相变奥氏体中碳发生了再分配，使贝氏体铁素体中碳含量和铁素体的自由能降低，从而使在相同温度下的新、母相间自由能差增大。同时，贝氏体与奥氏体间比容差小，比容增大和维持切变共格所引起的弹性应变能减小，周围奥氏体的协作形变能减小，而且也导致贝氏体相变不需要像马氏体相变时那样大的过冷度条件便有可能满足相变的热力学条件。因此，贝氏体形成的上限温度 B_s 必然显著高于马氏体开始形成的温度 M_s。

康沫狂以 Fe-C 合金为例，根据贝氏体预相变期和形核实验，认为在奥氏体贫碳区应以马氏体型切变形核机制转变为贝氏体铁素体（BF），可用下式表达：

$$\gamma \rightarrow \gamma' + \gamma_1 \rightarrow \alpha' + \gamma_1 \rightarrow \mathrm{BF} + \gamma_1$$

式中 γ、γ′、γ_1 分别为母相奥氏体、贫碳奥氏体区和富碳奥氏体区；α′和 BF 分别为 BF

核胚及BF。

贝氏体切变相变临界驱动力为：$\Delta G_{\gamma\to BF}=-\Delta G_{\gamma\to\gamma'+\gamma_1}+\Delta G_{\gamma'\to\alpha}$。

为了计算Fe-C-ΣM多元合金钢贝氏体切变阻力、相变临界驱动力，测定了一些合金钢的$B_上$和$B_下$的B_s点温度和切变相变阻力。有关数据如表7-1所示。从表可见，其驱动力能够克服相变阻力，按康氏切变理论，合金的贝氏体相变是可能的。

表7-1 钢中贝氏体的B_s温度、切变相变阻力和切变相变驱动力

钢号	B_u			B_1		
	B_s/℃	阻力/(J/mol)	驱动力/(J/ mol)	B_s/℃	阻力/(J/mol)	驱动力/(J/ mol)
15SiMn3Mo	450	621	−620	340	1260	−1250
40CrMnSiMoV	420	747	−750	310	1382	−1350
9SiCr	400	1026	−1100	260	1860	−1820

徐祖耀以C-C交互作用能计算了Fe-C中贝氏体相变可能机制的相变总驱动力和形核驱动力，如Fe-(0.1～0.55C)（质量分数），$B_s\approx810K$时，$\Delta G_{\gamma\to\alpha+\gamma_1}\approx-45J/mol$。Fe-0.8C，$B_s\approx823K$时，$\Delta G_{\gamma\to\alpha''+Cem}\approx-390J/mol$。对照表7-1，贝氏体相变的切变驱动力需要$-1000J/mol$以上，认为切变难以进行。

近年来，刘宗昌调和切变及扩散理论之间的对立看法，持中间观点[5]。认为上下贝氏体不仅在晶体学组织形态动力学等方面有很大差别，而且热力学计算结果也表明上、下贝氏体相变的驱动力相差甚大。提出，上、下贝氏体可能通过不同的相变机制进行，即相变温度较高时，贝氏体按扩散机制进行长大；而在接近M_s温度时，铁素体切变长大。刘宗昌等应用综合理论分析的方法研究了钢中贝氏体相变热力学。依据$\gamma\to\alpha_{B+\gamma_1}\to B_{F+\gamma_1}$转变机制设计了新的计算模型，并估算了$B_s$温度下相变阻力为105J/mol。指出相变不仅与驱动力有关，而且取决于原子扩散能力。在贝氏体上部温度区，可以依靠界面扩散进行台阶长大；在460℃以下的某一段温度，可能以原子热激活跃迁无扩散机制进行贝氏体铁素体形核长大过程；在M_s点稍上一段温度，可能以切变方式进行[19]。

7.8.2 B_s点及其与钢成分的关系

由奥氏体到贝氏体的转变，存在一个极限温度B_s。B_s点的意义是表示奥氏体和贝氏体间自由能差达到相变所需的最小化学驱动力时的温度，或者说B_s点反映了贝氏体相变得以进行所需要的最小过冷度，高于B_s点则贝氏体相变不能进行。

在B_s点附近，贝氏体相变不能进行完全，即有未转变的残余奥氏体存在。随着转变温度的降低，贝氏体相变的数量随之增加，直至某一温度B_f时，则不再转变。但即使到达B_f，过冷奥氏体也不可能全部转变为贝氏体，只是残余奥氏体的量随转变温度的降低渐次减少而已。钢中B_s和B_f的温度差，对大多数钢来说约相差120℃。钢的B_f点可能位于M_s以上，也可能位于M_s点以下，亦随钢的成分而变化。

关于合金元素对B_s点的影响，可用下列经验公式来表示：

$$B_s=830-270\times(\%C)-90(\%Mn)-37\times(\%Ni)-70\times(\%Cr)-83\times(\%Mo) \tag{7-5}$$

上式适用于下列成分范围的钢：C 含量 0.1%～0.55%，Cr 含量≤3.5%，Mn 含量 0.2%～1.7%，Mo 含量≤1.0%，Ni 含量≤5%。

7.9 贝氏体相变动力学

贝氏体相变动力学是贝氏体相变的重要组成部分。相变机制和相变速率是相变动力学研究的重点，后者更是制定贝氏体淬火工艺过程时必须关注的问题。贝氏体相变动力学对合金钢的选材和热处理工艺的制定具有实际价值和理论意义。

贝氏体相变动力学具有如下特征：

① 与马氏体长大速率相比，贝氏体相变速率较慢；

② 在许多合金钢中，贝氏体相变的 TTT 图不与珠光体的 C 曲线重叠，而是两曲线分开；

③ 许多合金钢的贝氏体相变有一个明显的上限温度，即所谓 B_s 点。在此温度等温，奥氏体不能全部转变为贝氏体。

7.9.1 贝氏体等温相变动力学的特点

与珠光体一样，贝氏体也可以等温形成，其等温相变动力学图（TTT 图）也呈 C 形状。在 C 曲线的“鼻尖”温度，贝氏体相变的孕育期和转变时间最短。在碳素钢和低合金钢中，贝氏体相变 C 曲线和珠光体转变 C 曲线基本重叠（与实验技术和检测精度不够有关），使得其等温转变曲线只有一组 C 曲线，如图 7-22（a）所示。具有这种动力学曲线的钢，其贝氏体相变发生于 C 曲线“鼻尖”温度（约 550℃）以下、M_s 温度以上的温度区间，在此温度区间的较高温度范围（约 350℃以上）形成上贝氏体，而在较低温度范围形成下贝氏体。许多合金钢具有两组独立的 C 曲线，上部为珠光体转变 C 曲线，下部为贝氏体相变 C 曲线，两个鼻尖之间的部分形成河湾状。

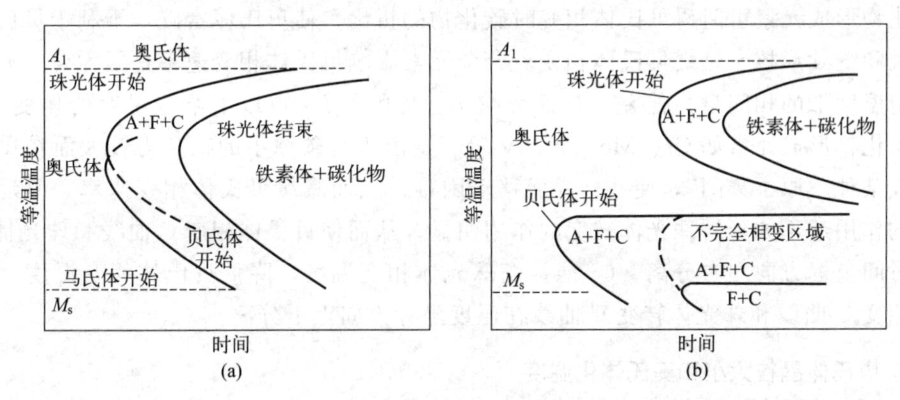

图 7-22 单一 C 曲线，珠光体和贝氏体形成温区合并（a）以及两个 C 曲线，珠光体和贝氏体形成区明显分离（b）

对于河湾形成的原因，扩散学派认为钢的 TTT 曲线只存在一个 C 曲线，TTT 曲线河湾的形成实际是溶质拖曳作用的结果。

关于贝氏体相变不完全性，一般认为贝氏体相变总是优先在贫碳区开始，随着贝氏体相变量的增加，由于碳不断向奥氏体中扩散，使未转变奥氏体中的碳浓度愈来愈高，从而增加了奥氏体的化学稳定性而使之难以转变；同时由于贝氏体的比容比奥氏体大，产生了一定的机械稳定化作用，这也不利于贝氏体相变的继续进行。至于相变不完全性随温度升高而愈加显著的原因，可能主要与温度较高时奥氏体与贝氏体间的自由能差减小，从而使相变驱动力减小有关。同时温度愈高，将愈有利于碳原子的扩散而形成更多的柯氏气团，从而增强未转变奥氏体热稳定化倾向的作用。但应指出，当钢的 B_f 点低于 M_s 点，亦即在 M_s 点以下仍可发生贝氏体相变时，随等温温度降低，贝氏体的相变量则愈来愈少。显然，这是由于在 M_s 点以下大量马氏体的形成所引起的机械稳定化作用的结果。

7.9.2 影响贝氏体相变动力学的因素[20]

（1）碳和合金元素

碳和合金元素（除 Co、Al 以外）都延缓贝氏体相变，使贝氏体相变 C 曲线右移。图 7-23 为硼元素对等温转变的影响。钢的常用合金元素中，除了 Co 和 Al 加速贝氏体相变速率以外，其它合金元素如 Mn、Ni、Cu、Cr、Mo、W、Si、V 以及少量 B 都延缓贝氏体的形成。同时也使贝氏体相变温度范围下降，其中以 Mn、Cr、Ni 的影响最为显著。钢中同时加入多种合金元素，其相互影响比较复杂。

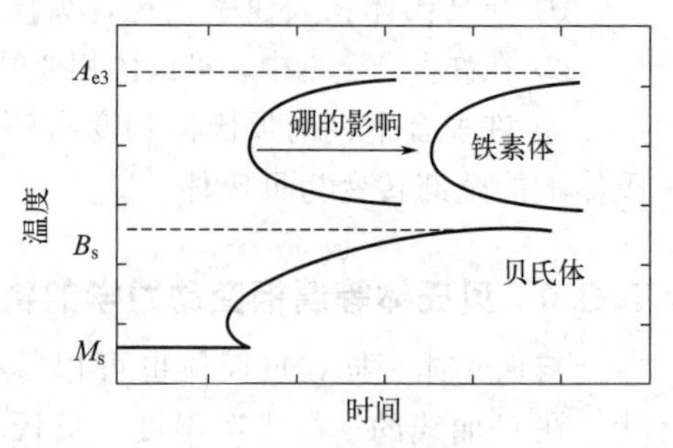

图 7-23 硼对 TTT 曲线的影响示意

不同元素延缓贝氏体相变的机理不同：含碳量升高不利于贝氏体铁素体的形核，这是因为贝氏体铁素体优先在贫碳区形核；B 能抑制奥氏体晶界上的偏聚，从而降低晶界能，使晶界不易作为均匀形核位置；Ni 和 Mn 降低奥氏体的自由能，提高铁素体的自由能，降低了相变驱动力，使贝氏体相变速率降低；Cr、W、Mo、V、Ti 等元素与碳的亲和力较大，提高碳在奥氏体中的扩散激活能，延缓奥氏体中贫碳区的形成，增加贝氏体形成的孕育期；Si 等非碳化物形成元素可阻碍贝氏体相变时碳化物的析出，使奥氏体富碳，不利于贝氏体铁素体的长大和继续形核，延缓贝氏体相变。合金元素影响贝氏体相变速率是因为合金元素影响到在一定温度下的相间自由能差，从而影响 B_s 点和在 B_s 点以下给定温度的相变驱动力。对于强碳化物形成元素如 Cr、Mo、W、V 等，则由于与碳原子的亲和力较大而在奥氏体中可能形成某种“原子集团”，使共格界面移动困难，从而减缓贝氏体相变速率。但延缓贝氏体相变的作用远不如延缓珠光体转变的作用明显，从而使贝氏体相变 C 曲线和珠光体转变 C 曲线在时间坐标方向左右分离。Cr 能提高珠光体相变温度，降低贝氏体相变温度，从而使贝氏体相变 C 曲线和珠光体转变 C 曲线在温度坐标方向上下分离。

（2）奥氏体晶粒大小和奥氏体化温度

贝氏体相变对奥氏体基体晶粒尺寸的敏感性远小于珠光体。由于奥氏体晶界是贝氏体的优先形核部位，随奥氏体晶粒增大，贝氏体相变孕育期增加，形成一定数量贝氏体所需的时间增加，相变速度减慢。

奥氏体晶粒尺寸对上贝氏体的影响要比下贝氏体的影响大，源于上贝氏体在奥氏体晶界形核长大，而下贝氏体主要在奥氏体晶粒内部形成。

提高奥氏体化温度或延长时间，一方面使碳化物溶解趋于完全，使奥氏体成分均匀性提高，同时又使奥氏体晶粒长大，因而贝氏体相变速度减慢。

（3）工艺条件

加热工艺、冷却工艺及其它一些外部因素都会影响贝氏体相变速率。

加热工艺通过影响奥氏体晶粒尺寸、奥氏体成分均匀性、奥氏体中的碳含量和合金元素含量以及未溶第二相等因素来影响贝氏体相变速率。加热温度越高、保温时间越长，奥氏体晶粒越粗大、成分越均匀，碳和合金元素在奥氏体中溶解越充分，未溶第二相数量越少，这些都会降低贝氏体相变速率。

冷却工艺和其它一些外部因素通过影响贝氏体相变的驱动力、原子扩散能力、过冷奥氏体成分等影响贝氏体相变速率。

① 在贝氏体相变温度区间的较高温度，随着等温冷却温度的降低，过冷度增加，相变驱动力增大，即贝氏体相变速率提高；在贝氏体相变温度区间的较低温度，随着等温冷却温度的降低，原子扩散能力降低。

② 过冷奥氏体在珠光体转变和贝氏体相变之间的温度等温停留，会促进随后的贝氏体相变，这可能与在等温停留过程中由于奥氏体析出碳化物，导致奥氏体中碳和合金元素含量降低有关；在贝氏体相变温度区间较高温度等温停留或发生部分贝氏体相变，会减慢随后在较低温度的贝氏体相变，这可能与过冷奥氏体热稳定化和先期贝氏体相变使未转变的奥氏体碳含量升高有关；在贝氏体相变温度区间的较低温度或 M_s 以下等温停留，可使随后在较高温度的贝氏体相变加速，这可能与较低温度下发生部分贝氏体相变或马氏体相变形成的应力和应变导致的附加驱动力有关。

③ 对过冷奥氏体施加拉应力可促进贝氏体相变，施加压应力阻碍贝氏体相变。因为奥氏体向贝氏体转变伴随着体积膨胀，拉应力对体积膨胀有利，压应力阻碍体积膨胀。另外，拉应力可加速原子扩散。如图 7-24 和图 7-25 所示[11]。

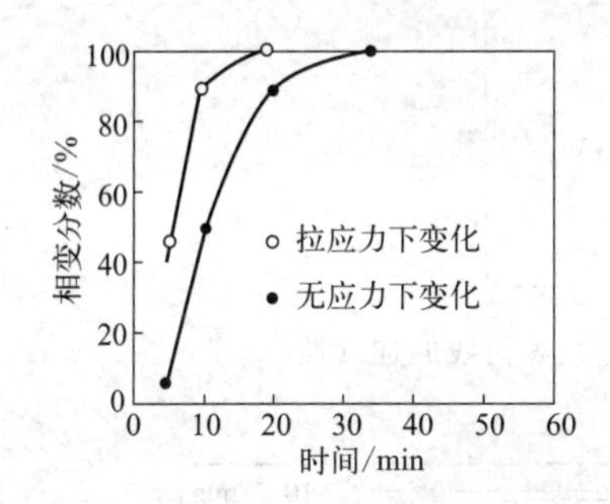

图 7-24　0.84C 共析钢在 152MPa 拉应力下和无应力下由 800℃冷却至 280℃，贝氏体相变分数随时间的变化

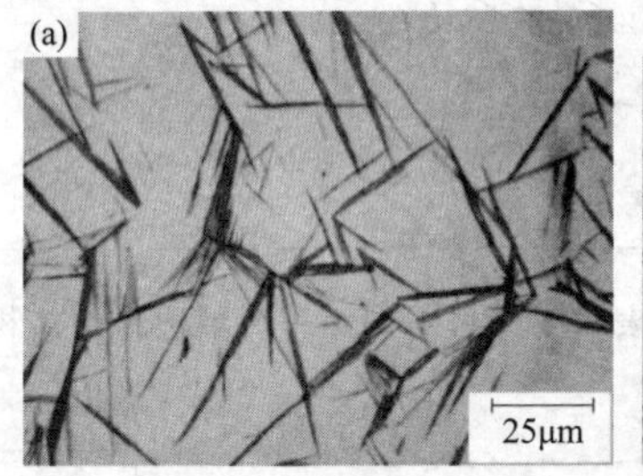

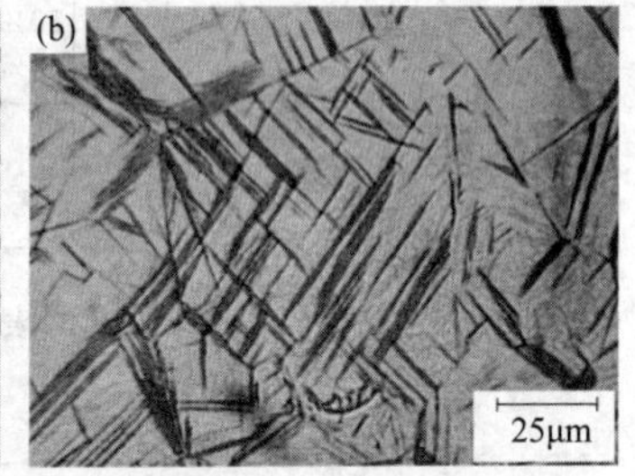

图 7-25　弹性范围内施加静水压力产生的贝氏体
(a) 4MPa；(b) 200MPa

④ 在高温区（1000～800℃）对奥氏体进行塑性变形，将使贝氏体相变孕育期延长，相变速率减慢，相变不完全程度增加。这与奥氏体内部发生回复，形成多边形亚结构以及亚晶界，阻碍 α 相切变长大有关；生产中可以用高温形变的方法通过抑制贝氏体相变来提高淬透性，一般说来，高温下的形变量愈大，对减缓贝氏体相变速率的作用也愈大。在中温区（600～300℃）对奥氏体进行塑性变形，则贝氏体相变孕育期缩短，相变速率加快。因为中温形变时在奥氏体中形成了大量位错，可大大促进碳原子的扩散，而且奥氏体中一定的应力

状态也有利于贝氏体的形核，从而加速了转变过程。在 B_s 温度以下对过冷奥氏体进行塑性变形，可促进贝氏体相变，这与塑性变形导致过冷奥氏体位错密度升高而产生的附加驱动力以及促进原子扩散有关。

⑤ 外加磁场可提高贝氏体相变温度，使贝氏体相变加速。

7.9.3 连续冷却转变图

钢铁和合金的实际生产通常不是等温转变，从奥氏体连续冷却以获得所需的性能更为方便，因此利用连续冷却转变（CCT）图来表示显微组织的演变。每个 CCT 曲线都需要确定其化学成分、奥氏体化条件、奥氏体晶粒尺寸及冷却条件，因此 CCT 缺乏 TTT 图的普遍适用性。工程上，为了提高非调质钢的综合力学性能，采用成熟的控轧控冷的方法，控制加热、预变形工艺和轧制（锻造）后控冷，细化组织。

连续冷却往往不能得到单一的贝氏体组织，通常在连续冷却下得到的是高、中、低温转变的混合组织。合金钢中的合金元素如 W、Mo、Cr、V、Mn、Ti、B 能够显著推迟珠光体转变和降低贝氏体相变温度，使得高温和中温的 CCT 曲线独立分开[21]，如图 7-26 所示。实际上，TTT 图和 CCT 图广泛应用于生产实践中，图 7-27 所示为电力工厂用 2.25Cr1Mo 贝氏体钢的 TTT 和 CTT 的相测量结果。随着计算材料学的发展，模拟计算能够确保性能的准确快速预测，往往采用模拟进行 CCT 的建立与实验测量的对比分析[22]，如图 7-28 所示。

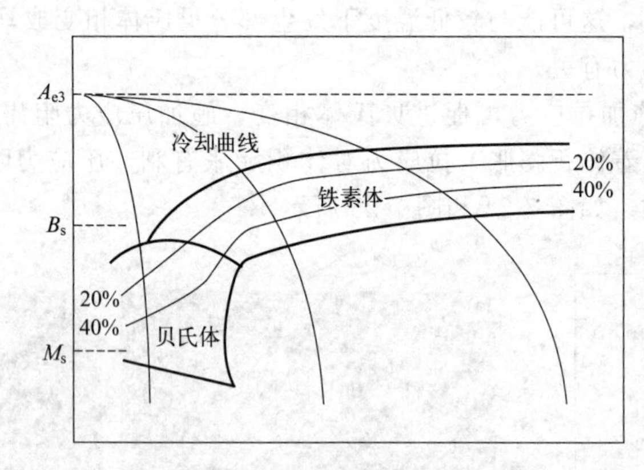

图 7-26　CCT 图表示了穿过不同组织区域边界的体积分数等值线的连续性

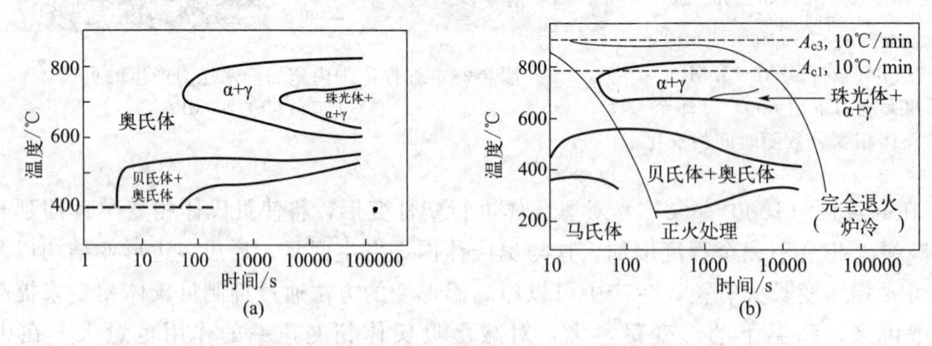

图 7-27　2.25Cr1Mo 贝氏体钢的相测量结果

(a) TTT 图；(b) CCT 图

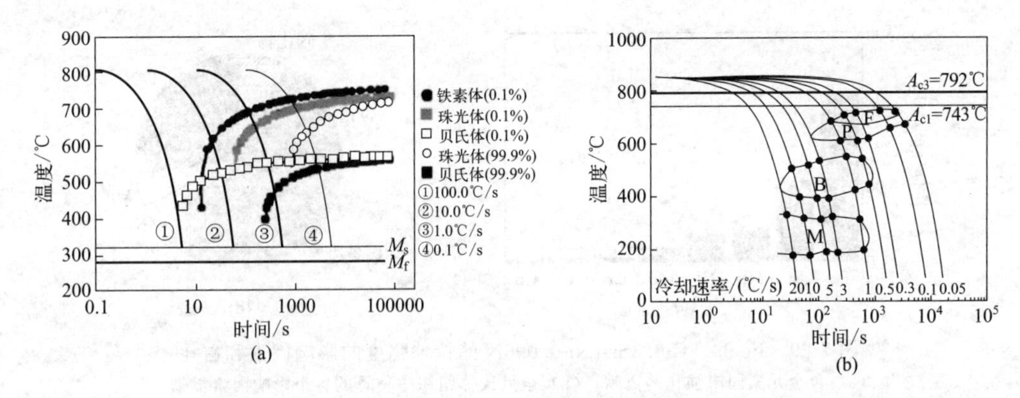

图 7-28 CCT 的对比分析

(a) 模拟进行 CCT 的建立；(b) 实验测量

7.10 贝氏体的力学性能

材料的力学性能取决于构成它的组织组成物的类别、形态、尺寸、分布状况和亚结构。贝氏体相变不仅随转变温度不同而改变，且获得单一类型的贝氏体难度很大，很难严格地评价某单一类型贝氏体的力学性能，因此所测定的通常多是混合组织的性能。贝氏体相变具有不完全性，大多数合金钢很难在等温和连续冷却条件下得到全部贝氏体组织，往往得到的是以某类贝氏体为主的混合组织，包括高温转变组织或低温马氏体或残留奥氏体，因此评价贝氏体的性能受到一定的制约。

7.10.1 贝氏体的强度和硬度

贝氏体的强度可以看作是不同组织因素本征强度的综合，可以分解成以下几个部分[11]：退火纯铁的固有强度（σ_{Fe}）、置换原子的固溶强化贡献（σ_{ss}）、固溶碳的强化贡献（σ_c）以及一些组织的相关贡献，包括位错强化、第二相粒子强化和晶粒尺寸的影响。可用式（7-6）表达[11]：

$$\sigma=\sigma_{Fe}+\sum_i\sigma_{ss}^i+\sigma_c+K_\varepsilon(\bar{L}_3)^{-1}+K_p\Delta^{-1}+C_{10}\rho_d^{0.5} \tag{7-6}$$

其中，ρ_d 是位错密度，$\bar{L}_3$ 是晶粒平均尺寸，Δ 为碳化物之间的平均距离，$C_{10}\approx0.38$，$K_\varepsilon\approx115\text{MPa}$，$K_p\approx0.52V_\theta\text{MPa}$，$V_\theta$ 为碳化物的体积分数。第四项和第五项代表了晶粒尺寸和碳化物粒子对强度的贡献，第六项是位错的贡献。

图 7-29 为 Fe-0.15C-0.3Si-1Ni-0.005N（质量分数）的拉伸强度的影响因素和占比。

一般地，可以归结为以下几个因素[20]。

（1）固溶强化

合金中的碳和合金元素一部分溶解在贝氏体铁素体中，另一部分形成碳化物。固溶于贝氏体铁素体中的碳和合金元素产生固溶强化，使贝氏体具有高的强度和硬度。碳因形成间隙固溶体，而具有一定的过饱和度，其固溶强化作用比合金元素的作用更为明显。

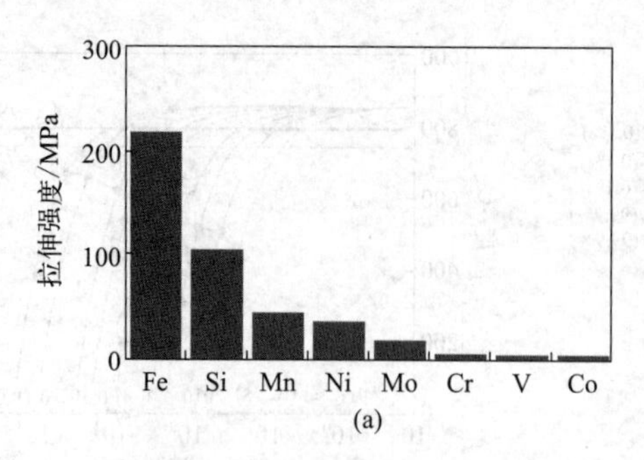

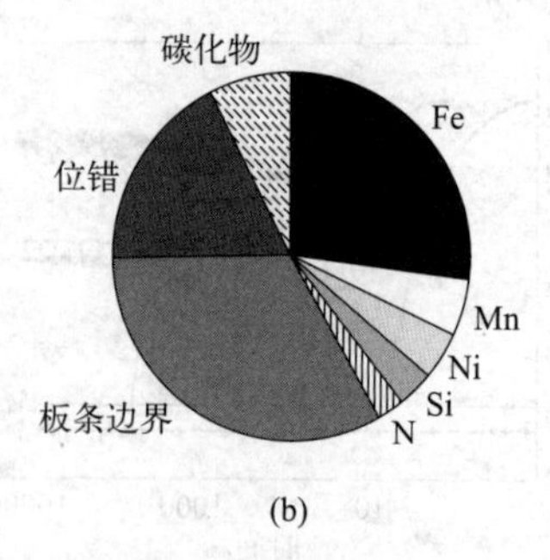

图 7-29 Fe-0.15C-0.3Si-1Ni-0.005N 的拉伸强度的影响因素和占比

(a) 合金元素固溶强化的贡献；(b) 全贝氏体组织中估算的各个影响因素贡献

贝氏体铁素体的过饱和度主要受形成温度的影响，形成温度愈低，碳的过饱和度就愈大，其强度和硬度增高，但韧性和塑性降低较少。因此，下贝氏体铁素体中碳含量的过饱和度较高，碳的固溶强化作用比较明显，其强度比上贝氏体更高。而且下贝氏体形成温度越低，碳含量的过饱和度越大，强度越高。相对地，贝氏体铁素体中碳的过饱和度比马氏体小很多，其固溶强化效果不如碳对马氏体的固溶强化效果。

(2) 贝氏体铁素体晶粒尺寸

贝氏体铁素体条或片的粗细对贝氏体强度有很大影响。如果贝氏体条（片）的平均尺寸可以看作是贝氏体的有效晶粒尺寸，那么这个晶粒尺寸与材料屈服强度之间的关系通常也服从 Hall-Petch 公式。这里贝氏体铁素体晶粒尺寸 d 实际上是指板条宽度的平均值（在有些情况下，将板条束看作一个晶粒）。贝氏体铁素体晶粒尺寸越细小，亚单元数量越多，贝氏体的强度就越高，即贝氏体中铁素体晶粒（或亚晶粒）越细小。贝氏体中铁素体的晶粒大小主要取决于奥氏体晶粒大小（影响铁素体条的长度）和形成温度（影响铁素体的厚度），但以后者为主。贝氏体形成温度愈低，贝氏体铁素体晶粒的整体尺寸就愈小，贝氏体的强度和硬度就愈高。图 7-30 所示为贝氏体铁素体晶粒尺寸对 σ_b 的影响。

(3) 碳化物的弥散度和分布状况

弥散强化是最有效的强化手段之一。弥散强化的颗粒尺寸愈细小，数量愈多，对强度的贡献就愈大。在颗粒尺寸相同情况下，贝氏体中渗碳体数量越多，硬度和强度就越高，韧性和塑性就越低。渗碳体的数量主要取决于钢中的碳含量。贝氏体中渗碳体可以是片状、粒状、断续杆状或层状。一般来说，渗碳体为粒状时贝氏体的韧性较高，为细小片状时其强度较高，为断续杆状或层状时其脆性较大。当成分一定时，随相变温度降低，渗碳体的尺寸减小，数量增多，渗碳体形态也由断续杆状或层状向细片状变化，硬度和强度增高，但韧性和塑性降低较少。随等温时间延长或进行较高温度的回火，渗碳体将向粒状转化。通常，渗碳体等相均匀弥散分布时，强度较高，韧性较好。若渗碳体相不均匀分布，则强度较低，且脆性较大。贝氏体中碳化物的弥散强化作用在下贝氏体中占有特别重要的地位，但对上贝氏体来说则相对显得次要。其原因在于上贝氏体中碳化物较粗大，处于铁素体板条间，分布状况不良。贝氏体中碳化物的弥散度对 σ_b 的影响如图 7-31 所示。由图可见，碳化物弥散度越大，σ_b 值越高。由于碳化物的弥散度随转变温度降低而增大，所以上述关系与转变温度降低时强度增高的结果是一致的。

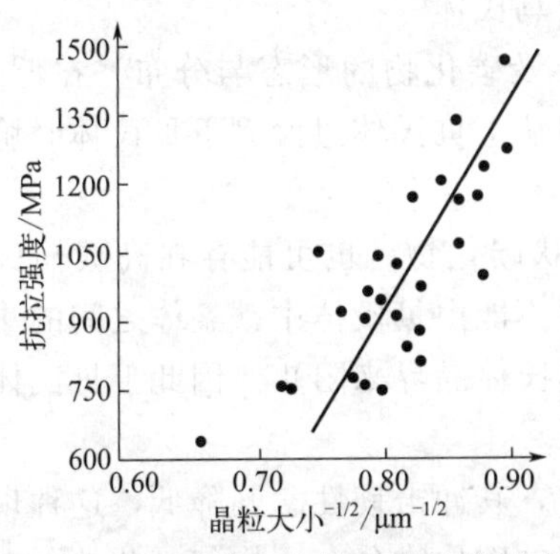

图 7-30　贝氏体钢中铁素体晶粒尺寸对抗拉强度的影响

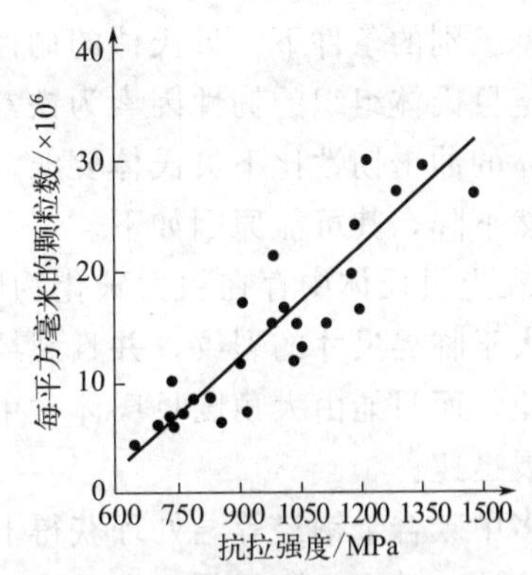

图 7-31　贝氏体中碳化物弥散度对抗拉强度的影响

（4）亚结构强化

贝氏体铁素体的亚结构主要是缠结位错。随相变温度降低，位错密度增大，强度和韧性增高。随贝氏体铁素体的亚结构尺寸减小，强度和韧性也增高。随转变温度的降低，贝氏体铁素体中的位错密度不断增高。在 Fe-C 合金中位错密度与由之引起的屈服强度的增量之间存在下述关系，即 $\Delta\sigma_{0.2}=1.2\times10^{-4}\rho^{-1/2}$，$\rho$ 为位错密度，它是通过改变钢的碳含量并进行不同的热处理而获得的。

以上四个强化因素都与贝氏体形成温度相关，即贝氏体形成温度越低，强化效果越明显，这也体现了贝氏体转变温度的重要性。图 7-32 为碳钢贝氏体抗拉强度与形成温度的关系，图 7-33 为不同等温温度下贝氏体片的厚度的 TEM 照片。可见单元贝氏体铁素体片 $\alpha_{\mu b,1}$ 和 $\alpha_{\mu b,2}$ 是通过改变等温温度从 420℃到 290℃获得。

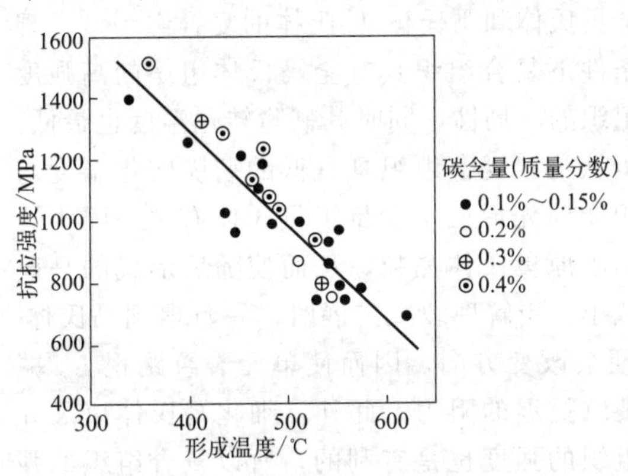

图 7-32　碳钢贝氏体抗拉强度与形成温度的关系

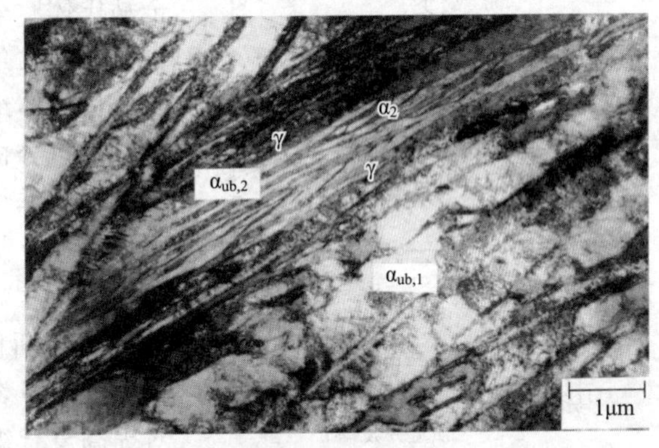

图 7-33　不同等温温度下贝氏体片的厚度

从 TEM 照片可见，低温的 $\alpha_{\mu b,2}<\alpha_{\mu b,1}$，贝氏体铁素体的亚单元明显细化。随着亚单元的细化，铁素体晶粒细化，碳化物细小弥散，位错密度升高，因此强度、硬度也会升高。

7.10.2　贝氏体的塑性和韧性

塑韧性是高强度材料的一项重要性能指标。随转变温度的降低，贝氏体的强度增加而塑韧性下降[9]。贝氏体组织，特别是下贝氏体组织，具有良好的塑性和韧性。一般来说，在同一强度级别的条件下，贝氏体的韧性常常高于回火马氏体。

决定贝氏体组织的韧性因素为铁素体的晶粒大小及碳化物的形态与分布。在低碳钢中，上贝氏体的冲击韧性比下贝氏体要低，且贝氏体组织从上贝氏体过渡到下贝氏体时脆性转折温度突然下降，其可能原因如下。

① 在上贝氏体中存在粗大碳化物颗粒或断续条状碳化物，也可能存在高碳马氏体，容易形成大于临界尺寸的裂纹，并且裂纹一旦扩展，便不能由贝氏体中铁素体之间的小角度晶界来阻止，而只能由大角度贝氏体“束”界或原始奥氏体晶界来阻止。因此上贝氏体组织中裂纹扩展迅速。

许多中碳合金钢经等温处理获得上贝氏体组织时，其冲击韧性急剧降低，这种现象称为贝氏体脆性。其产生原因是上贝氏体中铁素体条之间的碳化物分布不均匀。此外，在出现贝氏体脆性的相变温度范围内钢的宏观硬度增高，这种脆性可能与过冷奥氏体在该温度范围内部分转变为马氏体有关。

② 在下贝氏体组织中，较小的碳化物颗粒不易形成裂纹，即使形成裂纹也难以达到临界尺寸，并且即使形成解理裂纹，其扩展也将受到大量弥散碳化物颗粒和位错的阻止。因此，裂纹形成后也不易扩展，常常被抑制而必须形成新的裂纹，因而脆性转折温度降低。所以，下贝氏体组织尽管强度较高，但其冲击韧性要比强度稍低的上贝氏体组织要高得多。

实际上，目前工业中应用的高强度或超高强度钢中，常常通过控制等温转变过程或控制连续冷却速度来获得适当数量的贝氏体加马氏体的复合组织，以达到良好的强韧性。等温淬火工艺通常在200～600℃，钢在等温淬火温度下进行保温，直到奥氏体转变为贝氏体。一般等温转变后，组织转变即告完成，但适当的热处理也是优化贝氏体钢性能的有效途径。

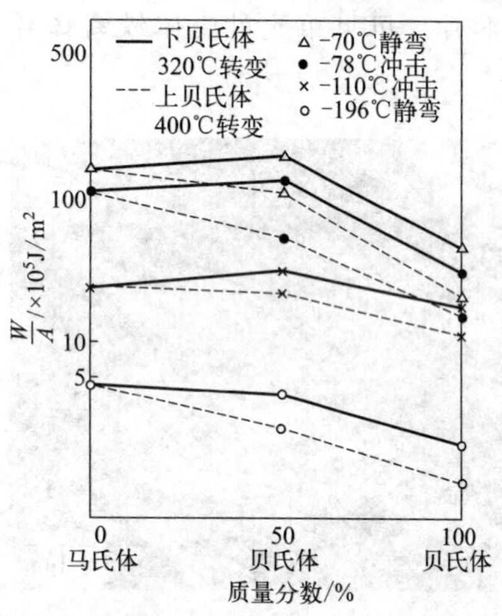

图 7-34 CrNiMoV钢中贝氏体-马氏体混合组织内贝氏体含量对韧性的影响

图7-34为含0.12%C的CrNiMoV钢在200～600℃范围回火后的冲击性能。此回火温度范围内，可以得到全马氏体、全贝氏体和马氏体-贝氏体的复合组织。发现在同一回火条件下复合组织具有全马氏体组织的高强度和全贝氏体组织的高韧性，同时其韧脆转化温度也最低。经过断口分析认为，复合组织具有低的韧脆转化温度与其在马氏体相变前先形成了少量下贝氏体有关，因为这些贝氏体分割了原奥氏体晶粒，从而使随后形成的马氏体束的尺寸减小。当解理裂纹扩展时，一旦遇到马氏体-贝氏体界面便会改变方向，因而使单元裂纹路程 L_c 减少，增大了裂纹扩展的阻力。此外，细化马氏体束尺寸对提高复合组织的强度也是有利的，所以复合组织的强度与全马氏体组织相比，降低得并不太显著。

7.11 贝氏体钢及最新研究进展

自贝氏体组织发现以来，国内外在贝氏体的相变理论和贝氏体钢的研发、设计与应用等方面都有了重大突破。我国柯俊、徐祖耀、康沫狂、俞德刚、方鸿生、刘文西、李凤照、刘世楷、刘宗昌和张福成等诸多学者在贝氏体相变理论、实验及材料开发上作出了突出贡献[2-6,22-28]。我国贝氏体相变机理与贝氏体钢的开发与推广应用已领先于国际水平。经过几十年的努力，我国已成功研发了成本较低、工艺简单的具有优良强韧性能的系列低合金贝氏体钢种。贝氏体钢已被广泛用于交通、工程机械、舰船以及输油管道等诸多制造领域，有着巨大的潜力与发展空间。

康沫狂及其团队开发出了化学成分为 Si-Mn-Mo 的贝氏体钢种[25,26]。其设计思路是在钢中添加一定量的 Si、Al 或其它有相似作用元素，延缓或减慢 TTT 图中 F 相、P 相的析出而且几乎不影响 B 相的析出，从而使贝氏体相的转变区变大、变宽。空冷时可以得到由贝氏体铁素体和奥氏体组织组成的非典型或无碳化物贝氏体，称之为准贝氏体。这种准贝氏体组织克服了典型贝氏体（特别是上贝氏体）中碳化物对钢的不利因素，表现出良好的强韧性。准贝氏体钢[25] 以其优良热处理工艺、优异的焊接性能、良好的耐磨性、较高的抗疲劳性能、低的缺口敏感性，成为新型工程结构材料，已被广泛用于我国大型桥梁或高层建筑用高强度可焊钢板、高速铁路轨枕用 V 级钢筋、全程焊接钢轨、道岔、拖拉机履带板、采煤机截齿、石油钻铤、钎杆、矿用圆环链、输送管线以及各种耐磨铸件等。

基于雄厚的贝氏体相变理论，方鸿生及其团队等用我国较为丰富的金属 Mn 代替了金属 Mo，发明了 Mn-B 系空冷贝氏体钢。历时三十载，研制出不同性能和用途的中高碳、中碳、中低碳、低碳贝氏体钢系列材料 12 种，成为国际上两大类空冷贝氏体钢之一。该钢空冷自硬，可免除淬火或淬回火工序，节能、降本，生产工艺简化。这些“产、学、研”的原创性自主创新，已应用于汽车、石油工业、铁路运输、建筑工业、煤炭及矿山、工程机械及国防工业等领域。如低碳粒状贝氏体 12Mn2VB 钢经过锻造轧制后空冷，经过中温回火后其性能可以达到 $\sigma_s \geqslant 580\text{MPa}$，$\sigma_b \geqslant 760\text{MPa}$，$\delta \geqslant 21\%$，$\varphi \geqslant 60\%$，$\alpha_{ku} \geqslant 160\text{J/cm}^2$，已广泛用于汽车多种零部件[27]。

近年来，纳米贝氏体（nanostructured bainite）组织的出现，使得贝氏体钢的研究进入了一个新阶段[29-38]。Bahdashia 等成功开发的高碳纳米贝氏体钢在性能上已经可以与部分马氏体时效钢相媲美，且合金成本大幅降低[29]。

纳米贝氏体是通过过冷奥氏体在低温贝氏体相变区长时间等温形成的，由板条宽度仅为数十纳米的贝氏体铁素体和残余奥氏体组成。一般纳米贝氏体的板条宽度（20～40nm）远小于马氏体相变所能实现的板条宽度（约 200nm），因此通过细化效应，组织的强韧性显著提高。另一方面，贝氏体板条的细化也有助于得到超细薄膜状富碳残余奥氏体，该奥氏体相可以在材料变形过程中实现相变诱导塑性效应，抑制微缺陷及裂纹的萌生，进一步改善钢铁材料的强塑性。纳米贝氏体是一种综合性能优异，生产工艺较为简单的高强韧组织，因其良好的强度、塑性、韧性及抗冲击疲劳性能，在铁路轨道、齿轮、轴承等领域有广泛的应用前景。

Caballero 和 Bhadeshia 等将高碳、高硅钢在 $T=0.25T_m$（T_m 为熔点）的低温条件下进行长达数天的等温热处理后，获得了极为细小的纳米级贝氏体组织。具有该种新型组织的纳米贝氏体钢的极限拉伸强度可达 2.5GPa，屈服强度达 1.7GPa，硬度为 600～700HV，断裂韧性为 $30 \sim 40\text{MPa} \cdot \text{m}^{1/2}$，并具有良好的综合力学性能，且其制备工艺简单，不需要快速冷却或机械加工，成为发展低合金超高强度钢和纳米钢铁材料的有效途径。2013 年 Smith 等使用第一性原理计算同时辅以同步加速 X 射线衍射技术，用理论与实验数据相结合的方式报道了纳米贝氏体铁素体具有四方晶系结构，为纳米贝氏体通过切变机制形成以及其中并不含有碳化物的原因提供了新的证据[35]。2017 年，Caballero 使用原位高能同步加速 X 射线衍射辅以透射电子显微镜（TEM）及原子探针层析技术（APT）第一次精细化定性研究了纳米贝氏体中碳元素的存在形式，发现在纳米贝氏体中存在纳米级的 η 碳化物且再次验证了纳米贝氏体铁素体板条中的四方晶格结构，并得出结论称晶格的 c/a 比值随等温温度的降低逐渐增大。研究发现超精细尺寸的纳米贝氏体晶体内部存在尺寸为 3nm 左右的类层错缺陷，界面具有原子混乱排布结构，APT 分析表明其内部存在与类层错缺陷尺寸相匹配的碳富集区。

目前纳米贝氏体组织已在许多钢种的等温淬火组织中被发现，鉴于其优越的综合力学性能，已引起工程及学术界的高度重视[35-40]。Si 和 Al 是纳米贝氏体钢重要的合金元素，可以有效抑制贝氏体相变过程中渗碳体的形成。同时 Al、Co 元素可以改变奥氏体的层错能，增加贝氏体的相变驱动力。Al 元素将增加奥氏体中的层错能［5～10MJ/m^2 每 1%（质量分数）Al］，能有效抑制马氏体的相变且加速贝氏体相变过程。为了抑制渗碳体的生成，在 GCr15 钢中添加少量 Si 元素并进行纳米贝氏体热处理，结果发现其需要在 200℃保温 72h，贝氏体相变才基本完成[41]。张福成[42] 等成功得到纳米结构贝氏体轴承钢（NBBS），这种新开发的轴承钢不仅具有高强度和韧性，而且具有优异的耐磨性和滚动接触疲劳（RCF）阻力。通过 72h 低温等温淬火在 GCr15 钢中获得了纳米贝氏体组织，具有极其良好的韧性及耐磨性，可以很好地适应轴承钢的服役环境。

近年来，中国在 NBBS 领域取得了重大进展，NBBS 首次用于制造大型轴承风力涡轮机和重型轴承。NBBS 及其相应的热处理工艺首次被纳入国家和行业标准。NBBS 轴承的开发是划时代的，其优异性能已得到钢铁界的共识，其广泛的应用前景也得到了材料和工程界的认可。相信纳米贝氏体相变理论研究及贝氏体钢的应用也将随工业应用的发展得到不断的拓展，必将助推我国实现钢铁企业的绿色发展，节约能源、资源等目标。

习题

7-1　什么是贝氏体？目前有哪几种定义？各有什么不足？

7-2　什么是 B_s？其物理意义是什么？举例说明成分对其影响因素有哪些。

7-3　试述典型的上贝氏体和下贝氏体的组织形貌和亚结构。

7-4　什么是粒状贝氏体？什么是无碳化物贝氏体？

7-5　试述钢中贝氏体组织的分类、形貌特征及其形成条件。

7-6　试述贝氏体碳化物的形成机理。

7-7　说明贝氏体铁素体、奥氏体以及渗碳体之间具有哪些晶体学关系。

7-8　试比较贝氏体相变与珠光体转变和马氏体相变的异同点。

7-9　简述贝氏体相变的动力学特点和影响贝氏体相变动力学的主要因素。

7-10　阐述上贝氏体与下贝氏体各具有怎样的力学性能特点。

7-11　影响贝氏体力学性能的主要因素有哪些？

思考题

7-1　为什么等温淬火时一般希望得到下贝氏体？分析贝氏体的力学性能和形成温度之间的关系如何。

7-2　针对贝氏体相变理论的分歧，阐述你自己的看法。

7-3 什么是贝氏体相变不完全性？影响因素有哪些？

7-4 请在普通碳钢的 TTT 曲线图中指出贝氏体的形成温度范围。

7-5 纳米结构贝氏体轴承钢(NBBS)组织组成有什么特点？为什么 NBBS 具有优异的强韧性？

辅助阅读材料

[1] 苏杰，丁雅莉，杨卓越，等. 纳米贝氏体钢相变加速技术开发进展[J]. 钢铁研究学报，2022，34(10)：1023-1033.

[2] Cheol J M，Kim S，Woo S，et al. Enhancement of ballistic performance enabled by transformation-induced plasticity in high-strength bainitic steel[J]. Journal of Materials Science & Technology，2021,84 (1) :219-229.

[3] Huang Chengcong，Zou Minqiang，Qi Liang，et al. Effect of isothermal and pre-transformation temperatures on microstructure and properties of ultrafine bainitic steels [J]，Journal of Materials Research and Technology，2021，12 :1080-1090.

[4] Akram M，Palkowsk H，Soliman M，et al. High-strength low-cost nano-bainitic steel[J]. Journal of Materials Engineering and Performance，2020，29：2418-2427.

[5] 张福成，杨志南，雷建中，等. 贝氏体钢在轴承中的应用进展[J]. 轴承，2017，01：56-64.

参考文献

[1] 杨平. 材料科学名人典故与经典文献[M]. 北京：高等教育出版社，2012：372-373.

[2] 康沫狂，杨思品，管敦惠. 钢中贝氏体[M]. 上海：上海科学技术出版社，1990：89.

[3] 徐祖耀，刘世楷. 贝氏体相变与贝氏体[M]. 北京，科学出版社，1991：56.

[4] 徐祖耀. 贝氏体相变简介[J]. 热处理，2006，21(2)：1-20.

[5] 刘宗昌，任慧平. 过冷奥氏体扩散型相变[M]. 北京：科学出版社，2007，120-135.

[6] 俞德刚，王世道. 贝氏体相变理论[M]. 上海：上海交通大学出版社，1998：98.

[7] 方鸿生，王家军，杨志刚，等. 贝氏体相变[M]. 北京：科学出版社，1999：56.

[8] 赵乃勤，杨志刚，冯运莉，等. 合金固态相变[M]. 长沙：中南大学出版社，2008：219.

[9] 宫秀敏. 相变理论基础及应用[M]. 武汉：武汉理工大学出版社，2004，205-220.

[10] 刘宗昌. 合金钢显微组织辨识[M]. 北京：高等教育出版社，2017：20-60.

[11] Bhadeshia HKDH. Bainite in Steels[M]. UK，Wakefield：Charlesworth Press，2015：331.

[12] 薄祥正，方鸿生，杨志刚，等. Cu-Zn-Al 合金贝氏体及马氏体表面浮突的扫描隧道显微镜研究[J]. 中国有色金属学报，1996，6(4)：66-72.

[13] 张骥华，陈树川，徐祖耀. Ag-Cd 合金贝氏体相变内耗[J]. 物理学报，1986，35(3)：379-383.

[14] 隽钰，于洪滨，李志钢，等. 用扫描隧道显微镜观察钢中贝氏体组织[J]. 科学通报，1999，39(2)：114-116.

[15] 方鸿生，杨志刚，杨金波，等. 钢中贝氏体相变机制的研究[J]. 2005，41(5)：449-457.

[16] Wu MH，Perkins J，Wayman CM. Long range order，antiphase domain stru ctures and formation mechanism of Bainite plastes in A Cu-Zn alloy. [J]Act a Metall. 1989，37(8)：1821-1837.

[17] 韩明，陈复民，刘文西，等. Cu-Zn-Al-Mn 合金中脊和台阶[J]. 金属学报，1990，26(2)：5-9.

[18] 方鸿生. 贝氏体形核和台阶机制[J]. 金属热处理，2002，27 (11)：1-8.

[19] 刘宗昌，王海燕，任慧平. 钢中贝氏体相变热力学[J]. 包头钢铁学院学报，2006，25(4)：307-313.

[20] 胡保全. 金属热处理原理与工艺[M]. 北京：中国铁道出版社，2018：113-114.
[21] 李凯，胡建文. 42CrMo 钢连续冷却转变曲线的测定与分析[J]. 金属热处理，2020，9：237-240.
[22] 黄维刚，方鸿生，郑燕康. 硅对 Mn-B 系空冷贝氏体组织与性能的影响[J]. 金属热处理学报，1997，18(1)：1-6.
[23] Kang MK，Sun JL，Yang Y. High-temperature transmission electron microscopy in situ study of lower bainite carbide precipitation[J]. Metallugical Transactions，1990，21A：853.
[24] 高宽，王六定，朱明，等. 低合金超高强度贝氏体钢的晶粒细化与韧性提高[J]. 金属学报，2007，43(3)：315-320.
[25] 程巨强，康沫狂. 新型准贝氏体钢及工程应用[J]. 西安工业学院学报，2000，21(1)：43-48.
[26] 程巨强. 准贝氏体钢应用研究[D]. 西安：西北工业大学，1998.
[27] 方鸿生，刘东雨，徐平光，等. 贝氏体钢的强韧化途径[J]. 机械工程材料，2001，25(6)：1-5.
[28] 方鸿生，冯春，郑燕康，等. 新型 Mn 系空冷贝氏体钢的创制与发展[J]. 热处理，2008，23(3)：2-19.
[29] Wang K，Tan Z，Gu K，et al. Effect of deep cryogenic treatment on structure-property relationship in an ultrahigh strength Mn-Si-Cr bainite/martensite multiphase rail steel [J]. Materials Science and Engineering：A，2017，684：559-566.
[30] Bhadeshia HKDH. Nanostructured bainite[J]. P Roy Soc Lond A，2010；466：3-18.
[31] Zhang P，Zhang F C，Wang T S. Preparation and microstructure characteristics of low-temperature bainite in surface layer of low carbon gear steel [J]. Applied Surface Science，2011，257 (17)：7609-7613.
[32] Zhang P，Zhang F C，Yan Z G，et al. Wear property of low-temperature bainite in the surface layer of a carburized low carbon steel[J]. Wear，2011，271(5)：697-702.
[33] Yang Z，Zhang F. Nano-structured Bainitic Bearing Steel[J]. ISIJ International，2020，60(1)：18-21.
[34] Smith HCN，LonardelliI，Peet MJ，et al. Enhanced thermal stability in nanostructured bainitic steel[J]. Scripta Materialia，2013，69(7)：191-194.
[35] Bakshia S D，Shipway PH，Bhadeshia HKDH. Three-body abrasive wear of fine pearlite，nanostructured bainite and martensite[J]. Wear，2013，308：46-53.
[36] Hulme C N，Bhadeshia HKDH. Mechanical properties of thermally-stable，nanocrystalline bainitic steels [J]. Materials Science & Engineering A，2017，24(05) 700：714-720.
[37] Fan H，Zhao A，Li Q，et al. Effects of ausforming strain on bainite transformation in nanostructured bainitesteel[J]. International Journal of Minerals Metallurgy and Materials，2017，24(3)：264-270.
[38] Rementeria R，Jimenez Jose A，Allain S，et al. Quantitative assessment of carbon allocation anomalies in low temperature bainite[J]. Acta Materialia，2017，133(7)：333-345.
[39] Akram M，Palkowski H，Soliman M. High-strength low-cost nano-bainitic steel [J]. Journal of Materials Engineering and Performance，2020，29(4)：2418-2427.
[40] Solano Alvarez W，Pickering EJ，Bhadeshia HKDH. Degradation ofnanostructured bainitic steel under rolling contact fatigue[J]. Mater Sci Eng A，2014，617：156-164.
[41] Miab SA，Avishan B，Yazdani S. Wear resistance of two nanostructural bainiticsteels with different amounts of Mn and Ni[J]. Acta Metall urgica Sinica，2016，29：587-594.
[42] Zhao J，Wang T S，Lv B，et al. Microstructures and mechanical properties of a modified high-C-Cr bearing steel with nano-scaled bainite [J]. Materials Science and Engineering：A，2015，628 (3)：327-331.
[43] Zhang F，Yang Z. Development of and perspective on high performance nano-structured bainitic bearing steel[J]. Engineering，2019，5(2)：319-325.

第 8 章

钢的回火转变

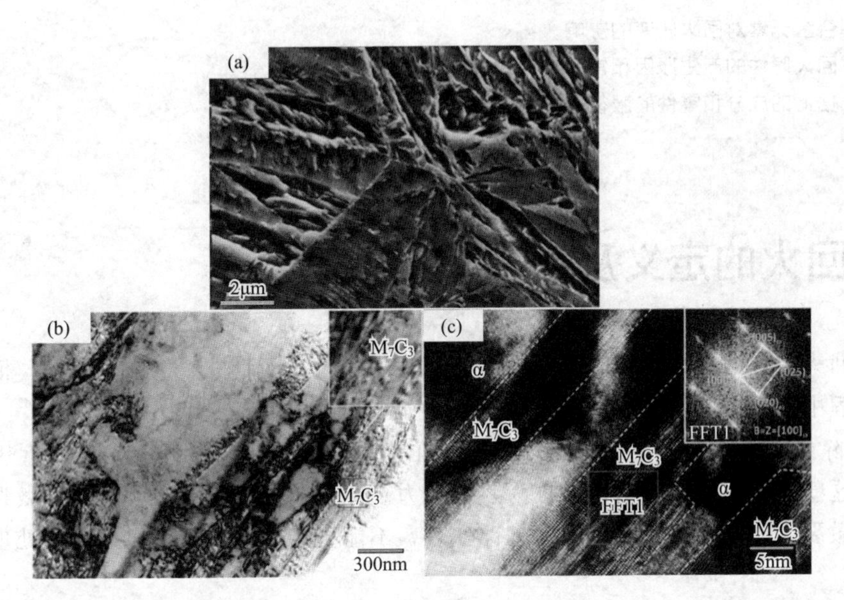

图为 Fe-0.20C-14Co-5.7Ni-10Cr-2Mo-1W-0.3V 超高强不锈钢 1085℃加热并水冷淬火后，再经 400℃回火处理得到的微观结构。由扫描透射电子显微（SEM）观察发现，保留了板条马氏体的淬火组织特征，如图（a）所示；由透射电子显微镜（TEM）照片[图（b）和（c）可以看出，虽然保持了板条马氏体的特征，但内部已有 M_7C_3 碳化物析出。你知道该不锈钢水冷淬火后再经过 400℃回火处理后会有碳化物析出吗？在其它温度进行回火会产生相同的变化吗？碳化物析出会对该不锈钢力学性能产生什么影响呢？其它成分的钢淬火后再进行回火会出现类似的变化吗？

引言与导读

淬火处理一般使钢发生马氏体相变，获得的组织主要是马氏体或马氏体与残余奥氏体的混合组织。这些组织一般强度、硬度高，因此马氏体相变是对钢进行强化的主要手段，但相变产物韧性较差，且由于相变过程中产生晶格畸变、热应力和组织应力等原因，使钢极易出现变形甚至开裂，严重影响钢的使用，因此淬火处理往往配合回火处理。钢的回火是将淬火后的钢加热到临界温度（A_{c1}）以下一定温度保温一定时间，然后冷却（一般在空气中冷却）至室温的一种热处理工艺。淬火马氏体是碳和合金元素在 α-Fe 中形成的过饱和固溶体，是一种热力学亚稳态组织，一定条件下有向稳定组织转变的趋势。淬火后的回火热处理将加速马氏体等亚稳态组织向铁素体加碳化物稳定组织的转变。那么回火过程中内部组织发生了怎样的转变？其转变的热力学条件是什么？转变过程中内应力如何变化？对钢的力学性能有何影响？不同类型的钢该如何确定回火处理工艺？

本章将围绕淬火钢在回火过程中组织转变的几个阶段和特点，重点介绍各阶段钢的性能及内应力变化，不同温度回火时获得的组织特点，回火脆性的产生和防止方法以及回火工艺的制订等。

本章学习目标

- 掌握回火的定义和目的。
- 了解回火转变的热力学条件。
- 掌握回火过程中组织转变的几个阶段和特点，各阶段的性能与内应力变化，以及不同温度回火时获得的组织特点。
- 了解合金元素对回火转变的影响。
- 掌握回火脆性的产生原因和常用防止方法。
- 能根据钢的成分和零件的服役条件制订合理的回火工艺。

8.1 回火的定义及目的

钢的回火常作为控制性能的最后一道热处理工序，在钢制机械零件及工具、模具、量具的生产过程中得到极广泛的应用。其主要目的如下[1-6]。

① 消除或减少淬火钢件的内应力　钢件在淬火的快速冷却过程中，会产生热应力和组织应力，这些应力将残存于钢中，称为残余应力。此外，淬火产物中可能有显微裂纹。残余应力和显微裂纹的存在将使钢变脆，韧性变差，不能直接使用，可以通过回火处理降低或消除内应力。

② 调整性能　淬火钢强度、硬度高，而塑性、韧性低，无法满足多种多样的性能需要。回火可以改善淬火钢件的塑性和韧性。通过不同温度的回火，可以使淬火钢件达到强度、硬度、塑性和韧性的良好配合。此外，对于某些高淬透性的合金钢或莱氏体钢，可以用淬火加高温回火代替长时间的退火，使钢件软化，以利于后续的切削加工。

③ 稳定组织和尺寸　通过回火可使马氏体和残余奥氏体充分分解，从而起到稳定钢件组织和尺寸的作用。

为了深刻理解回火过程中淬火钢性能随回火温度变化的规律，正确制订淬火钢的回火工艺，必须深入了解淬火钢在回火过程中的组织变化。

8.2 淬火碳钢回火过程的组织变化

钢中的马氏体是碳和合金元素固溶于 α-Fe 所形成的过饱和固溶体，完全继承了高温奥氏体状态的成分，而且马氏体中还存在大量位错、孪晶等晶体缺陷，因此马氏体组织（以及尚未相变的部分残余奥氏体组织）极不稳定，容易分解。马氏体中过饱和的碳将以碳化物的形式析出，初期析出的是亚稳碳化物，后期将转变为稳定的碳化物；同时，残余奥氏体可能发生相变，α-Fe 基体还可能随温度的升高发生回复和再结晶等，从而消除组织内的晶体缺陷。

随着温度的升高，回火过程中的组织变化大致分为以下五个阶段。

① 马氏体中碳原子偏聚和聚集，主要发生于室温到 200℃的温度范围；

② 马氏体分解及ε-碳化物等亚稳碳化物的析出，主要发生于100～250℃；

③ 残余奥氏体转变，发生于200～300℃；

④ 碳化物类型变化（由ε-碳化物等亚稳态碳化物向稳定态渗碳体转变），发生于250～400℃；

⑤ 碳化物聚集长大、合金碳化物形成以及α-Fe的回复再结晶，一般发生于400～700℃。

值得注意的是，回火过程的组织变化过程非常复杂，以上五个阶段不是彼此分隔而是相互重叠的（温度范围有一定的交叉）。此外，对于不同成分的钢，上述各种转变阶段出现的温度范围也将有所不同，例如低碳钢淬火后残余奥氏体量很少，所以残余奥氏体的转变就不明显；合金钢中由于合金元素固溶于奥氏体中，提高了残余奥氏体的稳定性，使残余奥氏体转变的温度升高，而且合金碳化物在回火过程中的变化也更加复杂。

下面分别介绍回火过程中组织转变的几个阶段，并对每一个阶段进行详细讨论，然后再加以分析综合，找出回火过程组织变化的规律。

8.2.1 马氏体中碳原子偏聚和聚集

马氏体是碳在α-Fe中的过饱和间隙固溶体，碳原子存在于体心立方点阵中八面体间隙位置，使晶体点阵产生严重弹性畸变，因而马氏体具有较高的能量，处于不稳定状态。当淬火钢在200℃以下温度回火时，虽然其金相组织和硬度都观察不到明显变化，但此时在马氏体中会发生碳原子的偏聚。在室温到200℃以下的温度范围内，Fe及其它置换型合金元素原子难以扩散迁移，但碳等间隙原子具有一定的扩散能力。为了降低能量，碳原子通过扩散迁移，偏聚于马氏体内的缺陷处，形成微小的碳的富集区。碳原子的偏聚现象虽然无法用金相显微镜观察到，但已经通过原子探针等先进的检测技术得到证实。另外，碳原子从过饱和固溶体迁移至缺陷处，还会引起淬火钢电阻率的变化，因此也可利用测定淬火钢电阻率的变化等间接方法推测碳原子的偏聚行为。

对于低碳板条状马氏体，由于其亚结构为大量位错，碳原子倾向于在位错线附近偏聚，导致马氏体弹性畸变能下降。例如Fe-0.21C钢经过1000℃奥氏体化，然后进行水淬获得马氏体组织，再经150℃回火处理10min，用原子探针可以测得α-Fe基体的碳含量为0.029%，但板条马氏体边界的碳含量则高达0.42%，比钢的名义碳含量（0.21%）提高了一倍。碳在板条马氏体边界的偏聚既可以发生在回火和室温停留过程中，也可能发生在淬火过程中。在淬火过程中所发生的碳原子的偏聚很可能是在板条马氏体边界保留了残余奥氏体的重要原因，因为这个过程提高了待转变的奥氏体的碳含量，使其M_s点下降，再加上相变所引起的应变强化，使得残余奥氏体可以保留到室温状态。

对于高碳的片状马氏体，其亚结构主要是孪晶，所以除了少量碳原子可以向位错偏聚外，大量碳原子会在孪晶界面上富集，形成厚度、直径都小于1nm的小片状富碳区。例如Fe-0.78C-0.65Mn（质量分数）钢，经过1200℃奥氏体化水淬获得马氏体组织，再经160℃回火1h，用原子探针测得α-Fe基体的碳含量为0.32%，但孪晶界的碳含量却高达1.83%。

8.2.2 马氏体分解

在温度高于100℃（100～250℃）进行回火处理时，随回火温度升高及回火时间的延长，马氏体中偏聚和聚集的碳原子发生有序化，进而转变为弥散分布的碳化物（例如ε-碳化物），此时马氏体开始发生部分分解。随碳化物的析出，马氏体的碳含量不断减少，正方度（c/a值）不断下降。马氏体的分解过程与马氏体的成分密切相关，对于不同碳含量的马氏体，其分解过程存在较大差异。

8.2.2.1 高碳马氏体分解

对于高碳马氏体，其点阵结构中碳原子过饱和程度大，因此在回火过程中碳的偏聚和碳化物的析出都更易发生。表 8-1 为通过 X 射线衍射（XRD）实验测得碳含量为 1.4%的马氏体在不同温度下回火时点阵常数、正方度与碳含量的变化。由表可以看出，随回火温度的提高，马氏体的碳含量不断减少，正方度（c/a 值）不断下降，同时，马氏体在不同温度下进行回火时出现了不同的分解方式。

表 8-1 高碳（1.4%C）马氏体点阵常数、正方度与碳含量的变化[2]

回火温度/℃	回火时间	a/nm	c/nm	c/a	C/%（质量分数）
室温	1h	0.2846	0.2880，0.302	1.012，1.062	0.27，1.4
100	1h	0.2846	0.2882，0.302	1.013，1.054	0.29，1.2
125	1h	0.2846	0.2886	1.013	0.29
150	1h	0.2852	0.2886	1.012	0.27
175	1h	0.2857	0.2884	1.009	0.21
200	1h	2.859	2.878	1.006	0.14
225	1h	2.861	2.872	1.004	0.08
250	1h	2.863	2.870	1.003	0.06

当回火温度低于 125℃时，α 相具有两种正方度，即碳化物析出使得组织中出现碳含量不同的两种 α 相：一种是保持了未分解马氏体高正方度的 α 相，对应的碳含量为 1.2%～1.4%；另一种是已发生分解，部分析出碳化物的低正方度的低碳 α 相，对应的含碳量降为 0.27%～0.29%。马氏体这种分解方式称为双相分解。

视频8-1 高碳马氏体的单相分解、双相分解

当回火温度高于 125℃时，α 相的正方度只有一种，即马氏体分解后只存在一种碳含量的 α 相，这种分解方式称为单相分解。

因此，对于高碳马氏体，由于回火温度的不同，马氏体的分解可以有两种不同的方式，即双相分解和单相分解。

（1）马氏体双相分解

当回火温度较低时（125～150℃以下），高碳马氏体主要通过双相分解方式进行分解，其过程如图 8-1 所示。假定高碳马氏体碳含量为 C_0，当发生偏聚和聚集的碳原子达到碳化物析出条件时，在碳的富集区析出碳化物。由于温度比较低，碳原子做长距离扩散比较困难，仅能进行短程扩散，因此会在析出碳化物的周围形成碳含量比较低的区域（C_1）。由于碳原子扩散能力有限，高碳区与低碳区之间的浓度梯度不易消失，如图 8-2 所示，从而形成具有两个不同碳浓度和正方度的 α 相。随回火时间的延长，正方度均不变，随碳化物的析出，两种 α 相的碳含量均不发生改变，只是高碳区愈来愈少，低碳区愈来愈多［如图 8-1

(b) 和 (c)]。随着回火时间的继续延长，高碳区减少，低碳区愈来愈多。当高碳区完全消失时，双相分解结束，此时，α 相的平均碳含量亦降至 C_1 [图 8-1 (d)]。

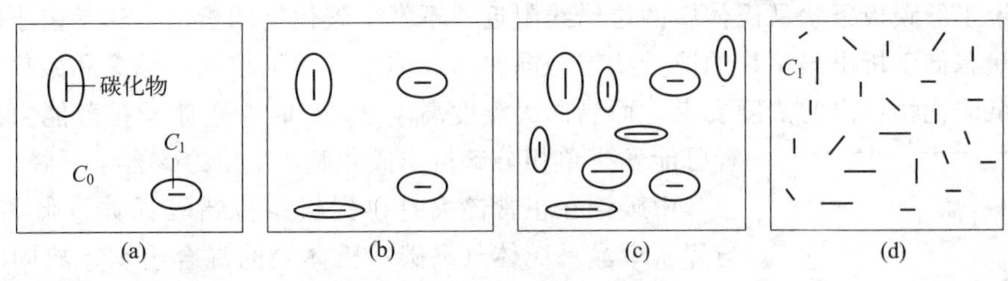

图 8-1　马氏体双相分解示意

由以上分析可以看出，高碳马氏体双相分解的速度与温度有关，温度越高，分解速度越快；但低碳区的碳含量 C_1 与马氏体原始碳含量、温度均无关，双向分解后约为 0.25%～0.30%。

图 8-2　马氏体双相分解时碳的分布

(2) 马氏体单相分解

当温度高于 150℃时，碳原子的扩散能力有所增强，能够进行较长距离的扩散。析出的碳化物粒子可从较远处得到碳原子而长大，α 相中不同区域的浓度差可通过碳原子长程扩散消除。故在分解过程中，不再存在两种不同碳含量的 α 相，其碳含量和正方度不断下降。当温度达到 300℃时，正方度 c/a 接近 1。此时 α 相中的碳含量已基本接近平衡状态，马氏体脱溶分解过程基本上结束。

图 8-3 为 Fe-Cr-Ni-Mo 高强钢在 860℃保温 40min 后进行水淬，然后在 610℃回火处理 20min 后的显微组织 SEM 图及碳化物 TEM 明场和暗场像。由图可以看出，经过 20min 回火处理后，回火态组织为回火索氏体，由 TEM 明场及暗场像可以看出，碳化物形貌以长条状和颗粒状为主，尺寸较小，主要分布于马氏体板条间。

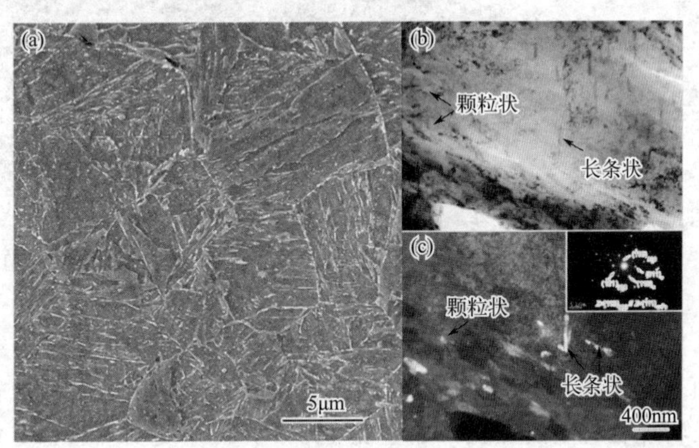

图 8-3　Fe-Cr-Ni-Mo 高强钢 860℃水淬再经 610℃回火 20min 后显微组织 SEM 图及碳化物的形貌与分布 TEM 图[7]

(a) SEM 图；(b) TEM 明场像；(c) TEM 暗场像

8.2.2.2　低碳及中碳马氏体的分解

低碳钢的 M_s 点较高，在淬火形成马氏体的过程中，除了可能会发生碳原子向位错偏聚外，在最先形成的马氏体中还有可能析出碳化物，这一特征称为自回火。钢的 M_s 点越高，淬火时的冷速越慢，自回火析出的碳化物越多。淬火后，在 100～200℃以下回火时，碳原子仍然偏聚于低碳板条状马氏体中的位错线附近，不发生碳化物的析出。这是由于碳原子偏聚的能量状态低于析出碳化物的能量状态，同时马氏体中碳含量较低，偏聚和聚集的碳原子也较难满足碳化物析出的浓度要求。而当回火温度高于 200℃时，碳原子扩散能力提高，则有可能发生单相分解析出碳化物，α 相的碳含量下降。

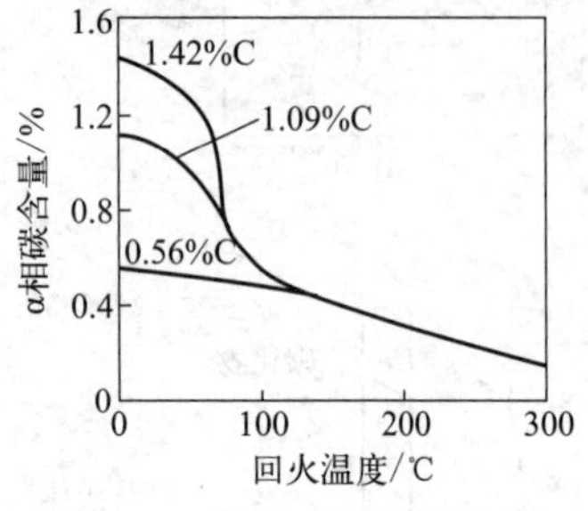

图 8-4 不同碳含量马氏体回火时碳浓度的变化[1]

中碳钢在正常淬火时得到板条位错马氏体（低碳马氏体）与片状孪晶马氏体（高碳马氏体）的混合组织，故同时具有低碳马氏体、高碳马氏体的分解特征。

总之，马氏体经分解后，原马氏体组织转化为由有一定过饱和度的立方马氏体和 ε-碳化物所组成的复相组织，称为回火马氏体。立方马氏体的碳含量与淬火钢的碳含量无关。如图 8-4 所示，原始碳含量不同的马氏体，随着碳化物的不断析出，在高于 200℃以后趋于一致。

8.2.3 残余奥氏体转变

钢淬火后的残余奥氏体量主要取决于钢的化学成分。一般认为，碳含量小于 0.2 %（质量分数）的淬火钢中不存在残余奥氏体。只有当碳含量大于 0.4 %（质量分数）时，其淬火组织中才有可测数量的残余奥氏体存在（例如 3%以上）。因此只有中碳钢和高碳钢回火时才发生明显的残余奥氏体转变，如图 8-5 所示。残余奥氏体的存在会降低钢的弹性极限和零件尺寸的稳定性，但也可能提高韧性和抗接触疲劳性能。因此，有必要了解残余奥氏体在回火过程中的转变，以便控制钢中残余奥氏体的量。

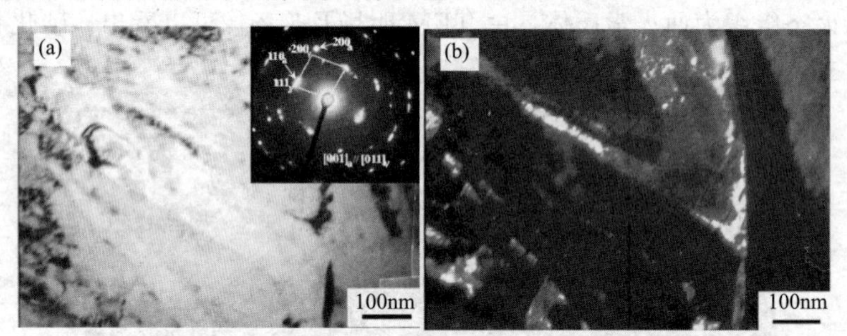

图 8-5 Fe-1.29C-6.37W-5.11Mo-4.12Cr-2.97V（质量分数）高速钢淬火后残余奥氏体的透射电子显微镜明场像（a）和暗场像（b）[8]

残余奥氏体本质上与过冷奥氏体相同，过冷奥氏体可能发生的转变，残余奥氏体都可能发生，即可发生向马氏体的转变。但与过冷奥氏体相比，钢中已经发生的转变将对残余奥氏体带来化学成分及物理状态上的变化，如塑性变形、弹性畸变以及热稳定化等，这些因素都会影响残余奥氏体的转变动力学。

8.2.3.1 残余奥氏体向马氏体的转变

（1）等温转变成马氏体

若将淬火钢加热到低于 M_s 点的某一温度进行等温处理，残余奥氏体有可能等温转变为马氏体。虽然这种等温转变量很少，但对精密工具及量具的尺寸稳定性产生的影响很大。

（2）二次淬火

淬火时冷却中断或者冷速较慢均使过冷奥氏体向马氏体的转变受到一定程度的抑制，使淬火至室温时的残余奥氏体量增多，即发生奥氏体热稳定化现象。奥氏体热稳定化现象可以通过回火加以消除。将淬火钢加热到较高温度回火，若残余奥氏体比较稳定，在回火保温时未发生分解，则在回火后的冷却过程中将转变为马氏体，这种在回火冷却时残余奥氏体转变为马氏体的现象称为二次淬火。二次淬火现象是否出现与回火工艺密切相关。例如，W18Cr4V 高速钢经 1280℃淬火后冷却至室温时，残余奥氏体高达 23%（质量分数）。由于 560℃正好处于该高速钢珠光体与贝氏体转变之间的过冷奥氏体稳定区，故残余奥氏体在 560℃保温回火过程中基本不发生转变。但在回火后的冷却过程中，部分残余奥氏体将转变为马氏体。经过 560℃ 3～4 次、每次 1h 的回火，可使残余奥氏体几乎全部转化为马氏体，从而有效提高高速钢的强度和硬度。

二次淬火的起因在于 560℃保温时，残余奥氏体会发生催化，使残余奥氏体的 M_s 点提高到室温以上，增强了向马氏体转变的能力。若在 560℃回火后冷却至 250℃停留 5min，残余奥氏体又将变得稳定，在冷至室温过程中不再发生转变。即在 250℃保温过程中发生了反催化（即稳定化），降低了残余奥氏体的 M_s 点，使其向马氏体转变的能力降低。上述这种催化与稳定化可以反复进行多次，可以认为这种催化是热稳定化的逆过程。

8.2.3.2 残余奥氏体向珠光体和贝氏体的转变

将淬火钢加热到 M_s 点以上、A_1 点以下各个温度等温保持，残余奥氏体在高温区将转变为珠光体，在中温区将转变成贝氏体，但其等温转变动力学与原过冷奥氏体不完全相同。图 8-6 是 Fe-0.7C-1Cr-3Ni 钢中残余奥氏体的等温转变动力学图。图中虚线为原过冷奥氏体，实线为残余奥氏体。由图可以看出，两者的等温转变动力学图形状十分相似，但一定量马氏体的存在会促进残余奥氏体转变，尤其使贝氏体相变加速明显。

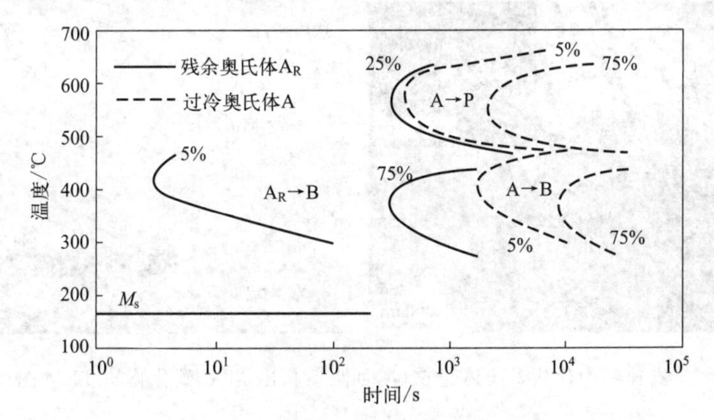

图 8-6 Fe-0.7C-1Cr-3Ni（质量分数）钢奥氏体等温转变动力学图[1]

8.2.4 碳化物类型变化

前文在讨论马氏体分解时，没有涉及析出碳化物的具体细节。下面将进一步讨论马氏体分解过程中析出碳化物的类型、形态、大小及分布等。在马氏体分解过程中，有可能直接析出稳定的碳化物，但因为热力学原因，在大多数情况下析出的是亚稳碳化物。随着回火温度（250～400℃）的升高以及回火时间的延长，亚稳态碳化物（如 ε-碳化物等）将向稳定态的碳化物（θ-碳化物，即渗碳体）转化，称为碳化物类型变化。中温回火（250～400℃）最终得到铁素体加片状（或小颗粒状）渗碳体的混合组织，称为回火屈氏体。

8.2.4.1 高碳马氏体碳化物类型变化

（1）碳化物的类型变化过程

高碳马氏体经双、单相分解，首先析出 ε-碳化物（亚稳碳化物），结构式为 Fe_xC，$x=2\sim3$，具有密排六方点阵结构。在回火马氏体中，ε-碳化物主要弥散分布在立方马氏体（α′相）中，并与 α′相保持共格关系，惯习面为 $\{100\}_{\alpha'}$。析出的 ε-碳化物非常细小，光学显微镜无法分辨。但由于 ε-碳化物析出使马氏体片极易被腐蚀成黑色，与下贝氏体极为相似，用电镜观察，可看到 ε-碳化物为长度约为 100nm 且平行于 $\{100\}_{\alpha'}$ 的条状薄片。因为 $\{100\}_{\alpha'}$ 晶面族中有三个互相垂直的（100）面，所以 α′晶内析出的 $\{100\}_{\alpha'}$ 在空间也互相垂直，而在试样平面则以一定角度交叉分布。用高分辨电镜观察可知，ε-碳化物薄片是由许多 5nm 左右的颗粒组成。

当回火温度高于 250℃时，ε-碳化物将转化成较稳定的 χ-碳化物，该碳化物具有复杂斜方点阵，组成接近 Fe_5C_2，可用 χ-Fe_5C_2 表示。χ-碳化物也呈薄片状，惯习面为 $\{112\}_{\alpha'}$，即片状马氏体中的孪晶界面，且片间距与马氏体中的孪晶界面间距相当，故可认为 χ-碳化物是在孪晶界面上析出的。χ-碳化物与基体 α′之间存在一定的位向关系。

当回火温度进一步升高，ε-碳化物和 χ-碳化物又将转化为更加稳定的 θ-碳化物，即渗碳体 Fe_3C。θ-碳化物具有复杂斜方点阵，惯习面为 $\{100\}_{\alpha'}$ 或 $\{112\}_{\alpha'}$，与基体 α′之间存在一定的位向关系，一般位于原孪晶界面，呈条片状。

高速钢中片状马氏体经 520℃回火后析出 M_3C 碳化物的 TEM 图像见图 8-7。

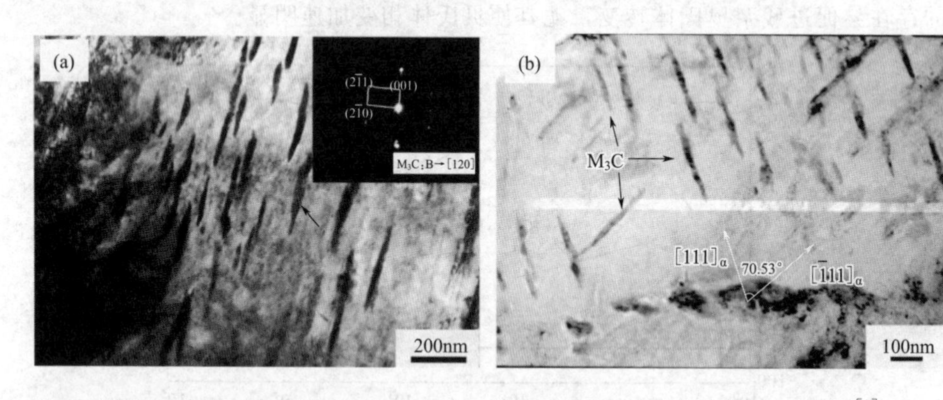

图 8-7 高速钢中片状马氏体经 520℃回火后析出 M_3C 碳化物的 TEM 图像[8]

一般来说，淬火高碳钢在逐步升温回火过程中的碳化物转变序列大致为：$\alpha' \rightarrow (\alpha+\varepsilon) \rightarrow (\alpha+\varepsilon+\chi) \rightarrow (\alpha+\varepsilon+\chi+\theta) \rightarrow (\alpha+\chi+\theta) \rightarrow (\alpha+\theta)$。回火过程中碳化物的转变主要取决于回火温度，但也与回火时间有关。随着回火时间的延长，发生碳化物转变的温度将降低。高碳钢中碳化物的析出与温度、时间的关系如图 8-8 所示。

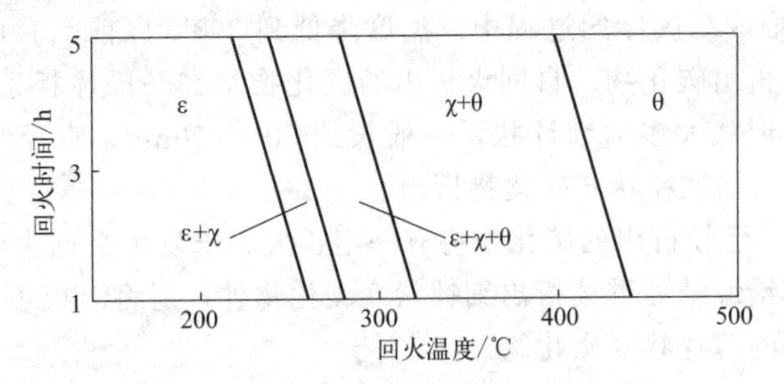

图 8-8 淬火高碳钢回火时三种碳化物的析出范围[1]

（2）碳化物转变方式

碳化物转变可以通过两种方式进行：(a) 原位转变（或称原位析出、就地形核）：在旧碳化物的基础上通过成分改变和点阵改组逐渐形成新碳化物；(b) 独立转变（或称离位析出、单独形核）：新碳化物在其它位置重新形核并长大，使母相马氏体中碳含量降低。为维持平衡，细小的旧碳化物将重新溶入母相中。

碳化物以何种方式进行转变主要取决于新、旧碳化物与母相的惯习面与位向关系等。新、旧碳化物与母相的惯习面与位向关系如果一致，可能进行原位转变；如果不同，那么进行独立转变。由于 ε-碳化物的惯习面和位向关系与 χ-碳化物、θ-碳化物不同，因此，ε-碳化物不可能原位转变为 χ-碳化物和 θ-碳化物，应为独立转变方式；对于 χ-碳化物和 θ-碳化物，两者的惯习面和位向关系可能相同也可能不同，所以 χ-碳化物转变为 θ-碳化物的方式可能为原位转变也可能为独立转变。

在更高温度进行回火时，形成的碳化物将全部转变为 θ-碳化物，初期形成的 θ-碳化物常呈条片状或板片状，随着时间的延长，将逐步转化为颗粒状。

8.2.4.2 低碳马氏体碳化物类型变化

马氏体碳含量低于 0.2%时，在 200℃以下回火时仅发生碳原子的偏聚和聚集；在 200℃以上回火时，将在碳原子偏聚区通过单相分解直接从马氏体中析出 θ-碳化物（渗碳体，即 θ-碳化物）。图 8-9 为 Fe-4Mo-0.2C（质量分数）在 190℃回火 1h 的透射电子显微镜照片。由图可以看出，细小渗碳体自马氏体析出，此时残余奥氏体尚未发生变化，但由于低碳钢的

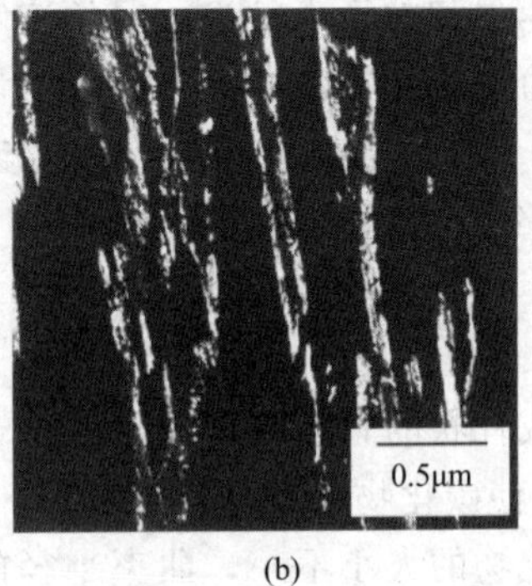

(a) (b)

图 8-9 Fe-4Mo-0.2C（质量分数）在 190℃回火 1h 后的 TEM 像[4]

(a) 碳以细小渗碳体形式在马氏体中析出；(b) 暗场像显示残余奥氏体未变化

M_s 点较高，在淬火形成马氏体的过程中，温度降低到 200℃以前，有可能在已经形成的马氏体中发生自回火，析出碳化物。自回火析出的碳化物均在马氏体板条内缠结位错区形成，为稳定的 θ-碳化物，形状大多为细针状，一般长约 50～200nm，直径约 3.5～12nm，也有一些直径为 3～8nm 的细颗粒状 θ-碳化物析出。

在 250℃回火时，已经析出的碳化物将有一定长大。未发生自回火的马氏体还将发生回火，除了在板条内位错缠结处继续析出细针状 θ-碳化物外，还将沿板条马氏体的条界析出厚约 1nm、宽约 80nm 的薄片状 θ-碳化物。

进一步提高回火温度，板条界上的 θ-碳化物薄片在长大的同时还将发生破碎，进而成为短粗针状 θ-碳化物，长约 200～300nm，宽约 100nm。

随着板条界上 θ-碳化物的长大，板条内的细针状碳化物将重新溶入 α 相中。温度达到 500～550℃时，板条内 θ-碳化物将消失，仅剩下分布在板条界面上较粗大的直径为 200～300nm 的 θ-碳化物。

8.2.4.3 中碳马氏体中碳化物类型变化

中碳钢碳含量介于 0.2%～0.6%（质量分数），淬火可能形成板条马氏体和片状马氏体的混合物。对于板条马氏体，有可能在 200℃以下回火时先析出亚稳的 ε-碳化物。这是因为超过 0.2%的碳将分布在晶格的八面体中心，能量较高，很不稳定。为降低能量，多余的碳将以碳化物的形式析出。当回火温度升高到 200℃以上时，亚稳的 ε-碳化物将直接转化为稳定的 θ-碳化物，而不析出 χ-碳化物，并且由板条马氏体析出的碳化物大部分呈薄片状分布在板条界。对于淬火得到的部分片状孪晶马氏体，其析出碳化物的过程与高碳马氏体相同。

8.2.5 碳化物聚集长大

随着回火温度的提高和回火时间的延长，已析出的碳化物将发生聚集长大。当回火温度高于 400℃时，碳化物已经开始聚集和球化；当温度高于 600℃时，细粒状碳化物将迅速聚集并粗化。碳化物的球化、长大过程是按照小颗粒溶解、大颗粒长大的机制进行的。研究表明，第二相在固溶体中的溶解度与第二相粒子的半径有关，可由式（8-1）求出：

$$\ln \frac{C_r}{C_\infty} = \frac{2M\gamma}{RT\rho r} \tag{8-1}$$

式中，C_r 为第二相粒子半径为 r 时的溶解度；C_∞ 为第二相粒子半径为 ∞ 时的溶解度；M 为第二相粒子的相对分子质量；γ 为第二相粒子和基体界面的单位面积界面能；ρ 为第二相粒子的密度；R 为气体常数；T 为绝对温度。

从上式可知，第二相粒子的半径 r 越小，其在基体中的溶解度就越大。当碳化物种类确定后，上式中 M、R、T、ρ 和 γ 为常数，因此半径 r 愈小，C_r/C_∞ 越大，小粒子溶解度呈指数关系急剧增加，由此可能引起两种结果：

① 呈薄片状或杆状的碳化物，由于各部位的曲率半径不同，溶解度也将不同。小半径处更易于溶解，将使碳化物片或杆发生断裂，大半径处将长大，导致碳化物球化。

② 颗粒状碳化物的大小不一，曲率半径的不一致也将导致溶解度不同。合金元素原子和碳原子均由小颗粒碳化物处向大颗粒碳化物处发生扩散，结果导致小颗粒碳化物溶解，大颗粒碳化物长大，进一步球化。

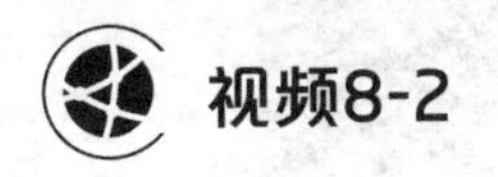

碳化物的聚集长大

8.2.6 基体 α 相状态的变化

回火温度高于 400℃时，除了片状渗碳体将逐渐球化并聚集长大外，基体 α 相也将发生回复和晶粒长大（或者再结晶）。一般将等轴的铁素体加尺寸较大的粒状渗碳体的混合组织称为回火索氏体。

回火过程中，随回火温度的升高，原子活动能力增强，晶内缺陷数量及各种内应力均逐渐下降。回火时析出的碳化物有可能产生新的晶内缺陷，但总的趋势仍是随回火温度的升高，将通过回复与再结晶而使晶内缺陷减少。

(1) 应力消失

淬火时，除由于马氏体相变所引起的位错与孪晶等晶内缺陷数量增加外，还将由于工件表面和心部的温度差引起热应力及组织应力，而使晶内缺陷及各种内应力均有所增加。淬火后存在于工件内部的应力按其平衡范围的大小分为三类：①由于工件内外温度不一致和相变不同而造成在工件整体范围内处于平衡的第一类内应力；②由于工件内外温度不一致和相变不同而造成在晶粒或亚晶粒尺度范围内处于平衡的第二类内应力；③由于碳原子过饱和固溶使晶格畸变以及为保持共格关系而使晶格弹性畸变所引起的原子尺度范围内处于平衡的第三类内应力。

第一类内应力的存在会引起工件宏观变形，同时也可能缩短其使用寿命。通常淬火后必须通过回火，以降低第一类内应力。对于淬火碳钢，当回火温度一定时，随着回火时间的延长，第一类内应力不断下降，开始阶段下降极快，一定时间后下降变慢。回火温度越高，下降越快，下降程度也越大。当回火温度高于 550℃时，第一类内应力接近于全部消除。第三类内应力将随马氏体的分解、碳原子的析出而不断下降。马氏体在 300℃左右分解完毕，第三类内应力也将随之消失；当回火温度达到 500℃时，第二类内应力也基本消失。

(2) 回复与晶粒长大（再结晶）

中、低碳钢淬火得到的板条马氏体中存在大量位错，密度可达 $0.3\times10^{12}\sim0.9\times10^{12}cm^{-2}$，与冷变形金属相似，在回火过程中将发生回复。在回复过程中，α 相中的位错胞和胞内位错线将通过滑移和攀移而逐渐消失，晶体中的位错密度降低，部分板条界面消失，相邻板条合并成宽的板条；剩余位错也将重新排列形成位错缠结，逐渐转化为胞块。

回复开始的温度受很多因素影响。回火温度高于 400℃后，在马氏体板条及其板条边界处析出渗碳体的同时，α 相的回复已十分明显。由于板条合并变宽，板条形态已不明显，只能看到边界不清的亚晶粒。回火温度的提高将加速 α 相回复的进程，并有可能引起再结晶。图 8-10 是 Fe-0.2C 钢淬火和 600℃回火 3h 后的透射电子显微像，其中图 8-10 (a) 是典型的淬火组织，可以清晰看到马氏体板条和小角度板条边界。图 8-10 (b) 是淬火组织经 600℃回火 3h 后的组织，可以看出部分小角度板条边界消失，出现较明显的亚晶界和晶界，这说明该钢淬火后的马氏体组织在 600℃回火时发生明显的回复，并发生了部分再结晶。

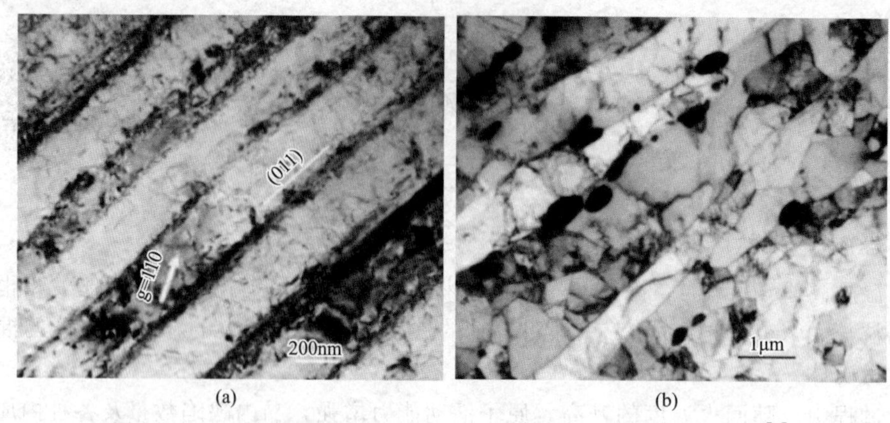

图 8-10　Fe-0.2C 钢在水淬（a）与 600℃回火 3h 后（b）的组织[9]

高碳钢淬火后得到片状马氏体，其亚结构主要是孪晶。当回火温度高于 250℃时，马氏体片中的孪晶开始消失，但沿孪晶界面析出的碳化物仍具有明显的孪晶特征；当回火温度达到 400℃时，孪晶全部消失，出现胞块，但片状马氏体的特征仍然存在；当回火温度高于 600℃时，片状特征逐渐消失。

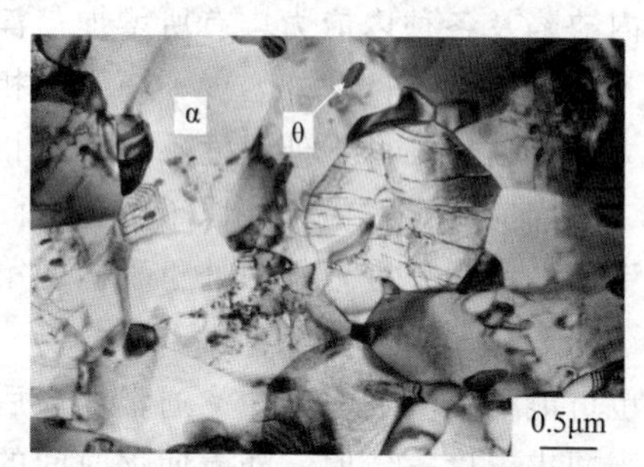

图 8-11　Fe-0.8C-2Mn 合金水淬后在 650℃回火后的等轴铁素体（α）和渗碳体（θ）组织

回火时间的长短对 600℃以上回火时 α 相的形貌有较大影响。回火时间较短时，低碳钢保留板条特征，高碳钢保留片状特征；长时间回火后出现等轴组织。图 8-11 显示了 Fe-0.8C-2Mn（质量分数）钢淬火并经 650℃回火后得到的等轴 α 相与渗碳体组织。在板条马氏体和片状马氏体共存的共析成分附近，由于马氏体组织细小，很容易得到等轴 α 相组织。由图可以看出碳化物主要分布在晶界处，再结晶过程也受到一定的抑制。

8.3 合金元素对回火转变的影响

合金元素加入钢中，会对钢在回火时组织变化产生一定的影响，进而影响钢的性能。这种影响可以大致归纳为三个方面[1-6]：延缓钢的软化，提高淬火钢的回火抗力；发生二次硬化现象；影响钢回火后的脆性。这里主要讨论合金元素对回火组织转变的影响，淬火钢回火时力学性能的变化将在后面一节专门讨论。所有合金元素对回火过程中碳的偏聚状态影响不大，但在回火的后面几个阶段对组织变化的影响较为显著。

8.3.1 合金元素对马氏体分解的影响

合金钢中马氏体的分解过程与碳钢基本相似，但其分解速度有明显差别。实验证明，在马氏体分解阶段，尤其是马氏体分解的后期阶段，合金元素的影响十分显著。合金元素影响马氏体分解的原因和规律大致可归纳如下：

在马氏体分解阶段要发生马氏体中过饱和碳的脱溶和碳化物粒子的析出与聚集长大，同时基体 α 相中的碳含量下降。合金元素的作用主要在于通过影响碳的扩散而影响马氏体的分解过程以及碳化物粒子的聚集长大速度。这种作用的大小因合金元素与碳的结合力大小不同而异。

通常认为，除非碳化物形成元素 Ni 和弱碳化物形成元素 Mn 外，强碳化物形成元素如 Cr、Mo、W、V 和 Ti 等与 C 的结合力较强，提高了 C 在马氏体中的扩散激活能，阻碍 C 在马氏体中的扩散，从而减慢马氏体的分解速度；而非碳化物形成元素 Si 和 Co 能够溶解到 ε-碳化物中，使 ε-碳化物稳定，减慢碳化物的聚集速度，从而推迟马氏体分解。

碳钢回火时，马氏体中过饱和碳完全脱溶温度约为 300℃，加入合金元素可使完全脱溶温度向高温推移 100～150℃。也就是说，合金钢在较高温度回火时仍可以保持 α 相并具有一定饱和度的碳浓度，并只析出细小碳化物，从而保持高硬度和强度。合金元素这种阻碍 α 相中碳含量降低和碳化物颗粒长大而使钢件保持高硬度、高强度的性质，称为合金元素提高了钢的回火抗力或抗回火性。

8.3.2 合金元素对残余奥氏体转变的影响

合金钢中残余奥氏体的转变与碳钢基本相似，只是合金元素会改变残余奥氏体分解的温度与速度，从而可能影响奥氏体转变类型和性质。在 M_s 点以下回火时，残余奥氏体将转变为马氏体。若 M_s 点较高（>100℃），则随后还将发生马氏体分解，形成回火马氏体。在 M_s 点以上回火时，残余奥氏体可能发生三种转变：在贝氏体形成区内等温转变为贝氏体；在珠光体形成区内等温转变为珠光体；在回火加热和保温过程中不发生分解，而在随后的冷却过程中转变为马氏体，即所谓的二次淬火现象。

8.3.3 合金元素对碳化物类型变化的影响

非碳化物形成元素（Cu、Ni、Co、Al、Si 等）与碳不形成特殊类型的碳化物，它们只是提高 ε-碳化物向 θ-碳化物转变的温度范围。例如，钢中加入 Si，能明显提高钢的回火抗力。而强碳化物形成元素（Mo、W、V、Ti 等）不但会强烈推迟 ε-碳化物向 θ-碳化物转变，而且会发生渗碳体向其它类型特殊碳化物的转变。

合金钢回火时，随着回火温度升高或回火时间延长，将发生合金元素在渗碳体和 α 相之间的重新分配。碳化物形成元素不断向渗碳体中扩散，而非碳化物形成元素逐渐向 α 相中富集，从而发生由更稳定的碳化物逐渐代替原先不稳定的碳化物，使碳化物的成分和结构都发生变化。合金钢回火时碳化物转变的可能顺序为：

平均成分	平均成分	合金化	亚稳态	稳定态
ε-碳化物	→渗碳体	→渗碳体	→特殊化合物	→特殊化合物
（<150℃）	（150～400℃）	（400～550℃）	（>500℃）	

钢中能否形成特殊碳化物，取决于所含合金元素的性质和含量、碳或氮的含量以及回火温度和时间等条件。合金钢在回火过程中，通常是渗碳体通过亚稳碳化物再转变为稳定特殊碳化物。例如，高铬高碳钢淬火后，在回火过程中的碳化物转变过程为：

$$(Fe,Cr)_3C \rightarrow (Fe,Cr)_3C + (Cr,Fe)_7C_3 \rightarrow (Cr,Fe)_7C_3 \rightarrow$$
$$(Cr,Fe)_7C_3 + (Cr,Fe)_{23}C_6 \rightarrow (Cr,Fe)_{23}C_6$$

与普通碳化物一样，特殊碳化物也是按两种机制形成的。一种为原位转变（或称原位析出、就地形核），即碳化物形成元素首先在渗碳体中富集，当其浓度超过合金渗碳体的溶解度极限时，渗碳体的点阵就改组成特殊碳化物点阵。低铬钢中的 $(Fe,Cr)_3C$ 转变为 $(Cr,Fe)_7C_3$ 就属于这种类型。提高回火温度会加速碳化物转变过程。另一种为独立转变（或称离位析出、单独形核)，即直接从α相中析出特殊碳化物，并同时伴有合金渗碳体溶解。含有强碳化物形成元素 V、Ti、Nb、Ta 等的钢以及高 Cr 钢均属于这种类型。例如，1250℃淬火的 0.3%C、2.1%V 钢，低于 500℃回火时析出合金渗碳体，其中 V 含量很低。由于固溶的 V 强烈阻止α相继续分解，此时只有 40%左右的碳以渗碳体形式析出，其余 60%仍保留在α相中。当回火温度高于 500℃时，从α相中直接析出 VC。随回火温度进一步升高，VC 大量析出，渗碳体大量溶解。回火温度达 700℃时，渗碳体全部溶解，碳化物全部转化为 VC。

8.3.4 合金元素对碳化物聚集长大的影响

碳钢在回火第三阶段，随着渗碳体颗粒的长大将不断软化。对于合金钢来说，合金碳化物的聚集长大是通过小颗粒碳化物溶解、碳和合金元素扩散到大颗粒碳化物中的方式进行的。合金钢回火的第三个阶段开始，过渡碳化物被渗碳体替代，也由于合金元素的存在而减少，合金硬度下降。已有研究[10] 表明，与纯 Fe-0.6C 合金相比，在 Fe-0.6C 基础上添加 Mn、Si 的合金，回火过程中渗碳体长大过程受阻，回火抗力提高，这是由于 Fe-C 合金中渗碳体的长大主要依赖于碳原子的快速扩散，而在合金钢中，由于合金元素扩散比较慢，由其控制的再分配降低了渗碳体的长大速率。如图 8-12 和图 8-13 所示，Mn 和 Si 的加入都会阻碍渗碳体的长大，特别是 Si，即使ε-碳化物向θ-碳化物（渗碳体）转变完成后，也会严重阻碍渗碳体的长大。三维原子探针技术研究[11] 表明，在回火过程中，Si 扩散速率比其它替代元素高，且其不溶于渗碳体，首先发生再分配，而回火温度更高时，如 Cr、Mn 等碳化物形成元素富集于渗碳体，Ni 等非碳化物形成元素不溶于渗碳体。

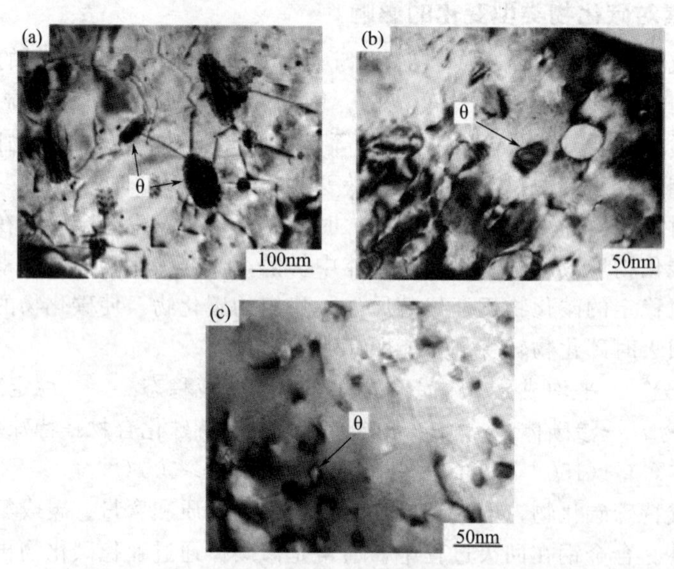

图 8-12 三种不同成分的钢在 450℃回火 20min 后的组织[10]
(a) Fe-0.6C；(b) Fe-0.6C-2Mn；(c) Fe-0.6C-2Si

当钢中含有 Mo、W、V、Ta、Nb 和 Ti 等强碳化物形成元素时，形成结合力较强的合金碳化物，降低了碳和合金元素的扩散，将显著阻碍渗碳体聚集长大，减弱由于回火引起强度下降的倾向，即增大了软化抗力。当马氏体中含有足够量强碳化物形成元素时，在 500℃以上回火将会析出细小的特殊碳化物，导致因回火温度升高，渗碳体粗化而软化的钢再度硬化，这种现象称为二次硬化。有时二次硬化所能达到的最高硬度可能比淬火硬度还高，因此

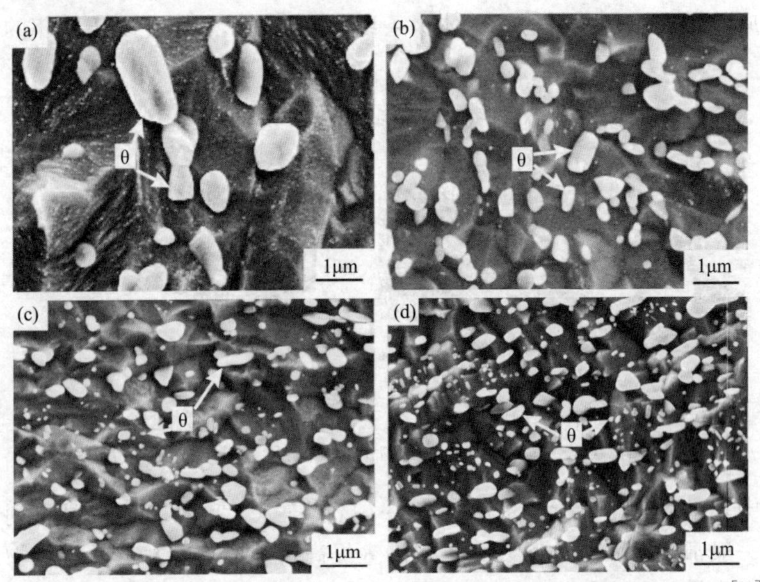

图 8-13 四种不同成分的淬火钢在 700℃回火 30min 后碳化物的 SEM 图[10]
(a) Fe-0.6C；(b) Fe-0.6C-2Si；(c) Fe-0.6C-1Mn；(d) Fe-0.6C-2Mn

在高速钢的处理过程中，合金碳化物形成导致的二次硬化是对其进行强化的重要机理，可以保证高速钢在较高的温度下（以至于被加热到暗红色）作为切削刀具，而碳钢则不发生二次硬化现象。

透射电子显微镜观察证实，二次硬化主要是由于弥散、细小的特殊碳化物（如 Mo_2C、W_2C、VC、Ti、NbC 等）析出引起的。具有二次硬化作用的特殊碳化物多在位错区沉淀析出，常呈极细针状或薄片状，尺寸很小，而且与 α 相保持共格关系。随回火温度升高，碳化物数量增多，碳化物尺寸逐步增大，与 α 相的共格畸变也逐渐加剧，直至硬度达到峰值。再继续升高温度，由于碳化物长大，弥散度减小，共格关系被破坏，共格畸变消失以及位错密度降低，从而使硬度迅速下降。综上所述可以认为，对二次硬化有贡献的因素包括特殊碳化物的弥散度、α 相中的位错密度以及碳化物与 α 相之间的共格畸变等。

可以通过两种途径利用二次硬化效应来提高钢的硬度：①增大钢中的位错密度，以增加特殊碳化物的形核位置，从而进一步增大碳化物的弥散度，如采用低温形变淬火方法等。②在钢中加入某些合金元素，以降低特殊碳化物形成元素的扩散，抑制细小碳化物的长大和聚集球化现象的发生。例如在钢中加入 Mo、Ti、V、Nb 和 Ta 等元素，可以使特殊碳化物细小弥散并与 α 相保持共格畸变状态，从而增大钢的回火抗力。在常用的各种合金元素中，V 提高回火抗力的作用最为显著，且添加较少量就具有提高回火抗力的明显效果。

利用二次硬化效应，可以选用具有二次硬化的合金钢制作在高温状态下工作的工件，只要使用温度低于回火温度（产生二次硬化峰的温度），钢件就可以保持高的硬度和强度。

8.3.5 合金元素对 α 相状态变化的影响

合金钢在高温回火时，若能形成颗粒细小的特殊碳化物，且与 α 相保持共格关系，则能使 α 相保持较高的碳过饱和度，从而显著延迟 α 相的回复和再结晶，因而使 α 处于较大的畸变状态，保持较高的硬度和强度，即具有很高的回火抗力。图 8-14 是 Fe-1.0C-1.4Cr（质量分数）钢中马氏体组织在 650℃回火 10min 得到的透射电镜照片及示意图。可见回火过程中碳化物主要沿原始马氏体束内部的马氏体板条界（亚边界）析出，对于α相的快速长大有一定阻碍作用。

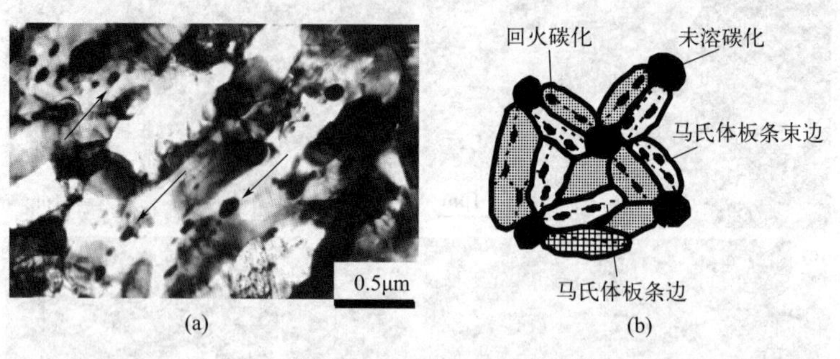

图 8-14　Fe-1.0C-1.4Cr 钢中马氏体经 650℃回火 10min 后的透射电子显微镜照片（a）及示意图（b）（箭头所示碳化物沿原始马氏体板条边界析出）

在合金钢中，常用合金元素（如 Mo、W、Ti、V、Cr 和 Si 等）均具有利于保持各类畸变的作用，且一般都延缓α相的回复和再结晶（提高再结晶温度）以及碳化物的聚集长大过程，从而有效提高钢的回火抗力。合金元素含量越高，这种作用越强。钢中同时加入几种合金元素时，其相互作用加剧。合金钢具有高的回火抗力，在较高温度下仍保持较高的硬度和强度，使钢具有红硬性（高温下保持高硬度的性质）和热强性（高温下保持高强度的性质），这对切削刀具、热作模具等工具钢是非常重要的。

8.4 淬火钢回火时的力学性能变化

8.4.1 硬度和强度的变化

各种碳钢在回火时硬度和强度的变化基本相似，总体趋势是，随着回火温度升高，硬度和强度降低，如图 8-15 所示。低碳钢在淬火时已经发生碳原子向位错线偏聚和析出少量碳化物的自回火现象，所以在 200℃以下回火时其组织变化较小，硬度变化不大。但在低温回火时，随回火温度升高，碳原子偏聚的倾向增大，屈服强度和弹性极限等会随回火温度升高（低于 250℃）而增大。在 300～450℃回火时，各种碳钢的弹性极限达到最高。高碳钢（>0.8%C）在 100℃回火时硬度稍有上升，这是 C 原子偏聚以及ε-碳化物析出造成的；而在 200～300℃回火时出现的硬度“平台”，则是残余奥氏体分解为回火马氏体而使钢的硬度上升和马氏体大量分解使钢的硬度下降这两个因素综合作用的结果。

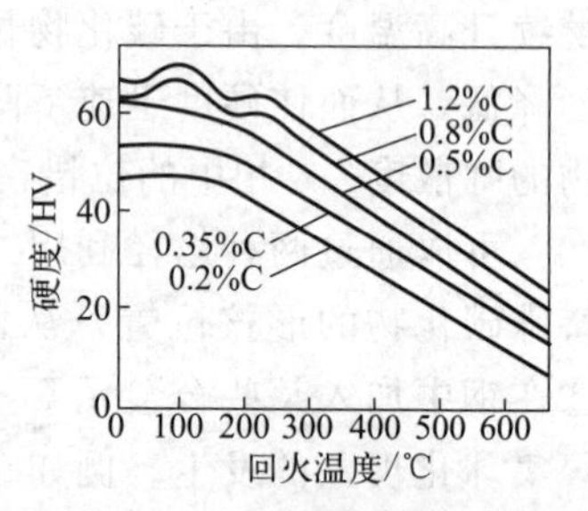

图 8-15　回火温度对各种淬火碳钢硬度的影响[1]

钢中加入合金元素可使钢的各种回火转变温度范围向高温推移，由于合金元素具有提高回火抗力的作用，从而减小由于回火而使其硬度和强度降低的趋势。与相同碳含量的碳钢相比，在高于 300℃回火时，如果回火温度和时间相同，则合金钢常常具有较高的强度。加入强碳化物形成合金元素还可以在高温（500～600℃）回火时析出细小弥散的特殊碳化物，产生二次硬化现象。

值得注意的是，要利用合金元素来提高钢的回火抗力和产生二次硬化，须在加热进行奥氏体化时保证有相当数量的合金元素溶入奥氏体中，这样才能使合金元素的原子与位错相互作用而提高回火抗力，在高温回火时沉淀析出细小弥散的合金化合物而产生二次硬化。目前，合金化元素 V、Ti、Nb 等与 C、N 具有极强的亲和力，能形成极为稳定的碳化物或碳氮化物，其作用体现在细化晶粒、析出强化、提高回火抗力等方面，在钢（特别是低合金高强度钢）中得到了广泛的应用。

8.4.2 塑性和韧性的变化

淬火钢在回火时，随回火温度升高，由于淬火内应力消除、碳化物聚集长大和球化以及 α 相状态变化，淬火钢在硬度和强度不断下降的同时，塑性（断面收缩率、延伸率）不断上升。图 8-16 为 13%（质量分数）Cr 马氏体不锈钢淬火态及不同温度回火处理 2.5 h 的样品的应力-应变曲线及断口扫描电镜照片[12]。由图 8-16（a）可以看出，淬火态样品非常脆，经过不同温度的回火处理后，塑性提高显著，尤其是 550℃和 700℃回火后的样品，塑性应变分别提高至 6%和 12%以上，且断口呈现明显的塑性断裂特征［图 8-16（d）和（e）］。对于一些工具零部件，可采用低温回火以保证较高的强度和耐磨性，如淬火低碳钢经低温回火后获得良好的综合力学性能。另外，淬火中碳钢经高温回火后也可以获得良好的综合力学性能。高碳钢淬火后内部通常存在淬火微裂纹，这些裂纹可以通过回火“自焊合”的功能消除或一定程度地减少。另外，值得注意的是，淬火高碳钢经低温（低于 300℃）回火时其塑性极差。

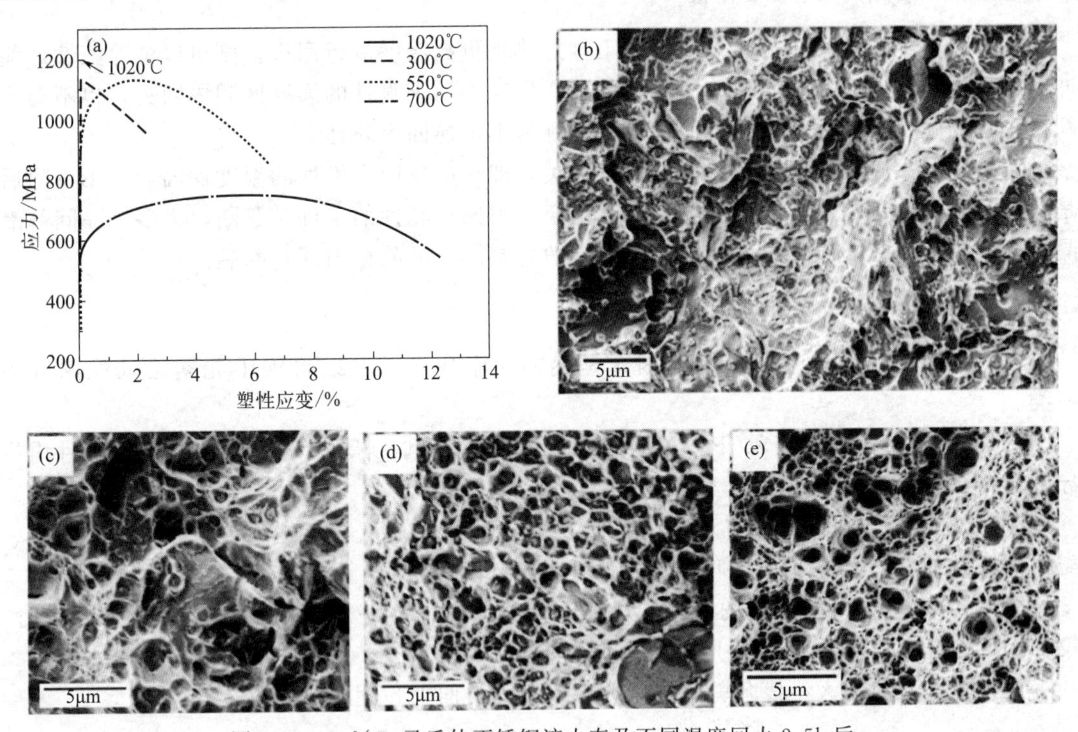

图 8-16　13%Cr 马氏体不锈钢淬火态及不同温度回火 2.5h 后样品应力-应变曲线及断口扫描电镜照片[12]

(a) 工程应力-应变曲线；(b) 1020℃淬火态样品断口；(c) 300℃回火样品断口；(d) 550℃回火样品断口；(e) 700℃回火样品断口

目前，为提高高强度钢综合力学性能，可以通过调整化学成分、加工和热处理工艺，使其内部显微组织具有均匀分布的稳定碳化物、氧化物或者金属化合物等颗粒，或者选用具有二次硬化碳化物和金属间化合物（NiAl 等）两种析出相的钢铁材料，其强度和韧性可以获得良好的配合[13]。

8.4.3 钢的回火脆性

淬火钢在回火时冲击韧性并不一定随回火温度升高而单调提高，许多钢可能在两个温度区间内出现韧性下降的现象，如图 8-17 所示。这种随回火温度升高，冲击韧性不升反而下降的现象，称为回火脆性。按照温度区间和回火脆性的特征不同，可分为第一类回火脆性和第二类回火脆性。

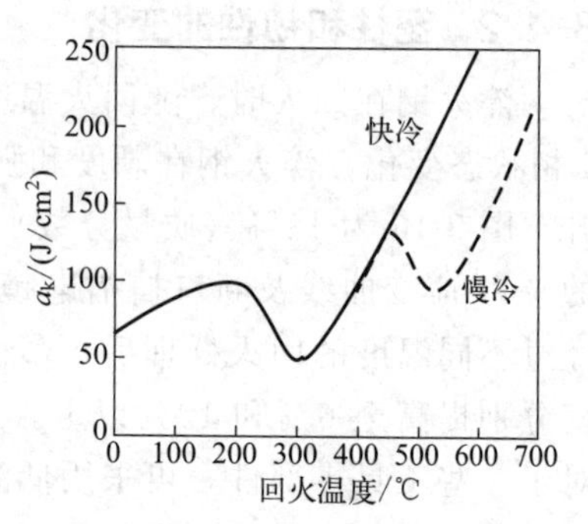

图 8-17 CrNi 钢冲击韧性与回火温度的关系[1]

8.4.3.1 第一类回火脆性

在 250～400℃之间出现的回火脆性称为第一类回火脆性，也称低温回火脆性。几乎所有的钢均存在第一类回火脆性。

（1）第一类回火脆性主要特征

如果将已经产生第一类回火脆性的工件加热到更高温度进行回火，则可以消除脆性，使冲击韧性重新升高。此时，即使再将工件在产生这种回火脆性的温度区间内回火，也不会重新产生这种脆性，因此，第一类回火脆性也称为不可逆回火脆性。

第一类回火脆性与回火后的冷却速度无关，即在产生回火脆性的温度保温后，不论随后是快冷还是慢冷，钢件都会产生脆化。产生第一类回火脆性的工件，其断口大多为晶间（沿晶界）断裂，而在非脆化温度回火的工件一般为穿晶（沿晶粒内部）断裂。

（2）第一类回火脆性影响因素

第一类回火脆性最主要的影响因素是钢的化学成分。可以将钢中元素按其作用分为三类：

① 有害杂质元素，如 S、P、As、Sb、Cu、N、H 和 O 等。钢中存在这些元素时均将导致第一类回火脆性出现。

② 促进第一类回火脆性的元素，如 Mn、Si、Cr、Ni、V 等。这些合金元素会促进第一类回火脆性的发展，还可能将第一类回火脆性推向较高温度。

③ 减弱第一类回火脆性的元素，如 Mo、W、Ti、Al 等。钢中含有这些合金元素时，第一类回火脆性将被减弱，其中以 Mo 的效果最为显著。

此外，晶粒愈粗大，残余奥氏体量愈多，第一类回火脆性就愈严重。

（3）第一类回火脆性产生机制

关于第一类回火脆性的产生机制有很多说法。最初认为，残余奥氏体转变是第一类回火脆性的起因。因为这类回火脆性出现的温度范围正好与残余奥氏体转变的温度区间相对应，而且提高残余奥氏体转变温度的元素，也使发生这类回火脆性的温度移向高温。因此认为，残余奥氏体转变为回火马氏体或贝氏体时将导致钢的脆化，而且残余奥氏体分解时沿晶界析出碳化物也会使钢的韧性明显降低。但这种观点不能解释为什么残余奥氏体量很少的钢（如低碳低合金钢）也会出现第一类回火脆性。

后经电子显微镜证实，在出现第一类回火脆性时，沿板条马氏体的条界、束界和群界或片状马氏体的孪晶带和晶界上有碳化物薄壳形成，沿晶界形成脆性相将引起脆性沿晶断裂已被公认。据此认为第一类回火脆性是由脆性相碳化物薄壳引起的，随之第一类回火脆性的残余奥氏体转变理论逐渐被碳化物薄壳理论所取代。对于在板条界有较多高碳残余奥氏体的钢料来说，残余奥氏体转变理论与碳化物薄壳理论是一致的。继续升高回火温度，由于碳化物聚集长大和球化，改善了各类界面的脆化性质，因而又使冲击韧性提高，这一观点已为许多实验所证实。

除此之外还有晶界偏聚理论，即认为奥氏体化时杂质元素 P、S、As、Sn、Sb 等在晶界、亚晶界偏聚导致晶界弱化是引起第一类回火脆性的原因。杂质元素在奥氏体晶界的偏聚已被电子探针和俄歇谱仪所证实。前面所述的第二类元素能促进杂质元素在奥氏体晶界的偏聚，故能促进第一类回火脆性的发展。第三类元素能阻止杂质元素在奥氏体晶界的偏聚，故能抑制第一类回火脆性的发展。

（4）防止或减轻第一类回火脆性的方法

目前，还不能用热处理方法或合金化方法完全消除第一类回火脆性，但可以采取以下措施来减轻第一类回火脆性。

① 降低钢中杂质元素的含量。

② 用 Al 脱氧或加入 Nb、V、Ti 等合金元素以细化奥氏体晶粒。

③ 加入 Mo、W 等能减轻第一类回火脆性的合金元素。

④ 加入 Cr、Si 以调整发生第一类回火脆性的温度范围，使之避开所需的回火温度。

⑤ 采用等温淬火工艺代替淬火加回火工艺。

8.4.3.2 第二类回火脆性

在 450～600℃之间出现的回火脆性称为第二类回火脆性，也称高温回火脆性。试验表明，出现这种回火脆性时，钢的冲击韧性降低，脆性转折温度（韧性状态向脆性状态转变对应的温度）升高，但抗拉强度和塑性并无明显改变，对许多物理性能（如矫顽力、密度、电阻等）也不产生显著影响。

（1）第二类回火脆性主要特征

第二类回火脆性对回火后的冷却速度非常敏感。从产生回火脆性的温度缓慢冷却时发生第二类回火脆性，而快速冷却时则可消除或减弱第二类回火脆性，即回火后的冷却速度对第二类回火脆性有很大的影响。

第二类回火脆性是可逆的，即将已经处于脆化状态的试样重新回火加热并快速冷却至室温，则可消除脆化，恢复到韧化状态，使冲击韧性再次提高。与此相反，对处于韧化状态的试样，再经脆化处理，又会变成脆化状态，使冲击韧性降低，因此也称第二类回火脆性为可逆回火脆性。

处于第二类回火脆性状态的钢，其断口呈晶间断裂［如图 8-18（a）所示］。这表明第二类回火脆性与原奥氏体晶界存在某些杂质元素有密切关系。一般用脆化处理前后脆性转折温度之差（$\Delta\theta$）来描述钢的回火脆性敏感度，$\Delta\theta$ 也称为回火脆度。

图 8-18　13%（质量分数）Cr 马氏体不锈钢淬火后分别在 550℃（a）和 700℃（b）回火处理 2.5h 后的冲击断口照片[13]

（2）第二类回火脆性影响因素

① 化学成分的影响　钢的化学成分是影响第二类回火脆性最重要的因素，按其作用可分为三类。

第一类：引起第二类回火脆性的杂质元素，如 P、S、B、Sn、Sb、As 等。但当钢中不含 Ni、Cr、Mn、Si 等合金元素时，杂质元素的存在不会引起第二类回火脆性，比如，一般碳钢就不存在第二类回火脆性。

第二类：促进第二类回火脆性的合金元素，如 Ni、Cr、Mn、Si、C 等。这类元素单独存在时也不会引起第二类回火脆性，必须与杂质元素同时存在时才能引起第二类回火脆性。当杂质元素含量一定时，这类元素含量愈多，脆化就愈严重。当两种以上元素同时存在时，脆化作用就更大。

第三类：抑制第二类回火脆性的合金元素，如 Mo、W、V、Ti 以及稀土元素 La、Nd、Pr 等。这类合金元素可以抑制第二类回火脆性，但加入量有一最佳值，超过最佳值，其抑制效果减弱。

② 热处理工艺参数的影响　第二类回火脆性的脆化速度和脆化程度均与回火温度和回火时间密切相关。温度一定时，随回火时间延长，脆化程度增大。在 550℃以下进行回火，回火温度越低，发生脆化的速度就越慢，但能达到的脆化程度越高；在 550℃以上回火时，随回火温度升高，发生脆化的速度减慢，能达到的脆化程度下降。因此，第二类回火脆性的等温脆化动力学曲线也呈 C 形，鼻尖温度大致在 550℃。

如前所述，第二类回火脆性与回火后的冷却速度密切相关。缓慢冷却将使脆性增加，冷却速度越低，脆化程度也越大，而快速冷却则可消除或减轻第二类回火脆性。

③ 原始组织的影响　与第一类回火脆性不同，不论钢具有何种原始组织，经脆化处理后均会产生第二类回火脆性，但马氏体组织的回火脆性最为严重，贝氏体次之，珠光体最小。第二类回火脆性还与晶粒尺寸有关，晶粒粗大，则回火脆性敏感性增大。

（3）第二类回火脆性产生机制

根据上述特征来看，第二类回火脆性的脆化过程必然是一个受扩散控制、发生于晶界、能使晶界弱化、与马氏体及残余奥氏体无直接关系的可逆过程。而可逆过程只可能有两种情况，即脆性相沿晶界的析出与回溶以及溶质原子在晶界上的偏聚与消失，因此提出了脆性相析出理论和杂质元素偏聚理论。

① 脆性相析出理论　最初认为，碳化物、氧化物、磷化物等脆性相沿晶界析出引起第二类回火脆性。其理论主要依据是脆性相在 α-Fe 中的溶解度随温度而减小，在回火后的缓冷过程中脆性相沿晶界析出而引起脆化，温度升高时，脆性相重新回溶而使脆性降低。这一理论可以解释回火脆性的可逆性以及脆化与原始组织无关等现象，但无法解释等温脆化以及化学成分的影响。

② 杂质元素偏聚理论　后来，随着俄歇谱仪以及电子探针等探测表面极薄层化学成分的新技术发展，已经证明，钢在出现第二类回火脆性时，沿原始奥氏体晶界的极薄层内确实偏聚了某些合金元素（如 Cr、Ni 等）以及杂质元素（如 Sb、Sn、P 等），而且回火脆性倾向随杂质元素在原始奥氏体晶界上偏聚程度的增大而提高。处于韧化状态时，未发现有合金元素或杂质元素在原始奥氏体晶界上偏聚，因此认为，Sb、Sn、P 等杂质元素向原始奥氏体晶界的偏聚是产生第二类回火脆性的主要原因。

促进第二类回火脆性的合金元素（如 Cr、Ni 等）与杂质元素的亲和力适中，在回火时其本身也向晶界偏聚，同时将杂质元素带至晶界，从而引起脆化；抑制第二类回火脆性的合金元素（如 Mo 等）与杂质元素的亲和力很大，在晶内就形成稳定的化合物而析出，故能起到净化晶界的作用而抑制回火脆性的发生；若合金元素与杂质元素的亲和力不大，即使其向晶界偏聚，也不能将杂质元素带至晶界，故引起脆化的可能性小很多。杂质元素晶界偏聚理论能较好解释回火脆性的可逆性、晶间断裂和粗大晶粒的回火脆性倾向性大等现象。

(4) 防止或减轻第二类回火脆性的方法

根据以上所述，可以采取以下措施来防止或减轻第二类回火脆性：

① 选用高纯度钢，降低钢中杂质元素的含量。

② 加入能细化奥氏体晶粒的合金元素（如 Nb、V、Ti 等）以细化奥氏体晶粒，增加晶界面积，降低单位晶界面积杂质元素的含量。

③ 加入适量能抑制第二类回火脆性的合金元素（如 Mo、W 等）。

④ 避免在 450～600℃温度范围内回火，在 600℃以上温度回火后采取快冷。

⑤ 对亚共析钢采用亚温淬火方法，在淬火加热时，使 P 等元素溶入残留的 α 相中，降低 P 等元素在原奥氏体晶界上的偏聚浓度。

⑥ 采用形变热处理方法，细化奥氏体晶粒并使晶界呈锯齿状，增大晶界面积，减轻回火时杂质元素向晶界的偏聚倾向。

8.5 非马氏体组织的回火

前面讨论的都是淬火钢中只含有马氏体和残余奥氏体的情况。但钢从奥氏体区域冷却的条件不同，还可能得到马氏体和贝氏体、马氏体和珠光体、珠光体和贝氏体以及弥散度不同的珠光体等一系列混合组织。实际上，一定尺寸的钢件淬火时，常常由于表层到心部冷却速度差异而不会在整个截面上得到完全的马氏体组织，钢件表层可能得到马氏体和残余奥氏体混合组织，次层可能得到马氏体和贝氏体或者马氏体和珠光体混合组织，而心部则可能是珠光体和贝氏体混合组织或完全是珠光体组织，这样回火后钢件截面上性能的均匀性将受到影响。因此，在了解了原始组织为马氏体的回火转变之后，还有必要对原始组织为非马氏体组织的回火转变加以讨论。

① 珠光体组织在回火时没有显著变化，只是细珠光体在600℃～A_{c1}之间会发生片状渗碳体的聚集球化，原始组织分散度越大，回火效果越明显。

② 在含有碳化物形成元素的合金钢中，如果奥氏体在珠光体区域的下部发生分解，在这种情况下形成的碳化物中合金元素比较贫乏。当高温经长时间回火后，碳化物中的合金元素逐步富集，然后由亚稳相合金碳化物转变为稳定的特殊碳化物。

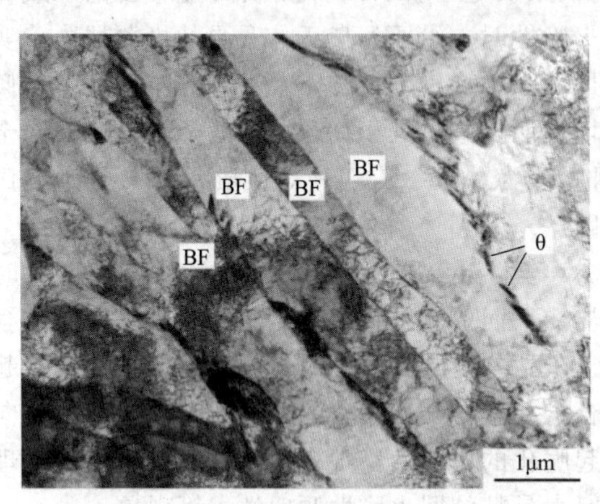

图 8-19　Fe-0.15C-1.5Mn-0.03Nb 钢在 500℃回火处理形成的贝氏体组织（BF 为铁素体片条，θ为渗碳体）

③ 贝氏体是铁素体和极细的粒状和片状碳化物的混合物，如图 8-19 所示。在 300℃以下形成的贝氏体中弥散分布着ε-碳化物。当回火温度超过 300℃后就会发生ε-碳化物向渗碳体的转变。另外，随着回火时间的延长，其中细片状碳化物逐渐球化，因此贝氏体回火后韧性将有所提高。而对于贝氏体铁素体基体在回火过程的变化，已有研究[14]表明，经过弛豫-析出-控制相变工艺处理得到的微细板条状贝氏体组织在回火过程中发生软化是按板条内部位错消失、大部分位错形成胞状结构、贝氏体板条展宽、板条间发生合并和形成多边形铁素体的顺序进行的。相变前奥氏体中的变形位错，被弛豫阶段产生的应变诱导析出钉扎，在相变后这些被钉扎的位错整体保留下来，它们很难自由移动，成为阻碍贝氏体回复、再结晶的决定性因素。由于贝氏体相变也具有不完全性，因此贝氏体组织中常夹杂有马氏体和残余奥氏体，这些组织在回火过程中的变化规律与具有马氏体原始组织的回火转变一样。

实验证明，回火前原始组织不同，回火时钢的性能随回火温度提高而变化的情况也不同，其中，贝氏体回火可提高钢件的韧性，并降低脆性转折温度，因此在生产中具有实用意义。最新研究表明，与高强度和超高强度马氏体钢相比，硅含量为 1.4%～2.5%（质量分数）的无碳化物贝氏体/马氏体复相组织，降低了第一类回火脆性转折温度，使该钢材可以在更高温度下回火。无碳化物贝氏体/马氏体复相钢具有较高的回火抗力，经中温回火后就可具有较强的强韧性。

8.6 回火产物与奥氏体直接分解产物的性能比较

某些钢件经回火处理后，可以得到回火屈氏体和回火索氏体组织，同一钢件由过冷奥氏体直接分解也能得到屈氏体和索氏体组织。这两类转变产物的组织和性能有什么差别呢？它们都是铁素体加碳化物的珠光体类型组织，但回火屈氏体和回火索氏体中的碳化物是呈颗粒状（或短棒状）的，而屈氏体和索氏体中碳化物是片状的。碳化物呈颗粒状的组织使钢的许多性能得到改善，尤其是使钢的塑性和韧性提高，从而使钢的综合力学性能提高。工程上凡是承受冲击并要求优良综合力学性能的工件一般都要进行淬火加高温回火处理，即所谓调质处理，以得到具有优良综合力学性能的回火索氏体组织。

对于具有回火脆性的钢种，进行等温淬火获得的下贝氏体比淬火后回火获得的回火马氏体的性能更加优异。在硬度、强度相同时，贝氏体组织的冲击韧性比回火马氏体高。当等温处理温度低于400℃时，获得下贝氏体组织，则其冲击韧性显著高于淬火后的回火组织。当等温处理温度高于400℃时，获得上贝氏体组织，不仅强度降低，而且冲击韧性也明显下降，甚至低于淬火加回火处理后的数值。由此可见，当回火温度处于低温回火脆性温度区域时，采用等温淬火获得下贝氏体加残余奥氏体组织，可使钢件具有较高的冲击韧性和低的脆性转折温度，所以生产上在条件可能的情况下，一般采用等温淬火方法使钢材具有比淬火加回火态更佳的综合力学性能。

8.7 回火工艺的制订及应用举例

8.7.1 回火工艺的制订

制订钢的回火工艺时，要根据钢的化学成分、工件的性能要求以及淬火后的组织和硬度来正确选择回火温度、保温时间、回火后的冷却以及回火方法，以保证工件回火后获得所需要的组织和性能。

8.7.1.1 回火温度的选择和确定

在回火时，决定钢件回火后的组织和性能最重要的因素是回火温度。生产中，根据工件所需要的力学性能，所用的回火温度可分为低温、中温和高温，具体的原则如下：

（1）低温回火（<250℃）

根据钢种的不同，一般低温回火温度范围在150～250℃之间。低温回火在生产中大量应用于工具、量具、模具和滚动轴承等工件，要求它们具有较高的强度、硬度、耐磨性以及足够的韧性。这些工件大部分用高碳钢制造，淬火后具有较高的强度和硬度，其淬火组织为韧性极差的孪晶马氏体，同时有较大的淬火内应力和较多的微裂纹，如不及时回火，也容易产生开裂，所以，必须及时进行低温回火以后才能使用。通过低温回火后，孪晶马氏体中过饱和固溶的碳原子沉淀析出弥散分布的ε-碳化物，既能提高钢的韧性，又能保持钢具有较高的强度、硬度和耐磨性；同时，低温回火过程中大部分微裂纹也得到有效的焊合，可大大减轻工件脆裂倾向。

对于渗碳件要求表面高硬度和耐磨性，心部有高韧性。工件渗碳以后热处理一般采用淬火和低温回火。对于合金渗碳钢件，心部可以获得低碳马氏体组织，具有较高的韧性，表面为回火马氏体和弥散分布的碳化物，具有高的硬度和耐磨性。低碳合金钢渗碳体淬火的回火温度一般取180～200℃。

低碳马氏体经过低温回火以后强度和塑性都有一定的提高。所以，对于某些结构零件可以采用低碳钢或低碳微合金钢淬火和低温回火来代替中碳钢淬火和高温回火，使钢同样具有较高的强度和韧性。

精密量具和高精度配合的结构零件，在淬火后常常置于120～150℃进行长时间（几小时至几十小时）低温回火，也称时效处理。时效的作用是通过长时间低温加热，尽可能降低回火马氏体的过饱和度，使残余奥氏体稳定化，最大限度地减少内应力，从而达到稳定尺寸、防止变形的目的。

（2）中温回火（350~500℃）

中温回火主要用于弹簧钢，要求获得优良的弹性和强度，同时要有较好的塑性和韧性。碳素弹簧钢碳含量一般在0.5%～0.9%左右，合金弹簧钢碳含量在0.45%～0.75%左右。中温回火后，钢得到回火屈氏体组织，即已开始聚集球化呈粒状的渗碳体弥散分布在铁素体基体上，此时基体已经开始回复，由于在几个晶粒范围不均匀畸变而产生的第二类内应力，在＞350℃温度回火后，也开始迅速下降，因此钢的强度、疲劳极限和韧性配合较好。

有些构件主要承受小能量多次冲击载荷，因此要求较高的强度水平以提高其多次冲击抗力，则也可以采用中温回火处理，以获得硬度较高的回火屈氏体组织。

（3）高温回火

高温回火后，钢的组织为回火索氏体，渗碳体聚集球化、弥散分布在基体中而起强化作用。与片状的渗碳体相比，粒状渗碳体对于基体没有切割作用，基体呈连续状态，塑性仍较好，同时高温回火以后，基体发生了回复和再结晶，钢的内应力已基本上消除，钢的塑性大大提高，因此钢的强度和塑性得到恰当的配合。对于要求具有优良综合力学性能的结构零件，如发动机的曲轴、连杆、连杆螺钉、汽车拖拉机半轴、机床主轴、键、齿轮等，常采用调质处理（即淬火和高温回火）。与正火处理相比，钢经调质处理以后，在硬度相同的情况下，钢的屈服强度、塑性和韧性明显提高，因此对于承受较重载荷的重要零件一般都采用调质处理。

对于一些具有二次硬化作用的高合金钢，如高速钢等，在淬火以后采用高温回火来增加二次硬化的效果，从而提高硬度、耐磨性或红硬性。此外高合金渗碳钢，如18Cr2Ni4WA等钢，渗碳以后需要进行高温回火（600～680℃），使马氏体和残余奥氏体分解，渗碳体中的一部分碳和合金元素以碳化物形式析出并聚集球化，得到回火索氏体组织，使钢的硬度降低，便于切削加工，同时还可以减少在后道工序淬火后渗层中的残余奥氏体量。

8.7.1.2 回火时间的确定

钢在回火时，除回火温度外，回火的保温时间也是一个重要因素。在生产中常因回火不足而造成崩刃；一些渗碳淬火零件回火不足，往往在磨削加工时产生磨裂；一些高精度零件因回火不足，应力不能充分消除或者稳定，在放置或使用过程中会发生变形而报废；对于大件，如轧辊类工件，常因回火不足而引起开裂。因此，回火保温时间应使工件表里温度均匀，以保证组织转变进行充分，并尽可能降低或消除内应力，使工件回火后的性能符合技术要求，而对于高合金工模具钢和一些要求高硬度的大件，保证足够的回火时间显得特别重要。

对于不同有效厚度的工件，在低温、中温和高温回火的保温时间可参照热处理手册中的相关表格。同时，在确定回火保温时间时还应注意由于合金钢导热性差，回火时间应比碳钢稍长，对于高合金钢，回火时间还可适当延长。为使内应力充分降低和松弛，低温回火时间应适当延长；高精度零件低温回火处理，时间可长达几十小时，而中、高温回火所需时间，则相应可取表格中的时间下限。

8.7.1.3 回火后的冷却

回火后工件一般在空气中冷却，对于一些工模具回火后冷至室温之前不允许水冷，以防止产生开裂，但是对于具有高温回火脆性的合金结构钢等工件，回火后应在油中冷却。对于性能要求较高的工件，在防止开裂条件下，可进行水油冷却或水冷却，然后进行一次低温补充回火，以消除快冷产生的内应力。

8.7.1.4 常见的回火方法

（1）普通回火

在选定的回火温度，采用整体加热回火的方式，称为普通回火，这是应用最广的回火方法，尤其适用于工件尺寸比较小、结构相对简单的构件。

（2）局部回火

对于工件不同部位有不同硬度要求时，可采用局部加热回火方法。局部回火需要快速加热，以免影响其它部分的硬度，一般常在高频电炉或盐浴、铅浴中进行，然后在油中冷却或直接送入低温回火油炉中，如带柄切削刀具、弹簧卡头、卡盘的卡爪和锻模燕尾槽等。

（3）电热回火

采用电热回火和高频、中频感应加热快速回火方法特别适合自动线大批量的生产，既保证具有稳定的回火质量，又大大提高生产效率。电热快速回火还可以降低第一类回火脆性，使钢的冲击韧性比普通回火显著提高，这主要是由于高温短时回火时，碳化物来不及聚集到马氏体条的边界处，在组织中分布比较均匀。

（4）自回火

对于某些尺寸较大而采用表面淬火的工件，或者有特殊要求的工件，如凿子、扁铲等，可以利用淬火冷却后的余热进行回火，这种方法称为自回火。自回火是根据工件表面的氧化来控制回火温度的，也可以用测温笔或表面接触温度计来进行测定。

（5）带温回火

碳含量超过0.4%碳素钢或碳含量超过0.35%的合金钢在淬火时，若工件在淬火介质中一直冷至室温，很可能引起开裂。若工件截面厚薄悬殊，或有孔眼、棱角等，则更增加开裂的倾向。例如对于截面尺寸大的合金钢制热锻模，不仅应及时回火，而且不能等模具冷却到室温再回火，一般出油并进入回火炉时，工件表面温度不应低于150℃。这时钢中大部分还没有发生马氏体相变，故不会引起开裂，这种回火操作称为带温回火，实践证明这种方法对防止淬火开裂十分有效。

8.7.2 应用举例

（1）多次回火的应用

一些常用的高合金钢，如Cr12MoV、3Cr2W8V等在回火时，由于残余奥氏体中析出碳化物，提高了 M_s 点，因此在随后的冷却过程中部分残余奥氏体会转变为二次马氏体，产生二次淬火现象。如果采用一次回火，残余奥氏体不能完全转变，同时二次马氏体得不到回火，此时钢具有脆性，而采用多次回火则可有效改善其脆性。例如用 3Cr2W8V 钢制造的鲤鱼钳热锻模具，一般采用如图 8-20 所示的工艺路线进行热处理，即采用 1050～1100℃加热，830～850℃和 560～620℃两次分级淬火，空气中冷却。随后，如果 560～580℃进行两次回火，每次 2h，发现模具寿命较低，在锻打中常常发生开裂，出现明显的脆断现象。如果改为三次回火，则有效消除了脆性，提高了模具的韧性，结果使其寿命显著提高，因此多次回火在高合金工模具钢的热处理中得到较多的应用。

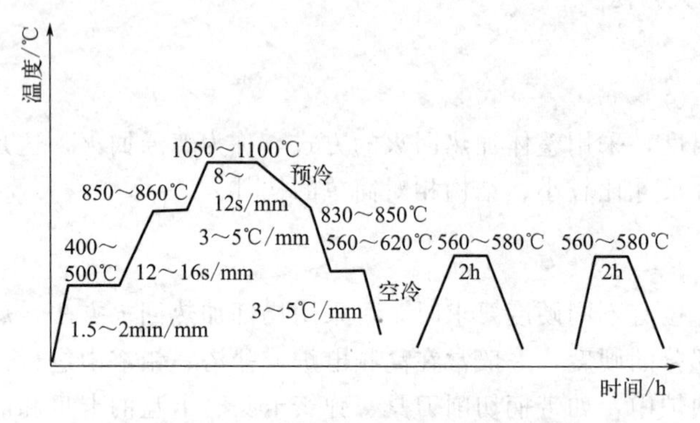

图 8-20　3Cr2W8V 钢鲤鱼钳热锻模具热处理工艺

（2）利用回火调整 Cr12MoV 钢冷冲模具的尺寸变化

回火转变过程中包括了马氏体的分解和残余奥氏体的转变。马氏体分解时，由于碳化物的析出而使体积缩小，而当残余奥氏体转变时，特别是转变为马氏体时，将引起体积胀大。生产中可以利用上述规律校正高合金模具钢的淬火变形。例如，采用 Cr12MoV 钢制造的轴承保持器冷冲模（如图 8-21），由于形状复杂，精度要求高，必须严格控制热处理变形。如果淬火温度偏高，则残余奥氏体量较多而使构件尺寸偏小，这时可采用两至三次 520℃高温回火，使残余奥氏体产生二次马氏体，使模具尺寸胀大，就可以使变形得到校正。如果淬火温度偏低，残余奥氏体量较少，模具尺寸胀大，则可采用 360～370℃中温回火，使淬火马氏体分解，同时由于回火温度不够高，不能使残余奥氏体分解，因此残余奥氏体仍然大部分被保留下来。因此，中温回火以后模具尺寸将缩小，同时可将淬火变形校正过来。如果淬火变形不大，则可采用低温回火，回火后尺寸基本上无大变化。

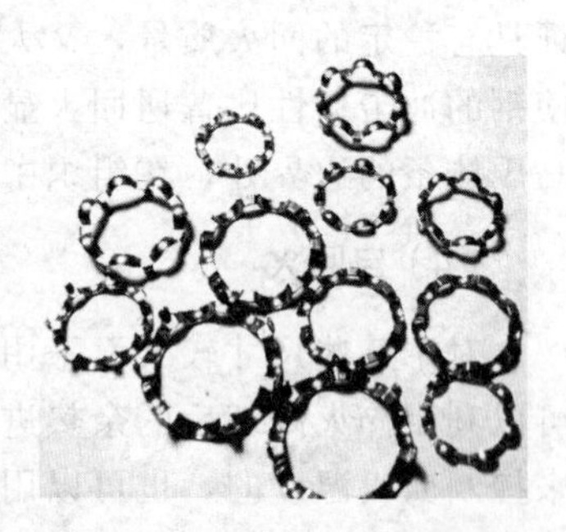
图 8-21　小尺寸轴承保持器

（3）利用二次硬化提高高压铸造模具钢和锻造工具钢的使用寿命

高压铸造模具和锻造工具用的回火马氏体钢的使用寿命有限。这是由于钢件受力受热，使用温度有可能超过了钢件原回火工艺温度，致使钢件组织发生变化而使钢件强度大幅降低，发生剧烈软化造成钢件失效。目前延长此类钢件使用寿命的一个途径就是通过添加适当的稳定碳化物形成元素（W、Mo、Nb、V 等）和影响回火动力学的元素（Co、Ni 等），并使其二次硬化峰尽量往高温方向移动，以符合使用温度的要求，延长钢件的使用寿命。此途径被有关研究证明是可行的，但还存在一定的问题，如添加稳定碳化物形成元素后，在钢中将形成一定量的尺寸相对较大的初级碳化物，对冲击韧性不利。如何调整化学成分、加工和热处理工艺特别是回火工艺，引入稳定碳化物、氧化物和金属间化合物，并控制碳化物、氧化物和金属间化合物的尺度和密度，达到强度和韧性的良好配合，仍是未来钢铁研究与应用的一个重点。

习题

8-1 熟悉概念：回火、二次硬化、回火脆性、调质处理。

8-2 试述回火的定义和目的。

8-3 简述淬火碳钢的回火转变和回火组织。

8-4 淬火碳钢回火过程中可能出现的碳化物类型及转变机制。

8-5 回火钢种形成特殊碳化物的条件是什么？特殊碳化物的形成机制是什么？

8-6 解释为何合金钢中有可能发生二次硬化，而碳钢中不发生二次硬化现象。

8-7 什么是二次硬化？哪些合金元素能产生二次硬化？提高二次硬化效果的途径有哪些？怎样才能得到最大的二次硬化效果？

8-8 二次淬火与二次硬化有何区别？

8-9 简述合金元素对提高钢回火抗力的作用。

8-10 什么是回火脆性？第一类回火脆性和第二类回火脆性的特征、产生的原因是什么？防止或减轻第一类和第二类回火脆性的方法有哪些？

8-11 简述低温回火、中温回火、高温回火在生产中的应用范围。

8-12 指出下列工件在淬火后回火时采用的回火温度，并说明其大致的硬度。

(1)45、40Cr 钢(要求较好的综合力学性能)；

(2)60、65 钢弹簧；

(3)T12、T10 钢锉刀。

8-13 碳含量为 1.2%的碳钢，其原始组织为片状珠光体和网状渗碳体，欲得到回火马氏体和粒状碳化物组织，试制订所需热处理工艺，并注明工艺名称、加热温度、冷却方式以及热处理各阶段所获得的组织。($A_{c1}=730℃$，$A_{cm}=830℃$)

8-14 某电站汽轮发电机转子，由 30CrNi 制成，热处理工艺为：淬火和 550℃回火(回火后缓慢冷却到室温)，长期运行后转子发生沿晶断裂，造成严重事故。试分析其断裂的原因并说明这种现象的主要特征、影响因素和机制。应如何预防此类事故？

思考题

8-1 细化晶粒是钢获得良好综合力学性能的有效方法，试着分析细化晶粒对碳钢、合金钢淬火后的回火工艺有何影响。

8-2 试着从回火转变过程中的组织变化阐释回火转变的热力学条件。

8-3 三峡大坝 3000t 级升船机用齿轮、齿条带去升降过往的船只，使其快速通过闸口。试着通过查阅相关文献了解齿轮、齿条带加工成形后的热处理工艺，并结合前面章节和本章的内容，指出各个阶段热处理后的组织及性能特点等。

8-4 结合本章学习的内容试着阐述高速钢 W18Cr4V 提高强度和硬度的方法及基本原理。

8-5 某型号20CrMnTi离合器外圈是量产且成熟的产品，采用整体渗碳淬火+低温回火热处理工艺，但某一批次产品在进行数次寿命磨合后出现断齿现象，断口观察发现，断面平齐，断口宏观呈现沿晶断裂特征。试着结合本章所学的内容，推测发生断齿的原因，并给出热处理工艺的改进建议。

辅助阅读材料

[1] Porter D A, Easterline K E. Phase Transformations in Metals and Alloys[M]. Amsterdam: Springer-Science+Business Media, B. V., 1992.

[2] Rudnev V, Loveless D, Cook R, et al. Handbook of Induction Heating[M]. New York: Marcel Dekker Inc, 2003.

[3] Dossett J L. Practical Heat Treating[M]. Materials Park, Ohio: ASM International, 2006.

[4] Krauss G. Principles of Heat Treatment of Steel[M]. Metals Park, Ohio: American Society for Metals, 1980.

[5] Croft D N. Heat Treatment of Welded Steel Structures[M]. Cambridge, England: Abington Publishing, 2003.

[6] Semiatin S L. Induction Heat Treatment of Steel[M]. Metals Park, Ohio: American Society for Metals, 1986.

参考文献

[1] 徐洲，赵连城. 金属固态相变原理[M]. 北京：科学出版社，2004.

[2] 戚正风. 金属热处理原理[M]. 北京：机械工业出版社，1987.

[3] 刘永铨. 钢的热处理[M]. 北京：冶金工业出版社，1981.

[4] 陆兴. 热处理工程基础[M]. 北京：机械工业出版社，2007.

[5]《钢铁热处理》编写组. 钢铁热处理——原理及应用[M]. 上海：上海科学技术出版社，1979.

[6] 崔忠圻. 金属学与热处理[M]. 北京：机械工业出版社，1989.

[7] 杜瑜宾，胡小锋，姜海昌，等. 回火时间对Fe-Cr-Ni-Mo高强钢碳化物演变及力学性能的影响[J]. 金属学报，2018，54(1)：11-20.

[8] Wang H B, Hong D, Hou L G, et al. Influence of tempering temperatures on the microstructure, secondary carbides and mechanical properties of spray-deposited AISI M3: 2 high-speed steel [J]. Materials Chemistry and Physics, 2020, 255: 123554.

[9] Fu G, Kaneaki T. Response of hydrogen trapping capability to microstructural change in tempered Fe-0.2C martensite[J]. Scripta Materialia, 2005, 52: 467-472.

[10] Miyamoto G, Oh J C, Hono K, et al. Effect of partitioning of Mn and Si on the growth kinetics of cementite in tempered Fe-0.6 mass% C martensite[J]. Acta Materialia, 2007, 55: 5027-5038.

[11] Zhu C, Xiong X Y, Cerezo A, et al. Three-dimensional atom probe characterization of alloy element partitioning in cementite during tempering of alloy steel[J]. Ultramicroscopy, 2007, 107: 808-812.

[12] Bonagania S K, Vishwanadh B, Sharma T, et al. Influence of tempering treatments on mechanical properties and hydrogen embrittlement of 13wt% Cr martensitic stainless steel[J]. International Journal of Pressure Vessels and Piping, 2019, 176: 103969.

[13] Michaud P, Delagnes D, Lamesle P, et al. The effect of the addition of alloying elements on carbide

precipitation and mechanical properties in 5% chromium martensitic steels[J]. Acta Materialia, 2007, 55: 4877-4889.
[14] 翁宇庆，等. 超细晶钢：钢的组织细化理论与控制技术[M]. 北京：冶金工业出版社，2003.
[15] 叶宏. 金属热处理原理与工艺[M]. 北京：化学工业出版社，2019.

第 9 章

合金脱溶沉淀与时效

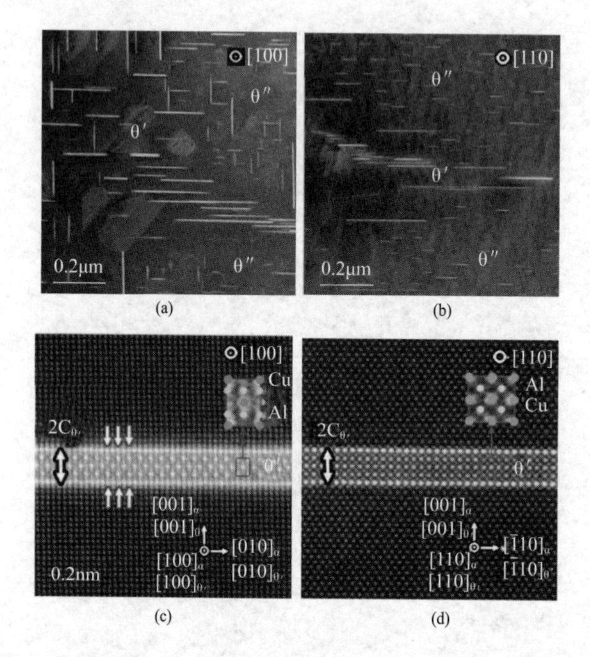

上图为透射电镜下 Al-Cu 合金 200℃下时效 24 小时的时效微观组织[1]，(a)～(d)图分别展示了 Al-Cu 合金中 θ″和 θ′沉淀相的形貌特征及原子级高分辨显微照片，请问怎么样得到这些组织？其演变机制是什么？这些沉淀相怎么影响合金性能？根据组织照片，你能推断出沉淀相的晶体结构及其与基体的位向关系吗？

引言与导读

1906 年德国人 Alfred Wilm 发现含 4%Cu（质量分数）及微量 Mg 的 Al-Cu-Mg 合金经高温加热随后淬火后硬度不高，但在室温放置或稍高于室温恒温处理一段时间后硬度显著上升。那么为什么合金的硬度会随着时间推移而持续上升呢？其本质是什么？事实上，高温淬火（称为固溶处理）Al-Cu-Mg 合金在室温放置或于稍高温度下保温（时效处理）过程中发生了第二相析出，导致硬度上升。

固溶处理加时效热处理是有限固溶合金的重要强化方式，可以有效提高材料的强度。铝铜合金系是最早研究的时效硬化合金系。1938 年法国科学家 Guinier 和英国科学家 Preston 各自独立地运用 X 射线试验分析 Al-4Cu 合金时效初期的单晶体，结果发现在母相 α 固溶体的｛100｝面上出现一个原子层厚度的薄片状 Cu 原子聚集区（约含 99%Cu）(guinier-preston zone，G. P. 区)，由于与母相保持共格关系，Cu 原子层边缘的点阵发生畸变，产生应力场，提出时效硬化的本质。

本章将主要介绍合金时效过程的热力学和动力学，时效过程中合金组织和性能的变化规律，影响时效的因素及时效强化机理；简要介绍铝合金、镁合金、铜合金、钛合金和马氏体时效钢的时效过程。

本章学习目标

- 掌握 Al-Cu 合金时效析出相序列和各析出相晶体结构。
- 熟悉 Al-Cu 合金析出过程各个阶段的自由能-成分关系及相变驱动力。
- 掌握 Al-Cu 合金脱溶析出各个阶段界面能和弹性应变能的变化。
- 掌握不同阶段的析出相对合金性能的影响及机制。
- 熟悉时效过程中的各种微观组织。
- 了解微合金化对合金时效行为的影响。
- 了解各种时效强化合金的工业应用领域。

9.1 合金的时效过程

有限互溶合金在经过高温固溶淬火后形成过饱和固溶体，在随后时效过程中发生脱溶分解，这一相变过程是一种扩散型相变，通过形核和长大进行。脱溶时的能量变化符合一般的固态相变规律，脱溶驱动力是新相与母相的化学自由能差。脱溶阻力是形成脱溶相的界面能和应变能。以 Al-4Cu 合金为例，该合金过饱和固溶体的脱溶分解过程为：G. P. 区→ θ''相→ θ'相→ $\theta(CuAl_2)$ 平衡相。

9.1.1 时效过程

9.1.1.1 固溶处理和时效的定义

图 9-1 说明了有限固溶相图特点和固溶时效工艺过程。设有 A、B 两种组元，B 组元在 A 中的固溶度是有限的，并且固溶度随温度降低而减少，图中 *MN* 是固溶度线。设想如果将成分为 C_0 的合金自单相 α 固溶体状态（如 T_1 温度时）分别以两种方式冷却，会发生怎样的相变过程呢？①当缓慢冷却到室温时，B 相将从 α 相固溶体中脱溶析出，α 相的成分将沿固溶度线变化为平衡浓度 C_1，这种转变可表示为：$\alpha(C_0) \rightarrow \alpha(C_1) + \beta_2$。β 为平衡相，可以是端际固溶体，也可以是中间相，反应产物为（α+β）双相组织。②当组元 B 含量为 C_0 的合金加热到高于固相线而低于液相线的温度（如 T_1），保温一定时间，使 B 组元充分溶解，获得单相的 α 相固溶体，之后取出快速冷却到室温，则 B 组元来不及沿 *MN* 线析出，而形成成分为 C_0 的过饱和 α 固溶体，这就是固溶处理。固溶处理的目的是获得高浓度的过饱和固溶体，为时效热处理做准备。

值得注意的是，在固溶处理后获得的固溶体，不仅溶质原子是过饱和的，而且空位（晶体点缺陷）也是过饱和的，即处于双重过饱和状态。过饱和空位的存在可以大幅提升原子移动性，促进原子扩散。空位浓度强烈依赖于材料温度，当温度接近纯铝熔点时，空位浓度接近 10^{-3}，即每 1000 个原子中有 1 个空位，空位的间距约 10 个原子间距；而在常温下，空位浓度为 10^{-11}，二者相差 8 个数量级。

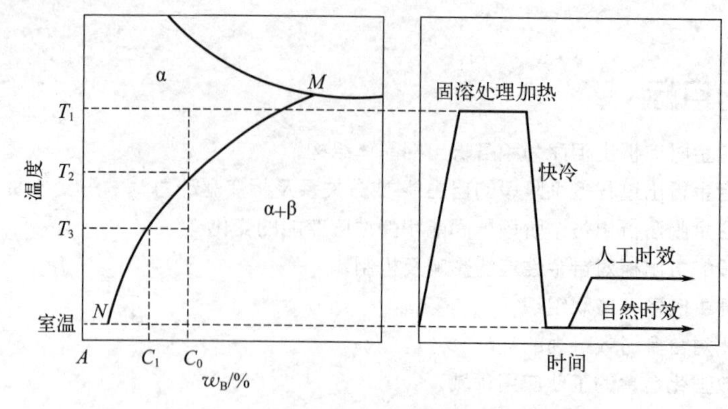

图 9-1　固溶与时效处理的工艺过程

【例 9-1】 假设纯 Al 的单空位形成能为 0.67eV，计算纯 Al 在不同温度下（300K、600K、800K）的平衡空位浓度，解释为什么固溶温度越高，淬火得到的过饱和固溶体中空位浓度越高。

解：平衡条件下，空位浓度与空位形成能之间关系由以下公式决定：

$$C_0=\exp\left(-\frac{Q_F}{kT}\right)$$

其中 k 为玻尔兹曼常数，T 为温度，Q_F 为空位形成能。因此，不同温度下的空位浓度为：

$$300\text{K}: C_0=\exp[-0.67\times1.60\times10^{-19}/(1.38\times10^{-23}\times300)]=5.682\times10^{-12}$$

$$600\text{K}: C_0=\exp[-0.67\times1.60\times10^{-19}/(1.38\times10^{-23}\times600)]=1.335\times10^{-6}$$

$$800\text{K}: C_0=\exp[-0.67\times1.60\times10^{-19}/(1.38\times10^{-23}\times800)]=3.928\times10^{-5}$$

当从高温淬火到室温时，由于冷速很快，空位来不及扩散湮灭，因此高温状态的高空位浓度得以保留，形成过饱和空位。由此可见，当固溶温度越高时，其平衡空位浓度越高，固溶淬火得到的过饱和固溶体中保留下来的空位浓度也越高。

若将固溶处理后得到的过饱和 α 固溶体在某一温度下进行等温保持，其将发生脱溶分解，析出平衡相。但中间往往会出现若干个亚稳脱溶相（又称过渡相）或溶质原子聚集区，这个过程称为时效，可表示为：

过饱和 α 相固溶体↔饱和 α 相固溶体＋析出相

上述合金时效处理工艺过程可参见视频合金时效处理工艺过程。因此，合金具备沉淀强化能力的先决条件是：合金元素在基体中具有较高的固溶度极限，在相图中合金元素固溶度随温度降低而减少；同时固溶处理后形成的过饱和固溶体在时效过程中能析出均匀、弥散的，并与基体具有共格或半共格关系的亚稳相，在基体中能形成强烈的应变场。例如 Al-Cu 合金有很好的沉淀强化效果。

合金时效处理工艺过程

9.1.1.2 时效过程的组织转变

下面以Al-4Cu合金为例，讨论Al-Cu合金时效时脱溶沉淀的基本过程、过渡相和平衡相的形成及其结构。

图9-2为Al-Cu二元合金相图的富Al端[2]，图中α是铜在铝中的固溶体，θ为$CuAl_2$化合物。Al-4Cu合金在室温时的平衡组织为α和θ-Al_2Cu相。在室温时Cu在Al中的最大溶解度为0.5%（除特殊说明外，皆为质量分数），而在共晶温度548℃时，铜在铝中的极限溶解度为5.65%Cu，即随温度降低固溶度急剧减小。若将该合金加热到固溶线以上保温足够长的时间，第二相$CuAl_2$全溶入α相固溶体中，淬火急冷后铜来不及析出，固溶体中铜含量为4%，这样有3.5%的过量Cu固溶于α相中，即形成过饱和固溶体。当在一定的温度下进行时效，将脱溶析出第二相。

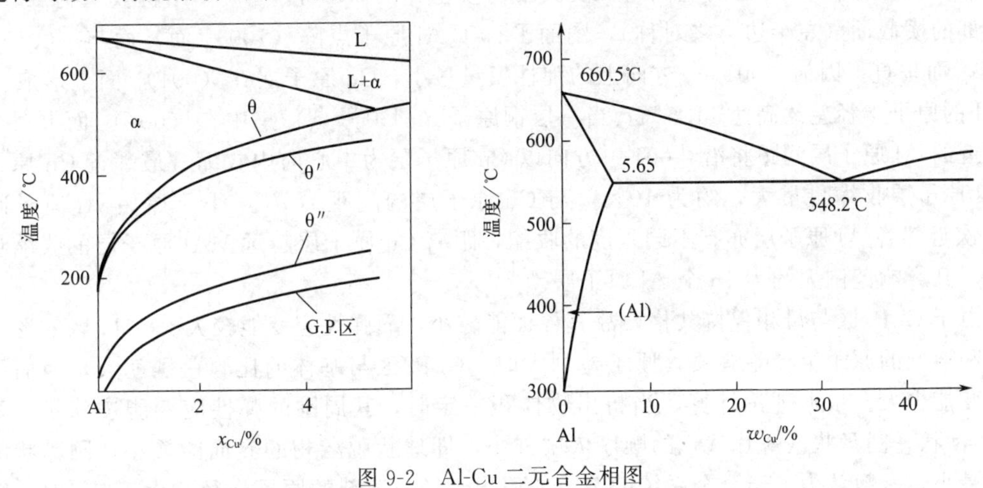

图9-2 Al-Cu二元合金相图

过饱和固溶体的脱溶过程包括四个阶段：G.P.区的形成、θ″相的形成、θ′相的形成和θ平衡相的形成，即脱溶顺序为G.P.区→θ″相→θ′相→θ相。在平衡相θ出现之前，有三个过渡脱溶物相继出现。这里需要指出，随着脱溶条件或合金成分的不同，α相既可直接析出θ相，也可经过一个、两个或三个阶段，再转化为θ相，同时时效过程也可停留在任何阶段。

（1） G.P.区的形成及结构

过饱和固溶体在发生分解之前有一段准备过程，这段时间称为孕育期。随后溶质原子（Cu原子）在铝基固溶体的$\{100\}_\alpha$晶面上偏聚，形成铜原子微观富集区（如图9-3所示），称为G.P.区。G.P.区具有如下特点：

① G.P.区发生在室温或低温下时效的初期，且形成速度很快，通常为均匀分布。这是由于合金经固溶处理急冷至室温，保存了高温时的空位平衡浓度，形成过饱和的空位，因此时效加快了原子的扩散。淬火速度越快，保留下来的空位浓度就越大，时效就越快；当其它条件相同时，固溶温度越高，则空位浓度越大，G.P.区形成的速率越快[3]。

② G.P.区没有完整的晶体结构。其结构类型仍与基体α相过饱和固溶体相同，无明显界面，其原子间距因富集溶质原子有所改变，G.P.区与母相保持共格关系。

③ G.P.区在热力学上是亚稳定的。

④ G.P.区中溶质原子的浓度在晶格内部局部区域较高，引起共格变形，使点阵发生严

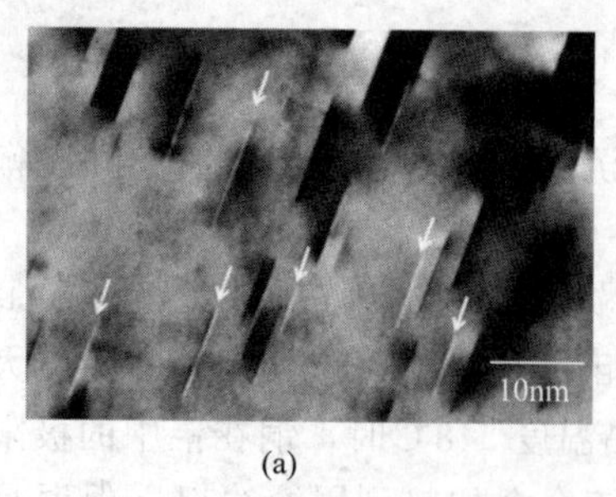

(a)

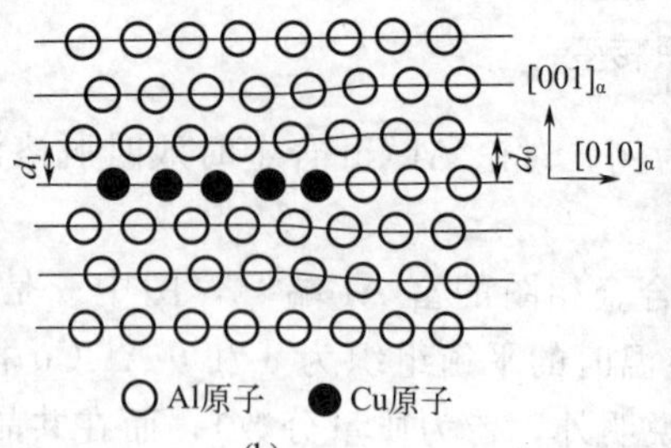

(b)

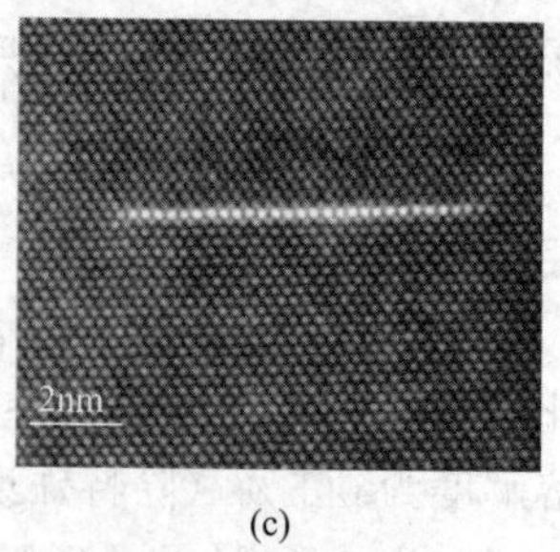

(c)

图 9-3　Al-4Cu 系合金中 G. P. 区（a）及其结构模型（b）和原子高分辨形貌（c）

重畸变，阻碍位错运动，因而合金的强度、硬度提高。

Al-Cu 合金中 G. P. 区的显微组织及其结构模型如图 9-3 所示[4,5]。结构模型为 G. P. 区右半部的横截面（左半边与之对称），图面平行于 Al 原子点阵（100）$_α$ 面，而与（001）$_α$ 和（010）$_α$ 面垂直。因为<001>$_α$ 方向上的弹性模量最小，Cu 原子层在（001）$_α$ 面上形成。Cu 与 Al 的原子半径差约高达 11.5%，当一层铜原子（图中黑点）集中在（001）$_α$ 面上时，两边邻近的 Al 原子层间距将沿［001］$_α$ 方向以 Cu 原子层为中心向内收缩。最邻近 Cu 原子层的 Al 原子层收缩量最大，约为 10%，与 Cu 原子层的间距为 d_1，小于原始 Al 原子间距 d_0。次近邻各 Al 原子层亦有不同程度的收缩，距离 Cu 原子层越远，Al 原子层的收缩量就越小，其影响范围大约为 16 个 Al 原子层。

由于 G. P. 区与母相保持共格，故其界面能较小，而弹性应变能较大。G. P. 区的形状与溶质和溶剂的原子半径差有关，原子差别大时，G. P. 区与基体的比容差别就大，因而引起的畸变能也大。根据理论计算，当析出物体积一定时，其周围的弹性应变能按球状（等轴状）→针状→圆盘状（薄片状）的顺序依次减小，即球状脱溶相的界面能最小，圆盘状的应变能最小。一般认为，当合金系统的溶质的原子半径与溶剂的原子半径差大于 5%时，畸变能较高。为降低畸变能，共格析出物的形状常呈圆盘状。如 Al-Cu 合金中的 G. P. 区呈圆盘状，盘面垂直于基体低弹性模量方向，即<001>$_α$。当溶质与溶剂的原子半径差小于 3%时，共格析出物的形状主要按界面能最小原则趋于球状；如 Al-Ag 和 Al-Zn 合金系，G. P. 区呈球状。表 9-1 是不同合金系各种形状的 G. P. 区[6]。

表 9-1　不同合金系各种形状的 G. P. 区

G. P. 区形状	合金系	G. P. 区形状	合金系	G. P. 区形状	合金系
球状	Al-Ag Al-Zn Al-Zn-Mg Cu-Co	盘状	Al-Cu Cu-Be	针状	Al-Mg-Si Al-Cu-Mg

G. P. 区的尺寸和密度与合金成分、时效温度和时效时间等因素有关。一般来说，温度低时，G. P. 区的尺寸随温度升高而增大，而其密度会减小。这是由于温度升高，扩散加快，而过饱和度减小。例如 Al-Cu 合金在 25℃时效 24h，大约有 50%的 Cu 原子偏聚在 G. P. 区，G. P. 区直径约为 5nm，间距约为 8nm；100℃时效时，G. P. 区直径为 15～20nm；130℃时效 15h，G. P. 区直径为 9nm，厚度约 0.4～0.6nm；温度继续升高，G. P. 区数目开始减少，直径增大，200℃时效时，G. P. 区直径可达 80nm。在 25～100℃时效时，G. P. 区的厚度约

为0.4nm。试验证明，G.P.区的数目比位错数目要大得多。因此，G.P.区的形核主要是依靠浓度起伏的均匀形核。

大多数有色金属合金在时效时都可能产生G.P.区。除Al-Cu合金外，Al-Zn、Al-Ag、Cu-Co、Cu-Be、Al-Mg-Si、Ni-Al、Ni-Ti、Fe-Mo、Fe-Au等合金在脱溶开始阶段也都形成G.P.区。

（2）过渡相 θ″相的形成及结构

G.P.区形成之后，当时效时间延长或时效温度提高时，为进一步降低体系的自由能，在G.P.区的基础上铜原子进一步偏聚，G.P.区直径进一步扩大，Cu原子和Al原子发生有序化转变，逐渐变成规则排列，形成较G.P.区稳定的过渡相θ″相（也称为G.P.Ⅱ区）。从G.P.区转变为过渡相的过程可能有两种情况：一是以G.P.区为基础逐渐演变为θ″相，如Al-Cu合金；二是与G.P.区无关，θ″相独立地在基体中形核长大，并借助于G.P.区的溶解而生长，如Al-Ag合金。

在Al-Cu合金中，随着时效的进行，一般是以G.P.区为基础，沿其直径方向和厚度方向（以厚度方向为主）长大形成过渡相θ″相。θ″相具有正方晶格结构，如图9-4（c）所示。其点阵常数$a=b=4.04$Å，与母相α［如图9-4（a）］相同，在另一个方向$c=7.68$Å，较α相的点阵常数两倍（8.08Å）略小一些，θ″相的晶胞有五层（001）原子面，中央一层为100%Cu原子层，最上和最下的两层为100%Al原子层，而中央一层与最上、最下两层之间的两个夹层则由Cu和Al原子混合组成（Cu约占20%～25%），总成分相当于$CuAl_2$。θ″相仍沿母相的$\{100\}_\alpha$面析出，与基体α相保持完全共格关系。θ″相有一定的取向，形状为薄片状，片的厚度约0.8～2nm，直径约14～15nm，惯习面$\{100\}_\alpha$，具有$\{100\}_{\theta'} \parallel \{100\}_\alpha$的位向关系。随着θ″相的长大，在其周围基体中产生的应力和应变也不断地增大，造成的弹性共格应力场或点阵畸变区都大于G.P.区产生的应力场。在透射电镜中，θ″相的形貌与G.P.区相似，但因共格应变大，在照片上可观察到更强的衍射效应，如图9-5所示，其原子级高分辨透射图像如图9-6所示。

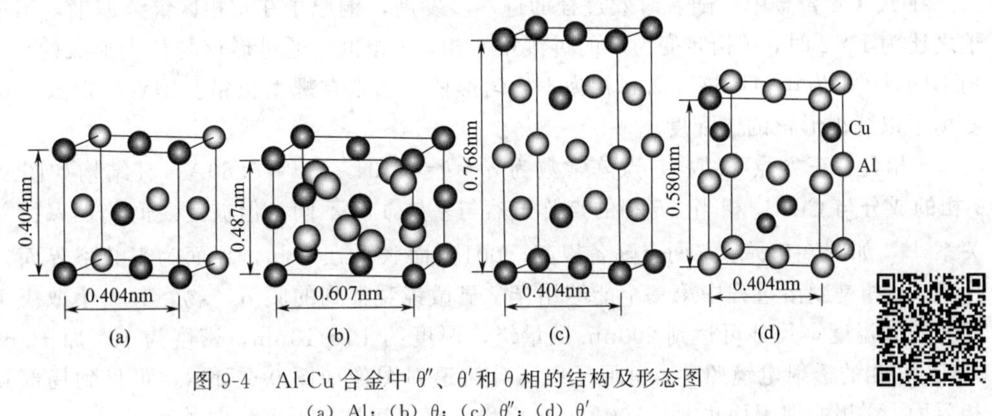

图9-4 Al-Cu合金中θ″、θ′和θ相的结构及形态图

（a）Al；（b）θ；（c）θ″；（d）θ′

由于θ″相结构与基体已有差别，且与基体保持共格关系，在Z轴上产生约4%的错配度，因此θ″相周围基体产生一个比G.P.区周围的畸变更大的弹性共格应变场，或晶格畸变区（见图9-7[7]）；同时，形成的θ″相的密度也很大，对位错运动的阻碍进一步增大，因此时效强化作用更大。θ″相析出阶段为合金达到最大强化的阶段。

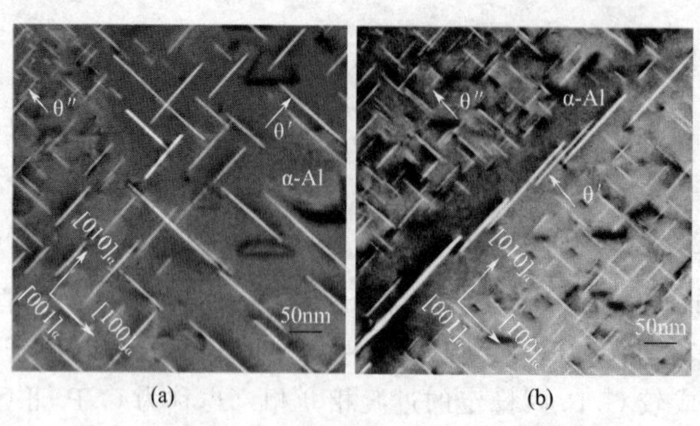

图 9-5 Al-Cu 合金中 θ''和 θ'相的 TEM 图像[8]

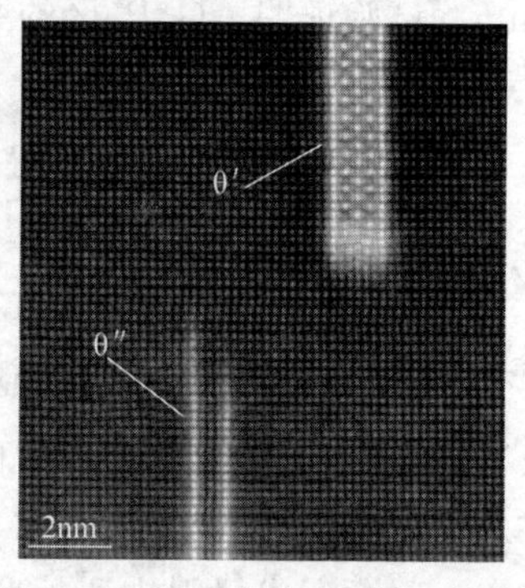

图 9-6 Al-Cu 合金中 θ''和 θ'相的原子级高分辨 TEM 图像[10]

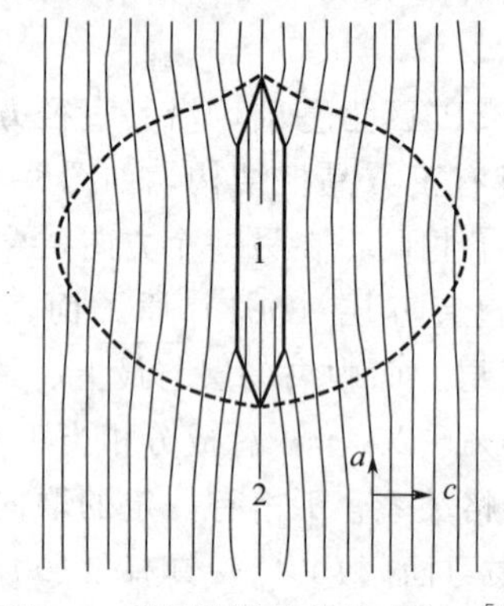

图 9-7 θ''相周围的弹性畸变区[9]

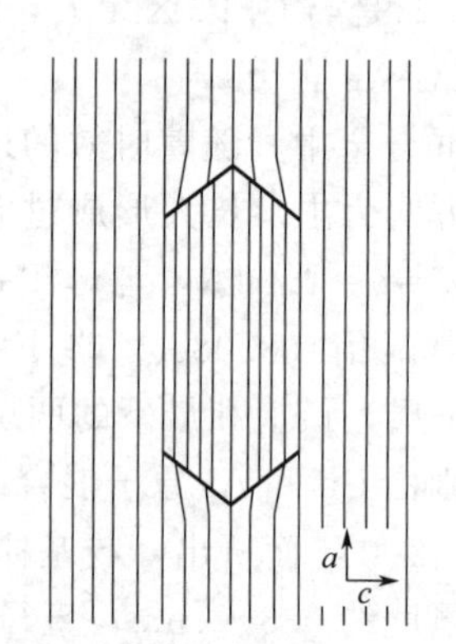

图 9-8 Al-Cu 合金的 θ'相与基体的部分共格关系示意图[9]

(3) 过渡相 θ′ 的形成及其结构

在 Al-Cu 合金中，随着时效过程的进一步发展，铜原子在 θ''相区继续偏聚，当铜与铝原子之比为 1∶2 时，θ''相转变为新的过渡相 θ'相，θ'相也是通过形核与长大形成的。θ'相与 θ''相不同，θ''相为均匀形核，而 θ'相为不均匀形核，通常在螺型位错及胞壁处形成，位错的应变场可以减小形核的错配度。

θ'相具有正方点阵结构，点阵常数为 $a=b=4.04\text{Å}$，$c=5.80\text{Å}$，其结构如图 9-4（d）。θ'相的成分与 $CuAl_2$ 相当。θ'相的点阵虽然与基体 α 相不同，但彼此之间仍然保持部分共格关系[5]，如图 9-8 所示，两点阵各以其 {001} 面联系在一起，界面为半共格界面，形状为片状。θ'相是脱溶过程中第一个能够用光学显微镜观察到的脱溶产物，其大小取决于时效时间和时效温度，尺寸可达到 200nm 数量级，厚度约 10～15nm，密度为 10^8 原子/mm^3。图 9-5 为 θ'相的透射电镜照片，其原子级高分辨透射图像如图 9-6 所示，可见到局部高清晰的相界面。θ'相的惯习面也是 $\{100\}_\alpha$，θ'相和 α 相之间具有下列位向关系：

$$(100)_{\theta'} \parallel (100)_\alpha \qquad [001]_{\theta'} \parallel [001]_\alpha$$

θ'相与基体 α 相保持部分共格关系，而 θ''相与 α 相则保持完全共格关系，这是两者的主要区别之一。由于 θ'相的点阵常数发生较大的变化，Z 轴方向上的错配度过大（约 30%），故当 θ'相形成时在（010）和（100）面上与周围基体的共格关系遭到破坏，θ'相与基体之间由完全共格变为局部共格，对位错运动的阻碍作用也就减小，故合金的硬度和强度开始降低。

（4）平衡相 θ 的形成及其结构

在 Al-Cu 合金中，随着 θ' 相的成长，其周围基体中的应力和应变不断增大，弹性应变能也越来越大，因而 θ' 相逐渐变得不稳定。当 θ' 相长大到一定尺寸后，共格破坏，θ' 相将与 α 相完全脱离，形成与基体有明显相界面的独立的平衡相 $CuAl_2$，称为 θ 相。θ 相也具有正方点阵结构，点阵常数为 $a=b=6.066$Å，$c=4.874$Å，如图 9-5（b）所示，与 θ' 及 θ'' 相差甚大。θ 相呈块状，与基体无共格关系，共格畸变也随之消失。θ 相与基体 α 界面一般为大角度晶界，但 θ'' 相与基体 α 相仍有一定的晶体学位向关系，见表 9-2。θ 相的形核是不均匀的，由于界面能较高，所以往往在晶界或其它较明显的晶体缺陷处形核以减小形核功。随时效温度的提高或时间的延长，θ 相的质点聚集长大，合金的强度、硬度进一步降低。

表 9-2　一些合金脱溶相与基体之间的晶体学位向关系[7]

合金系	基体		脱溶相		位向关系
	名称	点阵及结构	名称	点阵及结构	
Al-Ag	α 固溶体	面心立方	γ 相（$AgAl_2$）	密排六方	$(0001)_\gamma \parallel (111)_\alpha$；$[1120]_\gamma \parallel [110]_\alpha$
			γ′过渡相	密排六方	$(0001)_{\gamma'} \parallel (100)_\alpha$；$[1120]_\gamma \parallel [110]_\alpha$
Al-Cu	α 固溶体	面心立方	θ 相（$CuAl_2$）	正方	$(100)_\theta \parallel (100)_\alpha$；$[001]_\theta \parallel [120]_\alpha$
			θ′过渡相	正方	$(100)_{\theta'} \parallel (100)_\alpha$；$[001]_{\theta'} \parallel [001]_\alpha$
Cu-Be	α 固溶体	面心立方	γ 相（CsCl 型）	立方	G. P. 区在 $(100)_\alpha$ γ 相 $(100)_\gamma \parallel (100)_\alpha$； $[010]_\gamma \parallel [100]_\alpha$

以上分析表明，Al-4Cu 合金时效时脱溶顺序可以概括为：过饱和固溶体 $\alpha_3 \rightarrow \alpha_2$ + 形成铜原子偏聚区（或称 G. P. 区）$\rightarrow \alpha_2$ + 铜原子富集区有序化（θ'' 区）$\rightarrow \alpha_1$ + 形成过渡相 $\theta' \rightarrow$ 析出稳定相 θ（$CuAl_2$）+ 平衡的 α 固溶体，整体时效脱溶过程可参看视频时效析出相的变化过程。其中 α_3 是过饱和固溶体，α_2 和 α_1 是有一定过饱和度的固溶体，α 是饱和固溶体，G. P. 区是溶质偏聚区，θ' 是亚稳过渡相，θ 是平衡相。G. P. 区、θ'' 和 θ' 相都可以直接从 α 固溶体形成，也可以在一个晶体中直接存在。原位透射电镜下 Al-Cu 合金析出相的形核和长大参看视频。

视频9-2

时效析出相的变化过程

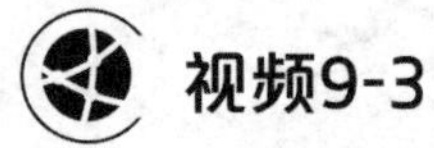

Al-Cu 合金析出相在 140℃ 形核和长大的原位透射视频

视频9-4

Al-Cu 合金析出相在 160℃ 形核和长大的原位透射视频

Al-Cu 二元合金的时效原理及其一般规律，对于其它一些工业用合金亦是适用的。这些合金也出现中间亚稳的过渡相，但次序并非严格不变，合金成分、时效温度和时效时间的变化都会引起时效次序的变化，因此合金的脱溶不一定均按同一顺序进行。例如 Al-4Cu 合金在 130℃以下时效，以 G. P. 区为主，但可能出现 θ''或 θ' 相；150～170℃时效，以 θ''相为主；220～250℃时效，以 θ' 相为主；250℃以上时效，以 θ' 相为主。表 9-3 是不同 Cu 含量的 Al-Cu 合金在不同温度下时效时最先出现的脱溶相与时效温度之间的关系。

表 9-3 Al-Cu 合金时效时最先出现的脱溶相[6]

时效温度/℃	2%Cu	3%Cu	4%Cu	4.5%Cu
110	G. P.	G. P.	G. P.	G. P.
130	θ'或 θ''或 G. P.	G. P.	G. P.	G. P.
165	—	θ'＋少量 θ''	G. P. ＋θ''	—
190	θ'	θ'＋极少量 θ''	θ'＋少量 θ''	G. P. ＋θ''
220	θ'	—	θ'	θ'
240	—	—	θ'	—

表 9-4 列出了几种时效硬化型合金的析出序列及形态。可以看出，合金时效时脱溶过程是很复杂的，主要表现在下列几个方面。

① 各个合金系的析出序列不一定相同，有些合金不一定出现 G. P. 区或过渡相。G. P. 区、过渡相的形状、大小和分布与合金成分及相界面的性质有直接的关系。对于 G. P. 区，由于与基体完全共格，晶格是连续的，故表面能很低，可以忽略不计；而且 G. P. 区尺寸很小，弹性能不高，因此 G. P. 区的形核功很低，在基体内各处均可形核，即均匀形核。另外形核的速度也相当快，甚至在淬火过程中都可能发生。而对于半共格或完全不共格的过渡相和平衡相，与基体之间表面能已较高，成分差异也较大，弹性能则视两相晶格错配度而定，形核比较困难，需要比较大的能量起伏和成分起伏，因此过渡相和平衡相的形核属于不均匀形核，其形核部位优先在晶体缺陷处。

② 同一系列不同成分的合金，在同一温度下时效，可能有不同的析出序列。过饱和度大的合金更容易出现 G. P. 区或过渡相。相同成分的合金，时效温度不同，合金的析出序列不一定相同。一般情况下，时效温度高，G. P. 区或过渡相可能不出现或出现的过渡结构较少；时效温度低，有可能只停留在 G. P. 区或过渡相阶段。

③ 合金在一定温度下时效时，由于多晶体的各个部位的能量条件不同，在同一时期可能出现不同的脱溶产物。例如在晶内广泛出现 G. P. 区或过渡相，而在晶界上可能出现平衡相，即 G. P. 区、过渡相和平衡相可能在同一时期出现。

表 9-4 几种时效硬化型合金的析出序列[5,12]

基体金属	合金	析出序列	平衡析出相
Al	Al-Ag	G. P. 区(球)→γ'(片)	→$\gamma(Ag_2Al)$
	Al-Cu	G. P. 区(盘)→θ''(盘)→θ'	→$\theta(CuAl_2)$
	Al-Mg	G. P. 区(杆)→β'	→$\beta(Al_3Mg_2)$
	Al-Zn-Mg	G. P. 区(球)→η'(片) →T'	→$\eta(MgZn_2)$(Laves 相) →$T(Mg_3Zn_2Al)$
	Al-Zn-Cu-Mg	G. P. 区(杆)→η'	→$\eta(MgZn_2)$
	Al-Mg-Si	G. P. 区(球)→β''(杆)→β'	→$\beta(Mg_2Si)$
	Al-Mg-Cu	G. P. 区(球或杆)→s'	→$s(Al_2CuMg)$
Cu	Cu-Be	G. P. 区(盘)→γ'	→γ(CuBe)
	Cu-Co	G. P. 区(球)	→β
Fe	Fe-C	$\varepsilon(\eta)$→碳化物①	→$\theta(Fe_3C)$
	Fe-N	α'(盘)	→$\gamma'(Fe_4N)$
Ni	Ni-Cr-Ti-Al	γ'(球状或立方体)	→$\gamma(Ni_3TiAl)$

① 在析出 ε-碳化物之前，也形成 C 富集区。

【例 9-2】 试计算 Al-Cu 合金的时效析出相 G. P. 区、θ''相、θ'相和 θ 相与母相基体的错配度。

解： G. P. 区与母相基体完全共格，无错配。

θ''相在点阵常数 4.04Å 方向与母相基体完全共格，无错配，在 7.68Å 方向与母相基体错配度为：

$$\frac{|4.04\times2-7.68|}{4.04\times2}\times100\%=4.95\%$$

θ'相在点阵常数 4.04Å 方向与母相基体完全共格，无错配，在 5.80Å 方向与母相基体错配度为：

$$\frac{|4.04\times3-5.80\times2|}{4.04\times3}\times100\%=4.29\%$$

θ 相在点阵常数 4.87Å 方向与母相基体错配度为：

$$\frac{|4.87-4.04|}{4.04}\times100\%=20.5\%$$

θ 相在点阵常数 6.07Å 方向与母相基体错配度为：

$$\frac{|6.07\times2-4.04\times3|}{4.04\times3}\times100\%=0.17\%$$

由于沉淀相的结构、质点尺寸、形态和分布是影响合金性能的主要组织特征，因此掌握各合金系的时效序列及不同沉淀物的形核分布特点对控制合金的性能十分重要。针对具体要求，通过调整合金成分，选择适当的生产工艺和热处理制度，取得预定的组织特征参数，即为合金的设计。

9.1.2 脱溶相的粗化

脱溶相（包括 G. P. 区、过渡相和平衡相）形成后，在一定的条件下，溶质原子继续向晶核聚集，使脱溶相不断长大。在脱溶沉淀的后期，脱溶的量和溶质的浓度十分接近于相图上用杠杆定律确定的体积分数。尽管如此，合金的微观组织还会发生变化，此时脱溶相的尺寸比较小，存在大量的脱溶相和母相的界面，系统具有很高界面能，界面能的降低有利于整个系统自由能的降低，使系统趋于更加稳定的状态，是热力学的必然。界面能的降低就是脱溶相粗化的驱动力。因此脱溶相较大的质点颗粒进一步长大，小的质点颗粒不断消失，在脱溶相总的体积分数基本不变的情况下，使系统的自由能下降，这就是脱溶相的粗化（聚集）过程，又称 Ostwald 熟化过程。

如图 9-9 为脱溶相颗粒长大原理图[7]。图 9-9（a）为 A、B 两个组元组成的二元合金。从 α 固溶体中脱溶析出两个半径不等的 β 相颗粒，半径分别为 r_1 和 r_2，且 $r_1>r_2$，两颗粒的自由能曲线为 $G_\beta^{r_1}$ 和 $G_\beta^{r_2}$。根据公切线原理可知，与脱溶相平衡的 α 相浓度（即脱溶相在 α 相中的溶解度）与质点的尺寸（半径）有关。若在合金中存在尺寸不同但属同一类型的脱溶相，尺寸小者，分布在其表面的原子分数较大，因而 1mol 脱溶相占有的平均自由能较尺寸大的更高。

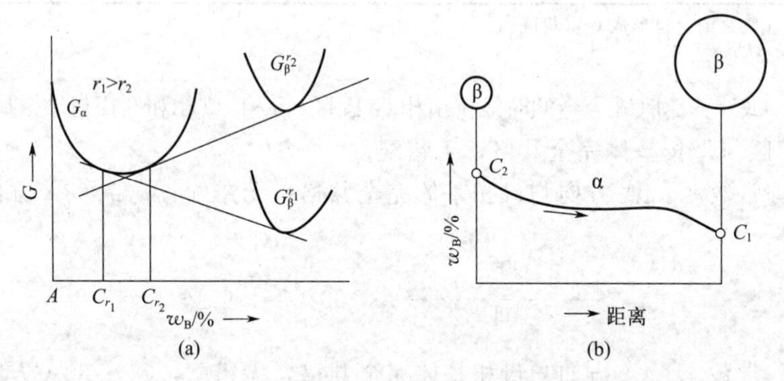

图 9-9　脱溶相颗粒长大原理图解

（a）α 相、大颗粒 β 相（半径 r_1）、小颗粒 β 相（半径 r_2）的自由能-成分曲线；

（b）溶质元素在小颗粒和大颗粒 β 相周围 α 相内建立的浓度梯度

当温度一定时，根据 Gibbs-Thomson 定律，溶解度与颗粒的半径 r 有关，可以用公式（9-1）表示：

$$\ln\frac{C_{\alpha(r)}}{C_{\alpha(\infty)}}=\frac{2\gamma V_\beta}{RTr} \tag{9-1}$$

式中，$C_{\alpha(r)}$ 和 $C_{\alpha(\infty)}$ 分别为颗粒半径为 r 和∞时的溶质原子 B 在 α 相中的溶解度；γ 为第二相粒子和基体之间界面的单位面积界面能；V_β 为 β 相的摩尔体积；T 为绝对温度；R 为理想气体常数。

可见，颗粒半径 r 越小，溶解度越大，即 $C_2>C_1$，如图 9-9（b），即图中两个半径不同的 β 相粒子周围的 α 相中的浓度不等，存在浓度梯度。在此浓度梯度作用下，溶质原子 B 将按箭头所示方向从小颗粒周围向大颗粒周围扩散，原子的扩散破坏了颗粒间的局域平衡，为了恢复平衡，小颗粒必须不断溶解，而大颗粒将长大。该过程不断进行，其结果将导致小颗粒溶解直至消失，大颗粒不断长大而粗化。显然在小颗粒溶解和大颗粒不断长大的过程中，两粒子的半径差别越来越大，两粒子之间的溶质原子浓度差也越来越大。但只要温度条件许可，这一过程一直进行到小颗粒完全溶解为止。这一过程类似于“大鱼吃小鱼”的过程，参看视频 Al-Cu 脱溶相的粗化过程。同时，颗粒间距也增加。

视频9-5

Al-Cu脱溶相的粗化过程

新相颗粒在一定温度 T 下随时间的延长而不断长大，Lifshitz 等人推导出颗粒平均半径与温度的关系：

$$\bar{r}^3-\bar{r}_0^3=\frac{8D\gamma V_B C_{\alpha(\infty)}}{9RT} \tag{9-2}$$

式中，$\bar{r}_0$ 为粗化开始时 β 相颗粒的平均半径，$\bar{r}$ 为经过时间 τ 粗化后 β 相颗粒的平均半径，D 为溶质原子 B 在 α 相中的扩散系数，γ 是界面能，V_B 是 1mol 溶质原子所占的体积，$C_{\alpha(\infty)}$ 是质点曲率半径为∞时 α 基体的浓度，这个浓度相当于相图上按固溶度曲线所标示的值。

知识扩展9-1

近期研究表明微合金化是抑制合金脱溶沉淀相长大或者粗化的有效方式。通过优化热处理工艺，这些微合金化元素可以偏聚到合金基体与沉淀相的界面处，偏聚在界面处的微合金化元素可以有效提高基体与沉淀相界面的稳定性从而抑制沉淀相的粗化，提高了合金材料的高温力学性能[15-17]。

9.2 合金时效热力学及动力学

9.2.1 合金时效过程热力学

过饱和固溶体时效时的脱溶分解是一种扩散型相变，也是通过形核、长大进行的。脱溶时的能量变化符合一般的固态相变规律，脱溶驱动力是新相和母相的化学自由能差，脱溶阻力是形成脱溶相的界面能和应变能。

以 Al-4Cu 合金为例，该合金过饱和固溶体的脱溶分解过程为：G. P. 区→θ″相→θ′相→平衡相 θ-$CuAl_2$ 相。而 Al-Cu 合金在某一温度下脱溶时各相的化学自由能-成分之间关系如图 9-10 所示。

根据相平衡的公切线原理，由图 9-10 可知[5]，C_0 成分合金形成 G. P. 区时，可用公切线法确定基体和脱溶相的成分分别为 $C_{\alpha 1}$ 和 $C_{G.P.}$；同理，形成 θ″相时，分别为 $C_{\alpha 2}$ 和 $C_{\theta''}$；形成 θ′相时，分别为 $C_{\alpha 3}$ 和 C_{θ}；形成 θ 相时，分别为 $C_{\alpha 4}$ 和 C_{θ}。各公切线与过 C_0 的垂线的交点 b、c、d 和 e 分别代表 C_0 成分母相 α 中形成 G. P. 区、θ″相、θ′相和 θ 相时两相的系统自由能。采用图解法可求得，由过饱和 α 固溶体分解时：①$\alpha \rightarrow \alpha_1$＋G. P. 区时，α 和 G. P. 区的自由能差为 $\Delta G_1=a-b$；②$\alpha \rightarrow \alpha_2+\theta''$时，α 和 θ″的自由能差为 $\Delta G_2=a-c$；③$\alpha \rightarrow \alpha_3+\theta'$时，α 和 θ′的自由能差为 $\Delta G_3=a-d$；④$\alpha \rightarrow \alpha_4+\theta$ 时，α 和 θ 的自由能差为 $\Delta G_4=a-e$。这些自由能差即为相变驱动力。

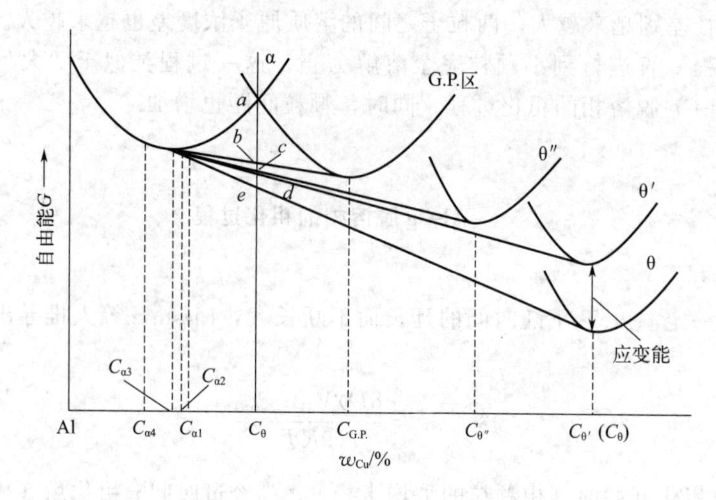

图 9-10　Al-Cu 合金析出过程各个阶段在某一等温温度下的自由能-成分关系曲线

由图 9-10 可见，$\Delta G_1 < \Delta G_2 < \Delta G_3 < \Delta G_4$，即在四种不同的析出相中，形成 G. P. 区时的相变驱动力最小，而析出平衡相 θ 时的相变驱动力最大。尽管形成 θ 相时 α 相和 θ 相的化学自由能差最大，亦即相变驱动力最大，但由于析出 α 相需要克服的能垒较大，θ 相与基体非共格，形核和长大时的界面能较大，所以不易形成。而 G. P. 区与基体完全共格，形核和长大时的界面能较小，且 G. P. 区与基体间的浓度差较小，易通过扩散形核并长大，所以一般过饱和固溶体脱溶时首先形成 G. P. 区，之后再向自由能更低更稳定状态转变。

过饱和固溶体脱溶时，脱溶相的临界晶核尺寸和晶核临界形成功随体积自由能差增大而减小，随溶质元素含量增多，合金的体积自由能差增加。因此，在时效温度相同时，随溶质元素含量增加，即固溶体过饱和度增大，脱溶相的临界晶核尺寸将减小；而在溶质元素含量相同时，随时效温度降低，脱溶相的临界晶核尺寸亦减小。

9.2.2　合金时效过程等温动力学

脱溶沉淀过程的等温动力学图可以阐述不同结构脱溶产物的析出顺序。

过饱和固溶体的脱溶驱动力是化学自由能差，脱溶过程是通过原子扩散进行的。因此与珠光体及贝氏体转变一样，随着时效温度升高，原子的活动能力增强，扩散迁移率增大，脱溶速度加快；但与此同时，温度升高时固溶体过饱和度减小，自由能差减小，临界形核功增大，临界晶核尺寸增大，因而又使脱溶速度减慢，所以过饱和固溶体的等温脱溶动力学图也呈 C 形[1]，如图 9-11 所示。图中：G. P.、β′和 β 分别表示 G. P. 区、过渡相和平衡相；$T_{G.P.}$、$T_{\beta'}$ 和 T_{β} 分别表示 G. P. 区、过渡相 β′和平衡相 β 完全固溶的最低温度；$\tau_{G.P.}$、$\tau_{\beta'}$ 和 τ_{β} 分别表示在 T_1 温度下开始形成 G. P. 区、过渡相 β′和平衡相 β 所需时间。从脱溶沉淀过程的

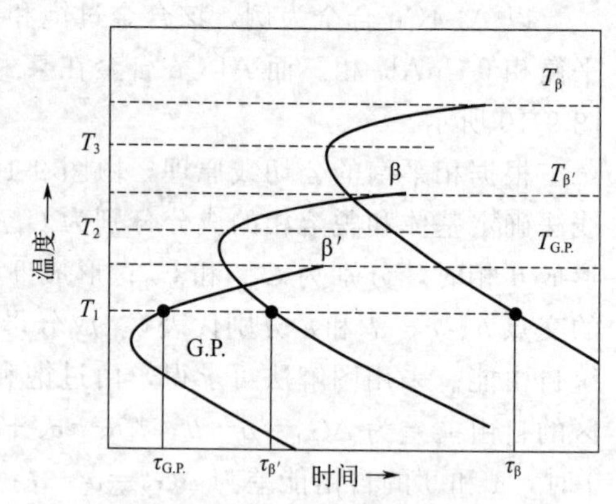

图 9-11　脱溶沉淀过程的等温动力学图

等温动力学曲线可以看出，G. P. 、β'和 β 脱溶沉淀过程具有各自独立的 C 曲线，且相互交叉；无论是 G. P. 区、过渡相和平衡相，都要经过一定的孕育期后才能形成。在接近 $T_{G.P.}$ 或 $T_{\beta'}$、T_{β} 温度下需经过很长时间才能分别形成 G. P. 区或 β'相、β 相。由于 G. P. 区的成分和结构与基体相差甚小，故其形成的孕育期最短，过渡相 β'相的孕育期稍长，平衡相 β 相的孕育期更长。由图可见，在较低温度（如 T_1）时效时，时效初期（经 $\tau_{G.P.}$）形成 G. P. 区，经过一段时间 $\tau_{\beta'}$后形成过渡相 β'，经 τ_{β} 最终形成平衡相 β。当时效温度高于 $T_{G.P.}$（如 T_2）时效时，仅形成过渡相 β'和平衡相 β；当时效温度高于 $T_{\beta'}$（如 T_3）时效时，则仅形成平衡相 β。因此不同温度时效可能的析出序列见表 9-5。

表 9-5 同一成分合金在不同温度下可能的析出序列

时效温度	驱动力			可能的析出序列
	$\Delta G_{G.P.}$	$\Delta G_{\beta'}$	ΔG_{β}	
高	正→	正→	负	平衡相
中	正→	负→	更负	过渡相→平衡相
低	负→	更负→	最负	G. P. 区→过渡相→平衡相

由脱溶沉淀过程的等温动力学图，可归纳出脱溶过程的一个普遍规律：时效温度越高，固溶体的过饱和度就越小，脱溶过程的阶段也就越少；而在同一时效温度下合金的溶质原子浓度越低，其固溶体过饱和度就越小，则脱溶过程的阶段也就越少。

关于各种脱溶相的相互关系问题尚无定论，根据目前的研究，有下列三种可能：

① 各种脱溶相是独立形核的。在较稳定脱溶相形核时，较不稳定脱溶相逐渐溶解，所偏聚的溶质逐渐转移到较稳定的脱溶相中。

② 稳定性较小的脱溶相经晶格改组变成稳定的脱溶相。这种状况通常只能发生在结构相差不大时才有可能。例如：Al-Cu 系合金中 G. P. 区可以直接改组为 θ''，θ 可以由 θ'而来，θ'也可以由 G. P. 区而来。

③ 较稳定的脱溶相在较不稳定的脱溶相中形核，然后在基体中长大。例如：Al-Zn-Mg 合金在人工时效时，η'相是在自然时效的 G. P. 区上形核的。

9.2.3 影响合金时效动力学的因素

凡是影响形核率和长大速率的因素，都会影响过饱和固溶体脱溶过程动力学。

(1) 晶体缺陷的影响

一般来说，增加晶体缺陷，将使新相易于形成，使脱溶速度加快。但不同的晶体缺陷对脱溶沉淀的影响是不一样的。G. P. 区的形成主要与固溶体中的空位浓度有关。试验发现，测得的 Al-Cu 合金中 G. P. 区的实际形成速度比按 Cu 在 Al 中的扩散系数计算出的形成速度高 10^7 倍之多，而且还与固溶处理的温度、固溶处理后冷却速度等有关。随着等温时间的延长，已形成的 G. P. 区量的增多，G. P. 区的形成速度不断减小。

基于从 520℃快速冷却至 27℃的 Al-2Cu 合金测得的在 27℃形成 G. P. 区的速度，计算出 Cu 原子的扩散系数为 $2.8\times10^{-18}cm^2/s$，而常规方法测得的 Cu 在 Al 中的扩散系数为 $2.3\times10^{-25}cm^2/s$，前者较后者大 1.2×10^7 倍。这是因为固溶处理后淬火冷却所冻结下来的过剩空位加快了 Cu 原子的扩散，即 Al-Cu 合金中 G. P. 区形成是 Cu 原子按空位机制扩散，故其扩散系数与空位扩散激活能及空位浓度有关，而空位浓度又与形成空位所需的激活能以及固溶处理温度、固溶处理后淬火冷却速度有关。所以当固溶处理后的冷却速度足够快，在冷却过程中空位未发生衰减时，冷却后空位和溶质原子处于双重饱和状态，扩散系数 D 可由下式求出：

$$D=A\exp\left(-\frac{Q_D}{kT_A}\right)\exp\left(-\frac{Q_F}{kT_H}\right) \tag{9-3}$$

式中，A 为常数；k 为玻尔兹曼常数；Q_D 为空位扩散激活能；Q_F 为空位形成激活能；T_A 为时效温度；T_H 为固溶处理温度。

按式（9-3）计算所得的扩散系数与实测值基本符合。固溶处理加热温度愈高，加热后的冷却速度愈快，所得的空位浓度就愈高，G. P. 区的形成速度也就愈快。随时效时间的延长和 G. P. 区的形成，固溶体中的空位浓度不断降低，故使新的 G. P. 区的形成速度愈来愈小。

位错、层错以及晶界等晶体缺陷具有与空位相似的作用，往往成为过渡相和平衡相非均匀形核的优先部位。其原因：一是可以部分抵消过渡相和平衡相形核时所引起的点阵畸变；二是位错线是原子的扩散通道，加速迁移，使溶质原子在位错处发生偏聚，形成溶质高浓度区，易于满足过渡相和平衡相形核时对溶质原子浓度的要求。因此，可以利用固溶处理后的塑性形变增加晶内缺陷以促进脱溶。

（2）合金成分的影响

合金的时效与合金的化学成分、固溶体过饱和度等有直接关系。在相同的时效温度下，合金的熔点越低，脱溶速度就越快。这是因为熔点越低，原子间结合力就越弱，原子活动性就越强，所以低熔点合金的时效温度较低，如铝合金在 200℃以下，而高熔点合金的时效温度较高，如马氏体时效钢在 500℃左右。

一般来说，随溶质浓度（固溶体过饱和度）增加，脱溶过程加快。溶质原子与溶剂原子性能差别越大，脱溶速度就越快。合金元素的不同存在形态会对合金的时效脱溶速度产生不同影响。如果以固溶态存在，影响不大；如果以化合物存在，且化合物高度弥散，有可能作为非自发晶核位点促进时效沉淀相的析出，如在 Al-4. 2Zn-l. 9Mg 合金中加入 0. 24% Cr 将使析出过程显著加快，加入 Zr 和 Mn 也使析出过程加快。

有些元素对时效各个阶段的影响是不同的，如 Cd、Sn 极易与空位结合，故在 Al-Cu 合金中加入 Cd、Sn 使空位浓度下降，使 G. P. 区形成速度显著降低。但 Cd、Sn 又是内表面活性物质，极易偏聚在相界面而使界面上形成的 θ' 相的界面能显著降低，故能促进 θ' 相析出。

知识扩展9-2

世界范围的材料学者通常采用微合金化来改变铝合金的时效析出行为。针对 Al-Cu 合金，Sn、In、Cd 等是主要的微合金化元素。这些合金元素的引入可以显著提升 Al-Cu 合金的峰时效性能和时效硬化速率。此类元素由于与空位结合能较高，因此极易与空位结合，可有效降低 Al-Cu 固溶体中的自由空位浓度，大大抑制 G. P. 区的形成。另一方面，Sn 等元素极易与空位、Cu 元素形成复合团簇，这些团簇可以作为异质形核点大大促进 θ' 析出相的形核，从而提升合金的峰时效力学性能和时效硬化速率[18-20]。

（3）时效温度的影响

铝合金时效强化的效果与淬火后的时效温度有关。合金的时效过程亦是一种固态相变过程，析出相的形核与长大伴随着溶质原子的扩散过程，在不同温度时效时，析出相的临界晶核大小、数量、分布以及聚集长大的速度不同。时效温度是影响过饱和固溶体脱溶速度的重要因素。若温度过低，由于扩散困难，G. P. 区不易形成；时效温度越高，原子活动性就越强，扩散易于进行，脱溶速度也就越快。当时效温度过高时，则过饱和固溶体中析出相临界晶核尺寸大、数量少，化学成分更接近平衡相，但是随着时效温度升高，化学自由能差减小，同时固溶体的过饱和度也减小，这些又使脱溶速度降低，甚至不再脱溶。因此，在一定的温度范围内，可以提高温度来加快时效过程，缩短时效时间。

例如将 Al-4Cu-0. 5Mg 合金的时效温度从 200℃提高到 220℃，时效时间可以从 4h 缩短为 1h。但时效温度又不能任意提高，否则强化效果将会减弱。

9. 3 时效后的微观组织

时效过程是过饱和固溶体的分解过程，时效过程往往具有多阶段性，各阶段脱溶相结构有一定的区别，因此反映在微观组织不同。过饱和固溶体的分解是依靠原子的扩散过程，所以分解程度、脱溶相的类型、脱溶相的弥散度、形状与合金的成分及时效工艺有关，脱溶沉淀后的性能又与脱溶析出相的种类、形状、大小、数量和分布等有关。为控制脱溶沉淀后的性能，有必要了解脱溶沉淀后的显微组织。

9. 3. 1 时效过程中脱溶类型及其微观组织

9. 3. 1. 1 时效过程中的脱溶类型

从相变动力学的角度来说，过饱和固溶体脱溶是典型的扩散型相变。过饱和固溶体脱溶的类型有很多，主要分类有：①从脱溶相的分布来分类，脱溶可以分为普遍脱溶和局部脱溶。②从脱溶产物与母相界面关系来分类有共格脱溶和非共格脱溶。③从合金的脱溶方式和显微组织特征分为局部脱溶、连续脱溶和非连续脱溶。下面主要从合金的脱溶方式和显微组织特征出发介绍局部脱溶、连续脱溶和非连续脱溶及脱溶后的显微组织。

9. 3. 1. 2 脱溶显微组织

(1) 局部脱溶及显微组织

局部脱溶是不均匀形核引起的，局部脱溶析出物的晶核优先在晶界、亚晶界、滑移面、孪晶界面、位错线、孪晶及其它缺陷处形成，这是由于这些区域能量高，可以提供形核所需的能量。而其它区域或不发生脱溶，或依靠远距离的扩散将溶质原子输送到脱溶区来达到脱溶的实际效果。

常见的局部脱溶有滑移面析出和晶界析出。这里的滑移面是切应力所造成的，而切应力一般是在固溶淬火时形成的，在固溶淬火后时效处理前施以冷变形也可以形成切应力。

某些时效型合金（如铝基、钛基、铁基、镍基等）在晶界析出的同时，还会在紧靠晶界附近形成一个无析出区，称为晶界无析出区，如图 9-12 所示。有些无析出区的宽度很小，如铝合金无析出区的宽度仅有 1μm，所以只在电子显微镜下才能观察到；β 型钛合金的无析出区宽度有几微米，在光学显微镜下就能观察到。在无析出区既不形成 G. P. 区，也不析出过渡相和平衡相。无析出区的形成原因是在固溶淬火过程中，靠近晶界的空位扩散至晶界而消失，使该区域空位密度降低，溶质原子扩散困难，因此使 G. P. 区及过渡相难以析出，而形成无析出区[21]，参见视频无析出区的形成过程。

视频9-6

无析出区的形成过程

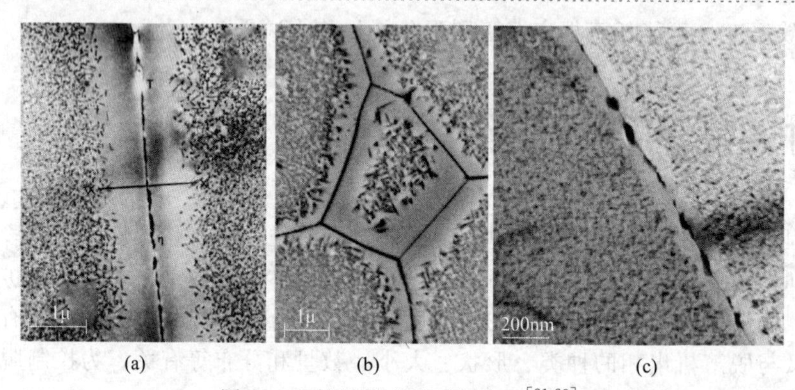

(a) (b) (c)

图 9-12 晶界析出及无析出区[21-23]

(a) Al-6Zn-3Mg 合金，180℃时效 3h；(b) Ti-35Nb-7Zr-5Ta-0.46O 合金，538℃时效 8h；(c) 6005 铝合金，185℃时效 5h

一般认为无析出区的存在是有害的，会降低合金的屈服强度，在应力作用下塑性变形易于在该区发生，导致晶间断裂，如图 9-13 所示[7]。另外，发生塑性变形的无析出区相对于晶粒内部而言，无析出区是阳极，易发生电化学腐蚀，从而使应力腐蚀加速，成为增强晶间断裂的原因。图 9-14 是 Al-6Zn-1.2Mg 合金在 450℃加热 200℃分级淬火后，再在 120℃时效 24h 后的力学性能和无析出区宽度之间的关系[7]。结果表明无析出区宽度对强度的影响较小，塑性随无析出区宽度的增加而降低。但要注意的是在无析出区的宽度增加时，晶界上优先脱溶的相数量和尺寸均增加，直至形成连续薄膜，所以并不能肯定塑性降低仅由无析出区宽度增加引起。

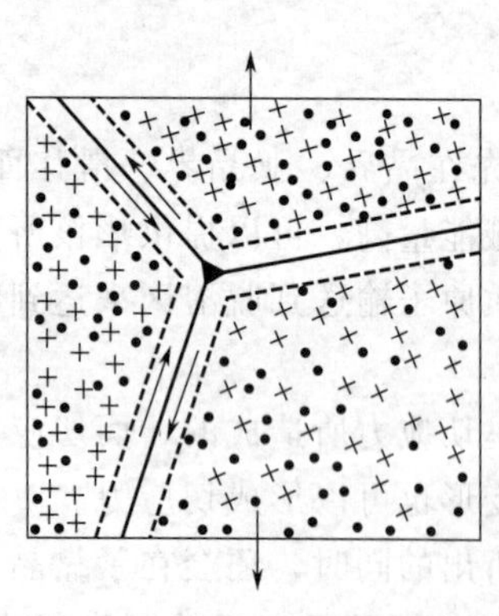

图 9-13 在应力作用下沿晶界无析出区开始破断的模型

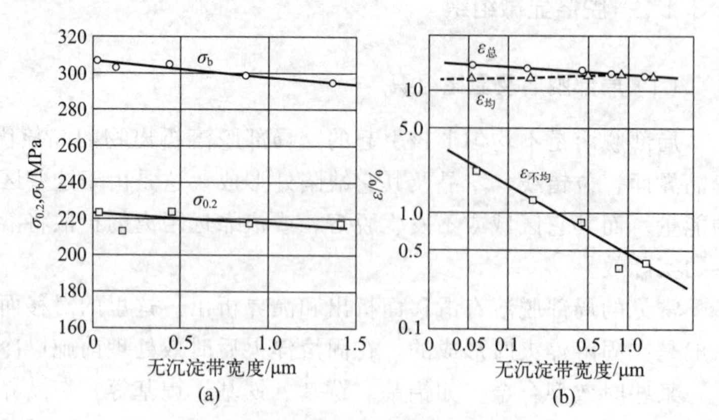

图 9-14 Al-6Zn-1.2Mg 合金的力学性能和无析出区宽度之间的关系

也有人认为无析出区的存在是有益的，原因是无析出区较软，应力在其中发生松弛。无析出区越宽，应力松弛越完全，因而裂纹越难以萌生和发展，这对力学性能特别是塑性是有利的。

电镜观察发现，在固溶处理状态下无析出区中无位错环存在，而其它区域都有大量的位错环。因此认为，无析出区的形成很可能是由于该区位错密度低而不易形核。避免出现无析出区的办法是采用一定量的预变形，使该区产生位错。如 Al-7Mg 合金时效前，经 15%拉伸变形便可消除晶界附近的无析出区。

当析出过渡相转变为平衡相时，析出物与基体相之间的共格关系逐渐被破坏，由完全共格变为部分共格，甚至为非共格关系。虽然如此，在连续脱溶的显微组织中，析出物与基体相之间往往仍然保持着一定的晶体学位向关系，其截面一般呈针状。

知识扩展9-3

研究表明同种合金的晶界无析出区宽度与晶界类型相关，通常情况下，高角度晶界的无析出区宽度较大，而低角度晶界的无析出区宽度较小。这是因为高角度晶界的空位湮灭能力要高于低角度晶界，晶界附近空位浓度降低较快，因而造成其较大的无析出区宽度[24]。

(2) 连续脱溶及显微组织

连续脱溶是过饱和固溶体最重要的脱溶方式。在合金的连续脱溶过程中，随着新相的形成，母相的成分连续地由过饱和状态逐渐达到饱和状态，即脱溶物附近基体中的浓度变化为连续的，称为连续脱溶。连续脱溶是由新相的析出是在整个固溶体内部发生均匀形核引起的，因而脱溶物均匀分布在基体中，而与晶界、位错等缺陷无关。

连续脱溶除能反映脱溶相的分布特征外，还反映了基体变化的主要特征：a. 脱溶在整个体积内各部分均可进行，亦即脱溶的析出物可能按机率任意分布。但由于各个部位能量条件不同，可能出现不同的形核和长大速率。b. 各脱溶相晶核长大时，脱溶物附近基体的浓度变化为连续的，且晶格常数也发生连续变化，这种连续变化一直进行到多余的溶质排出为止。c. 在整个转变过程中，原固溶体基体晶粒的外形及位向保持不变。

一般情况下连续脱溶对力学性能有较好的影响，它使合金具有较高的疲劳强度，并减轻合金晶间腐蚀及应力腐蚀的敏感性。

(3) 非连续脱溶及显微组织

非连续脱溶与连续脱溶相反，脱溶相 β 一旦形成，其周围一定距离内的固溶体立即由过饱和状态逐渐达到饱和状态，其脱溶物中的相和母相 α 之间的溶质浓度不同，形成截然的分界面。在很多情况下，这个界面是大角度晶界。通过这个界面，不但浓度发生了改变，而且取向也发生了变化，因此非连续脱溶也称为两相式脱溶或胞状脱溶。脱溶时两相耦合成长，与珠光体转变很相似。因其脱溶物中的相和母相 α 之间的溶质浓度不连续而称为非连续脱溶。若 α_0 为原始 α 相，β 为平衡脱溶相，α_1 为胞状脱溶区的 α 相，则非连续脱溶可表示为：$\alpha_0=\alpha_1+\beta$。如图 9-15 所示[7,12]，非连续脱溶过程中形成的胞状物与片状珠光体很相似。这种胞状物 β 在晶界上形成一小颗胞状脱溶物并向一侧基体 α 生长，也可在晶界两侧同时生长。胞状脱溶产物由 α 相和 β 相交替组成。

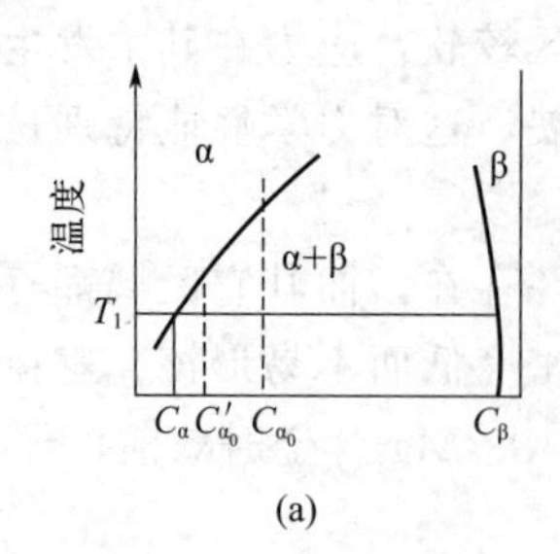

(a)

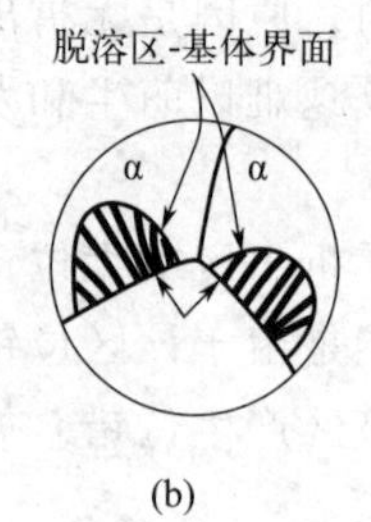

(b)

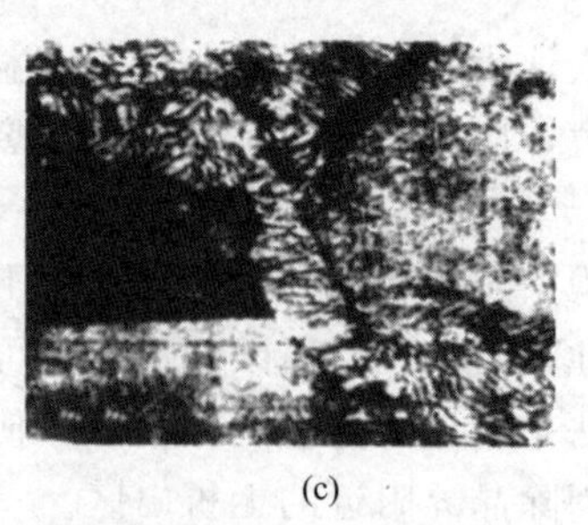

(c)

图 9-15　非连续脱溶的胞状析出及显微组织

(a) 表示 α 相及 β 相溶解度曲线的相图；(b) 非连续脱溶的胞状脱溶示意图；(c) Co-Ni-Ti 合金晶界上的胞状析出

导致非连续脱溶的条件如下：晶界能量高，在晶界上有利于非均匀形核；晶界具有较高的界面扩散系数；晶界上具有高的脱溶驱动力。

非连续脱溶的显微组织特征是沿晶界不均匀形核，然后逐步向晶内扩展，在晶界上形成界限明显的领域，称为胞状物、瘤状物，形成的新相与母相之间无共格关系。胞状物一般由两相所组成：一相为平衡脱溶物，大多呈片状；另一相为基体相，系贫化的固溶体，成分有一定的过饱和度但接近平衡相的固溶体。

非连续脱溶形成胞状物时一般伴随着基体的再结晶。G. P. 区和过渡相析出时均与基体保持共格关系，随着析出的进行，所产生的应力和应变逐渐增大，当达到一定程度时，基体会发生回复以及再结晶，称为应力诱发再结晶。由于析出及其伴生的应力和应变以及应力诱发再结晶通常优先发生于晶界上，因此这种析出又称为晶界再结晶反应型析出，简称晶界反应型析出。这种再结晶从晶界开始，随着析出相的长大，逐渐向周围扩展，直至整个基体。在发生再结晶的区域，其应力、应变和应变能显著降低。胞状物中的析出物为平衡相，它与基体间的共格关系完全被破坏，也不再存在晶体学位向关系（形成再结晶组织和结构者除外）。基体中的溶质原子浓度降至平衡值。这种再结晶与一般的再结晶一样，亦为扩散型的形核和长大过程。

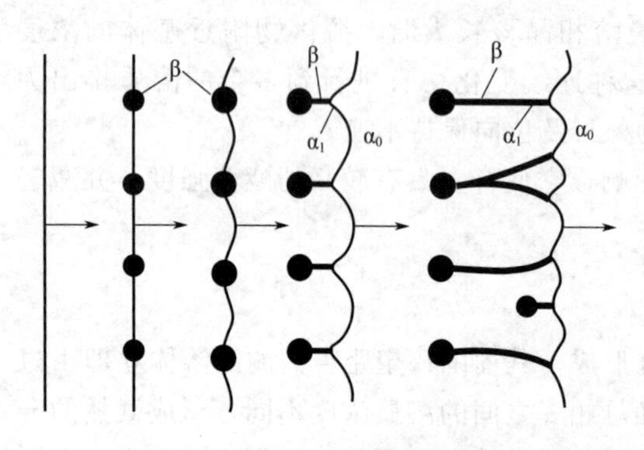

图 9-16　非连续脱溶的机理

非连续脱溶的机理如图 9-16 所示[5]。在过饱和固溶体 α 相中，溶质原子首先在晶界处发生偏聚，接着以质点形式脱溶析出 β 相，并将部分晶界固定住。随脱溶过程进行，β 相呈片状长入与其无位向关系的母相晶粒中，在片状 β 相两侧将出现溶质原子贫化区（α_1 相），而其外侧沿母相晶界又可形成新的 β 相晶核。此时，β 相和 α_1 相以外的母相仍保持原有浓度 α_0。随脱溶过程继续进行，β 相不断向前长成薄片状，并与相邻的 α_1 相组成类似珠光体的内部为层片状而外形呈胞状的组织。

胞状组织与珠光体组织的区别在于：由共析转变形成的珠光体中的两相（$\gamma \rightarrow \alpha + Fe_3C$）与母相在结构和成分上完全不同，而由非连续脱溶所形成的胞状物的两相（$\alpha_0 \rightarrow \alpha_1 + \beta$）中必有一相的结构与母相相同，只是其溶质原子浓度不同于母相而已。

过饱和固溶体的非连续脱溶与连续脱溶相比，除界面浓度变化不同外，还有以下三点区别：

① 前者伴生再结晶，而后者不伴生再结晶。在连续脱溶过程中，虽然应力和应变也不

断增加，但一般未达到诱发再结晶的程度。

② 前者析出物集中于晶界上，至少在析出过程初期如此，并形成胞状物；而后者析出物则分散于晶粒内部，较为均匀。

③ 前者属于短程扩散，而后者属于长程扩散。

一般来说，过饱和固溶体的连续脱溶与非连续脱溶是有区别的，而连续脱溶和局部脱溶只具有相对意义，并无严格的界限。连续脱溶可以是整个固溶体脱溶，也可以是局部脱溶；而非连续脱溶往往是局部脱溶。实际上合金几乎都属于非连续脱溶，连续脱溶是很少见的。

9.3.2 时效过程中微观组织的变化

在过饱和固溶体的时效过程中，可以形成各种各样的显微组织。过饱和固溶体脱溶产物的显微组织的变化顺序可有三种情况：连续非均匀脱溶加均匀脱溶、非连续脱溶加连续脱溶和仅发生非连续脱溶，如图 9-17 所示[5,12]。

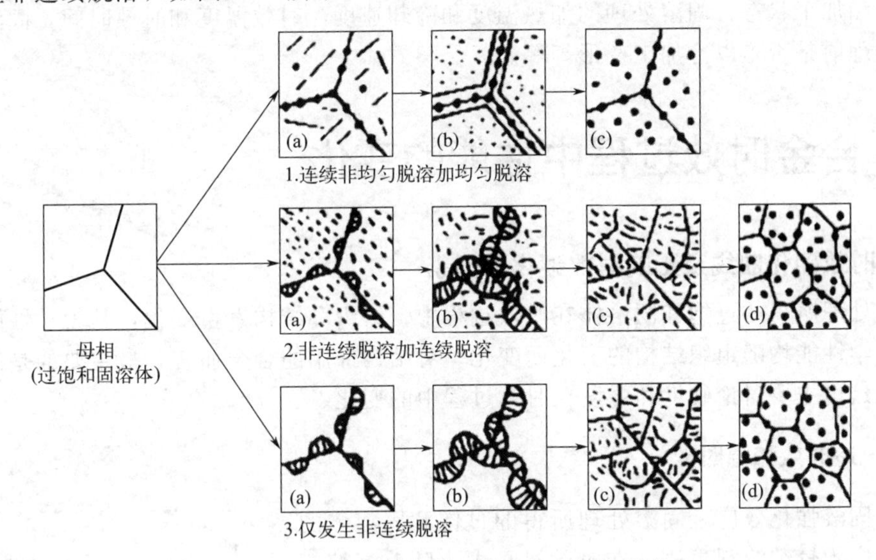

图 9-17 脱溶析出产物显微组织变化的顺序

(1) 连续非均匀脱溶加均匀脱溶

如图 9-17 的 1 所示，首先发生局部脱溶，然后再发生连续均匀脱溶。

过饱和固溶体首先在滑移面和晶界等能量高的地方析出，发生连续非均匀脱溶，接着发生连续均匀脱溶。此时，连续均匀脱溶物尺寸十分细小，不能用光镜分辨，如图 9-17 中 1 (a)。

随时间延长，晶界和滑移面上的连续非均匀脱溶物也已经长大，在晶界两侧形成了无析出区；沿滑移线析出的相也已长大（图中未画出）；连续均匀脱溶物也已经长大，能以光学显微镜分辨。这说明已经发生了过时效，如图 9-17 中 1（b）。

随时效过程进一步发展，析出物已经发生粗化和球化。经球化后，连续非均匀脱溶和均匀脱溶的析出物已经难以区别。基体中的溶质浓度已经贫化，但基体未发生再结晶，如图 9-17 中 1（c）。

(2) 非连续脱溶加连续脱溶

如图 9-17 的 2 所示，首先发生不连续脱溶，接着发生连续均匀脱溶。

图 9-17 中 2（a）表示首先在晶界上发生非连续脱溶形成胞状物，而在晶内发生连续脱溶。

从 2（a）到 2（c），表示随脱溶过程进一步发展，非连续脱溶的胞状组织（包括伴生的再结晶）从晶界扩展至整个基体。

图 9-17 中 2（d），表示析出物发生了粗化和球化。基体中溶质已发生贫化，并已经发生了再结晶而使基体晶粒细化。

（3）仅发生非连续脱溶

如图 9-17 的 3 所示，仅发生非连续脱溶。

图 9-17 中 3（a）到 3（c）表示在晶界上仅发生非连续脱溶，形成胞状组织（包括伴生的再结晶），不断增大，从晶界扩展至整个基体。

析出物不断粗化并球化，最后得到如图 9-17 中 3（d）所示的组织。

一般来说，脱溶产物显微组织变化的顺序并不是一成不变的，而是与下列因素有关：合金的成分和加工状态，固溶处理的加热温度和冷却速度，时效温度和时效时间，固溶处理后和时效处理前是否施以冷加工变形等等。

9.4 合金时效过程中性能的变化

9.4.1 时效硬化曲线及影响时效硬化的因素

固溶处理所得的过饱和固溶体在时效过程中，组织和结构发生变化，其力学性能、物理性能和化学性能均随组织结构的变化而变化。对结构件用的合金而言，最主要的是硬度和强度，因此这里主要讨论硬度和强度在时效过程中的变化。

9.4.1.1 冷时效和温时效

由于固溶强化效应，固溶处理所得的过饱和固溶体的硬度和强度均较纯溶剂更高。在时效过程中，随着沉淀相的析出，硬度和强度将发生一系列变化。在时效初期，随时效时间的延长，硬度将进一步升高，习惯上将时效引起的硬度提高称为时效硬化。时效时强度或硬度随时间变化的曲线称为时效硬化曲线，如图 9-18 所示。按时效硬化曲线的形状不同，可将时效分为冷时效和温时效。图 9-19 和图 9-20 分别为 2519（Al-Cu-Mn-Mg 基）铝合金[25] 和 Al-38Ag 合金[14] 时效时的硬度变化曲线。

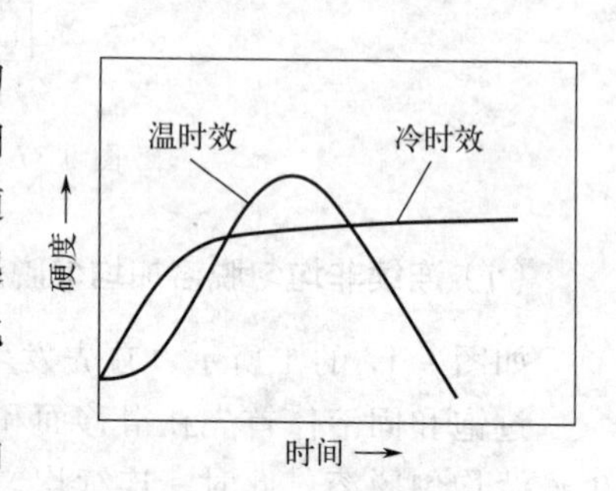

图 9-18 合金时效过程中硬度变化示意图

冷时效是指在较低温度下进行的时效，其硬度曲线变化的特点是硬度一开始就迅速上升，达一定值后硬度缓慢上升或者基本上保持不变，如图 9-20。冷时效的温度越高，硬度上升就越快，所能达到的硬度也就越高。故在低温条件下，可采用提高时效温度的办法缩短时效时间，提高时效后的硬度。一般认为在 Al 基和 Cu 基合金中，冷时效过程中主要形成 G. P. 区。

温时效是指在较高温度下发生的时效，硬度变化规律是：在时效初期有一个停滞阶段，硬度上升极其缓慢，称为孕育期，一般认为这是脱溶相形核准备阶段。接着硬度迅速上升，达到一极大值后硬度又随时间延长而下降。把达到极大值硬度称为峰时效，达到硬度极大值之前的状态称为欠时效，超过极大值后出现硬度的下降称为过时效。温时效过程中将析出过渡相和平衡相。温时效的温度越高，硬度上升就越快，达到最大值的时间就越短，但所能达到的最大硬度反而就越低，越容易出现过时效。冷时效与温时效的温度界限视合金而异，铝合金一般约在 100℃左右。

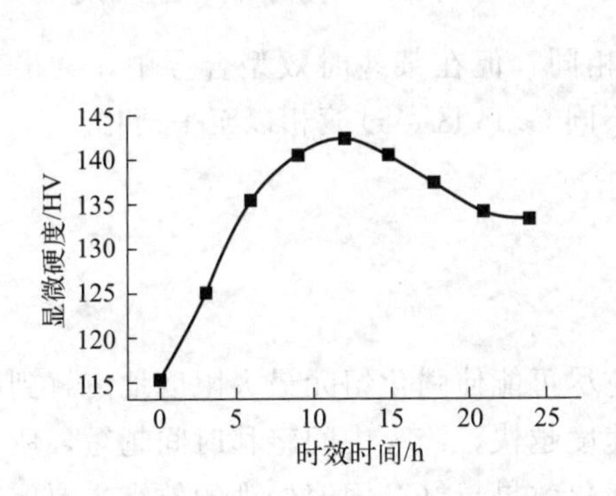

图 9-19　2519（Al-Cu-Mn-Mg 基）铝合金 180℃时效硬化变化曲线

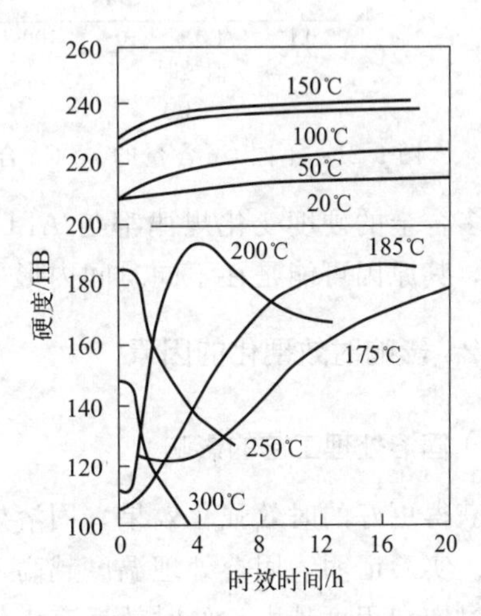

图 9-20　Al-38Ag 合金时效过程硬度变化曲线

冷时效和温时效往往是交织在一起的。图 9-21 示出了不同成分的 Al-Cu 合金在 130℃和 190℃时效时硬度与脱溶相的变化规律[7]。由图 9-21 可见：

① 硬度随时间延长而增大，即产生了时效硬化。

② 合金在 130℃时效时，时效硬化曲线上出现了双峰，第一个峰对应 G. P. 区，第二个峰对应 θ''相。说明时效的前期为冷时效，时效的后期为温时效。Al-Cu 合金的时效硬化主要依靠形成 G. P. 区和 θ''相，尤其以形成 θ''相的强化效果最大，四种合金开始出现 θ''相的时间基本相同。峰值硬度总是与 θ''、θ'并存的组织对应，一旦 θ''消失，合金进入过时效阶段，硬度开始下降，说明不同的脱溶产物有着不同的强化效果。

③ 时效硬化随着铜含量的增加而上升，表明时效析出相的量是时效硬化基础，各条曲线的峰值硬度与合金的铜含量成正比。

④ 不同成分合金在不同温度下具有不同的脱溶序列。含 2% Cu 合金在时效时未测出 G. P. 区，或析出量少。其它合金有 G. P. 区预脱溶，合金出现二步性，G. P. 区可以达到饱和状态，硬度出现平台；铜含量越高，平台越宽，说明 G. P. 区数量达到稳定后，尺寸不随时间的延长而长大。

时效时硬度变化是由以下因素引起的：a. 固溶体的贫化；b. 基体的回复再结晶；c. 新相的析出。前两个因素均使硬度随时效时间延长而单调下降，而第三个因素则使硬度升高，但当析出相与母相的共格关系被破坏以及析出相粗化后，硬度又下降。

在时效前期，弥散析出相所引起的硬化超过了另外两个因素所引起的软化，因此硬度将不断升高并可达到某一极大值。在时效后期，由于析出相所引起的硬化小于另外两个因素所引起的软化，故导致硬度下降，此即为温时效。若时效时仅形成 G. P. 区，硬度将单调上升并趋于一恒定值，此即为冷时效。

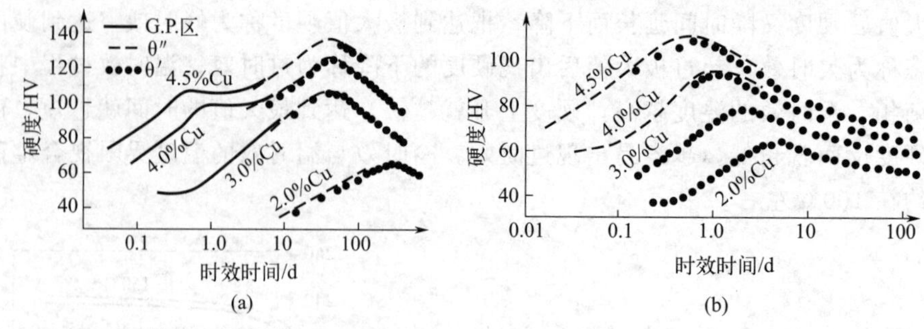

图 9-21 不同 Cu 含量的 Al-Cu 合金在 130℃（a）和 190℃（b）的时效硬化曲线

许多合金的硬度变化规律都与 Al-Cu 合金相同，但在某些时效型合金中，会出现多个硬度峰，其原因可能是在不同时间内形成几种不同 G. P. 区、过渡相以至平衡相。

9.4.1.2 影响时效硬化的因素

（1）固溶处理工艺的影响

为获得更好的时效强化效果，固溶处理时应尽可能使强化组元最大限度地溶解到固溶体基体中。实验证明，固溶处理温度越高，冷却速度越快，淬火中间转移时间越短，所获得的固溶体过饱和程度越大，经时效后产生的时效强化效果越好。固溶处理的效果主要取决于下列三个因素。

① 固溶处理温度。温度越高，强化元素溶解速度越快，强化效果越好。一般加热温度的上限低于合金开始过烧温度，而加热温度的下限应使强化组元尽可能多地溶入固溶体中。为了获得最好的固溶强化效果，而又不使合金过烧，有时采用分级加热的办法，即在低熔点共晶温度下保温，使组元扩散溶解后，低熔点共晶不存在，再升到更高的温度进行保温和淬火。固溶处理时，还应当注意加热的升温速度不宜过快，以免工件发生变形和局部聚集的低熔点组织熔化而产生过烧。

② 保温时间。保温时间是由强化元素的溶解速度来决定的，这取决于合金的种类、成分、组织、零件的形状及壁厚等。铸造铝合金的保温时间比变形铝合金要长得多，通常由实验确定，一般的砂型铸件比同类型的金属型铸件要延长 20%～25%。

③ 冷却速度。淬火时给予零件的冷却速度越大，使固溶体自高温状态保存下来的过饱和度也越高，否则若冷却速度小，有第二相析出，在随后时效处理时，已析出相将起晶核作用，造成局部不均匀析出而降低时效强化效果。但冷却速度越大所形成的内应力也越大，使零件变形的可能性也越大。冷却速度可以通过选用具有不同的热容量、导热性、蒸发潜热和黏滞性的冷却介质来改变，为了得到最小的内应力，铸件可以在热介质（沸水、热油或熔盐）中冷却，也可采用等温淬火，即把经固溶处理的铸件淬入 200～250℃ 的热介质中保温一定时间，把固溶处理和时效处理结合起来。

因此固溶处理温度选择原则是：在保证合金不发生过热、过烧及晶粒长大的前提下，固溶处理温度尽可能提高，保温时间长些，有利于获得最大过饱和度的均匀固溶体。

（2）时效温度和时效时间的影响

合金的时效强化的效果与时效工艺有关。时效温度高，脱溶沉淀过程加快，合金达最高强度所需时间缩短，但过高时最高强度值会降低，强化效果不佳；若温度过低，如当 Al-Cu

合金时效温度低于室温时，原子扩散困难，时效过程极慢，效率低。在欠时效阶段，随着时效时间的延长，合金的强度不断升高，表现出明显的时效强化效果。定义细小的平衡相刚好均匀析出时的组织为峰时效态，此时合金的强度达到最大值。若时效时间过长（或温度过高），平衡相长大粗化反而使合金软化，这种现象称为过时效。此时合金的强度随着时效时间的延长而逐渐下降。硬度与强度峰值出现在 θ'' 相的末期和 θ' 过渡相的初期，θ' 后期已过时效，开始软化。当大量出现 θ 相时，软化已非常严重。故在一定的时效温度内，为获得最大时效强化效果，应有一最佳时效时间，即在 θ'' 产生并向 θ' 转变时所需的时间。

合金的时效过程亦是一种固态相变过程，析出相的形核与长大伴随着溶质原子的扩散过程。在不同温度时效时，析出相的临界晶核大小、数量、分布以及聚集长大的速度不同，因而表现出不同的时效强化曲线。各种不同合金都有最适宜的时效温度。在某一时效温度时，能获得最大硬化效果，这个温度称为最佳时效温度。不同成分的合金获得最大时效强化效果的时效温度是不同的。统计表明，最佳时效温度与合金熔点之间存在如下关系：$T_0=(0.5\sim0.6)T_m$。若温度过低，由于扩散困难，G. P. 区不易形成，时效后强度、硬度低；当时效温度过高时，扩散易于进行，则过饱和固溶体中析出相临界晶核尺寸大、数量少，化学成分更接近平衡相，结果在时效强化曲线上达到最大强度值所需的时间短，强度峰值低。

（3）时效方法的影响

时效工艺方法对时效强化效果也有一定的影响。时效一般分为单级时效或分级时效。单级时效指在室温或低于100℃温度下进行的时效。单级时效工艺简单，但组织均匀性差，抗拉强度、屈服强度、条件屈服强度、断裂韧性、应力腐蚀抗力性能很难得到良好的配合。分级时效是在不同温度下进行两次时效或多次时效。在较低温度进行预时效，目的在于在合金中获得高密度均匀的G. P. 区。由于G. P. 区通常是均匀成核的，当其达到一定尺寸后，就可以成为随后沉淀相的核心，为二级时效形成均匀的过渡相及稳定相提供了均匀形核的条件，从而提高了组织的均匀性，然后在稍高温度保持一定时间进行二级时效。二级时效由于有一级时效的基础，G. P. 区的尺寸已接近过渡相形核的临界尺寸，G. P. 区迅速转变成为过渡相，强度达到最大值；但由于温度稍高，合金进入过时效区的可能性增大，故所获得合金的强度比单级时效略低，但是这样分级时效处理后的合金，其断裂韧性值高，并改善了合金的抗腐蚀性，提高了应力腐蚀抗力。双级时效提高合金性能的主要原因有两个：一是低温预时效能够抑制合金中位错的形成，位错的形成要消耗基体中的空位和溶质原子，而形成的位错在高温时效时很难湮灭，位错所消耗的空位和溶质原子是高温时效强化相析出形核的核心，因此低温预时效能够促进强化相的形核析出；二是在低温下进行预时效，由于低温下更小的溶解度，造成固溶原子的过饱和度更大，从而增加了固溶原子在时效过程中的析出驱动力，使得形成的强化相更为致密。

（4）合金化学成分的影响

合金的化学成分与合金的时效强化有直接关系。一种合金能否通过时效强化，首先取决于组成合金的元素能否溶解于固溶体以及固溶度稳定变化的程度。例如Si、Mn、Fe、Ni等在铝中的固溶度比较小，且随温度变化不大，而Mg、Zn虽然在铝基固溶体中有较大的固溶度，但它们与铝形成的化合物的结构与基体差异不大，强化效果甚微。故Al-Si、Al-Mn、Al-Fe、Al-Ni、Al-Mg等合金不能进行时效强化处理。如果在铝中加入某些合金元素能形成结构与成分复杂的化合物（第二相），如二元 Al-Cu 合金，及三元 Al-Mg-Si、Al-Cu-Mg-Si 合金等，它们在热处理过程中有溶解度和固态相变，能形成 $CuAl_2(\theta)$、$Mg_2Si(\beta)$ 等，则在时效析出过程中形成的 G. P. 区的结构就比较复杂，与基体共格关系引起的畸变亦较严重。因此，合金的时效强化效果就较为显著。

综上所述，正确控制合金的固溶处理（淬火）工艺，是保证获得良好的时效强化效果的前提。一般说来，在不发生过热、过烧的条件下，淬火加热温度高些，保温时间长些比较好，有利于获得最大过饱和度的均匀固溶体。其次，淬火冷却时要保证淬火过程中不析出第二相。时效温度是决定合金时效过程与时效强化效果的重要工艺参数。

9.4.2 时效硬化机理

时效硬化是有色合金的主要强化手段，造成此种硬化的原因目前一般应用位错理论来解释。时效初期 G. P. 区引起强化，对应 θ''和少量的 θ'结构，时效强化达到最大的效果。强化效应是由两种结构状态所引起的，一种是由固溶体内溶质原子的偏聚或有序化引起的强化，另一种是由共格或非共格的析出相粒子引起的强化。合金的强化是由于各种沉淀物的结构状态（指脱溶相，包括 G. P. 区、θ''相、θ'相和 θ 相）本身的性能和结构与基体不同，质点周围产生应力场，沿滑移面运动的位错与析出相质点相遇时，就需要克服应力场和相结构本身的阻力，因而使位错运动发生困难。另外，位错通过物理性质与基体不同的析出相区时，本身的弹性应力场也要改变，所以位错运动也要受到影响。

关于质点对位错运动的作用，主要是质点的类型和质点的大小对位错运动的影响。对于 G. P. 区、θ''相和 θ'相的强化是由位错切过质点所引起的，而时效后期析出 θ 相粒子的强化是由位错绕过质点所引起的，所以强化效果较低，而且随着质点的增大而降低。

按照位错通过析出相的方式不同，时效硬化可用以下几种强化机制来加以说明，但这些强化机制不是截然分开的，只是在某个时效阶段，根据析出相的特点，某种强化机制占主要作用。

9.4.2.1 内应变强化

内应变强化是一种比较经典的理论。所谓内应变强化是指析出相或溶质原子，与母体金属之间存在一定的错配度时，在其周围将产生畸变区，形成应力场，阻碍位错运动。

一般认为，对于时效过程来说由于析出相的点阵结构及点阵参数均与母相不同，在析出相周围将产生不均匀畸变区，即形成不均匀应力场。处于不同应力场的位错具有不同的能量。为了降低系统能量，位错均力图处于低能位置，即处于能谷位置。

在固溶处理或经过轻微时效状态下，溶质以原子状态（或者以小的溶质原子集团）高度弥散地存在于基体之中，在每一个溶质原子周围均形成一定的应力场。由于溶质原子数量多，相邻溶质原子间距很小，例如溶质浓度为 1%（原子比）时，每隔 4～5 个基体原子就有一个溶质原子。那么溶质原子与母相之间的错配度所引起的应力场是弥散的，若以小圆圈代表应力场，这种情况如图 9-22（a）所示[6]。在这种应力场中的位错，取低能量的方式，弯弯曲曲地绕着应力场，在应力场“谷”（应力最小处）中通过，位错弯曲曲率半径非常小，大约为粒子间距的数量级。位错曲率半径愈小，位错弯曲所需的力就愈大，所以要使位错绕过每一个溶质原子而使位错的每一段都处于能谷位置是不可能的。可能情况是，位错基本上仍保持平直，其中部分位错段处于能谷位置，部分位错段处于能峰位置，部分位错段处于能峰两侧。当该位错线在外力作用下移动时，部分位错将从低能位置移向高能位置，故受到一阻力作用。而另一部分位错段则从高能位置移向低能位置，故受到一推力作用。作用在位错线上的阻力和推力大致相当，故固溶状态下的溶质原子所形成的应力场不能阻止位错运动，此时的固溶体处于较软的状态。

当合金进一步时效，溶质原子发生偏聚，从而使应力场的间距开始拉开，形成脱溶相时，形成沉淀应力场，如图 9-22（b）所示。新相颗粒间距远远大于固溶状态下的溶质原子间距。当析出相间距增大到位错线能够绕过每一个析出相颗粒而成为弯曲位错时，整根位错有可能全部处于能谷位置。

位错弯曲半径和应力之间的关系如下：

$$R=\frac{G\boldsymbol{b}}{2\tau} \tag{9-4}$$

式中，R 为位错弯曲半径，G 为切变模量，$\boldsymbol{b}$ 为位错的柏氏矢量，τ 为相应的切应力。

此时位错弯弯曲曲地全部通过能谷位置，故位错因应力场间距增大而变成“柔性”，这种柔性位错在外力作用下滑移时，每一段位错都可独立地通过反应区，位错线任何部分都将从能谷位置移向能峰位置，整根位错线将受到阻力作用而使硬度和强度得到提高，这是合金硬化的原因之一。由此而引起的强化称为内应变强化，内应变强化随析出相的增多而增强。

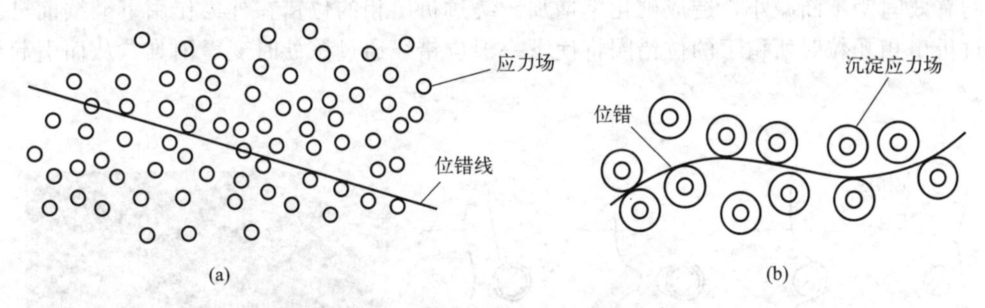

图 9-22　位错线在应力场中的分布

（a）位错通过高度弥散应力场；（b）应力场较大时位错弯曲的情况

9.4.2.2　位错切过析出相颗粒强化

上述硬化时第二相质点或溶质原子集团不必处于位错所在的滑移面上，只需其应力场能达到位错通过的滑移面即可。若析出相颗粒位于位错线的滑移面上，且析出相不太硬而可以和基体一起变形的话，位错线可以切过析出相颗粒而强行通过，如图 9-23 所示。位错线切过析出相颗粒时要消耗三种能量，运动阻力来自三个方面：一是需要克服析出相颗粒与基体的错配所造成的应力场；二是位错切过粒子后，析出相颗粒被切成两部分而增加了表面能；三是通过粒子时，改变了析出相内部原子之间的邻近关系，因而使能量升高，引起了所谓化学强化。

对于铝合金，根据薄膜透射电镜观察，已证明位错可以切过 Al-Zn 系合金的 G. P. 区，Al-Cu 系合金的 G. P. 区和 θ''过渡相、Al-Zn-Mg 系合金的 η'相和 Al-Ag 系合金的 γ'相。大致可以认为，如果沉淀相与基体共格，位错可以从中通过；如沉淀相与基体部分共格，而其晶体结构又与基体相近时，位错也可能切过。因此铝合金在预沉淀阶段或时效前期，运动位错多以切过的方式通过沉淀相。

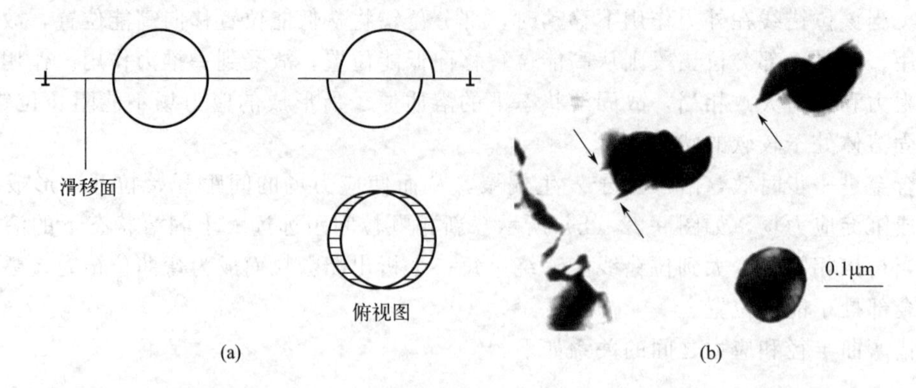

图 9-23　位错线切过析出相（a）和位错线切过某合金中析出相的 TEM 照片（b）

9.4.2.3　位错绕过析出相强化

Orowan 指出，当位于位错滑移面上的析出相颗粒间距足够大，且颗粒又很硬，位错不能切过时，在外力作用下位错线将在析出相颗粒之间凸出、扩展、相遇、相消，重新连接成一根位错线，并在析出相颗粒周围留下一圈位错环，如图 9-24 所示。故位错密度不断提高，粒子的有效间距不断减小，造成硬化率增加。绕过析出相的位错在外力作用下继续前进。位错绕过析出相颗粒时所留下的位错圈将使下一根位错线通过该处时变得困难，从而引起形变强化。

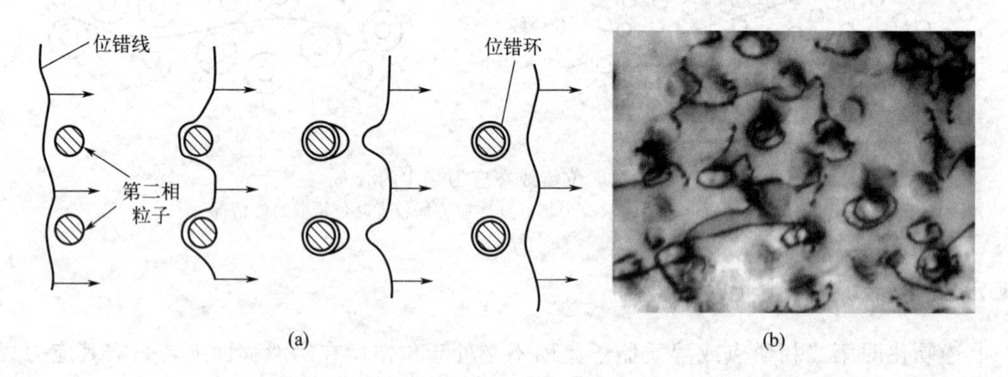

图 9-24　位错线绕过析出相（a）和 TEM 照片（b）

位错线按此方式移动时所需的切应力 τ 为：

$$\tau=\frac{Gb}{L} \tag{9-5}$$

式中，G 为切变模量，$\boldsymbol{b}$ 为柏氏矢量，L 为相邻析出相颗粒间距。

可见，位错移动所需的切应力 τ 与析出相颗粒间距 L 成反比，L 愈小，则 τ 愈大。当时效进行到一定程度后，随着析出相颗粒的聚集长大，颗粒间距 L 增大，切应力 τ 随之减小，即硬度和强度下降，这就是所谓过时效的本质。当提高时效温度，延长时效时间后，沉淀相聚集，相间距加大时，位错可以绕过粒子间凸出去，因为这样要比切过粒子更容易一些。

【例 9-3】 时效析出的强化机制主要有切过析出相强化及绕过析出相强化。当析出相颗粒尺寸较小时，为切过机制强化，其对强度贡献可以用下式表示：$\tau=\frac{r\gamma\pi}{\boldsymbol{b}L}$，其中 $\boldsymbol{b}$ 为柏氏矢量，L 为析出相粒子间距，γ 为表面能，r 为析出相粒子半径。

当析出相颗粒尺寸较大时，为绕过机制强化，其对强度贡献可以用下式表示：$\tau=\frac{G\boldsymbol{b}}{L-2r}$，$G$ 为剪切模量。试求解析出相切过和绕过机制转变的临界粒子半径（假设 $G=27\text{GPa}$，$\boldsymbol{b}=\sqrt{2}/2\times4.04=2.86\text{Å}$，$\gamma=0.4\text{J/m}^2$，$L=30\text{nm}$）。

解： 切过机制强度贡献随着析出相粒子的尺寸线性增加，绕过机制强度贡献随着析出相粒子尺寸的增大而减小。但是当析出相粒子尺寸增大到一定程度，切过机制逐渐转变为绕过机制，如图 9-25 所示。当切过机制产生的强度贡献与绕过机制相等时，其所对应的析出相临界尺寸即为切过和绕过机制转变的临界粒子半径。将强度贡献相等，即可求解 r_{critical}。

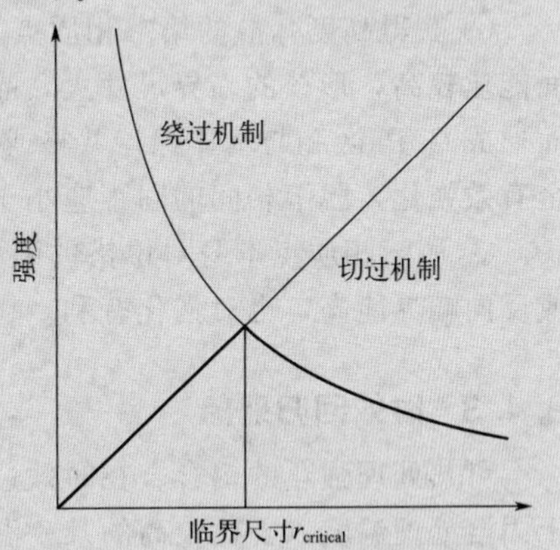

图 9-25 临界尺寸与强度的关系

$$\frac{r\gamma\pi}{\boldsymbol{b}L}=\frac{Gb}{L-2r}$$

求解上式得出 $r=\frac{\pi\gamma L+\sqrt{\pi^2\gamma^2L^2-8\pi\gamma G\boldsymbol{b}^2L}}{4\pi\gamma}$，代入 G、$\boldsymbol{b}$、γ、L 的值，得到析出相临界尺寸 r_{critical} 为 12.97nm。

按照上述几种时效硬化机理，可以对图 9-21 中不同成分的 Al-Cu 合金在 130℃时效时的硬度变化的特征归纳如下。

① 时效开始阶段固溶体点阵内原子重新组合，出现溶质原子的 G. P. 区，G. P. 区与基体保持共格关系，伴随着点阵畸变程度增大，内应变强化效应增加。同时脱溶相尺寸较小，位错可以切过，产生切过强化效应而使硬度显著升高。随着时间的延长，G. P. 区数量的增多，硬度不断升高。当 G. P. 区所占的体积分数增长到某一平衡值时，硬度不再增加，出现一个水平台。

② 在 G. P. 区之后，合金元素的原子以一定比例进行偏聚，析出的 θ''相也与母相保持共格关系，在其周围也形成强内应力场，另外位错线也可以切过 θ''相，故 θ''相的析出使硬度和强度进一步升高，并随 θ''相体积分数及半径的增加而增加。经过一段时间当体积分数变为恒定值时，θ''相半径由于粗化仍在增大。在此期间，硬度有所提高，但不大。当 θ''相粗化到位错线能够绕过时，随着颗粒尺寸和颗粒间距的增大，硬度开始下降，开始出现了过时效现象，析出 θ'相。大量的 θ''相和极少量的 θ'亚稳相相结合，使合金得到最高的强度。

③ 析出 θ'相时，由于 θ'相是不均匀形核，与母相保持半共格关系，且形成后很快粗化到位错线可以绕过的尺寸，半共格关系也很快被破坏，因此 θ'相出现不久硬度即开始下降。θ'相的析出只能导致硬度下降。

④ 形成第二相质点和第二相质点的聚集。亚稳相转变为稳定相，细小的质点分布在晶粒内部，较粗大的质点分布在晶界，还相继发生第二相质点的聚集，点阵畸变剧烈地减弱，

显著地降低合金的强度，提高合金的塑性。

上述几个阶段不是截然分开的，有时是同时进行的，低温时效第一、二阶段进行的程度要大些，高温时效第三、四阶段进行得强烈些。

从以上分析可以看出，在实际工作中，要得到高强度合金应从以下几个方面考虑：

① 首先能够获得体积分数大的脱溶相。因为在一般情况下，如果其它条件相同，脱溶相的体积分数越大，则强度越高。例如 Cu-Be 合金和一些镍基合金中脱溶相具有较高的体积分数，前者的强度可达 980MPa，后者的强度可达 1370MPa，这是时效强化最突出的例子。

② 获得高度弥散的第二相质点（脱溶相质点）。一般来说平衡脱溶相与基体不共格，界面能比较高，形核的临界尺寸大，晶粒长大的驱动力大，不易获得高度弥散的第二相质点。而形成 G. P. 区和与基体保持共格或半共格的过渡相可使合金得到高的强度。通常，为使合金有效强化，脱溶相间的间距应小于 1μm。

③ 脱溶相质点本身对位错的阻力。大的错配度引起大的应力场，对强化有利；界面能或反向畴界能高，也对强化有利。

9.4.3 时效回归现象

可热处理强化的铝合金在时效过程中会发生时效强化。若将经过时效处理的合金放在低于固溶处理温度以下比较高的某一温度下短时间加热（几分之一秒至若干秒），并迅速冷却，那么时效硬化现象会立即消除，硬度基本上恢复到固溶处理状态，而表示塑性的指标（伸长率与截面收缩率）则上升，这种现象称为回归。而整个处理过程则被称为回归热处理（retrogression heat treatment，RHT）。经过回归的合金，不论是保持在室温还是于较高的温度下保温再次进行时效，它的强度与硬度及其它性能的变化都和新淬火合金相似，会重新产生硬化，只是其变化速度较为缓慢。

回归现象首先是在硬铝中发现的。硬铝发生回归现象的加热温度约为 250℃，保温时间仅为 20～60s。如图 9-26 是硬铝合金自然时效在 200～250℃短时加热后迅速冷却时的性能变化[7]。从图中可见回归后的合金可重新发生自然时效。

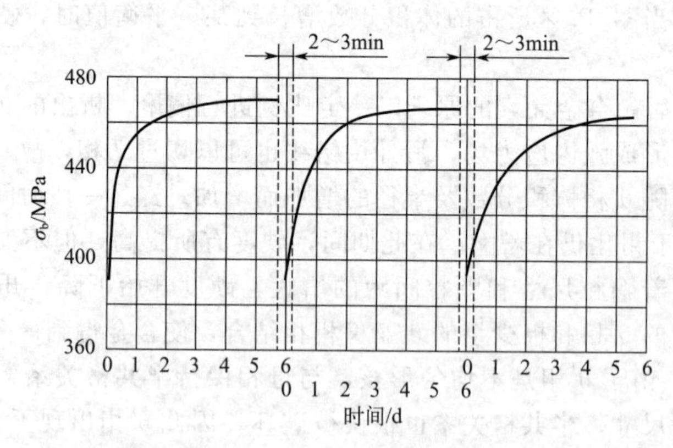

图 9-26　硬铝的回归现象（回归处理温度 214℃）

回归现象的实质是：根据 Al-Cu 合金的亚稳相图（见图 9-3），通过低温时效一般只形成尺寸较小的 G. P. 区和 θ''相，当含有这些脱溶产物的合金在加热到稍高于 θ''相固溶度曲线温度以上时，G. P. 区和 θ'' 相将重新溶解到固溶体中，而过渡相和平衡相则由于保温时间过短而来不及形成，出现性能上的回归；若延长保温时间，合金 θ'' 相以形核-长大方式进行时效，使硬度和强度指标又重新上升。

回归过程十分迅速，其原因是淬火铝合金中存在大量空位。G. P. 区的形成受空位扩散所控制，大量的空位集中于脱溶区及其附近，故溶质原子的扩散加速，因而回归过程迅速。合金回归后重新再在同一温度时效时，时效速度比固溶处理后直接时效慢几个数量级，这是因为回归处理温度比淬火温度低得多，快冷至室温后保留的过剩空位少得多，因而扩散减慢，时效速度显著下降。

回归现象在工业上有一定的意义。例如零件的整形和修复，可以利用回归热处理来恢复塑性，以便于冷加工，或为了避免淬火变形和开裂而不宜重新进行固溶处理时，可以利用回归现象。例如在飞机制造中用的铆钉合金，就利用了回归处理这一现象，对已处于 T4 状态的硬铝铆钉施加 RHT 后可继续进行铆接。

但应注意[26,27]：①回归处理的温度必须高于原先的时效温度，两者差别愈大，回归愈快，回归愈彻底。相反，两者差别愈小，回归愈难发生，甚至不发生。②回归处理的加热时间一般比较短，一般在几秒至几分钟范围内，只要低温脱溶相完全溶解即可。如果时间过长，则会出现该温度下的脱溶相，使硬度重新升高或过时效，达不到回归的效果，因而该工艺无法应用于厚壁结构件。③在回归过程中，仅预脱溶期的 G. P. 区（Al-Cu 合金还包括 θ'' 相）重新溶解，脱溶产物往往难以溶解或不溶解。④由于低温时效不可避免地总有少量的脱溶期产物在晶界等处析出，因此，即使在最有利的情况下合金也不可能完全回归到刚淬火的状态，总有少量性质的变化是不可逆的。这样，既会造成力学性能的一定损失，也容易使合金产生晶间腐蚀，因而必须控制回归处理的次数。⑤回归愈完全，时效后的力学性能愈高。

9.5 合金的调幅分解

某些合金在高温下具有均匀单相的固体结构，但冷却到某一温度范围可分解成与原固溶体结构相同但成分不同的两个微区，如 $\alpha \rightarrow \alpha_1 + \alpha_2$，这种转变称为调幅分解。调幅分解又称为增幅分解或拐点分解，其特点是新相的形成不经形核长大，而是通过自发的成分涨落，浓度的振幅不断增加，固溶体最终自发地分解成结构相同而成分不同的非均匀固溶体。调幅分解是连续型、扩散型相变，不同于形核-长大过程，是一种特殊的脱溶沉淀形式。

9.5.1 调幅分解的热力学条件和过程

图 9-27 解释了合金发生调幅分解的热力学条件。图 9-27（a）为可发生调幅分解的合金相图；图 9-27（b）为 T_2 温度下相应的自由能-成分曲线，该曲线由左右两段向下凹的曲线以及中间一段向上凸的曲线组成。众所周知，具有极小值的向下凹的曲线的二阶导数大于零，即 $\frac{\mathrm{d}^2 G}{\mathrm{d}x^2} > 0$，具有极大值的向上凸的曲线的二阶导数小于零，即 $\frac{\mathrm{d}^2 G}{\mathrm{d}x^2} < 0$，在两条曲线连接处 $\frac{\mathrm{d}^2 G}{\mathrm{d}x^2} = 0$，该连接点习惯上被称为拐点。发生调幅分解的条件是，合金的成分必须位于自由能-成分曲线的两个拐点之间。

在图 9-27（a）所示相图中，实线为固溶度曲线，虚线为拐点轨迹线。只有虚线所围的范围才能发生调幅分解。因此虚线又称自发分解线。设有成分为 x_0 的合金，在 T_1 温度固溶处理后，急冷到自发分解线内的温度区间，例如 T_2，从图中可以看出，任何微量的成分起伏，分解为富 A 及富 B 的两相，都会引起体系自由能下降；若合金的成分位于自发分解线之外，对 x_0'，则不然，成分的少量起伏，分解为富 A 及富 B 的两相，都会引起体系自由能的上升，只有通过形核与长大，使所析出第二相的成分大于 x_c 之后，才会使体系的自由能下降。合金的调幅分解过程不经历形核阶段，不出现另一种晶体结构，也不存在明显的相界面。如果单从化学自由能考虑，即忽略界面能和畸变能的话，则调幅分解不存在形核功，不需要克服热力学能垒，其生长是通过扩散，并使浓度起伏不断增加，直至分解为成分为 x_1 的 α_1 和成分为 x_2 的 α_2 两个平衡相为止。

调幅分解过程中，浓度随时间的变化受互扩散系数 D 控制，当成分处在拐点线之内时，$\frac{d^2G}{dx_B^2}>0$，因而扩散系数为负值，组元扩散的方向变成从低浓度向高浓度，称为上坡扩散。合金中的溶质原子是从低浓度向高浓度扩散，浓度高的部分越来越高，低的部分越来越低，逐渐形成调幅结构，达到化学位相等。只要有微小的成分涨落就导致原来均匀的固溶体不稳定，通过上坡扩散使振幅不断增加。如图 9-28 所示为可发生调幅分解合金成分随时间变化的示意图，成分起伏随时间呈指数增加，成分变化的波长为 λ。

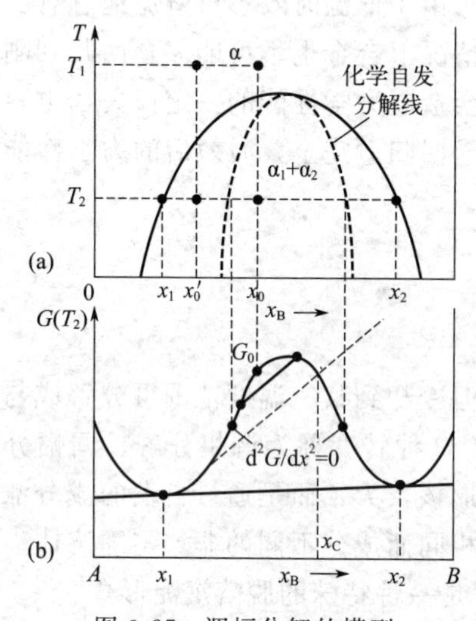

图 9-27 调幅分解的模型

（a）二元合金相图；（b）T_2 时自由能-成分曲线

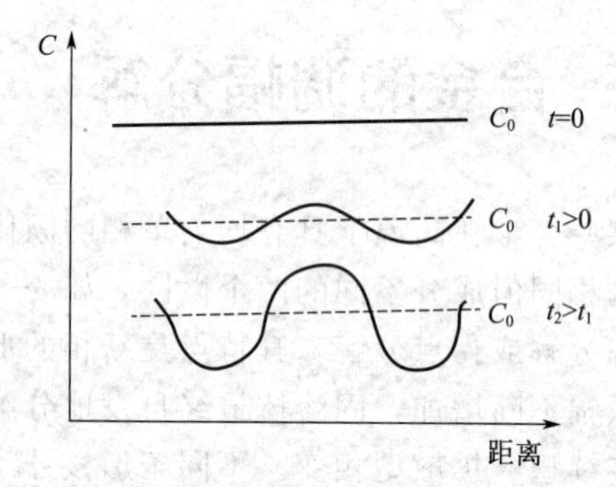

图 9-28 成分在拐点线以内并开始成为均匀的固溶体的成分随时间变化的示意图

按照扩散方程，涨落的波长 λ 越小，转变速度越高。但是因为受到界面能和共格应变能的作用，λ 有一个最小值，低于这个值，调幅分解不可能出现。如果假定伴随着成分起伏的形成，所有对自由能有贡献的各项都在变化，一个均匀固溶体变成不稳定，并发生调幅分解的条件是

$$\frac{d^2G}{dx_B^2}+2\eta^2\frac{E}{1-\nu}+\frac{2K}{\lambda^2}<0 \tag{9-6}$$

式中，K 是比例常数，与同类和异类原子对的键合能差异有关；ν 为泊松比；η 是成分

每变化一个单位所造成的点阵常数变化的百分数。所以，即使 $\lambda\rightarrow\infty$，也需要 $\frac{d^2G}{dx_B^2}+2\eta^2\frac{E}{1-\nu}<0$ 才能发生调幅分解。由上式定义的曲线在相图中称为共格拐点线，它全部在化学拐点线 $\frac{d^2G}{dx_B^2}=0$ 之内，如图 9-29 所示。所以，在共格拐点内部调幅分解发生的可能的最小波长必须满足：

$$\lambda^2>2K\left(\frac{d^2G}{dx_B^2}+2\eta^2\frac{E}{1-\nu}\right) \tag{9-7}$$

最小波长将随在共格拐点线以下过冷度的提高而减小。

图 9-29 也给出了共格溶解度间隙，这条线由调幅分解所产生的共格相的平衡成分（图 9-27 中的 x_1 和 x_2）确定。通常，在平衡相图上出现的溶解度间隙是非共格的（或平衡的），这相当于非共格相的平衡成分，也就是没有应变场存在时的平衡成分。为方便比较，化学拐点也表示在图中。这样就将这部分相图分成四个不同的区域：①区均匀的 α 是稳定的；②区均匀的 α 是亚稳定的，只有非共格相才能形核；③区均匀的 α 是亚稳定的，共格相能够形核；④区均匀的 α 是不稳定的，无形核障碍，出现了调幅分解[2,28]。

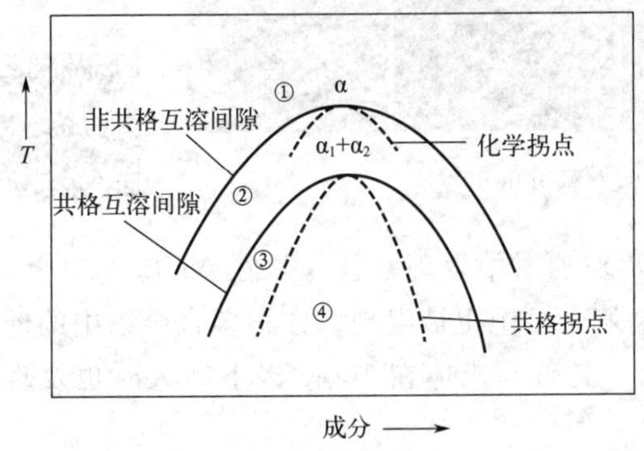

图 9-29 固溶度间隙中的化学拐点和共格拐点[2]

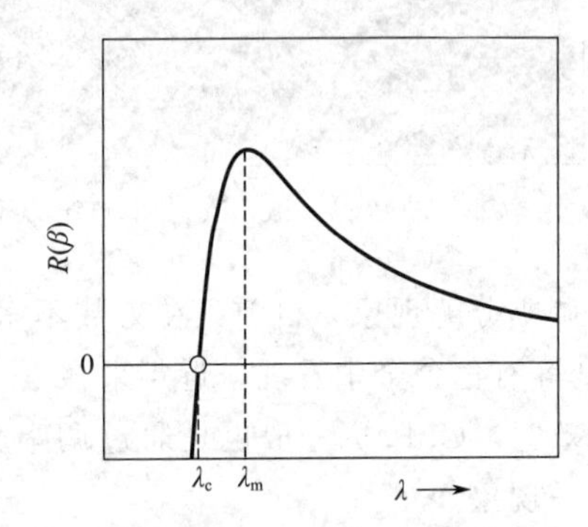

图 9-30 振幅因子 $R(\beta)$ 随波长 λ 的变化示意图（共格拐点以下）[2]

当 λ 很小时，式（9-7）一定不能满足。把式子两端取相等的临界波长 λ，原则上，大于 λ_c 的任何波长都有可能发展成调幅分解。但是，由于各种波长所对应的振幅因子 $R(\beta)$（其中 β 是波数，其值等于 $2\pi/\lambda$）是不相同的，调幅分解是那些具有最大振幅因子的波长发展起来的。图 9-30 给出 $R(\beta)$ 随 λ 变化的示意图，它随波长变化有极大值，一般调幅分解的波长大体在 λ_m 附近。随过冷度加大，λ_m 减小。实际上调幅分解的调幅组织波长很小，只能在电子显微镜下观察。正由于这种调幅组织很难在光学显微镜下分辨，所以这种新相的形成机制，曾是长期辩论的话题。从 1897 年提出调幅分解概念起，经过 71 年，直到 1968 年卡恩（Cahn）等人通过对 Al-Zn 系和 Al-Ag 系的研究，才在理论和实验上得到了证实。

另外，除了在含有稳定的溶解度间隙的系统会发生调幅分解外，凡是能形成 G. P. 区的系统都具有亚稳定的溶解度间隙，即 G. P. 区固溶线，它们在高过饱和时 G. P. 区有可能以调幅机制形成。如果时效是在共格固溶度线以下，但是在拐点线的外面进行，G. P. 区则只能以形核和长大的过程形成。

9.5.2 调幅分解的组织和性能

经调幅分解分解出的两相，它们总是保持着共格关系。这是因为两相仅在化学成分上不同，而晶体结构却是相同的，故分解时所产生的应力与应变相对较小，共格关系不易破坏。但为降低共格应变能，调幅分解总是沿共格应变能最低的晶向生长，导致其组织呈现一定的周期性图案。

图 9-31 是 $Fe_{15}Co_{15}Ni_{20}Mn_{20}Cu_{30}$ 高熵合金的调幅分解组织，实际上调幅分解是在空间内发生的。大多数调幅分解组织具有定向排列的特征，这是由于实际晶体的弹性模量总是各向异性的。因此，调幅分解所形成的新相将择优长大，即选择弹性变形抗力较小的晶向优先长大。调幅分解组织的方向性容易受应力场和磁场的影响，利用这一点可以调整调幅分解的结构。

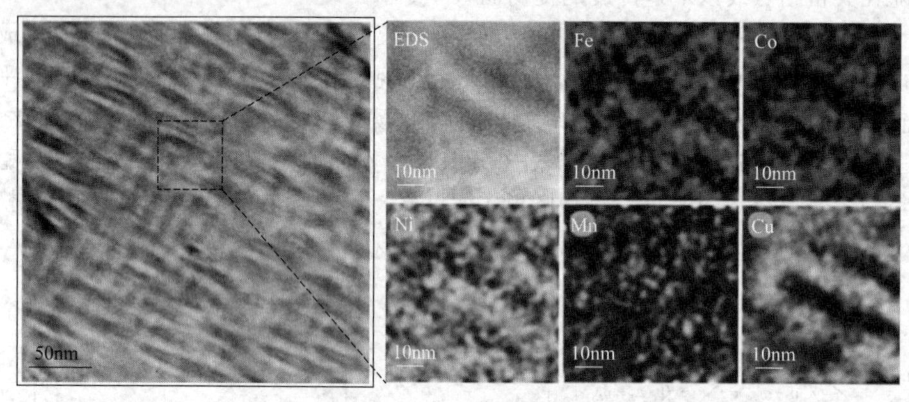

图 9-31 $Fe_{15}Co_{15}Ni_{20}Mn_{20}Cu_{30}$ 高熵合金的调幅分解组织[29]

调幅分解现象，目前只在为数不多的合金系及玻璃系中发现，首先是在 Ni 基、Al 基、Cu 基等有色合金中发现，近年来在 Fe 基合金、高熵合金中也被发现。在很多合金系中的低温时效时，G. P. 区一般也是通过调幅分解形成的，高碳马氏体在 100℃以下回火时也发现有这一现象。

一般情况下，经调幅分解后合金屈服强度提高，它的强化作用对韧性的削弱较小，这可能与组织中的晶体结构相同，定向生长畸变度不十分高和组织中无过多的位错堆积有关。

9.6 典型合金的时效相变

9.6.1 铝合金时效相变

铝合金的时效热处理有自然时效和人工时效，不同的热处理工艺会产生不同的时效强化效果。铝合金常见的热处理分类和用途见表 9-6。

表 9-6 铝合金热处理的分类

代号	热处理类别	用途说明
T1	不淬火，人工时效	铸件快冷（金属型铸造、压铸或精密铸造）后进行时效。脱溶强化，提高合金的强度和硬度，时效温度 150～180℃，保温时间 1～24h。改善切削加工性能，降低表面粗糙度

续表

代号	热处理类别	用途说明
T2	退火	消除铸造内应力或加工硬化，对 Al-Si 类合金，退火还能使 Si 部分球化，改善合金塑性，退火温度 280～300℃，保温时间 2～4h
T4	淬火＋自然时效	加热保温，使可溶相溶解，急冷得到过饱和固溶体，然后自然时效。提高零件的强度和耐蚀性
T5	淬火＋部分人工时效	用于获得足够高的抗拉强度，并且保持高塑性的零件，时效温度约 150～170℃，时效时间 3～5h
T6	淬火＋完全人工时效	铸件可获得最大抗拉强度而塑性稍有降低，用于要求高负荷的铸件，时效温度约 175～185℃，时效时间超过 5h
T7	淬火＋稳定化回火	用于处理高温条件下工作的零件，既获得足够高的抗拉强度又能使组织和尺寸稳定，一般在接近工作温度下稳定化回火，时效温度比 T5、T6 高，接近零件的工作温度，时效温度 190～230℃，保温时间 3～6h
T8	淬火＋软化回火	比在 T7 更高温度下回火，使固溶体充分分解，析出相聚集球化，获得高塑性，但抗拉强度下降，用于处理要求降低硬度、提高塑性的铸件，回火温度 230～330℃，保温时间 3～6h

9.6.1.1 变形铝合金的时效特点

铝合金分为变形铝合金和铸造铝合金。变形铝合金又分为可热处理强化及不可热处理强化铝合金两种，如图 9-32。成分低于 F 点的合金其固溶体成分不随温度而变化，故不能用热处理强化；成分高于 F 点的合金则可以通过时效处理而沉淀强化。可以热处理强化的变形铝合金主要有 Al-Cu-Mg 系、Al-Cu-Mn 系、Al-Zn-Mg 系、Al-Cu-Mg-Zn 系、Al-Mg-Si 系、Al-Mg-Si-Cu 系等。这类铝合金是靠固溶处理和时效来提高强度。不可热处理强化的铝合金，常利用加工硬化提高强度。

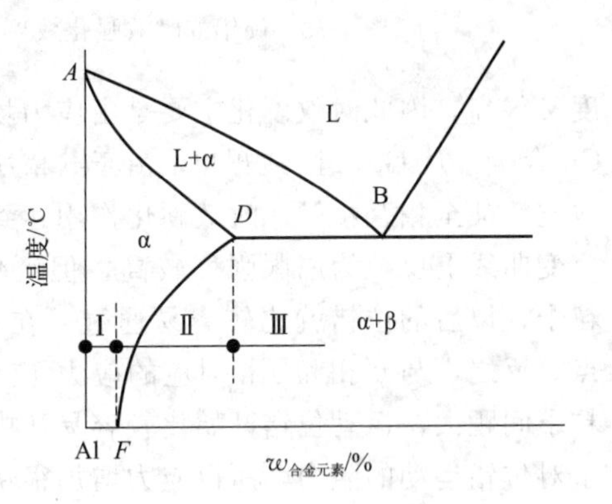

图 9-32　铝合金分类示意

Ⅰ—不可热处理强化铝合金；

Ⅱ—可热处理强化铝合金；

Ⅰ＋Ⅱ—变形铝合金；Ⅲ—铸造铝合金

硬铝合金（2×××系列）主要是指 Al-Cu-Mg 系和 Al-Cu-Mn 系合金，具有强度与硬度高、加工性能好等特点。此类合金具有强烈的时效硬化能力，可进行时效强化和变形强化。硬铝合金的强化相主要有 θ 相（$CuAl_2$）、β 相（Mg_2Al_3）、S 相（Al_2CuMg）和 T 相（Al_6CuMg_4），其中 θ 相和 S 相强化效果最好，T 相强化效果微弱，β 相不起强化作用。硬铝合金的成分与力学性能的关系由合金中析出的强化相所决定，而合金相的组成与合金中的镁、铜含量有关；铜的含量高而镁含量低时，析出的主要强化相是 θ($CuAl_2$）相，S 相较少，当镁量增加时，θ 相减少，S 相增多；当镁、铜的含量比达 2.61 时，析出强化相几乎全部是 S 相；进一步增加镁含量，则相继析出强化效果较差的 T 与 β 相。图 9-33 是硬铝的时效强化效果与镁、铜含量的关系。硬铝合金最高强度出现在 $\alpha+\theta+$S 三相区内，强度可达 420MPa，而比强度则与钢接近。

对硬铝合金，一般从时效硬化开始，直到硬化峰值，由于沉淀相与基体保持共格，弥散

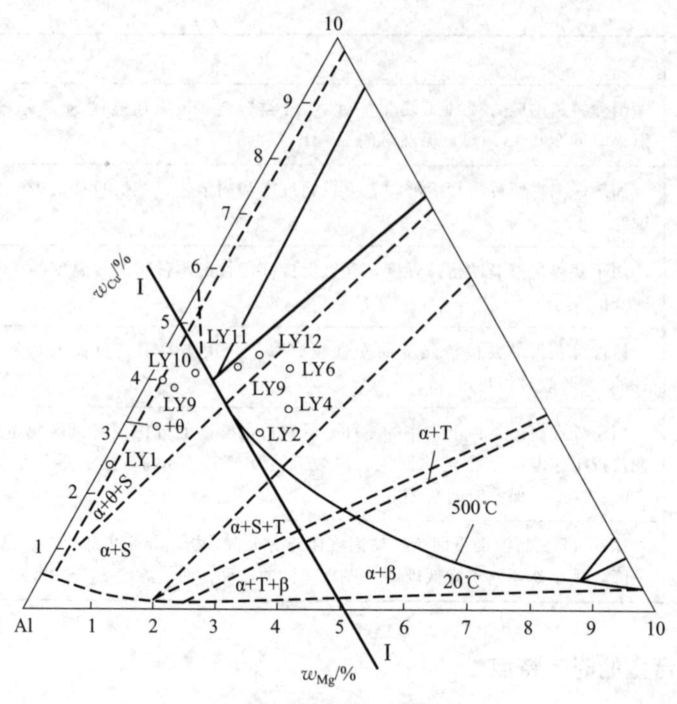

图 9-33　硬铝的时效强化效果与镁、铜的含量（$w_{Cu}+w_{Mg}=5\%$）的关系

度又很高，因此时效硬化主要是由应力场的交互作用及运动位错切过粒子造成的。例如 Al-Cu 合金，从 G. P. 区到 θ''相，由于共格所造成的晶格畸变愈来愈大，应力场作用范围也愈来愈宽，甚至相互接触，时效硬化作用达到最大值。此时，位错切过 G. P. 区和 θ''相，在应力-应变曲线上反映为屈服强度较高，但硬化率较低，见图 9-34。这是因为运动位错一旦切过粒子，以后的位错就比较容易通过，在含 G. P. 区的合金中看到的直的滑移线就证实了这点。反之，与 θ'相和 θ 相对应的应力-应变曲线特点为屈服点低而硬化率高。因为时效状态粒子间距大，运动位错开始比较容易从中通过，但以后由于粒子周围位错环数量增加，提高了对位错运动的阻力，所以应力增加很快。

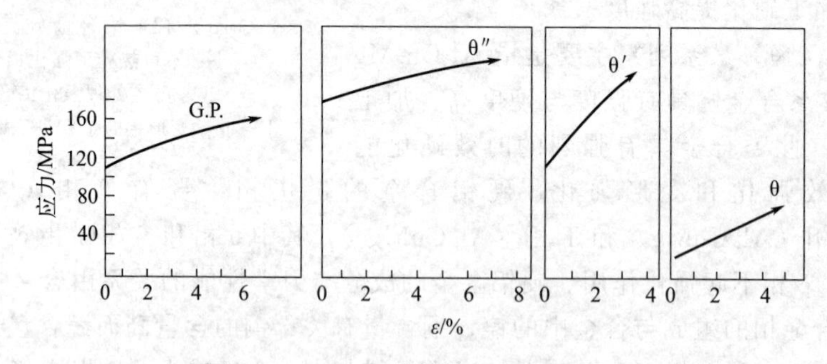

图 9-34　Al-4Cu 单晶体应力-应变曲线

超硬铝合金（7×××系列）以 Al-Zn-Mg 系和 Al-Zn-Mg-Cu 系合金为主。锌和镁是合金的主要强化元素，在铝中都有很大的溶解度变化，具有显著的时效强化效果。随着锌和镁含量的增加，合金的硬度和强度大大提高。加入锰和铬可以提高合金在淬火状态下的强度和人工时效强化效果，同时改善合金的抗应力腐蚀性能。超硬铝合金的时效强化效果超过硬铝

合金，其主要的强化相是 Al、Zn、Mg、Cu 之间形成的一系列化合物，有 θ($CuAl_2$)、S(Al_2CuMg)、γ($MgZn_5$)、η($MgZn_2$)、T($Al_2Mg_3Zn_3$) 等。超硬铝合金是室温强度最高的变形铝合金，时效后的强度可高达 $\sigma_b=680MPa$。超硬铝合金一般不采用自然时效工艺，因为该系合金的 G. P. 区形成非常缓慢，自然时效过程往往需要几个月的时间才能达到稳定阶段，而且抗应力腐蚀的能力也低于人工时效。超硬铝合金的时效工艺分为单级时效和分级时效。例如 LC4（7075）合金在 120℃单级时效 24h，其脱溶产物以 G. P. 区为主，兼有少量的 η'相，合金处于峰时效状态。进行双级时效，一般先在 120℃时效 3h，在 160℃时效 3h，其脱溶产物以 η'相为主，低温时效相当于形核处理，高温时效时，以原 G. P. 区为核心，形成均匀分布的 η'相，使合金保持高的疲劳性能和抗应力腐蚀的能力。

锻铝合金（LD 系列、6×××系列）主要是指 Al-Mg-Si 系、Al-Mg-Si-Cu 系和 Al-Cu-Mg-Fe-Ni 系合金。合金元素种类较多，但含量较低，故具有优良热塑性、热加工性、铸造性和耐蚀性，其力学性能可与硬铝相当。锻铝合金的强化相是 Al、Mg、Si、Cu 之间形成的一系列化合物，有 W、θ($CuAl_2$)、S(Al_2CuMg) 和 (Mg_2Si)。

Al-Mg-Si 合金系中镁和硅形成 Mg_2Si 化合物相。Al-Mg_2Si 系伪二元相图，如图 9-35。Mg_2Si 在 Al 中有较大溶解度，且随温度降低而急剧减小。共晶温度下的极限溶解度为 1.85%，200℃时仅为 0.27%。因此，Al-Mg_2Si 系合金具有明显的时效硬化效果。当 Mg_2Si 相从过饱和固溶体中析出时引起晶格严重畸变，故 Mg_2Si 相是一个极有效的时效强化相。Al-Mg-Si 合金可以进行自然时效，但时效过程非常缓慢，而人工时效可以获得显著的强化效果，该系合金一般在人工时效状态下使用。由于 Mg_2Si 相具有一定的自然时效强化趋向，若淬火后不立即时效处理，则会降低人工时效强化效果。为消除这种现象，在 Al-Mg-Si 合金基础上形成 Al-Mg-Si-Cu 合金，合金中加入一定量的铜可形成四元相 W（$Cu_4Mg_5Si_4Al$），还可能出现 θ($CuAl_2$) 相和 S(Al_2CuMg) 相，因而保证了合金的强度。

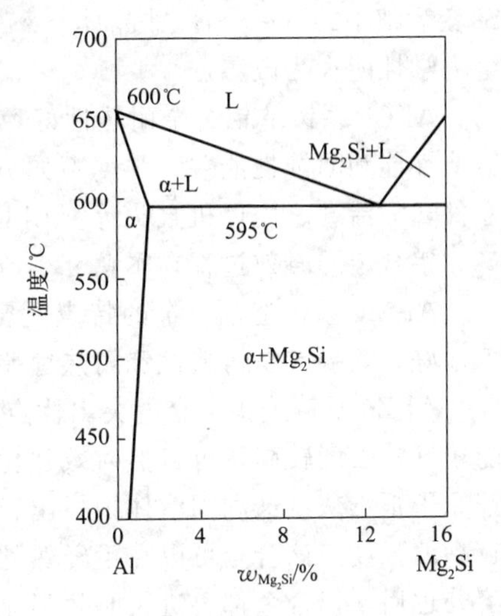

图 9-35　Al-Mg_2Si 系伪二元状态图

近年还开发了新型的 Al-Li 合金，由于 Li 的加入使铝合金密度降低 10%～20%，而 Li 对铝的固溶和时效强化效果十分明显。该类合金综合力学性能和耐热性好，耐蚀性较高，已达到部分取代硬铝和超硬铝的水平，是航空航天等工业的新型结构材料。Al-Li 合金的脱溶过程为：过饱和固溶体→δ′(Al_3Li)→δ(AlLi)。其中 δ′(Al_3Li) 为起强化作用的过渡相，呈球形，与基体完全共格，属超点阵结构。δ(AlLi) 相为平衡相。研究表明，Al-2.26Li 合金在 250℃或以下时效时，合金中仅析出不均匀的 δ 相，而未出现过渡相 δ′，因而不产生强化；在 200℃以下时效时，合金中析出均匀的过渡相 δ′，δ′相弥散地分布在基体中，强度和硬度显著提高。Al-Cu-Li 合金（Al-4.5Cu-1.5Li）的脱溶过程为：①含有铜原子的过渡相按 Al-Cu 二元合金脱溶，即 $\alpha_3 \rightarrow \alpha_2 +$G. P. 区$\rightarrow \alpha_1 + \theta' \rightarrow \alpha(CuAl_2) + \theta$；②含锂原子的过渡相按 Al-Li 二元合金脱溶，即过饱和固溶体→δ′(Al_3Li)→δ(AlLi)，二者互不相干。这类合金的强化相为 θ′和 δ′。

9.6.1.2 铸造铝合金的时效特点

铸造铝合金一般含较多的合金元素，成分接近共晶点，具有良好的铸造性能，可直接铸造成形各种形状复杂的零件，并有一定的力学性能和其它性能，还可能通过热处理等方式改善其力学性能，且生产工艺和设备简单，成本低。因此尽管其力学性能不如变形铝合金，但在许多工业领域仍然有着广泛的应用。根据合金中加入主要合金元素的不同，铸造铝合金可分为铝硅基（Al-Si）、铝铜基（Al-Cu）、铝镁基（Al-Mg）和铝锌基（Al-Zn）铸造铝合金四大类。

Al-Si 系铸造铝合金又称硅铝明，属过共晶，含 Si 较高，具有极好的铸造性，线收缩性好，热裂倾向小，还有高气密性及优良耐蚀性、耐热性和焊接性能，是应用最多的铸造铝合金系列。铸造铝硅系合金铸造后的组织为粗大针状共晶硅和铝基固溶体组成的共晶体（α+Si），以及少量块状的初晶硅，而在生产中必须进行变质处理——浇铸前向合金溶液中加入微量钠约 0.005%～0.15%或钠盐 2%～3%，该铸造合金的组织由初晶 α-Al+粗大针状共晶 Si 变为细小的（α+Si）共晶体［Al 树枝状晶+弥散分布的细粒状（枝状）硅组成］，使合金力学性能大为改善。

Al-Cu 系铸造铝合金耐热性好，强度较高，是铸造铝合金中热强性最好的，但密度大，铸造性能和耐蚀性能差，强度不如 Al-Si 系合金。一般只用作要求强度高且工作温度较高的零件，如活塞、内燃机缸头等。Al-Cu 合金系是最早研究的时效硬化合金系，应用早，面也广。铝合金的时效过程在本章 9.1 节中已经详述。

Al-Mg 系铸造铝合金的特点是密度最小、比强度高、耐蚀性最好，且抗冲击、切削加工性好；其缺点是铸造性和耐热性差，冶炼复杂，固溶处理是该类合金唯一的热处理方式。

Al-Zn 系铸造铝合金的突出优点是价格便宜，成本低，而且其铸造、焊接和尺寸稳定性能较好，强度较高，可自然时效强化。其缺点是密度大，耐热耐蚀性差。由于在铸造条件下锌原子很难从过饱和固溶体中析出，因而合金铸造冷却时能够自行淬火，经自然时效后就有较高的强度。该合金可以在不经热处理的铸态下直接使用于汽车、拖拉机的发动机零件。固溶处理后，铝合金都要进行时效强化处理。这种处理可以是自然时效，也可以是人工时效。

9.6.2 马氏体时效钢的时效相变

9.6.2.1 马氏体时效钢的分类

马氏体时效钢是一种超高强度钢，其内部 Mo、Ti、Al 等合金元素与 Ni 形成 Ni_3M 型金属间化合物（M 代表 Mo、Ti 等合金元素），对钢起到时效热处理强化作用。马氏体时效钢的热处理工艺包括两个基本工序：一是固溶，加热钢得到奥氏体组织，并使合金元素充分固溶入奥氏体中，然后淬火成位错型马氏体；二是时效，通过时效强化达到最后要求的强度。时效时从过饱和的马氏体中析出弥散分布的金属间化合物 Ni_3Mo、Ni_3Ti 等粒子，这些高度弥散的粒子与马氏体基体保持半共格的关系，使钢获得高强度和高韧性。马氏体时效钢的名称即来源于此，通过时效强化，可以进一步提高钢的强度。

工业生产用马氏体时效钢，其基本成分是含≤0.03%C，18%～25%Ni，并添加各种能产生时效硬化的合金元素。按镍含量，马氏体时效钢分为 25%Ni、20%Ni、18%Ni 和 12%Ni 等类型。18%Ni 应用较广，包括 3 个牌号：18% Ni(200)、18% Ni(250) 和 18% Ni

(300)（200、250、300 为抗拉强度等级，单位为 ksi，1ksi＝6.895MPa）。表 9-7 为这类钢的化学成分和力学性质，其具有良好的成形性能、焊接性能和尺寸稳定性，热处理工艺简单，用于航空、航天器构件和冷挤、冷冲压模具等。

表 9-7　典型马氏体时效钢的额定成分与屈服强度

钢种	化学成分/%					屈服强度/MPa
	Ni	Co	Mo	Ti	Al	
18Ni（200）	18	8.5	3.3	0.2	0.11	1400
18Ni（250）	18	8.5	5.0	0.4	0.10	1700
18Ni（300）	18	9.0	5.0	0.7	0.10	2000
18Ni（350）	18	12.5	4.2	1.6	0.10	2400
18Ni（cast）	17	10.0	4.6	0.3	0.10	1650
400Alloy	13	15.0	10.0	0.2	0.10	2800
500Alloy	8	18.0	14.0	0.2	0.10	3500

进入 20 世纪 80 年代，由于 Co 资源短缺，各国开始研制无钴马氏体时效钢来代替马氏体时效钢。美国国际镍公司（INCO）与钨钒高速工具钢公司（Vasco）首先研究出 T250 无钴马氏体时效钢（其中“T”表示 Ti 强化钢）。与 18Ni 马氏体时效钢相比，其成分特点是不含 Co，Mo 含量降低，Ti 含量增加。在 T-250 基础上通过调整 Ti 含量，又研究出 T-200 和 T-300 无钴马氏体时效钢，其性能相当于相应级别的含钴 18Ni 马氏体时效钢。

9.6.2.2　马氏体时效钢的时效过程

图 9-36 为这类钢的典型热处理工艺。下面以含 Co（C-250）和无 Co（T-250）马氏体时效钢为例说明它们的时效过程。这两种合金都是在 816℃固溶 6h 后水淬，接着在 482℃进行时效处理。

T-250 钢在 482℃时效 1h 显示明显的条纹贯穿马氏体基体，如图 9-37 显示很细小分布的析出相。时效 3h，析出相点强度增加，形成 4.5nm 宽、25nm 长的针状相。析出相为六方 η-Ni_3Ti 相，晶格常数为 $a=0.5101$nm，$c=0.8307$nm，和马氏体基体的位向关系为 $(011)_M // (0001)_\eta$，$(\bar{1}\bar{1}1)_M // (0001)_\eta$。图 9-38 为马氏体相和 η-Ni_3Ti 相晶格匹配情况示意图。

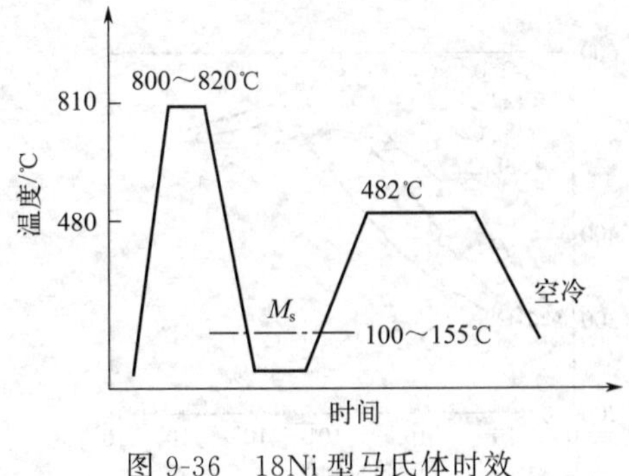

图 9-36　18Ni 型马氏体时效钢的热处理工艺[7]

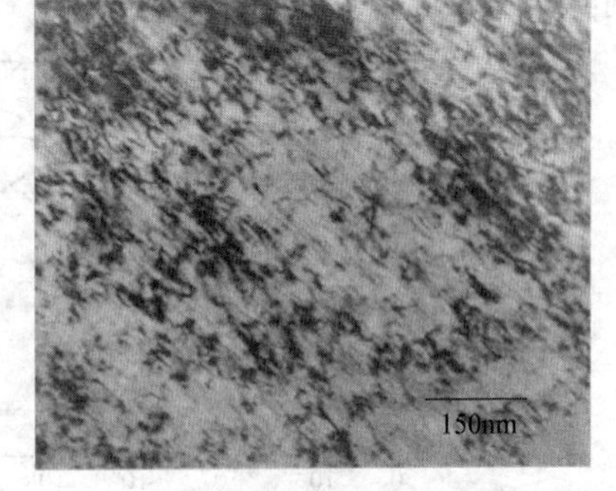

图 9-37　T-250 钢 482℃时效 1h 的 TEM 明场像

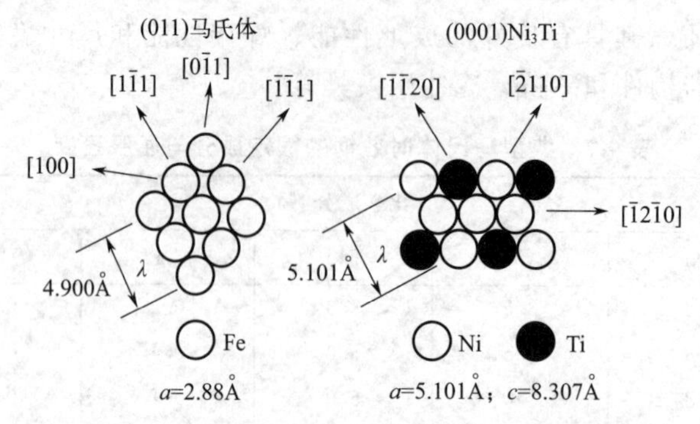

图 9-38　马氏体相与 η-Ni_3Ti 相晶格匹配示意[30]

C-250 钢在时效的早期基本上和 T-250 钢类似，析出相也是 η-Ni_3Ti 相。继续时效 50h，六方 Fe_2Mo 相出现，晶格常数 $a=0.4745$nm，$c=0.7734$nm。Ni_3Ti 相以 50nm 直径和 380nm 长度的杆状出现。两种马氏体时效钢的时效组织见图 9-39。

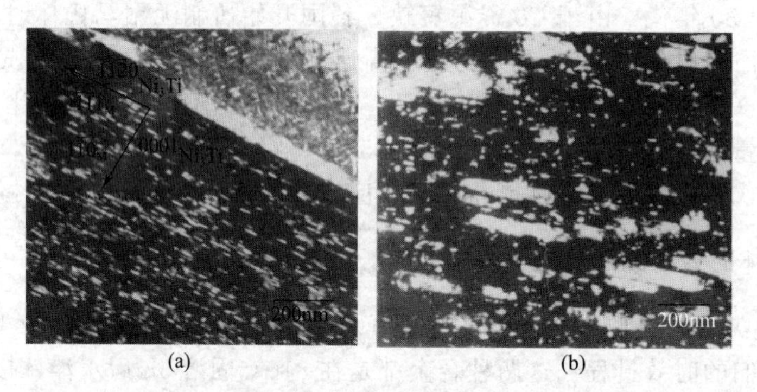

图 9-39　两种马氏体时效钢的时效组织比较[30]

（a）T-250 钢 482℃时效 50h；（b）C-250 钢 482℃时效 50h

C-250 钢中起强化作用的是 Ni_3Ti 和 Fe_2Mo 析出相，Ni_3Ti 对早期的硬化起作用，而峰值和长时间高强度的保持归因于细小弥散分布的 Fe_2Mo 析出相。无钴 T-250 钢中，只有 Ni_3Ti 相，高的 Ti 含量导致较大体积的 Ni_3Ti 颗粒析出，而且显著阻碍基体粗化。C-250 和 T-250 钢经过时效后的硬度测量结果很相似，如图 9-40，在所有的时效温度下很短的时间内达到峰时效，随后硬度下降。

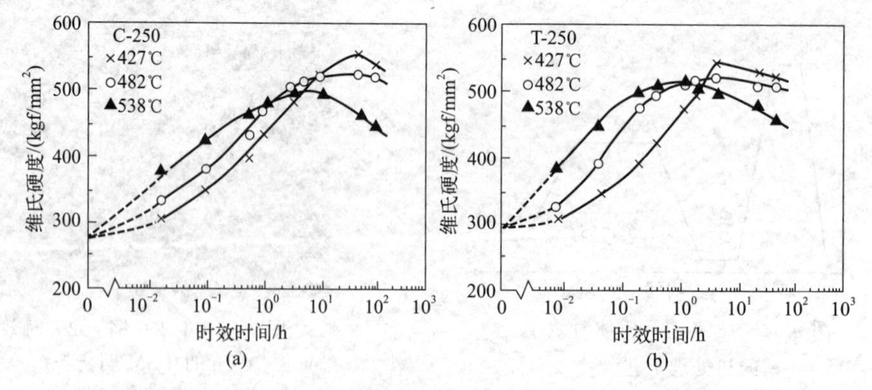

图 9-40　C-250 和 T-250 钢在不同温度随时效时间显微硬度的变化[30]

9.6.2.3 马氏体时效钢的强化机制

在马氏体时效钢中起强化作用的是细小弥散的析出相。时效初期析出的富钼析出相，对强化的同时保持钢的韧性起着重要作用，但析出过程严重受其它元素的影响，尤以 Co 元素的影响最直接。马氏体时效钢中合金元素 Mo 的存在，也可以阻止析出相沿原奥氏体晶界析出，从而避免了沿晶断裂，提高了断裂韧性。但过量（超过 10%）添加钼同过量添加镍一样，也会生成残留奥氏体。无论在含钴还是无钴马氏体时效钢中，钛都是最有效的强化合金元素。在时效过程中，Ti 析出最快、最完全，在任何情况下 Ti 含析出相如 Ni_3Ti、$Ti_6Si_7Ni_6$（G 相）在时效最早期形成，形成后在基体中残余 Ti 含量很少（<0.1%），几乎不可测得。另外，Ni_3Ti 的析出使基体 Ni 含量减少，富 Ni 的逆转变奥氏体更难以形核。增加钛含量，利用马氏体时效钢时效时析出的金属间化合物 Ni_3Ti 的强化作用来发展无钴马氏体时效钢是一条有效的途径。

9.6.3 镁合金的时效相变

9.6.3.1 镁合金中的相变特点

镁可以和多数元素形成固溶体，合金元素在镁中的溶解度通常随温度的降低而下降，因此大多数镁合金具有时效硬化效应，但是镁合金的时效硬化程度远低铝合金。根据合金元素的种类，可热处理强化的铸造镁合金有六大系列，即 Mg-Al-Mn 系、Mg-Al-Zn 系、Mg-Zn-Zr 系、Mg-Re-Zn-Zr 系、Mg-Ag-Re-Zr 系和 Mg-Zn-Cu 系。可热处理强化的变形镁合金有三大系列，即 Mg-Al-Zn 系、Mg-Zn-Zr 系和 Mg-Zn-Cu 系。某些热处理强化效果不显著的镁合金通常选择退火作为最终热处理工艺。凡是高温下在镁中有较大固溶度、随温度降低固溶度降低较大的合金系可采用淬火＋人工时效。镁合金不能自然时效主要是因为镁的扩散激活能较低。一般情况下，镁合金在空气、压缩空气、沸水或热水中都能进行淬火。

镁合金常用热处理工艺包括：在铸造或锻造后直接人工时效；淬火不时效；淬火＋人工时效和退火等，具体工艺规范应根据合金成分特点和性能要求而定。镁合金热处理的特点：①固溶和时效处理时间较长，其原因是合金元素的扩散和合金相的分解过程极其缓慢。②镁合金组织一般较粗大，因此淬火加热温度较低。③合金元素在镁中扩散速度慢，故镁合金淬火保温时间较长，时效时一般都进行人工时效。④镁合金氧化倾向大，故热处理加热炉内需要保护气氛。

9.6.3.2 镁合金中的相变过程

（1） Mg-Al 合金

Mg-Al 系合金是广泛应用的压铸合金。铝与镁能形成有限固溶体，溶解度随温度降低而显著减小。Mg-Al 二元合金的时效析出过程为 α→β，即从过饱和固溶体中直接析出稳定性较高的 β 相。铝含量大于 2%时，铸造组织中的化合物相为 β 相（$Mg_{17}Al_{12}$），β 相随含铝量的增加而增加。当铝含量超过 8%时，这些化合物以共晶形式沿晶界呈不连续网状分布。430℃左右的退火或固溶处理可以使全部或部分 β 相溶解。在随后的淬火时效过程中，平衡 β 相直接在镁基体的（0001）基面上析出，无 G.P. 区或中间化合物析出。由于无共格或半共格中间沉淀相析出，因而 Mg-Al 系合金时效硬化效果不明显。

向 Mg-Al 二元合金中添加 Zn 元素后形成 Mg-A1-Zn 三元合金（AZ91），当合金中元素含量 Al∶Zn>3∶1 时，同 Mg-Al 二元合金相比，三元合金中没有新相，从而 Mg-Al-Zn 合金的基本时效析出过程与 Mg-Al 二元合金相同，并且由于锌的作用使得 Mg-Al-Zn 合金的时效过程比 Mg-Al 合金更显著，Zn 的添加降低了 Al 在镁中的固溶度，因而增加了析出相的含量，时效强化效果更好。

Mg-Al-Zn 合金中，沉淀相 $Mg_{17}Al_{12}$ 可以以连续和不连续两种方式从镁固溶体中析出。当时效温度高于约 205℃时，$Mg_{17}Al_{12}$ 以连续方式析出；当时效温度较低，铝含量大于 8% 时，通常以不连续沉淀方式析出。β 相的非连续析出大多从晶界或位错处开始，β 相以片状形式按一定取向往晶内生长，附近的 α 固溶体同时达到平衡浓度。由于整个反应区呈片层状结构，故有时也称为珠光体型沉淀。反应区和未反应区有明显的分界面，后者的成分未发生变化，仍保持原有的过饱和度。从晶界开始的非连续析出进行到一定程度后，晶内产生连续析出。β 相主要以细小片状形式沿基面（0001）生长。与此相应，基体 Al 含量不断下降。如图 9-41 为透射电镜下拍到的连续析出和不连续析出区域的照片。连续析出及非连续析出在时效组织中所占相对量与合金成分、淬火加热温度、冷却速度及时效规范等因素有关。在一般情况下，非连续析出优先进行。特别是在过饱和程度较低，固溶体内存在成分偏析及时效不充分的情况下，更有利于发展非连续析出。反之，在铝含量较高，铸锭经均匀化处理及采用快速淬火与时效温度较高时，连续析出占主导地位[31-33]。不同时效处理工艺下 AZ91 合金的时效硬化曲线如图 9-42。当合金在较高温度下工作时，由于 β 相在该温度下较软，起不到钉扎晶界的作用，力学性能下降。

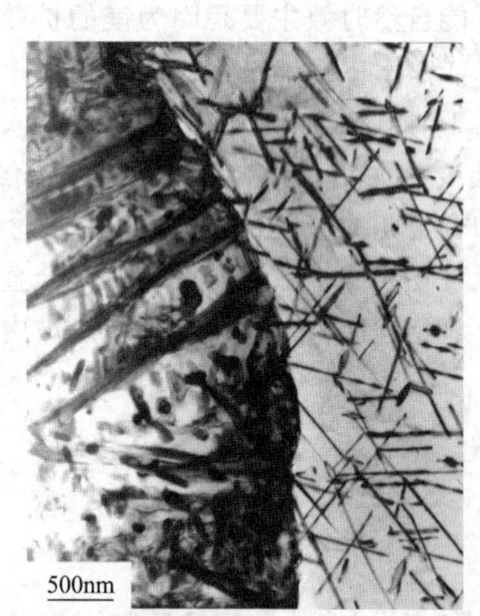

图 9-41　AZ91 合金连续析出（左）和不连续析出（右）区域的 TEM 照片[33]

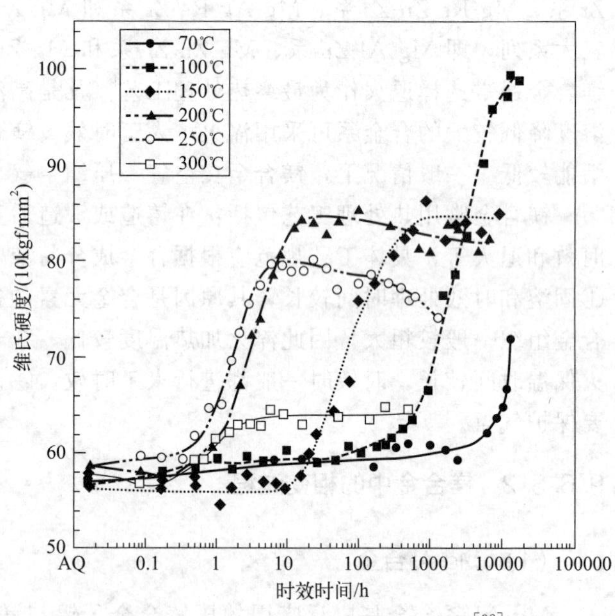

图 9-42　AZ91 合金的时效硬化曲线[32]

（2）Mg-Zn 合金

锌是镁合金中一个重要的合金化元素，Mg-Zn 为重要的合金系。Zn 不仅发挥固溶强化和时效强化作用，还能增加熔体的流动性，改善铸件质量。但是 Mg-Zn 二元合金难以晶粒细化，且 Zn 有形成显微疏松倾向，易于形成微孔洞，因此不能用作工业铸件或锻件材料。Zn 含量过高时，合金的强度和塑性会大大降低。

根据 Mg-Zn 二元相图（如图 9-43 所示），平衡结晶时，340℃（613K）发生共晶反应：L→α-Mg＋$Mg_5$1Zn_{20}，$Mg_{51}Zn_{20}$ 属于介稳定相，温度下降到 598K 时发生共析反应，即 $Mg_{51}Zn_{20}$→α-Mg＋MgZn。合金的室温平衡组织由 α-Mg 和 MgZn 化合物组成，温度降低时析出强化相 MgZn 化合物。

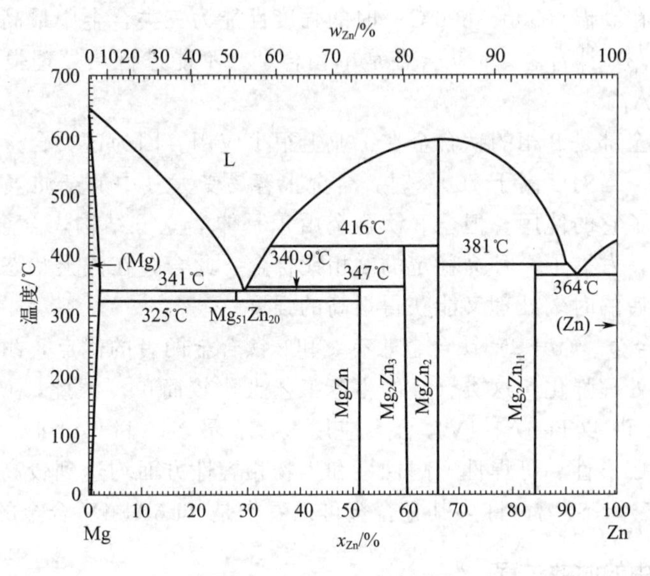

图 9-43　Mg-Zn 二元相图

共晶点 Zn 最大含量为 51.2%Zn，共晶温度时 Zn 在 Mg 中的固溶度最大为 6.2%，且随着温度的降低，溶解度显著减小，0℃时降为 2%以下。因此 Zn 除了起固溶强化作用外，时效强化也是很有效的，但与 Mg-Al 系合金存在显著差异。Mg-Zn 系合金时效连续析出，β′相尺寸很小，呈片状，并与基面平行，在长期时效后，利用电子显微镜可观察到 β′相的形态及分布特征。Mg-Zn 系合金的时效强化效果超过 Mg-Al 系，且随锌含量的增加而提高。但 Mg-Zn 系合金晶粒容易长大，故工业合金中常添加少量锆，以细化晶粒，改善力学性能。

Mg-Zn 系合金的时效过程比较复杂，存在预沉淀阶段。在 110℃以下，观察到 G. P. 区→β′→β(MgZn)。在 110℃以上，不形成 G. P. 区，而是 α→β′→β。β′为亚稳定过渡相，具有与 $MgZn_2$ 同样的结构，稳定性较高，在 250℃时效时，可保持 5000h。

在 Mg-Zn 二元系基础上发展起来的常用 Mg-Zn 合金有 Mg-Zn-Zr 合金、Mg-Zn-Re 合金以及具有良好综合力学性能的新型 Mg-Zn-Cu 合金。含 Re 的 Mg_8Zn_{15}Re 合金中会产生高稀土含量的 Mg-Zn-Re 三元相，Mg-Zn-Re 合金具有明显的时效硬化效应。Mg-9Zn 合金在 10h 时即出现硬度峰值，而 Mg-Zn-Re 合金在 20h 后才出现硬度峰值，说明 Re 具有推迟过时效作用。

9.6.4　钛合金中的时效相变

9.6.4.1　钛合金的分类

钛有两种同素异晶结构，在 882.5℃以下的稳定结构为密排六方晶格，用 α-Ti 表示；在

882.5℃以上直到熔点的稳定结构为体心立方晶格，用β-Ti表示。为了进一步提高钛的强度，可在钛中加入合金元素。合金元素溶入α-Ti中形成α固溶体，溶入β-Ti中形成β固溶体。根据组织，钛合金可分为三类：α钛合金、β钛合金、（α+β）钛合金。牌号分别以TA、TB、TC加上编号表示。

① α钛合金 由于α钛合金的组织全部为α固溶体，因而具有很好的强度、韧性及塑性。在冷态也能加工成某种半成品，如板材、棒材等。它在高温下组织稳定，抗氧化能力较强，热强性较好。在高温（500～600℃）时的强度性能为三类合金中最高。但它的室温强度一般低于β和（α+β）钛合金。α钛合金是单相合金，不能进行热处理强化。代表性的合金有TA5、TA6、TA7。

② β钛合金 全部是β相的钛合金在工业上很少应用。因为这类合金密度较大、耐热性差、抗氧化性能低。当温度高于700℃时，合金很容易受大气中的杂质气体污染，且生产工艺复杂，因而限制了它的使用。但全β钛合金由于是体心立方结构，合金具有良好的塑性，为了利用这一特点，发展了一种介稳定的β相钛合金。此合金在淬火状态为全β组织，便于进行加工成形，随后的时效处理又能获得很高的强度。

③（α+β）钛合金 （α+β）钛合金兼有α和β钛合金两者的优点，耐热性和塑性都比较好，并且可进行热处理强化，这类合金的生产工艺也比较简单。因此，（α+β）合金的应用比较广泛，其中以TC4（Ti-6A1-4V）合金应用最广、最多。Ti-6A1-4V合金在耐热性、强度、塑性、韧性、成形性、可焊性、耐蚀性和生物相容性方面均达到较高水平。其使用量已占全部钛合金的75%～85%，许多其它合金可以看作是Ti-6Al-4V合金的改型。

9.6.4.2 钛合金中的时效过程

钛合金的时效强化处理主要用于（α+β）型钛合金和β型钛合金，β合金的强化属于固溶时效强化，在冷却过程中β相不形成马氏体，对于（α+β）钛合金，通过淬火得到细晶粒（α+β）结构，初生α相的比例要相对较高，这样可以得到很好的热疲劳性能。如果提高固溶温度，得到较多的大晶粒β相转变产物，则断裂韧性较高。合理的热处理可以综合这两方面的优点。（α+β）的强化机制取决于淬火组织（马氏体或亚稳β相），与淬火温度无关。

以Ti-6A1-4V为例，合金在925℃固溶处理1h后水淬，然后分别在470℃、500℃、530℃、560℃下时效4h。图9-44（a）所示为在925℃固溶处理接着水淬后的金相照片，组织中包含平均尺寸5μm的α相和转变的β相组织，表面平整，没有起伏形貌。图9-44（b）～(e)为不同时效温度下的金相照片。随着温度提升，片层α相组织的比例大幅减少，同时等轴α相的尺寸也显著降低。水淬后接着在不同温度下时效的扫描电镜照片如图9-45所示，470℃时效时第二相析出不是特别明显，第二相厚度为0.3μm，而560℃时效时第二相析出明显，厚度显著增加。

9.6.4.3 钛合金中的形变热处理

除淬火时效外，形变热处理也是提高钛合金强度的有效方法。形变热处理是将压力加工变形和热处理结合起来的一种工艺。它是在热加工变形终了时立即淬火，使压力加工变形时晶粒内部产生的高密度位错或其它晶格缺陷全部或部分地保留至室温，在随后的时效过程中，这些缺陷作为析出相的形核位置，使析出相高度弥散，并均匀分布，从而显著增强时效强化效果。

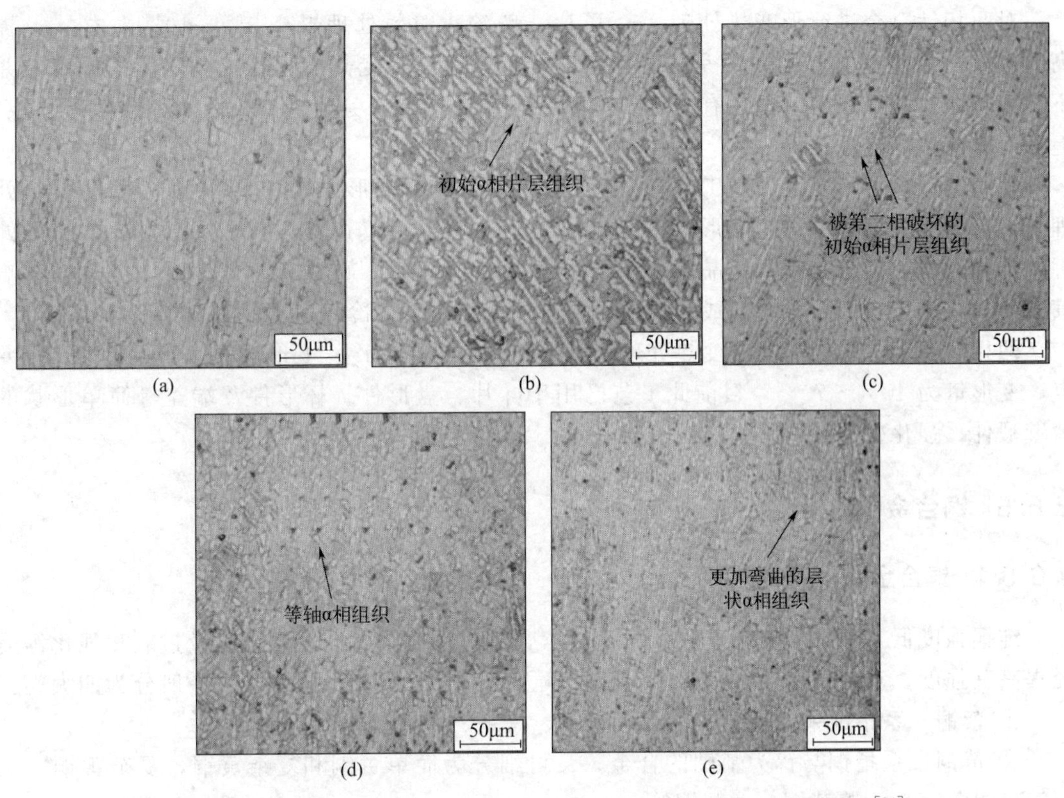

图 9-44　Ti-6Al-4V 合金 925℃固溶后水淬组织及不同温度下时效组织[34]

（a）925℃固溶后水淬组织；（b）470℃时效组织；（c）500℃时效组织；
（d）530℃时效组织；（e）560℃时效组织

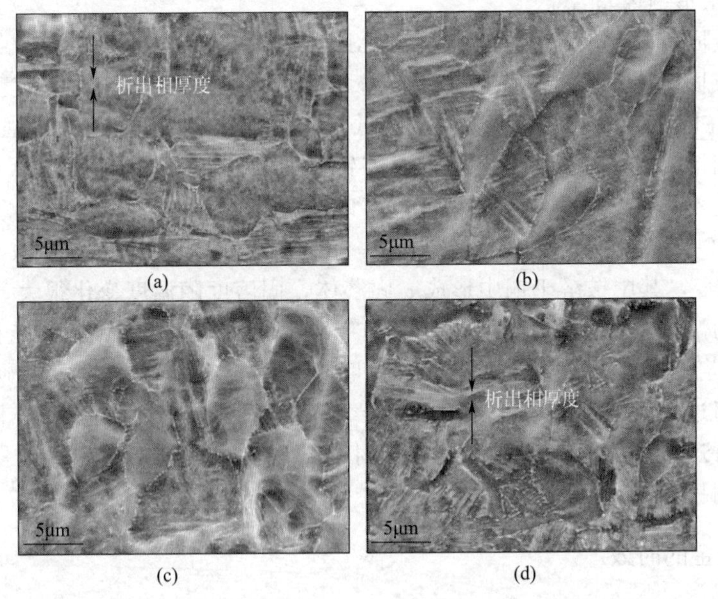

图 9-45　Ti-6Al-4V 合金不同温度下时效的 SEM 组织[34]

（a）470℃；（b）500℃；（c）530℃；（d）560℃

对两相钛合金进行形变热处理，σ_b 可比一般淬火时效处理提高 5%～10%左右，σ_s 提高约 10%～30%。比较可贵的是，对许多钛合金来说，形变热处理在提高强度的同时，并不损害塑性，甚至还会使塑性有一定的提高，还可提高抗疲劳性、持久性及耐蚀性等性能，但有时会使热稳定性下降。

常用的钛合金形变热处理工艺有高温形变热处理和低温形变热处理两种。高温形变热处理是在再结晶温度以上进行变形加工，变形 40%～85%后迅速淬火，再进行常规的时效处理；低温形变热处理是在再结晶温度以下进行变形 50%后，再进行常规的时效处理。影响其强化效果的主要因素是合金成分、变形温度、变形程度、冷却速度及时效规范等。

两相钛合金多采用高温形变热处理，变形终止后立即水冷。变形温度一般不超过 β 相变点，变形量为 40%～70%，目前此工艺已用于叶片、盘形件、杯形件及端盖等简单形状的薄壁锻件，强化效果较好。

9.6.5 铜合金中的相变

9.6.5.1 铜合金的分类

纯铜强度低，一般要在铜中加入合金元素，通过固溶强化、时效强化及过剩相强化等途径提高其强度，获得高强度的铜合金。我国铜及铜合金习惯按色泽分类。一般分为四大类：

① 紫铜　系指纯铜，主要品种有无氧铜、紫铜、磷脱氧铜、银铜；

② 黄铜　系指铜与锌为基础的合金，又可细分为简单黄铜和复杂黄铜，复杂黄铜中又以第三组元冠名为镍黄铜、硅黄铜等；

③ 青铜　系指除铜镍、铜锌合金以外的铜基合金，主要品种有锡青铜、铝青铜、特殊青铜（又称高铜合金）；

④ 白铜　系指铜镍系合金。

用于铜合金固溶强化的元素主要有 Zn、Al、Ni 等，它们在铜中具有较大的溶解度。合金元素与铜形成固溶体后，产生晶格畸变，增大了位错运动的阻力，使强度提高。Be、Ti、Zr、Cr 等元素在固态铜中的溶解度随温度降低而剧烈减少，因而具有时效强化效果。

可以通过固溶处理和时效强化的铜合金有铝青铜、铍青铜、铬青铜、钛青铜等，而各种黄铜和锡青铜是不可以热处理强化的铜合金。以铍为合金化元素的铜合金称为铍青铜，其铍含量在 1.7%～2.5%之间，工业用铍青铜中一般含有 0.2%～0.5%Ni，故它实际上是 Cu-Be-Ni 三元系合金，其中铍溶于铜中形成 α 固溶体，固溶度随温度变化很大，Ni 可强烈降低铍在固态铜中的溶解度。铍青铜是一种用途极广的沉淀硬化型合金，其性能在很大程度上取决于热处理工艺。热处理强化后的抗拉强度可高达 1250～1500MPa，硬度可达 350～400HB，远远超过任何铜合金，可与高强度合金钢媲美。其热处理特点是：固溶处理后具有良好的塑性，可进行冷加工变形。但再进行时效处理后，却具有极好的弹性极限，同时硬度、强度也得到提高。

9.6.5.2 铜合金的时效

由图 9-46 所示 Cu-Be 合金相图可知，Be 在 Cu 中具有有限溶解度，可形成具有面心立方晶格的 α 固溶体、具有体心立方晶格的 β 固溶体以及体心立方晶格的 γ 固溶体。在 864℃ 时 α 固溶体的铍含量达到 2.7%。随着温度降低，α 固溶体的溶解度曲线显著地移向铜端。

α固溶体的铍含量逐渐减少，同时析出β相，直到β相在575℃发生共析转变生成（α+γ）相为止。继续冷却，从α相中不断析出高硬度的γ相，当温度降到200℃，α固溶体的铍含量为0.2%。不管是β相、γ相的析出，还是β相的共析转变，都是一种扩散过程。如果铍青铜经过高温加热后水淬急冷，可获得过饱和α固溶体。如果将这种过饱和固溶体再进行时效处理，则晶内将发生连续脱溶过程，即过饱和α固溶体→G.P.区→γ″相→γ′相→γ相。γ相是在时效温度高或时效时间很长时由γ′相转变而成。同时，脱溶贫化后的基体发生回复和再结晶，但在正常峰值实效过程中，还处于G.P.区和γ相生长阶段，由于共格应力应变场的存在，合金将保持高强度水平，所以一般看不到γ′→γ的转变。在铍青铜合金时效过程中，除了在晶内发生连续脱溶外，还在晶界发生不连续脱溶和晶界再结晶反应。其过程可以归纳为α过饱和固溶体→α′+γ_1→(再结晶)α+γ。α′是脱贫区已贫化了的基体，γ是平衡相，这种不连续脱溶对零件的性能是不利的，需要控制。Cu-Be合金时效析出的显微组织如图9-47。

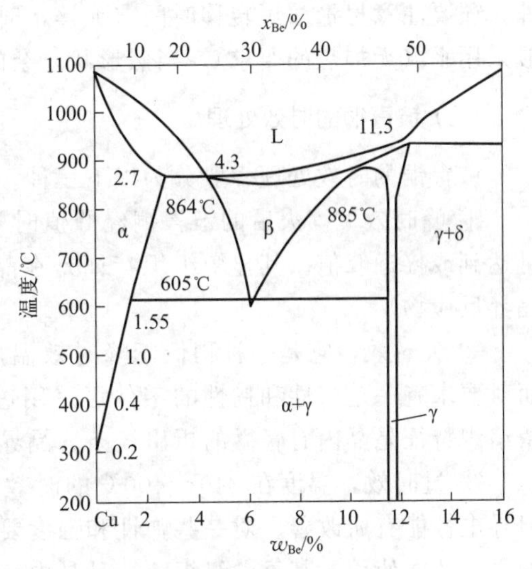

图9-46　Cu-Be合金相图

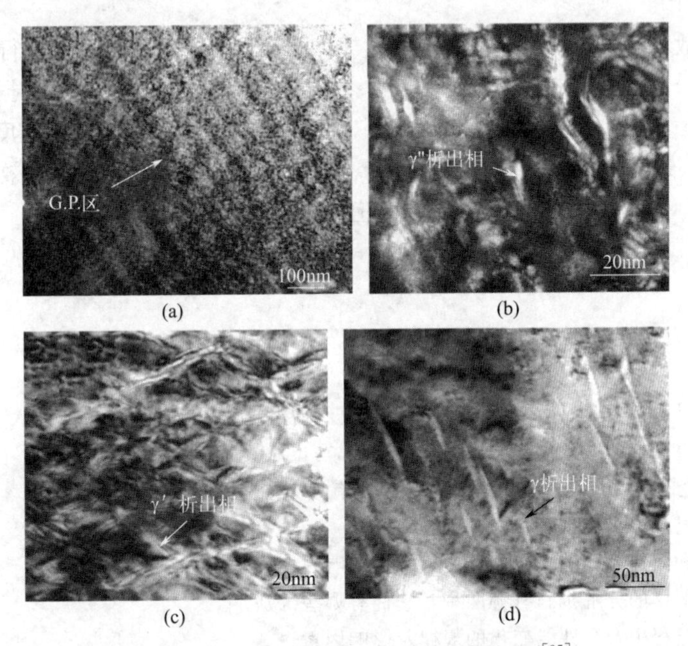

图9-47　Cu-Be合金时效析出的显微组织[35]

(a) G.P.区，320℃时效；(b) 1h；(c) 2h；(d) 8h

(1) 铍青铜的固溶处理

既能获得足够过饱和的α固溶体，又能得到细晶粒的组织，是确定固溶处理规范的原则。一般固溶处理的加热温度在780～820℃之间，对用作弹性组件的材料，采用760～

780℃，主要是防止晶粒粗大影响强度。固溶处理炉温均匀度应严格控制在5℃。铍青铜在空气或氧化性气氛中进行固溶加热处理时，表面会形成氧化膜。虽然对时效强化后的力学性能影响不大，但会影响其冷加工时工模具的使用寿命。为避免氧化，应在真空炉或氨分解、惰性气体、还原性气氛（如氢气、一氧化碳等）中加热，从而获得光亮的热处理效果。此外，还要注意尽量缩短转移时间（如淬水时），否则会影响时效后的力学性能。淬火介质一般采用水（无加热的要求），当然形状复杂的零件为了避免变形也可采用油。

（2）铍青铜的时效处理

铍青铜的时效处理一般分为以下三种。

① 峰时效，淬火后的铍青铜经峰值时效处理后，其强度、硬度、弹性极限和弹性模量可达到或接近峰值。其显微组织特征是在晶内有明显的析出线条，在晶界出现2%～5%的晶界反应物。

② 欠时效，它是一种稍低于峰时效温度的时效方法。对材料的强度、弹性要求稍低，而对要求有一定塑性和韧性的零件可采用这种时效。其时效温度一般为250～280℃，其显微组织特征是晶内有轻微的析出线条，晶界易腐蚀，粗化成沟槽状。

③ 过时效，温度在340～400℃的时效为过时效。这时，材料的强度和硬度明显下降，但导电性能有所改善。对一些弹性和强度要求不高，而工作温度高，要求有较高温度稳定性的零件才能使用。其显微组织特征是晶内有较深的线条，晶界出现不连续的瘤状结构，晶界反应物达10%以上。

铍青铜的时效温度与Be的含量有关，含Be小于2.1%的合金均宜进行时效处理。对于Be大于1.7%的合金，最佳时效温度为300～330℃，保温时间1～3h（根据零件形状及厚度而定）。Be低于0.5%的高导电性电极合金，由于熔点升高，最佳时效温度为450～480℃，保温时间1～3h。近年来还发展出了双级和多级时效，即先在高温短时时效，而后在低温下长时间保温时效，这样做的优点是性能提高但变形量减小。

习题

9-1 熟悉概念：固溶处理、时效、时效硬化、脱溶、连续脱溶、不连续脱溶、局部脱溶。

9-2 试述Al-Cu合金的时效过程和脱溶物的结构，写出时效序列。

9-3 Al-Cu合金的时效过程和淬火钢的回火过程有何共同点和不同点？

9-4 试述脱溶过程中出现过渡相的原因。

9-5 试述过饱和固溶体脱溶转变的动力学及其影响因素。

9-6 过饱和固溶体的分解机制有哪两种？它们有哪些区别？

9-7 时效脱溶过程中合金性能变化的规律及影响因素。

9-8 什么是时效合金的回归现象？举例说明其应用。

9-9 试述界面能和弹性应变能在无核相变中起的作用。

9-10 举例说明马氏体时效钢的时效过程和强化机制。

9-11 合金元素对铝合金时效过程有什么影响？举例说明。

思考题

9-1　合金体系中存在不同半径的颗粒时，如果在一定温度下保温，则小颗粒溶解，大颗粒长大，其驱动力是什么？小颗粒如何溶解？大颗粒如何长大？颗粒的平均半径如何随时间变化？

9-2　为什么 θ 相不会在 Al-Cu 合金的早期时效过程中出现？试从相变驱动力和相变阻力的角度解释。

9-3　通过本章学习，思考有哪些方式可以有效提升合金的时效硬化响应，包括加速时效硬化和提高峰时效力学性能。

辅助阅读材料

[1] 聂祚仁，文胜平，黄晖，等. 铒微合金化铝合金的研究进展[J]. 中国有色金属学报，2011，21：2361-2370.

[2] 高一涵，刘刚，孙军. 铝合金析出强化颗粒的微合金化调控[J]. 中国材料进展，2019，38：231-241.

[3] Sun W W，Zhu Y M，Marceau R，et al. Precipitation strengthening of aluminum alloys by room-temperature cyclic plasticity[J]. Science，2019，363：972-975.

[4] Ringer S P，Hono K，Sakurai T. The effect of trace additions of sn on precipitation in Al-Cu alloys：An atom probe field ion microscopy study[J]. Metall. Mater. Trans. A，1995，26：2207-2217.

[5] Bourgeois L，Nie J F，Muddle B C. On the role of tin in promoting nucleation of the θ' phase in Al-Cu-Sn [J]. Mater. Sci. Forum，2002，396-402：789-794.

[6] Chen Y Q，Zhang Z Z，Chen Z，et al. The enhanced theta-prime（θ'）precipitation in an Al-Cu alloy with trace Au additions[J]. Acta Mater.，2017，125：340-350.

[7] Zheng Z Q，Liu W Q，Liao Z Q，et al. Solute clustering and solute nanostructures in an Al-3.5Cu-0.4Mg-0.2Ge alloy[J]. Acta Mater.，2013，61：3724-3734.

[8] Liu C H，Ma Z Y，Ma P P，et al. Multiple precipitation reactions and formation of θ'-phase in a pre-deformed Al-Cu alloy[J]. Mater. Sci. Eng. A，2018，733：28-38.

参考文献

[1] Bourgeois L，Dwyer C，Weyland M，et al. Structure and energetics of the coherent interface between the θ' precipitate phase and aluminium in Al-Cu[J]. Acta Mater.，2011，59：7043-7050.

[2] 余永宁. 金属学原理[M]. 北京：冶金工业出版社，2000.

[3] 程晓农，戴起勋，邵红红. 材料固态相变与扩散[M]. 北京：化学工业出版社，2006.

[4] 陈景榕，李承基. 金属与合金中的固态相变[M]. 北京：冶金工业出版社，1997.

[5] 徐洲，赵连城. 金属固态相变原理[M]. 北京：科学出版社，2006.

[6] 司乃潮，傅明喜. 有色金属材料及制备[M]. 北京：化学工业出版社，2006.

[7] 李松瑞，周善初. 金属热处理[M]. 长沙：中南工业大学出版社，2003.

[8] Liu H，Bellon B，LLorca J. Multiscale modelling of the morphology and spatial distribution of θ' precipitates in Al-Cu alloys[J]. Acta Mater.，2017，132：611-626.

[9] 赵乃勤. 合金固态相变[M]. 长沙：中南大学出版社，2008.

[10] Andersen S J, Marioara C D, Friis J, et al. Precipitates in aluminium alloys[J]. Advances in Physics: X, 2018, 3: 1479984.
[11] Liu C H, Malladi S K, Xu Q, et al. In-situ STEM imaging of growth and phase change of individual CuAlX precipitates in Al alloy[J]. Sci. Rep., 2017, 7: 2184.
[12] 戚正风. 金属热处理原理[M]. 北京: 机械工业出版社, 1987.
[13] Liu C H, Ma Z Y, Ma P P, et al. Multiple precipitation reactions and formation of θ'-phase in a pre-deformed Al-Cu alloy[J]. Mater. Sci. Eng. A, 2018, 733: 28-38.
[14] 刘宗昌, 任慧平, 宋全义. 金属固态相变教程[M]. 北京: 冶金工业出版社, 2003.
[15] Gao Y H, Yang C, Zhang J Y, et al. Stabilizing nanoprecipitates in Al-Cu alloys for creep resistance at 300℃[J]. Mater. Res. Lett., 2019, 7: 18-25.
[16] 高一涵, 刘刚, 孙军. 耐热铝基合金研究进展:微观组织设计与析出策略[J]. 金属学报, 2021, 57: 129-149.
[17] Xue H, Geuser F D, Yang C, et al. Highly stable coherent nanoprecipitates via diffusion- dominated solute uptake and interstitial ordering[J]. Nature Mater., 2022, 22: 434-441.
[18] Hardy H K. The ageing characteristics of ternary Aluminium-Copper alloys with Cadmium, Indium, or Tin[J]. J. Inst. Metals., 1951-1952, 80: 483-492.
[19] Silcock J M, Heal T J, Hardy H K. The structural ageing characteristics of ternary Aluminium-Copper alloys with Cadmium, Indium, or Tin[J]. J. Inst. Metals., 1955-1956, 84: 23-31.
[20] Noble B. Theta-prime precipitation in Aluminium-Copper-Cadmium alloys[J]. Acta Metall., 1968, 16: 393-401.
[21] Embury J D, Nicholson R B. The nucleation of precipitates: The system Al-Zn-Mg[J]. Acta Metall., 1965, 13: 403-417.
[22] Qazi J I, Marquardt B, Allard L F, et al. Phase transformations in Ti-35Nb-7Zr-5Ta-(0.06-0.68)O alloys[J]. Mater. Sci. Eng. C, 2005, 25: 389-397.
[23] Marioara C D, Lervik A, Grønvold J, et al. The correlation between intergranular corrosion resistance and copper content in the precipitate microstructure in an AA6005A alloy[J]. Metall. Mater. Trans. A, 2018, 49: 5146-5156.
[24] Fourmeau M, Marioara C D, Børvik T, et al. A study of the influence of precipitate-free zones on the strain localization and failure of the aluminium alloy AA7075-T651[J]. Phil. Mag., 2015, 95: 3278-3304.
[25] 李慧中, 张新明, 陈明安, 等. 2519铝合金时效过程的组织特征[J]. 特种铸造及有色合金, 2005, 25: 273-275.
[26] 王祝堂, 卢载浩, 王洪华. 铝合金回归热处理进展及其新应用领域[J]. 轻合金加工技术, 1998, 11: 5-10.
[27] 韦绿梅. 双重时效的低温形变热处理对Al-Mg-Si-RE合金力学性能的影响[J]. 中国有色金属学报, 1998, 8(S1): 256-260.
[28] 胡赓祥, 蔡荀, 戎咏华. 材料科学基础[M]. 上海: 上海交通大学出版社, 2006.
[29] Rao Z, Dutta B, Körmann F, et al. Beyond solid solution high-entropy alloys: Tailoring magnetic properties via spinodal decomposition[J]. Adv. Funct. Mater., 2021, 31: 2007668.
[30] Vasudevan K Y, Kim S J, Wayman C M. Precipitation reactions and strengthening behavior in 18 wt pct nickel maraging steels[J]. Mat. Trans. A, 1990, 21: 2655-2668.
[31] Duly D, Simon J P, Brechet Y. On the competition between continuous and discontinuous precipitations in binary Mg-Al alloys[J]. Acta. Metall. Mater., 1995, 43: 101-106.
[32] Celotto S. TEM study of continuous precipitation in Mg-9Al-1Zn alloy[J]. Acta Mater., 2000, 48:

1775-1787.
[33] Celotto S, Bastow T J. Study of precipitation in aged binary Mg-Al and ternary Mg-Al-Zn alloys using Al NMR spectroscopy[J]. Acta Mater., 2001, 49: 41-51.
[34] Lin Y C, Tang Y, Jiang Y Q, et al. Precipitation of secondary phase and phase transformation behavior of a solution-treated Ti-6Al-4V alloy during high-temperature aging[J]. Adv. Eng. Mater., 2020, 22: 1901436.
[35] Huang X X, Xie G L, Liu X H, et al. The influence of precipitation transformation on Young's modulus and strengthening mechanism of a Cu-Be binary alloy[J]. Mater. Sci. Eng. A, 2020, 772: 138592.

第 10 章

强磁场作用下的固态相变

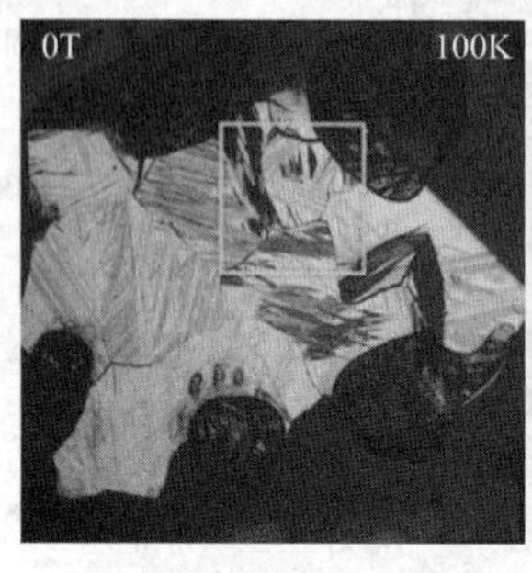

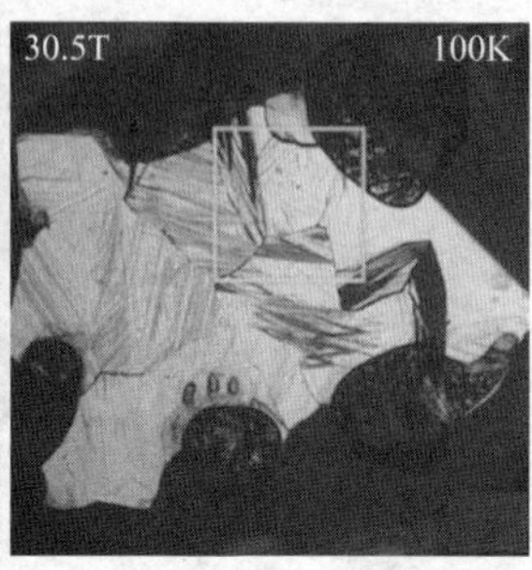

前面章节介绍的固态相变过程都是通过温度场的改变所引发的相变过程。如果在相同温度下，对 Fe-Mn-Al-Ni 合金不施加或施加一定的强磁场，如上图所示，你能看出来有、无磁场作用下材料微观组织的区别吗？为什么磁场会对相变过程产生影响？磁场是如何对相变过程产生影响的呢？

引言与导读

在前面章节中，我们了解到通过对温度的调控可以产生驱动力，进而使材料发生相变。所以，外界条件的改变可以引起物质的结构发生变化。随着人们对固态相变认识的逐渐深入和技术手段的不断发展，诱发相变的外界条件（手段）也不再局限于“热”。除了温度之外，一些其它外界条件的改变也同样可以在热力学和动力学上影响到材料的相变过程，例如高压力、高速冲击、高能流密度辐照、强磁场（本章）、应力场（第 11 章）、光能、核能等。

作为一种高能物理场，强磁场能够以非接触式的方式传递并从原子尺度上作用于物质，从而产生一系列奇特的现象。尤其在材料领域，研究者发现强磁场对材料的相变过程，尤其是液固转变（凝固）过程和固态扩散过程，有着强烈的影响。早在 1942 年，由 Alfvén 在英国剑桥举办的国际理论与应用力学联盟（International Union of Theoretical and Applied Mechanics，IUTAM）会议上首次提出磁流体力学理论（magneto hydro dynamics，MHD），并将该理论与冶金技术相结合，形成了电磁冶金技术。1959 年，美国开发与研究公司总冶金工程师 Bassett 提出了磁场热处理法，即通过施加外磁场对金属材料进行处理的实验方法，从而对金属材料的力学性能进行调控。1990 年，将电磁场用于材料加工的材料电磁工艺（electromagnetic processing of materials，EPM）被正式提出。材料电磁工艺中，电磁场对材料的作用主要包括产生电磁力、产生热量以及对相变和传输过程的特殊作用（如电迁移等）。材料电磁工艺的应用范围也非常广泛，一种情况是利用磁场对金属熔体的洛伦兹（Lorentz）力改变流体的运动状态，形成磁流体力学效应。以此为基础的材料工艺比较丰富，如利用电磁力对液态金属进行形状控制的软接触凝固、悬浮熔炼、冷态坩埚技术等，以及电磁悬浮、电磁搅拌、电磁制动或雾化等工艺。另一种情况主要是利用磁场对材料的磁化效果（磁化力）或者能量输入（磁化能）来实现对材料组织结构的调控，如磁分离技术等[1]。

近年来，随着强磁场技术的发展和材料相变研究的不断深入，许多新的微观组织特征被揭示出来，更多的相变过程展现出新的行为和特点。因此，在材料领域，从液态金属到固态相变，从金属材料到非金属材料，强磁场条件下材料的制备、相变过程的研究引起了研究者的广泛关注，并在学术研究与工程应用等多领域取得了丰富的成果。

本章首先介绍强磁场的基本概念及强磁场对物质的主要作用形式，并以此为基础，主要介绍强磁场作用下原子的固态扩散行为及其对金属或合金马氏体相变、铁素体相变、珠光体转变和贝氏体相变过程的影响，并通过一定的案例了解强磁场在材料制备领域的应用前景及重要意义。

知识扩展10-1

《Science》杂志庆祝创刊125周年之际发表了125个最具挑战性的科学问题，其中，“核聚变将最终成为未来的能源吗?”被认为是最具挑战性的科学问题之一。而这一科学问题，也与我国的“双碳”政策目标高度一致。为了实现这一目标，材料问题则是亟须解决的关键科学问题之一。低活化钢是核聚变反应堆的包层结构的候选材料之一，其服役环境则涉及高温（300～550℃）和强磁场（3～4T）的极端条件。因此，探明高温和强磁场共同作用下材料组织结构和性能的变化并实现可控，对核聚变反应堆的安全运行至关重要。

本章学习目标

- 了解强磁场的基本概念、分类及其对物质的主要作用形式。
- 理解强磁场对物质固态扩散行为的影响因素和机制。
- 掌握强磁场作用下钢的马氏体相变和铁素体相变过程。
- 了解强磁场作用下钢的珠光体转变和贝氏体相变过程。
- 了解强磁场等极端物理场在材料制备、加工领域的应用前景，及其应用于国防、民用等领域的重要意义。

10.1 强磁场对材料的主要作用方式

10.1.1 强磁场介绍

一般来讲，磁场可以分为连续磁场和脉冲磁场两大类。其中，连续磁场可以分为稳恒磁场和时变磁场。稳恒磁场中又可以分为均恒磁场和梯度磁场两大类。常规磁场的磁感应强度 $\boldsymbol{B}$ 大小一般不高于0.1T。常见永磁铁的磁感应强度最大约为0.5T，而水冷电磁铁的磁感应强度为1～2T。一般认为，强磁场的磁感应强度大于2.0T[2]，而高于5.0T的磁场则可称为超强磁场。也有教材[1] 认为高于1.0T的磁场即可称为强磁场。较弱的磁场对材料的作用是非常有限的，因此，研究者普遍利用强磁场对材料的相变过程进行调控。

根据磁场的分类，强磁场也可分为稳恒强磁场和脉冲强磁场。稳恒强磁场指磁场强度和方向不随时间变化的磁场，主要由电磁铁磁体、超导磁体以及兼有电磁铁磁体和超导磁体的混合磁体产生[2-4]。脉冲强磁场技术的研究始于1924年，其是通过向绕组中通入脉冲强电流，从而得到几十甚至上百特［斯拉］的磁场。自20世纪80年代开始，脉冲强磁场逐渐应用于更为广泛的领域，如超导物理、核物理、纳米科学、化学、生命科学、信息技术等。

强磁场为科学研究提供了一种极端条件，是现代实验物理研究中最为有效的工具之一。在材料科学领域，强磁场以非接触的方式显著改变材料的相组成、显微结构和性能，在材料制备和加工技术中显示出了重要的作用和十分广泛的应用前景，在民用和国防等领域有着重要的现实意义。

知识扩展10-2

电磁铁是采用表面涂有绝缘涂层的 Cu 或 Al 等低电阻率导线绕在铁芯上制成，它在产生强磁场的同时，产生大量的焦耳热，而这种性质又限制了强磁场的应用。超导材料的发展为强磁体的制造提供了有利条件。美国佛罗里达国家磁场实验室（National High Magnetic Field Laboratory，NHMFL）混合磁体的水冷磁体内径为 32mm，产生的磁场为 30.8T；超导磁体的内径为 615mm，可产生 14.2T 的磁场。当超导部分和水冷部分同时工作时，可以产生 45T 的稳恒磁场。荷兰奈梅亨大学（Nijmegen University）和法国格勒诺布尔强磁场实验室（Grenoble High Magnetic Field Laboratory，GHMFL）也相继制成能产生 45 T 稳恒磁场的混合磁体。而液氦制冷超导磁体问世后，大空间无液氦制冷超导磁体也被开发出来，10 T 强度的超导强磁场变成了现实，这极大促进了强磁场的应用。目前，10 T 以上的超导磁体制造技术已经成熟，并且在医疗等领域获得了广泛的应用。

10.1.2 强磁场对材料的主要作用方式

磁场与材料之间的作用贯穿于宏观、细观和微观尺度。利用磁场可以对宏观物体的运动和形状进行控制；在细观尺度，可以对材料的显微组织进行调控；而在微观尺度，磁场也可以对电子的运动状态产生影响，从而改变材料的物理和化学过程。一般来说，根据材料的物理性质和状态的不同，强磁场对材料的作用方式通常表现为洛伦兹（Lorentz）力作用和磁化作用。而通过磁化，强磁场又会对材料产生一种能量和三种力的作用，即对被磁化材料产生磁化能（塞曼能，Zeeman energy）的作用，对材料产生磁力矩作用，对处在磁场梯度内的材料产生磁化力的作用，诱导被磁化的颗粒间产生磁极间相互作用[2]。因此，就可以引申出强磁场对材料的几种主要作用方式，主要包括洛伦兹力、磁化能、磁力矩、磁化力和磁极间相互作用几种形式。表 10-1 给出了连续磁场对材料的作用。研究发现，脉冲磁场的作用与连续磁场的作用类似。

表 10-1 连续磁场对材料的作用[1]

磁场种类		磁场的作用		应用领域
稳恒磁场	匀磁场	Lorentz 力	MHD 效应	液态金属的电磁制动（与导体的运动作用）
				与电流作用形成 Lorentz 力
		磁热力学效应	晶体发生取向	晶体生长过程中形成特定的晶体学位向
				相变或扩散的驱动力
		磁转矩效应		气相沉积
				电沉积
				磁场注浆成形
				有机分子反应
			组织定向排列	相变
		量子效应	Zeeman 效应	自旋化学——分子间交联反应
	梯度场	磁化力	质量传递	去除表面缺陷和杂质

续表

磁场种类		磁场的作用		应用领域
时变磁场	交变场	产生涡流	MHD 效应	液态金属中产生电磁搅拌
	高频场	产生涡流	能量注入	高频感应加热

在自然界中，绝大部分材料都属于非磁性材料。在较高的温度下（如凝固和热处理过程中），铁磁性材料会经过居里转变而成为顺磁性材料。在常规磁场条件下，只有铁磁性材料才表现出明显的磁化效应，并且非铁磁性材料的洛伦兹力效果也只在宏观尺度上发挥作用。但是，磁场的作用效果与所施加的磁感应强度或其平方成一定的比例关系。与常规磁场相比，强磁场将表现出增强的洛伦兹力、磁化能、磁力矩、磁化力和磁极间相互作用效果，使其有效作用范围扩展到非磁性材料体系，可以以非接触的形式影响材料的物理和化学过程。因此，强磁场是与温度、压力一样重要的物理参数，且具有方向性强、可控精确度高等优势，已经成为利用极端条件揭示材料内部结构、运动和变化规律的有效手段之一。

10.2 强磁场作用下原子固态扩散行为

金属材料中绝大部分的固态组织结构演变过程，以及由此引发的物理和化学性质的变化，都与原子扩散行为有着密切的关系。原子的扩散行为是影响材料稳态特性的基本因素，也是动态条件下改变材料结构的重要因素之一。因此，明确强磁场对原子扩散的影响机制是阐明其对材料组织作用机理的前提基础。

目前，在对磁场作用下原子的固态扩散行为的研究中，主要是针对洛伦兹力、磁感应强度的大小和方向对扩散行为的影响进行研究，普遍认为：①垂直于磁场方向的离子扩散与磁场无关。②磁感应强度对扩散的影响是非线性的，扩散系数的最大值出现在弱磁场条下。例如：1003 K 时，Ni 在 α-Fe 中的扩散系数在 0.1T 时达到最大值；973K 时，Ni 在［100］取向的单晶 Fe-1.94Si 合金中的扩散系数在 0.05T 时达到最大[5,6]。③对于均恒强磁场和梯度强磁场对扩散的影响机制尚不明确。例如：将铁基合金置于均恒强磁场中发现，均恒强磁场对顺磁性奥氏体基体中碳原子沿磁场方向的扩散影响较小，而对碳原子在铁磁性铁素体基体中沿磁场方向的扩散起到抑制作用[7,8]。Nakamichi 等[9] 通过脱碳工艺研究均恒强磁场和梯度强磁场对碳钢/纯钛扩散偶中的碳扩散的影响，发现当施加 6T 的均恒强磁场时，奥氏体中的碳原子在沿磁场方向的扩散受到抑制，而当施加负梯度强磁场时，这一扩散得到了促进，并且该促进作用随磁场梯度的增大而增强；相反，当施加正梯度强磁场时，碳原子的扩散受到了抑制。

为了更方便地理解强磁场作用下材料内部原子固态扩散行为，本节中，首先以无反应发生的 Cu/Ni 扩散偶为例，介绍均恒强磁场条件下 Cu/Ni 扩散偶在不同强度和方向上的扩散行为及柯肯达尔（Kirkendall）效应[10,11]。由于 Cu 和 Ni 在元素周期表中位置相近，其原子半径差别很小，且同为面心立方结构，故能无限互溶得到单一相固溶体。同时，由于 Cu/Ni 扩散偶在退火过程中不会发生相变，且会因退火而在界面处形成清晰的且明显不同于 Cu、Ni 的过渡层组织，因此通过测量不同磁场条件下的过渡层厚度，有利于直观地考察强磁场对互扩散行为的影响。

此外，由于实际中很多相变过程会伴随着反应的发生，而不仅仅是原子的扩散过程。因此，本节也选用具有反应扩散行为的 Al/Mg 扩散偶为例，对比介绍强磁场不同方向对 Al/Mg 扩散偶由于反应扩散形成的扩散层相组成及相生长规律，明确扩散层中各相的扩散生长机制[12]。

10.2.1 强磁场作用下 Cu/Ni 固溶扩散行为及柯肯达尔效应

在介绍强磁场作用下 Cu/Ni 扩散偶中的固态扩散行为之前，为便于理解，请首先了解柯肯达尔（Kirkendall）效应[13]。

知识扩展10-3　　柯肯达尔效应

在探讨强磁场对原子固态扩散行为的影响时，利用 Kirkendall 实验，在纯 Cu 基体上电镀 Ni 来制备 Cu/Ni 扩散偶，采用 Mo 丝标记界面。实验装置示意图和试样位置与磁场方向关系如图 10-1 所示。

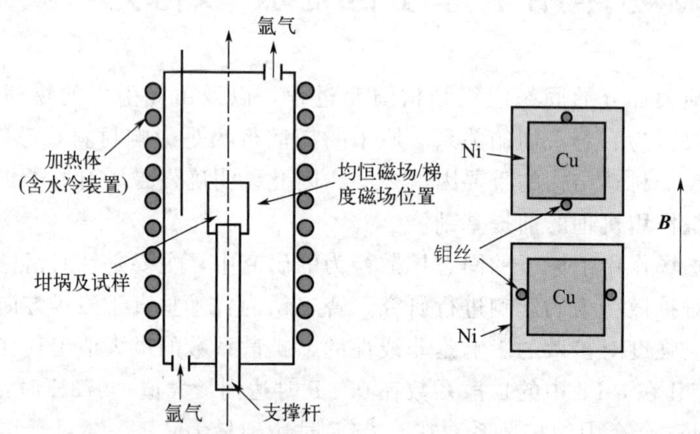

图 10-1　实验装置示意图和试样位置与磁场方向关系[2]

10.2.1.1 无磁场条件下 Mo 丝移动距离

在无磁场条件下，对 Cu/Ni 扩散偶进行扩散退火处理，其界面扩散行为遵循一般 Kirkendall 效应的空位扩散机制，即由于两相的空位梯度形成空位扩散的驱动力，最终达到平衡浓度。

图 10-2 为扩散退火前后的 Cu/Ni 扩散层与 Mo 丝标记处的界面微观组织。扩散偶经过退火后，Mo 丝标记与铜基体及镍层结合良好，无脱离迹象。在加热保温过程中，界面上 Ni、Cu 两组元的化学势差为原子的扩散提供了驱动力。通过图 10-2（b）可以看出，退火 9 h 后原始界面发生了迁移，在 Cu/Ni 扩散偶中出现三层微观组织，形成了 Ni 与扩散层、扩散层与 Cu 两个新的界面。在 Cu 基体和 Ni 镀层界面上发生了 Cu、Ni 的互扩散，且 Cu 基体和 Ni 层之间的扩散层的组织呈柱状晶分布。经高温扩散后，由于 Ni 原子向 Cu 侧扩散得多，Cu 原子向 Ni 侧扩散得少，使 Cu 侧伸长，Ni 侧缩短，导致 Mo 丝标记向 Ni 侧移动，即与 1947 年的柯肯达尔实验相同，Cu/Ni 扩散偶的互扩散同样是空位扩散机制。

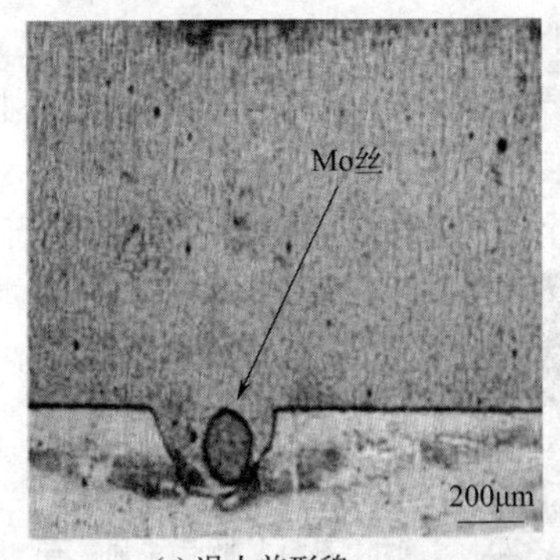

(a) 退火前形貌

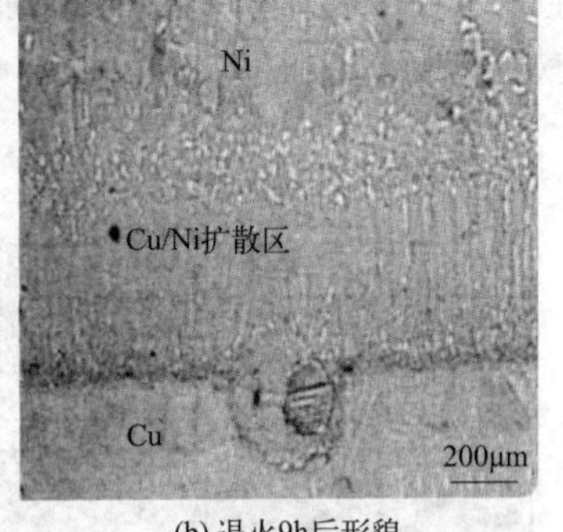

(b) 退火9h后形貌

图 10-2 退火 9h 前后 Cu/Ni 扩散层与 Mo 丝标记处的界面微观组织[2]

Kirkendall 效应中本征扩散系数的大小表征了原子扩散能力的强弱，在 Kirkendall 实验中，因 Ni 原子比 Cu 原子扩散速度快，所以有一个净原子流越过 Mo 丝流向 Cu 侧，同时有一个净空位流越过 Mo 丝流向 Ni 侧，造成 Cu 侧空位浓度下降（低于平衡浓度），Ni 侧空位浓度增高（高于平衡浓度）。随着扩散退火的进行，当两侧空位浓度恢复到平衡浓度时，Cu 侧将因空位增加而伸长，Ni 侧将因空位减少而缩短，相当于 Mo 丝向 Ni 侧移动了一段距离。

图 10-3 为 Mo 丝标记移动距离与退火时间平方根的关系图。Mo 丝标记移动距离与时间的关系可以反映出扩散层厚度与时间的关系。一般认为：当扩散层生长速度受界面前沿反应速率控制时，新相层的厚度与时间的关系遵循线性规律；当扩散层的生长受到界面原子扩散的控制时，新相层的厚度与时间的关系遵循抛物线规律。图 10-3 呈现出很好的线性规律，说明扩散层的生长受界面上原子扩散控制。

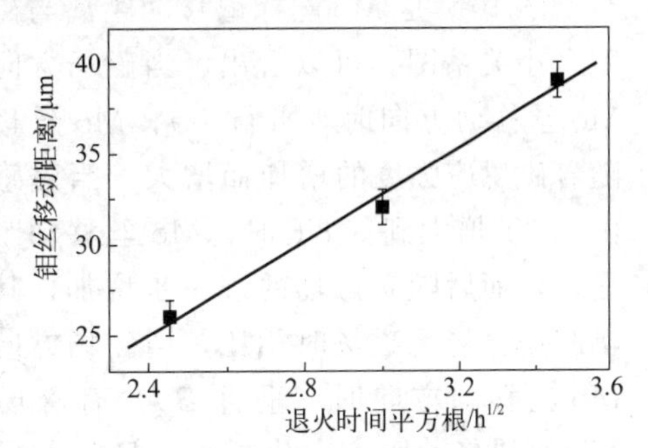

图 10-3 钼丝移动距离与退火时间平方根关系曲线[2]

10.2.1.2 均恒强磁场柯肯达尔效应

在 Cu/Ni 扩散偶扩散退火过程中施加一定的均恒磁场，其扩散行为会发生明显的改变。总的来讲：

① 磁场方向是影响原子扩散行为的重要因素；

② 磁感应强度与方向共同作用导致了原子扩散行为的改变；

③ 强磁场可以有效加速原子的扩散行为，原子的本征扩散系数和互扩散系数会随着磁感应强度的增加而增加；

④ 在平行于磁场方向的方向上（Mo 丝移动方向与磁场方向平行时），磁感应强度对原子扩散的影响较垂直于磁场方向更为显著。

上述结论可通过均恒磁场对 Cu/Ni 扩散偶的 Mo 丝移动距离、扩散层厚度、界面附近 Cu(Ni) 浓度分布、扩散系数等的影响的研究中获得。

(1) 磁感应强度和方向对 Mo 丝移动距离的影响

磁感应强度和方向对 Mo 丝移动距离有显著的影响，并且与 Mo 丝移动方向平行的磁场比垂直方向对扩散的影响更为显著。

图 10-4 为在退火前、无磁场退火后、施加磁场退火后 Cu/Ni 扩散偶中 Mo 丝移动变化示意图，可以直观地表示 Mo 丝移动的方向，其中 d_1、d_2、d_3 分别表示不同状态下 Mo 丝间的距离。

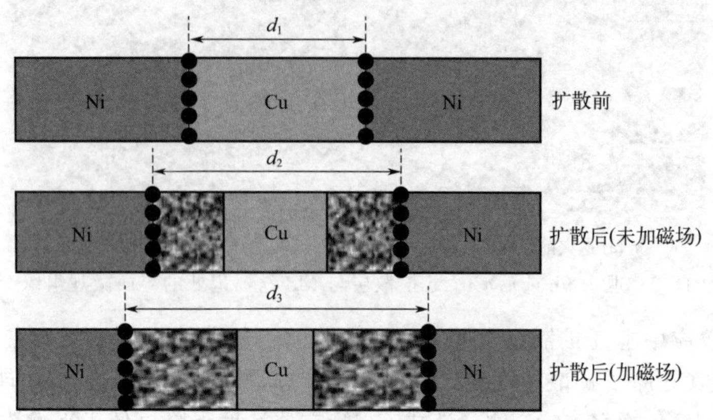

图 10-4　Cu/Ni 扩散偶中 Mo 丝移动示意[2]

图 10-5 是 Mo 丝标记移动距离与磁感应强度大小关系图。可以看出，当磁场方向平行于 Mo 丝移动方向时（平行 B），Mo 丝移动距离随着磁感应强度的增加而增大，当磁感应强度由 6.6T 增大到 8.8T 时，Mo 丝移动距离变化显著，而后随着磁场的进一步增加，其移动增幅减小。与无磁场时相比，当磁场方向垂直于 Mo 丝移动方向时（垂直 B），有磁场条件下 Mo 丝的移动距离变化很小。且随着磁感应强度增大 Mo 丝移动距离几乎不变。平行 B 的方向上，磁感应强度在 11.5 T 情况下 Mo 丝移动距离比 0 T 条件下 Mo 丝移动距离要大 40mm，而在垂直 B 方向上，同样的条件下却只增加了 4μm，即 Mo 丝移动速度平行 B 条件下是垂直 B 条件下的 Mo 丝移动速度的 10 倍。因此表明，磁场方向影响 Mo 丝移动的距离，平行方向的磁场比垂直方向对扩散的影响更显著。

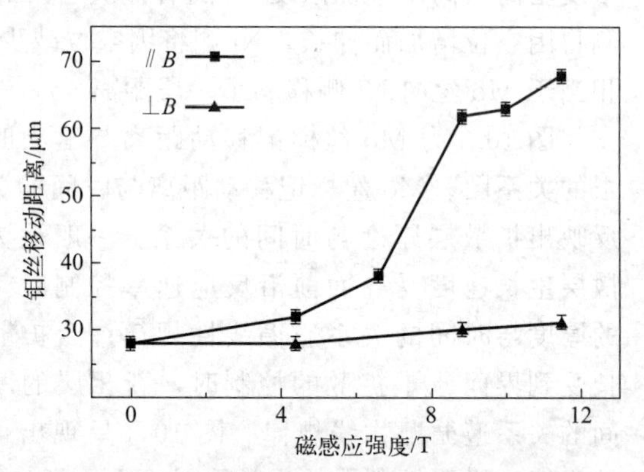

图 10-5　Mo 丝移动距离和磁感应强度关系[2]

（2）磁感应强度和方向对扩散层厚度的影响

磁感应强度和方向共同影响了扩散层的厚度。在平行 B 方向上，磁感应强度对扩散层厚度有强烈的影响，磁感应强度越大，扩散层厚度越大。在垂直 B 方向上，磁感应强度对扩散层厚度影响微弱，但其扩散层厚度也随磁感应强度的增加而有微小增加。即：强磁场作用加快了原子的扩散过程，促进了扩散层的形成与长大；同时，磁场方向也是扩散行为的重要影响因素，其与磁感应强度共同影响了扩散行为。

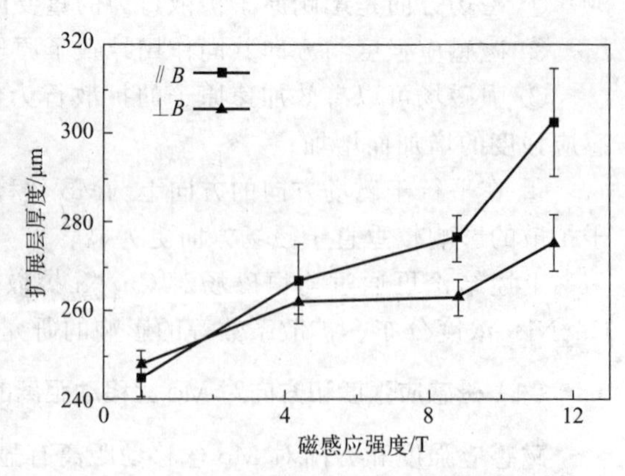

图 10-6　扩散层厚度和磁感应强度关系图[2]

图 10-6 为 Cu/Ni 扩散层厚度与磁感应强

度关系曲线图。可见平行 B 方向上，其扩散层厚度明显随着磁感应强度的增加而增加，在11.5T 情况下扩散层厚度比 0T 条件下扩散层厚度增加了 57μm。在垂直 B 方向上，其扩散层厚度随磁感应强度的增加也有微小增加。$//B$ 方向的扩散层生长速度几乎是$\perp B$ 方向的扩散层生长速度的两倍多。在强磁场条件下退火，扩散层厚度显著增加，表明强磁场作用促进了扩散过程和扩散层的形成与长大。然而，在不同方向上，扩散层厚度差别说明在这两个方向上原子扩散速度不同，进而说明磁场方向也是影响扩散的重要因素。

（3）磁场对界面附近 Cu（Ni）浓度分布的影响

强磁场作用于 Cu/Ni 扩散偶，可以加快 Cu 原子和 Ni 原子的扩散速度。Mo 丝向 Ni 层移动速度、Mo 丝移动距离、扩散层厚度都随着磁感应强度的增加而增加。

图 10-7 为平行 B 方向上不同磁感应强度条件下 Cu/Ni 扩散偶在扩散退火后界面层附近原子浓度分布曲线。图中两虚线处为原子扩散的距离，即浓度从 100%到接近 0%之间的电子探针线扫描距离。可以看出，当磁感应强度分别为 0T、4.4T、8.8T、11.5T 时，Ni 原子向 Cu 方向分别扩散了 0.060mm、0.096mm、0.108mm、0.126mm，表明随着磁感应强度的增加，原子的扩散距离增大。

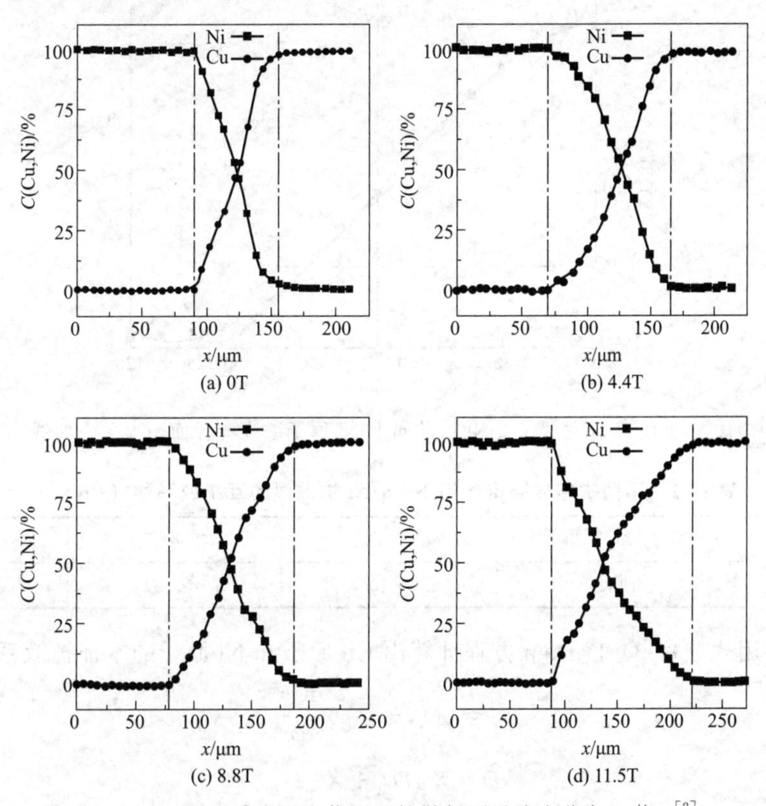

图 10-7 不同磁感应强度作用下扩散偶原子浓度分布（$//B$）[2]

（4）磁场对扩散系数的影响

在 Mo 丝移动方向与磁场方向平行时，互扩散系数、原子的本征扩散系数随着磁感应强度的增加而显著增加。即强磁场作用可加速原子的扩散。

利用扩散偶标记处附近金属的浓度-距离分布曲线关系，通过作图可求出金属的扩散系

数。如果扩散系数 D 随浓度变化，一维菲克第二定律可写成

$$\frac{\partial C}{\partial t}=\frac{\partial}{\partial x}\left(D\ \frac{\partial C}{\partial x}\right)=D\ \frac{\partial^2 C}{\partial x^2}+\frac{\partial D}{\partial x}\frac{\partial C}{\partial x} \tag{10-1}$$

扩散系数 D 方程解可表示为

$$\widetilde{D}=\frac{1}{2t}\frac{\mathrm{d}x}{\mathrm{d}C}\int_0^C x\,\mathrm{d}C \tag{10-2}$$

式中，$\widetilde{D}$ 为互扩散系数，m^2/s；C 为 Mo 丝标记处原子的浓度，mol/m^3；x 为金属原子扩散到浓度为 C 处的距离，m。

图 10-8 是磁感应强度为 11.5T 时，Cu/Ni 扩散偶中 Ni 原子浓度与界面距离的关系曲线图。Mo 丝标记处 Ni 原子的浓度为 25%，在此浓度下利用 Boltzmann-Matano 平面作图法，根据式（10-2）即可求出此浓度下的互扩散系数。同理可求出其它磁感应强度下的互扩散系数，表 10-2 为不同磁感应强度条件下的互扩散系数，可以看出互扩散系数随着磁感应强度的增加而增加。

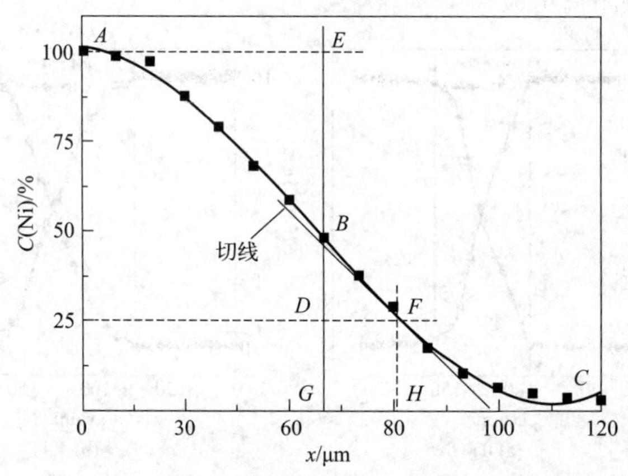

图 10-8　11.5T 条件下 Cu/Ni 扩散偶中 Ni 原子浓度与界面距离关系曲线[2]

表 10-2　不同磁感应强度作用下 Cu/Ni 扩散偶的互扩散系数（//B）[2]

磁感应强度	0 T	4.4 T	8.8 T	11.5 T
$\overline{D}/(m^2/s)$	2.13×10^{-14}	2.7×10^{-14}	3.0×10^{-14}	3.2×10^{-14}

进一步利用式（10-3）Darken 方程计算出 Cu 原子和 Ni 原子的本征扩散系数：

$$\nu=(D_A-D_B)\frac{\mathrm{d}C_A}{\mathrm{d}x}$$

$$\widetilde{D}=X_B D_A+X_A D_B \tag{10-3}$$

式中，D_A 为 A 原子的本征扩散系数，m^2/s；D_B 为 B 原子的本征扩散系数，m^2/s；$\mathrm{d}C_A/\mathrm{d}x$ 为 A 原子的浓度梯度，mol/m^4；X_A 为 A 原子的摩尔分数；X_B 为 B 原子的摩尔分数。

若要计算出 A 原子和 B 原子的本征扩散系数，需首先求出标记物的迁移速度。通过实验可以测量标志物的迁移速度，已知位移量与时间关系为

$$l=B^*t^{1/2} \tag{10-4}$$

式中，l 为标记物运动距离，m；B^* 为比例常数。

则界面的迁移速度为

$$\nu_g=\frac{dl}{dt}=\frac{l}{2t} \tag{10-5}$$

联立方程式（10-4）和式（10-5）则可以求出 Mo 丝标记处 Cu 原子和 Ni 原子的本征扩散系数。在不同磁感应强度条件下，Cu 原子和 Ni 原子的本征扩散系数如表 10-3 所示。可以看出在 Mo 丝移动方向与磁场方向平行时，其原子的扩散系数随着磁感应强度的增大而增加，表明在强磁场作用下对 Cu/Ni 扩散偶进行扩散退火时，强磁场作用加速了原子的扩散，Cu 原子和 Ni 原子的本征扩散系数随着磁感应强度的增加而显著增加。此外，在//B 方向上不同的磁场条件下，Ni 原子的本征扩散系数都要大于 Cu 原子的本征扩散系数，即 Ni 原子比 Cu 原子扩散得快，从而使标记物向 Ni 侧移动，随着磁感应强度的增加，Mo 丝标记物移动距离显著增加。

表 10-3　不同磁感应强度作用下铜原子和镍原子的本征扩散系数（平行 *B*）[2]

磁感应强度	0T	4.4T	8.8T	11.5T
$D_{Ni}/(m^2/s)$	2.14×10^{-14}	2.71×10^{-14}	3.03×10^{-14}	3.23×10^{-14}
$D_{Cu}/(m^2/s)$	2.09×10^{-14}	2.65×10^{-14}	2.93×10^{-14}	3.11×10^{-14}

10.2.1.3　梯度强磁场柯肯达尔效应

对于梯度强磁场的情况，由于磁场梯度的存在，其与磁感应强度和方向会形成耦合作用，共同影响原子的扩散行为。同时，也需要同时考虑梯度磁场下材料的磁致收缩、材料的磁性、磁化率、磁自由能梯度等因素的共同作用。

知识扩展10-4　　梯度强磁场柯肯达尔效应

10.2.2　强磁场作用下 Al/Mg 固态反应扩散行为

在上一小节中，探讨了无扩散反应的 Cu/Ni 扩散偶在强磁场作用下的扩散行为。然而，实际中很多相变过程会伴随着反应的发生，而不仅仅是原子的扩散过程。那么，在强磁场作用下，具有反应扩散行为的扩散偶的扩散行为又有什么显著特征和特别的机制呢？

为明确这一问题，本小节以具有反应扩散行为的 Al/Mg 扩散偶为例，对比介绍强磁场不同方向对 Al/Mg 扩散偶由于反应扩散形成的扩散层相组成及相生长规律，明确扩散层中各相的扩散生长机制[12]。总的来讲：

① 强磁场可显著促进原子的反应扩散速度：磁场条件下的扩散层厚度会明显大于无磁场条件下的扩散层厚度，强磁场能够促进扩散层的生长；

② 强磁场对 Al/Mg 扩散层的相组成没有影响；

③ 磁场方向对扩散层厚度的影响机制尚不明确；

④ 强磁场主要是通过增大扩散常数 D_0 来促进金属原子的扩散。

(1) 强磁场对 Al/Mg 扩散层相组成的影响

由于在上一小节中，知道强磁场可显著促进原子的扩散速度，因此，可以预见，磁场条件下的扩散层厚度会明显大于无磁场条件下的扩散层厚度。但强磁场对 Al/Mg 扩散层的相组成没有影响。

图 10-9 为无磁场及 11.5T 磁场条件下 400℃保温 10h 后得到的 Al/Mg 扩散层形貌，图中箭头代表外加磁场方向。从图中可以看出，退火后，在 Al、Mg 基体之间形成具有一定厚度的过渡层，且分为明显的两层，层与层之间界面平直，厚度均匀。11.5T 磁场条件下扩散层厚度较大，说明磁场促进了扩散层的生长。

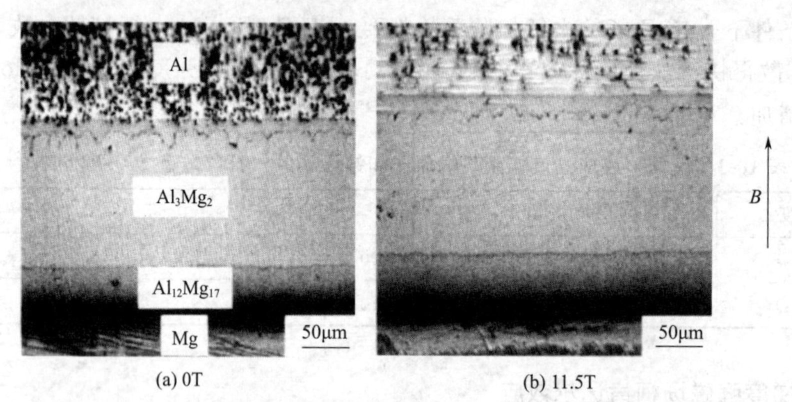

图 10-9 不同强磁场条件下 400℃保温 10h 时 Al/Mg 扩散层形貌[2]

(2) 强磁场对 Al/Mg 扩散层厚度的影响

强磁场能够促进扩散层的生长，而磁场方向对扩散层厚度的影响机制尚不明确，其作用程度受温度场的影响而不同。

图 10-10 是 370℃和 400℃时，不同磁场方向下 Al/Mg 扩散偶保温 10h 后的扩散层厚度。可见，在 370℃时，从 0°到 90°，扩散层的厚度先减小后增大，在 90°达到最大；90°到 180°，又逐渐减小，180°时扩散层厚度值最小。而 400℃时，Al/Mg 扩散层厚度随磁场方向的改变变化不明显。可知，370℃时磁场方向对 Al/Mg 的扩散有影响；而当温度升高至 400℃时，扩散层厚度随磁场方向的改变未发生明显变化，可能是因为高温时，磁场方向对扩散的影响被温度的影响掩盖，所以不同磁场方向下扩散层的厚度变化不再明显。

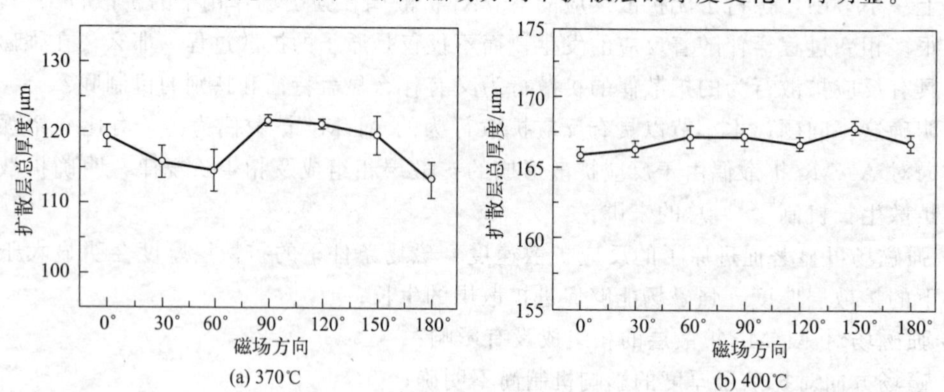

图 10-10 11.5T 强磁场作用下不同温度保温 10h 时不同磁场方向的扩散层厚度[2]

（3）强磁场对 Al/Mg 扩散层生长动力学行为的影响

总体来说，强磁场主要是通过增大扩散常数 D_0 来促进金属原子的扩散。同时，由于不同物相的晶体结构差异，强磁场对不同物相层可能会表现出不同的影响规律。

知识扩展10-5 强磁场对 Al/Mg 扩散层生长动力学行为的影响

10.2.3 强磁场作用下合金热处理过程中溶质迁移行为（溶质偏析）

元素的偏析可以理解为溶质元素分布不均匀，其对合金的性能有很大的影响。偏析可分为微观偏析和宏观偏析。微观偏析是相变时界面处溶质或溶剂迁移的结果，各种不同形式的微观偏析只是溶质移动方向、距离及扩展蔓延的差别。一般情况下，微观偏析会降低合金的塑性和韧性等力学性能以及抗腐蚀性。微观偏析中的晶界偏析往往有更大的危害性，由于偏析使低熔点共晶组织容易集中在晶粒的边界上，这样就增加了铸件在收缩过程中产生热裂的倾向性。区域的宏观偏析使铸件经过压力加工后的金属制品在力学性能和物理性能方面产生很大的差异，影响材料的使用寿命和工作效果。

从前两小节可以看出，强磁场对原子固态扩散行为会产生显著的影响，因此必然会对与原子扩散行为密切相关的溶质原子的偏析行为产生影响，但目前强磁场对合金中溶质原子偏析行为的影响机制还不明确。例如，对 Fe-0.8Sn 合金进行磁场下的退火处理，可以发现，退火温度 973K、退火时间 3h 后，无磁场条件下 Sn 在任意晶界的浓度是晶内的 2.5 倍，而在 3T 均恒磁场作用下退火的试样中，任意晶界处 Sn 的浓度与晶内大致相等[14]。

本小节以强磁场条件下 Al-Cu 合金的热处理为例，介绍强磁场对合金溶质分布行为的影响[15]。

10.2.3.1 强磁场对 Al-Cu 合金溶质分布的影响

强磁场对原子固态扩散行为影响显著，因此也会对溶质原子的偏析行为产生影响，但目前强磁场对合金中溶质原子偏析行为的影响机制尚不明确。目前的研究可以得出：强磁场对合金的组织形貌、晶粒大小影响不是很明显。在不超过某一磁感应强度的磁场作用下的热处理可使更多的溶质元素固溶入基体中。

在有无磁场、不同磁感应强度条件下，对 Al-Cu 合金进行不同温度、不同时间的保温观察。图 10-11 为有无强磁场条件下 Al-Cu 合金在 350℃保温 30min 后的显微组织形貌，图中浅灰色相为 Cu 在 α-Al 中的固溶体，深灰色相则为 θ 相。可见，磁场对组织形貌影响不是很明显，且施加磁场对晶粒大小影响不明显。

图 10-12 给出了不同强磁场条件下在 540℃保温 60min 时 θ 相面积百分数。经磁感应强度为 0T、4.4T、8.8T、11.5T 的热处理后，θ 相面积百分数分别为 2.2%、1.1%、1.0%、1.0%。与无磁场热处理相比，强磁场热处理后的 θ 相明显减少，但不同磁感应强度热处理的组织中 θ 相的相对含量无明显变化。说明磁场作用下的热处理可使更多的溶质元素固溶入基体中，但当磁感应强度超过某一值后，θ 相的面积百分数不再减小。

10.2.3.2 强磁场作用下 Al-Cu 合金溶质分布机理

有研究表明，强磁场对 Al-Cu 合金相平衡没有影响，说明 θ 相的减少不是由于强磁场影

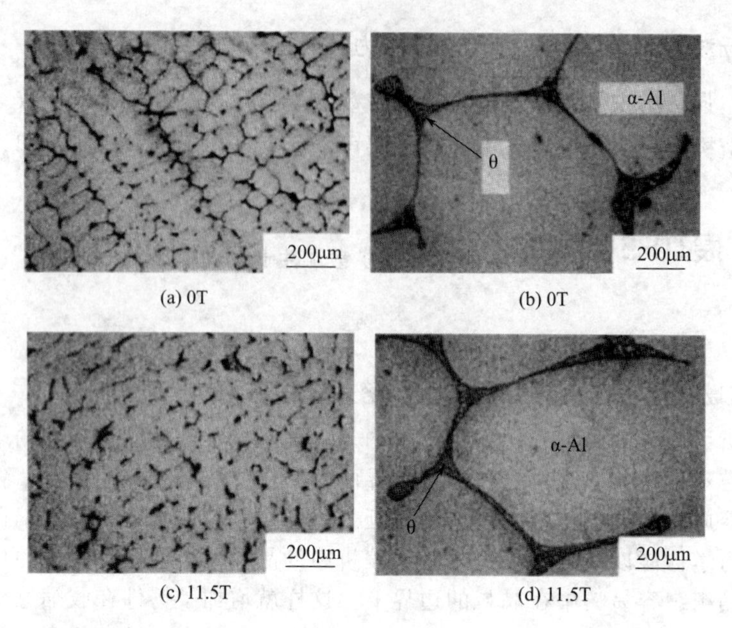

(a) 0T (b) 0T

(c) 11.5T (d) 11.5T

图 10-11　有无强磁场条件下 Al-4.8Cu 合金（质量分数）350℃保温 30min 的微观组织[2]

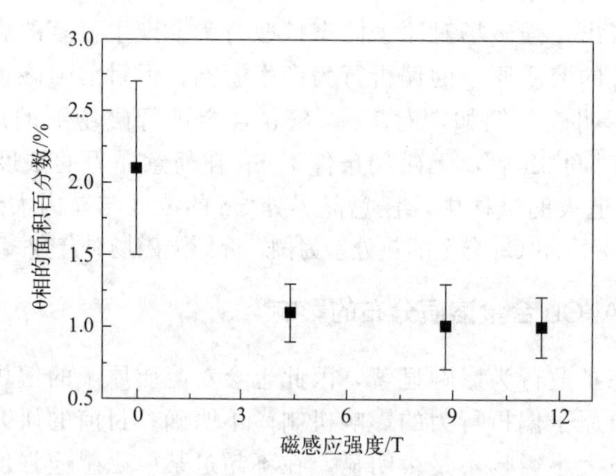

图 10-12　θ 相的面积百分数随磁感应强度的变化[2]

响系统自由能而改变了合金相图。强磁场条件下，相减少的主要原因是强磁场促进 Cu 的扩散，使扩散通量增加，从而加速向平衡状态的演变。

有无强磁场条件下，Cu 从 α-Al 基体中的 θ 相向外的扩散通量为

$$J_{Cu}=-D_{Cu}\frac{\partial C_{Cu}}{\partial z} \tag{10-6}$$

$$J'_{Cu}=-D_{Cu}\frac{\partial C_{Cu}}{\partial z}-D_{Cu}\frac{C_{Cu}}{RT}\frac{\partial U}{\partial z} \tag{10-7}$$

$$U=-\frac{1}{2}\mu_0 H^2 \tag{10-8}$$

式中，J_{Cu} 为无磁场的扩散通量，mol/(m^2/s)；J'_{Cu}为有磁场的扩散通量，mol/(m^2/s)；C_{Cu} 为 Cu 在 α-Al 基体或者 θ 相中的体积浓度，mol/m^3；D_{Cu} 为 Cu 在 Al 中的扩散系数，

m^2/s；μ_0 为真空磁导率，H/m；z 为扩散位置，m。

式（10-7）右边第二项 $D_{Cu}\dfrac{C_{Cu}}{RT}\dfrac{\partial U}{\partial z}$ 的存在表明磁场可能增加或者减少扩散通量。如果 $\dfrac{\partial C_{Cu}}{\partial z}$ 和 $\dfrac{\partial U}{\partial z}$ 的符号相同，则扩散通量增加。由于 Cu 在 θ 相中的浓度大于 α 相，即 $C_{Cu,\theta}>C_{Cu,\alpha}$，所以如果 θ 相磁自由能高于 α 相，则扩散通量增加。而 θ 相的磁化率目前还没被测量过，不过研究验证了 Al_2Cu 晶体具有磁晶各向异性[2]。θ 相和 Al-Cu 熔体磁化率的关系可以通过已有的实验结果推导出来。Li 等对 Al-34.3Cu 合金（质量分数）进行了有、无磁场下差热分析（冷却速度 5℃/min），发现 6T 强磁场减小了 θ 相在过共晶 Al-34.3Cu 合金（质量分数）中的析出温度。因此，结晶温度（约 577℃）下有下列关系成立[2]

$$G_\theta < G_{\text{Al-34.3Cu(L)}} \tag{10-9}$$

$$G_\theta + U_\theta < G_{\text{Al-34.3Cu(L)}} + U_{\text{Al-34.3Cu(L)}} \tag{10-10}$$

式中，G 为无磁场条件下的 Gibbs 自由能，J/mol（34.4 为质量分数）。

由式（10-9）和式（10-10）知，577℃时，θ 相的磁自由能高于 Al-34.3 Cu 液相，即 $U_\theta < U_{\text{Al-34.3Cu(L)}}$。所以，577℃ 温度下，$\theta$ 相和 Al-34.3Cu 液相磁化率的关系为 $\chi_\theta < \chi_{\text{Al-34.3Cu(L)}}$。液态 Al 和 Cu 的磁化率分别为 1.33×10^{-3}T 和 -0.98×10^{-5}T。所以，如果磁化率的加和性成立，Al-34.3Cu 液相的磁化率很可能比液态 Al 小［$\chi_\theta < \chi_{\text{Al-34.3Cu(L)}}$］。另外，因为 α 相是 Cu 在 α-Al 中的固溶体，所以 α 相可能与 Al 有相似的磁性能，即 $\chi_{\text{Al(S)}} \approx \chi_\alpha$。另外，677℃时，$\chi_{\text{Al(L)}} \approx \chi_{\text{Al(S)}}$[2]。根据以上的分析可知，$\theta$ 相的磁化率小于 α 相，因此，θ 相的磁自由能大于 α 相，即 $U_\theta > U_\alpha$。在本实验条件下，$\dfrac{\partial C_{Cu}}{\partial z}$ 和 $\dfrac{\partial U}{\partial z}$ 项的符号是相同的。施加磁场后通过 θ 相和 α 相界面的扩散通量增加，即磁场促进了 θ 相向 α 相的转变。

10.3 强磁场作用下钢中的固态相变

任意材料在磁场作用下都会被磁化，进而具有磁化能。处于不同状态的具有磁性差异的材料，在磁场的作用下会引起 Gibbs 自由能的差别，进而导致材料在不同状态下稳定性发生变化。由于材料间的磁性差别和外加磁感应强度的大小决定了磁化能差，因此强磁场对有铁磁性材料参加的相变过程的相平衡影响更加显著。由于铁磁性合金中马氏体和铁素体是典型的铁磁性相，而奥氏体为顺磁性相，因此本节主要以铁磁性合金为例介绍强磁场对相变过程的影响和作用机制。

根据目前已报道研究成果可知，对于铁基合金非扩散马氏体相变，磁场可以显著改变/诱导马氏体的等温和变温相转变过程，提高马氏体相变的起始温度和转变量。Kakeshita 等[16,17] 采用更高强度的脉冲磁场针对磁场对马氏体相变的热力学和动力学过程，包括对 M_s 温度、相转变量、转变产物的形貌和 TTT 图等方面的影响，以及这些影响随磁场强度的变化进行了更加细致和深入的实验研究和理论分析，揭示了强磁场影响马氏体相变的影响规律。对于扩散型相变——奥氏体→铁素体相变，强磁场会引起 Fe-C 合金平衡相图中的奥氏体/铁素体平衡线向高碳和高温区域移动[18,19]，可以显著提高奥氏体/铁素体的相转变温度[18] 和铁素体在合金中的体积分数，并明显加快相变速度[20]。

近年来，国内外学者对强磁场作用下马氏体相变、铁素体相变进行了大量研究，而且对强磁场作用下晶界迁移、织构、非晶晶化和马氏体回火等多种固态转变行为进行了一定的研究。值得强调的是，强磁场作为一种外加物理场，因其所提供的能量有限，大多数情况下的固态相变过程都是外加强磁场与温度场共同作用的耦合结果。本节将着重介绍强磁场作用下马氏体相变和铁素体相变过程的热力学和动力学，阐述均恒强磁场及梯度强磁场对铁素体相变组织形貌的影响机制。同时，也对目前研究较少的珠光体相变及贝氏体相变进行简单介绍。

10.3.1 强磁场作用下的马氏体相变

(1) 强磁场作用下的马氏体相变热力学

目前认为，对于马氏体相变：

① 磁场的作用可以使 M_s 点升高；

② 在 M_s 点以上诱发马氏体相变的磁场存在临界值 H_{MC}，低于此值的磁场不能导致马氏体相变；

③ 该临界值 H_{MC} 随温度的升高而增大；

④ 磁场的作用是 Zeeman 效应、强磁场磁化效应、体积磁致伸缩效应共同作用的结果。

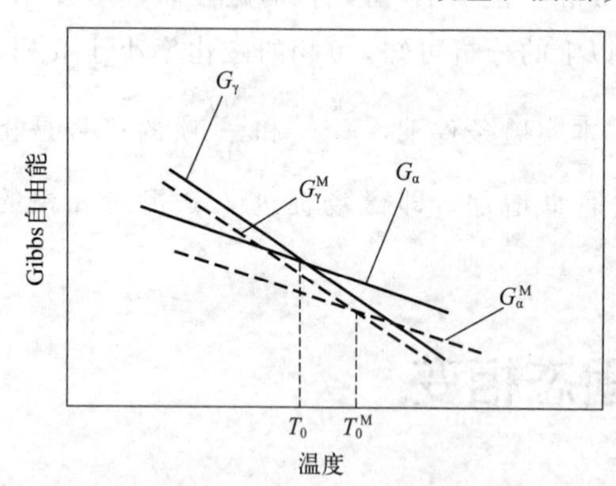

图 10-13　有无磁场时奥氏体和马氏体 Gibbs 自由能随温度的变化示意图[2]

α—马氏体；γ—奥氏体；M—外加磁场

由于在奥氏体向马氏体转变的过程中，马氏体与奥氏体的磁性差异较大。具有铁磁性的马氏体与顺磁性的奥氏体相比具有较高的磁化强度。而磁场的作用可以改变材料的自由能[21]，所以在磁场作用下，马氏体的 Gibbs 自由能会大大降低，而顺磁性奥氏体的 Gibbs 自由能在磁场下降低较小，因此马氏体在磁场下更加稳定，如图 10-13 所示。由于磁场的作用，马氏体的 Gibbs 自由能由 G_α 降到 G_α^M，而奥氏体的自由能只从 G_γ 到 G_γ^M 发生很小的变化，因此两相的平衡温度就由 T_0 升高到 T_0^M，即 M_s 温度升高。由于相变的驱动力取决于两相的 Gibbs 自由能差，因此磁场可显著促进这一相变过程。

早期研究表明，较小的外磁场能使马氏体的 M_s 点升高，认为强磁场对马氏体相变的影响主要是由磁化能引起的，推导出估算 M_s 点升高的公式[2]：

$$\Delta T=\frac{\Delta MHT_0}{q} \tag{10-11}$$

式中，ΔM 为母相和生成相的磁化强度差，G；H 为外加磁场强度，Oe；T_0 为母相和生成相达到平衡时的温度，K；q 为相变潜热，J/mol。

利用该公式计算所得到的 Fe-Ni 合金的 M_s 升高值与实验结果吻合较好[2]。

随着研究的进一步深入，发现在 M_s 点以上诱发马氏体相变的磁场存在一个临界值 H_{MC}，低于此值磁场不能导致马氏体相变。该临界值随温度的升高而增大。同时还发现，对于有序及无序 Fe-Pt 合金、Fe-Ni-Co-Ti 热弹性合金、Fe-Ni 合金等，实验测得的 M_s 点的升高值与利用公式（10-11）计算的结果出入很大，并由此断定磁场的作用不仅仅源于静磁能的作用。研究认为，磁场的作用是源于高场磁化率效应和受迫磁致伸缩效应，并提出了估算 M_s 点升高的更精确的公式[2]：

$$\Delta G(M_s)-\Delta G(M')=-\Delta M(M_s')H_{MC}-\frac{\chi_h^p H_{MC}^2}{2}+\varepsilon_0\left(\frac{\partial\lambda}{\partial H}\right)H_{MC}B \qquad (10\text{-}12)$$

式中，$\Delta G(M_s)$ 为 M_s 温度时母相和生成相的 Gibbs 化学自由能差，J/mol；$\Delta G(M')$ 为 M'温度时母相和生成相的 Gibbs 磁学自由能差，J/mol；M_s'为磁场诱发马氏体相变点，K；$\Delta M(M_s')$ 为 M_s'温度时奥氏体与马氏体的自发磁化强度（磁矩）差，G；H_{MC} 为诱发马氏体相变的临界磁场强度，Oe；χ_h^p 为母相奥氏体在高磁场下的磁化率，emu/(mol·Oe)；ε_0 为应变；λ 为体积磁致伸缩，m^3；B 为体积模量，Pa。

等式右边第一项表示 Zeeman 效应，第二项表示强磁场的磁化效应，第三项表示体磁致伸缩效应，三者的关系如图 10-14 所示，说明磁场对 M_s 点的影响不仅由 Zeeman 效应引起，还与强磁场磁化效应、体积磁致伸缩效应有关。

计算结果表明，对于 Fe-Pt、Fe-Ni、Fe-Ni-C 和 Fe-Mn-C 合金，M_s 温度升高值与外加磁场的关系与实测结果符合得较好。

（2）强磁场作用下的马氏体相变动力学

磁场不仅对 M_s 点有影响，还对马氏体相变动力学有影响。铁基材料中，变温马氏体相变的转变量随转变温度的降低而增加；等温马氏体相变中，马氏体的转变量既随保温时间的延长而增加，也随转变温度的降低而增加。有研究者在研究强磁场作用下 Fe-24.9Ni-3.9Mn（质量分数）合金的马氏体相变动力学时发现[2,22]，较高的磁场使马氏体生长加速，且使 TTT 曲线“鼻温”下降，孕育期缩短，如图 10-15 所示。

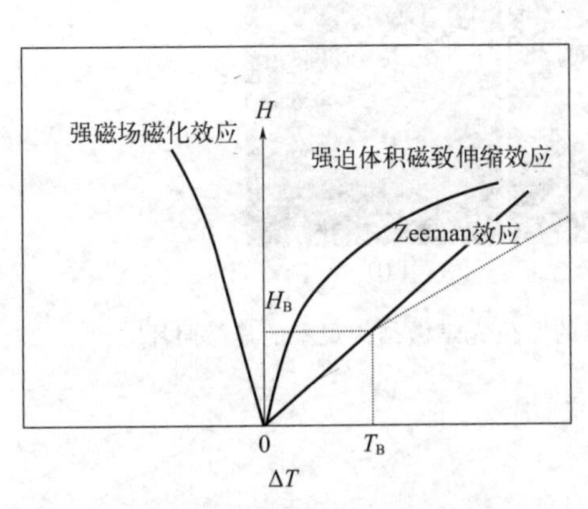

图 10-14 Zeeman 效应、强磁场磁化效应和体积磁致伸缩效应对 M_s 点的影响[16]

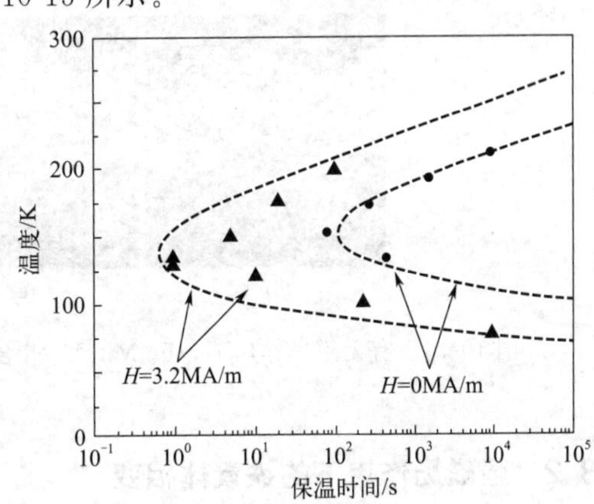

图 10-15 外磁场对 Fe-24.9Ni-3.9Mn 合金马氏体相变 TTT 曲线的影响[2]

在 4～298K 温度和 30T 连续外加磁场条件下，通过随时间变化的磁化测量，测定 12Cr9Ni4Mo2Cu1Ti0.7Al0.3Mn0.3Si 时效钢中奥氏体相向马氏体相变的等温动力学，可以发现，在强磁场作用下，相变动力学被加速了几个数量级。这是由于成核势垒随外加磁场的增大线性减小。马氏体形核速度很快，相变主要受形核速度控制。磁场的加入对形核驱动力和形核速率的影响，此二者的竞争形成了C曲线[23]。

此外，在磁场强度高于某特定值时，强磁场能在较大温度范围内诱发马氏体相变，磁场诱发的马氏体相变与传热方式诱发的相变具有几乎相同的组织形态。表明磁与热影响过冷奥氏体相变过程的机理相似。但磁与热在促进晶粒细化的作用上则有所不同，升高温度能使形核速度增大，但会同时增大界面移动速度。由于都受指数函数的影响，因此升高温度对晶粒细化不会起作用。如果对 Fe-Mn-Al-Ni 合金热处理过程中施加一定的磁场，通过光学显微镜观察，可以清晰地观察到磁场诱导的马氏体逆相变[24]。如图 10-16（a）所示，在 300K 时，样品是带有少量马氏体片的母相。在不加磁场的情况下将样品冷却到 8.5K，在图 10-16（b）中可以清楚地观察到热马氏体相变引起的表面浮雕。加热后马氏体逐渐消失，加热到 320K 后仍有部分马氏体残留［图 10-16（c）］。马氏体片的生长和收缩是热弹性马氏体相变的典型特征。然后将样品置于 100K，低于图 10-16 所示的马氏体逆相变开始温度，以施加磁场。图 10-16（d）显示了施加磁场之前的显微照片，其中类似于图 10-16（b）的自适应微结构似乎在大多数区域中再次出现。图 10-16（e）显示了在 30.5T 的最大磁场下的显微照片，与图 10-16（d）相比，在实线框中可以看到剧烈的微结构变化，清楚地显示了磁场诱导的逆变。虽然可以观察到磁场诱导相变，但即使外加磁场为 30.5T，也不是所有的马氏体都转变为母相。去掉磁场后，如图 10-16（f）所示，与图 10-16（d）相比，框中的显微组织几乎恢复了。

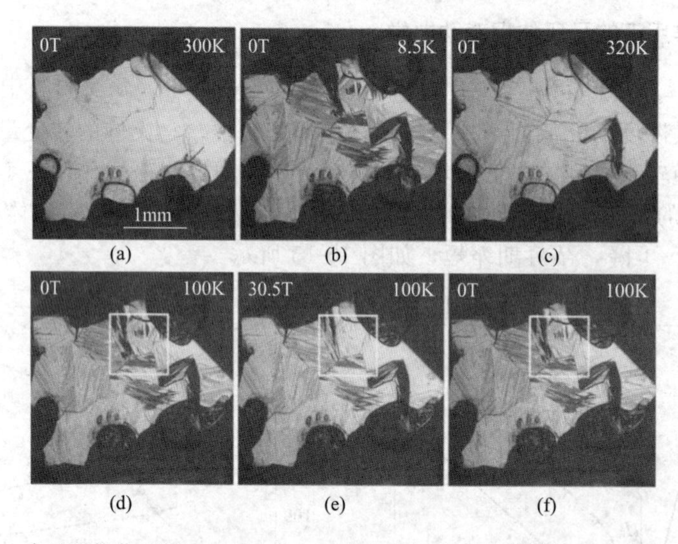

图 10-16　有无磁场作用下，Fe-Mn-Al-Ni 合金的原位光学微结构观察的显微照片[24]

10.3.2　强磁场作用下的铁素体相变

10.3.2.1　均恒强磁场作用下铁素体相变热力学

与磁场下马氏体相变相似，奥氏体-铁素体相变也是由于在强磁场条件下铁素体自由能下降得比奥氏体快，从而导致相平衡温度的变化。

磁场下材料的单位体积静磁能的改变为[19]

$$U=\frac{1}{2}(1+\chi)H^2 \tag{10-13}$$

式中，U 为单位体积静磁能，J/m^3。

在磁场作用下，奥氏体与铁素体的磁自由能差为

$$\Delta G_M=-U_\alpha-(-U_\gamma)=-\frac{1}{2}H^2(\chi_\alpha-\chi_\gamma) \tag{10-14}$$

因此，在磁场作用下 γ/α 相变的驱动力为

$$\Delta G_M^{\gamma\rightarrow\alpha+\gamma'}=\Delta G^{\gamma\rightarrow\alpha+\gamma'}+(1-\chi_\gamma)K^*\Delta G_M \tag{10-15}$$

式中，K^* 为体积自由能转换为摩尔自由能的转换系数。

实际上，磁场为奥氏体发生先共析铁素体相变提供附加驱动力。在外磁场的作用下，Fe-C 平衡相图中 A_{c3} 线移向高温及高碳含量区域，而 A_{cm} 线的位置基本保持不变，这样共析温度和共析成分均随外磁场强度的增大而升高和增大。Joo 等研究者[25]首次模拟外磁场作用下的相图，利用 Weiss 模型计算磁化强度和全部温度范围内铁素体的 Gibbs 磁自由能，同时在不同的温度上根据 M-H 曲线进行积分并产生以外加磁场为自变量的 Gibbs 磁自由能函数，得到了外磁场对 Fe-C 平衡相图影响非常有价值的信息。Zhang 等[27]采用修正的模型对奥氏体和铁素体在居里温度以上的磁化率进行计算，模拟了强磁场作用下 Fe-C 相图中 α/α+γ 和 γ/γ+α 相界线的变化，也进一步验证和发展了上述结果，如图 10-17 所示。

利用膨胀法，对碳含量分别为 x=0.1%、0.2%、0.3%（质量分数）的 Fe-1.5Mn-xC 普通碳钢（质量分数）测试 γ/α 初始相变温度随磁场的变化规律，其中，磁感应强度最高为 16T。可以发现，在磁场作用下，相图的先共析区（即奥氏体、铁素体+奥氏体和铁素体+珠光体稳定区）向高温方向移动。0.1%、0.2%、0.3%C 钢（质量分数）的 A_{r3} 温度分别线性升高 2.2K/T、2.4K/T、2.7K/T，A_{r1} 温度升高 2.5K/T，珠光体析出温度向高温偏移 1.8K/T[26]，如图 10-18 所示。

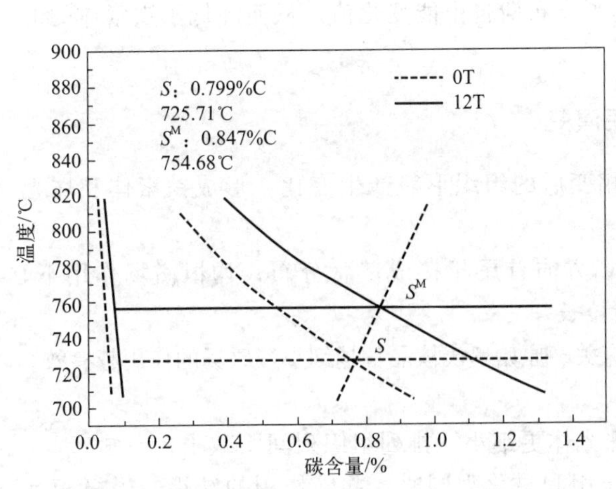

图 10-17 计算的 Fe-C 合金相图在无磁场和 12T 磁场条件下的变化[27]

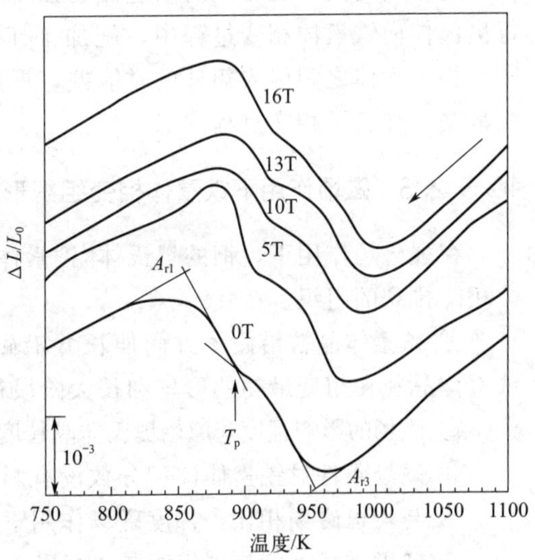

图 10-18 不同磁场强度下 0.3%C 钢（质量分数）膨胀法冷却曲线，纵坐标为样品伸长量与室温下初始长度的比值[26]

10.3.2.2 均恒强磁场作用下铁素体相变动力学

磁场的施加可增加铁素体相变的驱动力，表现在动力学上为使铁素体在更高的温度下形核，形核率增加，最终晶粒得到细化。同时，在临界形核势垒处增加一个磁场附加能，使临界形核势垒降低。临界形核势垒可以表述如下：

$$\Delta G_{\mathrm{M}}^{*}=\frac{8}{3}\pi V_{\mathrm{Fe}}^{2}\frac{\sigma^{3}}{(\Delta G+\Delta G_{\mathrm{M}})^{2}} \tag{10-16}$$

式中，V_{Fe} 为 α 相的摩尔体积，m^3/mol；ΔG 为形成新相时的摩尔 Gibbs 自由能变化值，J/mol；G_{M} 为磁场附加能，J/mol；σ 为界面能，J/m^2。

磁场下的形核率可以表示为

$$I=K_{\mathrm{v}}\exp(-\frac{Q}{k_{\mathrm{B}}T})\exp(-\frac{\Delta G_{\mathrm{M}}^{*}}{k_{\mathrm{B}}T}) \tag{10-17}$$

式中，K_{v} 为与母相跳跃相关的量。

从式（10-17）可以看出，形核率随着临界形核势垒的下降而增加。

铁素体的晶粒度与生长速度相关，生长速度 v_{k} 的表达式如下：

$$v_{\mathrm{k}}=\frac{\Gamma n v_{\mathrm{D}} V_{\mathrm{m}}^{2}}{N_{0}RT}\exp(-\frac{\Delta G_{\mathrm{M}}^{*}-\Delta G_{\mathrm{M}}}{2})\frac{\Delta G}{V_{\mathrm{m}}} \tag{10-18}$$

式中，Γ 为铁素体晶粒接纳原子的概率；V_{m} 为铁素体晶粒体积，m^3；N_0 为阿伏伽德罗常量；n 为参与扩散的奥氏体晶粒数量；v_{D} 为扩散速度，m/s。从中可以看出，随着磁场的施加生长速度增大。

另外，比较式（10-17）和式（10-18）可知，相比于晶粒生长速度，磁场能对铁素体形核率的影响更大，且相变时间随磁场强度的增加而缩短。对 42CrMo 钢在不同冷却速度下进行奥氏体向铁素体相变过程中，施加 14T 的强磁场，可以发现，强磁场通过在母体奥氏体和产物铁素体之间引入额外的磁能差，提高了吉布斯自由能变化值。从而降低了铁素体的形核势垒，加速了相变过程[27]。

10.3.2.3 磁场作用下铁素体相变组织形貌演变

在强磁场作用下，钢的奥氏体/铁素体相变后的组织形貌产生变化，形成铁素体和珠光体相间排列的组织。

① 铁素体晶粒沿磁场方向伸长并沿磁场方向首尾相接成链状分布；均恒磁场作用下，铁素体晶粒在相变最初的形核和长大阶段被拉长。

② 磁场的影响程度与原始奥氏体晶粒度有关。原始奥氏体晶粒越细小，磁场的作用越有效。

③ 磁场条件对铁素体体积分数没有影响。

④ 与均恒磁场相比，梯度磁场作用下珠光体更细小，排列组织列间距减小。

⑤ 梯度磁场下的排列组织是磁极相互作用和磁化力同时、共同作用的结果。磁极相互作用是铁素体晶粒拉长的原因。

⑥ 强磁场条件下，存在奥氏体晶粒尺寸的临界值。低于此临界值时，磁极相互作用才

会对相变初始阶段的铁素体形核与长大起作用。

在均恒强磁场条件下，排列组织的形成机理[27,28]为：在普碳钢连续冷却相变过程中，奥氏体首先转变为先共析铁素体，当温度低于A_{r1}时转变为珠光体。在相变的开始阶段，铁磁性的铁素体晶粒在顺磁性奥氏体基体上形核时，铁素体在磁场的磁化下产生磁矩。成对的铁素体晶粒平行于磁场方向时，就会相互吸引，而垂直于磁场方向时就会相互排斥。这种磁极相互作用可以降低整个系统的自由能。随着相变的进行，碳由形成的铁素体向未相变的奥氏体中扩散。沿磁场方向形成的铁素体使碳沿垂直磁场方向扩散，未转变的奥氏体得到更多的碳，而成为富碳奥氏体。当温度低于A_{r1}时，这些富碳奥氏体转变为珠光体。最终，由于磁极相互作用形成铁素体和珠光体沿磁场方向交替排列的组织。在梯度强磁场条件下，均恒强磁场对奥氏体转变为铁素体和珠光体的相变过程作用机制也同样起作用。

此外，铁素体晶粒在梯度磁场作用下还受到磁化力的作用。梯度磁场下的排列组织是磁极相互作用和磁化力共同作用的结果。

知识扩展10-6 磁场作用下铁素体相变组织形貌演变

有研究[29]发现，均恒磁场作用下，铁素体晶粒在相变最初的形核和长大阶段被拉长。如果拉长的铁素体晶粒长轴方向与磁化力方向不平行，铁素体晶粒就会受到由于磁化力的作用而产生的转矩，使铁素体晶粒的长轴方向转向外加磁场方向。进一步，由于被磁化的铁素体晶粒间的距离减小使磁极相互作用增强。为什么形成铁素体晶粒的长轴方向不平行磁化力方向，可能是有以下两个原因：①铁素体晶粒的长大还受到Fe-C合金中碳扩散的影响，当碳的快速扩散通道如晶界或位错与磁场方向不平行时，拉长的铁素体晶粒的长轴方向就会与磁场方向形成一个角度。②如果成对的铁素体晶核的中心位置连线不平行于磁场方向，由磁极相互作用形成的拉长铁素体晶粒的长轴方向也会与磁场方向不平行。当加热温度为1200℃时，由于被磁化的铁素体晶粒的距离增大，磁极相互作用较弱，因此相变形成多边形铁素体晶粒。作用在这些铁素体晶粒上的磁化力不产生转矩。此外，从以上结果可以看出，在强磁场条件下，存在一个奥氏体晶粒尺寸的临界值。当低于此临界值时，磁极相互作用才会对相变初始阶段的铁素体形核与长大起作用，对该值的确定还需进一步研究。

10.3.3 强磁场作用下其它固态相变

相对于强磁场作用下马氏体相变和铁素体相变来说，强磁场对其它固态相变如珠光体转变和贝氏体相变的影响的研究较少。本节将简要介绍强磁场作用下，珠光体转变和贝氏体相变过程的研究进展。

10.3.3.1 珠光体转变

强磁场对Fe-C合金中珠光体转变能够产生显著影响。珠光体由α相和渗碳体两相组成，具有较高的磁化率。并且，强磁场作用，珠光体转变过程中系统的自由能也会产生显著变化。通过目前的研究结果来看，强磁场对珠光体转变的影响主要集中在以下几个方面：

① 稳恒强磁场的施加可以提高珠光体的转变温度。

② 稳恒强磁场可以使珠光体片层方向有一定的取向性，珠光体团被拉长并沿磁场方向排列。

③ 强磁场可以通过降低铁素体的吉布斯自由能使珠光体的相变驱动力增加，且驱动力与磁场强度成正比。驱动力的增加，可以提高珠光体转变过程中的形核率，提高等温珠光体转变量（转变率），缩短孕育时间。

④ 强磁场可以增加钢中位错的迁移率，降低奥氏体中形成铁素体过程中的转变应力，进而减少小角度晶界的数量。

⑤ 强磁场作用下，Fe-C相图的共析点向高碳、高温一侧移动。

在过共析碳钢600℃、650℃、700℃下的等温珠光体转变过程中，施加10T的强磁场，可以发现，10T的强磁场可以使共析温度提高约30℃。过冷度增大，珠光体的生长也会变快。同时，珠光体转变的驱动力为母相和产物相之间的摩尔自由能差。在等温珠光体转变过程中，只有铁素体的吉布斯自由能被强磁场降低。因此，施加强磁场，母相和产物相之间的吉布斯摩尔自由能差将增加，强磁场将降低形核势垒，从而提高形核率。磁场越强，珠光体转变驱动力越大；温度越高，形核速度越快。此外，强磁场使吉布斯自由能差变大，从而导致孕育时间缩短。同时，由于低角度晶界与网状珠光体-铁素体中的位错缠结有关，在奥氏体形成铁素体过程中会产生转变应力。外部磁场可以增加钢中位错的迁移率，从而降低转变应力。由于较低的转变应力，磁场减少了小角度晶界的数量[30]。将Fe-0.12C在1165K完全奥氏体化30min后，以0.5K/min的速度从1165～873K冷却，然后炉冷到473K。在加热、等温和冷却过程中施加4T、8T、12T不同强度的磁场，可以发现，当温度降到居里温度以下时，由于铁素体晶粒之间的磁偶极相互作用，沿磁场方向排列的铁素体晶粒之间的残余奥氏体区域变得非常有利于转变为珠光体。铁素体的形成和长大可以驱使碳扩散到铁素体链之间的残余奥氏体区。当温度达到 A_{r1} 时，富碳奥氏体开始转变为珠光体。此时，细长的珠光体群开始形成，并倾向于沿场方向排列。这一趋势随着磁场强度的增加而增大。然而，由于大多数铁素体晶粒在居里温度以上形成，即在顺磁状态下，没有明显的细长铁素体晶粒出现。即由于先共析铁素体在先共析转变后期优先形核，珠光体团被拉长并沿磁场方向排列[31]，如图10-19所示。

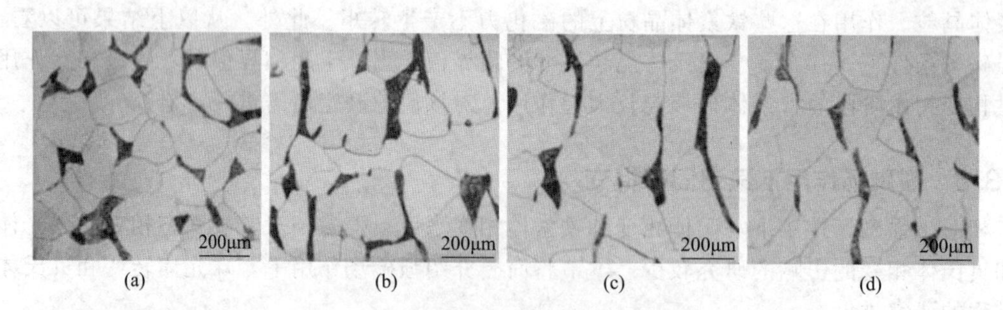

图10-19　样品在1165K奥氏体化30min后以0.5K/min的速度冷却，有无磁场条件下样品的显微组织照片[31]

(a) 0T；(b) 4T；(c) 8T；(d) 12T

磁场方向为图片中的竖直方向

在不同冷却速度下，在高碳钢（Fe-1.0C）的奥氏体分解过程中引入12T的磁场，如图10-20、图10-21所示，可以发现，磁场的存在下，可以使共析点向高碳、高温侧移动，从而减少先共析渗碳体的数量，增大珠光体的片层间距。这导致 Fe-C 相图中先共析渗碳体数量减少，奥氏体向珠光体转变的转变温度升高。在磁场作用下，Fe-C 相图的共析点向高碳含量一侧移动，根据杠杆原理，磁场缩短了与先共析渗碳体数量相关的长度，从而减少了先共析渗碳体的数量。随着磁场将 Fe-C 系统的共析点提高到高温范围，共析转变或奥氏体向珠光体转变的温度升高。由于奥氏体向珠光体的转变是扩散的，它涉及贫碳铁素体和富碳渗碳体的形成。珠光体的片层间距取决于碳原子的扩散距离。较高的形成温度促进了碳的扩散，因此，当施加强磁场时，珠光体的片层间距增加[32]。

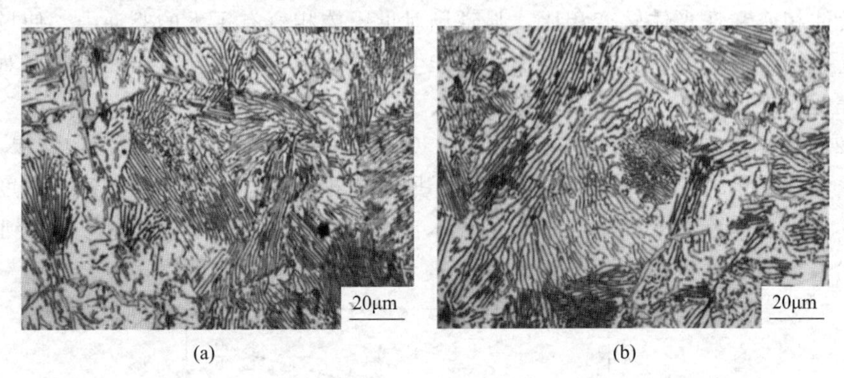

图 10-20　高碳钢在 840℃奥氏体化 50min 后，以 2℃/min 的速度冷却，有无磁场情况下，样品的显微组织[32]

(a) 0T；(b) 12T

磁场方向为水平方向

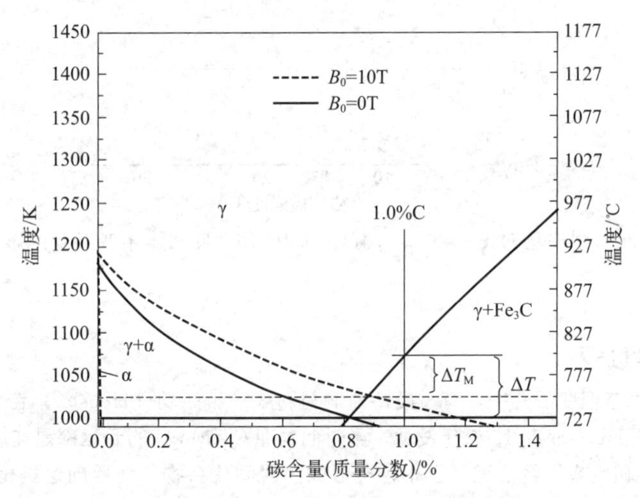

图 10-21　强磁场对铁素体/奥氏体和奥氏体/铁素体相平衡的影响[32]

此外，Ohtsuka 等在研究强磁场作用下 Fe-0.8C 钢（质量分数）的珠光体转变时发现，施加强磁场提高了珠光体的转变温度，加大珠光体的片层间距并使珠光体团直径减小。对 Fe-1.3Mn-1.0C 钢（质量分数）等温珠光体转变的研究发现，施加强磁场可显著提高珠光体转变量和形核率，但对晶粒生长速度的影响较弱。Wu 等[33] 研究发现，强磁场能够提高球墨铸铁退火组织中碳的扩散速度而加快珠光体中渗碳体的分解，使珠光体的含量减少，石墨相的量增多。

10.3.3.2 贝氏体相变

制约低温贝氏体钢应用的一个关键因素是在较低的等温温度下贝氏体相变较慢，其转变时间从几天到一个月左右。利用磁场控制贝氏体钢的组织和性能是非常有前景的途径。在强磁场的作用下，磁场对贝氏体相变有较大的驱动力，会缩短相变的孕育期，加速贝氏体相变过程，升高贝氏体相变温度。

Ohtsuka[34,35] 研究发现，强磁场的施加使贝氏体相变后体积分数增大，并且与马氏体相变、铁素体相变和珠光体转变相比，强磁场对贝氏体相变有更大的驱动力，使贝氏体相变开始温度提高得最多，但对贝氏体结构没有产生明显的影响。此外，10T 强磁场对贝氏体相变的促进程度比外加 172MPa 压力的影响更大。

图 10-22 是强磁场对 Fe-3.6Ni-1.45Cr-0.5C 合金贝氏体相变温度的影响结果[36]，可以看出，强磁场提高了贝氏体相变温度，加速了贝氏体相变的进程，并且随磁场强度升高贝氏体相变温度也呈上升趋势（图中空心圆代表未观察到贝氏体组织，叉代表观察到贝氏体组织，数字代表保温时间，单位为 min）。

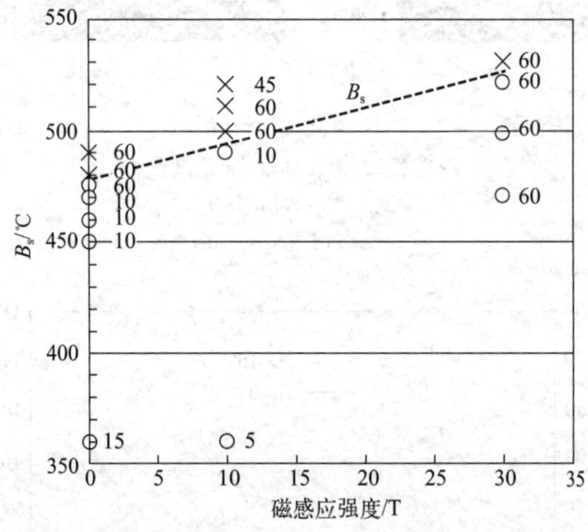

图 10-22 强磁场对 Fe-3.6Ni-1.45Cr-0.5C 合金贝氏体相变温度的影响[36]

知识扩展10-7

在磁场诱导金属固态相变研究中，有一类特殊的材料——赫斯勒（Heusler）合金。Heusler 合金是一类金属间化合物，由 F. Heulser 在 1903 年发现。当时他发现 Cu_2MnAl 的元素都是非铁磁性元素，但却呈现出铁磁性。时至今日，研究者已经发现了上千种类似的金属间化合物，而目前这类化合物仍然是研究的热点。其中，Ni-Mn-In 合金[37] 中马氏体的磁化作用低于奥氏体，在外加磁场的情况下容易实现马氏体逆相变。因此，在磁场的作用下，其组织倾向于向稳定强磁的奥氏体相转变。该合金常温下多为奥氏体组织。Ni-Mn-Ga 合金[38] 具有磁热效应（即外加磁场诱导材料内部磁畴磁化，从而使材料温度提高，相反，去掉磁场会使温度降低，可用于制冷）。伴随着磁致相变，可以观察到在磁场条件下马氏体的生成和消失。

视频10-1

在 313K 条件下的磁致马氏体可逆转变[38]

习题

10-1　什么是强磁场？其主要特征是什么？

10-2　强磁场对材料的作用方式有哪些？

10-3　材料的磁性包括哪几种？

10-4　强磁场如何影响原子的扩散行为？

10-5　强磁场对钢的马氏体、铁素体相变是如何影响的？机理是什么？

10-6　强磁场如何影响钢的珠光体和贝氏体相变？

思考题

10-1　对于不同磁性的材料，比如铁磁性、亚铁磁性、顺磁性等，强磁场对这些材料的相变过程有无影响？是如何影响的？机制是什么？

10-2　可以通过什么表征手段去考察强磁场对材料相变过程的影响机制？

辅助阅读材料

[1] 周安阳，郭伟玲，黄艳斐，等. 磁场对合金材料服役性能影响的研究进展[J]. 材料导报，2024，38(10)：22110204.

[2] 冯勇，侯廷平，张东，等. 强磁场下钢中珠光体相变的研究现状及展望[J]. 铸造技术，2022，43(09)：755-760.

[3] Joo H D，Choi J K，Kim S U，et al. An effect of a strong magnetic field on the phase transformation in plain carbon steels[J]. Metallurgical and Materials Transactions A，2004，35A(6)：1663-1668.

[4] Joo H D，Kim S U，Shin N S，et al. An effect of high magnetic field on phase transformation in Fe-C system[J]. Materials Letters，2000，43(5-6)：225-229.

参考文献

[1] 张伟强. 固态金属及合金中的相变[M]. 北京：国防工业出版社，2016.

[2] 王强，赫冀成. 强磁场材料科学[M]. 北京：科学出版社，2014.

[3] 曹效文. 强磁场技术进展[J]. 物理，1996，25(9)：552-555.

[4] 王强，王恩刚，赫冀成. 静磁场在材料生产过程中的应用研究评述[J]. 材料科学与工程学报，2003，21(4)：590-595.

[5] Pokoev A V S D I，Trofimov I S，et al. The constant magnetic field influence on diffusion of 63Ni in a-Fe[J]. Physical Status Solidi A，1993，137(1)：K1-K3.

[6] Pokoev A V S D I. Anisotropy of 63Ni diffusion in monocrystalline Fe-1.94at% Si in a constant magnetic field[J]. Defect and Diffusion Forum，1997，143-147：419-424.

[7] Hao X J, Ohtsuka H. Phase transformation in Fe-based alloys in high magnetic fields[J]. Mater Sci Forum, 2005, 475-479: 301-304.
[8] Ohtsuka H. Structural control of Fe-based alloys through diffusional solid/solid phase transformations in a high magnetic field[J]. Sci Technol Adv Mat, 2008, 9(1):13004-13004.
[9] Nakamichi S, Tsurekawa S, Morizono Y, et al. Diffusion of carbon and titanium in gamma-iron in a magnetic field and a magnetic field gradient[J]. J Mater Sci, 2005, 40(12): 3191-3198.
[10] Liu T, Li D, Wang Q, et al. Enhancement of the kirkendall effect in Cu-Ni diffusion couples induced by high magnetic fields[J]. J Appl Phys, 2010, 107(10): 103542.
[11] Li D, Wang Q, Wang K, et al. Diffusion behavior and interfacial reaction of heterogeneous metal systems controlled by high magnetic fields[J]. Materials Science Forum, 2012, 706-709: 2910-2915.
[12] Li D G, Wang K, Wang Q, et al. Diffusion interaction between Al and Mg controlled by a high magnetic field[J]. Appl Phys a-Mater, 2011, 105(4): 969-974.
[13] 胡庚祥，蔡珣，戎咏华. 材料科学基础[M]. 上海：上海交通大学出版社，2010.
[14] Tsurekawa S, Okamoto K, Kawahara K, et al. The control of grain boundary segregation and segregation-induced brittleness in iron by the application of a magnetic field[J]. J Mater Sci, 2005, 40(4): 895-901.
[15] Yuan Y, Wang Q, Iwai K, et al. Isothermal heat treatments of an Al-4. 8mass%Cu alloy under high magnetic fields[J]. J Alloy Compd, 2013, 560: 127-131.
[16] Kakeshita T, Shimizu K, Funada S, et al. Composition dependence of magnetic field-induced martensitic transormations in Fe-Ni alloys[J]. Acta Metallurgica, 1985, 33(8): 1381-1389.
[17] Kakeshita T, Shimizu K, Ono M, et al. Magnetic field-induced martensitic transformations in a few ferrous alloys[J]. Journal of Magnetism and Magnetic Materials, 1990, 90-91: 34-36.
[18] Choi J K, Ohtsuka H, Xu Y, et al. Effects of a strong magnetic field on the phase stability of plain carbon steels[J]. Scripta Materialia, 2000, 43(3): 221-226.
[19] Joo H D, Kim S U, Shin N S, et al. An effect of high magnetic field on phase transformation in Fe-C system[J]. Materials Letters, 2000, 43(5-6): 225-229.
[20] Ludtka G M, Jaramillo R A, Kisner R A, et al. In situ evidence of enhanced transformation kinetics in a medium carbon steel due to a high magnetic field[J]. Scripta Materialia, 2004, 51(2): 171-174.
[21] Kohno Y, Konishi H, Shibata K, et al. Effects of reheating after solution treatment and magnetic fields on alpha'martensite formation in sus304l steel during isothermal holding at cryogenic temperature[J]. Mat Sci Eng a-Struct, 1999, 273: 333-336.
[22] Kakeshita T, Sato Y, Saburi T, et al. Effects of static magnetic field and hydrostatic pressure on the isothermal martensitic transformation in an Fe-Ni-Cr alloy[J]. Mater T Jim, 1999, 40(2): 107-111.
[23] San Martin D, van Dijk N H, Jimenez-Melero E, et al. Real-time martensitic transformation kinetics in maraging steel under high magnetic fields[J]. Mat Sci Eng A-Struct, 2010, 527(20): 5241-5245.
[24] Xia J, Xu X, Miyake A, et al. Stress- and magnetic field-induced martensitic transformation at cryogenic temperatures in fe-mn-al-ni shape memory alloys[J]. Shape Memory and Superelasticity, 2017, 3(4): 467-475.
[25] Joo H D, Choi J K, Kim S U, et al. An effect of a strong magnetic field on the phase transformation in plain carbon steels[J]. Metall Mater Trans A, 2004, 35a(6): 1663-1668.
[26] Garcin T, Rivoirard S, Elgoyhen C, et al. Experimental evidence and thermodynamics analysis of high magnetic field effects on the austenite to ferrite transformation temperature in Fe-C-Mn alloys[J]. Acta Materialia, 2010, 58(6): 2026-2032.
[27] Zhang Y D, He C S, Zhao X, et al. New microstructural features occurring during transformation from

austenite to ferrite under the kinetic influence of magnetic field in a medium carbon steel[J]. Journal of Magnetism and Magnetic Materials, 2004, 284: 287-293.

[28] Shimotomai M, Maruta K, Mine K, et al. Formation of aligned two-phase microstructures by applying a magnetic field during the austenite to ferrite transformation in steels[J]. Acta Materialia, 2003, 51 (10): 2921-2932.

[29] Watanabe T, Tsurekawa S, Zhao X, et al. A new challenge: Grain boundary engineering for advanced materials by magnetic field application[J]. J Mater Sci, 2006, 41(23): 7747-7759.

[30] Li J J, Liu W. Effects of high magnetic field on isothermal pearlite transformation and microstructure in a hypereutectoid steel[J]. Journal of Magnetism and Magnetic Materials, 2014, 362: 159-164.

[31] Song J Y, Zhang Y D, Zhao X, et al. Effects of high magnetic field strength and direction on pearlite formation in Fe-0.12%C steel[J]. J Mater Sci, 2008, 43(18): 6105-6108.

[32] Zhang Y D, Esling C, Gong M L, et al. Microstructural features induced by a high magnetic field in a hypereutectoid steel during austenitic decomposition[J]. Scripta Materialia, 2006, 54(11): 1897-1900.

[33] Cun-You W, Ting-Ju L, Bin W, et al. Ferrite transformation in spheroidal graphite cast iron under a high magnetic field[J]. J Mater Sci, 2004, 39(3): 1129-1130.

[34] Ohtsuka H. Effects of strong magnetic fields on bainitic transformation[J]. Curr Opin Solid St M, 2004, 8(3-4): 279-284.

[35] Ohtsuka H. Effects of a high magnetic field on bainitic transformation in Fe-based alloys[J]. Mater Sci Eng A, 2006, 438: 136-139.

[36] Ohtsuka H. Effects of a high magnetic field on bainitic and martensitic transformations in steels[J]. Materials Transactions, 2007, 48(11): 2851-2854.

[37] Yan H, Huang X, Esling C. Recent progress in crystallographic characterization, magnetoresponsive and elastocaloric effects of Ni-Mn-In-based heusler alloys-A review[J]. Frontiers in Materials, 2022, 9, 812984.

[38] Koshkid'ko Y S, Dilmieva E T, Kamantsev A P, et al. Magnetocaloric effect and magnetic phase diagram of Ni-Mn-Ga Heusler alloy in steady and pulsed magnetic fields[J]. J Alloy Compd, 2022, 904, 164051.

第11章

应力场作用下的相变

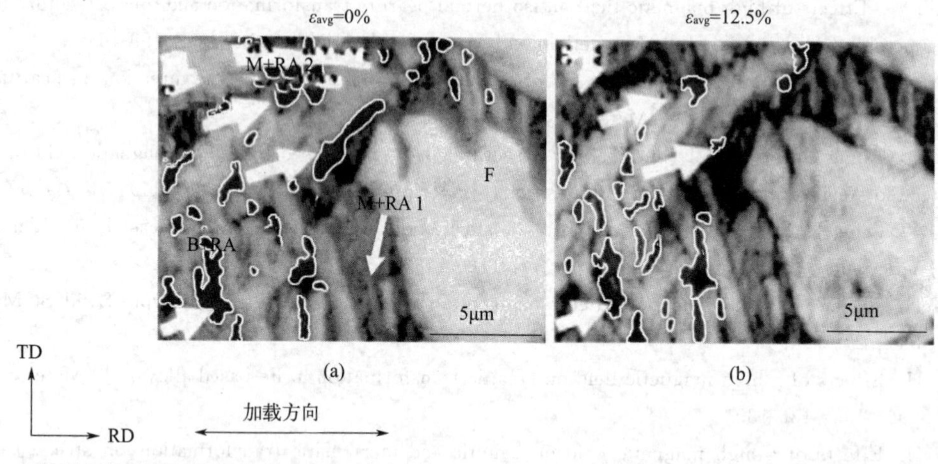

采用扫描电镜下原位拉伸 EBSD 技术对 Fe-0.18C-0.53Si-1.95Mn-1.46Al-0.08P 钢在不同拉伸变形量下的相变诱导塑性现象进行表征，(a) 应变量为 0%，(b) 应变量为 12.5%。可见拉伸应力作用后残余奥氏体的量减少（白色线框区域），马氏体（暗灰色衬度区域）的量增加[1]。我们知道材料在制备和服役过程中都会受到应力的作用，那么应力是如何影响材料的相变过程呢？我们又如何能利用好应力获得理想的组织和性能呢？

引言与导读

弹性应力场与传统热处理相结合是一种热处理新方法。例如在合金时效时，若能同时施加特定的外加应力，改变形核区的应力场，从而减少形核能垒，则有可能促进强化相的析出，甚至改变析出相的种类、取向和形态，从而达到调控微观组织的目的。学者们在 20 世纪 40 年代就开始研究应力对钢中相变的影响。如 1945 年 Cottrel[2] 在进行合金钢的力学性能实验时，发现应力能够促进贝氏体相变；Guarnieri 和 Kanter[3] 发现大型铸件中的应力能够影响钢中的奥氏体与贝氏体的相互转变。Howard 以及 Cohen[4] 也报道了马氏体的形成能够在一定程度上影响奥氏体向贝氏体的转变过程；之后又有研究总结出应力作用影响铁素体晶核的形成与长大的规律[5]。自 20 世纪 50 年代以来，我国著名相变学者柯俊[6] 就应力对于相变的作用开展了研究，发现钢材的表面总是会优先形成贝氏体的晶核，分析得出是由于表面为内部压力释放区，而贝氏体形核是属于体积膨胀型相变，故而有利于其形核。

我国著名材料学者徐祖耀院士指出[7]，研究应力对相变的影响，对实际应用有如下作用：①了解材料在应力作用下发生结构和性能改变的可能性及其情况，包括晶粒细化，如钢的控制轧制及超级钢的生产；②了解材料热处理中引入应力对组织和性能的影响；③为塑性成形与热处理一体化工程提供理论基础。

本章首先概述应力场对相变热力学和动力学的影响规律，之后分别介绍钢在应力（弹性与塑性应力）作用下的铁素体和珠光体转变、贝氏体相变和马氏体相变的基本规律，以此使读者较为系统地了解应力对于扩散型和切变型相变的不同影响机制，以及应力场和热场协同作用下相变的促进或抑制的原理，并由此指导实际形变热处理的技术原理。

本章学习目标

- 了解固态相变中应力场对相变热力学和动力学的影响规律。
- 掌握弹性应力和塑性应力对铁素体、珠光体转变形核、生长的影响规律。
- 熟悉弹性应力和塑性应力对贝氏体相变的影响规律。
- 熟悉弹性应力、塑性应力对马氏体相变的影响规律，相变塑性的概念及 TRIP 钢的强韧化原理。
- 了解形变热处理的分类、特点、强韧化机理和影响其强化效果的工艺因素。

11.1 应力场作用下的相变概述及基本原理

11.1.1 应力的分类

本章中讨论的应力主要为钢铁材料发生固态相变过程中以及变形前处理所涉及的应力，可以按照方向或大小的原则进行分类：

① 按方向可将应力分为静水压力、轴向压应力和轴向拉应力等，如图 11-1 所示。静水压力是均质流体作用于一个物体上的压力，是一种全方位的力，并均匀地施向物体表面的各个部位；轴向拉/压应力则是工件在受单一方向拉伸、压缩加载所承受的应力。

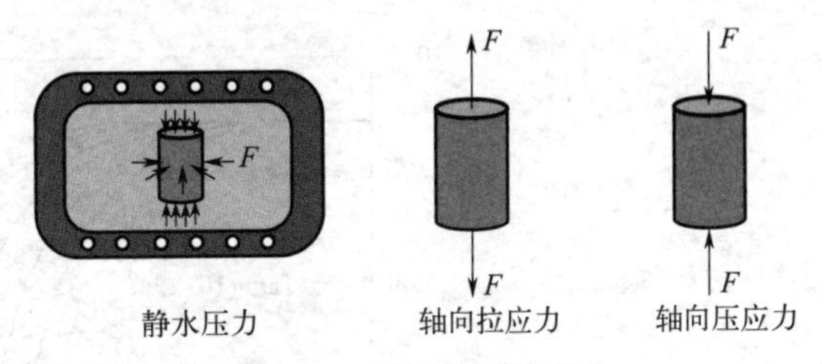

图 11-1　不同类型的应力

② 按大小可将应力分为小于母相奥氏体屈服强度的弹性应力和大于母相奥氏体屈服强度的塑性应力。当应力大于母相奥氏体屈服强度时，奥氏体发生变形。

11.1.2 应力对相变热力学的影响

应力对相变热力学的影响主要体现在应力提供的驱动力起主要作用，因此应力作用下的相变总驱动力（ΔG_T）包括化学驱动力（ΔG_C）和机械驱动力（ΔG_M）两部分：

$$\Delta G_T = \Delta G_C + \Delta G_M \tag{11-1}$$

其中，化学驱动力 ΔG_C 受成分和相变温度等因素的影响，机械驱动力 ΔG_M 主要由应力对相变的变形系统做功提供，受应力种类、方向和大小等的影响。

形变诱发马氏体的形成是由于塑性变形提供了机械驱动力，使马氏体转变点 M_s 升高，塑性变形相当于提高了系统自由能。同样，在同为膨胀型相变的贝氏体相变中，塑性变形中外力做的功可以一部分转化为膨胀能，为其相变提供驱动力。而在珠光体相变的温度范围内，施加应力升高了金属材料的内部能量，这些能量一部分以形变储能的形式存在于位错等缺陷处。由热力学可知，形变后内部能量升高的金属处于非稳定状态，有自发向低能方向转变恢复稳定的趋势。引入的形变储能提高了相变的驱动力，更容易满足相变发生所需的结构起伏和能量起伏，进而诱发相变。

11.1.3 应力对相变动力学的影响

（1）应力对切变型相变动力学的影响

静水压力能降低相变温度，推迟相变时间，从而使马氏体转变的开始温度 M_s 点降低。Koistinen 和 Marburger[8] 在研究切变型相变（马氏体相变）时指出，静水压力的增加会使 CCT 曲线和 TTT 曲线的位置向下和向右移动。施加静水压力对 50Cr4V 钢的 CCT 曲线的影响如图 11-2 所示[9]。Inoue 等[10] 对描述马氏体相变的经典动力学 Koistinen-Marburger 公式做了修改，得到如下公式：

$$\xi = 1 - \exp[-\alpha(M_s - T) - \psi(\sigma)] \tag{11-2}$$

式中，ξ 是马氏体的生成量；α 是特定反应条件下的相变动力学参数，反映相变进展的速率；M_s 是马氏体相变开始温度；T 是当前温度；$\psi(\sigma)$ 是应力的作用函数，可以表示为：

$$\psi(\sigma) = A\sigma_m + BJ_2^{1/2} \tag{11-3}$$

式中，A 和 B 为常数；σ_m 为平均应力；J_2 为应力偏量第二不变量，式（11-2）可以较好地描述应力、温度和马氏体相变量的关系。

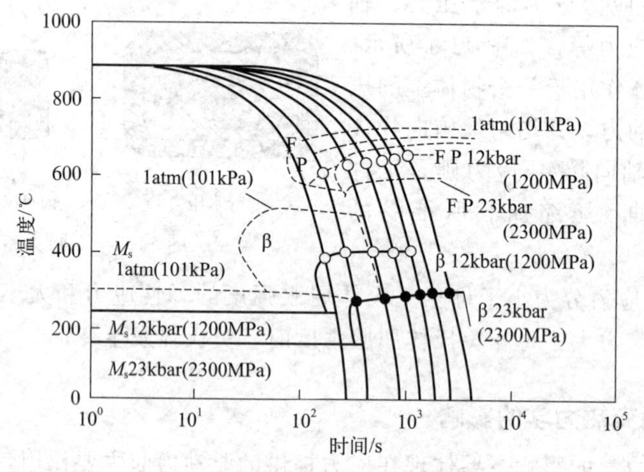

图 11-2 应力影响 50Cr4V 钢 CCT 曲线[9]

单向拉应力、压应力能促进马氏体的形成，使 M_s 升高。Patel 和 Cohen[11] 给出了单向拉伸或者压缩应力提供的机械驱动力的条件下马氏体相变温度随应力变化的计算公式：

$$\frac{dM_s}{d\sigma} = \frac{1}{2}\frac{\gamma_0 \sin 2\theta + \varepsilon_0(1+\cos 2\theta)}{d(\Delta G_s)/dT} \tag{11-4}$$

式中，γ_0 是相变切应变，ε_0 是相变正应变分量，θ 是应力轴和惯习面间的夹角（$\tan 2\theta = \pm\gamma_0/\varepsilon_0$），$\Delta G_s$ 是吉布斯自由能的变化。刘春成等[12] 对 26Cr2Ni4MoV 钢在应力作用下的相变动力学的研究表明相比于单向压应力，单向拉应力对相变进程的影响要大一些，而无论是拉应力还是压应力，其偏应力分量都会有助于切变变形的实现，促进相变过程进行，增加相变速度。

（2）应力对扩散型相变动力学的影响

徐祖耀认为[13,14]，类似于静水压力对马氏体相变动力学的影响，对等温贝氏体相变，静水压力的作用呈现为降低相变温度和推迟相变时间。在较高温度进行铁素体或珠光体转变时，其化学驱动力很小，外加应力提供的膨胀能，足以使形核率显著增加，孕育期缩短。变形强化会增加奥氏体的稳定化，其机理是形变位错会阻碍贝氏体的定向长大、延迟贝氏体相变的发生。

考虑应力影响的珠光体转变的修正 Johnson-Mehl 关系相变动力学模型，可推导出相变转变率与应力、时间的关系公式：

$$\xi = 1 - \exp(-\alpha V_e), V_e = \int_0^t \bar{f}(T, \sigma)^3 \mathrm{d}\tau \tag{11-5}$$

式中，τ 为时间，$\bar{f}(T, \sigma)$ 可以写成 $\bar{f}(T, \sigma) = \exp(C\sigma_m) f(T)$，$\sigma_m$ 可以认为是平均应力，因此该函数可以认为是温度的函数 $f(T)$。

11.2 应力作用下钢的铁素体和珠光体转变

通常，碳含量高于共析点成分的中高碳钢的过冷奥氏体在等温转变过程中可以得到片状珠光体，但由于片状珠光体脆性较高，后续的加工处理易造成较多组织缺陷，因此呈片状珠光体组织的中高碳钢实际使用受限。为了降低脆性提高强韧性，组织细化和均匀化是行之有效的方法。为此，人们采用不同的制备和加工手段来实现材料的细化和均匀化，例如，通过球化退火的方法使中高碳钢相变得到球化的复相组织，一定程度上提高了中高碳钢的韧性和塑性，使其力学性能得以改善。然而球化退火需要的时间很长（约为 12～24h），该过程会耗费大量能量，工艺周期较长，经济性较差。同时得到的球化组织细化程度较为有限，力学性能难以达到预期要求。近些年来，一些新的工艺方法如重度冷轧＋退火、重度温轧、等通道角挤压、热扭转等，得到了如由微米铁素体基体和分散的纳米粒状渗碳体组成的超细化晶体复合结构（$\alpha + \theta$），从而改善了上述问题[15,16]。这些方法的共同点是利用了在相变前或过程中引入了应力的作用，从而使得相变过程动力学发生显著改变，材料组织获得了优化，进而提升了材料的性能。

研究者通过实验证实了弹性应力对于铁素体和珠光体转变的动力学影响机制。本节将分别介绍弹性应力、塑性变形对铁素体和珠光体转变的影响机制与规律。

11.2.1 弹性应力下的铁素体和珠光体转变

由于奥氏体向铁素体转变时发生体积膨胀，由此产生的静水压力会阻碍铁素体转变，并促发奥氏体中析出 Fe_3C 使体积缩小，降低共析温度并将共析点移至铁碳相图中的低碳端，这种静水压力的阻碍作用可以用减弱相变驱动力的热力学机制较好地解释。

弹性应力是指所加载荷不超过最高温度下奥氏体的屈服极限。Kehl 和 Bhattacharyyal[17] 早在 1956 年的工作中揭示：拉应力增大共析钢中珠光体的形核率，略微减小珠光体的片间距和增加亚共析钢中铁素体的形核率，并验证了亚共析钢在拉应力下，铁素体的相变动力学几乎呈线性增长，较珠光体迅速，如图 11-3 所示。同时，拉应力使共析钢珠光体相变的孕育期缩短。

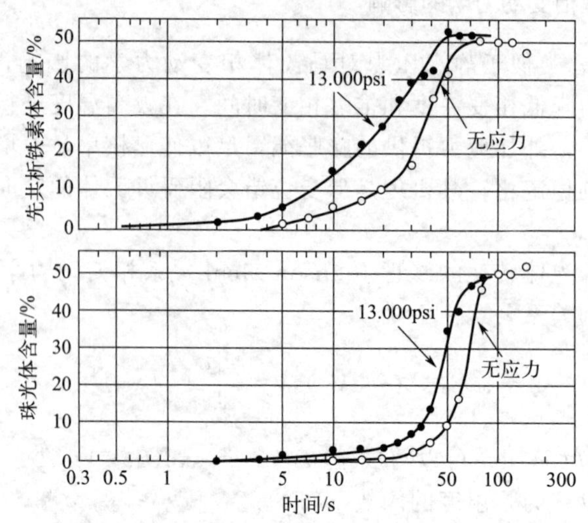

图 11-3　AISI 10B45 钢（0.48C-0.25Si-0.05Ni-0.05Cr-0.003B-0.015P-0.030S）在 678℃时的等温相变曲线[17]

注：1psi=6.895kPa

迄今，弹性应力促发铁素体和珠光体相变的内在机制的研究报道较少。按照经典等温相变形核率方程[18] 和 Feder 等[19] 的孕育期方程，得：

$$J_s^* = CD\exp\left[-\frac{\Delta G^*}{kT}\right] = CD\exp\left[-\frac{K\gamma^2}{(\Delta g_v + W)kT}\right] \tag{11-6}$$

式中，J_s^* 为稳定形核率，C 为对温度影响较小的复杂常数，D 为速率控制扩散率，ΔG^* 为形成新相临界晶核所需的驱动力，γ 为新相与母相基体之间的界面能，Δg_v 为形核体积自由能差，W 为形核应变能（膨胀能和切变能之和），K 为晶核形状因子，并考虑了晶界形核时晶界面积减小对界面能的影响。而

$$\tau = \frac{8kT\gamma\alpha^2}{\upsilon_\beta^2\phi^2 D\chi_\beta} \tag{11-7}$$

τ 为孕育期，$\phi = \Delta g_v + W$，α 为点阵常数，χ_β 为奥氏体中碳的原子百分数，υ_β 为铁素体中铁原子的体积，γ 为 α/γ 相界的能量，D 为扩散系数。徐祖耀认为在较高温度进行铁素体和珠光体相变时，其化学驱动力很小，外加应力提供的膨胀能足以使形核率显著增加，孕育期缩短。随着温度的降低，Δg_v 值增大，外加应力作用减弱，必须增大应力方能提高形核率和缩短孕育期，该机理解释与实验情况相符合。

同时，实验方面，叶健松等[20] 将 0.38C-Cr-Mo 钢在热模拟机上做单轴压应力（0～40MPa）和层错能分析下铁素体与珠光体相变动力学实验，并结合实验将 Johnson-Mehl-Avrami 方程扩展为铁素体和珠光体等温相变的动力学模型：

$$f = 1 - \exp[-b(\bar{\sigma})t^n] \tag{11-8}$$

式中，f 为相变分数，$b(\bar{\sigma}) = b(0)(1 + A\bar{\sigma}^B)$，$\bar{\sigma}$ 为等效应力，t 为时间，$b(0)$ 及 n 为常数，n 与无应力时几乎相同，因温度改变而改变。A 和 B 由实验数据回归得到。实验值与计算值可以较好符合，证实了上式可以较好地描述铁素体和珠光体等温相变的动力学模

型。0.38C-Cr-Mo 钢在应力下的铁素体相变随应力增加呈线性加速，而珠光体相变呈指数变化，这是由于铁素体相变为纯膨胀型形变，而珠光体形变中渗碳体的析出使基体收缩，属于非纯膨胀型相变。

11.2.2 塑性应力下的铁素体和珠光体转变

11.2.2.1 塑性变形对铁素体转变的影响

在塑性变形作用下，基体（母相）变形产生的位错在高温条件下对碳的扩散没有影响，其储存的能量作为相变附加的驱动力，改变了奥氏体和铁素体的平衡浓度，如图 11-4 所示。

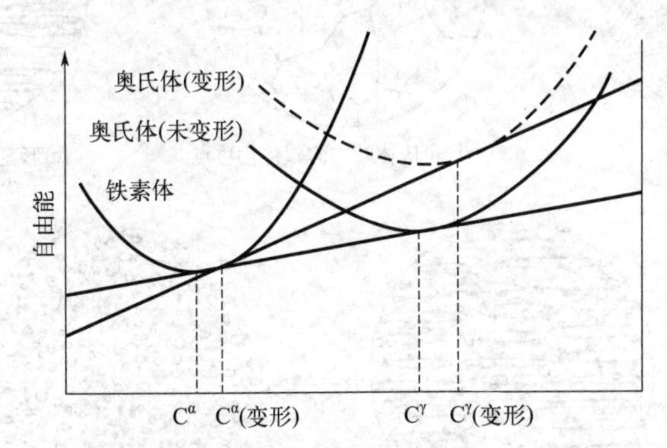

图 11-4 奥氏体形变后析出铁素体时的自由能-浓度曲线[14]

塑性形变对铁素体相变具有促进作用的效应称为形变诱导铁素体相变（deformation induced ferrite transformation，DIFT）。在此过程中，形变作用极大程度上细化了铁素体晶粒颗粒的尺寸，这种工艺方法叫作相变晶粒细化。研究表明通过形变诱导铁素体相变获得的钢铁材料具有优异的综合力学性能，如高强度和韧性，极佳的延伸性和突出的热稳定性。变形诱导的铁素体不仅可以大大提高钢材的性能，同时其生产工序简单，无需极端的生产环境和复杂的操作工序就可以得到综合性能优异的钢铁材料。近些年来，随着低碳钢形变诱导铁素体相变研究的日益深入，人们已经将一部分研究成果应用于工业生产，改良了低碳钢性能，极大扩宽了低碳钢的使用范围。

11.2.2.2 塑性变形对珠光体转变的影响

塑性变形对珠光体转变的影响主要可以从形变类型、形变温度、形变速率以及形变量几个方面考虑，由于珠光体转变为扩散型相变，因此塑性变形对珠光体转变的相变驱动力和孕育期造成显著影响。在共析钢经塑性变形后的相变研究中，发现压缩形变和拉伸形变都可以使珠光体相变发生速度变快，应力的施加除了使过冷奥氏体的分解进程加快外，还一定程度上缩小了珠光体转变发生的孕育期[21]。塑性变形可在形变过程的极短时间内诱发相变发生，同时使珠光体转变的最高温度接近 A_3 或 A_{cm}。提高变形温度会使相变的驱动力减小，珠光体相变得到的体积分数降低。随着变形速率的升高，形变用时缩短，珠光体相变得到的体积分数变小，增加应力也可以使得珠光体相变进程加速。

对 T8 钢珠光体相变的研究表明[22]，相变组织主要受形变温度、形变速率和形变量的影响。随着形变量增加，材料内形变储能和位错密度升高，诱导珠光体相变体积分数增加，同时应力的作用也促使渗碳体发生球化，颗粒越细小且分布越均匀（组织演变过程如图 11-5 所示）；降低形变速率，相当于延长了形变作用时间，有利于扩散型相变中碳原子的充分扩散，并且对组织相变得到弥散分布的颗粒状珠光体有促进作用；降低形变温度，加速了珠光体动态相变的发生，延长了球化时间，形变温度越低越有利于渗碳体动态球化，得到更细小的复相组织。

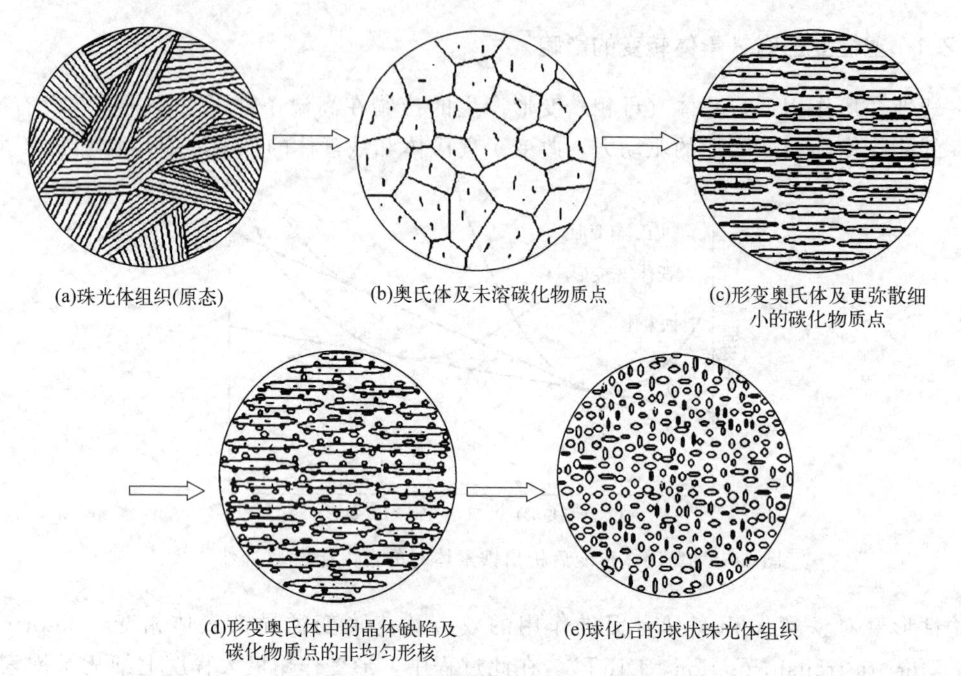

图 11-5 形变诱导相变得到的球状珠光体组织演变过程[22]

下面从塑性变形对珠光体相变的形核和生长两个方面分别讨论。

(1) 塑性变形作用下珠光体相变的形核

塑性变形过程中，大量的点缺陷和位错在原奥氏体晶界处积累，不仅为珠光体提供大量形核位点，而且提供形核所需的能量，因此，珠光体相变开始于奥氏体晶界。对材料施加塑性变形，材料内部能量升高，一部分以热能的形式散发出去，一部分以位错的形式存在于奥氏体晶界或者晶内，这些位错的存在极大地增加了组织在相变过程中的形核位置，并且还为相变的发生提供了大量的能量。Gautier[23] 和 Umemoto[21] 的研究表明，应力加速了珠光体相变，加速的主要原因是形变作用下组织内位错、点缺陷等额外形核位置的增加以及晶粒在外应力下的变形增加了晶界长度，这些条件都会增加珠光体的形核率。张淑兰[24] 的研究结果指出，引入外应力增加了形变储能，进而使相变驱动力增大，并计算得到外应力作用下的临界形核半径和临界形核功：

$$r^{*}=\frac{2\sigma}{\Delta G_{\mathrm{D}}+\Delta G_{\mathrm{V}}} \tag{11-9}$$

$$\Delta G_{\mathrm{GB}}^{*}=\frac{16\pi\sigma^{3}}{3(\Delta G_{\mathrm{D}}+\Delta G_{\mathrm{V}})^{2}}\left[\frac{2-3\cos\theta+(\cos\theta)^{3}}{4}\right] \tag{11-10}$$

式中，ΔG_{D} 是形变储能，ΔG_{V} 是体积自由能变化。由此可见形变储能的增加使得临界形核半径和相变的临界形核功均有所减小，增加了形核可能性。另外，由于位错和晶胚的相互作用，位错可以导致附近的晶胚跨越形核功的能垒形成晶核，在外应力作用下组织内位错密度升高，形成稳定晶核的概率增加。

(2) 塑性变形对珠光体生长的影响

研究表明，珠光体的生长主要受碳原子扩散的影响。Porter 等[25] 研究了塑性变形对相变的影响，并指出外应力对碳原子扩散影响不大。众多研究证实，施加塑性变形会略微提高珠光体相变的速率，然而应力对珠光体形核的影响明显强于珠光体生长。因此，形变对珠光体生长的影响作用并不明显。

知识扩展11-1

形变诱导珠光体相变的应用

中高碳钢的碳含量比较高，其强硬度高和切削性能良好，然而中高碳钢的韧性低，焊接性能差和进行冷塑性变形容易产生裂纹。因此利用形变诱导相变理论来实现中高碳钢中的形变诱导珠光体相变，并且获得微米-纳米级别的复相组织，提高中碳钢和高碳钢的性能，具有研究价值。形变诱导珠光体相变的研究致力于获得综合力学性能良好的中高碳钢（如 T8 钢），改变目前球化退火周期长，获得颗粒粗大，操作复杂，组织性能不能满足生产需求的现状。形变作用后的球化退火使得片层状珠光体向粒状珠光体转变速度加快，在极短的时间内就可以获得弥散程度较好的渗碳体颗粒，在加工生产中具有高效节能的实际意义。

11.3 应力场作用下的马氏体相变

高强度马氏体钢韧性通常较差。为了提高马氏体钢的强韧性，开发了相变诱发塑性（transformation induced plasticity，TRIP）钢。施加应力和形变将改变马氏体的开始形成温度、马氏体相变动力学和马氏体的形态及性质。对于施加应力或施加变形所形成的马氏体，以母相奥氏体是否屈服为标准，经屈服而形成的马氏体称为应变诱发马氏体，未经屈服而诱发产生的马氏体称为应力诱发马氏体。徐祖耀将由应力和形变诱发的马氏体统称为应力诱发马氏体（stress induced martensite，SIM）。本节介绍弹性应力和塑性应力对马氏体相变的影响规律，帮助读者理解 TRIP 钢的原理与形成机制。

11.3.1 弹性应力对马氏体相变的影响

在前面的章节介绍了静水压力会阻碍 Fe-C 合金和钢中体积膨胀型相变，包括铁素体相变、珠光体相变、贝氏体相变。由于马氏体相变发生时比容增大，因此同属于膨胀型相变，静水压力作用下会阻碍马氏体相变的进行，致使 M_s 点降低[26]。但是对于体积收缩型的热弹性马氏体相变（Au-Cd、Cu-Al-Ni 等），静水压力作用下会促发马氏体相变进行，导致 M_s 点升高[27]。

单向拉应力、压应力能促进马氏体的形成，使 M_s 点升高，所得的马氏体为应力诱发马氏体。通常描述单向应力对马氏体相变的动力学模型都以应力作为驱动力的一部分来克服整

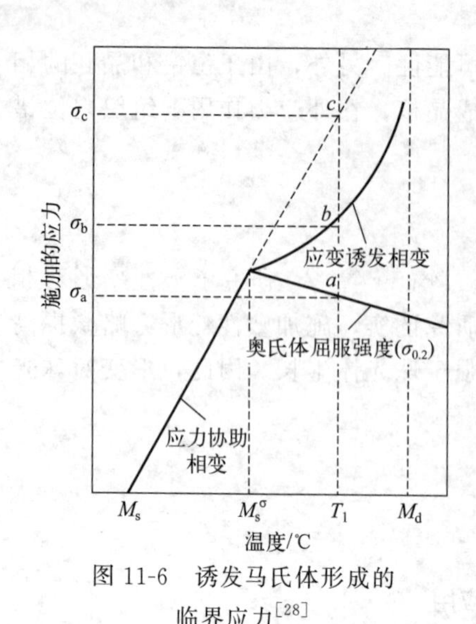

图 11-6　诱发马氏体形成的临界应力[28]

个形状形变。1953 年，Patel 和 Cohen[11] 对单轴应力影响马氏体相变开始温度 M_s 进行了定量表达［式（11-4）］。在 M_s 以上，化学驱动力随温度的增高而线性下降，则诱发马氏体的临界应力随温度的增加而升高；实际观测结果在 $M_s \sim M_s^\sigma$ 之间，符合奥氏体未发生屈服的情况，如图 11-6 所示；但在 M_s^σ 以上，如在 T_1 温度奥氏体经过塑性变形后，诱发马氏体的应力增大为 σ_b。$M_s \sim M_s^\sigma$ 之间施加应力诱发马氏体可称为应力协助相变，而自奥氏体屈服点至 σ_c 相当于应力协助相变；在 T_1 温度施加的应力 σ_a 以上将发生奥氏体塑性变形，当应力达到 σ_b 则诱发马氏体；σ_b 显著低于 σ_c（T_1 温度时诱发马氏体的临界应力），因此这种由母相奥氏体塑性变形诱发的马氏体称为应变诱发马氏体[28]。

11.3.2　相变前预应变对马氏体形核的影响

如前所述，对奥氏体进行塑性变形属于相变前预应变，其作用有两方面，一个是应变带来的有利因素，另一个是应变引起的加工硬化造成的不利因素。塑性变形对相变的作用比较复杂，不能简单地说诱发或者抑制，需要综合比较硬化造成的影响和外力做功的影响贡献，分别讨论如下。

① 塑性变形对马氏体相变的有利因素　塑性变形使晶粒之间的边界由原先的光滑平整的形状变成了不规则的波纹形，在晶界处产生许多具有较高晶界能的微小区域。这些微小区域会作为马氏体相变的优先形核位点；变形产生的变形带也是形核的优先地带，因此塑性变形会增加单位体积的奥氏体中马氏体的形核速率，加快马氏体相变速率。

② 塑性变形对马氏体相变的不利因素　塑性应变提高母相的屈服强度，而马氏体相变是切变型相变，母相的强度提高会阻碍切变过程的实现，相当于增加了相变的阻力项。因此降低相变速率，使母相更加稳定，即出现机械稳定化。

变形对相变速率的影响主要局限在晶界及变形带上。在相变的初始阶段，形核点主要集中于晶界和变形带上，但这部分有利于形核的位点很快就会被消耗掉，此时变形所带来的有利因素也一同消失；而塑性变形带来的加工硬化作用在整个试样范围内，在自始至终的相变过程中都会造成阻碍相变的作用，降低相变速度。

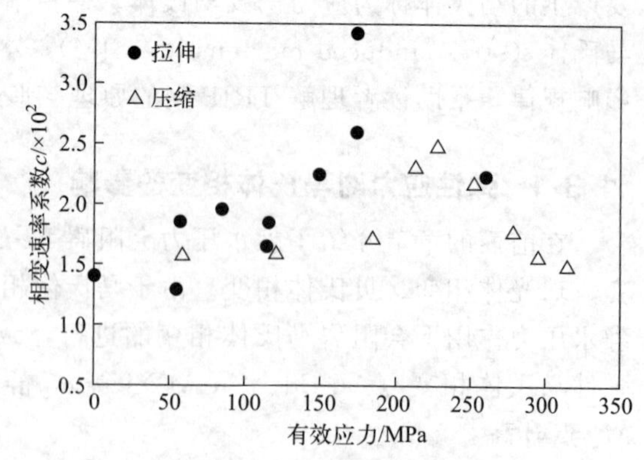

图 11-7　26Cr2Ni4MoV 钢相变速率系数（c）与等效应力的对应关系[12]

刘春成等[12] 在研究塑性应力对 26Cr2Ni4MoV 钢相变速率的影响时发现（图 11-7），当应力小于 240MPa 时，c 值的总体趋势是随应力增加而增加；而当应力超过 240MPa 时，c 值开始随应力加大而降低。因此，关于预应变对马氏体形成的规律，可以总结为：少量塑性变形提供有利形核的缺陷，帮助马氏体形核，而大量的形变使母相呈现强化时则会阻碍形核。

11.3.3 相变塑性及 TRIP 钢

相变塑性是指金属材料在相变过程中产生的不可逆转的塑性变形。这种塑性变形是由于相变而产生的，即使材料所受的应力远小于其屈服强度，也会产生塑性变形。关于相变塑性产生的机制，主要有两种：一种是 Magee 机制[29]，认为相变塑性是由新相在应力作用下产生择优取向引起的；另一种是 Greenwood-Johnson 机制[30]，认为相变塑性是由弱相的塑性变形引起的。相变塑性影响材料的尺寸精度，有时也可利用相变塑性减少材料相变过程中产生的尺寸扭曲。

视频11-1　　相变诱发塑性钢

图 11-8 为 Fe-29Ni-0.26C 奥氏体合金（$M_s=-60℃$，$M_d=25℃$）经不同温度拉伸的应力-应变曲线[31]。由图可见，在 M_s^σ 和 M_s 之间，如 −50℃ 拉伸，或刚在 M_s 以下，如 −70℃拉伸，则在奥氏体未屈服前就产生应力诱发马氏体，曲线上显示大范围的锯齿形；在 M_s^σ 至 M_d 之间，如在−30℃或−10℃拉伸，则马氏体随奥氏体屈服应变而逐渐形成，在曲线上显示塑性应变阶段呈锯齿状，并伴随有大的延伸率。图 11-9 显示这种合金的拉伸性质和温度间的关系，在 M_s^σ 和 M_s 之间，随温度升高相变驱动力减小，由于奥氏体屈服前马氏体形成所呈现的相变应变，使得 $\sigma_{0.2}$ 随温度升高而上升；当达到 M_s^σ 以上时，延伸率到达最大值，这是由于马氏体形成，促使局部强度提高，阻碍塑性变形进一步发生，变形继而转向周围组织，使得加工硬化率增高，颈缩被推迟。此外，塑性变形造成的局部应力集中因马氏体相变而产生松弛，推迟了裂纹的产生，随相变的不断发展，材料得到了更高的塑性。同时，在残余奥氏体发生相变时体积膨胀，压迫周围软相（铁素体）发生塑性变形，引起材料中位错密度的增加，产生位错强化，硬相马氏体的产生使材料的强度提高。以上这种钢中残余奥氏体在变形时发生马氏体相变，使钢的强度和塑性同时提高的效应叫作相变诱导塑性效应。TRIP 效应的发现极大地扩展了高强度钢板的应用领域，解决了高强度和高塑性不能同时获得的难题，为钢铁材料的研发带来了新的机遇。

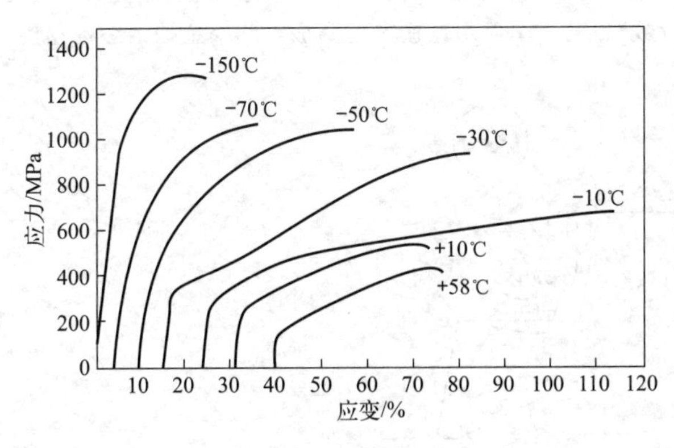

图 11-8　Fe-29Ni-0.26C 合金在不同温度下拉伸应力-应变曲线（应变速率 $5.5\times10^{-4}s^{-1}$）[31]

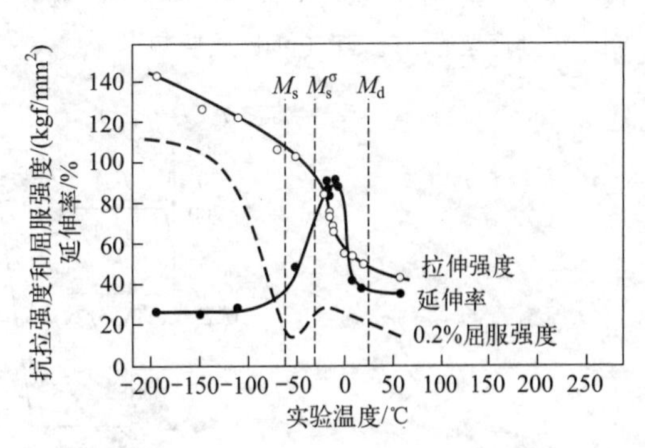

图 11-9　Fe-29Ni-0.26C 合金试验温度对拉伸性质的影响[31]

应变状态、应变速率和变形温度等外因也会影响奥氏体的稳定性。静水压力作用下抑制膨胀，提高奥氏体稳定性；平面应变、双向等拉和单向拉伸变形等变形方式下，残余奥氏体的稳定性依次增加。

知识扩展11-2

TRIP 钢的应用

汽车发展的要求是降低自重、节约能耗、降低排放，但是另一个重要要求是提高安全性和舒适性，后者的要求又会增加汽车的自重。为了解决这种矛盾必须开发新的钢种，它既有高的强度又有良好的成形性，而且在汽车碰撞时能吸收较多的能量以保证驾驶人员的安全。TRIP 钢就是其中一种可以满足使用要求的高强度钢。TRIP 钢的金相组织由铁素体、贝氏体和残余奥氏体组成（如图 11-10）。当钢板受到外加应力（如冲压成形）时，在应力集中区域的残余奥氏体转变成马氏体，使该区域的强度提高，这种变化延迟了这个区域的进一步变形，因而使均匀伸长率和总伸长率升高，提高了钢板的塑性和强度，从而改善了成形性能和抗撞性能，满足了汽车形状复杂零件的成形、减重和安全的要求。

TRIP 钢的典型化学成分约为 0.2%C、1.0%～2.0%Si、1.0%～2.0%Mn（质量分数），或加入微量的 Nb、Mo、P 等元素。

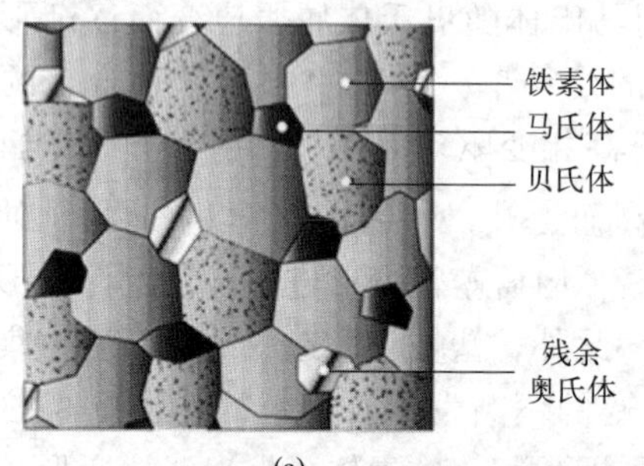

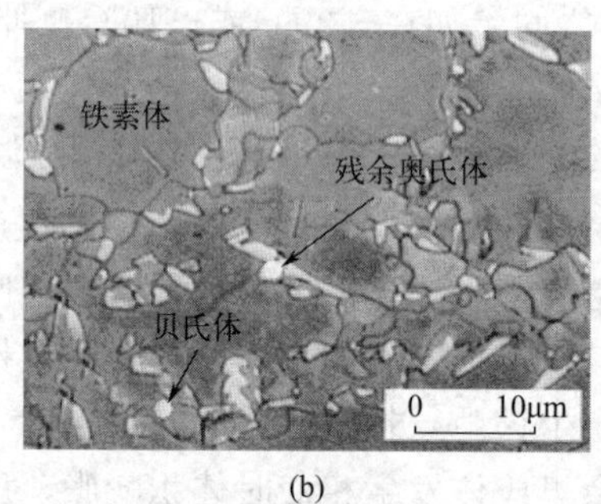

图 11-10 TRIP 钢的典型组织示意图（a）和金相组织（b）[32]

按生产工艺，TRIP 钢可分为冷轧钢板热处理型 TRIP 钢板和热轧型 TRIP 钢板。如图 11-11 所示，热处理型 TRIP 钢板是将钢板加热到铁素体（α 相）和奥氏体（γ 相）两相区，控制冷却速度冷却到贝氏体区等温淬火获得铁素体+贝氏体+马氏体三相复合组织。而热轧型 TRIP 钢是通过控制轧制和冷却来获得三相的复合组织（该工艺在 11.4 节［知识扩展］中具体介绍）。因为只有足够的残余奥氏体量才能具有 TRIP 现象，钢中残余奥氏体量一般为 10%～20%（体积分数）。由于车身用钢板多为薄板，此外金相组织容易控制，热处理型的冷轧 TRIP 钢比较普遍。

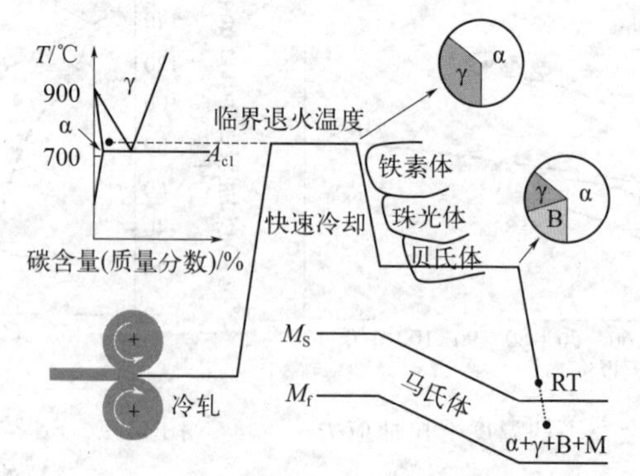

图 11-11 TRIP 钢的典型两步法热处理工艺示意图[33]

11.4 应力场作用下的贝氏体相变

现有研究结果表明，适当的应力可以显著加速贝氏体相变，影响组织形貌和各相比例，因此研究应力场下的贝氏体相变可以有效解决高强贝氏体相变时间过长的问题，提高贝氏体钢的生产效率，具有重要的科学意义和实际价值。徐祖耀曾指出，研究应力对贝氏体相变的影响，不仅可以从理论上揭示相变机制，还可以为材料的塑性成形和热处理一体化工程，以及发展形变热处理提供理论基础。

需要说明的是，应力对贝氏体相变的影响与奥氏体预变形（应变）对贝氏体相变的影响是两个不同的概念，两者之间既有联系也有差异。研究应力对贝氏体相变的影响时，需要在贝氏体相变期间施加并保持一定的应力（贝氏体相变期间外不施加应力）。研究奥氏体预形变的影响时需要在相变前迅速施加应力使奥氏体发生变形，随后迅速卸载应力，相变期间不受应力的影响。弹性应力对贝氏体相变的影响与奥氏体预变形没有关系，而塑性应力对贝氏体相变的影响既包括单独应力的作用，也包括奥氏体预变形的作用，是两者的综合作用。本节主要介绍弹性应力和塑性应力对贝氏体相变的影响规律。

11.4.1 弹性应力对贝氏体相变的影响

贝氏体相变虽然同铁素体、珠光体和马氏体相变机制不同，但同属于膨胀型相变，因此静水压力会抑制贝氏体相变。

Shipway 和 Bhadeshia 在早期的研究表明[34]，小于奥氏体屈服强度应力（屈服强度大于 140MPa，施加的应力为 20MPa 和 80MPa）加速贝氏体相变动力学，但受研究钢种屈服强度的限制，施加的应力较小，所以对贝氏体相变的促进效果不明显；而在 Fe-0.79C-1.56Si-1.98Mn-0.002P-1.01Al-0.24Mo-1.01Cr-1.51Co 纳米贝氏体钢体系中，施加应力达 200MPa（300℃时奥氏体屈服强度约 300MPa）明显促进贝氏体相变动力学对相变的影响[35]，如图 11-12 所示。国内一些学者也观察到了小于奥氏体屈服强度应力对贝氏体相变动力学的加速作用。

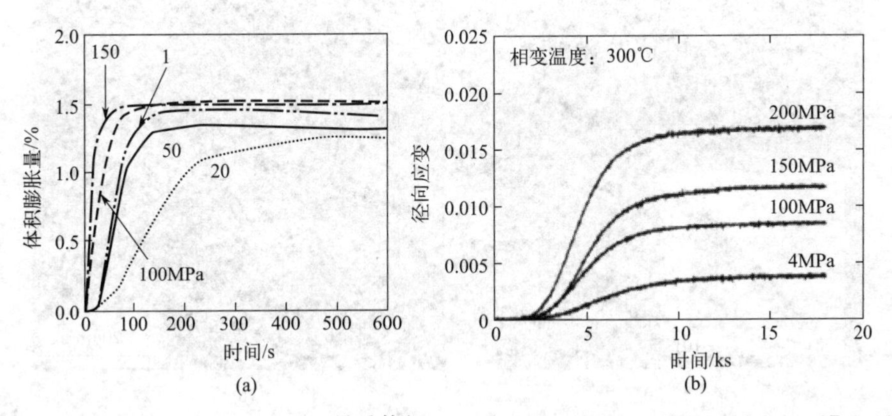

图 11-12　Fe-0.12C-2.03Si-2.96Mn 贝氏体钢（a）和 Fe-0.79C-1.56Si-1.98Mn-0.002P-1.01Al-0.24Mn 纳米贝氏体钢（b）不同应力作用下贝氏体相变期间试样膨胀量[35]

关于弹性应力影响贝氏体相变的原因，Bhadeshia 等人根据贝氏体相变的切变机制，借鉴应力对马氏体相变的影响原理，提出了应力为贝氏体相变提供额外机械驱动力，从而影响相变的理论。徐祖耀[36,37] 根据贝氏体相变扩散形核机制，提出了应力促进固溶原子扩散，降低界面能，从而加速贝氏体相变的假设。

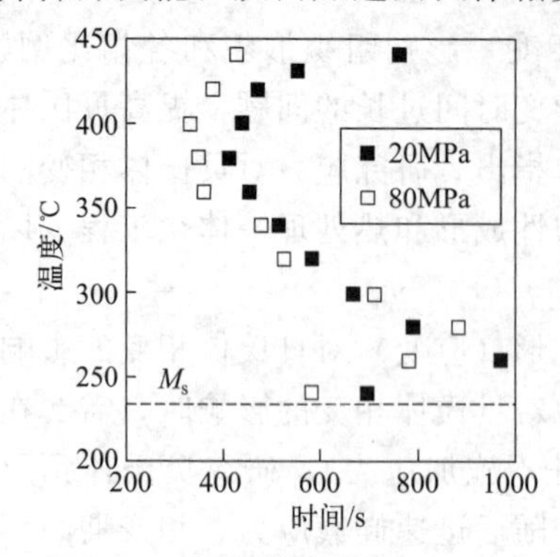

图 11-13　贝氏体相变达到 0.1% 体积应变所用的时间-温度曲线[34]

此外，弹性应力对贝氏体相变促进效果的影响因素包括应力大小和相变温度等。首先，随着应力的增加，机械驱动力增大，所以应力的促进效果更加明显；其次，相变温度是等温贝氏体相变的重要工艺参数，它影响相变的驱动力、相变量和组织性能等。Shipway 和 Bhadeshia 研究了弹性应力和相变温度对贝氏体相变的综合作用，发现在不同相变温度下，同一弹性应力对贝氏体相变提供的机械驱动力虽然大小相同，但其促进效果却不同，在较高的相变温度下，同一应力对贝氏体相变的加速作用更加明显（图 11-13）。这是因为随着相变温度的升高，相变化学驱动力降低，应力提供的机械驱动力所占的比例相对增大。此外，奥氏体化温度是贝氏体相变的另一个重要参数，主要通过影响母相奥氏体晶粒尺寸和奥氏体屈服强度，从而影响贝氏体相变动力学。

弹性应力还会对贝氏体束的取向产生影响。Hase 等通过测量贝氏体束与应力轴之间的夹角发现在较大的弹性应力作用下，贝氏体束取向趋于一致（如图 11-14 所示）。电子背散射衍射（EBSD）结果表明，弹性应力作用下产生了变体选择（selected crystallographic variants）作用。Kundu 等[38,39] 对弹性应力作用下的变体选择作用进行了更加细致的研究，发现应力作用下有利位向上的变体得到促进，而不利位向上的变体被抑制，从而产生了变体选择。变体选择程度与机械驱动力占总驱动力的比值相关，变体数量随着比值的增大而减少，即变体选择作用更加明显。关于弹性应力对贝氏体组织演变的影响目前学术界仍然存在较大争议，未有定论。

图 11-14　Fe-0.79C-1.56Si-1.98Mn-0.002P-1.01Al-0.24Mo-1.01Cr-1.51Co 贝氏体钢在 300℃等温 5h 后的 EBSD 组织照片[35]

(a) 4MPa；(b) 200MPa

11.4.2 塑性应力下的贝氏体相变

塑性应力对贝氏体相变的影响主要在于母相奥氏体预变形可以改变奥氏体形态，进而影响后续的相变进程。目前，奥氏体预变形对贝氏体相变的影响仍然存在一定的争议，塑性应力对贝氏体相变的影响往往与相变温度和变形程度有关。近年来，Gong 等[40,41] 研究发现，300℃奥氏体预变形（15%，25%）可以促进整个过程的贝氏体相变，改变最终贝氏体组织的形貌，而 500℃变形对贝氏体相变则没有影响，原因是不同的变形温度导致贝氏体相变时母相奥氏体的位错结构不同。300℃变形产生的有利位错取向，促进了有利位向贝氏体的形核和长大。而高温 500℃变形产生的位错发生回复，不影响后续贝氏体相变。此外，低温变形下的贝氏体呈现择优取向，而高温变形取向选择不明显。徐光等[42,43] 较为系统地研究了变形对贝氏体相变的影响，结果表明在较低的温度变形下（300℃），小变形会加速贝氏体相变，增加贝氏体最终转变量，大变形会使奥氏体发生机械稳定化，抑制贝氏体相变；在较高的温度变形下（860℃），变形总是会抑制贝氏体相变。

一般地，仅单独研究奥氏体预变形或应力对贝氏体相变的影响，缺乏变形和应力对贝氏体相变综合影响的研究。一些加工过程中，如热轧和锻造等，变形和应力同时出现在贝氏体相变中。此外，大于奥氏体屈服强度的塑性应力对贝氏体相变的影响也是变形和应力综合影响的结果。周明星[44] 利用热模拟试验机对 Fe-0.45C-2.0Si-2.8Mn 钢进行奥氏体预变形后等温贝氏体热模拟（图 11-15），对比了不同相变温度和塑性应力条件下贝氏体铁素体、残余奥氏体和马氏体的含量（表 11-1），证实了在较低的相变温度下，有应力和无应力试样贝氏体含量差更大，相反在较高的相变温度下，两者差值较小。这说明在较低的相变温度下，塑性应力对贝氏体相变量的促进作用更加明显。

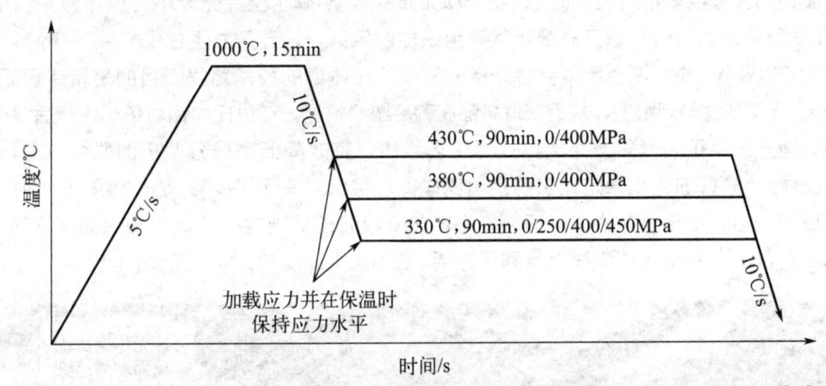

图 11-15 Fe-0.45C-2.0Si-2.8Mn 钢奥氏体预变形后等温贝氏体热模拟工艺[44]

表 11-1 不同试样中各相的含量

相变温度/℃	应力/MPa	贝氏体铁素体含量(体积分数)/%	残余奥氏体含量(体积分数)/%	马氏体含量(体积分数)/%
330	0	51.2±1.6	17.8±2.1	31.0±2.8
330	400	72.3±2.1	19.1±2.3	8.6±3.1
380	0	34.1±1.5	21.7±2.6	44.2±3.2
380	400	50.8±1.4	23.1±1.3	26.1±1.9
430	0	17.4±1.6	9.0±0.8	73.6±2.2
430	400	26.3±2.1	11.1±2.4	62.4±4.3

在实际的热处理工艺中，通过控轧控冷可以有效调控贝氏体钢的组织特征，进而获得具有优异强韧性的贝氏体钢。例如，将中碳富硅合金钢试验钢在奥氏体轧制变形后，在 $M_s+(10\sim40)$℃等温转变可以形成纳米尺度贝氏体组织。在相同变形温度下，贝氏体铁素体板条厚度随等温温度升高而增大。而在奥氏体经过580℃变形40%后等温获得的贝氏体铁素体板条较细，这说明贝氏体转变驱动力不仅与等温温度有关，而且还受奥氏体变形温度与变形量的影响[45]。与未变形试样等温转变的贝氏体铁素体板条相比，在相同等温温度下，奥氏体形变强化可以降低等温转变形成的贝氏体铁素体板条厚度。奥氏体变形会增加其强度，母相奥氏体的变形强化增加了贝氏体转变的剪切效应阻力，从而减小了生成相贝氏体铁素体的临界形核尺寸，因此降低了贝氏体铁素体的板条尺寸。由此得到的中碳纳米贝氏体不仅强度较高，而且在相同的强度下延伸率较高碳低温贝氏体有所提高，获得了优良的综合性能。

知识扩展11-3

贝氏体钢轨及辙叉轨

铁路作为国家重要的基础设施、国民经济的大动脉和大众化的交通工具，近些年铁路的整体发展趋势是向高速、重载方向发展。辙叉作为铁路运输中的重要轨道部件，除了受到的静载荷大大增加外，还将承受钢轨上最大的动载荷。车辆转股时的动载荷是静载荷的2～5倍。辙叉的工作条件极为苛刻，固定型辙叉由于存在有害空间，是铁路轨道结构中最薄弱的、受损最严重的轨道部件之一。因此，其对材料性能的要求非常严格。目前，我国铁路上使用的辙叉寿命短，不能满足铁路运输量3亿吨以上的寿命要求。

我国钢铁研究总院通过合金元素的优化组合设计和生产工艺及热处理工艺优化，克服了空冷贝氏体钢中的残余奥氏体和马氏体数量不可控而导致性能波动的缺点，明确了空冷无碳下贝氏体为主和小于5%残余奥氏体/马氏体体积分数的钢轨和辙叉轨最优微观组织控制原则，设计开发了在中C高Si高Mn合金体系中添加Cr、Mo、Ni以及V、Nb等合金微合金元素的无碳贝氏体钢的技术路线，目的是希望仅采用热轧生产就能获得空冷条件下贝氏体微观组织，从而获得高强度和高塑韧性能。在贝氏体钢轨热轧生产后（图11-16），需要进行二次热处理，采用正火+调质两次热处理工艺路线，有效降低了成分偏析的残余应力，细化了贝氏体组织（下贝氏体），分解细化和稳定化了残余奥氏体微观组织，消除了少量马氏体组织，使钢轨截面的微观组织和硬度更加均匀，全尺寸钢轨的各项性能稳定在窄幅波动范围内，从而大幅提高了钢轨的服役性能，该技术目前已在全国的多条重载铁路线上得到了应用。

图11-16 贝氏体钢轨组合辙叉在线运行效果[46]

11.5 形变热处理

形变热处理是将压力加工与热处理操作结合，对金属材料施行形变强化和相变强化的一种综合强化工艺。采用形变热处理不仅可获得由单一的强化方法难以达到的良好强韧化效果，而且还可大大简化工艺流程，使生产连续化，从而带来较大的经济效益。因此，多年来已在冶金和机械制造等工业中得到广泛应用，并也由此推动了形变热处理理论研究的深入和发展。本节将从形变热处理的分类、特点及其应用的角度进行介绍，使读者进一步了解应力场作用下相变规律在实际中的应用。

11.5.1 形变热处理的分类和应用

形变热处理种类繁多，名称也颇不统一。但通常可按形变与相变过程的相互顺序将其分成三种基本类型，即相变前形变、相变中形变及相变后形变等。其中又可按形变温度（高温、低温等）和相变类型（珠光体、贝氏体、马氏体及时效等）分成若干种类。此外，近年来又出现将形变热处理与化学热处理、表面淬火工艺相结合而派生出来的一些复合形变热处理方法等。

11.5.1.1 相变前形变的热处理

（1）高温形变热处理

高温形变热处理主要包括高温形变淬火和高温形变等温淬火等。

高温形变淬火是将钢加热至奥氏体稳定区（A_{c3} 以上）进行形变，随后采取淬火以获得马氏体组织［见图 11-17（a）］，锻后余热淬火、热轧淬火等都属于此类。高温形变淬火后再于适当温度回火，可以获得很好的强韧性，一般在强度提高 10%～30%的情况下，塑性可提高 40%～50%，冲击韧性则成倍增长，并具有高的抗脆断能力。这种工艺不论对结构钢或工具钢、碳钢或合金钢均适用。

高温形变正火的加热和形变条件均与上者相同，但随后采取空冷或控制冷却，以获得铁素体＋珠光体或贝氏体组织。这种工艺也称为控制轧制［见图 11-17（b）］。从形式上看它很像一般轧制工艺，但实际上却与之有区别，主要表现在其终轧温度较低，通常都在 A_{r3} 附近，有时甚至在 $\alpha+\gamma$ 两相区（即 800～650℃），而一般轧制的终轧温度都高于 900℃。另外，控制轧制要求在较低温度范围内应有足够大的形变量，例如对低合金高强度钢规定在 900～950℃以下要有大于 50%的总变形量。此外，为细化铁素体组织和第二相质点，要求在一定温度范围内控制冷速。采用这种工艺的优点在于可显著改善钢的强韧性，特别是可大大降低钢的韧脆转化温度，这对含有微量铌、钒等元素的钢种来说，尤为有效。表 11-2 表示一般轧制与控制轧制工艺生产的钢材性能对比。

高温形变等温淬火是采用与前两者相同的加热条件，但随后在贝氏体区等温，以获得贝氏体组织［见图 11-17（c）］。图 11-18 为 55XГCTP（Fe-0.54C-1.1Cr-1Mn-0.55Si-0.05Ti-0.003B）钢高温形变等温淬火（950℃奥氏体化，800℃形变 25%，285℃等温转变）与普通淬火-回火（800℃淬火，380℃回火）和一般等温淬火（380℃等温）后各种力学性能的比较。可以看出，在抗拉强度水平相同时，除了形变等温淬火后的屈服强度略低外，其余所有性能均较普通淬火-回火和等温淬火优越得多。

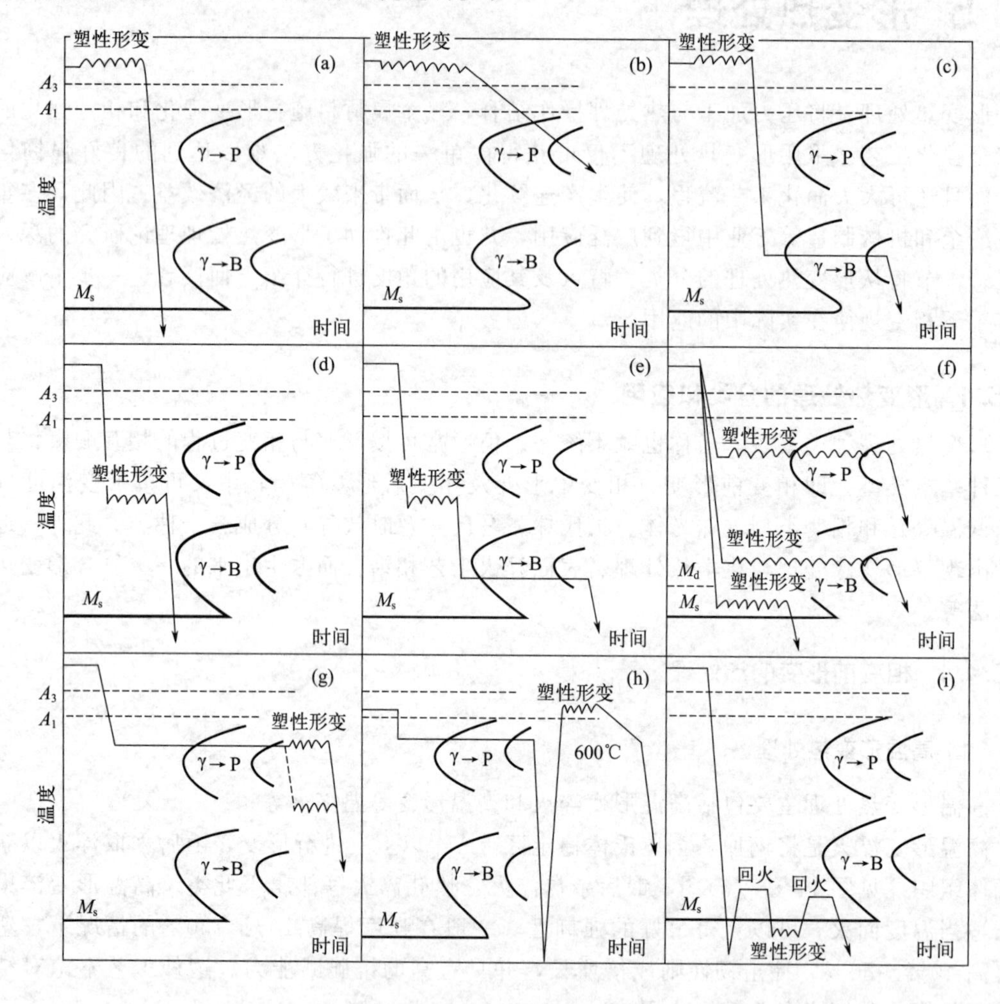

图 11-17 形变热处理分类

(a) 高温形变淬火；(b) 高温形变正火；(c) 高温形变等温淬火；(d) 低温形变淬火；(e) 低温形变等温淬火；(f) 等温形变淬火；(g) 珠光体的冷变形；(h) 珠光体的温加工；(i) 回火马氏体的形变时效

表 11-2 高温轧制-淬火与高温轧制正火工艺生产的钢材性能对比

钢的成分（质量分数）/%	一般轧制		控制轧制	
	$\sigma_{0.2}$ /MPa	韧脆转化温度 FATT/℃	$\sigma_{0.2}$ /MPa	韧脆转化温度 FATT/℃
Fe-0.14C-1.3Mn	313.6	+10	372.4	−10
Fe-0.14C-1.3Mn-0.034Nb	392	+50	441	−50
Fe-0.14C1.3Mn0.08V	421	+40	450.8	−25
Fe-0.14C-1.3Mn-0.04Nb-0.06V			539	−76

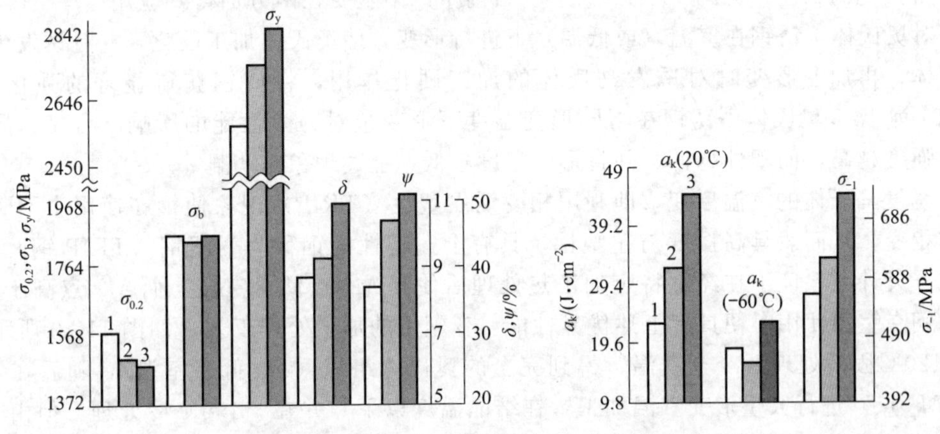

图 11-18　经不同方法热处理后 55XΓCTP 钢各种力学性能比较

1—普通淬火-回火；2—等温淬火；3—高温形变等温淬火

（2）低温形变热处理

主要包括低温形变淬火和低温形变等温淬火等。

低温形变淬火是在奥氏体化后速冷至亚稳奥氏体区中具有最大转变孕育期的温度（500～600℃）进行变形，然后淬火，获得马氏体组织［见图 11-17（d）］，它可以保证一定的塑性变形条件下，大幅度地提高强度，适用于强度很高的零件，如固体火箭壳体、飞机起落架、汽车板簧、炮弹壳、模具、冲头等。

低温形变等温淬火是采用与上者相同的加热和形变条件，但随后在贝氏体区进行等温淬火，以获得贝氏体组织［见图 11-17（e）］。采用这种工艺可得到比低温形变淬火略低的强度，但其塑性却较高，适用于热作模具及高强度钢制造的小型零件。

11.5.1.2　相变中形变的热处理

（1）等温形变处理

它是将钢加热至 A_{c3} 以上温度奥氏体化，然后速冷至 A_{c1} 以下亚稳奥氏体区，在某一温度下同时进行形变和相变（等温转变）的工艺。根据形变和相变温度的不同，可将其分为获得珠光体的等温形变处理和获得贝氏体的等温形变淬火［见图 11-17（f）］。

一般来说，获得珠光体组织的等温形变处理，在提高强度方面效果并不显著，但可大大提高冲击韧性和降低韧脆化温度。如 En18 钢（Fe-0.48C-0.98Cr-0.18Ni-0.86Mn）经 960℃奥氏体化后速冷至 600℃，进行形变量为 70%的等温形变处理后，与普通热轧空冷工艺相比，其 $\sigma_{0.2}$、δ 和 φ 值等均有相当提高，特别是夏比冲击功提高 30 倍（由 6.8J 提高到 217J）。

对于获得贝氏体组织的等温形变淬火来说，在提高强度方面的效果要比前者显著得多，而塑性指标与之接近。这种工艺主要适用于通常进行等温淬火的小零件，例如轴、小齿轮、弹簧、链节等。

（2）马氏体相变中形变的热处理

形变热处理是利用钢中奥氏体在 M_d～M_s 温度之间形变时可被诱发形成马氏体的原理

使之获得强化的工艺［见图 11-17（f）］。目前生产中主要在两方面得到应用：

a. 对奥氏体不锈钢在室温（或低温）下进行形变，使奥氏体加工硬化，并且诱发生成部分马氏体，再加上形变时对诱发马氏体的加工硬化作用，将使钢获得显著的强化效果。图 11-19 为 18-8 奥氏体不锈钢在不同形变温度下形变量对力学性能的影响。可见，形变量越大，强度越高，而塑性越低；并且形变温度越低，上述现象越明显。

b. 诱发马氏体的室温形变，即利用相变诱发塑性（TRIP）现象使钢在使用中不断发生马氏体相变，从而兼具高强度与超塑性。具有上述特性的钢称为变塑钢（TRIP 钢）。这种钢在成分设计上保证了在经过特定加工热处理后使其 M_s 点低于室温，而 M_d 点高于室温，这样，钢在室温使用时便具有上述优异性能。变塑钢的加工处理工艺，如图 11-20 所示，即先经 1120℃固溶处理后冷至室温，得到完全的奥氏体组织（M_s 低于室温），随后在 450℃（高于 M_s 点）进行大量形变（温加工，在结晶温度以下）并在－196℃冷处理，但由于 M_s 点较低，形成的马氏体量较少，为了增加马氏体含量，又在室温下进行形变。这样，不仅可以形成一部分马氏体，而且也使奥氏体进一步加工硬化，从而达到调整强度和塑性的目的。对变塑钢有时室温形变后还进行 400℃的最终回火，经上述处理后，钢的组织大部分是奥氏体，少部分是马氏体。

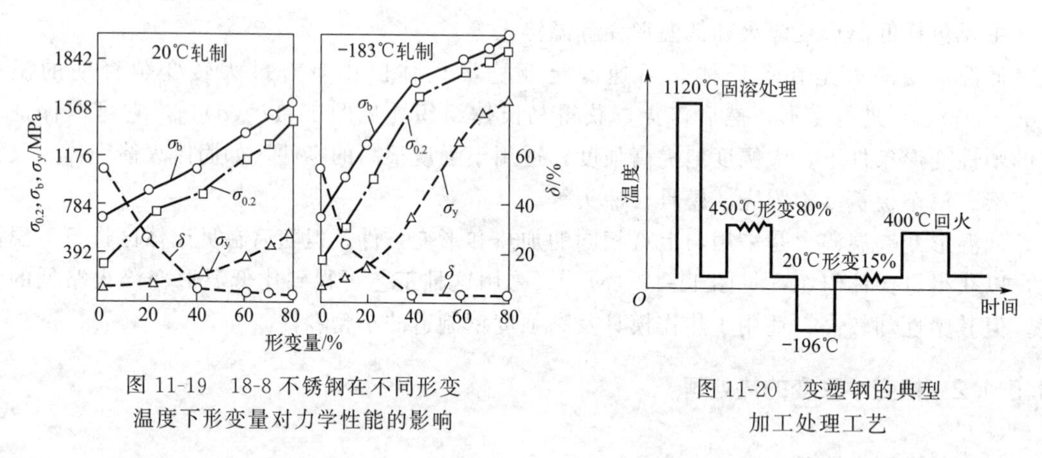

图 11-19　18-8 不锈钢在不同形变温度下形变量对力学性能的影响

图 11-20　变塑钢的典型加工处理工艺

11.5.1.3　相变后形变的热处理

这是一类对奥氏体转变产物进行形变强化的工艺。这种转变产物可能是珠光体、贝氏体、马氏体或回火马氏体等，形变温度由室温到 A_{c1} 以下皆可，形变后大都需要再进行回火，以消除应力。目前工业上常见的主要有珠光体冷变形和温加工、回火马氏体的形变时效等。

（1）珠光体的冷变形

钢丝铅淬冷拔属于此类，是指钢丝坯料经奥氏体化后通过铅浴进行等温分解，获得细密而均匀的珠光体组织，随后进行冷拔［见图 11-17（g）］。铅浴温度越低（珠光体片层间距越小）和拉拔形变量越大，则钢丝强度越高。这是由于细密的片状珠光体经大形变量的拉拔后，使其中渗碳体片变得更细小，且使铁素体基体中的位错密度提高。

（2）珠光体的温加工

轴承钢珠的温加工即属此类，它是一种被用来进行碳化物快速球化的工艺，亦即将等温退火后的钢加热至700～750℃进行形变，然后慢速冷至600℃左右出炉［见图11-17（h）］。采用这种工艺比普通球化退火快15～20倍，而且球化效果较好。

（3）回火马氏体的形变时效

形变时效是获得高强度材料的重要手段之一［见图11-17（i）］。一般来说，形变后使钢强度提高的同时，总是使塑性、韧性降低。但当形变量很小时，塑性降低较少，因此只能采用小量形变。形变之所以能产生显著的强化效果，除了由于形变使回火马氏体基体中位错密度增高外，还由于碳原子对位错的钉扎作用（即发生时效过程）。这时碳原子可由过饱和α固溶体和固溶的ε碳化物来提供。如在变形后进行最终低温回火，将更有利于ε碳化物的固溶发生，抑制使形变时引入的位错得到更高程度的钉扎，造成回火后屈服强度进一步增高。但如继续提高回火温度，将会由于碳化物的沉淀和聚集长大以及α相的回复而导致强化效果的减弱。图11-21表示超高强钢300M（Fe-0.4C-0.8Mn-1.5Si-0.8Cr-1.7Ni-0.3Mo-0.1V）回火马氏体组织（315℃回火）经小量形变后的力学性能变化和最终回火温度对强化效果的影响。

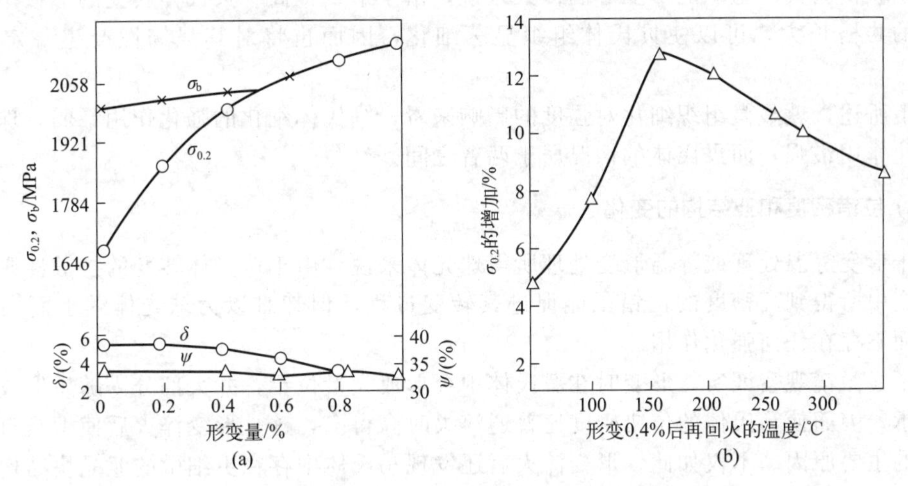

图11-21　300M钢回火马氏体组织经小量形变后的力学性能变化（a）和最终回火温度对强化效果的影响（b）

11.5.2　形变热处理强韧化的机理

形变热处理后钢之所以能获得良好的强韧性是由其显微组织和亚结构的特点所决定的。虽然形变热处理的种类繁多，处理的工艺条件也各异，但在强韧化机理上却有很多共同之处，大体可归结于以下几方面。

（1）显微组织细化

对于获得珠光体组织的形变等温处理（先形变后相变）或等温形变处理（在相变中进行形变）来说，均能得到极细密的珠光体，特别是后一工艺可使碳化物的形态发生巨大变化，即不再是片状，而是以极细的颗粒状分布于铁素体基体上；此外，也无先共析铁素体的单独存在，而是粒状碳化物均匀分布在整个铁素体基体上，而且铁素体基体被分割为许多等轴的亚晶粒，因此与普通铁素体-珠光体组织相比，其强韧性将有较大的提高。

不论高温形变淬火或低温形变淬火均能使马氏体细化，并且其细化程度随形变量增大而增大。一般认为，低温形变淬火使马氏体细化的原因是亚稳奥氏体形变后为马氏体提供了更多的形核部位，并且由形变而造成的各种缺陷和滑移带能促进马氏体的长大。对高温形变淬火来说，在不发生奥氏体再结晶的条件下，由于奥氏体晶粒沿形变方向被拉长，使马氏体片细长的晶粒达到对面晶界的距离缩短，因而限制了马氏体的长度，这对马氏体的细化程度是有限的，只有当形变奥氏体开始发生再结晶的条件下，使奥氏体晶粒显著细化，才能导致马氏体的高度细化。一般来说，低温形变淬火对马氏体的细化作用要超过高温形变淬火。研究表明，低温形变淬火钢的断裂强度 σ_f、屈服强度 $\sigma_{0.2}$ 与马氏体片尺寸之间符合 Hall-Petch 关系式：

$$\sigma_f=\sigma_0+Kd^{-1/2} \tag{11-11}$$

$$\sigma_{0.2}=\sigma_0+K'd^{-1/2} \tag{11-12}$$

式中，σ_0、K 及 K' 均为常数。用马氏体细化可以很好地揭示低温形变淬火钢在强度增高时仍能维持良好塑性和韧性的现象。

对于获得贝氏体组织的形变等温淬火来说，由于形变提高了贝氏体转变的形核率并阻止了 α 相的共格长大，可以使贝氏体组织显著细化，因而也将对其强韧性产生一定的有利影响。

综上所述，就显微组织细化对强度的影响来看，马氏体细化的强化作用最弱，珠光体细化的强化作用最强，而贝氏体的情况居于两者之间。

（2）位错密度和亚结构的变化

对于形变等温处理或等温形变处理所得珠光体来说，由于珠光体转变的扩散性质，奥氏体在形变中所得到高密度的位错虽能促进其转变过程，但却难以为珠光体继承而大部分消失，因而不存在任何强化作用。

电子显微镜观察证实，形变时在奥氏体中会形成大量位错，并大部分为随后形成的马氏体所继承，因而使马氏体的位错密度比普通淬火时高得多，这是形变淬火后使钢具有较高强化效果的主要原因。不仅如此，形变淬火后还发现马氏体中存在更细微的亚晶块结构，也称为胞状亚结构，其界面是由高密度的位错群交织而成的复杂结构．即所谓位错墙。这是由于形变奥氏体中存在的大量不规则排列的位错，通过交滑移和攀移等方式重新排列而堆砌成墙，形成亚晶界（即发生多边化）。即使经淬火得到马氏体，它依然得以保持，因此得到这种亚晶块结构。由于亚晶块之间有一定的位向差，加之又有位错墙存在，故可把亚晶块视为独立的晶粒。无疑，这种亚晶块的存在，必然对钢的强化有一定贡献。随形变量的增大，亚晶块的尺寸趋于减小，由之引起的强化效果就越大。与此同时，亚晶块的存在不仅有强化作用，而且也是使钢维持良好塑性和韧性的原因之一。但是与低温形变淬火相比，高温形变淬火时由于形变奥氏体中发生了较强的回复过程，使其位错密度有所下降。而且也有利于应力集中区的消除，故虽然强化效果较低，但塑韧性较为优越。

贝氏体的情况居于马氏体和珠光体之间。由于贝氏体相变的扩散性和共格性的双重性质，形变奥氏体中高密度的位错能部分被贝氏体所继承，因而在形变等温淬火或等温形变淬火所得贝氏体中，位错密度的增高仍是一个不容忽视的强化因素。

（3）碳化物的弥散强化作用

研究表明，在奥氏体形变过程中会发生碳化物的析出。这是因为形变时产生的高密度位错为碳化物形核提供了大量的有利部位，又加速了碳化物形成元素的置换扩散，同时在压应力下还使碳在奥氏体中的溶解度显著下降；而碳化物在位错上沉淀，会对位错产生强烈的钉扎作用，以致在进一步形变时能使位错迅速增殖，从而又提供了更多的沉淀部位，如此往复不已，随后便在奥氏体中析出大量细小的碳化物。钢形变淬火后，这种大量细小的碳化物便分布于马氏体基体中，具有很大的弥散强化作用。与普通淬火相比，低温和高温形变淬火钢中由于有碳化物的析出而使马氏体中的碳质量分数降低，因而具有较高的塑性和韧性。

由于这里所述碳化物的析出是在奥氏体形变过程中发生的，与奥氏体随后转变为何种组织无关，因此碳化物的弥散强化作用对形变淬火马氏体、贝氏体或珠光体来说都是相同的。

11.5.3 影响形变热处理强化效果的工艺因素

形变热处理的强韧化效果与采用何种形变热处理方法密切相关。奥氏体在高温下形变时因位错密度增加而引起加工硬化，同时又因发生回复和多边化引起软化。由于这一过程在形变过程中发生，故称为动态回复或动态多边化。如果形变温度较高，由于位错密度增大而积累的能量达到足以形成再结晶核心时，便会发生边形变边再结晶的现象，称为动态再结晶。动态再结晶的发生会使更多的位错消失，因而是一种更强烈的软化过程。形变热处理的效果是强化和软化两种作用综合结果所决定的，主要受形变温度、形变量、形变停留时间等因素的影响，简述如下：

（1）形变温度

一般来说，当形变量一定时，形变温度越低，强化效果越好，但塑韧性却有所下降。形变温度越高越有利于回复、多边化或再结晶过程的发生和发展。

（2）形变量

形变量对低温形变淬火和高温形变淬火后强韧性的影响有一定差异。图 11-22 为形变量对 Fe-0.3C-3Cr-1.5Ni 钢低温形变淬火后力学性能的影响。可以看出低温形变淬火时，形变量越大，强化效果越显著，而塑性有所降低。因此未获得满意的强化效果，通常要求形变量在 60%～70%以上。

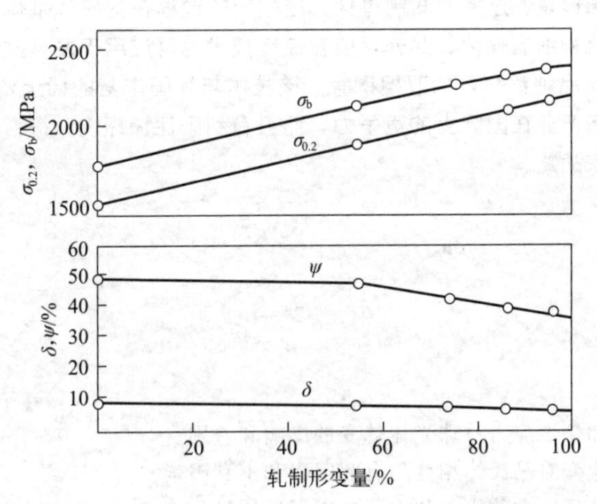

图 11-22　形变量对 Fe-0.3C-3Cr-1.5Ni 钢力学性能的影响

至于形变量对高温形变淬火钢力学性能的影响，可大致归为两种类型：一种是力学性能随形变量增大而单调递增或递减；另一种是在力学性能与形变量关系曲线上出现一个极值（极大或极小）。上述两种不同类型的变化规律可作如下解释：一些合金元素（如铬、钼、钨、钒、锰、和硅等）有延缓再结晶的作用，故当钢中这些元素含量较多时（如45CrMnSiMoV），即使在较大的形变量下，再结晶过程也不易进行，由此形变强化将一直占主导地位，造成性能随形变的单调变化；而对一般钢种，形变强化效果随形变量增大而趋于减弱，并且由于大形变量造成的内热使温度升高促使再结晶易于进行，强化效果下降。

（3）相变后淬火前的停留时间

在低温形变淬火时，亚稳奥氏体形变后将钢加热至略高于形变温度，并适当保持数分钟使奥氏体发生多边化过程（称为多边化处理），然后淬火和回火，可以显著地提高钢的塑性。随多边化处理温度的提高和停留时间的延长，塑性将不断地提高，而强度则略有下降。

对高温形变淬火来说，由于形变温度高于奥氏体的再结晶温度，所以形变后的停留必然会影响形变淬火钢的组织和性能。而性能随停留时间的关系的变化较为复杂，正确选择停留时间至关重要。

与普通热处理比较，形变热处理后金属材料能达到更好的强度与韧性相配合的力学性能。有些钢特别是微合金化钢，唯有采用形变热处理才能充分发挥钢中合金元素的作用，得到强度高、塑性好的性能。由于以上原因，形变热处理已广泛应用于生产金属与合金的板材、带材、管材、丝材，以及各种零件如板簧、连杆、叶片、工具、模具等。

知识扩展11-4

控轧控冷

控轧控冷是当前一项全新的轧钢技术，控制轧制可以广义地解释为对轧前的加热到最终轧制道次结束为止整个轧制过程实行最佳控制，以使钢材获得预期良好性能的轧制方法；控制冷却是利用相变强化在不降低韧性的前提下进一步提高钢的强度。

控轧控冷技术的基本原理是通过控制轧制过程，经相变的过程在奥氏体基体上形成高密度的铁素体晶核，其技术核心是晶粒细化和细晶强化。此外，控轧控冷技术也可应用于发展微合金钢的加工成形，简化或取消热处理工序；开发新品种钢材，如双相钢等。该技术与我国丰富的稀土资源以及自然资源相结合，不仅降低了成本，增强了各产业在国际上的竞争力，而且有利于保护环境，符合国家节能减排的需求，有利于实现“碳中和”的国家战略。

习题

11-1　简述弹性应力和塑性应力对珠光体转变的影响和差别。

11-2　简述相变前预应变对马氏体相变的有利因素和不利因素。

11-3　什么是形变热处理？它的优点和主要的应用领域是什么？

11-4　形变热处理工艺主要可分为哪几类？

11-5　什么叫控制轧制？要控制哪些因素？

思考题

形变热处理工艺是铝锂合金性能调控的一种重要方式，具有成本较低、工艺上较可靠易控、设备要求较低等优势。通常铝锂合金的形变热处理工艺流程为：固溶淬火→预变形→人工时效。已有研究表明在形变热处理工艺下的强化机制主要为沉淀强化，预变形工艺可以显著缩短人工时效时间，并显著提升铝锂合金在人工时效过程中的硬化行为。请结合第9章和本章知识，综合分析预变形对时效动力学、析出相分布和形貌的变化规律，并预测其对强韧性的影响。

辅助阅读材料

[1] 胡立光，谢希文. 钢的热处理[M]. 西安：西北工业大学出版社，2012.

[2] Soleimani M，Kalhor A，Mirzadeh H. Transformation-induced plasticity (TRIP) in advanced steels：A review[J]. Materials Science and Engineering A，2020，795，40023.

[3] 洪班德，安希孀. 高强铝合金形变热处理译文集[M]. 北京：机械工业出版社，1987.

参考文献

[1] Tan X，Ponge D，Lu W，et al. Joint investigation of strain partitioning and chemical partitioning in ferrite-containing TRIP-assisted steels[J]. Acta Materialia，2020，186：374-388.

[2] Cottrel A H. Tensile properties of unstable austenite and its low-temperature decomposition products[J]. Journal of Iron and Steel Research International，1945，151：93.

[3] Guarnieri G J，Kanter J J. Some characteristics of the metastable austenite of 4-percent to 6-percent chromium+ 1/2-percent molybdenum cast steel[J]. Trans. ASM，1948，40：1147-1164.

[4] Howard R T，Cohen M. Austenite transformation above and within the martensite range[J]. Trans. AIME，1948，176：384-387.

[5] Jepson M D，Thompson F C. The acceleration of the rate of isothermal transformation of austenite[J]. Journal of Iron and Steel Research International，1949，162：49.

[6] Ko T. The formation of bainite in an en-21 steel[J]. Journal of Iron and Steel Research International，1953，175：16.

[7] 徐祖耀. 相变导论[M]. 上海：上海交通大学出版社，2014.

[8] Koistinen D P. A general equation prescribing the extent of the austenite-martensite transformation in pure iron-carbon alloys and plain carbon steels[J]. Acta Metallurgica，1959，7：59-60.

[9] Denis S，Gautier E，Sjöström S，et al. Influence of stresses on the kinetics of pearlitic transformation during continuous cooling[J]. Acta Metallurgica，1987，35：1621-1632.

[10] Inoue T，Wang Z. Coupling between stress，temperature，and metallic structures during processes involving phase transformations[J]. Materials Science and Technology，1985，10：845-850.

[11] Patel J R，Cohen M. Criterion for the action of applied stress in the martensitic transformation[J]. Acta Metallurgica，1993，5：531-538.

[12] 刘春成，姚可夫，高国峰，等. 应力应变对马氏体相变动力学及相变塑性影响的研究[J]. 金属学报，

1999，11：1125-1129.
[13] 徐祖耀. 应力对钢中贝氏体相变的影响[M]. 金属学报，2004，02：113-119.
[14] 徐祖耀. 应力作用下的相变[M]. 热处理，2004，19(2):1-17.
[15] Languillaume J，Kapelski G，Baudelet G. Cementite dissolution in heavily cold drawn pearlitic steel wires[J]. Acta Materialia，1997，45：1201-1212.
[16] Offerman S E，van Wilderen L J G W，van Dijk N H，et al. In-situ study of pearlite nucleation and growth during isothermal austenite decomposition in nearly eutectoid steel[J]. Acta Materialia，2003，51：3927-3938.
[17] Kehl G L，Bhattacharyya S. The influence of tensile stress on the isothermal decomposition of austenite to ferrite and pearlite[J]. Trans. ASM，1956，48：234-248.
[18] Lange W F，Enomoto M，Aaronson H I. The kinetics of ferrite nucleation at austenite grain boundaries in Fe-C alloys[J]. Metallurgical Transactions A，1988，19(3):427-440.
[19] Feder J，Russell K C，Lothe J，et al. Homogeneous nucleation and growth of droplets in vapours[J]. Advances in Physics，1966，57：111-178.
[20] Ye J S，Chang H B，Hsu T Y. A kinetics model of isothermal ferrite and pearlite transformations under applied stress[J]. ISIJ International，2004，44：1079-1085.
[21] Umemoto M，Yoshitake E，Tamura I. The morphology of martensite in Fe-C，Fe-Ni-C and Fe-Cr-C alloys[J]. Journal Materials Science，1983，18：2893-2904.
[22] 王能为，孙艳. T8钢的形变球化退火工艺[J]. 南方金属，2009，01：23-25.
[23] Gautier E，Simon A，Beck G. Deformation of eutectoid steel during pearlitic transformation under tensile stress[J]. Strength of Metals and Alloys，1979，2：867-873.
[24] 张淑兰. 高碳钢变形诱导珠光体相变研究[D]. 北京：钢铁研究总院，2007.
[25] Porter L F，Rosenthal P C. Effect of applied tensile stress on phase transformations in steel[J]. Acta Metallurgica，1959，7：504-514.
[26] Radcliffe S V，Schatz M. The effect of high pressure on the martensitic reaction in iron-carbon alloys [J]. Acta Metallurgica，1962，10：201-207.
[27] Kakeshita T，Yoshimura Y，Shimizu K I，et al. Effect of hydrostatic pressure on martensitic transformations in Cu-Al-Ni shape memory alloys[J]. Trans. JIM，1988，10：781-789.
[28] 徐祖耀. 马氏体相变与马氏体[M]. 北京:科学出版社，1999.
[29] Magee C L，Paxton H W. Transformation Kinetics，Microplasticity and Aging of Martensite In Fe-31 Ni [J]. Carnegie Inst of Tech Pittsburgh PA，1966.
[30] Taleb L，Sidoroff F. A micromechanical modeling of the Greenwood-Johnson mechanism in transformation induced plasticity[J]. International Journal of Plasticity，2003，19：1821-1842.
[31] Tamura I，Maki T，Hato H. On the morphology of strain-induced martensite and the transformation-induced plasticity in Fe-Ni and Fe-Cr-Ni alloys[J]. Trans. ISIJ，1970，10：163-172.
[32] 姚贵升. 塑性变形诱导相变钢TRIP钢的性能和应用[J]. 汽车工艺与材料，2006，09：13-18.
[33] Soleimani M，Kalhor A，Mirzadeh H，et al. Transformation-induced plasticity (TRIP) in advanced steels：A review[J]. Materials Science and Engineering A，2020，795：140023.
[34] Shipway P H，Bhadeshia H. The effect of small stresses on the kinetics of the bainite transformation [J]. Materials Science and Engineering A，1995，201:143-149.
[35] Hase K，Garcia-Mateo C，Bhadeshia H. Bainite formation influenced by large stress[J]. Mater ials Science and Technology，2004，20：1499-1505.
[36] 徐祖耀. 应力对钢中贝氏体相变的影响[J]. 金属学报，2004，02：113-119.
[37] Hsu T Y. Additivity hypothesis and effects of stress on phase transformations in steel[J]. Current

Opinion in Solid State & Materials Science, 2005, 9: 256-268.
[38] Kundu S, Hase K, Bhadeshia H. Crystallographic texture of stress-affected bainite[J]. Proceedings of the Royal Society A-mathematical Physical and Engineering Sciences, 2007, 463: 2309-2328.
[39] Kundu S, Verma A K, Sharma V. Quantitative analysis of variant selection for displacive transformations under stress[J]. Metallurgical and Materials Transactions A-Physical Metallurgy and Materials Science, 2012, 43: 2552-2565.
[40] Gong W, Tomota Y, Koo M S, et al. Effect of ausforming on nanobainite steel[J]. Scripta Matereialia, 2010,63: 819-822.
[41] Gong W, Tomota Y, Adachi Y, et al. Effects of ausforming temperature on bainite transformation, microstructure and variant selection in nanobainite steel[J]. Acta Matererialia, 2013, 61: 4142-4154.
[42] Hu H, Zurob H S, Xu G, et al. New insights to the effects of ausforming on the bainitic transformation [J]. Materials Science and Engineering A, 2015, 626: 34-40.
[43] Hu H, Xu G, Wang L, et al. Effect of ausforming on the stability of retained austenite in a C-Mn-Si bainitic steel[J]. Metals and Materials International, 2015, 21: 929-935.
[44] 周明星. 应力对超细高强贝氏体钢相变和组织影响研究[D]. 武汉：武汉科技大学，2018.
[45] 赵敬. 变形奥氏体的纳米贝氏体转变行为及组织与力学性能[D]. 秦皇岛：燕山大学，2017.
[46] 研究总钢铁氏体钢轨及院工程用钢研究所. 科技新进展：贝辙叉轨[EB/OL]. 2021-11-19. http://www.360doc.com/content/20/0627/14/38621939_920776533.shtml#google_vignette.

第 12 章 合金固态相变热处理应用实例

当您乘坐舒适快捷的高铁，是否想过复兴号高铁的运行，标志着我国在铁路桥梁、铁轨、车轴、轮对等装备制造领域合金及热处理技术的巨大进步？支撑这一进步的关键材料有哪些？关乎国计民生的关键材料的热处理及相变的特点如何？

引言与导读

金属材料作为当今工业中应用最为广泛的材料，新理论、新技术、新材料、新工艺及其开发应用层出不穷。随着中国装备制造 2025 目标的提出，新材料和热处理技术在工业领域越来越受到重视。如何发挥材料潜力、改善材料性能、提高产品寿命成为材料科学与工程的重要内容。

合金相变和热处理技术的应用，对金属材料的物理性能、化学性能、力学性能、工艺性能至关重要。本章从材料工程应用背景出发，贯穿合金成分-工艺-组织-性能的关联主线，列举了关乎国计民生的生产实践并具有典型组织特征的合金相变及热处理应用实例，有助于学生结合相变理论，开阔视野、学以致用。

本章学习目标

- 了解实际工业应用领域的合金材料应用背景。
- 了解典型工业材料的热处理过程和基本组织特征。
- 熟悉不同材料热处理的相变规律及其对合金性能的影响。

12.1 珠光体钢热处理实例

（1）应用背景

珠光体组织是铁素体和渗碳体组成的机械混合物。珠光体钢具有优异的力学性能。珠光体钢的强韧性主要由珠光体组织中珠光体片层间距、珠光体团、珠光体球团及原始奥氏体晶粒大小决定，因此细化珠光体亚结构组织被认为是提高材料综合力学性能的关键[1,2]。通过深过冷处理可有效提高过冷奥氏体转变过冷度，提高珠光体转变形核率，实现珠光体亚结构的细化[3]。如经大应变冷拔后的珠光体钢是当今强度最高的金属结构材料之一[4]，已广泛用于悬拉绳缆、轮胎支撑钢丝等构件[5]。

（2）实例用钢成分

珠光体悬拉绳缆钢合金成分如表 12-1 所示。

表 12-1 珠光体悬拉绳缆钢合金成分 单位:%（质量分数）

C	Mn	Cr	Si	S	P	Fe
0.675	1.00	0.204	0.303	0.015	0.011	余量

（3）热处理工艺

首先，将该热轧料在 1100℃均质化处理 1h，随后空冷。随后经两种工艺进行热处理。

等温转变：奥氏体化（860℃×10min，升温速率：10℃/s）后，冷却（冷速 200℃/s）至 560℃，完成珠光体转变。

深冷处理＋等温转变：奥氏体化（860℃×10min，升温速率：10℃/s）后，过冷（冷速 200℃/s）至 380℃（停留 5s），升温（加热速率 200℃/s）至 560℃，完成珠光体转变。

（4）显微组织

图 12-1 为不同热处理获得的珠光体组织，可以明显看出铁素体与渗碳体片层相间的组织特征。如图 12-1（a）所示，在 560℃等温转变过程中层状珠光体以不同的晶粒尺寸随机形成。对比图 12-1（a）和（b），等温退火前的过冷处理（过冷至 380℃）有助于形成更加细小珠光体组织。且非层状珠光体倾向于在过冷的样品中优先形成（虚线圆标注），这可能是由于碳原子在 380℃的扩散速率有限。

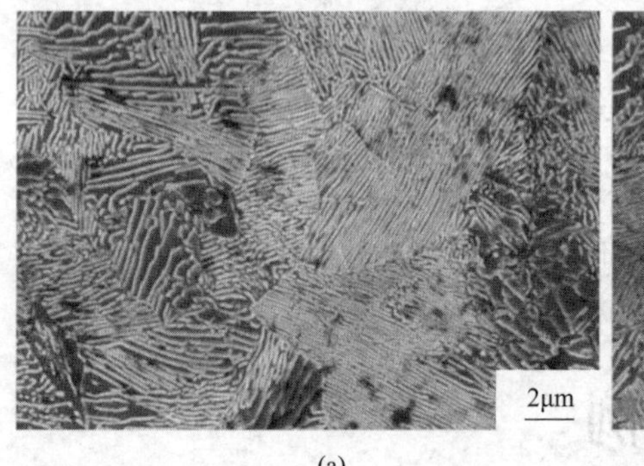

(a)

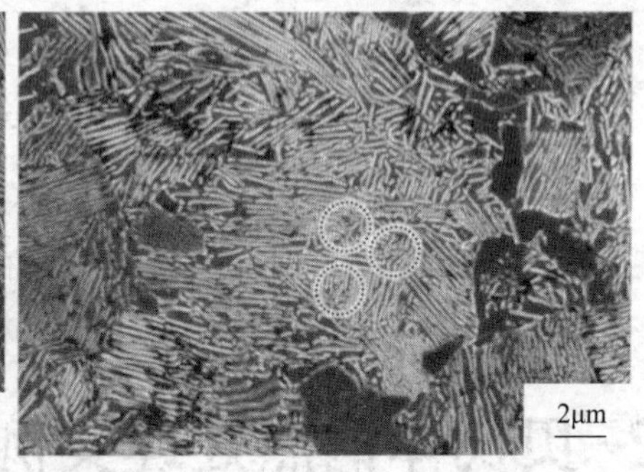

(b)

图 12-1 实例用钢不同热处理获得珠光体组织[5]
（a）等温转变；（b）深冷处理＋等温转变

图 12-2 为悬拉绳缆钢珠光体片层状结构的 TEM 图像。对于直接等温样品，在特定珠光体团内形成了尺寸相对均匀的铁素体和渗碳体［图 12-2（a）］。研究结果表明，过冷处理导致薄片的细化，过冷处理可以同时实现珠光体团和铁素体/渗碳体薄片的细化［图 12-2（b）］。统计分析表明，与等温样品约为 130nm 的层间间距相比，在过冷处理后，层间间距减小约 15%。

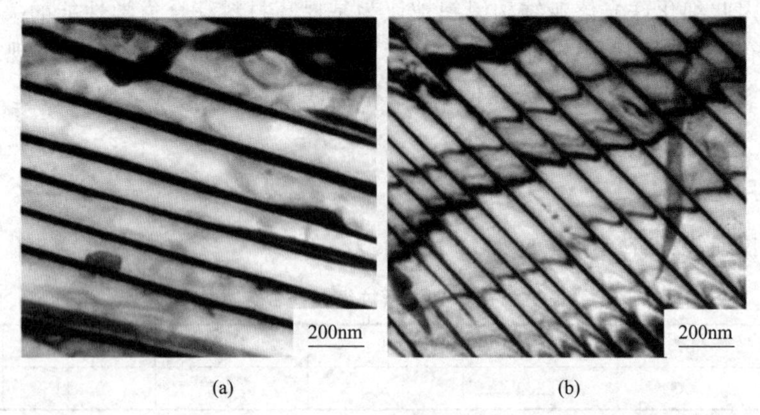

图 12-2 悬拉绳缆钢钢不同热处理获得的珠光体组织 TEM 图像[5]

（a）等温转变；（b）深冷处理＋等温转变

（5）力学性能

等温转变样品的抗拉强度约为 1150MPa。

过冷处理后，断面收缩率提高约 80%，延伸率提高 15%，但强度损失仅为 10MPa 左右。

力学性能如图 12-3 所示。

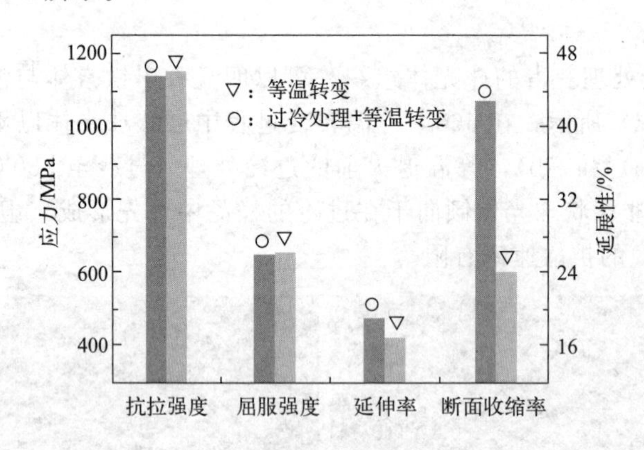

图 12-3 珠光体悬拉绳缆钢不同热处理后力学性能对比[5]

12.2 贝氏体钢热处理实例

（1）应用背景

贝氏体钢是一类热加工后空冷所得组织为贝氏体或贝氏体/马氏体复相组织的钢种。优点在于：①热成形后空冷自硬，可免除传统的淬火或淬火回火工序，大量节约能源，降低成本；②免除淬火过程产生的变形、开裂、氧化和脱碳等缺陷；③产品整体硬化，强韧性好，综合力学性能优良；④部分产品可将冶金生产与机械生产的工艺流程合并，实现全工序“超短生产流程”。因此具有优良强韧性能的贝氏体钢被广泛应用于汽车、工程机械、火车、舰船以及输油管道等制造的诸多领域。为了更好地实现我国钢铁企业的绿色发展、节约能源和资源等目标，贝氏体钢生产、应用和发展的空间极为广阔[6,7]。

我国自主开发的 Mn-Si-Cr 系贝氏体钢轨、车轮、钢筋以及鄂板等产品已在各自行业领域得到了大量的应用[8,9]。

(2) Mn-Si-Cr 系贝氏体钢成分

Mn-Si-Cr 系贝氏体钢的合金成分如表 12-2 所示。

表 12-2 Mn-Si-Cr 系贝氏体钢的元素组成（质量分数） 单位：%

C	Mn	Si	Cr	Mo+Ni	Fe
0.22	2.0	1.0	0.8	0.8	余量

(3) 热处理工艺

加热至 880℃（奥氏体化），保温 45min，随后空冷至贝氏体转变温度（400℃、375℃、350℃和 325℃），保温时间为 15min，随后炉内缓冷（冷速：0.05℃/s）至室温。贝氏体转变完成后进行回火，工艺为 250℃，240min，如图 12-4 所示。

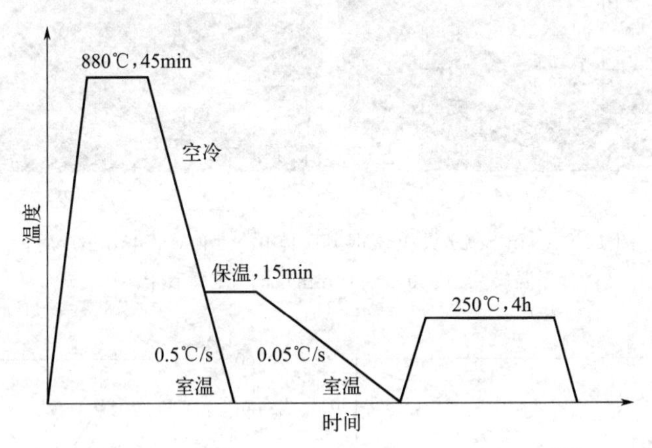

图 12-4 Mn-Si-Cr 贝氏体钢热处理工艺示意图[10]

(4) 显微组织

Mn-Si-Cr 贝氏体钢在奥氏体化直接空冷的组织为贝氏体、马氏体和残余奥氏体。325℃、15min 等温转变组织为贝氏体、马氏体和马氏体/奥氏体小岛，如图 12-5 所示。进一步观察发现，Mn-Si-Cr 贝氏体钢在 325℃等温转变后，贝氏体铁素体非常细小，同时存在部分下贝氏体，该组织由更多细小的亚片层结构组成，其宽度为 300nm。这些细小的亚片层结构是获得良好综合力学性能的原因，如图 12-6 所示。

(5) 力学性能

Mn-Si-Cr 贝氏体钢在奥氏体化（880℃，45min）后，在 325℃等温转变，250℃回火处理条件下，获得了优异的力学性能。抗拉强度为 1391MPa，延伸率 15%，室温冲击韧性 $142J/cm^2$，如图 12-7 所示。

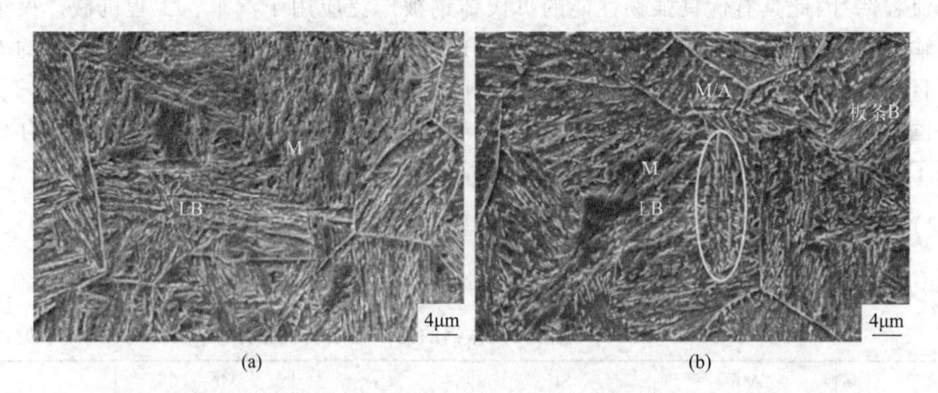

图 12-5 Mn-Si-Cr 贝氏体钢奥氏体化（880℃，45min）后的 SEM 图像[10]

（a）空冷；（b）等温转变（325℃，15min）

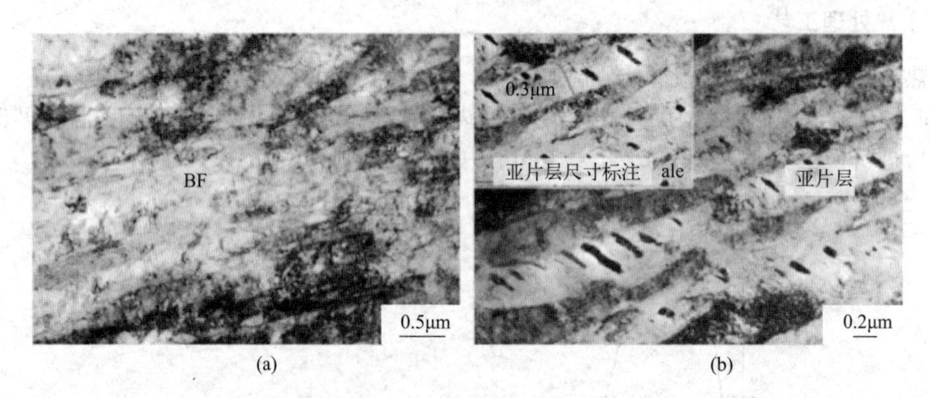

图 12-6 Mn-Si-Cr 贝氏体钢奥氏体化（880℃，45min）后，
等温转变（325℃，15min）的 TEM 图像[10]

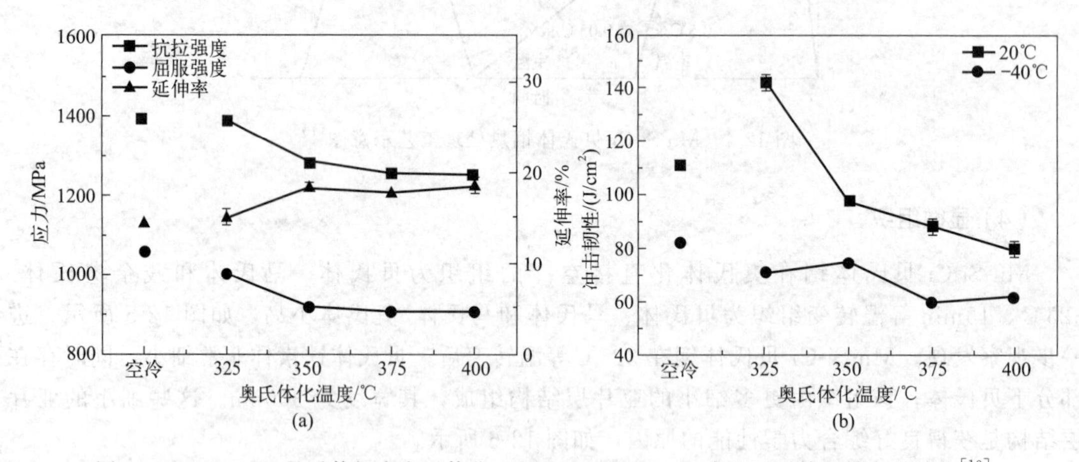

图 12-7 Mn-Si-Cr 贝氏体钢在奥氏体化（880℃，45min）空冷和不同等温转变的性能[10]

（a）力学性能；（b）冲击韧性

12.3 马氏体时效不锈钢热处理实例

(1) 应用背景

马氏体时效不锈钢通常是以无碳/超低碳 Fe-Cr-Ni 马氏体组织为基体，利用马氏体相变强化、固溶强化以及析出强化的协同作用获得较高的强度和良好的耐蚀性[11,12]。马氏体时效不锈钢不仅具有马氏体时效钢优良的强韧性，还具有较好的耐腐蚀性能，其冷、热加工性能和焊接性能优异，热稳定性良好，已成为高强度不锈钢系列中最有发展前途的钢种。

PH13-8Mo 是一种典型的马氏体时效不锈钢，具有超高的强度，优良的抗冲击和耐腐蚀性能，较好的断裂韧性、焊接性及切削加工性能，因此被广泛应用于航空航天、机械制造、海上平台等领域[13]。

(2) 成分

PH13-8Mo 马氏体时效不锈钢的成分如表 12-3 所示。

表 12-3 PH13-8Mo 马氏体时效不锈钢的成分 单位：%（质量分数）

C	Si	Mn	Cr	Ni	Mo	Al	Nb	Cu	Fe
0.034	0.078	0.048	12.19	8.36	2.11	0.90	0.37	3.57	余量

(3) 热处理工艺

固溶温度为 930℃，保温 1h；时效温度为 480℃、510℃、540℃、565℃、590℃、620℃，保温时间为 4h。

(4) 组织

图 12-8 分别为 PH13-8Mo 不锈钢经过 930℃固溶 1h 和 930℃固溶 1h+510℃时效 4h 的显微组织。

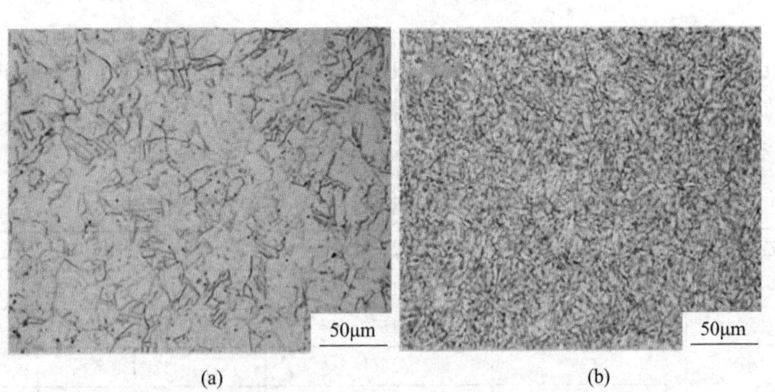

图 12-8 PH13-8Mo 不锈钢经不同热处理后的显微组织[14]
(a) 930℃固溶 1h；(b) 930℃固溶 1h+510℃时效 4h

PH13-8Mo 不锈钢在 930℃固溶后的组织为马氏体和奥氏体，在 510℃时效处理后的组织为回火马氏体和弥散分布金属间化合物。图 12-9 为 PH13-8Mo 不锈钢在不同温度时效 4h

后的 TEM 形貌，从图中可以看出，PH13-8Mo 不锈钢在 480℃时效后的组织为回火马氏体和少量 Ni_3Al 析出相，且该析出相随时效温度升高而逐渐长大和增多。在 510℃时效后的硬度和强度最高，此时析出相完全析出且尺寸较小，细小而弥散的 Ni_3Al 相对位错起到钉扎作用而引起析出强化。

PH13-8Mo 不锈钢在 510～620℃时效处理时，随时效温度升高，析出相逐渐长大，弥散析出相与基体形成的共格关系逐渐被打破，发生过时效[14]，对位错的阻碍作用下降，硬度和强度随之降低。

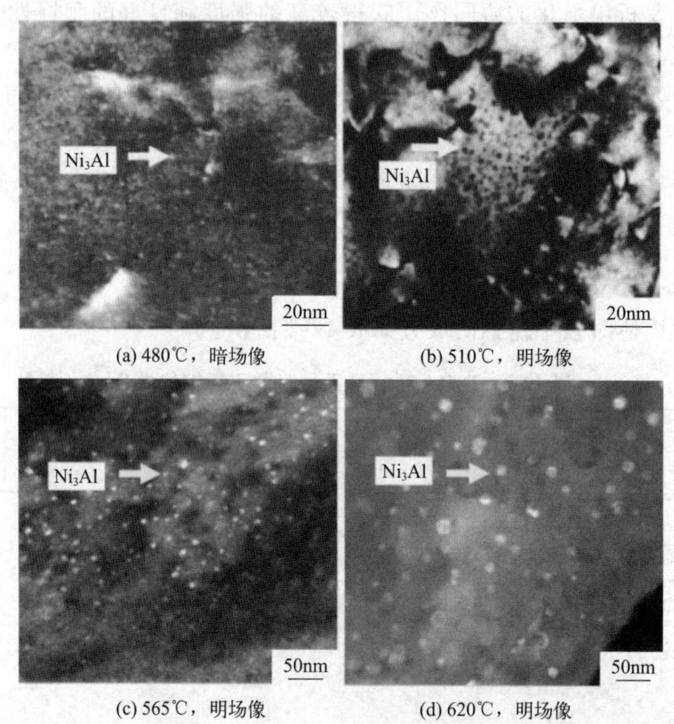

(a) 480℃，暗场像　(b) 510℃，明场像

(c) 565℃，明场像　(d) 620℃，明场像

图 12-9　PH13-8Mo 不锈钢在不同温度时效 4h 后的 TEM 形貌[14]

(5) 性能

PH13-8Mo 不锈钢在 930℃固溶后再在 510℃时效 4h 后具有最高的硬度和强度，但此时的冲击韧性较低；在 510～620℃时效时，随着时效温度的升高，硬度和强度下降，冲击韧性增加，如表 12-4 所示。

表 12-4　PH13-8Mo 不锈钢经不同热处理后的力学性能[14]

热处理工艺	$R_{P0.2}$/MPa	R_m/MPa	A_{KV}/J	硬度/HRC
930℃固溶	736	1080	180.0	33
固溶+480℃时效	1375	1514	18.0	45
固溶+510℃时效	1438	1560	37.4	47
固溶+540℃时效	1400	1464	104.5	45
固溶+565℃时效	1219	1259	144.5	40
固溶+590℃时效	1083	1146	156.0	38
固溶+620℃时效	611	997	202.3	32

12.4 增材制造起落架用超高强度钢热处理实例

（1）应用背景

300M 超高强度钢（国内 40CrNi2Si2MoVA 钢）具有较高的抗拉强度和足够的韧性，同时具有比强度大的特性，能够承受较大的冲击载荷，具有良好的抗疲劳性能，现已广泛应用于飞机起落架和抗疲劳螺栓等关键零件的制造，实现了起落架与飞机同寿命使用[15,16]。然而，300M 超高强度钢因其可切削性能差，被称为航空难加工材料，难以制造具有大规模且几何形状复杂的构件。随着激光增材制造技术的发展，激光固态成形（LSF）被认为是一种用于建造大型复杂 300M 钢零件的可行且有前途的制造技术[17]。

（2） 300M 钢的制备

激光固态成形技术（LSF）制备 300M 用粉末成分组成如表 12-5 所示。

表 12-5　激光固态成形技术制备 300M 用粉末成分　单位：%（质量分数）

C	Si	Mn	Ni	Cr	Mo	V	Cu	Fe
0.38～0.43	1.45～1.80	0.60～0.90	1.65～2.00	0.70～0.95	0.30～0.50	0.05～0.10	≤0.35	余量

注：S≤0.01%，P≤0.01%。

（3）热处理工艺（图 12-10）

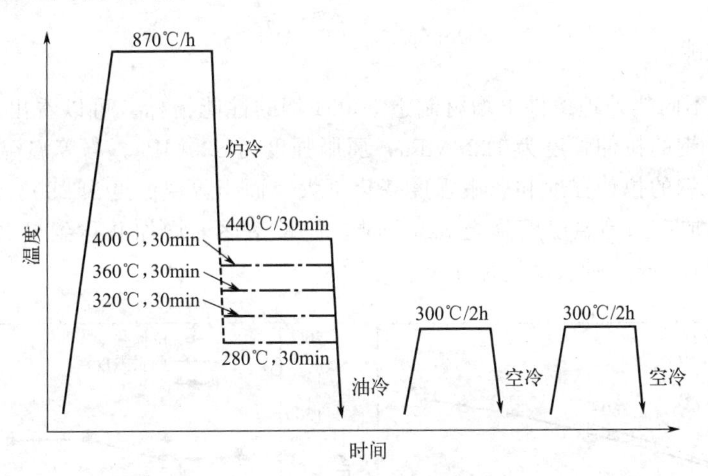

图 12-10　LSF 技术制备的 300M 钢热处理工艺

（4）显微组织

图 12-11 显示了不同温度下等温热处理的 300M 钢的显微组织。随着等温温度的降低，300M 钢的显微组织发生了明显的变化。当等温温度为 360℃时，试样的显微组织主要由上贝氏体、下贝氏体和马氏体组成，且贝氏体的形貌呈现明显的巨型台阶，一些粒状碳化物从贝氏体中析出。当等温温度为 320℃时，300M 低合金钢的显微组织由马氏体和少量下贝氏体组成。当等温温度降至 280℃时，试样的显微组织几乎全为马氏体。

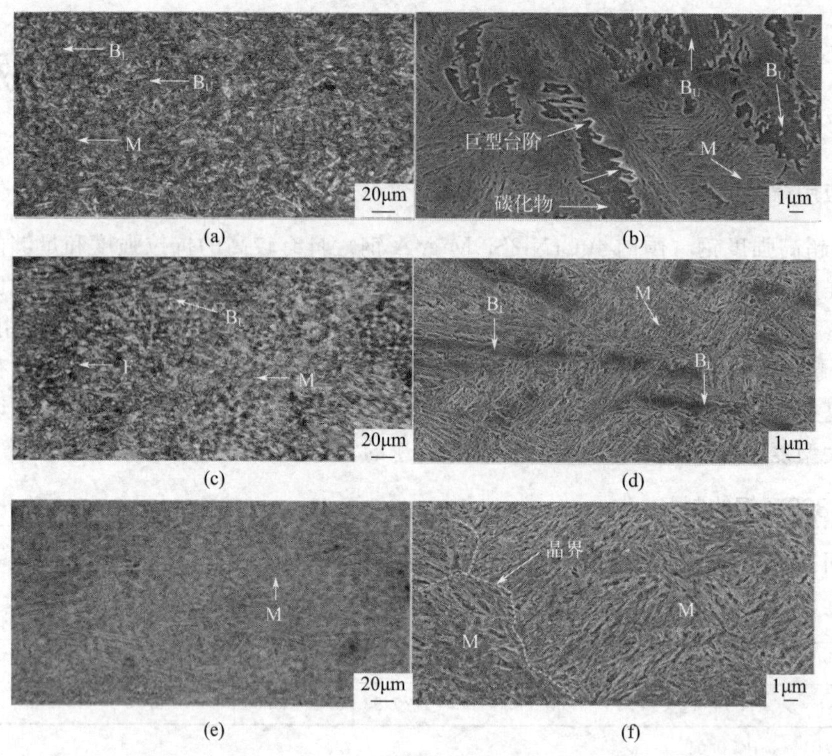

图 12-11　不同等温温度下 300M 不锈钢的 OM（左排）和 SEM（右排）形貌[18]

（a）360℃；（b）320℃；（c）280℃；（d）320℃；（e）；（f）280℃

（5）力学性能

图 12-12 为不同热处理条件下增材制造 300M 钢的性能指标。可以看出，当等温温度为 440℃时，300M 钢的拉伸强度为 1228MPa，屈服强度为 830MPa。当等温温度从 440℃降至 320℃时，300M 钢的拉伸强度和屈服强度变化不大，而当等温温度为 280℃时，拉伸强度和屈服强度显著增加；当等温温度降至 320℃时，伸长率逐渐增加并达到最高值（27%），当等温温度低于 320℃时，伸长率急剧下降。

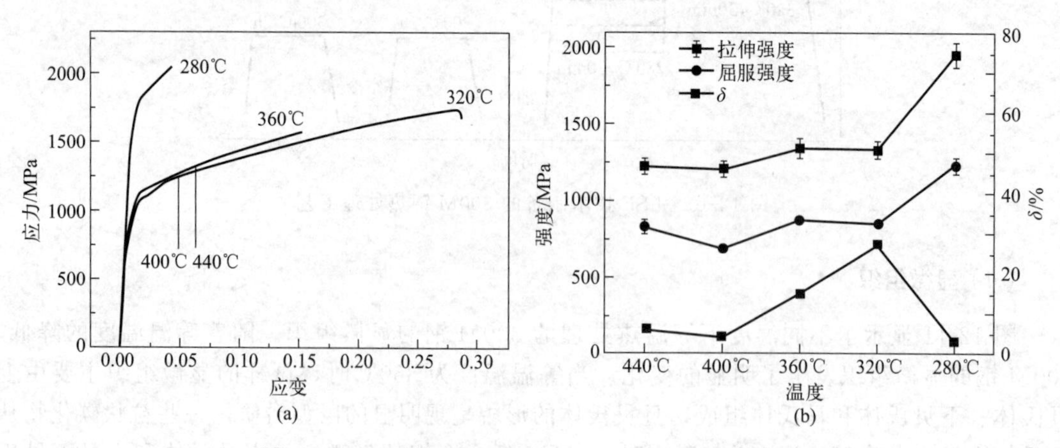

图 12-12　不同等温热处理条件下 300M 钢的拉伸结果

（a）应力-应变曲线；（b）拉伸结果

12.5 高铁车轴钢的热处理实例

（1）应用背景

高速动车组列车近年来在国内外获得广泛应用，是我国铁路客运最为有效的运输工具之一。高速列车车轴是机车车辆承受动载荷的关键零件，在服役时受到弯曲、扭转、拉压等交变载荷与冲击载荷，受力状态复杂。车轴钢主要应具有较高的强度，并保证弯扭复合疲劳强度及韧性，同时为了防止其轴颈部位的迅速磨损，还应具备一定的表面硬度[19,20]。EA4T车轴钢是一种高铁列车车轴用钢，该钢在极端工作环境下的综合性能良好，且因含有铬、钼等合金化元素，可在较大温度范围内进行热处理，从而获得适当的硬度、强度和延展性[21]。

（2） EA4T钢的化学成分

高铁车轴用EA4T钢成分如表12-6所示。

表12-6　EA4T钢化学成分[22]　　单位：%（质量分数）

C	Si	Mn	P	S	Cr	Ni	Mo	Fe
0.25	0.30	0.68	0.018	0.008	1.07	0.33	0.24	余量

（3）热处理工艺

EA4T是以调质工艺和合金化为工艺特点设计的一种高速列车车轴用钢。轧制的钢板在850℃保温30min后水淬，分别在550℃、600℃和650℃高温回火1h，随后空冷。

（4）微观组织

图12-13为不同热处理后EA4T钢的金相组织。可见，淬火后，金相组织主要由板条马氏体、铁素体及少量的残余奥氏体组成，板条马氏体之间存在细小的残余奥氏体。回火后板条马氏体发生分解，碳化物大量析出，形成铁素体与碳化物的机械混合物，即回火索氏体组织。随着回火温度升高，显微组织［图12-13（c）、（d）］中可观察到板条状的铁素体逐渐消失，变成等轴状的铁素体，说明此过程铁素体发生了回复与再结晶。图12-14是淬火态及不同温度回火后EA4T钢在SEM下观察到的显微组织。图中斜向上的实线箭头表示碳化物析出相，向下的虚线箭头表示铁素体。淬火态的EA4T钢拥有典型的板条马氏体结构；回火后，EA4T钢显微组织中碳化物析出相主要沿着原马氏体板条界面析出，并以点状分布在马氏体板条界面上。随着回火温度的升高，碳化物的尺寸并没有发生明显的改变。同时随着回火温度的提高，板条马氏体也逐渐发生回复与再结晶。

（5）力学性能

对EA4T钢不同温度回火后的力学性能进行测试，结果如表12-7所示。随着回火温度的提高，EA4T钢的强度降低，同时韧性提高。

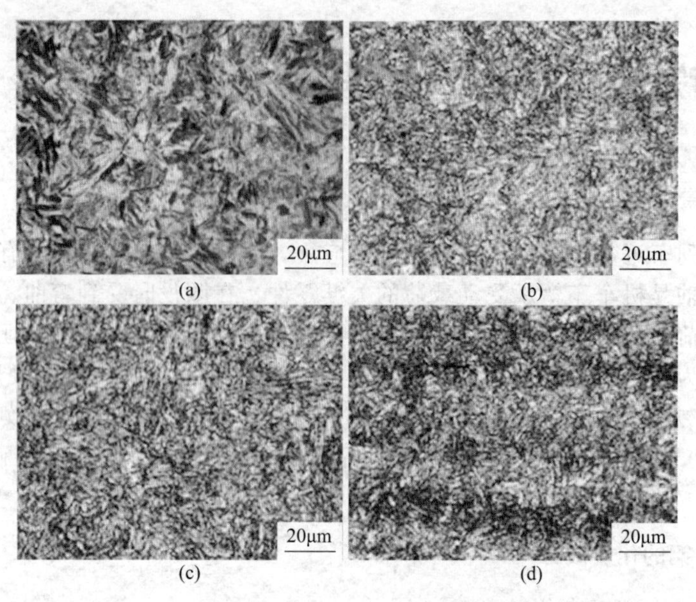

图 12-13　不同热处理后 EA4T 钢的金相组织[22]

(a) 850℃保温后淬火；(b) 550℃回火；(c) 600℃回火；(d) 650℃回火

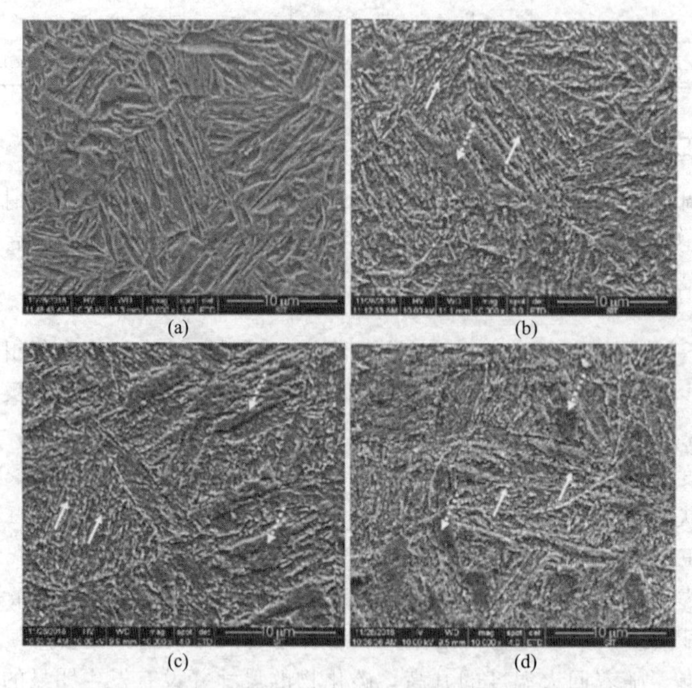

图 12-14　SEM 观察 EA4T 钢不同热处理的组织[22]

(a) 850℃保温后淬火；(b) 550℃回火；(c) 600℃回火；(d) 650℃回火

表 12-7　EA4T 钢在不同温度下回火 1h 后的力学性能[22]

回火温度/℃	抗拉强度/MPa	屈服强度/MPa	断后伸长率/%	显微硬度/HV0.1	冲击吸收能量/J
550	1058	1001	15.6	336	39.48

续表

回火温度/℃	抗拉强度/MPa	屈服强度/MPa	断后伸长率/%	显微硬度/HV0.1	冲击吸收能量/J
600	985	919	16.5	318	42.51
650	858	774	16.9	279	61.05

12.6 铁路钢轨用钢模拟热处理应用实例

（1）应用背景

铁路钢轨不仅要承受机车的压力，还要承受列车高速运行所带来的冲击载荷，因此钢轨需要具有足够的强度、硬度、韧性以及良好的焊接性能[23]。随着我国铁路运输向重载、高速方向发展，钢轨和列车承受的应力增加，加大了钢轨的损伤，迫切需要提高钢轨强度，增加钢轨的耐磨性，延长其使用寿命[24,25]。U75V重轨钢是当前应用较广泛的钢轨之一，我国速度为200～250km/h的高速客货铁路钢轨多选用U75V钢。为了应对严苛的运行条件，采用全长热处理被认为是提高钢轨材质强韧性最有效、最经济的措施。通过优化淬火工艺得到细片状珠光体组织可有效提高钢轨力学性能。

（2）U75V钢轨化学成分

铁路钢轨用U75V钢成分如表12-8所示。

表12-8　U75V钢轨化学成分[26]　　单位：%（质量分数）

C	Si	Mn	S	P	V	Nb	Fe
0.71～0.80	0.50～0.80	0.70～1.05	≤0.030	≤0.030	0.04～0.12	≤0.010	余量

（3）热处理工艺

实例选用U75V钢，借助Gleeble热模拟试验机，模拟在线热处理，经热变形后，在不同温度以不同冷速进行淬火，具体热处理工艺如图12-15所示。

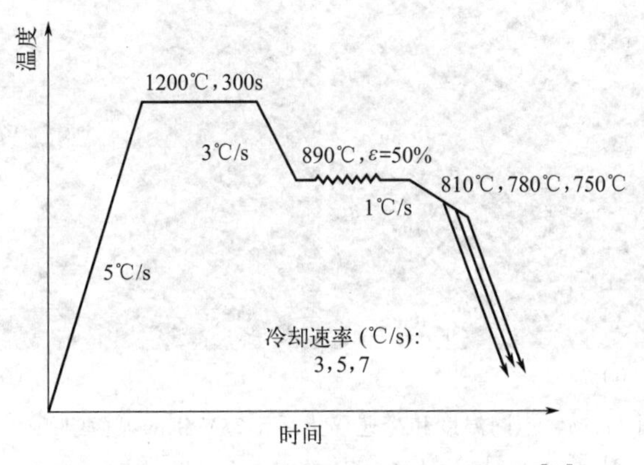

图12-15　U75V钢轨的在线热处理工艺[26]

（4）微观组织

图 12-16 为以不同温度和冷速淬火后 U75V 钢的显微组织，主要由铁素体、层状珠光体和马氏体组成。对比同一温度不同冷速的显微组织［图 12-16（a）、（b）］发现，随着冷却速率的增加，珠光体片层间距减小。而同一冷速时，较高的淬火温度可获得更细的珠光体片层间距［图 12-16（b）、（c）］。在 750℃、冷速为 5℃/s 时会形成马氏体；780℃、810℃，冷速高于 7℃/s 才能形成马氏体。表明实际生产时，较高的淬火温度有利于珠光体的形成。由于马氏体耐磨性较差，对于铁路轨道来说，不能满足其耐磨性的要求。因此，对于 U75V 钢，较高的淬火温度和 3～5℃/s 的冷却速率可获得片层细小的珠光体组织。

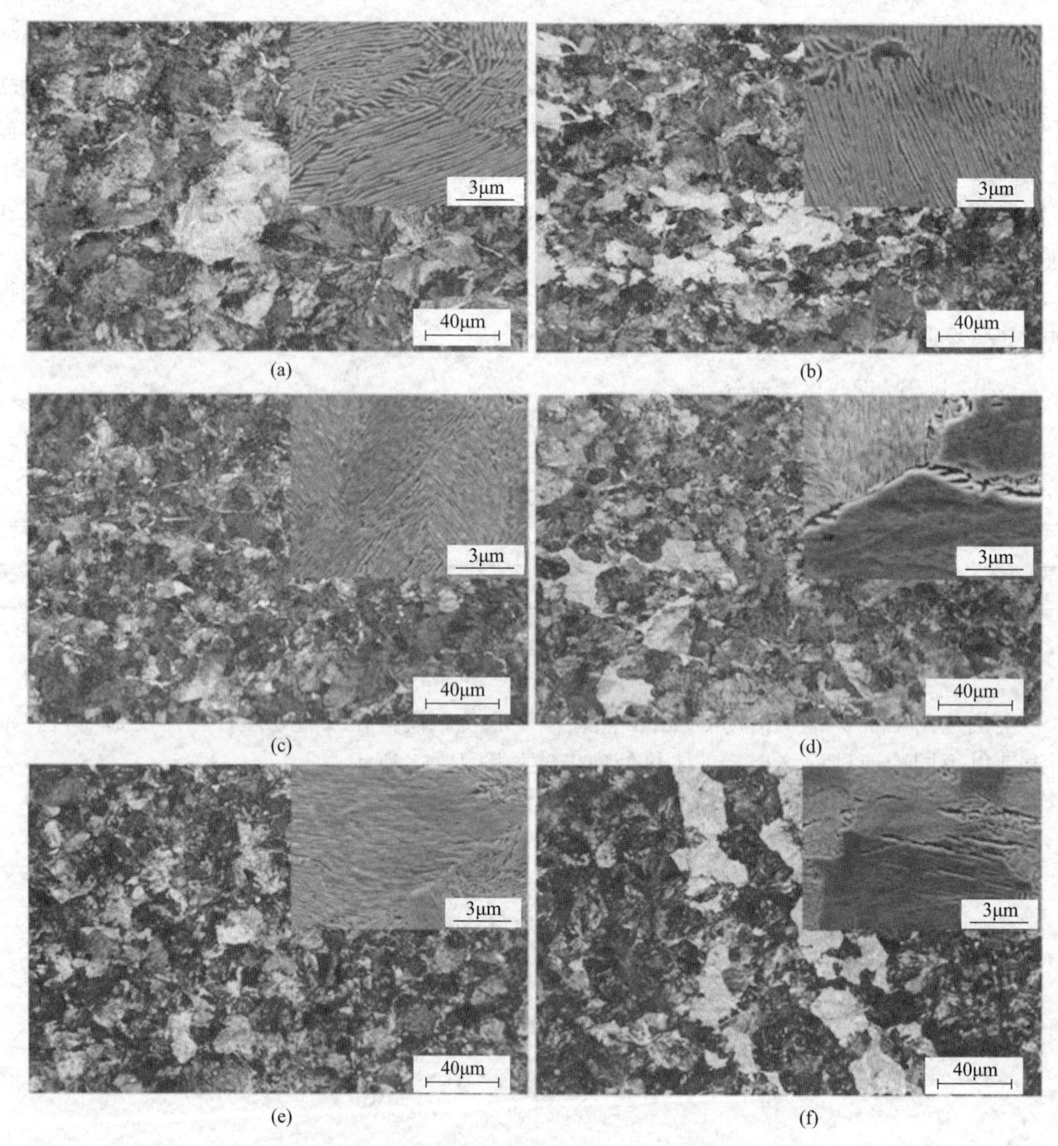

图 12-16 不同温度和冷速淬火后 U75V 钢的显微组织[26]
（a）750℃，3℃/s；（b）750℃，5℃/s；（c）780℃，5℃/s；
（d）780℃，7℃/s；（e）810℃，5℃/s；（f）810℃，7℃/s

(5) 力学性能

表 12-9 为部分淬火条件后 U75V 钢的力学性能。相应地，随着显微组织中珠光体层间间距的减小，屈服强度、拉伸强度和总伸长率等力学性能得到改善。

表 12-9　U75V 钢的力学性能[26]

淬火条件	屈服强度/MPa	拉伸强度/MPa	伸长率/%
750℃，3℃/s	813	1204	11
780℃，5℃/s	835	1217	11
810℃，5℃/s	896	1225	12

12.7　铁路桥梁钢 CCT 曲线测定及控轧控冷工艺实例

(1) 应用背景

高铁的快速发展需要建造承载性能优良、跨度大、安全耐久的大型铁路桥梁，因此迫切需要研发和应用具有高强度、高韧性、低屈强比、易焊接等性能的新一代高性能钢。长期以来，普通正火态 Q370qE 钢是我国主要的铁路桥梁用钢，力学性能良好[27,28]。但其含碳量（$w_C \geqslant 0.14\%$）和碳当量（$C_{CE} \geqslant 0.42\%$）偏高，焊接接头的－40℃冲击吸收能量（KV_2）难以达到要求（41J）；钢板中心偏析也时而严重，甚至产生熔透角焊缝层状撕裂等质量缺陷。因此，急需开发新一代易焊接的高性能 Q370q E-HPS 桥梁钢，以替代正火态 Q370qE 钢[29]。

(2) 合金成分

Q370q E-HPS 桥梁钢成分如表 12-10 所示。

表 12-10　Q370q E-HPS 桥梁钢成分　　单位：%（质量分数）

C	Si	Mn	P	S	Nb	Ti	Al	Fe
0.08	0.25	1.45	0.012	0.002	0.030	0.012	0.035	余量

(3) 热处理工艺

热处理分为两部分，首先需测定静态再结晶图，工艺如图 12-17 所示，将试样以 10℃/s 速率加热至 1200℃保温 10min 使奥氏体均匀化，然后以 5℃/s 速率冷却至 900℃、925℃、950℃、975℃、1000℃，以 $1s^{-1}$ 的应变速率压缩变形 30%，保温 1s、2s、5s、10s、25s、100s、500s 后继续以 $1s^{-1}$ 的应变速率压缩变形 30%，最后空冷至室温。

CCT 曲线测试热处理工艺图如图 12-18 所示，将试样以 10℃/s 速率加热到 1200℃保温 10min，然后以 5℃/s 速率冷却至 1100℃，以 $1s^{-1}$ 的应变速率压缩变形 30%；之后将试样以 10℃/s 速率冷却至 850℃，以 $1s^{-1}$ 的应变速率压缩变形 30%，然后分别以 0.5℃/s、1℃/s、2℃/s、5℃/s、10℃/s、15℃/s、20℃/s、30℃/s 的速率冷却至 300℃以下。

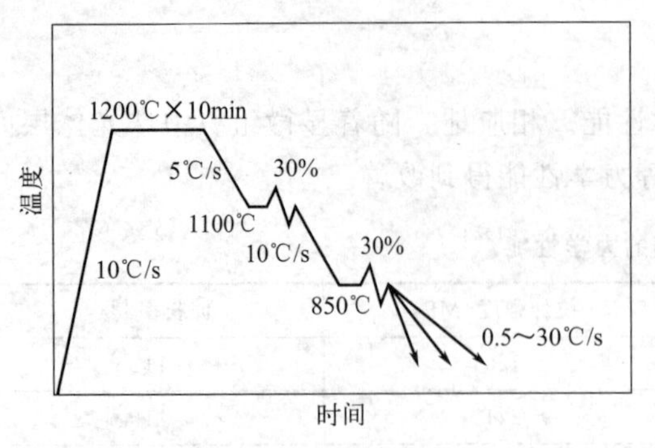

图 12-17　Q370qE-HPS 双道次热压缩工艺图

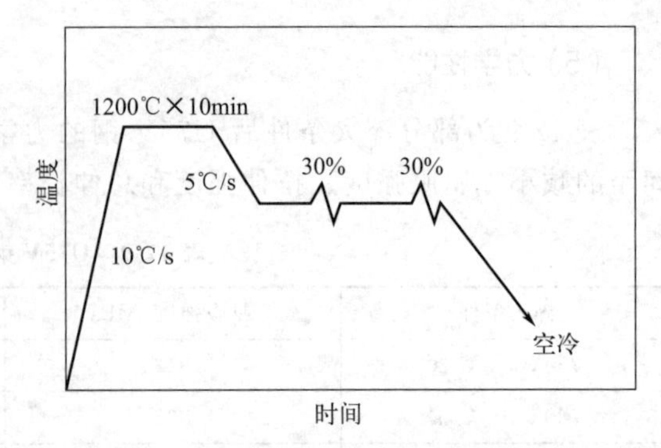

图 12-18　Q370qE-HPS 两段控轧控冷工艺图

（4）显微组织

图 12-19 为 Q370qE-HPS 钢经两段热压缩变形后以不同速率冷却后的显微组织图。不同冷速的钢组织为铁素体和珠光体，随着冷速增大，铁素体晶粒显著细化，平均尺寸从 14.6μm 减小到 8.8μm。当冷速增大至 10～15℃/s 时，出现准多边形铁素体、针状铁素体和粒状贝氏体，铁素体进一步细化，珠光体减少、细化甚至基本消失。当冷速继续增大至 20～30℃/s 时，出现板条贝氏体，针状铁素体和粒状贝氏体逐渐减少。

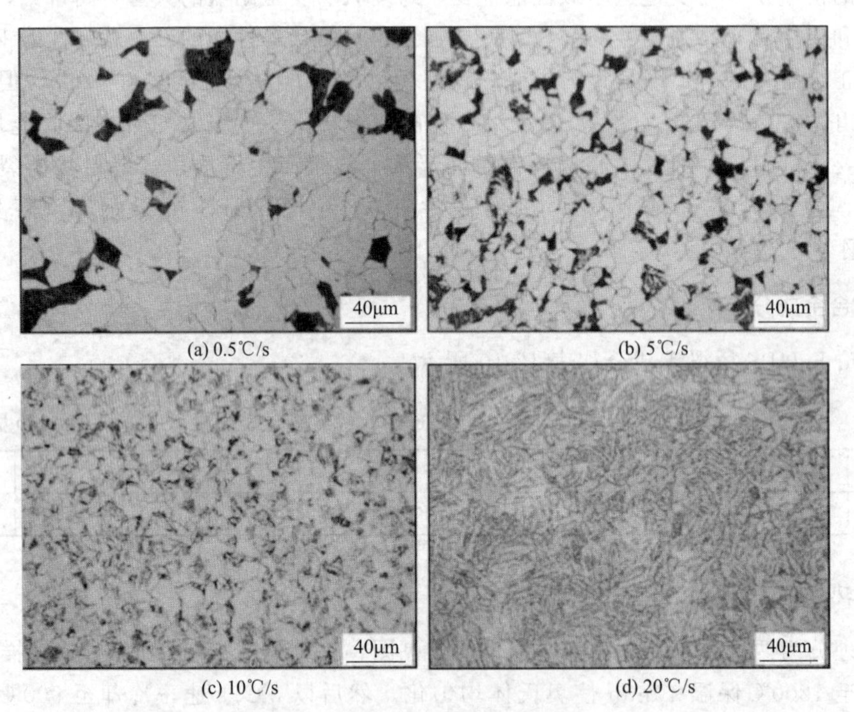

(a) 0.5℃/s　(b) 5℃/s　(c) 10℃/s　(d) 20℃/s

图 12-19　Q370q E-HPS 钢两段热压缩变形后以不同速率冷却后的显微组织

根据图 12-20 的 CCT 曲线可知，随着冷速从 0.5℃/s 增加至 5℃/s 时，形成了细小的铁素体和少量珠光体，前者平均尺寸从 14.6μm 减小至 8.8μm，后者体积分数从 12.5%降低至 7.7%，可获得良好的强韧性和较小的屈强比。因此，将 Q370qE-HPS 钢轧后控冷工艺确定为：两端热压缩变形后，降温至 760～800℃，再以 5℃/s 的速率冷却至不低于 580℃后返红。

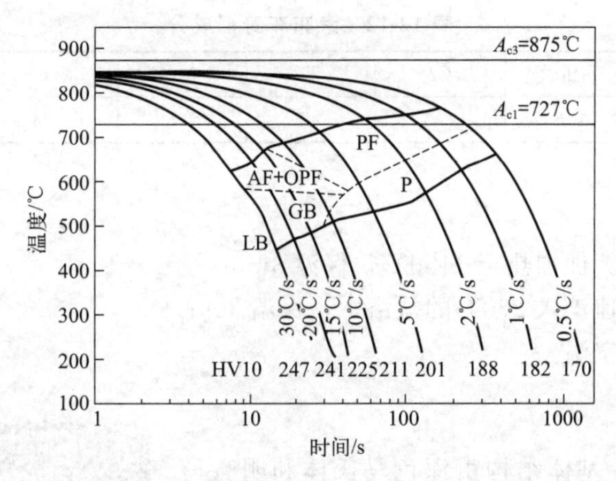

图 12-20 Q370q E-HPS 钢两阶段热压缩变形后的连续冷却转变曲线

(5) 力学性能

按上述成分和工艺试制了典型厚度的 Q370q E-HPS 钢板，其力学性能和组织特征如表 12-11 所示。通过适度细化铁素体和珠光体组织，力学性能符合标准要求。

表 12-11 工业试制的 Q370q E-HPS 钢板的力学性能和组织特征

钢板厚度/mm	拉伸性能				$-40℃KV_2$/J	组织定量特征	
	R_{eL}/MPa	R_m/MPa	A/%	R_{eL}/R_m		d_α/μm	f_p/%
16	464	559	23	0.83	327，348，339	6.3	7.2
32	441	538	31	0.82	309，324，312	8.5	9.5
50	418	523	28	0.80	260，252，278	10.2	11.3
GB/T 714—2015	≥370	510～610	≥21	≤0.85	≥120	—	—

12.8 汽车车身用钢淬火配分热处理实例

(1) 应用背景

随着安全、环保、节能制造理念的发展，汽车制造商更多采用高强度低合金钢替代传统低碳钢制造汽车车身，以减轻车身重量，降低油耗，提高汽车的安全性和舒适性[30]。作为第三代先进高强钢的代表，淬火配分钢具有较好的可塑性，而且制造时不需要特意匹配冷成形加工工艺，被广泛应用于汽车制造业[31]。该类材料经过淬火配分（quenching partitioning，Q&P）工艺处理后，可形成马氏体与残余奥氏体混合的室温组织。因马氏体具有高强度，而奥氏体具有较好的韧性和塑性，所以该种工艺可以通过调节奥氏体和马氏体的含量，使其得到较好的塑性和韧性，实现其良好的综合力学性能（高强塑积）[32,33]。

(2) 实例用钢成分

汽车车身用钢合金成分如表 12-12 所示。

表 12-12　汽车车身钢成分　　单位：%（质量分数）

C	Mn	Si	Cr	Ti	Mo	Nb	B	Fe
0.19	1.7	1.6	1.0	0.5	0.5	0.04	0.03	余量

（3）热处理工艺

① 奥氏体化：将钢件加热至 1150℃，保温 3min；

② 等温淬火：快速淬入 270℃的盐浴中，保温 30s；

③ 淬火：水淬至室温。

（4）显微组织

如图 12-21 所示，基体结构由深色马氏体和明亮马氏体组成。深色马氏体是在淬火中断之前形成的分散初生马氏体（M1），并且由于在淬火中断温度下充分回火后该成分容易腐蚀，因此颜色较深。明亮的马氏体是在最终水淬过程中形成的连续次生马氏体（M2）。

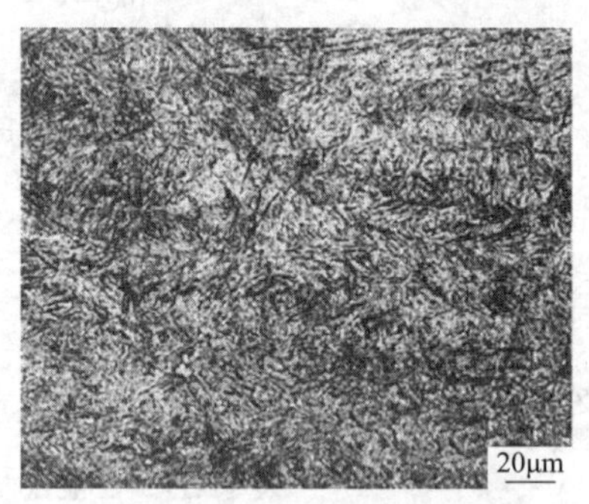

图 12-21　实例用钢经淬火配分工艺处理后的光镜组织[34]

如图 12-22 所示，经过淬火配分处理后显微组织主要由图 12-22（a）所示的位错马氏体和回火马氏体，图 12-22（b）所示的孪晶马氏体，以及如图 12-22（c）、（d）所示的分布在马氏体板条之间的薄片状残余奥氏体组成。同时从图 12-22（b）、（c）可以看出，马氏体和残余奥氏体都被马氏体包围，因此，认为 M2 相是在 C 分配过程后形成的碳含量较高的马氏体。

图 12-22　实例用钢经淬火配分工艺处理后的透射组织[34]

（a）位错马氏体和回火马氏体；（b）孪晶马氏体；（c）薄片状残余奥氏体明场像；（d）薄片状残余奥氏体暗场像

M1 和 M2 的激光共聚焦原位观察结果如图 12-23 所示。最初形成的 M1 有效地切割了粗大的奥氏体晶粒，但二次淬火过程中形成的 M2 很细小。

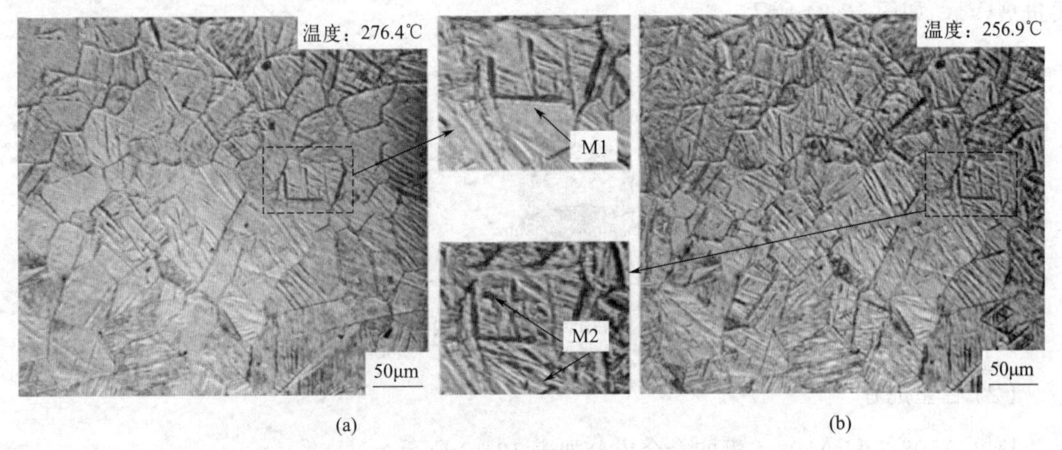

图 12-23　实例用钢原位金相组织（高温激光共聚焦显微镜）[34]

(a) C 配分阶段的 M1 相；(b) 淬火阶段的 M2 相；

(5) 力学性能

在 270℃ 的淬火中断温度下，M1 与 M2 的比例接近 1：1，试样抗拉强度高达 1589MPa，总伸长率为 14.3%，强塑积为 24.2GPa%，此时力学性能达到最佳平衡。

12.9　核电用钢热处理及新一代钢研发进展实例

(1) 应用背景

随着社会的发展，人类对能源的需求不断提高。核电作为一种安全、高效、清洁、经济的新能源越来越受到各国政府的重视。核电站的安全性和寿命对人类社会至关重要，其中核电压力容器是核电站最关键的设备之一，是核反应堆的安全屏障。压力容器在高温、高压、流体冲刷和腐蚀，以及强烈的中子辐照等恶劣条件下运行，其设计寿命不低于 40 年且不可更换。所用材料要求具有足够高的纯净度、致密度和均匀度，适当的强度和良好的韧塑性，优良的抗辐照脆化和耐时效老化性能，优良的焊接性、冷热加工性能以及优良的抗腐蚀性能等[35]。A508-3 钢是目前使用最广泛的核电压力容器用钢。我国已解决了三代核电反应堆压力容器 A508-3 钢全套大锻件的国产化和自主化制造，并已成功应用于 AP1000、CAP1000、华龙一号、CAP1400 等三代先进压水堆核电站[36]。中国一重经过多轮次工业试制，确定了大锻件的最佳成分配比和热过程工艺，实现了核压力容器大锻件的国产化，满足三代压水堆核电站对其高强高韧性能的要求，至今已累计生产交付三代核电大锻件千余件[37]。随着核电装备技术向大功率、高性能、长寿化大发展，核电装备呈现出尺寸大型化、结构复杂化的趋势，对压力容器用钢的性能指标越来越高。A508-3 钢种理论双面淬透性极限接近 700mm 级，工程条件下达到 500mm 级。当锻件壁厚超过淬透性极限时，芯部将不可避免出现铁素体组织，导致性能衰减。因此，为满足未来核工程特厚大锻件的需求，研发及生产新一代具有高强韧性匹配的核压力容器用钢势在必行。2005 年以后，我国开始 SA508Gr. 4N 钢的国产化研制。中国一重与钢铁研究总院联合开展关于 A508-4N 钢锻件的研发工作，已取得重要进展[38]，如图 12-24 所示。

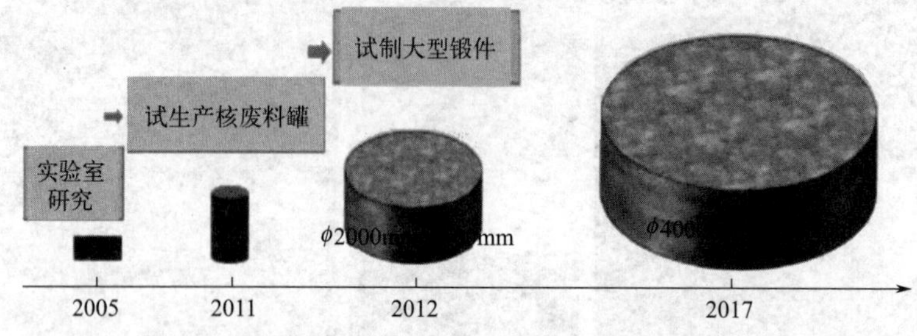

图 12-24　我国 A508-4N 钢工程锻件的研制历程

（2）合金成分

核电 A508-3 和 A508-4 钢的合金成分如表 12-13 所示。

表 12-13　A508-3 与 A508-4 钢的化学成分组成[39]　单位：%（质量分数）

合金成分	C	Mn	Ni	Mo	Cr	Si	Cu	V	Fe
A508-3	≤0.25	1.20～1.50	0.40～1.00	0.45～0.60	<0.25	≤0.25	≤0.20	0.020	余量
A508-4	≤0.23	0.20～0.40	2.75～3.90	0.45～0.60	1.50～2.00	≤0.20	≤0.25	0.025	余量

注：P<0.0025%，S<0.0025%。

（3） A508-3 热处理工艺

预备热处理：正火＋回火，目的是细化晶粒，改善加工性，改善锻造组织，并降低超声探伤缺陷率。

性能热处理：

① 淬火＋回火：(900±10)℃，5h，−60℃/min 条件下淬火，(650±10)℃，5h；

② 采用淬火＋亚温淬火＋分步回火组合热处理（QIPT）工艺代替传统调质热处理（QT）工艺。

（4）显微组织

淬火后的 A508-3 钢主要为粒状贝氏体组织，该组织中马氏体/奥氏体（M/A）组元分散在贝氏体铁素体（FB）团簇中，同时还有少量的下贝氏体（BL），如图 12-25（a）。图 12-25（b）中可以看到微小的、未完全分解的 M/A 组元，用圆圈标记。同时，碳化物在初始 M/A 区形成并堆积。从 TEM 图像可以看出，在 M/A 组分周围可以观察到位错。在 580℃回火 5h［图 12-25（b）］，M/A 组元大量分解；图 12-25（b）仍能看到岛的边界，通过电子衍射图识别出碳化物为 Fe_3C；当回火温度达到 650℃［图 12-25（c）］，所有的 M/A 组元都已完全分解，细小的铁素体合并扩展到 FB 的大小，球状 Fe_3C 碳化物弥散分布在 FB 中。同时，在 FB 中可以看到一些新的沉淀颗粒。当样品在 700℃时回火［图 12-25（d）］，奥氏体形核位点增加并变大。在此温度下形成了体积分数约 6%的奥氏体，亚临界温度低于 700℃。冷却至室温后残余奥氏体约为 2%，晶界处有一定数量的冷却后新形成的奥氏体。采用淬火＋亚温淬火＋分步回火组合热处理（QIPT）工艺代替传统调质热处理（QT）工艺对 A508-3 大锻件进行处理，获得了混合细化组织（图 12-26），有效提高了锻件的低温韧性和均质性。在 QIPT 工艺中，400℃预回火处理对锻件强度影响不大，但对其韧性具有明显的提高作用。QIPT 态锻件的 DBTT 相较于 QT 态降低了 15℃以上，低温韧性明显提高。这是由于 400℃预回火处理能够促进马氏体-奥氏体（M-A）岛分解并析出细小碳化物，减少了裂纹萌生的形核点，并且细小的岛状 M-A 组织和碳化物阻碍了裂纹扩展。

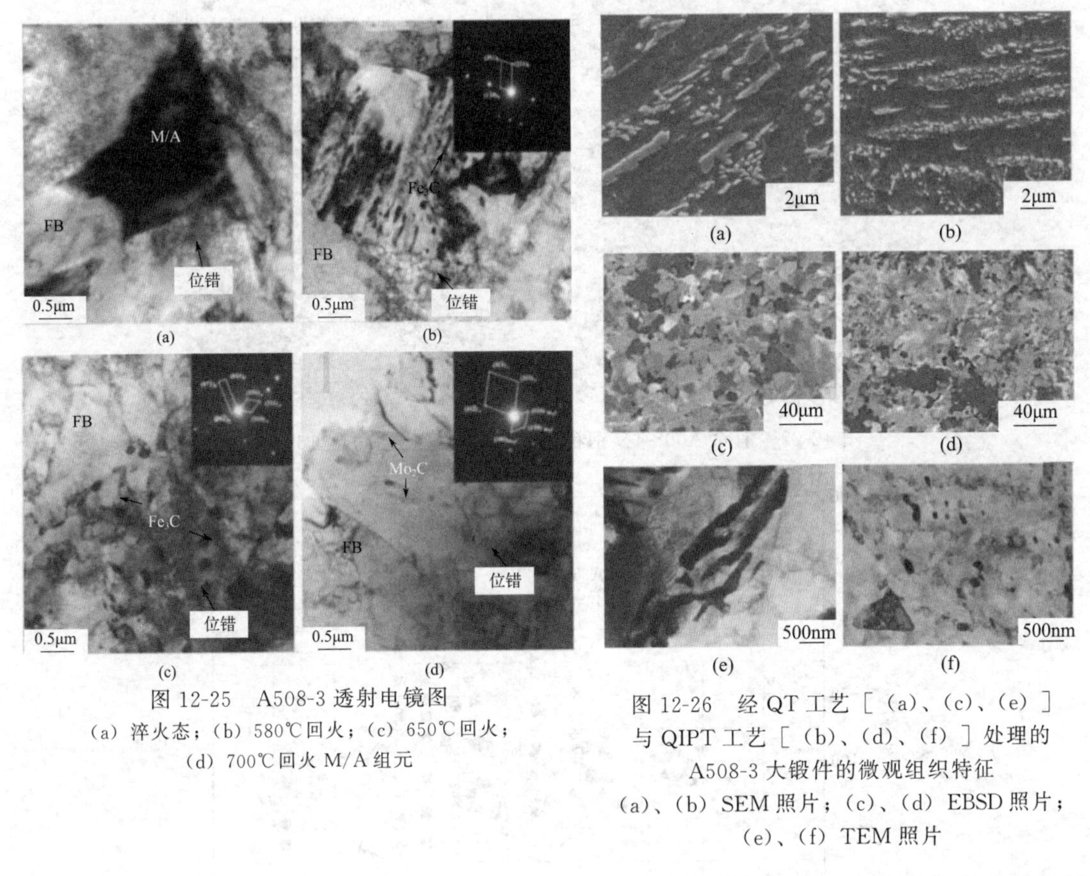

图 12-25　A508-3 透射电镜图

(a) 淬火态；(b) 580℃回火；(c) 650℃回火；(d) 700℃回火 M/A 组元

图 12-26　经 QT 工艺［(a)、(c)、(e)］与 QIPT 工艺［(b)、(d)、(f)］处理的 A508-3 大锻件的微观组织特征

(a)、(b) SEM 照片；(c)、(d) EBSD 照片；(e)、(f) TEM 照片

针对 A508-4N 钢存在的典型的组织遗传性问题，通过多次阶梯正火处理在奥氏体重结晶过程中消除粗大晶粒，从而稳定获得晶粒度在 6 级以上的均匀晶粒（图 12-27）。

(5) 力学性能

表 12-14 为 ASME 标准中对 A508-3 钢和 A508-4N 钢的力学性能要求。我国研制的壁厚为 700mm 的 A508-4N 钢锻件的韧性优于目前国际上公开的同类产品的韧性。性能指标如图 12-28 所示。研制的 ϕ4000mm×1000mm 级新一代核压力容器用 SA508Gr. 4N Cl. 1 钢特厚、超大尺寸锻件，室温屈服强度达到 620～690MPa，抗拉强度达到 755～820MPa；350℃高温屈服强度达到 530～590MPa，抗拉强度达到 630～700MPa；－30℃低温冲击达到 144～270J；RTNDT 达到－60～－130℃。使用 A508-4N 钢替代 A508-3 钢后，核压力容器锻件的壁厚和重量均降低了 30％以上（图 12-29 所示）。锻件全壁厚、全截面位置符合最新国产化技术性能指标要求，性能余量较大，不仅解决了核压力容器大锻件国产化生产设备能力不足以及因尺寸过大和淬透性极限偏低带来的锻件组织和性能不均匀的问题，而且对于超大锻件制造技术的挑战也得以克服。

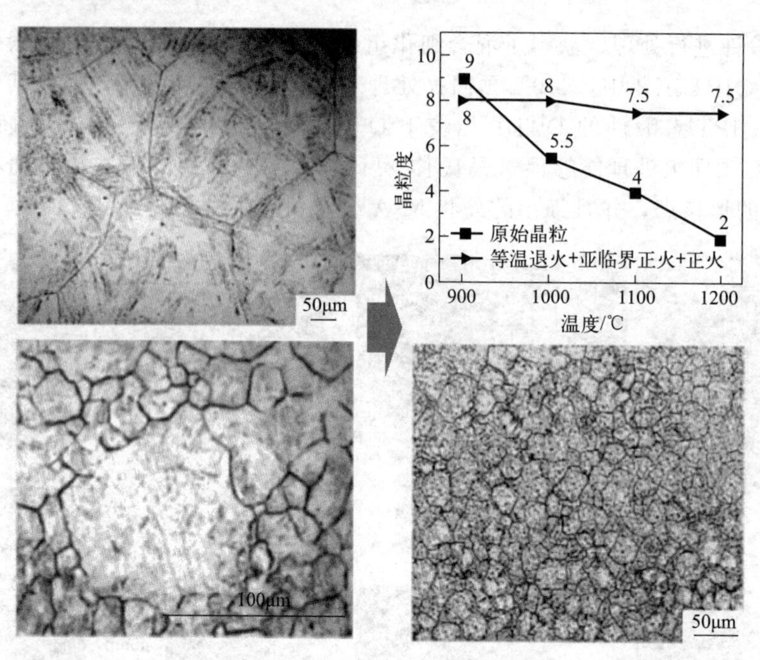

图 12-27　消除 A508-4N 钢粗大晶粒组织遗传性的热处理工艺

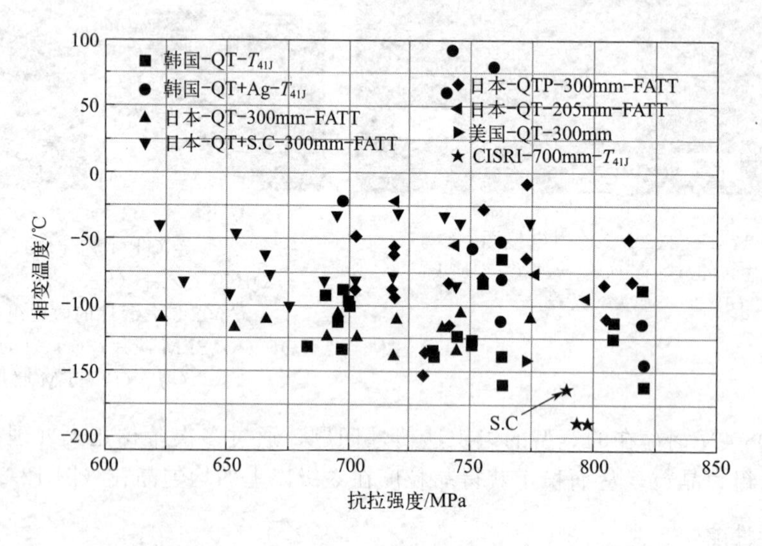

图 12-28　国内外研制的 A508-4N 钢锻件的力学性能对比

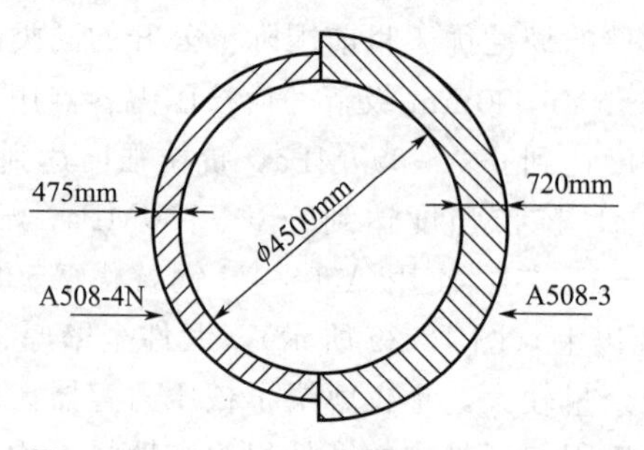

图 12-29　以 A508-4N 钢和 A508-3 钢制备的核压力容器接管段锻件的壁厚对比

表 12-14　ASME 标准中对 A508-3 钢和 A508-4N 钢的力学性能要求

钢种	室温拉伸性能				冲击功
	R_m/MPa	$R_{p0.2}$/MPa	A/%	Z/%	A_{KV}/J
A508-3Cl. 1	550～725	≥345	≥18	≥38	41（4.4℃）
A508-3Cl. 2	620～795	≥450	≥16	≥35	48（21℃）
A508-4N	725～895	≥585	≥18	≥45	35（−29℃）

12.10 风电轴承钢等温淬火相变实例

（1）应用背景

随着我国风电行业的发展，风电机组向高效率、大型化的趋势发展，作为其关键零部件之一的偏航轴承的尺寸也越来越大。另一方面，风电设备本身的苛刻工况和长寿命以及安全可靠性高，因而要求风电轴承材料接触疲劳寿命长、耐磨性高，具有高的冲击韧性和尺寸稳定性，以及高的淬透性[40,41]。在 40CrNiMo 钢的基础上开发 40CrNiMoV 钢，微量 V 元素的添加大大提高了钢的淬透性，经奥氏体化后即使在慢速率冷却条件下仍可获得优异的综合力学性能[42]。在制造大尺寸轴承上具有更优良的淬透性及综合力学性能，并且制造成本低[43]。

（2）风电轴承钢的成分[44]

风电轴承用 40CrNiMoV 钢的成分如表 12-15 所示。

表 12-15　40CrNiMoV 钢的成分　　单位：%（质量分数）

C	Si	Mn	Cr	Ni	Mo	Al	V	N	Fe
0.42	0.40	0.75	0.83	1.53	0.14	0.069	0.077	0.0021	余量

注：P 含量 0.007%，S 含量 0.002%。

（3）热处理工艺

900℃奥氏体化 30min 之后以 0.7℃/s 的冷速冷却，最后对试验钢进行 630℃×1h 的回火处理。

（4）微观组织

图 12-30 分别为 40CrNiMoV 钢经 900℃奥氏体化慢冷后的光学和扫描显微组织。由图 12-30 可观察到，奥氏体化温度为 900℃时，试验钢的淬透性提高，组织中几乎为 100%的针状马氏体组织（图中以 M1 表示针状马氏体）。

图 12-31 为 40CrNiMoV 钢经 630℃回火后扫描电镜观察的显微组织。试验钢经 630℃回火后，马氏体分解，得到由多边形的等轴铁素体和分布于其上的粒状碳化物组成的回火索氏体组织，且碳化物的尺寸和分布都比较均匀。

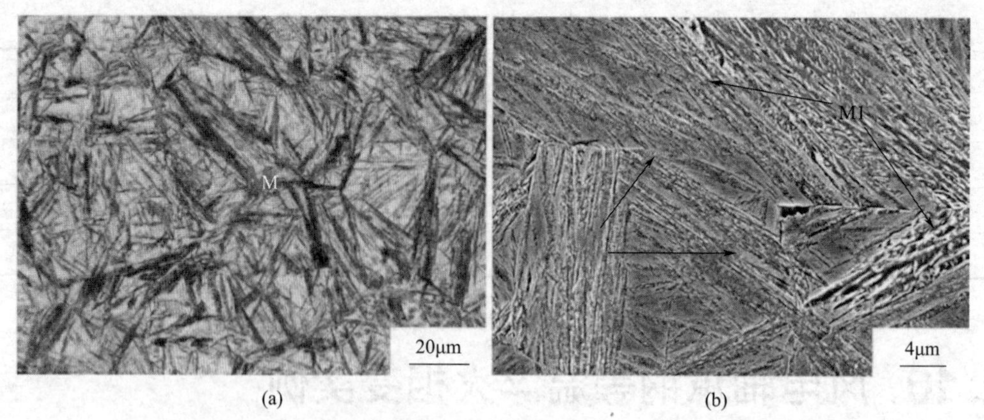

图 12-30　40CrNiMoV 试样 900℃奥氏体化 30min 后的显微组织[44]
（a）光学显微组织；（b）扫描显微组织

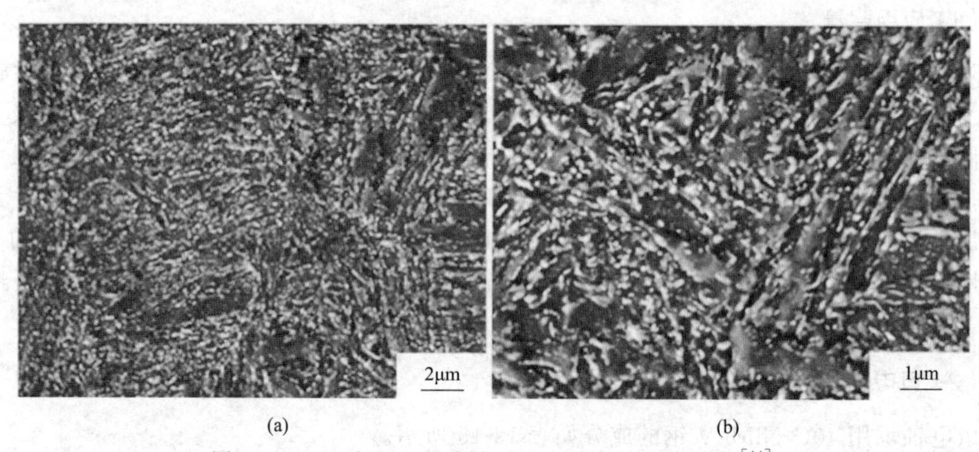

图 12-31　40CrNiMoV 试样 630℃回火后的扫描组织[44]
（a）回火索氏体组织；（b）图（a）的放大图

（5）力学性能

在淬透性、晶粒尺寸的变化以及回火后索氏体中碳化物弥散强化的综合作用下，试验钢经 900℃奥氏体化并慢冷处理＋630℃回火处理 1h 后，抗拉强度为 1200MPa，延伸率为 13.6％，有最好的强塑性配合。其力学性能如表 12-16 所示。

表 12-16　40CrNiMoV 钢 630℃回火后的力学性能[44]

抗拉强度/MPa	屈服强度/MPa	断后延伸率/％	强塑积/GPa％	硬度/HRC	冲击韧性/(J/cm^2)
1200	1087	13.6	17.6	37.3	116

12.11　铝合金固溶时效热处理实例

（1）应用背景

铝及铝合金材料有着许多比较优良的特性，比如密度小，表面性能好，耐蚀性较好，再加上易于成形和表面处理、可回收等优点，所以其广泛地应用在交通、建筑、汽车、航空、电子、包装等各个领域[45-47]。其中 Al-Cu-Mn 合金是一种典型的高强韧铸造铝合金，具有室温和高温综合力学性能良好、耐腐蚀性优良、易于切削加工等优点，已经在航空航天、国防科技等领域获得广泛应用。而且，Al-Cu-Mn 系铝合金属于时效硬化型铝合金，通过合理的固溶时效处理能最大程度地挖掘材料潜力，进一步提高该合金的综合力学性能[48,49]。

（2）成分

Al-Cu-Mn-Ni 合金成分如表 12-17 所示。

表 12-17 Al-Cu-Mn-Ni 合金的成分组成[50] 单位：%（质量分数）

Cu	Mn	Mg	Fe	Ni	Al
4.7	0.99	0.0009	0.097	0.49	余量

（3）热处理工艺

T6 热处理工艺：分步固溶（525℃×6h+535℃×6h）→水淬→时效（170℃×4h）。

（4）显微组织

图 12-32 显示了合金中共晶产物的形态，它们通常位于晶界或树突区域。凝固过程中会形成两个富镍相以及 T_{Mn}（$Al_{20}Cu_2Mn_3$）和 $CuAl_2$ 相［图 12-32（a）］。凝固过程中形成的金属间化合物对高温强化有一定的贡献。图［12-32（b）］表示固溶处理后合金的共晶组织，深色区域对应于共晶 T_{Mn} 相，亮色区域对应于富 Ni 相的共晶相。固溶处理对 T_{Mn} 相几乎没有影响，表明它具有出色的热稳定性。但固溶处理时，富镍相并不稳定，会发生相当大的变化。δ-Al_3CuNi 相在其端部略微变圆，但仍保持铸态的原始形状；而 γ-Al_7Cu_4Ni 相完全改变，变成粒状并趋于离散分布。

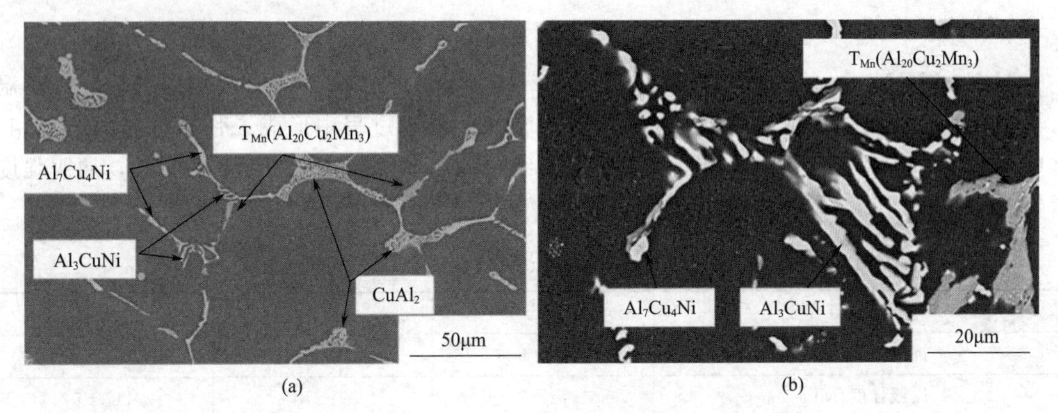

图 12-32 Al-Cu-Mn-Ni 合金不同状态的 SEM 图像[50]

（a）铸态组织；（b）固溶组织

图 12-33 为 Al-Cu-Mn-Ni 合金固溶和时效处理后析出相的 TEM 图像及衍射斑点。图 12-33（a）中，固溶处理后，合金中相对较细的棒状析出物为 T_{Mn} 相（$Al_{20}Cu_2Mn_3$），粗短的棒状析出物为 $AlCu_3Mn_2$ 相。经过时效处理后，在 TEM 图像中有大量具有特定方向的细小析出物析出［图 12-33（b）］。图 12-33（c）的电子衍射图谱中穿过｛200｝基体衍

射斑点的较强的不连续<001>α条纹表示析出物为θ''相。图 12-33（d）中的高分辨图像表明θ''相与 Al 基体保持良好的相干取向。

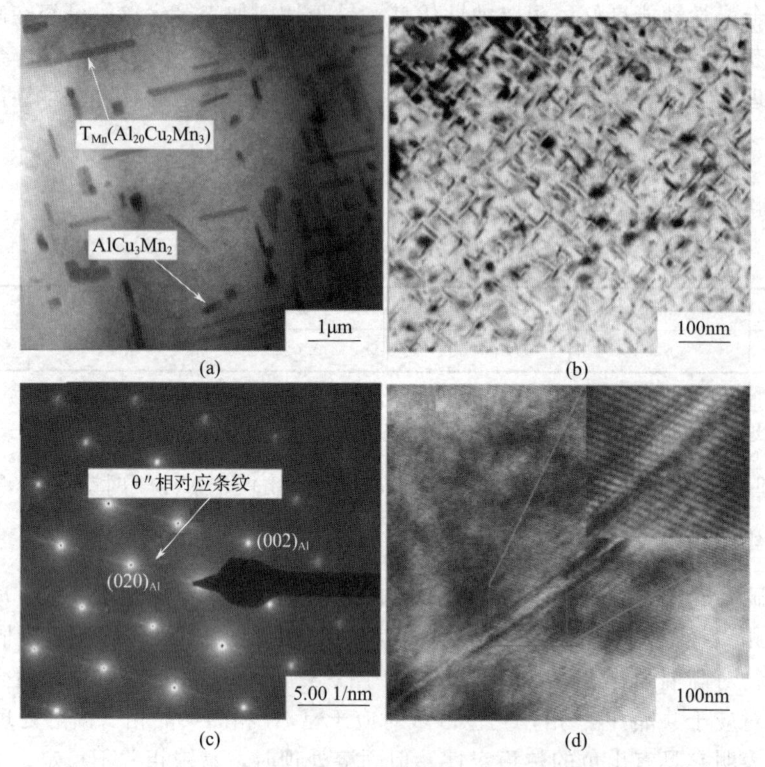

图 12-33　Al-Cu-Mn-Ni 合金不同热处理的金属间化合物 TEM 图像[50]

（a）固溶处理；（b）时效处理；（c）图（b）局部的电子衍射图谱；（d）析出物的高分辨 TEM 图像

（5）力学性能

Al-Cu-Mn-Ni 合金的高温力学性能如表 12-18 所示。经过固溶、时效热处理后，其高温力学性能明显提高，这主要是由于在固溶处理和时效处理过程中形成了弥散分布的增强相，这些增强相对高温强度的贡献值远高于凝固组织中的增强相。特别是固溶后时效，屈服强度增幅达 26MPa。

表 12-18　不同热处理工艺的 Al-Cu-Mn-Ni 合金的高温（300℃）力学性能[50]

Al-Cu-Mn-Ni 合金	铸态	T4	T6
抗拉强度/MPa	96±6	119±1	141±5
屈服强度/MPa	71±2	91±4	117±5
延伸率/%	20.2±1.7	9.1±1.7	4.7±1

思考题

12-1　举例说明我国高铁车轮、车轴及铁轨用钢的牌号、成分范围、典型热处理工艺和显微组织特点。

12-2 举例说明风电轴承钢的制备工艺及热处理特点。

12-3 举例说明淬火配分热处理的工艺特点。

12-4 简要说明增材制造300M钢的模拟热处理工艺。

12-5 简要说明核电SA508-3钢的热处理工艺及显微组织特点。

12-6 简要说明马氏体时效不锈钢的时效工艺及强化机制。

辅助阅读材料

[1] Dong Z Z, Kajiwara S, Kikuchi T, et al. Effect of Pre-deformation at room temperature on shape memory properties of stainless type Fe15Mn5Si9Cr5Ni(0.5-1.5)NbCalloys[J]. Acta Materialia, 2005, 53: 4009-4018.

[2] Zerbst U, Beretta S, Kohler G. Safe life and damage tolerance aspects of railway axles-A review[J]. Engineering Fracture Mechanics, 2013, 98: 214-271.

[3] 张李强，王婧，骆晓萌，等. 热处理过程流场-温度场-组织场-应力场耦合模拟研究[J]. 金属热处理，2017，42(8)：181-186.

参考文献

[1] 谢骏. 渗碳体的形态和分布对珠光体钢丝拉拔形变及性能的影响[D]. 南京：东南大学，2015.

[2] 连福亮，彭广金，何涛，等. 超细晶过共析钢的纳米球状珠光体转变[J]. 材料热处理学报，2011，32(11)：53-58.

[3] Xu Pingwei, Liang Yu, Li Jing, et al. Further improvement in ductility induced by the refined hierarchical structures of pearlite[J]. Materials Science & Engineering A, 2019, 745(2): 176-184.

[4] Li Yujiao, Raabe Dierk, Herbig Michael, et al. Segregation stabilizes nanocrystalline bulk steel with near theoretical strength[J]. Physical Review Letters, 2014, 113(10): 106104

[5] Liang Lunwei, Xiang Liang, Wang Yunjiang, et al. Ratcheting in cold-drawn pearlitic steel wires[J]. Metallurgical and Materials Transactions A, 2019, 50(10): 4561-4568.

[6] 方鸿生，薄祥正，郑燕康，等. 贝氏体组织与贝氏体钢[J]. 金属热处理，1998，11：1-7.

[7] 周一平，严学模，战东平，等. 我国钢轨钢的质量现状及发展趋势[J]. 材料与冶金学报，2004，03：161-167.

[8] 陈朝阳，周清跃. 钢轨用空冷贝氏体钢性能及组织的研究[J]. 中国铁道科学，2002，01：103-106.

[9] 于洋. Mn-Si-Cr系贝/马复相高强钢超高周疲劳行为及机理研究[D]. 北京：清华大学，2010.

[10] Wang Kaikai, Tan Zhunli, Gao Guhui, et al, Microstructure-property relationship in bainitic steel: The effect of austempering[J]. Materials Science & Engineering A, 2016, 675(10): 120-127.

[11] 杨柯，牛梦超，田家龙，等. 新一代飞机起落架用马氏体时效不锈钢的研究[J]. 金属学报，2018，54(11)：1567-1585.

[12] 李科欣，邹德宁，张威，等. 时效温度对Co-Cu合金化马氏体时效硬化不锈钢组织性能的影响[J]. 金属热处理，2017，42(11)：72-76.

[13] 张良，雍岐龙，梁剑雄，等. PH13-8Mo高强不锈钢在不同温度时效后的析出相及其对力学性能的影响[J]. 机械工程材料，2017，41(03)：19-23.

[14] 张湛，薛春，黄春波，等. 时效温度对PH13-8Mo不锈钢组织和力学性能的影响[J]. 机械工程材料，

2014，38(11)：72-75.

[15] 张慧萍，王崇勋，杜煦. 飞机起落架用300M超高强度钢发展及研究现状[J]. 哈尔滨理工大学学报，2011，16(06)：73-76.

[16] 武俊. 300M钢喷丸强化工艺中打磨问题的研究[D]. 西安：西北工业大学，2007.

[17] Liu Fenggang, Zhang Wenjun, Lin Xin, et al. Effect of isothermal temperature on bainite transformation, microstructure and mechanical properties of LSFed 300M steel[J]. Materials Today Communications, 2020, 25.

[18] Liu F G, Lin J. Effect of microstructure on the Charpy impact properties of directed energy deposition 300M steel[J]. Additive Manufacturing, 2019, 29: 100795.

[19] 吴毅，张弘，付秀琴，等. 动车组车轴的国产化试验研究[A]. 铁路车辆轮轴技术交流会论文集[C]. 中国铁道学会车辆委员会：中国铁道学会，2016：6.

[20] 杜松林，汪开忠，胡芳忠. 国内外高速列车车轴技术综述及展望[J]. 中国材料进展，2019，38(07)：641-650.

[21] 冉旭，姜明坤，韩英. 高铁用进口EA4T钢车轴的组织和力学性能[J]. 机械工程材料，2019，43(08)：41-45.

[22] 倪启校，王占勇，王泽民，等. 回火温度对EA4T车轴钢显微组织及力学性能的影响[J]. 金属热处理，2020，45(05)：129-133.

[23] 劳丽君，王超会. 铁路钢轨用钢及其热处理的研究进展[J]. 热加工工艺，2009，38(10)：162-165.

[24] 李闯. U75V钢轨在线热处理工艺研究[J]. 金属热处理 2018，43(01)：152-156.

[25] 郎庆斌，于慎君，刘晓恩，等. U71MnSiCu重型钢轨的热处理工艺研究[J]. 大型铸锻件，2014(05)：14-16.

[26] Lan Y, Zhao G, Xu Y, et al. Effects of quenching temperature and cooling rate on the microstructure and mechanical properties of U75V rail steel[J]. Metallography Microstructure & Analysis, 2019.

[27] 田西. 热机械轧制Q370qE钢与正火Q370qE钢焊接性能比较研究[D]. 秦皇岛：燕山大学，2016.

[28] 周雯. 高性能Q370qE-HPS桥梁钢的研制与应用性能研究[D]. 武汉：武汉科技大学，2015.

[29] 洪君，李旭超，魏旭，等. 低碳铌微合金化Q370qE-HPS钢的控轧控冷工艺研究[J]. 上海金属，2021，43(1)：1-7.

[30] 赵征志，陈伟健，高鹏飞，等. 先进高强度汽车用钢研究进展及展望[J]. 钢铁研究学报，2020，32(12)：1059-1076.

[31] 李光霁，刘新玲. 汽车轻量化技术的研究现状综述[J]. 材料科学与工艺，2020，28(05)：47-61.

[32] 安柯宇，梁佳敏，田亚强，等. 第三代汽车用高强钢——Q&P钢的研究现状[J]. 金属热处理，2019，44(02)：1-7.

[33] 纪云航，冯伟骏，王利，等. 新一代高强度淬火分配钢的研究和应用[J]. 钢铁研究学报，2008，20(12)：1-5.

[34] Wu Jian, Bao Li, Gu Yu, et al. The strengthening and toughening mechanism of dual martensite in quenching-partitioning steels[J]. Materials Science & Engineering A, 2020, 772: 138765.

[35] 王天睿，张玉妥，王培. 冷却速度对SA508-3钢显微组织与力学性能的影响[J]. 沈阳理工大学学报，2017，36(05)：44-48.

[36] 蒋中华，杜军毅，王培，等. M-A岛高温回火转变产物对核电SA508-3钢冲击韧性影响机制[J]. 金属学报，2017，57(7)：891-902.

[37] 杜东旭，任利国，赵德利. 高强韧SA508Gr. 4N锻件国产化研制[J]. 一重技术，2022，4：33-36.

[38] 何西扣，刘正东，赵德利，等. 中国核压力容器用钢及其制造技术进展[J]. 中国材料进展，2020，39(7-8)：509-518.

[39] Li C W, Han L Z, Luo X M, et al. Effect of tempering temperature on the microstructure and

mechanical properties of a reactor pressure vessel steel[J]. Journal of Nuclear Materials, 2016, 477(08): 246-256.
[40] 翟海平，耿鑫，王庆，等. 我国风电轴承钢研究近况[J]. 黄冈职业技术学报，2020，22(06)：139-142.
[41] 袁世丹，黄志求，李星逸，等. 热处理工艺参数对 40CrNiMoV 钢力学性能的影响[J]. 金属热处理，2018，43(06)：170-174.
[42] 陈晨，杨志南，张福成. 40CrNiMoV 钢在大尺寸轴承中的应用[J]. 金属热处理，2017，42(04)：6-11.
[43] 苑静之，时乐智，许文花，等. 42CrMo 钢风电主轴开裂失效的组织缺陷分析[J]. 金属热处理，2020，45(07)：206-209.
[44] 孙东云，陈晨，张福成，等. 奥氏体化温度对 V 微合金中碳钢淬透性与力学性能的影响[J]. 燕山大学学报，2019，43(03)：189-198.
[45] 王安东，盈亮，申国哲，等. 新型汽车用 Al-Mg-Si 系铝合金烘烤硬化性能研究[J]. 汽车工艺与材料，2011，25(05)：7-70.
[46] 管仁国，娄花芬，黄晖，等. 铝合金材料发展现状、趋势及展望[J]. 中国工程科学，2020，22(05)：68-75.
[47] 张新明，邓运来，张勇. 高强铝合金的发展及其材料的制备加工技术[J]. 金属学报，2015，51(03)：257-271.
[48] 李浩，肖阳，关绍康，等. 热处理对 Al-Cu-Mn 铸造铝合金组织和性能的影响[J]. 特种铸造及有色合金，2014，34(07)：764-766.
[49] 毛健，李利华，张晓敏，等. 时效时间对新型高强铸造 Al-Cu-Mn 合金性能和微观组织的影响[J]. 四川大学学报(工程科学版)，2011，43(04)：227-231，235.
[50] Chen J L, Liao H C, Wu Y N, et al. Contributions to high temperature Strengthening from three types of heat-resistant phases-formed during solidification, solution treatment and ageing treatment of Al-Cu-Mn-Ni alloys respective[J]. Meterials Science & Engineering A, 2020, 772(138819): 1-15.